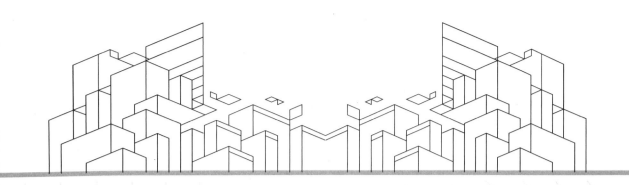

注册岩土工程师专业考试典型案例解析
（土力学及地基基础模块）

张建龙　张锐浩　罗庆姿　主编

化学工业出版社

·北京·

内 容 简 介

《注册岩土工程师专业考试典型案例解析（土力学及地基基础模块）》共分为11章，主要包括：土的物理性质与工程分类、土的渗透性、土中应力计算、土的压缩性和地基沉降计算、土的抗剪强度、土压力、边坡稳定分析、天然地基上的浅基础、桩基础、地基处理以及练习题。每章由一道题目引出知识点，在解题之前，先给出与该题目知识点相关的基本概念或基本原理；在解题过程中注重对题目的分析并提供解题的思路；最后对每章题目进行分析，说明考点、难点及容易出错的地方等。

本书既可作为注册岩土工程师专业考试读者的复习资料，还可作为工程设计人员进行岩土工程和地基基础设计时的参考，也可用作高等学校相关专业师生的参考用书。

图书在版编目（CIP）数据

注册岩土工程师专业考试典型案例解析．土力学及地基基础模块/张建龙，张锐浩，罗庆姿主编．—北京：化学工业出版社，2023.12
ISBN 978-7-122-44016-7

Ⅰ.①注…　Ⅱ.①张…②张…③罗…　Ⅲ.①土力学-资格考试-题解②地基-基础（工程)-资格考试-题解 Ⅳ.①TU4-44

中国国家版本馆CIP数据核字（2023）第154003号

责任编辑：刘丽菲　　　　　　　　　　装帧设计：张　辉
责任校对：宋　玮

出版发行：化学工业出版社（北京市东城区青年湖南街13号　邮政编码100011）
印　　装：河北鑫兆源印刷有限公司
787mm×1092mm　1/16　印张28¼　字数767千字　2024年6月北京第1版第1次印刷

购书咨询：010-64518888　　　　　　　售后服务：010-64518899
网　　址：http://www.cip.com.cn
凡购买本书，如有缺损质量问题，本社销售中心负责调换。

定　　价：128.00元　　　　　　　　　　　　　　　　版权所有　违者必究

>>> 前 言

土力学及地基基础课程，是土木工程专业及相近专业重要的专业课程之一。注册岩土工程师专业考试，是对专业知识的总结与升华。从历年注册岩土工程师专业考试来看，无论是否用到某个具体的规范，其基本的知识点大都是土力学及地基基础这门课程中的。近年来，高校课程设置普遍压缩课时，因此，在高校课程学习中加强练习，在工作中对土力学再学习就显得非常重要。

经统计，土力学及地基基础部分的题目约占整个注册岩土工程师专业考试74%的分值，想要通过专业考试，土力学及地基基础部分是重中之重。也就是说，一个合格或熟练的岩土工程师，对土力学及地基基础中的概念及原理一定要非常熟悉。常听在一线工地上的朋友说，无论怎样办公桌上一定会放一本《土力学》，关键时候会救命的。

如果平时工程中比较用心去研究地勘报告等资料，可以快速做题；如果没有相关工程经验，做题可能会费时较长。但相当一部分在职的工程技术人员，备考时会对在校学过的土力学及地基基础部分的知识有不同程度的遗忘。针对这种情况，本书按照土力学及地基基础相关内容，分48个知识点，梳理了相关题目。希望读者能够吃透土力学及地基基础部分，顺利拿下注册专业考试。

1. 按土力学及地基基础课程的基本规律，全书共分为11章，主要包括：土的物理性质与工程分类、土的渗透性、土中应力计算、土的压缩性和地基沉降计算、土的抗剪强度、土压力、边坡稳定分析、天然地基上的浅基础、桩基础、地基处理以及练习题。

2. 每章由一道题目引出知识点，在解题之前，先给出与该题目知识点相关的基本概念和基本原理；在解题过程中注重对题目的分析及解题的思路；有些题目提供了不同的解法，说明了容易出错的地方等。

3. 每一个知识点可能会有若干个考点，每个考点都至少用一道题目来表达。

建议读者在复习时，按知识点进行复习。针对某一知识点，要将相应的土力学及地基基础教材中的内容做充分而系统的学习，然后对该知识点相应的题目逐一演练，并充分注意每个知识点下不同的考点和题目类型。不仅要看懂求解过程，而且对不同类型的题都要做一做，以提高解题能力和熟练程度。

本书编写工作得到我的老同学史宏彦教授的大力帮助，我的学生侯文隽、郭明鑫、汤恺在资料文字整理编辑等方面给予了非常大的协助，在此一并表示衷心感谢！

编者
2023 年 12 月

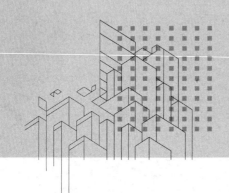

>>> 目 录

第 1 章 土的物理性质与工程分类　1

1.1 颗粒分析试验及土的分类 —————————————— 1
1.2 三相比例指标的计算及其应用 ———————————— 6
1.3 砂土的相对密度试验 ————————————————— 12
1.4 土的稠度概念及其应用 ———————————————— 14
1.5 击实试验 ——————————————————————— 18
1.6 岩石（岩体）的分类和鉴定 ————————————— 21
1.7 岩土工程特性参数的数据处理和选用 ————————— 34
1.8 旁压试验和扁铲侧胀试验 ——————————————— 40

第 2 章 土的渗透性　46

2.1 渗透试验 ——————————————————————— 46
2.2 渗透力、渗透变形 —————————————————— 56

第 3 章 土中应力计算　60

3.1 基础底面压力计算 —————————————————— 60
3.2 地基附加应力计算 —————————————————— 70
3.3 地基自重应力计算 —————————————————— 72

第 4 章 土的压缩性和地基沉降计算　75

4.1 土的压缩性（固结试验） —————————————— 75
4.2 地基静载荷试验及土的变形模量计算 ————————— 82

4.3 压缩变形量计算 ———————————————————— 88

第 5 章 土的抗剪强度　　111

第 6 章 土压力　　125

6.1 土压力计算 ———————————————————— 125
6.2 重力式挡土墙（支挡结构）稳定性验算 ——————— 148
6.3 土钉、锚杆 ———————————————————— 172
6.4 其他 ——————————————————————— 182

第 7 章 边坡稳定分析　　185

7.1 平面滑动分析法 ————————————————— 185
7.2 圆弧滑动面分析法 ———————————————— 192
7.3 岩石边坡稳定性 ————————————————— 201
7.4 传递系数法 ———————————————————— 214

第 8 章 天然地基上的浅基础　　222

8.1 地基静载荷试验及承载力特征值的确定 ——————— 222
8.2 地基承载力特征值 ———————————————— 227
8.3 基础埋置深度 ——————————————————— 244
8.4 地基软弱下卧层承载力验算 ———————————— 250
8.5 无筋扩展基础 ——————————————————— 259
8.6 基础结构计算（抗冲切、抗剪切、抗弯） ——————— 262

第 9 章 桩基础　　277

9.1 桩顶作用荷载计算 ———————————————— 277
9.2 桩基竖向承载力 ————————————————— 282
9.3 桩基负摩阻力 ——————————————————— 307

9.4 桩基抗拔承载力 —— 314
9.5 减沉复合疏桩 —— 321
9.6 桩基软弱下卧层强度验算 —— 326
9.7 桩基水平承载力 —— 328
9.8 桩基沉降计算 —— 333
9.9 桩身配筋计算 —— 341
9.10 桩基承台计算（受弯、受冲切、受剪） —— 343

第 10 章　地基处理　　351

10.1 复合地基 —— 351
10.2 换填法 —— 381
10.3 排水固结法 —— 383
10.4 深层搅拌法 —— 402
10.5 挤密法与振冲法 —— 405
10.6 单液硅化法与碱液法 —— 418

第 11 章　最新案例练习题　　422

11.1 练习题一 —— 422
11.2 练习题二 —— 427
11.3 练习题三 —— 431
11.4 练习题四 —— 438

参考文献　　445

第1章 土的物理性质与工程分类

1.1 颗粒分析试验及土的分类

【题1.1.1】取某土样2000g，进行颗粒分析试验，测得各级筛上质量见下表，筛底质量为560g。已知土样中的粗颗粒以棱角为主，细颗粒为黏土。问下列哪一选项对该土样的定名最准确？

孔径/mm	20	10	5	2.0	1.0	0.5	0.25	0.075
筛上质量/g	0	100	600	400	100	50	40	150

（A）角砾　　　　　　　　（B）砾砂
（C）含黏土角砾　　　　　（D）角砾混黏土

【答案】（C）

【解答】（1）判断属于碎石土还是砂土。

根据《岩土工程勘察规范》（GB 50021—2001）（2009年版）第3.3.2条规定，由颗粒分析的结果，粒径大于2mm的颗粒含量＝(100＋600＋400)/2000＝55%，大于50%，所以属于碎石土；再由表3.3.2，粗颗粒以棱形为主，属角砾。

（2）判断是否混合土。

根据《岩土工程勘察规范》（GB 50021—2001）（2009年版）第6.4.1条规定，小于0.075mm的细颗粒含量为 $\frac{2000-1440}{2000}=\frac{560}{2000}=28\%$，大于25%，属混合土；

由规范第3.3.6条第3款，细颗粒为黏土，最终定名为含黏土角砾。

【分析】混合土作为一种特殊土，由于其工程性质的特殊性，在勘察、测试和评价方面有着不同的要求，希望引起重视。

目前土的分类和定名主要依据颗粒级配或塑性指数。

《岩土工程勘察规范》（GB 50021—2001）（2009年版）第6.4.1条规定：

由细粒土和粗粒土混杂且缺乏中间粒径的土应定名为混合土。

当碎石土中粒径小于0.075mm的细粒土质量超过总质量的25%时，应定名为粗粒混合土；

当粉土或黏性土中粒径大于 2mm 的粗粒土质量超过总质量的 25%时，应定名为细粒混合土。

对混合土的细分定名，规范第 3.3.6 条第 3 款规定："对混合土，应冠以主要含有的土类定名"，并在条文说明中给出了定名的示例。

该题在解题时须注意，土样的总质量为 2000g，筛底质量即为小于 0.075mm 的细颗粒质量（560g）。

本题有个陷阱。一般情况下，当计算出大于 2mm 颗粒含量大于 50%时，好像就可判定为角砾，其实不然。关键是要能想到可能是混合土，这可根据题目给出的细颗粒为黏土且质量为 560g 初步来判断，再经过计算即可确认。所以，熟悉规范非常重要。

【题 1.1.2】 某场地拟采用弃土和花岗岩残积土按体积比 3:1 均匀混合后作为填料。已知弃土天然重度为 20kN/m^3，大于 5mm 土粒质量占比为 35%，2～5mm 为 30%，小于 0.075mm 为 20%，颗粒多呈亚圆形；残积土重度为 18kN/m^3，大于 2mm 土粒质量占比为 20%，小于 0.075mm 为 65%。混合后土的细粒部分用液塑限联合测定仪测得圆锥入土深度与含水量关系曲线，如图所示。按《岩土工程勘察规范》(GB 50021—2001)(2009 年版)的定名原则，混合后土的定名应为以下哪种土？（请给出计算过程。）

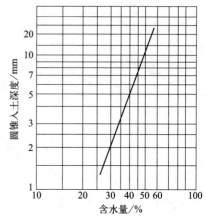

（A）含黏土圆砾　　　（B）含圆砾粉质黏土
（C）含粉质黏土圆砾　（D）含圆砾黏土

【答案】（A）

【解答】 本题考查《岩土工程勘察规范》(GB 50021—2001)(2009 年版)第 3.3 节和第 6.4.1 条。

设混合土中花岗岩残积土的体积为 V，则弃土的体积为 $3V$。

(1) 花岗岩残积土的质量：$18V$

弃土的质量：$20 \times 3V = 60V$

混合土的总质量：$18V + 60V = 78V$

大于 2mm 的颗粒质量：$\dfrac{60V \times (35\% + 30\%) + 18V \times 20\%}{78V} = 54.6\% > 50\%$

颗粒多呈亚圆形，定名为圆砾。

小于 0.075mm 的颗粒含量：$\dfrac{60V \times 20\% + 18V \times 65\%}{78V} = 30.4\% > 25\%$

判断为粗粒混合土。

(2) 细颗粒土的定名

圆锥下沉 2mm 对应含水量为塑限：$w_p = 30\%$

圆锥下沉 10mm 对应含水量为液限：$w_L \approx 49\%$

塑性指数 $I_p = w_L - w_p = 49 - 30 = 19 > 17$，定名为黏土。

综合上述，可定名为黏土圆砾。

【点评】 本题考核的是判断混合土的定名，与题 1.1.1 的分析方法及要求完全相同。

【题 1.1.3】 下表为一土工试验颗粒分析成果表，表中数值为留筛质量，底盘内试样质量为 20g。现需要计算试样的不均匀系数（C_u）和曲率系数（C_c），按《岩土工程勘察规范》(GB 50021—2001)(2009 年版)，下列哪个选项是正确的？

筛孔孔径/mm	2.0	1.0	0.5	0.25	0.075
留筛质量/g	50	150	150	100	30

(A) $C_u=4.0$；$C_c=1.0$；粗砂　　(B) $C_u=4.0$；$C_c=1.0$；中砂

(C) $C_u=9.3$；$C_c=1.7$；粗砂　　(D) $C_u=9.3$；$C_c=1.7$；中砂

【答案】（A）

基本原理（基本概念或知识点）

随着土颗粒大小不同，土可以具有很不相同的性质。研究分析颗粒的大小及其在土中所占的百分比，称为土的粒径级配。为了了解各粒组的相对含量，必须先将各粒组分离开，再分别称重。筛分法适用于颗粒大于 0.1mm 的土，它是利用一套孔径大小不同的筛子，将事先称重的烘干土样过筛，称量留在各筛上的土的质量，然后计算相应的百分数。

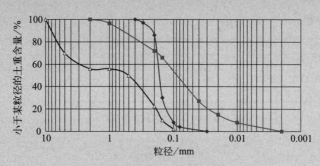

图 1-1　颗粒级配曲线

对土的粒组状况及其相对含量，可以用颗粒级配曲线（图 1-1）描述。颗粒级配曲线的纵坐标表示小于某粒径的土颗粒含量占土样总量的百分数，这个百分数是一个累计含量百分数，是所有小于该粒径的各粒组含量百分数之和（所以该曲线又称为颗粒级配累计曲线）。横坐标则用土粒径的常用对数值表示，这是为了把粒径相差很大的不同粒组表示在同一个坐标系下。

土的颗粒级配曲线是工程上最常用的曲线之一，由此曲线的连续性特征及走势的陡缓可以直接判断土的颗粒级配、颗粒分布的均匀程度及颗粒级配的优劣，对土进行分类，从而评价土的工程性质。

在分析级配曲线时，经常用到的几个典型粒径为：d_{50}，d_{10}，d_{30}，d_{60}。土颗粒的粗细一般用平均粒径 d_{50} 表示，它的物理意义是土中大于此粒径和小于此粒径的土粒含量各占 50%，该粒径大，则整体上颗粒较粗，小则整体上颗粒较细。

有效粒径 d_{10}：小于该粒径的土粒含量占土样总量的 10%。

连续粒径 d_{30}：小于该粒径的土粒含量占土样总量的 30%。

限定粒径 d_{60}：小于该粒径的土粒含量占土样总量的 60%。

由上述 3 种粒径之间的关系，可以定义如下两个参数：

不均匀系数：
$$C_u=\frac{d_{60}}{d_{10}} \tag{1-1}$$

曲率系数：
$$C_c = \frac{d_{30}^2}{d_{10} d_{60}} \tag{1-2}$$

不均匀系数 C_u 描述土颗粒的均匀性，C_u 越大，土颗粒分布越不均匀。曲率系数 C_c 描述土颗粒级配曲线分布的整体形态，表示是否有缺失粒组。

工程上按如下规定来判断土的级配是否良好。

级配曲线光滑连续，不存在平台段，坡度平缓，能同时满足 $C_u>5$ 及 $C_c=1\sim3$ 两个条件的土，属于级配良好土，易获得较大的密实度，具有较小的压缩性和较大的强度，工程性质优良。

级配曲线连续光滑，没有平台段，但坡度较陡，土粒粗细连续但均匀；或者级配曲线虽然平缓但存在平台段，土粒粗细不均匀但存在不连续粒组。这两种情况体现为不能同时满足 $C_u>5$ 及 $C_c=1\sim3$ 两个条件，属于级配不良土，不易获得较高的密实度，工程性质不良。

【解答】根据题意，试样总质量＝50＋150＋150＋100＋30＋20＝500(g)，列表计算：

筛孔孔径/mm	2.0	1.0	0.5	0.25	0.075
留筛质量/g	50	150	150	100	30
小于相应孔径的质量/g	450	300	150	50	20
小于相应孔径土占总土质量百分比/%	90(89.6)	60(58.3)	30(27)	10(6.25)	4(0)

根据定义

$$C_u = \frac{d_{60}}{d_{10}} = \frac{1.0}{0.25} = 4.0$$

$$C_c = \frac{d_{30}^2}{d_{60} d_{10}} = \frac{0.5^2}{1.0 \times 0.25} = 1.0$$

由于大于 2mm 的粒径只占 10%，未超过 50%，粒径大于 0.075mm 的颗粒质量为 96%，超过总质量的 50%，所以为砂土。查《岩土工程勘察规范》（GB 50021—2001）表 3.3.3 进一步分类，大于 0.5mm 的粒径占 70%，超过总质量 50%，所以定名为粗砂。

【点评】此题有个特点，计算的小于相应粒径的百分比分别是 10%，30%，60% 等，因此很容易得到 d_{10}，d_{30} 和 d_{60}，从而计算 C_u，C_c。

本题有一个不大的陷阱，那就是"底盘内试样质量为 20g"，这部分质量如果漏掉，则会得到如上表括号中的数字，那这时计算几个系数就困难了，也不会得到正确答案。

【题 1.1.4】某砂土试样，经筛分后各颗粒粒组含量见下表，试确定该砂土的名称。

粒径/mm	<0.075	0.075～0.1	0.1～0.25	0.25～0.5	0.5～1.0	>1.0
含量/%	8	15	42	24	9	2

【解答】(1) 粒径大于 1.0mm 的颗粒占总质量的 2%；
(2) 粒径大于 0.5mm 的颗粒占总质量的 (9＋2)%＝11%；
(3) 粒径大于 0.25mm 的颗粒占总质量的 (24＋9＋2)%＝35%；
(4) 粒径大于 0.1mm 的颗粒占总质量的 (42＋24＋9＋2)%＝77%；
(5) 粒径大于 0.075mm 的颗粒占总质量的 (15＋42＋24＋9＋2)%＝92%。

查《岩土工程勘察规范》表 3.3.3，粒径大于 0.075mm 的颗粒含量为 92%，超过全重 85%，该砂土为细砂。

【点评】要会用《岩土工程勘察规范》表 3.3.3。应根据各颗粒粒组的含量，从表的第一行查，看是否满足要求，如不满足，则继续看下面一行。当满足该行的要求时，即可定名。例如本题，粒径大于 0.075mm 的颗粒含量为 92%，满足细砂的要求（即粒径大于 0.075mm 的颗粒含量超过全重 85%）。但如果接着往下一行看，当然也满足（即粒径大于 0.075mm 的颗粒含量超过全重 50%），如果将其定名为粉砂就错了。

【题 1.1.5】某砂土，其颗粒分析结果见下表，现场标准贯入试验 $N=32$，试确定该土的名称和状态。

粒组/mm	2～0.5	0.5～0.25	0.25～0.075	<0.075
含量/g	7.4	19.1	28.6	44.9

【解答】总质量 $=7.4+19.1+28.6+44.9=100$(g)

颗粒大于 0.5mm 的，占总质量的 $\dfrac{7.4}{100}=7.4\%$

颗粒大于 0.25mm 的，占总质量的 $\dfrac{19.1+7.4}{100}=26.5\%$

颗粒大于 0.075mm 的，占总质量的 $\dfrac{28.6+19.1+7.4}{100}=55.1\%$

根据《岩土工程勘察规范》(GB 50021—2001) 表 3.3.3，大于 0.075mm 的颗粒占总质量的 $55.1\%>50\%$，该土属粉砂。

根据《岩土工程勘察规范》(GB 50021—2001) 表 3.3.9，$N=32>30$，属密实状态。

【题 1.1.6】在一盐渍土地段地表 1.0m 深度内分层取样，化验含盐成分如下表所示。按《岩土工程勘察规范》(GB 50021—2001)，计算该深度范围内的取样厚度加权平均盐分比值 $D_1=c(\mathrm{Cl}^-)/[2c(\mathrm{SO}_4^{2-})]$，请问该盐渍土应属于下列哪类盐渍土？

取样深度/m	盐分浓度/(mol/100g)	
	$c(\mathrm{Cl}^-)$	$c(\mathrm{SO}_4^{2-})$
0～0.05	78.43	111.32
0.05～0.25	35.81	81.15
0.25～0.50	6.58	13.92
0.50～0.75	5.97	13.80
0.75～1.0	5.31	11.89

(A) 氯盐渍土　　(B) 亚氯盐渍土　　(C) 亚硫酸盐渍土　　(D) 硫酸盐渍土

【答案】(D)

【解答】按《岩土工程勘察规范》(GB 50021—2001) 6.8.2，表 6.8.2-1 盐渍土的平均含盐量、含盐成分应按取样厚度加权平均计算。

$$D_1=\frac{c(\mathrm{Cl}^-)}{2c(\mathrm{SO}_4^{2-})}=\frac{78.43\times0.05+35.81\times0.20+(6.58+5.97+5.31)\times0.25}{2\times[111.32\times0.05+81.15\times0.20+(13.92+13.80+11.89)\times0.25]}=0.245$$

$$D_1\leqslant 0.3$$

【分析】规范中并没有明确指出按加权平均来计算，但显然，按题干给出的条件，按加权平均计算是合适的。

【本节考点】
① 根据土的物理性指标对土进行定名和状态描述；
② 由颗粒级配曲线判断土的级配优劣；
③ 由颗粒级配曲线对粗粒土进行定名。

1.2 三相比例指标的计算及其应用

【题 1.2.1】 用内径 8.0cm，高 2.0cm 的环刀切取饱和原状土试样，湿土质量 $m_1=183g$，进行固结试验后湿土的质量 $m_2=171.0g$，烘干后土的质量 $m_3=131.4g$，土的相对密度 $G_s=2.70$。则经压缩后，土孔隙比变化量 Δe 最接近下列哪个选项？

(A) 0.137　　　　(B) 0.250　　　　(C) 0.354　　　　(D) 0.503

【答案】 (B)

基本原理（基本概念或知识点）

土的三相组成物质的性质、相对含量以及土的结构构造等各种因素，必然在土的轻重、松密、干湿、软硬等一系列物理性质和状态上有不同的反映。在进行土工计算时，应知道土的物理性质特征及其变化规律。因此应掌握土的物理性质的各种指标的定义和表达式。

土的各组成部分的质量和体积之间的比例关系，随着各种条件的变化而改变。如地下水位的升高或降低，都将改变土中水的含量；经过压实的土其孔隙体积将减小。这些变化都可以通过相应指标的具体数字反映出来。

土的三相物质在体积和质量上的比例关系，称为三相比例指标。三相比例指标反映了土的干燥与潮湿、疏松与紧密，是评价土的工程性质的最基本的物理性质指标，也是工程地质勘察报告中不可缺少的基本内容。其中，直接测定的基本物理性质指标是含水量 w、天然密度 ρ 和土粒相对密度 G_s，其具体定义等见表 1-1。而由此三个基本指标换算得到的其他 6 个指标见表 1-2。

表 1-1　直接测定的基本三相比例指标

指标名称	符号	单位	物理意义	试验方法
含水量	w	%	土中水的质量与土粒质量之比 $w=\dfrac{m_w}{m_s}\times 100\%$	烘干法 酒精燃烧法 比重瓶法 炒干法
天然密度	ρ	g/cm³	土的总质量与其体积之比，即单位体积的质量 $\rho=\dfrac{m}{V}$	环刀法 蜡封法 灌砂法 灌水法
土粒相对密度	G_s	—	土粒质量与同体积的 4℃ 时水的质量之比 $G_s=\dfrac{m_s}{V_s\rho_w}$	比重瓶法 浮称法 虹吸筒法

表 1-2　用含水量、天然密度和土粒相对密度计算得到的三相比例指标及其换算公式

指标名称	符号	单位	基本公式	常用换算公式
饱和密度	ρ_{sat}	g/cm³	$\rho_{sat}=\dfrac{m_s+V_v\rho_w}{V}$	$\rho_{sat}=\dfrac{G_s+e}{1+e}\rho_w$
有效密度 （浮密度）	ρ'	g/cm³	$\rho'=\dfrac{m_s-V_s\rho_w}{V}$	$\rho'=\dfrac{G_s-1}{1+e}\rho_w$ $\rho'=\rho_{sat}-\rho_w$

第1章 土的物理性质与工程分类

续表

指标名称	符号	单位	基本公式	常用换算公式
干密度	ρ_d	g/cm³	$\rho_d = \dfrac{m_s}{V}$	$\rho_d = \dfrac{\rho}{1+w} = \dfrac{G_s \rho_w}{1+e}$
孔隙比	e	—	$e = \dfrac{V_v}{V_s}$	$e = \dfrac{G_s \rho_w}{\rho_d} - 1$ $e = \dfrac{G_s(1+w)\rho_w}{\rho} - 1$
孔隙率	n	%	$n = \dfrac{V_v}{V} \times 100\%$	$n = \dfrac{e}{1+e} = 1 - \dfrac{\rho_d}{G_s \rho_w}$
饱和度	S_r	%	$S_r = \dfrac{V_w}{V_v}$	$S_r = \dfrac{wG_s}{e} = \dfrac{w\rho_d}{n\rho_w}$

【解答】土样压缩前的含水量 $w_1 = \dfrac{m_{w1}}{m_s} = \dfrac{183 - 131.4}{131.4} = 39.3\%$

土样被压缩后的含水量 $w_1 = \dfrac{m_{w2}}{m_s} = \dfrac{171 - 131.4}{131.4} = 30.1\%$

对饱和土，土中孔隙完全被水充满，即 $S_r = 100\%$，所以

土样压缩前的孔隙比 $e_1 = \dfrac{w_1 G_s}{S_r} = \dfrac{0.393 \times 2.7}{1} = 1.060$

土样压缩后的孔隙比 $e_2 = \dfrac{w_2 G_s}{S_r} = \dfrac{0.30 \times 2.7}{1} = 0.813$

则 $\Delta e = e_1 - e_2 = 1.060 - 0.813 = 0.247$

【分析】该题计算步骤稍多，但均属于三相比例指标换算，只要概念明确，计算不难。另外，该题还有其他不同的算法，都可得到相同的结果。

【题1.2.2】现场取环刀试样测定土的干密度。环刀容积200cm³，环刀内湿土质量380g，从环刀内取湿土32g，烘干后干土质量为28g，试求土的干密度为多少？

【解答】土的天然密度 $\rho = \dfrac{m}{V} = \dfrac{380}{200} = 1.9$（g/cm³）

土样含水量 $w = \dfrac{m_w}{m_s} = \dfrac{32-28}{28} \times 100\% = 14.3\%$

土样干密度 $\rho_d = \dfrac{\rho}{1+w} = \dfrac{1.9}{1+0.143} = 1.66$（g/cm³）

【题1.2.3】已知粉质黏土相对密度为2.73，含水量为30%，土的密度为1.85g/cm³，浸水饱和后该土的水下有效重度最接近下列哪个选项？

(A) 7.5kN/m³　　(B) 8.0kN/m³　　(C) 8.5kN/m³　　(D) 9.0kN/m³

【答案】(D)

【解答】 $e = \dfrac{G_s(1+w)\rho_w}{\rho} - 1 = \dfrac{2.73 \times (1+0.30) \times 1}{1.85} - 1 = 0.918$

$$\rho' = \dfrac{G_s - 1}{1+e} \rho_w = \dfrac{2.73 - 1}{1+0.918} \times 1.0 = 0.90 \text{（g/cm}^3\text{）}$$

$$\gamma' = 10\rho' = 10 \times 0.90 = 9.0 \text{（kN/m}^3\text{）}$$

【点评】本题目已知条件给出了三个最基本的三项比例指标：相对密度、含水量和密

度，所以，其他指标都可以由此换算出来。

【题1.2.4】某一天然湿土样重200g，含水量$w=15\%$，若将其配制成含水量$w=20\%$的土样，试样需加多少水？

【解答】设法求出加水前后土样中水的质量，然后相减，即可得到需要加的水量。

土粒质量$m_s=200-m_w$

根据含水量的定义 $w=\dfrac{m_w}{m_s}\times 100\%=\dfrac{m_w}{200-m_w}\times 100\%$

得 $m_w=\dfrac{200w}{1+w}$

加水前土中水的质量 $m_{w1}=\dfrac{200w_1}{1+w_1}=\dfrac{200\times 0.15}{1+0.15}=26.1(g)$

则干土质量 $m_s=200-m_{w1}=200-26.1=173.9(g)$

加水后土中水的质量 $m_{w2}=w_2 m_s=0.2\times 173.9=34.8(g)$

需加水量 $m_{w1}-m_{w2}=34.7-26.1=8.7(g)$

【分析】本题的考点是三相比例指标的应用。给土样配制不同的含水量，是在土工试验中经常会遇到的工作。

【题1.2.5】某工地需进行夯实填土。经试验得知，所用土料的天然含水量为5%，最优含水量为15%，为使填土在最优含水量状态下夯实，1000kg原土料中应加入下列哪个选项的水量？

(A) 95kg   (B) 100kg   (C) 115kg   (D) 145kg

【答案】(A)

【解答】本题目与题1.2.4的考点一致，可用上述方法解题。也可用下面的方法来解答。

假设天然土体中的水量和固体土质量分别为m_w、m_s，1000kg需加水量为x，则根据含水量的定义，有

$$\frac{m_w}{m_s}=0.05$$

$$m_w+m_s=1000$$

$$\frac{m_w+x}{m_s}=0.15$$

解此三元一次方程组，得$x=95.2$kg。

【题1.2.6】某建筑物地基需要压实填土8000m³，控制压实后的含水量$w_1=14\%$，饱和度$S_r=90\%$，填料密度$\rho=15.5$g/cm³，天然含水量$w_0=10\%$，土的相对密度$G_s=2.72$。试计算需要填料的方量。

【解答】压实前后土体的干质量相等，土体的干质量等于体积与干密度的乘积。所以，要设法求出压实前后土体的干密度。

压实前填料的干密度 $\rho_{d1}=\dfrac{\rho_1}{1+w_1}=\dfrac{15.5}{1+0.1}=1.41(g/cm^3)$

由换算公式，压实后填土的孔隙比：

$$e_2=\frac{w_2 G_s}{S_r}=\frac{0.14\times 2.72}{0.9}=0.423$$

$$\rho_{d2}=\frac{\rho_2}{1+w_2}=\frac{G_s\rho_w}{1+e_2}=\frac{2.72}{1+0.423}\times 1.0=1.91(\text{g/cm}^3)$$

根据压实前后土体干质量相等的条件，有 $V_1\rho_{d1}=V_2\rho_{d2}$。

所以 $V_1=\dfrac{V_2\rho_{d2}}{\rho_{d1}}=\dfrac{8000\times1.91}{1.41}=10836.9(\text{m}^3)$

【分析】本题的考点是三相比例指标的另一种应用，下道题也是。

【题 1.2.7】用相对密度 $G_s=2.70$、$e=0.8$ 的土料做路基，要求填筑干密度 $\rho_{d1}=1.70\text{g/cm}^3$，试求填筑 1.0m^3 土需要原状土的体积是多少？

【解答】如题 1.2.6，依然根据压实前后土体干质量相等的条件，即 $V_1\rho_{d1}=V_2\rho_{d2}$ 来求得 V_1。

原状土干密度 $\rho_{d1}=\dfrac{d_s}{1+e_1}\rho_w=\dfrac{2.7}{1+0.8}=1.5(\text{g/cm}^3)$

已知 $\rho_{d2}=1.7\text{g/cm}^3=1700\text{kg/m}^3$，$V_2=1.0\text{m}^3$，则根据 $V_1\rho_{d1}=V_2\rho_{d2}$

得：$V_1=\dfrac{V_2\rho_{d2}}{\rho_{d1}}=\dfrac{1\times1700}{1500}=1.13(\text{m}^3)$

【分析】三相比例指标这个知识点的考查方式非常多。求土方量和加水量时，土的干质量在压实前和压实后保持不变，用一个公式表示就是 $V_1\rho_{d1}=V_2\rho_{d2}$。对加水量的题型，因为含水量 $w=m_w/m_s$，土的质量同样保持不变，所以加水量可用 $\Delta m=m_s(w_1-w_2)$ 计算。

【题 1.2.8】某均质土坝长 1.2km，高 20m，坝顶宽 8m，坝底宽 75m，要求压实度不小于 0.95，天然料场中土料含水量为 21%，土粒相对密度为 2.70，重度为 18kN/m^3，最大干密度为 1.68g/cm^3，最优含水量为 20%，问填筑该土坝需土料（　　）。

(A) $9.9\times10^5\text{m}^3$　　(B) $10.7\times10^5\text{m}^3$　　(C) $11.5\times10^5\text{m}^3$　　(D) $12.6\times10^5\text{m}^3$

【答案】(B)

【解答】根据土的干质量在压实前和压实后保持不变，即

$$V_1\rho_{d1}=V_2\rho_{d2} \text{ 或 } V_1\gamma_{d1}=V_2\gamma_{d2}$$

设天然料场的干重度为 γ_{d1}，则 $\gamma_{d1}=\dfrac{\gamma_1}{1+0.01w_1}=\dfrac{18}{1+0.01\times21}=14.88(\text{kN/m}^3)$

压实后的干密度 $\gamma_{d2}=\lambda_c\rho_{d2max}=0.95\times16.8=15.96(\text{kN/m}^3)$

土坝体积 $V_2=\dfrac{1}{2}\times(8+75)\times20\times1200=996000(\text{m}^3)$

则所需土料 $V_1=\dfrac{\gamma_{d2}}{\gamma_{d1}}V_2=\dfrac{15.96}{14.88}\times996000=1068290.3(\text{m}^3)$

所以正确答案是 (B)。

【点评】首先，要弄清楚题目所给的条件中哪些是料场土的指标，哪些是压实后土的指标。其次，土的压实度定义是 $\lambda_c=\dfrac{\rho_d}{\rho_{dmax}}$，要根据压实度计算出压实后的干密度。还有，本题给出了土粒相对密度和最优含水量两个无用的条件，不要被它们所迷惑。

【题 1.2.9】某公路需填方，要求填土干重度 $\gamma_d=17.8\text{kN/m}^3$，需填方量 40 万立方米。对某料场的勘察结果为：其土粒相对密度 $G_s=2.70$，含水量 $w=15.2\%$，孔隙比 $e=0.823$，问该料场储量要达到下列哪个选项（以万立方米计）才能满足要求？

(A) 48　　(B) 72　　(C) 96　　(D) 144

【答案】（C）

【解答】根据压实前后土体干质量相等的条件，即 $V_1\rho_{d1}=V_2\rho_{d2}$ 来求得 V_1。

原状土填料干密度

$$\gamma_{d1}=\frac{d_s}{1+e_1}\gamma_w=\frac{2.7}{1+0.823}\times 10=14.8(\text{kN/m}^3)$$

则：$V_1=\dfrac{V_2\rho_{d2}}{\rho_{d1}}=\dfrac{40\times 17.8}{14.8}=48.1$（万立方米）

按《公路工程地质勘察规范》（JTJ C20—2011），填料储量要达到设计量的 2 倍，所以料场储量应为 $48.1\times 2=96.2$（万立方米）。

【分析】这道题有陷阱。按一般计算，结果为 48.1 万立方米，但对公路工程，要满足相关规范的要求，即计算量的 2 倍，参见《公路工程地质勘察规范》（JTJ 064—98）第 5.5.1 条（本题为 2009 年题目）。这道题的难点在于不仅要熟练掌握土的三相比例指标的换算，还要了解压实前后土体的干质量是不变的，同时还要满足有关规范的要求。所以要仔细审题，看是否与相关规范有关。如本题，开头就说"某公路……"，那几乎可以肯定，与公路方面的规范有关。这道题答正确关键在于熟悉相关规范。

【题 1.2.10】现场用灌砂法测定某土层的干密度，试验参数见下表，试计算该土层的干密度。

试坑用标准砂质量 m_s/g	标准砂密度 ρ_s/(g/cm^3)	土样质量 m/g	土样含水量 w/%
12566.40	1.6	15315.30	14.5

【解答】标准砂质量 $m_s=12566.4\text{g}$，标准砂密度 $\rho_s=1.6\text{g/cm}^3$。

标准砂体积 $V=\dfrac{m_s}{\rho_s}=\dfrac{12566.4}{1.6}=7854(\text{cm}^3)$

土样密度 $\rho=\dfrac{m}{V}=\dfrac{15315.3}{7854}=1.95(\text{g/cm}^3)$

则土样干密度 $\rho_d=\dfrac{\rho}{1+w}=\dfrac{1.95}{1+0.145}=1.70(\text{g/cm}^3)$

【分析】本题的考点是要理解灌砂法的基本原理。灌砂法测量砂土的密度一般是在野外应用。灌砂法是利用均匀颗粒的砂，由一定高度下落到一定容积的筒或洞内（试洞），按其单位质量不变的原理来测量试洞的容积。灌水法与灌砂法的原理相同，只是试洞的容积 $V=m_w/\rho_w$，所以实际上试洞的容积在数值上就等于灌入水的质量。

【题 1.2.11】某工程采用灌砂法测定表层土的干密度，注满试坑用标准砂质量 5625g，标准砂密度 1.55g/cm^3。试坑采取的土试样质量 6898g，含水量 17.8%，该土层的干密度数值接近下列哪个选项？

(A) 1.60g/cm^3　　(B) 1.65g/cm^3　　(C) 1.70g/cm^3　　(D) 1.75g/cm^3

【答案】（A）

【解答】根据土力学基本原理该土层的干密度：

试坑体积 $V=\dfrac{5625}{1.55}=3629.03(\text{m}^3)$

土的密度 $\rho=\dfrac{6898}{3629.03}=1.90(\text{g/cm}^3)$

土的干密度 $\rho=\dfrac{\rho}{1+w}=\dfrac{1.90}{1+0.178}=1.61(\text{g/cm}^3)$

第1章 土的物理性质与工程分类

【题 1.2.12】 灌砂法检测压实填土的质量。已知标准砂的密度为 1.5g/cm^3，试验时，试坑中挖出的填土质量为 1.75kg，其含水量为 17.4%，试坑填满标准砂的质量为 1.20kg，实验室击实试验测得的压实填土的最大干密度为 1.96g/cm^3，试按《土工试验方法标准》(GB/T 50123—2019) 计算填土的压实系数最接近下列哪个值？

(A) 0.87　　　　(B) 0.90　　　　(C) 0.95　　　　(D) 0.97

【答案】(C)

【解答】 根据土力学基本原理

试坑的体积：$V = \dfrac{m_s}{\rho_s} = \dfrac{1200}{1.5} = 800(\text{cm}^3)$

试样天然密度：$\rho = \dfrac{m}{V} = \dfrac{1750}{800} = 2.19(\text{g/cm}^3)$

试样干密度：$\rho_d = \dfrac{\rho}{1+0.01w} = \dfrac{2.19}{1+0.01\times17.4} = 1.87(\text{g/cm}^3)$

压实系数：$\lambda = \dfrac{\rho_d}{\rho_{d\max}} = \dfrac{1.87}{1.96} = 0.95$

【分析】 本题考查的是灌砂法试验计算填土压实系数。如果按照题干的要求查规范计算，可能情况会变得复杂。题干已知 $\rho_{d\max}=1.96$，根据压实度的定义可知，只需求出现场的干密度 ρ_d 即可，而现场的干密度可以由已知条件通过土力学基本原理计算得到。

【题 1.2.13】 某场地有一正方形土坑，边长 20m，坑深 5m，坑壁直立。现从周边取土进行回填，共取土 2150m^3，其土性为粉质黏土，天然含水量 $w=15\%$，土粒相对密度 $G_s=2.7$，天然重度 $\gamma=19.0\text{kN/m}^3$，所取土方刚好将土坑均匀压实填满。问坑内压实填土的干密度最接近下列哪个选项（$\gamma_w=10\text{kN/m}^3$）？

(A) 15.4kN/m^3　　(B) 16.5kN/m^3　　(C) 17.8kN/m^3　　(D) 18.6kN/m^3

【答案】(C)

【解答】 根据土力学基本原理

填料的干重度：$\gamma_{d1} = \dfrac{\gamma}{1+0.01w} = \dfrac{19.0}{1+0.15} = 16.52(\text{kN/m}^3)$

根据填筑前后土粒质量相等，$\rho_{d1}V_1 = \rho_{d2}V_2$，则

$$\gamma_{d2} = \dfrac{\gamma_{d1}V_1}{V_2} = \dfrac{16.52\times2150}{20\times20\times5} = 17.76(\text{kN/m}^3)$$

【点评】 本题考查的是三相比例指标的具体工程应用。

【题 1.2.14】 取网状构造冻土试样 500g，待冻土完全融化后，加水调成均匀的糊状，糊状土质量为 560g，经试验测得糊状土的含水量为 60%，问冻土试样的含水量最接近下列哪个选项？

(A) 43%　　　　(B) 48%　　　　(C) 54%　　　　(D) 60%

【答案】(A)

【解答】 直接由《土工试验方法标准》(GB/T 50123—2019) 第 32.2.3 条公式 (32.2.3) 计算。

$$w = \left[\dfrac{m_{f0}}{m_{f1}}(1+0.01w_h)-1\right]\times100 = \left[\dfrac{500}{560}\times(1+0.01\times60)-1\right]\times100 = 42.9\%$$

该题亦可不用规范公式，直接通过指标换算得出答案。

【分析】 该题是希望读者了解冻土的特殊构造以及冻土试验的一些特殊要求。对于层状

和网状结构的冻土，由于结冰水在土中赋存的不均匀，测含水量时要求取较大的试样，待其完全融化后，调成均匀糊状（土太湿时，多余的水分让其自然蒸发或用吸球吸出，但不得将土粒带出；土太干时，可适当加水），测求糊状土的含水量，再换算出原状冻土的含水量。

对于冻土的含水量测试方法，几乎所有的土力学教材都没有涉及，所以要根据相关规范，最简单的解题方法是由《土工试验方法标准》给出的公式直接计算得出答案。

当然读者也可通过土的三相比例指标换算得出答案，解题中应明确冻土在融化及加水调糊的试验过程中土粒质量一直没有变化。

设试样中土粒质量为 m_s，则根据含水量的定义，糊状土质量 $560=m_w+m_s=m_s\times 60\%+m_s$，由此解得 $m_s=350g$。

所以原状冻土的含水量为 $m_w/m_s=(500-350)/350=42.9\%$，结果一样。

【本节考点】
① 三相比例指标的定义；
② 三相比例指标的换算；
③ 三相比例指标在工程中的应用，如配土时需要加的水量或填土时需要的填土方量等。

1.3 砂土的相对密度试验

【题 1.3.1】某砂土密度为 $1.76g/cm^3$，含水量为 9.5%，土粒相对密度为 2.65，烘干后测定最小孔隙比为 0.453，最大孔隙比为 0.951，试求砂土的相对密实度，并判定该砂土的密实度。

基本原理（基本概念或知识点）

砂的密实度在一定程度上可根据天然孔隙比 e 的大小来评定。但对于级配相差较大的不同土类，则天然孔隙比 e 较难以判定密实度的相对高低。为了合理判定砂土的密实状态，工程上提出了相对密实度的概念，即将现场砂土的孔隙比 e 与该种土所能达到最密时的孔隙比 e_{min} 和最松时的孔隙比 e_{max} 相对比的方法，来表示孔隙比为 e 时土的密实度。这种度量密实度的指标称为相对密实度，用 D_r 表示。而砂的 e_{min} 和 e_{max} 则是通过试验获得。

砂的相对密实度试验是进行砂的最大干密度和最小干密度试验，试验适用于粒径不大于 $5mm$ 的土，且粒径 $2\sim5mm$ 的试样质量不大于试样总量的 15%。

砂的最大干密度试验采用振动捶击法，砂的最小干密度试验宜采用漏斗法和量筒法。

本试验必须进行两次平行测定，两次测定的密度差值不得大于 $0.03g/cm^3$，取两次测值的平均值。

（1）砂土的干密度

最大干密度 ρ_{dmax} 对应最小孔隙比 e_{min}，最小干密度 ρ_{dmin} 对应最大孔隙比 e_{max}，两者按下式计算：

$$e_{max}=\frac{\rho_w G_s}{\rho_{dmin}}-1 \tag{1-3}$$

（2）砂土的相对密实度 D_r

$$D_r = \frac{e_{\min} - e_0}{e_{\max} - e_{\min}} \tag{1-4}$$

如果是用密度来计算，则

$$D_r = \frac{\rho_{d\max}(\rho_d - \rho_{d\min})}{\rho_d(\rho_{d\max} - \rho_{d\min})} \tag{1-5}$$

式中 e_0——砂的天然孔隙比；

ρ_d——要求的干密度或天然干密度；

$e_{\max}$——土的最大孔隙比，测定的方法是将松散的风干土样通过长颈漏斗轻轻倒入容器，避免重力冲击，求得土的最小干密度再经换算得到；

$e_{\min}$——土的最小孔隙比，测定的方法是将松散的风干土样装在容器内，按规定方法振动和捶击，直至密度不再提高，求得土的最大干密度后经换算得到。

注意：砂的干密度计算在地基处理砂石桩的内容里也常有考。

当 $D_r=0$ 时，$e=e_{\max}$，表示砂土处于最松状态。当 $D_r=1.0$ 时，$e=e_{\min}$，表示砂土处于最密状态。用相对密实度 D_r 判定砂土的密实度标准见表 1-3。

表 1-3 按相对密实度 D_r 划分砂土密实度

密实度	密实	中密	松散
D_r	$D_r > 2/3$	$2/3 \geq D_r > 1/3$	$D_r \leq 1/3$

【解答】由题意，$e_{\min}=0.453$，$e_{\max}=0.951$。

根据三相比例指标的换算公式，有

天然孔隙比 $e = \dfrac{G_s(1+w)\rho_w}{\rho} - 1 = \dfrac{2.65 \times (1+0.095) \times 1.0}{1.76} - 1 = 0.649$

所以，相对密实度 $D_r = \dfrac{e_{\min} - e_0}{e_{\max} - e_{\min}} = \dfrac{0.951 - 0.649}{0.951 - 0.453} = 0.61$

因为 $1/3 < D_r = 0.61 \leq 2/3$，所以该砂土密实度为中密。

【点评】注意在计算天然孔隙比时不要把 ρ_w 省略，虽然对计算结果没有影响，但其作用是将单位消除掉。

【题 1.3.2】为测求某一砂样的最大干密度和最小干密度，分别进行了两次平行试验，两次最大干密度试验结果为 1.58g/cm^3 和 1.60g/cm^3，两次最小干密度试验结果为 1.40g/cm^3 和 1.42g/cm^3，则该砂样的最大干密度和最小干密度可取多少？

【解答】两次平行测定的密度差值为 0.02g/m^3，小于 0.03g/cm^3，取两次测值的平均值。所以

最大干密度 $\rho_{d\max} = \dfrac{1.58 + 1.60}{2} = 1.59(\text{g/cm}^3)$

最小干密度 $\rho_{d\min} = \dfrac{1.40 + 1.42}{2} = 1.41(\text{g/cm}^3)$

【本节考点】

① 根据 $e_{\max}$ 和 $e_{\min}$（或 $\rho_{d\min}$ 和 $\rho_{d\max}$）计算砂土的相对密实度 D_r；

② 根据砂土的相对密实度 D_r 判定其密实程度；

③ 两次平行试验测值的平均值取值方法。

1.4 土的稠度概念及其应用

【题 1.4.1】 某饱和原状土，体积 $V=100\text{cm}^3$，湿土质量 $m=0.185\text{kg}$，烘干后质量 $m_s=0.145\text{kg}$，$d_s=2.7$，$w_L=35\%$，$w_p=17\%$，试求：(1) 土的塑性指数；(2) 土的液性指数；(3) 确定土的名称和状态。

基本原理（基本概念或知识点）

黏性土具有可塑性。含水量对黏性土的工程性质有着极大的影响。随着含水量的变化，黏性土可呈现具有脆性的固体特征，或呈黏滞流动的液体，或具有一定的可塑性。

黏性土由一种状态转到另一种状态的分界含水量，称为界限含水量。黏性土的界限含水量对黏性土的分类和工程性质的评价有着重要意义。

液限 w_L：黏性土由可塑状态转到流动状态的界限含水量。

塑限 w_p：由半固态转到可塑状态的界限含水量。

塑性指数 I_p：液限和塑限的差值，即

$$I_p = w_L - w_p \tag{1-6}$$

塑性指数习惯上用不带"％"的百分数表示。塑性指数是土处于可塑状态的上限和下限含水量。塑性指数 I_p 越大，表明土的颗粒愈细，比表面积愈大，土的黏粒或亲水矿物（如蒙脱石）含量愈高，土处在可塑状态的含水量变化范围就愈大。也就是说，塑性指数能综合反映土的矿物成分和颗粒大小的影响，因此，塑性指数常作为工程上对黏性土进行分类的依据。

《岩土工程勘察规范》和《建筑地基基础规范》对黏性土的划分标准见表1-4。

表1-4　黏性土的分类

塑性指数 I_p	土的名称
$I_p > 17$	黏土
$10 < I_p \leq 17$	粉质黏土

注：塑性指数由相应于76g圆锥体入土深度为10mm时所对应的液限计算而得。

虽然土的天然含水量对黏性土的状态有很大影响，但对于不同的土，即使具有相同的含水量，如果它们的塑限、液限不同，则它们所处的状态也就不同。因此，还需要一个表征土的天然含水量与分界含水量之间相对关系的指标，就是液性指数。即

$$I_L = \frac{w - w_p}{w_L - w_p} \tag{1-7}$$

液性指数是黏性土的天然含水量和塑限的差值与塑性指数之比，一般用小数表示，是判别黏性土软硬状态的指标，其划分标准见表1-5。

表1-5　黏性土的状态

液性指数 I_L	状态	液性指数 I_L	状态
$I_L \leq 0$	坚硬	$0.75 < I_L \leq 1$	软塑
$0 < I_L \leq 0.25$	硬塑	$I_L > 1$	流塑
$0.25 < I_L \leq 0.75$	可塑		

注：《岩土工程勘察规范》和《建筑地基基础规范》为一样的划分标准。

【解答】土的含水量 $w = \dfrac{m_w}{m_s} = \dfrac{m - m_s}{m_s} = \dfrac{0.185 - 0.145}{0.145} = 27.5\%$

(1) 土的塑性指数 $I_p = w_L - w_p = 35 - 17 = 18$

(2) 土的液性指数 $I_L = \dfrac{w - w_p}{w_L - w_p} = \dfrac{27.5 - 17}{35 - 17} = 0.58$

(3) $I_p = 18 > 17$，该土为黏土；$0.25 < I_L < 0.75$，黏土为可塑状态。

【题 1.4.2】在某建筑地基中存在一细粒土层，该土层的天然含水量为 24.0%。经液、塑限联合测定法试验求得：对应圆锥下沉深度 2mm、10mm、17mm 时的含水量分别为 16.0%、27.0%、34.0%。请分析判断，根据《岩土工程勘察规范》(GB 50021—2001)(2009年版)对本层土的定名和状态描述，下列哪一选项是正确的？

(A) 粉土，湿　　　　　　　　　(B) 粉质黏土，可塑
(C) 粉质黏土，软塑　　　　　　(D) 黏土，可塑

【答案】(B)

基本原理（基本概念或知识点）

目前土的分类和定名主要依据颗粒级配或塑性指数。《岩土工程勘察规范》(GB 50021—2001)(2009年版) 和《建筑地基基础设计规范》(GB 50007—2011) 在土的分类上基本一致，见表 1-6。

表 1-6　土的分类及状态划分

分类	定义	《岩土工程勘察规范》		《建筑地基基础设计规范》	
		细分	状态	细分	状态
碎石土	粒径大于 2mm 的颗粒质量超过总质量 50% 的土	表 3.3.2	表 3.3.8-1 表 3.3.8-2	表 4.1.5	表 4.1.6
砂土	粒径大于 2mm 的颗粒质量不超过总质量的 50%，粒径大于 0.075mm 的颗粒质量超过总质量 50% 以上的土	表 3.3.3	表 3.3.9	表 4.1.7	表 4.1.8
粉土	粒径大于 0.075mm 的颗粒质量不超过总质量 50%，且塑性指数等于或小于 10 的土	—	表 3.3.10-1 表 3.3.10-2	—	—
黏性土	塑性指数大于 10 的土	3.3.5 条	表 3.3.11	表 4.1.9	表 4.1.10

【解答】根据《岩土工程勘察规范》(GB 50021—2001)(2009年版) 第 3.3.5 条，塑性指数应由相应于 76g 圆锥仪沉入土中深度为 10mm 时测定的液限计算而得。

则 $w_p = 16.0\%$，$w_L = 27.0\%$。

$I_p = w_L - w_p = 27.0 - 16.0 = 11$，大于 10 且小于 17，可判定为粉质黏土。

$I_L = \dfrac{w - w_p}{I_p} = \dfrac{24.0 - 16.0}{11} = 0.73$

$0.25 < I_L \leqslant 0.75$，查《岩土工程勘察规范》表 3.3.11，可塑。

所以该土样的定名和状态为：粉质黏土，可塑。

【分析】《土工试验方法标准》(GB/T 50123—2019) 第 9.2.4 条条文说明：液限是土体处于黏滞塑性状态时的含水率，在该界限时，土体出现一定的流动阻力即最小可量度的剪切强度，理论上是强度"从无到有"的分界点。这是各种测试方法等效的标准。

但是，所有的测定方法仍然是根据表观观察土的某种含水量下是否"流动"，而不是真

正根据土中水的形态来划分的。实际上，土中水的形态，定性区分比较容易，定量划分则颇为困难。目前尚不能够定量地以结合水膜的厚度来确定液限或塑限。从这个意义上说，液限和塑限与其说是一种理论标准，不如说是一种人为确定的标准。

《岩土工程勘察规范》(GB 50021—2001)(2009 年版)第 3.3.5 条和《建筑地基基础设计规范》(GB 50007—2011)第 4.1.9 均规定：塑性指数由相应于 76g 圆锥体沉入土样中深度为 10mm 时测定的液限计算而得。

而如果按照《土工试验方法标准》(GB/T 50123—2019)，当确定土的液限值用于了解土的物理性质及塑性土分类时，应将 76g 锥下沉深度 17mm 时的含水量定为液限。

则 $w_p=16.0\%$，$w_L=34.0\%$。

$I_p = w_L - w_p = 34.0 - 16.0 = 18$，大于 17，可判定为黏土。

$I_L = \dfrac{w - w_p}{I_p} = \dfrac{24.0 - 16.0}{18} = 0.44$，可塑。

结果就是答案（D）：黏土，可塑。所以，一定要按照题目的要求去做，不要想当然。

【题 1.4.3】下表为某建筑地基中细粒土层的部分物理性质指标，据此请对该土层进行定名和状态描述，并指出下列哪一选项是准确的？

密度 ρ/(g/cm³)	相对密度 d_s	含水量 $w/\%$	液限 $w_L/\%$	塑限 $w_p/\%$
1.95	2.70	23	21	12

(A) 粉质黏土，流塑 (B) 粉质黏土，硬塑
(C) 粉土，稍湿，中密 (D) 粉土，湿，密实

【答案】（D）

【解答】根据《岩土工程勘察规范》(GB 50021—2001)(2009 年版)第 3.3.4 条、3.3.10 条

计算塑性指数：

$$I_p = w_L - w_p = 21 - 12 = 9$$

根据《岩土工程勘察规范》(GB 50021—2001)(2009 年版)第 3.3.4 条，塑性指数等于或小于 10 的土，应定名为粉土。可排除（A）、（B）。

规范第 3.3.10 条"粉土的密实度应根据孔隙比 e 划分为密实、中密和稍密；其湿度应根据含水量 $w(\%)$ 划分为稍湿、湿、很湿。密实度和湿度的划分应分别符合表 3.3.10-1 和表 3.3.10-2 的规定。"

计算孔隙比：

$$e = \dfrac{d_s(1+w)\rho_w}{\rho} - 1 = \dfrac{2.7 \times (1+0.23) \times 1.0}{1.95} - 1 = 0.703$$

查《岩土工程勘察规范》(GB 50021—2001)(2009 年版)表 3.3.10-1 和表 3.3.10-2：

$e < 0.75$，密实；

$w = 23\%$，$20 \leqslant w \leqslant 30$，湿；

准确答案为：粉土，湿，密实。

【分析】对土的定名和状态的描述，应符合有关规范的要求。本题目的考点有两个：一是要熟练掌握三项比例指标的换算；二是要熟悉规范对土的定名和状态的描述。

【题 1.4.4】已知花岗岩残积土土样的天然含水量 $w=30.6\%$，粒径小于 0.5mm 细粒土的液限 $w_L=50\%$，塑限 $w_p=30\%$，粒径大于 0.5mm 的颗粒质量占总质量的百分比 $P_{0.5}=40\%$，试计算该土样的液性指数 I_L。

【解答】 计算根据《岩土工程勘察规范》(GB 50021—2001)(2009年版)6.9.4条文说明。

对花岗岩残积土，为求得合理的液性指数，应确定其中细粒土（粒径小于0.5mm）的天然含水量 w_f、塑性指数 I_p、液性指数 I_L，试验应筛去粒径大于0.5mm的粗颗粒后再作。而常规试验方法所作出的天然含水量失真，计算出的液性指数都小于零，与实际情况不符。细粒土的天然含水量可以实测，也可用下式计算：

$$w_f = \frac{w - 0.01 w_A P_{0.5}}{1 - 0.01 P_{0.5}}$$

$$I_p = w_L - w_p$$

$$I_L = \frac{w_f - w_p}{I_p}$$

式中　w——花岗岩残积土（包括粗、细粒土）的天然含水量，%；

　　　w_A——粒径大于0.5mm颗粒吸着水含水量，可取5%，%；

　　　$P_{0.5}$——粒径大于0.5mm颗粒质量占总质量的百分比，%；

　　　w_L——粒径小于0.5mm颗粒的液限含水量，%；

　　　w_p——粒径小于0.5mm颗粒的塑限含水量，%。

$$w_f = \frac{w - 0.01 w_A P_{0.5}}{1 - 0.01 P_{0.5}} = \frac{30.6 - 0.01 \times 5 \times 40}{1 - 0.01 \times 40} = 47.7\%$$

$$I_p = w_L - w_p = 50 - 30 = 20$$

$$I_L = \frac{w_f - w_p}{I_p} = \frac{47.7 - 30}{20} = 0.885$$

【分析】 土力学教材中一般没有关于花岗岩残积土液性指数的计算方法。所以应想到是有关规范中的要求。注册师考试的题目都是按考试大纲章节顺序出题，本考题是2006年下午的第二题，所以，本题目应该是在岩土工程勘察的那部分，则应想到很可能属于《岩土工程勘察规范》中的要求。本题目的关键是能够迅速找到与题目内容相关的规范及其条款，如果条款中找不到，那就要在条文说明中寻找。本题目的解释就是在条文说明中，一旦找到条文说明，对照题目马上就能顺利解题。

【题1.4.5】 采用收缩皿法对某黏土样进行缩限含水量的平行试验，测得试样的含水量为33.2%，湿土样体积为60cm³，将试样晾干后，经烘箱烘至恒量，冷却后测得干试样的质量为100g，然后将其蜡封，称得质量为105g，蜡封试样完全置入水中称得质量为58g，试计算该土样的缩限含水量最接近下列哪项（水的密度为1.0g/cm³，蜡的密度为0.82g/cm³）？

(A) 14.1%　　　(B) 18.7%　　　(C) 25.5%　　　(D) 29.6%

【答案】（A）

【解答】《土工试验方法标准》(GB/T 50123—2019)第6.3.3条、9.5.3条。

$$w_s = \left(0.01 w' - \frac{V_0 - V_d}{m_d} \rho_w\right) \times 100 \qquad (1\text{-}8)$$

$$V_d = \frac{m_n - m_{nw}}{\rho_{wT}} - \frac{m_n - m_0}{\rho_n} \qquad (1\text{-}9)$$

式中　w_s——土的缩限，%；

　　　w'——土样所要求的含水量（制备含水量），%；

　　　V_0——湿土体积（即收缩皿或环刀的容积），cm³；

　　　V_d——烘干后土的体积，cm³；

　　　ρ_w——水的密度，g/cm³；

m_n——试样加蜡质量，g；
m_0——湿土质量，g；
m_d——干土质量，g；
m_{nw}——试样加蜡在水中质量，g；
ρ_{wT}——纯水在 T℃时的密度，g/cm³；
ρ_n——蜡的密度，g/cm³。

代入题干中相应的数值，有

$$V_d = \frac{m_n - m_{nw}}{\rho_{wT}} - \frac{m_n - m_0}{\rho_n} = \frac{105-58}{1.0} - \frac{105-100}{0.82} = 40.9 (\text{cm}^3)$$

$$w_s = \left(0.01w' - \frac{V_0 - V_d}{m_d}\rho_w\right) \times 100 = \left(0.01 \times 33.2 - \frac{60-40.9}{100} \times 1.0\right) \times 100 = 14.1\%$$

【点评】本题考查的是缩限含水量试验的相关计算。有两点需要注意：
① 求烘干后土的体积 V_d，公式中的 m_0 应该是与之对应的烘干后的土质量，也就是 $m_0 = m_d$；
② 湿土体积 V_0 为收缩皿或环刀的容积，取 $V_0 = 60\text{cm}^3$。

【本节考点】
① 土的界限含水量试验及其计算；
② 土的塑性指数和液性指数；
③ 根据土的塑性指数和液性指数确定土的名称和状态。

1.5 击实试验

基本原理（基本概念或知识点）

在公路路堤、土坝以及建筑场地的回填土等以土体作为建筑材料的工程中，土体由于经过开挖、搬运及堆筑，原有结构遭到破坏，含水量发生变化，堆填时必然造成土体中留下很多孔隙，如不经人工压实，其均匀性差、抗剪强度低、压缩性大，水稳定性不良，往往难以满足工程的需要。因此，研究土在碾压和夯实作用下的压实性是土工构筑物的重要课题。

土具有压实性，这是指通过振动、夯击和碾压等方法调整土粒排列，以增加其密实度，达到改善其工程特性。压实填土的目的是增加土的密实度，提高土的强度，降低填土的透水性和压缩性。

大量工程实践经验表明，对于过湿的黏性土进行碾压或夯实时会出现软弹现象，土体很难压实，对于很干的土进行碾压或夯实也不能把土充分压实；只有在适当的含水量范围内才能压实。在一定的压实功能下使土最容易压实，并能达到最大密实度时的含水量称为土的最优含水量，用 w_{op} 表示。与其相对应的干密度则称为最大干密度，以 ρ_{dmax} 表示。

（1）土的击实试验

用同一种土，配制成若干份不同含水量的试样；用同样的压实能量分别对每一份试样击实（分3层，每层20～30击）；测定各击实后的含水量 w 与干密度 ρ_d；以含水量 w 为横坐标，干密度 ρ_d 为纵坐标，画曲线，如图1-2。

从图 1-2 中可以看到，随着含水量的增大，干密度也逐渐增大，表明压实效果逐步提高。当含水量超过某一限值时，干密度则随含水量的增大而减小，即压实效果下降。这说明土的压实效果随含水量的变化而变化，并在击实曲线上出现一个干密度峰值；这个峰值就是最大干密度 ρ_{dmax}，相应于这个峰值的含水量就是最优含水量 w_{op}。

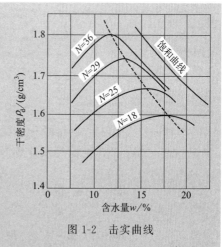

图 1-2 击实曲线

（2）土的压实特性

① 击实曲线（图 1-2）有一个峰值点，这说明在一定的压实功作用下，只有当含水量为某一定值时，土才能被压实至最大干密度。若土的含水量大于或小于 w_{op} 时，则所得的干密度都小于最大值。

② 一般来说，当土的含水量偏小时，含水量的变动对干密度的影响要比含水量偏大时的影响更为明显，这表现为曲线的左段比右段的陡。这表明，当土偏干时，增加压实能量对增大干密度的影响较大，偏湿时则收效不大。故对偏湿的土企图用增大击实功能的办法去提高土的密实度是不经济的。

③ 在同类土中，土的颗粒级配及粗细对土的压实效果影响很大，级配不均匀的土容易被压实，而均匀的土则不易被压实。

④ 试验还证明，最优含水量与压实能量（锤重×锤落高×击数）有关，增大压实能量会使填土 ρ_{dmax} 增大而使 w_{op} 减小。

⑤ 图 1-2 中的饱和曲线表示当土在饱和状态时的含水量与干密度之间的关系。根据土中各相的相对含量关系可以推得饱和曲线的表达式为：

$$w = \left(\frac{\rho_w}{\rho_d} - \frac{1}{G_s}\right) \times 100\% \tag{1-10}$$

事实上，当土的 w 接近和大于最佳值时，土内孔隙中的气体越来越多地处于受困（与大气不连通）状态，击实作用已不能将这些受困气体排出，亦即击实土是不可能被击实到完全饱和的状态。因此，当 ρ_d 相同时，击实曲线上各点的含水量都小于饱和曲线上相应的 w，也就是击实曲线必然位于饱和曲线的左下侧而不可能与饱和曲线有交点。

一般黏性土在其最佳击实情况下，饱和度约为 80%。

⑥ 一般黏性土，w_{op} 与塑限 w_p 接近，$w_{op} \approx w_p + 2$。

⑦ 由于击实作用来自一个方向，击实作用会使黏土的片状颗粒沿一个方向排列起来，当含水量增大时，水对土粒起着润滑作用，土经过击实它的结构就会由原来的片架结构转变为较紧密的片堆结构。

⑧ 室内击实试验与现场夯实或碾压的最优含水量是不一样的。室内击实试验是土样在有侧限的击实筒内进行试验，没有侧向位移，试验时夯实均匀，而现场施工的土料，土块大小不一，含水量和铺填厚度又很难控制均匀，因此实际压实土的均质性较差。

所谓最优含水量是针对某一种土，在一定的压实机械、压实能量和填土分层厚度等条件下得到的。如果这些条件改变，就会得到不同的 w_{op}。

（3）土的压实机理

当黏性土的含水量较小时，水化膜很薄，以结合水为主，粒间引力较大，在一定的外部压实作用下，还不能有效地克服这种引力而使土粒相对移动，所以这时的压实效果比较差。当增大土的 w 时，结合水膜逐渐增厚，颗粒间引力减小，土粒在相同的压实能量条件下易于移动而挤密，压实效果较好。但土的 w 增大到一定程度后，孔隙中出现了自由水，这时结合水膜的扩大作用就不明显，引力作用极其微弱，而自由水充填在孔隙中，阻止了土粒间的移动作用。压实时孔隙中过多的水分不容易排出，阻止了土颗粒间的靠拢，压实效果反而下降。因此，在一定压实能量下，在某一含水量下将获得最佳夯实效果。

在工程实践中，用土的压实度或压实系数来直接控制填方工程质量。压实系数用 λ 表示，它定义为工地压实时要求达到的干密度 ρ_d 与室内击实试验所得到的最大干密度 ρ_{dmax} 之比值，即

$$\lambda = \frac{\rho_d}{\rho_{dmax}} \tag{1-11}$$

可见，λ 值越接近1，表示对压实质量的要求越高，这应用于主要受力层或者重要工程中。在高速公路的路基工程中，要求 $\lambda > 0.95$，但对于路基的下层或次要工程，λ 值可取小一些。

【题 1.5.1】 某建筑地基采用 3∶7 灰土垫层换填，该 3∶7 灰土击实试验结果见下表。采用环刀法对刚施工完毕的第一层灰土进行施工质量检验，测得试样的湿密度为 1.78g/cm³，含水量 19.3%，其压实系数最接近下列哪个选项？

湿密度/(g/cm³)	1.59	1.76	1.85	1.79	1.63
含水量/%	17.0	19.0	21.0	23.0	25.0

(A) 0.94　　　(B) 0.95　　　(C) 0.97　　　(D) 0.99

【答案】 (C)

【解答】 将试验结果换算成干密度：

湿密度/(g/cm³)	1.59	1.76	1.85	1.79	1.63
含水量/%	17.0	19.0	21.0	23.0	25.0
干密度/(g/cm³)	1.36	1.48	1.53	1.46	1.30

由表可知，试验所得的最大干密度 $\rho_{dmax} = 1.53\text{g/cm}^3$。

现场检验得到的土样干密度 $\rho_d = \dfrac{\rho}{1+w} = \dfrac{1.78}{1+0.193} = 1.49(\text{g/cm}^3)$

则压实系数 $\lambda = \dfrac{\rho_d}{\rho_{dmax}} = \dfrac{1.49}{1.53} = 0.975$

答案 (B) 正确。

【点评】 本题的关键是要把给出的试验结果换算成干密度，然后据此判断得出最大干密度，即可计算出压实系数。

【题 1.5.2】 某公路填料进行重型击实试验，击实筒重 2258g，击实筒容积 1000cm³，击实结果见下表。

含水量/%	12.2	14.0	17.7	21.6	25.0	26.5	29.3
击实筒和土质量总和/kg	3.720	3.774	3.900	4.063	4.160	4.155	4.115

试求：(1) 确定最大干密度和最优含水量；(2) 如果重型击实改为轻型击实，分析最大干密度和最优含水量的变化；(3) 如果要求压实系数 $\lambda = 95\%$，施工机械碾压功能与重型击

实试验功能相同，估算碾压时的填料含水量。

【解答】（1）击时试验时土的密度 $\rho = \dfrac{筒和土质量-筒质量}{筒容积}$

换算成干密度 $\rho_d = \dfrac{\rho}{1+w}$

计算结果：

含水量/%	12.2	14.0	17.7	21.6	25.0	26.5	29.3
击实筒和土质量总和/kg	3.720	3.774	3.900	4.063	4.160	4.155	4.115
土的密度 ρ/(g/cm^3)	1.462	1.516	1.642	1.805	1.902	1.897	1.857
土的干密度 ρ_d/(g/cm^3)	1.303	1.330	1.395	1.484	1.522	1.500	1.436

根据计算结果可画击实曲线：

可见，最大干密度 $\rho_{dmax} = 1.522\text{g/cm}^3$。

相应地，最优含水量 $w_{op} = 25.0\%$。

（2）如果重型击实改为轻型击实，ρ_{dmax} 会减小，而 w_{op} 则会增大。

（3）如果要求压实系数 $\lambda = 95\%$，则 $\rho_d = \rho_{dmax}\lambda = 1.522 \times 0.95 = 1.446(\text{g/cm}^3)$

对应的含水量 $w = 20\%$。

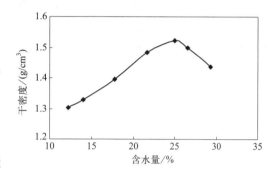

施工机械碾压功能与重型击实试验功能相同，则碾压时的填料含水量应控制在最优含水量的附近（±2%），即 $w = w_{op} \pm 2\% = 25.0 \pm 2 = 23\% \sim 27\%$。

【本节考点】

由击实试验结果计算最大干密度和最优含水量。

1.6 岩石（岩体）的分类和鉴定

【题1.6.1】取直径为50mm，长度为70mm的标准岩石试件，进行径向点荷载强度试验，测得破坏时的极限荷载为4000N，破坏瞬间加荷点未发生贯入现象。试分析判断该岩石的坚硬程度属于下列哪个选项？

(A) 软岩　　　(B) 较软岩　　　(C) 较坚硬岩　　　(D) 坚硬岩

【答案】（C）

基本原理（基本概念或知识点）

岩石的分类可以分为地质分类和工程分类。地质分类主要根据其地质成因、矿物成分、结构构造和风化程度，可以用地质名称（即岩石学名称）加风化程度表达，如强风化花岗岩、微风化砂岩等。这对于工程的勘察设计是十分必要的。工程分类主要根据岩体的工程性状，使工程师建立起明确的工程特性概念。地质分类是一种基本分类，工程分类应是在地质分类的基础上进行，目的是较好概括其工程性质，便于进行工程评价。

岩石坚硬程度，是岩石（或岩体）在工程意义上的最基本性质之一。它的定量指标和岩石组成的矿物成分、结构、致密程度、风化程度以及受水软化程度有关。表现为岩石在外荷载作用下，抵抗变形直至破坏的能力。表达这一性质的定量指标，有岩石单轴抗压强度（R_c）、弹性（变形）模量（E_r）、回弹值（r）等。在这些力学指标中，单轴抗压强度容易测得，代表性强，使用最广，与其他强度指标相关密切，同时又能反映出岩石受水软化的性质，因此，采用单轴饱和抗压强度（R_c）作为反映岩石坚硬程度的定量指标。

根据《工程岩体分级标准》（GB/T 50218—2014）第3.3.1条：岩石坚硬程度的定量指标，应采用岩石饱和单轴抗压强度R_c。R_c应采用实测值。当无条件取得实测值时，也可采用实测的岩石点荷载强度指数$I_{s(50)}$的换算值，并按下式计算：

$$R_c = 22.82 I_{s(50)}^{0.75}$$

岩石饱和单轴抗压强度R_c与岩石坚硬程度的对应关系，可按规范表3.3.3确定（表1-7）。

表1-7 R_c与岩石坚硬程度的对应关系

R_c/MPa	>60	60～30	30～15	15～5	≤5
坚硬程度	硬质岩		软质岩		
	坚硬岩	较坚硬岩	较软岩	软岩	极软岩

【解答】根据《工程岩体试验方法标准》（GB/T 50266－2013）第2.13.9条，岩石点荷载强度

$$I_{s(50)} = \frac{P}{D_e^2} \tag{1-12}$$

式中　P——破坏荷载，N；

　　　D_e——等价岩心直径，mm。

当上、下锥端未发生贯入时$D_e = D = 50\text{mm}$，D为加荷点的间距，也就是岩石试件的直径50mm。

$$I_{s(50)} = \frac{P}{D_e^2} = \frac{4000}{50^2} = 1.6 \text{(MPa)}$$

根据《工程岩体分级标准》（GB/T 50218—2014），岩石单轴饱和抗压强度R_c：

$$R_c = 22.82 I_{s(50)}^{0.75} = 22.82 \times 1.6^{0.75} = 32.4 \text{(MPa)}$$

查《工程岩体分级标准》（GB/T 50218—2014）表3.3.3，岩石为较坚硬。

【分析】本题可用《岩土工程勘察规范》（GB 50021—2001）（2009年版）来分类，即岩石的坚硬程度按规范表3.2.2-1执行，注意在该规范中岩石的饱和单轴抗压强度用符号f_r表示，而用点荷载试验强度换算时，其换算方法依然按《工程岩体分级标准》（GB 50218—2014）执行。换句话说，在岩石坚硬程度的分类上，这两个规范完全一致。

本题目计算工作量不大，但涉及至少两个规范：岩石点荷载强度的计算要根据《工程岩体试验方法标准》第2.13.9条；而岩石单轴饱和抗压强度R_c则是根据《工程岩体分级标准》的3.3.1条计算。最后，由计算出的R_c（或f_r）查《工程岩体分级标准》的表3.3.3（或查《岩土工程勘察规范》的表3.2.2-1），从而得到岩石的坚硬程度。

【题1.6.2】对某岩石进行单轴抗压强度试验，试件直径均为72mm，高度均为95mm，测得其在饱和状态下岩石单轴抗压强度分别为62.7MPa、56.5MPa、67.4MPa，在干燥状态下标准试件单轴抗压强度平均值为82.1MPa，试按《工程岩体试验方法标准》（GB/T 50266—2013）求该岩石的软化系数与下列哪项最接近？

(A) 0.69　　　　(B) 0.71　　　　(C) 0.74　　　　(D) 0.76

【答案】(B)

【解答】根据《工程岩体试验方法标准》(GB/T 50266—2013) 第 2.7.10 条：

(1) 非标准试件单轴饱和抗压强度

在条文说明中，对非标准试件应按 $R = \dfrac{8R'}{7+2D/H}$ 对其抗压强度进行换算：

$$R_{w1} = \frac{8 \times 62.7}{7+2 \times 72 \div 95} = 58.9 \text{(MPa)}$$

$$R_{w2} = \frac{8 \times 56.5}{7+2 \times 72 \div 95} = 53.1 \text{(MPa)}$$

$$R_{w3} = \frac{8 \times 67.4}{7+2 \times 72 \div 95} = 63.3 \text{(MPa)}$$

$$\bar{R}_w = \frac{58.9+53.1+63.3}{3} = 58.43 \text{(MPa)}$$

(2) 软化系数

$$\eta = \frac{\bar{R}_w}{R_d}$$

式中　$\bar{R}_w$——岩石饱和单轴抗压强度平均值，MPa；
　　　R_d——岩石烘干单轴抗压强度平均值，MPa。

$$\eta = \frac{\bar{R}_w}{R_d} = \frac{58.43}{82.1} = 0.71$$

【点评】本题考查的是根据单轴抗压强度试验求岩石软化系数。题目本身不难，计算量也不大，但有个小小的"坑"，就是题干中给出的三个岩石单轴抗压强度值，并非标准尺寸下的抗压强度，所以需进行强度换算。

【题 1.6.3】某风化岩石用点荷载试验求得的点荷载强度指数 $I_{s(50)} = 1.28$MPa，其新鲜岩石的单轴饱和抗压强度 $f_r = 42.8$MPa。试根据给定条件判定该岩石的风化程度为下列哪一项？

(A) 未风化　　(B) 微风化　　(C) 中等风化　　(D) 强风化

【答案】(C)

【解答】根据《工程岩体分级标准》(GB/T 50218—2014) 第 3.3.1 条

$$R_c = 22.82 I_{s(50)}^{0.75} = 22.82 \times 1.28^{0.75} = 27.46 \text{(MPa)}$$

风化系数：

$$K_f = \frac{R_c}{f_r} = \frac{27.46}{42.8} = 0.64$$

$0.4 < K_f = 0.64 < 0.8$，由《岩土工程勘察规范》(GB 50021—2001)（2009 年版）表 A.0.3 得，风化程度为中等风化。

【题 1.6.4】某工程测得中等风化岩体压缩波波速 $V_{pm} = 3185$m/s，剪切波波速 $V_s = 1603$m/s，相应岩块的压缩波波速 $V_{pr} = 5067$m/s，剪切波波速 $V_s = 2348$m/s；岩石质量密度 $\rho = 2.64$g/cm^3，饱和单轴抗压强度 $R_c = 40$MPa。则该岩体基本质量指标 BQ 为下列何项数值？（　　）

(A) 255　　　　(B) 310　　　　(C) 491　　　　(D) 714

【答案】(B)

基本原理（基本概念或知识点）

岩体基本质量分级，是各类型工程岩体定级的基础。《工程岩体分级标准》(GB/T 50218—2014) 4.1.1 规定：

岩体基本质量分级，应根据岩体基本质量的定性特征和岩体基本质量指标 BQ 两者相结合，并应按表 4.1.1 确定。

岩体基本质量的定性特征，应由本标准表 3.2.1 和表 3.2.3 所确定的岩石坚硬程度及岩体完整程度组合确定。

1 岩体基本质量指标 BQ，应根据分级因素的定量指标 R_c 的兆帕数值和 K_v，按下式确定：

$$BQ = 100 + 3R_c + 250K_v \tag{4.2.2}$$

2 使用公式(4.2.2)计算时，应符合下列规定：
1) 当 $R_c > 90K_v + 30$ 时，应以 $R_c = 90K_v + 30$ 和 K_v 代入计算 BQ 值；
2) 当 $K_v > 0.04R_c + 0.4$ 时，应以 $K_v = 0.04R_c + 0.4$ 和 R_c 代入计算 BQ 值。

岩体完整性指数（K_v），应针对不同的工程地质岩组成岩性段，选择有代表性的点、段，测定岩体弹性纵波波速，并应在同一岩体取样测定岩石弹性纵波波速。K_v 值应按下式计算：

$$K_v = (V_{pm}/V_{pr})^2 \tag{1-13}$$

式中 V_{pm}——岩体弹性纵波波速，km/s；
V_{pr}——岩石弹性纵波波速，km/s。

【解答】根据《工程岩体分级标准》(GB/T 50218—2014) 附录 B、第 4.2.2 条，岩体基本质量指标 $BQ = 100 + 3R_c + 250K_v$。

岩体完整性指数 $K_v = (V_{pm}/V_{pr})^2 = \left(\dfrac{3185}{5067}\right)^2 = 0.395$。

判断：
$R_c = 40\text{MPa} < 90K_v + 30 = (90 \times 0.4 + 30)\text{MPa} = 66\text{MPa}$，所以取 $R_c = 40\text{MPa}$。
$K_v = 0.395 < 0.04R_c + 0.4 = 0.04 \times 40 + 0.4 = 2$，所以取 $K_v = 0.395$。
则 $BQ = 100 + 3R_c + 250K_v = 100 + 3 \times 40 + 250 \times 0.395 = 318.75$。
所以答案是（B）。

【点评】
①岩体与岩石不是一个概念，要仔细审题，不要代错数值；②压缩波即为弹性纵波；③在使用公式计算 BQ 时，应注意该公式的限制条件。

【题 1.6.5】某岩体的岩石单轴饱和抗压强度为 10MPa，在现场作岩体的波速试验 $V_{pm} = 4.0\text{km/s}$，在室内对岩块进行波速试验 $V_{pr} = 5.2\text{km/s}$，如不考虑地下水、软弱结构面及初始应力的影响，按《工程岩体分级标准》(GB/T 50218—2014) 计算岩体基本质量指标 BQ 值和确定基本质量级别。请问下列（　　）组合与计算结果接近。

(A) 312.3，Ⅳ级　　(B) 277.5，Ⅳ级　　(C) 486.8，Ⅱ级　　(D) 320.0，Ⅲ级

【答案】(B)

【解答】根据《工程岩体分级标准》(GB/T 50218—2014) 附录 B、4.2.2 条、4.1.1 条

计算如下：

$$K_v = (V_{pm}/V_{pr})^2 = \left(\frac{4.0}{5.2}\right)^2 = 0.59$$

$$90K_v + 30 = 90 \times 0.59 + 30 = 83.25(\text{MPa})$$

$R_c < 90K_v + 30$，取 $R_c = 10\text{MPa}$。

$$0.04R_c + 0.4 = 0.04 \times 10 + 0.4 = 0.8$$

$K_v < 0.04R_c + 0.4$，取 $K_v = 0.59$。

$$BQ = 100 + 3R_c + 250K_v = 100 + 3 \times 10 + 250 \times 0.59 = 277.5$$

查规范表 4.1.1，可确定岩体基本质量级别为Ⅳ级。

答案（B）正确。

【题 1.6.6】 某洞室轴线走向为南北向，其中某工程段岩体实测弹性纵波波速为 3800m/s，主要软弱结构面产状为倾向 NE68°，倾角 59°，岩石单轴饱和抗压强度为 $R_c = 72\text{MPa}$，岩块测得纵波波速为 4500m/s，垂直洞室轴线方向的最大初始应力为 12MPa，洞室地下水呈淋雨状出水，水量为 8L/(min·m)，问该工程岩体质量等级为多少？

【解答】 根据《工程岩体分级标准》（GB/T 50218—2014）第 4.1.1 条、第 4.2.2 条、第 5.2.2 条计算如下。

（1）计算岩体的完整性指数

$$K_v = (V_{pm}/V_{pr})^2 = \left(\frac{3800}{4500}\right)^2 = 0.71$$

（2）计算岩体基本质量指标

$90K_v + 30 = 90 \times 0.71 + 30(\text{MPa}) = 93.9(\text{MPa}) > R_c = 72\text{MPa}$，取 $R_c = 72\text{MPa}$。

$0.04R_c + 0.4 = 0.04 \times 72 + 0.4 = 3.28 > K_v = 0.71$，取 $K_v = 0.71$。

$$BQ = 100 + 3R_c + 250K_v = 100 + 3 \times 72 + 250 \times 0.71 = 493.5$$

（3）地下水影响修正系数

按出水量 8L/(mim·m) < 10L/(mim·m) 和 BQ=483.5>450，查规范表 5.2.2-1，得 $K_1 = 0.1 \sim 0.2$。

（4）主要结构面产状影响修正系数

主要结构面走向与洞室轴线夹角为 90−68=22(°)，倾角 59°，查规范表 5.2.2-2，$K_2 = 0.4 \sim 0.6$，取 $K_2 = 0.5$。

（5）初始应力状态影响修正系数

$\dfrac{R_c}{\sigma_{max}} = \dfrac{72}{12} = 6$，根据规范表 5.2.2-3，此为高应力区，$K_3 = 0.5$。

（6）岩体质量基本指标修正值

$[BQ] = BQ - 100(K_1 + K_2 + K_3) = 493.5 - 100 \times [(0.1 \sim 0.2) + (0.4 \sim 0.6) + 0.5] = 363.5 \sim 393.5$

（7）查表 4.1.1，可以确定该岩体质量等级为Ⅲ级。

【点评】 这道题不仅要求计算岩体基本质量指标 BQ 值，还要根据已知条件对其进行修正。在确定软弱结构面产状影响修正系数 K_2 时，要能够熟练判断结构面产状及其与洞轴线的组合关系；在确定初始应力状态影响修正系数时，规范规定采用 R_c/σ_{max} 作为评价"应力情况"的定量指标。

【题 1.6.7】 某地下工程穿越一座山体，已测得该地段代表性的岩体和岩石的弹性纵波速分别为3000m/s和3500m/s，岩石饱和单轴抗压强度实测值为35MPa，岩体中仅有点滴状出水，出水量为20L/(min·10m)，主要结构面走向与洞轴线夹角为62°，倾角78°，初始应力为5MPa。根据《工程岩体分级标准》(GB/T 50218—2014)，该项工程岩体质量等级应为下列哪种？

(A) Ⅱ   (B) Ⅲ   (C) Ⅳ   (D) Ⅴ

【答案】(C)

【解答】根据《工程岩体分级标准》(GB/T 50218—2014)第4.1.1条、第4.2.2条、第5.2.2条

$$K_v = (V_{pm}/V_{pr})^2 = \left(\frac{3000}{3500}\right)^2 = 0.73$$

$$90K_v + 30 = 90 \times 0.73 + 30 = 95.7 > R_c = 35，取 R_c = 35$$

$$0.04R_c + 0.4 = 0.04 \times 35 + 0.4 = 1.8 > K_v = 0.73$$

$$BQ = 100 + 3R_c + 250K_v = 100 + 3 \times 35 + 250 \times 0.73 = 387.5$$

查表可知，岩体基本质量等级为Ⅲ级。

地下水影响修正系数：查表5.2.2-1，$K_1 = 0 \sim 0.1$。

主要结构面产状影响修正系数：查表5.2.2-2，$K_2 = 0 \sim 0.2$。

初始应力状态影响修正系数：$\frac{R_c}{\sigma_{max}} = \frac{35}{5} = 7$，查表5.2.2-3，$K_3 = 0.5$。

岩体质量指标：

$$[BQ] = BQ - 100(K_1 + K_2 + K_3)$$
$$= 387.5 - 100 \times [(0 \sim 0.1) + (0 \sim 0.2) + 0.5] = 307.5 \sim 337.5$$

查表4.1.1，确定该岩体质量等级为Ⅳ级。

【点评】本题与上面的题目考点及解题方法几乎一样。

【题1.6.8】某边坡高度为55m，坡面倾角为65°，倾向为NE59°，测得岩体的纵波波速为3500m/s，相应岩块的纵波波速为5000m/s，岩石的饱和单轴抗压强度$R_c = 45$MPa，岩层结构面的倾角为69°，倾向为NE75°，边坡结构面类型与延伸性修正系数为0.7，地下水影响系数为0.5，按《工程岩体分级标准》(GB/T 50218—2014)计算岩体基本质量指标确定该边坡岩体的质量等级为下列哪项？

(A) Ⅴ   (B) Ⅳ   (C) Ⅲ   (D) Ⅱ

【答案】(B)

【解答】根据《工程岩体分级标准》(GB/T 50218—2014)第4.2节、5.2节：

(1) 完整性指数

$$K_v = \left(\frac{V_{pm}}{V_{pr}}\right)^2 = \left(\frac{3500}{5000}\right)^2 = 0.49$$

(2) 基本质量指标BQ

$R_c = 45$MPa $< 90K_v + 30 = 90 \times 0.49 + 30$(MPa) $= 74.1$(MPa)，取$R_c = 45$MPa。

$K_v = 0.49 < 0.04R_c + 0.4 = 0.04 \times 45 + 0.4 = 2.2$，取$K_v = 0.49$。

$BQ = 100 + 3R_c + 250K_v = 100 + 3 \times 45 + 250 \times 0.49 = 357.5$。

(3) BQ修正及岩体质量等级确定

查规范表5.3.2-3。结构面倾向与边坡倾向间的夹角为75°−59°=16°，$F_1 = 0.7$。结构面倾角为69°，$F_2 = 1.0$。

结构面倾角与边坡坡角之差为69°−65°=4°，$F_3 = 0.2$。

$$K_5 = F_1 F_2 F_3 = 0.7 \times 1.0 \times 0.2 = 0.14$$
$$[BQ] = BQ - 100(K_4 + \lambda K_5) = 357.5 - 100 \times (0.5 + 0.7 \times 0.14) = 297.7$$

查表 4.1.1，岩体质量等级为Ⅳ级。

【点评】 本题要弄明白几个角度的定义及其计算，否则会得到错误的结果。

【题 1.6.9】 在近似水平的测面上沿正北方向布置 6m 长测线测定结构面的分布情况，沿测线方向共发育了 3 组结构面和 2 条非成组节理，测量结果见下表。按《工程岩体分级标准》(GB/T 50218—2014) 要求判定该处岩体的完整性为下列哪个选项？并说明依据（假定没有平行于侧面的结构面分布）。

编号	产状(倾向/倾角)	实测间距/条数	延伸长度/m	结构面特征
1	0°/30°	0.4～0.6m/12	≥5	平直,泥质胶结
2	30°/45°	0.7～0.9m/8	≥5	平直,无充填
3	315°/60°	0.3～0.5m/15	≥5	平直,无充填
4	120°/76°		≥3	钙质胶结
5	165°/64°		3	张开度小于1mm,粗糙

（A）较完整　　　（B）较破碎　　　（C）破碎　　　（D）极破碎

【答案】（B）

【解答】 根据《工程岩体分级标准》(GB/T 50218—2014) 附录 B：

（1）结构面沿法线方向的真间距

第一组真间距：$\dfrac{6}{12}\sin 30°\cos 0° = 0.25(m)$

第二组真间距：$\dfrac{6}{8}\sin 45°\cos 30° = 0.459(m)$

第三组真间距：$\dfrac{6}{15}\sin 60°\cos 315° = 0.245(m)$

（2）结构面沿法线方向每米长结构面的条数

$S_1 = \dfrac{1}{0.25} = 4$，$S_2 = \dfrac{1}{0.459} = 2.18$，$S_3 = \dfrac{1}{0.245} = 4.08$

（3）岩体体积节理数

钙质胶结的节理不参与统计，第 5 组结构面参与统计，即 $S_0 = 1$。

$J_v = \sum\limits_{i=1}^{n} S_i + S_0 = 4 + 2.18 + 4.08 + 1 = 11.26(条/m^3)$，查规范表 3.3.3，$K_v$ 介于 0.55～0.35 之间；查规范表 3.3.4，岩体完整程度为较破碎。

【题 1.6.10】 采用直径 75mm 的金刚钻头和双层岩芯管在岩石中钻进，在 1m 的回次深度内取得岩芯长度分别为 20cm、15cm、25cm、10cm、3cm、23cm、4cm，问该岩石的质量指标 RQD 应为多少？

> **基本原理（基本概念或知识点）**
>
> 岩石质量指标 RQD 是国际上通用的鉴别岩石工程性质好坏的指标。岩石质量指标 RQD 是用直径 75mm 的金刚钻头和双层岩芯管在岩石中钻进，连续取芯，回次钻进所取岩芯中，长度大于 10cm 的岩芯段长度之和与该回次进尺的比值，以百分数表示。《岩土工程勘察规范》(GB 50021—2001)（2009 年版）给出按照岩石质量指标对岩体的分类（表 1-8）。

表 1-8 根据岩石质量指标对岩体的分类

岩体分类	好的	较好的	较差的	差的	极差的
RQD/%	>90	75~90	50~75	25~50	<25

【解答】根据题意，在 1m 的回次深度内长度大于 10cm 的岩芯段长度为 20+15+25+23=83(cm)，则根据 RQD 的定义，有

$$\text{RQD} = \frac{83}{100} \times 100\% = 83\%$$

【分析】注意在计算中其分子项是长度大于 10cm 的相加，但不包括 10cm。

【题 1.6.11】已知某工程岩体饱和单轴抗压强度为 45MPa，岩块压缩波速度为 6.2km/s，岩体压缩波速度为 4.7km/s，试确定该岩体的基本质量等级。

【解答】岩体基本质量等级分类用《岩土工程勘察规范》(GB 50021—2001)(2009 年版)，根据岩石的坚硬程度和岩体完整程度，用表 3.2.2-3 来确定。

① 岩石的坚硬程度：由 60MPa≥R_c=45MPa>30MPa，查表 3.2.2-1，为较硬岩。

② 完整性指数：$K_v = (V_{pm}/V_{pr})^2 = \left(\frac{4.7}{6.2}\right)^2 = 0.57$，查表 3.2.2-2，为较完整。

③ 查表 3.2.2-3，综合确定，该岩体基本质量等级为Ⅲ级。

【题 1.6.12】某水利水电地下工程围岩为花岗岩，岩石饱和单轴抗压强度 R_b 为 83MPa，岩体完整性系数 K_v 为 0.78，围岩的最大主应力 σ_m 为 25MPa，按《水利水电工程地质勘察规范》(GB 50487—99) 的规定，其围岩强度应力比 S（　　）。

(A) S 为 2.78，中等初始应力状态　　(B) S 为 2.59，中等初始应力状态
(C) S 为 1.98，强初始应力状态　　　(D) S 为 4.10，弱初始应力状态

【答案】(B)

【解答】根据《水利水电工程地质勘察规范》附录第 N.0.8 条计算如下

$$S = \frac{R_b K_v}{\sigma_m} = \frac{83 \times 0.78}{25} = 2.59$$

答案 (B) 正确。

【点评】本题出自 2002 年，用的是旧规范，但计算方法与现在是一致的。

【题 1.6.13】水电站的地下厂房围岩为白云质灰岩，饱和单轴抗压强度为 50MPa，围岩岩体完整性系数 K_v=0.50。结构面宽度 3mm，充填物为岩屑，裂隙面平直光滑，结构面延伸长度 7m。岩壁渗水。围岩的最大主应力为 8MPa。根据《水利水电工程地质勘察规范》(GB 50487—2008)，该厂房围岩的工程地质类别应为下列何项所述？

(A) Ⅰ类　　　(B) Ⅱ类　　　(C) Ⅲ类　　　(D) Ⅳ类

【答案】(D)

基本原理（基本概念或知识点）

国内外对地下工程岩体分级（或称围岩分级）做了大量的探索和研究工作。研究结果表明，所有的分级方法所考虑的因素是比较一致的。一般都是将最基本的带有共性的岩石坚硬程度（含强度）和岩体完整程度，作为岩体基本质量的影响因素，而把另外几项主要影响因素，即地下水、主要软弱结构面与洞轴线的组合关系、高初始应力现象作为修正因素。

我国各行业岩体质量分级略有不同，但基本原则是一致的。

【解答】根据《水利水电工程地质勘察规范》(GB 50487—2008) 式(N.0.8)，计算岩体围岩强度应力比：

$$S = \frac{R_b K_v}{\sigma_m} = \frac{50 \times 0.50}{8} = 3.125$$

根据附录 N.0.9 计算围岩总评分：
① 岩石强度评分 A：$R_b = 50\text{MPa}$，查表 N.0.9-1，得 $A = 16.7$。
② 岩体完整程度评分 B：$K_v = 0.50$，查表 N.0.9-2，得 $B = 20$。
③ 结构面状态评分 C：$W = 3\text{mm}$，岩屑，平直光滑，硬质岩，查表 N.0.9-3，得 $C = 12$。
④ 地下水状态评分 D：$T' = A + B + C = 16.7 + 20 + 12 = 48.7$，渗水，查表 N.0.9-4，得 $D = -6$。
⑤ 各评分因素的综合确认：

$$T' = A + B + C + D = 16.7 + 20 + 12 - 6 = 48.7 - 6 = 42.7$$

查表 N.0.7 得工程地质类别为Ⅳ类。

【分析】本题在查表确定 A 和 B 时需要内插数值，查表 N.0.9-4 确定 D 时，要特别注意取值，不小心就会取值 $D = -2$。这时，$T' = A + B + C + D = 48.7 - 2 = 46.7$，查表 N.0.7 得工程地质类别为Ⅲ类，得到答案（C）。

【题 1.6.14】某大型水电站地基位于花岗岩上，其饱和单轴抗压强度为 50MPa，岩体弹性纵波波速 4200m/s，岩块弹性纵波波速 4800m/s，岩石质量指标 RQD = 80%。地基岩体结构面平直且闭合，不发育，勘探时未见地下水。根据《水利水电工程地质勘察规范》(GB 50487—2008)，该坝基岩体的工程地质类别为下列哪个选项？
(A) Ⅰ　　　　(B) Ⅱ　　　　(C) Ⅲ　　　　(D) Ⅳ
【答案】(B)
【解答】根据《水利水电工程地质勘察规范》附录 V：
$R_b = 50\text{MPa}$，属中硬岩；

$$K_v = \left(\frac{V_{pm}}{V_{pr}}\right)^2 = \left(\frac{4200}{4800}\right)^2 = 0.766 > 0.75，岩体完整；$$

RQD = 80% > 70%，查表可知该坝基岩体工程地质分类为Ⅱ类。

【题 1.6.15】按水工建筑物围岩工程地质分类法，已知围岩强度评分 25，岩体完整程度评分 30，结构面状态评分 15，地下水评分 -2，主要结构面评分 -5，围岩应力比 $S < 2$，试求其总评分为多少和围岩分类。

【解答】根据《水利水电工程地质勘察规范》(GB 50487—2008)，围岩地质总评分 $T = 25 + 30 + 15 - 2 - 5 = 63$。
$65 \geq T > 45$，Ⅲ类。
初判为Ⅲ类，但围岩应力比 $S < 2$，围岩类别降低一级，所以该围岩属Ⅳ类。

【题 1.6.16】某电站引水隧洞，围岩为流纹斑岩，其各项评分见下表，实测岩体纵波速平均值为 3320m/s，岩块的波速为 4176m/s。岩石的饱和单轴抗压强度 $R_b = 55.8\text{MPa}$，围岩最大主应力 $\sigma_m = 11.5\text{MPa}$，按照《水利水电工程地质勘察规范》(GB 50487—2008) 的要求进行的围岩的分类是下列哪一选项？

项目	岩石强度	岩体完整程度	结构面状态	地下水状态	主要结构面产状
评分	20	28	24	-3	-2

(A) Ⅳ类　　　　(B) Ⅲ类　　　　(C) Ⅱ类　　　　(D) Ⅰ类

【答案】（B）

【解答】
$$T = 20 + 28 + 24 - 3 - 2 = 67 < 85$$

$$S = \frac{R_b K_v}{\sigma_m}, \quad K_v = \left(\frac{3320}{4176}\right)^2 = 0.63$$

$$S = \frac{55.8 \times 0.63}{11.5} = 3.1 < 4$$

按表 P.0.1 判断为Ⅲ类围岩。

【题 1.6.17】 某洞段围岩，由厚层砂岩组成，围岩总评分 T 为 80。岩石的饱和单轴抗压强度 R_b 为 55MPa，围岩的最大主应力 σ_m 为 9MPa。岩体的纵波速度为 3000m/s，岩石的纵波速度为 4000m/s。按照《水利水电工程地质勘察规范》（GB 50487—2008），该洞段围岩的类别是下列哪一选项？

(A) Ⅰ类围岩　　　(B) Ⅱ类围岩　　　(C) Ⅲ类围岩　　　(D) Ⅳ类围岩

【答案】（C）

【解答】 根据《水利水电工程地质勘察规范》（GB 50487—2008）附录 N 计算。
岩体完整性系数：
$$K_v = (V_{pm}/V_{pr})^2 = (3000 \div 4000)^2 = 0.5625$$

根据式（N.0.8）计算岩体强度应力比：
$$S = \frac{R_b K_v}{\sigma_m} = \frac{55 \times 0.5625}{9} = 3.44$$

$T = 80$，查表 N.0.7，围岩等级评定为Ⅱ类围岩。

由于 $S = 3.44 < 4$，按表 N.0.7 表注：围岩类别宜相应降低一级。查表 N.0.7 可知，围岩类别为Ⅲ类。

【题 1.6.18】 某水利建筑物洞室由厚层砂岩组成，其岩石的饱和单轴抗压强度 R_b 为 30MPa，围岩的最大主应力 σ_m 为 9MPa。岩体的纵波速度为 2800m/s，岩石的纵波速度为 35000m/s。结构面状态评分为 25，地下水评分为 -2，主要结构面产状评分 -5。根据《水利水电工程地质勘察规范》（GB 50487—2008），该洞室围岩的类别是下列哪一选项？

(A) Ⅰ类围岩　　　(B) Ⅱ类围岩　　　(C) Ⅲ类围岩　　　(D) Ⅳ类围岩

【答案】（D）

【解答】 根据《水利水电工程地质勘察规范》（GB 50487—2008）附录 N。

(1) $R_b = 30$MPa，查表 N.0.9-1，评分 $A = 10$，属软质岩。

(2) 岩体完整性系数：
$$K_v = \left(\frac{V_{pm}}{V_{pr}}\right)^2 = \left(\frac{2800}{3500}\right)^2 = 0.64$$

查表 N.0.9-2，插值 $B = 16.25$。

(3) 已知 $C = 25$，$D = -2$，$E = -5$
$$T = A + B + C + D + E = 10 + 16.25 + 25 - 2 - 5 = 44.25$$

查表 N.0.7，围岩类别为Ⅳ类。

(4) 围岩强度应力比：
$$S = \frac{R_b K_v}{\sigma_m} = \frac{30 \times 0.64}{9} = 2.13 > 2（不修正）$$

查表 N.0.7 围岩类别为Ⅳ类围岩。

【题 1.6.19】 某水电工程的地下洞室,轴线走向 NE40°,跨度 10m,进洞后 20～120m 段,围岩为巨厚层石英砂岩,岩层产状 NE50°/SE∠20°,层面紧密起伏粗糙,其他结构面不发育。测得岩石和岩体弹性波纵波速度分别为 4000m/s、3500m/s,岩石饱和单轴抗压强度为 101MPa。洞内有地下水渗出,测得该段范围内总出水量约 200L/min;洞室所在地段,区域最大主应力为 22MPa。根据《水利水电工程地质勘察规范》(GB 50487—2008),该段洞室围岩详细分类和岩爆分级应为下列哪个选项?并说明理由。

(A) 围岩Ⅰ类,岩爆Ⅰ级   (B) 围岩Ⅱ类,岩爆Ⅱ级
(C) 围岩Ⅲ类,岩爆Ⅰ级   (D) 围岩Ⅲ类,岩爆Ⅱ级

【答案】(C)

【解答】 根据《水利水电工程地质勘察规范》(GB 50487—2008)附录 N、附录 Q。

(1) 围岩类别判定

$R_b = 101\text{MPa} > 100\text{MPa}$,岩石强度评分:$A = 30$,硬质岩。

$$K_v = \left(\frac{V_{pm}}{V_{pr}}\right)^2 = \left(\frac{3500}{4000}\right)^2 = 0.77 > 0.75,\text{岩石完整程度评分:}B = 40\sim 30。$$

层面紧密,则 $W < 0.5\text{mm}$;起伏粗糙,结构面状态评分:$C = 27$。

洞段长 100m,出水量:$Q = \frac{200}{120-20} \times 10 = 20[\text{L/(min·10m)}] < 25[\text{L/(min·m)}]$。

$T' = A + B + C = 30 + (40\sim 30) + 27 = 97\sim 87$,地下水评分:$D = 0$。

结构面走向与洞轴线夹角 $\beta = 10°$,结构面倾角 $\alpha = 20°$,结构面产状评分按不利原则取洞顶进行评分:$E = -12$,则

$T = A + B + C + D + E = 30 + 30 + 27 + 0 - 12 = 75$,Ⅱ级围岩。

$$S = \frac{R_b K_v}{\sigma_m} = \frac{101 \times 0.77}{22} = 3.54 < 4,\text{围岩级别降低一级,为Ⅲ级。}$$

(2) 岩爆等级判定

根据附录 Q,$S = \frac{R_b}{\sigma_m} = \frac{101}{22} = 4.59$,属于Ⅰ级岩爆。

【题 1.6.20】 某新建铁路隧道埋深较大,其围岩的勘察资料如下:①岩石饱和单轴抗压强度 $R_c = 55\text{MPa}$,岩体纵波波速 3800m/s,岩石纵波波速 4200m/s。②围岩中地下水水量较大。③围岩的应力状态为极高应力。试问其围岩的级别为下列哪个选项?

(A) Ⅰ级   (B) Ⅱ级   (C) Ⅲ级   (D) Ⅳ级

【答案】(C)

【解答】 根据《铁路隧道设计规范》(TB 10003—2016) 附录 B 计算。

(1) 基本分级

$R_c = 55\text{MPa}$,属硬质岩。

$$K_v = \left(\frac{V_{pm}}{V_{pr}}\right)^2 = \left(\frac{3800}{4200}\right)^2 = 0.82 > 0.75,\text{属于完整岩石。}$$

岩体纵波波速 3800m/s,故围岩基本分级为Ⅱ级。

(2) 围岩分级修正

① 地下水修正,地下水水量较大,Ⅱ级修正为Ⅲ级;
② 应力状态为极高应力,Ⅱ级不修正;
③ 综合修正为Ⅲ级。

【点评】 岩体的基本分级根据岩石的坚硬程度和岩体的完整程度确定,岩石的坚硬程度

取决于饱和单轴抗压强度，岩体的完整程度由岩石的纵波波速和岩体的纵波波速决定，围岩定级应综合考虑地下水情况、初始地应力状态等因素对基本分级进行修正。

我国各行业岩体质量分级略有不同，但基本原则是一致的。

【题 1.6.21】 某山区工程，场地地面以下 2m 深度内为岩性相同、风化程度一致的基岩，现场实测该岩体纵波速度值为 2700m/s，室内测试该层基岩岩块纵波速度值为 4300m/s，对现场采取的 6 块岩样进行室内饱和单轴抗压强度试验，得出饱和抗压强度平均值为 13.6MPa，标准差为 5.59MPa。据《建筑地基基础设计规范》(GB 50007—2011)，2m 深度内的岩石地基承载力特征值的范围最接近下列哪个选项？

(A) 0.64～1.27MPa (B) 0.83～1.66MPa
(C) 0.90～1.80MPa (D) 1.03～2.19MPa

【答案】 (C)

【解答】 (1) 岩石完整性指数：$K_v = \left(\dfrac{V_{pm}}{V_{pr}}\right)^2 = \left(\dfrac{2700}{4300}\right)^2 = 0.39$

由《岩土工程勘察规范》(GB 50021—2001)(2009 年版)，查表 3.2.2-2，$0.35 < K_v = 0.39 < 0.55$，岩体完整性程度属于较破碎。

(2) 据《建筑地基基础设计规范》(GB 50007—2011) 第 5.2.6 条，对较破碎的岩石地基承载力特征值，可根据室内饱和单轴抗压强度按下式计算：

$$f_a = \psi_r f_{rk} \tag{1-14}$$

式中 f_a——岩石地基承载力特征值，kPa。

f_{rk}——岩石单轴抗压强度标准值。$f_{rk} = \psi f_{rm}$，f_{rm} 为岩石饱和单轴抗压强度平均值，ψ 为统计修正系数，kPa。

ψ_r——折减系数。根据岩体完整程度以及结构面的间距、宽度、产状和组合，由地方经验确定。无经验时，对完整岩体可取 0.5；对较完整岩体可取 0.2～0.5；对较破碎岩体可取 0.1～0.2。

本题中，岩体完整性程度属于较破碎，$\psi_r = 0.1 \sim 0.2$。

岩石饱和单轴抗压强度平均值 $f_{rm} = 13.6$MPa，标准差 $\sigma = 5.59$MPa，$n = 6$。

(3) 岩石饱和单轴抗压强度变异系数：

$$\delta = \dfrac{\sigma}{f_{rm}} = \dfrac{5.59}{13.6} = 0.41$$

(4) 统计修正系数（地基规范附录 J）：

$$\psi = 1 - \left(\dfrac{1.704}{\sqrt{n}} + \dfrac{4.678}{n^2}\right)\delta = 1 - \left(\dfrac{1.704}{\sqrt{6}} + \dfrac{4.678}{6^2}\right) \times 0.41 = 0.66$$

(5) 岩石单轴抗压强度标准值：

$$f_{rk} = \psi f_{rm} = 0.66 \times 13.6 = 8.976 \text{(kPa)}$$

(6) 岩石地基承载力特征值：

$$f_a = \psi_r f_{rk} = (0.1 \sim 0.2) \times 8.976 = 0.9 \sim 1.8 \text{(kPa)}$$

【点评】

① 本题目的解答要用到两个规范：《岩土工程勘察规范》和《建筑地基基础设计规范》。前者用于确定岩体的完整性程度，后者用于确定岩石地基承载力。

② 请注意题干，是要求根据《建筑地基基础设计规范》(GB 50007—2011) 确定地基承载力特征值。在 GB 50007 规范的附录 A 表 A.0.2，的确也有对岩体完整程度的划分，但对本题不适合，因为我们不能通过题干用表 A.0.2 来确定岩体的完整性程度。必须通过计算

岩石完整性指数，查 GB 50021 规范的表 3.2.2-2，才能得到岩体的完整性程度。由此在 GB 50007 规范中对该完整性的岩体计算出地基承载力。所以，这里实际上有个"坑"。如果对规范不熟，在这里会长时间的"纠结"。

【题 1.6.22】 某场地作为地基的岩体结构面组数为 2 组，控制性结构面平均间距为 1.5m。室内 9 个饱和单轴抗压强度的平均值为 26.5MPa，变异系数为 0.2。按照《建筑地基基础设计规范》（GB 50007—2011）的有关规定，由上述数据确定的岩石地基承载力特征值最接近下列哪个选项？

(A) 13.6MPa　　(B) 12.6MPa　　(C) 11.6MPa　　(D) 10.6MPa

【答案】（C）

【解答】 首先说明一下，本题是 2005 年的考题，但现在我们依据 2011 年的规范来解题。

由《建筑地基基础设计规范》（GB 50007—2011）附录 J 公式 $f_{rk}=\psi f_{rm}$，以及修正系数公式 $\psi=1-\left(\dfrac{1.704}{\sqrt{n}}+\dfrac{4.678}{n^2}\right)\delta$，代入已知条件，有

统计修正系数：

$$\psi=1-\left(\dfrac{1.704}{\sqrt{n}}+\dfrac{4.678}{n^2}\right)\delta=1-\left(\dfrac{1.704}{\sqrt{9}}+\dfrac{4.678}{9^2}\right)\times 0.2=0.875$$

岩石单轴抗压强度标准值：

$$f_{rk}=\psi f_{rm}=0.875\times 26.5=23.188(\text{MPa})$$

根据《建筑地基基础设计规范》（GB 50007—2011）附录 A，从结构面组数和平均距离，确定岩体属于完整岩体。

据《建筑地基基础设计规范》（GB 50007—2011）第 5.2.6 条，对于完整岩体，折减系数 $\psi_r=0.5$，则

$$f_a=\psi_r f_{rk}=0.5\times 23.188=11.59(\text{MPa})$$

【本节考点】
① 岩石坚硬程度的划分；
② 岩石完整程度的划分；
③ 岩体基本质量指标 BQ 和岩石质量指标 RQD 的计算；
④ 地下工程岩体质量分级，即围岩的工程地质类别或级别；
⑤ 岩石风化程度的划分；
⑥ 确定岩石地基承载力。

注意不同规范的要求略有不同，应注意下面几点：在进行岩土工程勘察时，要鉴定岩石的地质名称和风化程度，并进行岩石坚硬程度、岩体完整程度和岩体基本质量等级的划分。在《岩土工程勘察规范》和《工程岩体分级标准》两个规范中，对岩石坚硬程度和岩体完整程度的划分方法完全相同。在《岩土工程勘察规范》中饱和单轴抗压强度的符号为 f_r，而在《工程岩体分级标准》中为 R_c。岩体基本质量指标 BQ 是《工程岩体分级标准》中的分级指标，岩石质量指标 RQD 是《岩土工程勘察规范》中的分级指标。岩体基本质量等级分类用《岩土工程勘察规范》，根据岩石的坚硬程度和岩体完整程度，用表 3.2.2-3 来确定。岩石的风化程度用《岩土工程勘察规范》，按附录 A 表 A.0.3 执行。有两点需要注意：该表中的波速比 K_v 为风化岩石与新鲜岩石压缩波（纵波）速度之比，要注意该波速比 K_v 是没有平方的，跟岩石完整性指数 K_v 不一样；对花岗岩类岩石可以采用标准贯入试验来划分，具体可参阅附录 A 表 A.0.3 下面的注解。

1.7 岩土工程特性参数的数据处理和选用

【题 1.7.1】某岩石地基进行了 8 个试样的饱和单轴抗压强度试验，试验值分别为：15MPa、13MPa、17MPa、13MPa、15MPa、12MPa、14MPa、15MPa。问该岩基的岩石饱和单轴抗压强度标准值最接近下列何值？
（A）12.3MPa　　　（B）13.2MPa　　　（C）14.3MPa　　　（D）15.3MPa
【答案】（B）

基本原理（基本概念或知识点）

由于岩土体是自然形成的，其成分、结构和构造等都是随机的和不确定的，勘察时的钻孔或原位测试所取得的土样或数据都有相当大的偶然性，采样必然带有随机性。因此，岩土工程参数的分析方法必须建立在随机数学的基础上，采用统计的方法获得具有代表性的参数，对于所得到的岩土工程参数也只能从统计的概念上去理解，这样才能正确地使用。

岩土工程参数统计分析与取值是岩土工程勘察内业工作的重要组成部分，是对原位测试和室内试验的数据进行处理、加工，从中提出代表性的设计、施工参数，作为岩土工程勘察分析评价的重要依据。

岩土工程参数分析的内容包括对原始数据的误差分析和有效数字的取舍，数据统计特征的分析，平均值和标准值的计算，参数间经验公式的建立及其图表表示方法。在注册岩土工程师案例考试中，更多的是对标准值的计算。

根据《建筑地基基础设计规范》（GB 50007—2011）附录 E，抗剪强度指标 c、φ 标准值可按下列规定计算：

① 根据室内 n 组三轴压缩试验的结果，按下列公式计算某一土性指标的变异系数、试验平均值和标准差：

试验平均值：

$$\mu = \frac{\sum_{i=1}^{n}\mu_i}{n} \tag{1-15}$$

标准差：

$$\sigma = \sqrt{\frac{\sum_{i=1}^{n}\mu_i^2 - n\mu^2}{n-1}} \tag{1-16}$$

变异系数：

$$\delta = \frac{\sigma}{\mu} \tag{1-17}$$

② 按下列公式计算内摩擦角和黏聚力的统计修正系数 ψ_φ、ψ_c：

$$\psi_\varphi = 1 - \left(\frac{1.704}{\sqrt{n}} + \frac{4.678}{n^2}\right)\delta_\varphi \tag{1-18}$$

$$\psi_c = 1 - \left(\frac{1.704}{\sqrt{n}} + \frac{4.678}{n^2}\right)\delta_c \tag{1-19}$$

③ 抗剪强度指标 c、φ 标准值：

$$\varphi_k = \psi_\varphi \varphi_m \tag{1-20}$$

$$c_k = \psi_c c_m \tag{1-21}$$

式中　φ_m——内摩擦角的试验平均值；

　　　c_m——黏聚力的试验平均值。

在《建筑地基基础设计规范》(GB 50007—2011)附录 J 中有对岩石试验值的统计计算，其方法与上述方法完全一致，注意用的符号不一样。

在《岩土工程勘察规范》(GB 50021—2001)(2009 年版)第 14.2 条，也有类似的介绍，公式方法完全一致，注意公式中的符号与上面不一样。

【解答】 根据《建筑地基基础设计规范》(GB 50007—2011)附录 J 及《岩土工程勘察规范》(GB 50021—2001)(2009 年版)第 14.2.2 条进行计算：

平均值：
$$f_{rm} = \frac{15 \times 3 + 13 \times 2 + 17 + 12 + 14}{8} = 14.25 \text{(MPa)}$$

标准差：
$$\sigma = \sqrt{\frac{\sum f_{ri}^2 - n f_{rm}^2}{n-1}} = \sqrt{\frac{15^2 \times 3 + 13^2 \times 2 + 17^2 + 12^2 + 14^2 - 8 \times 14.25^2}{8-1}} = 1.58 \text{(MPa)}$$

变异系数：
$$\delta = \frac{\sigma}{f_{rm}} = \frac{1.58}{14.25} = 0.11$$

统计修正系数：
$$\psi = 1 - \left(\frac{1.704}{\sqrt{n}} + \frac{4.678}{n^2}\right)\delta = 1 - \left(\frac{1.704}{\sqrt{8}} + \frac{4.678}{8^2}\right) \times 0.11 = 0.9257$$

岩石饱和单轴抗压强度标准值：
$$f_{rk} = \psi f_{rm} = 0.9257 \times 14.25 = 13.2 \text{(MPa)}$$

【点评】 岩土参数的标准值是岩土工程设计的基本代表值，是岩土参数的可靠性估值。本题解答为计算岩土参数标准值的典型过程。

【题 1.7.2】 某工程场地进行十字板剪切试验，测定的 8m 以内土层的不排水抗剪强度如下表。其中软土层的十字板剪切强度与深度呈线性相关（相关系数 $r = 0.98$），最能代表试验深度范围内软土不排水抗剪强度标准值的是下列哪个选项？

试验深度 H/m	1.0	2.0	3.0	4.0	5.0	6.0	7.0	8.0
不排水抗剪强度 c_u/kPa	38.6	35.3	7.0	9.6	12.3	14.4	16.7	19.0

(A) 9.5kPa　　　(B) 12.5kPa　　　(C) 13.9kPa　　　(D) 17.5kPa

【答案】 (B)

基本原理（基本概念或知识点）

《岩土工程勘察规范》(GB 50021—2001)(2009 年版)第 14.2.3 条规定：要判断主要参数是否属于相关型参数，对相关型参数宜结合岩土参数与深度的经验关系，按下式确定剩余标准差，并用剩余标准差计算变异系数：

$$\sigma_r = \sigma_f \sqrt{1-r^2} \qquad (14.2.3\text{-}1)$$

$$\delta = \frac{\sigma_r}{\phi_m} \qquad (14.2.3\text{-}2)$$

式中　σ_r——剩余标准差，对非相关型，$\sigma_r=0$；

　　　r——相关系数；

　　　σ_f——岩土参数的标准值；

　　　δ——岩土参数的变异系数；

　　　ϕ_m——岩土参数的平均值。

【解答】（1）由各深度的十字板抗剪峰值强度可知，深度 1.0m、2.0m 为浅部硬壳层，不应参加统计。

（2）软土十字板抗剪强度平均值：

$$c_{um} = \frac{\sum\limits_{i=1}^{n} c_{ui}}{n} = \frac{7.0+9.6+12.3+14.4+16.7+19.0}{6} = 13.2(\text{kPa})$$

（3）计算标准差：

$$\sigma_f = \sqrt{\frac{\sum\limits_{i=1}^{n} c_{ui}^2 - nc_{um}^2}{n-1}} = \sqrt{\frac{(7.0^2+9.6^2+12.3^2+14.4^2+16.7^2+19.0^2)-6\times 13.2^2}{6-1}} = 4.46(\text{kPa})$$

由于软土十字板抗剪强度与深度呈线性关系，剩余标准差为：

$$\sigma_r = \sigma_f \sqrt{1-r^2} = 4.46 \times \sqrt{1-0.98^2} = 0.8875(\text{kPa})$$

其变异系数为

$$\delta = \frac{\sigma_r}{c_{um}} = \frac{0.8875}{13.2} = 0.067$$

（4）抗剪强度修正值按不利组合考虑取负值，计算统计修正系数：

$$\gamma_s = 1 - \left(\frac{1.704}{\sqrt{n}} + \frac{4.678}{n^2}\right)\delta = 1 - \left(\frac{1.704}{\sqrt{6}} + \frac{4.678}{6^2}\right)\times 0.067 = 0.945$$

（5）该场地软土的十字板峰值抗剪强度标准值为：

$$c_{um} = \gamma_s c_{um} = 0.945 \times 13.2 = 12.5(\text{kPa})$$

【点评】本题考查点在于岩土参数的分析和选定，岩土参数的标准值是岩土设计的基本代表值，是岩土参数的可靠性估值。

本题解题的依据是《岩土工程勘察规范》(GB 50021—2001)(2009 年版)第 14.2 条的相关规定。依照规范给定的公式，依次计算平均值、标准差（剩余标准差）、变异系数和统计修正系数，最后求出标准值，其中大部分计算过程可以用工程计算器中统计功能完成。在解题过程中有这样几个问题需要注意：

① 要对参加统计的数据进行取舍，剔除异常值。如本题深度 1.0m、2.0m 为浅部硬壳层，其数值不能代表土层的抗剪强度，应予剔除。

② 十字板抗剪强度值随深度增加而变大，属相关型参数（相关系数题干已给出）。规范规定，对相关型参数应用剩余标准差计算变异系数。

③ 参数标准值应按不利组合取舍，如本题的抗剪强度指标应取小值。

本题的考点依然是岩土工程参数统计分析与取值，但重点是要能够判断是否属相关型参数并按勘察规范相关条款的要求计算。

还有一点需要注意：本题的计算工作量相对较大，用计算器手工计算时，很容易在某一环节计算错误，导致最后结果跟任何一个选择都对不上。所以，遇到这样的题目，一定要小心仔细。

【题 1.7.3】 某建筑工程采用灌注桩，桩径 $\phi600mm$，桩长 25m，低应变检测结果表明这 6 根桩均为 I 类桩。对 6 根基桩进行单桩竖向抗压静载荷试验的成果见下表，该工程的单桩竖向抗压承载力特征值最接近哪一选项？

试桩编号	1#	2#	3#	4#	5#	6#
Q_u/kN	2880	2580	2940	3060	3530	3360

(A) 1290kN   (B) 1480kN   (C) 1530kN   (D) 1680kN

【答案】（B）

【解答】 根据《建筑基桩检测技术规范》(JGJ 106—2014) 第 4.4 节。

(1) 对全部 6 根桩进行统计：

平均值 $\bar{Q}_u = \dfrac{2880+2580+2940+3060+3530+3360}{6} = 3058.3(kN)$

极差 $Q_u = 3530-2580 = 950(kN)$

$\dfrac{Q_u}{\bar{Q}_u} = \dfrac{950}{3058.3} = 0.31$，不符合规范极差不得超过平均值 30% 的要求。

(2) 舍弃最大值 3530kN 后重新统计：

平均值 $\bar{Q}_u = \dfrac{2880+2580+2940+3060+3360}{5} = 2964(kN)$

极差 $Q_u = 3360-2580 = 780(kN)$

$\dfrac{Q_u}{\bar{Q}_u} = \dfrac{780}{2964} = 0.26$，符合规范要求。

(3) 求单桩竖向抗压承载力特征值：

$$R_a = \dfrac{Q_u}{2} = \dfrac{2964}{2} = 1482(kN)$$

【分析】 对基桩单桩静载荷试验的结果如何进行统计分析是解题关键，其核心是试验结果平均值的极差是否大于 30%。

至于题干中的"桩径 $\phi600mm$，桩长 25m，低应变检测结果表明这 6 根桩均为 I 类桩"这些内容，与解题无关，可以说是干扰条件。

有一个问题：当发现极差不满足要求，为什么是舍弃最大值而不是舍弃最小值？请读者自行分析。

【题 1.7.4】 某公路工程，承载比（CBR）三次平行试验成果如下表：

贯入量(0.01mm)		100	150	200	250	300	400	500	750
荷载强度/kPa	试件 1	164	224	273	308	338	393	442	496
	试件 2	136	182	236	280	307	362	410	460
	试件 3	183	245	313	357	384	449	493	532

上述三次平行试验土的干密度满足规范要求，则据上述资料确定的 CBR 值应为下列何项数值？

(A) 4.0%　　　　　(B) 4.2%　　　　　(C) 4.4%　　　　　(D) 4.5%

【答案】（B）

基本原理（基本概念或知识点）

所谓承载比 CBR 值，是指采用标准尺寸的贯入杆贯入试样中 2.5mm 时，所需的荷载强度与相同贯入量时标准荷载强度的比值。

承载比（CBR）是路基和路面材料的强度指标，是柔性路面设计的主要参数之一。

根据《土工试验方法标准》（GB/T 50123—2019）第 14.4.1 条，承载比应按下式计算：

（1）贯入量为 2.5mm 时

$$CBR_{2.5} = \frac{p}{7000} \times 100$$

式中　$CBR_{2.5}$——贯入量 2.5mm 时的承载比，%；

　　　　p——单位压力，kPa；

　　　　7000——贯入量 2.5mm 时所对应的标准压力，kPa。

（2）贯入量为 5.0mm 时

$$CBR_{5.0} = \frac{p}{10500} \times 100$$

式中　$CBR_{5.0}$——贯入量 5.0mm 时的承载比，%；

　　　　p——单位压力，kPa；

　　　　10500——贯入量 5.0mm 时所对应的标准压力，kPa。

《土工试验方法标准》（GB/T 50123—2019）第 14.4.1 条规定：

承载比一般是指贯入量为 2.5mm 时的承载比，当贯入量为 5.0mm 时的承载比大于 2.5mm 时，试验应重新进行。当试验结果仍相同时，应采用 5.0mm 时的承载比。

《土工试验方法标准》（GB/T 50123—2019）第 14.3.3 条规定：

应进行 3 个试样的平行试验，每个试样间的干密度最大允许差值应为 ±0.03g/cm³，当 3 个试样试验结果所得承载比的变异系数大于 12% 时，去掉一个偏离大的值，试验结果取其余 2 个结果的平均值；当变异系数小于 12% 时，试验结果取 3 个结果的平均值。

【解答】根据《土工试验方法标准》（GB/T 50123—2019）第 14 节：

第一次：$CBR_{2.5} = \frac{p}{7000} \times 100 = \frac{308}{7000} \times 100 = 4.4\%$

　　　　$CBR_{5.0} = \frac{p}{10500} \times 100 = \frac{442}{10500} \times 100 = 4.2\%$

第二次：$CBR_{2.5} = \frac{p}{7000} \times 100 = \frac{280}{7000} \times 100 = 4.0\%$

　　　　$CBR_{5.0} = \frac{p}{10500} \times 100 = \frac{410}{10500} \times 100 = 3.9\%$

第三次：$CBR_{2.5} = \frac{p}{7000} \times 100 = \frac{357}{7000} \times 100 = 5.1\%$

　　　　$CBR_{5.0} = \frac{p}{10500} \times 100 = \frac{493}{10500} \times 100 = 4.7\%$

三次试验中，$CBR_{5.0}$ 均不大于 $CBR_{2.5}$。

$CBR_{2.5}$ 平均值 $\bar{x} = \dfrac{4.4\% + 4.0\% + 5.1\%}{3} = 4.5\%$

标准差：
$$s = \sqrt{\frac{1}{n-1}\sum_{i=1}^{n}(x_i-\bar{x})^2} = \sqrt{\frac{1}{3-1}\times[(4.4-4.5)^2+(4.0-4.5)^2+(5.1-4.5)^2]} = 0.56$$

变异系数：$c_v = \dfrac{s}{\bar{x}} = \dfrac{0.56}{4.5} = 12.4\% > 12\%$

故应去掉偏大的值（$CBR_{2.5} = 5.1\%$），取剩下 2 个值的平均值：
$$CBR_{2.5} = \frac{4.4+4.0}{2} = 4.2\%$$

【点评】本题的考点依然是岩土参数的分析和选定，具体到承载比 CBR 值，相关规范对其有特殊的要求，要熟悉该试验过程、试验要求以及对试验成果的整理。

注意：本题解答也可参考《公路工程土工试验规程》（JTG 3430—2020）。

【题 1.7.5】某钻孔灌注桩，桩长 15m，采用钻芯法对桩身混凝土强度进行检测。共采取 3 组芯样，试件抗压强度（单位 MPa）分别为：第一组 45.4、44.9、46.1；第二组 42.8、43.1、41.8；第三组 40.9、41.2、42.8。问该桩身混凝土强度代表值最接近下列哪一个选项？

(A) 41.6MPa　　　(B) 42.6MPa　　　(C) 43.2MPa　　　(D) 45.5MPa

【答案】（A）

【解答】根据《建筑基桩检测技术规范》（JGJ 106—2014）第 7.6.1 条：

第一组平均值：
$$\frac{45.4+44.9+46.1}{3} = 45.5\,(\text{MPa})$$

第二组平均值：
$$\frac{42.8+43.1+41.8}{3} = 42.6\,(\text{MPa})$$

第三组平均值：
$$\frac{40.9+41.2+42.8}{3} = 41.6\,(\text{MPa})$$

按规范要求，取小值：41.6MPa。

【点评】本题既属于岩土参数的分析和选定，也属于岩土工程检测。如果熟悉相关规范的要求，这道题目几乎没有任何难度。所以熟悉规范很重要。如果是 9 个值加起来平均，会得到答案（C）；如果取这三个组中的大值，则答案就是（D）；取中间值则为答案（B）。

【题 1.7.6】某花岗岩风化层，进行标准贯入试验，$N = 30, 29, 31, 28, 32, 27$，试判断该风化岩的风化程度。

【解答】根据《岩土工程勘察规范》（GB 50021—2001）（2009 年版）第 14.2.2 条：
$$N_m = \frac{30+29+31+28+32+27}{6} = 29.5$$
$$N_{极差} = 32-27 = 5$$
$$\frac{N_{极差}}{N_m} = \frac{5}{29.5} = 0.17 < 0.3$$
$$N = 29.5 < 30$$

根据《岩土工程勘察规范》（GB 50021—2001）（2009 年版）表 A.0.3 注 4，可判定为残积土。

【点评】本题的考点一个是对岩土参数的统计分析，另一个是对花岗岩风化程度的判断。一般情况下,对岩石风化程度的判断是根据岩石的波速比 K_v 或风化系数 K_f。只有花岗岩类岩石,规范规定(表 A.0.3 注 4)可采用标准贯入试验划分:$N \geqslant 50$ 为强风化;$50 > N \geqslant 30$ 为全风化;$N < 30$ 为残积土。

【题 1.7.7】某一黏性土层,根据 6 件试样的抗剪强度试验结果,经统计后得出的抗剪强度指标的平均值为:$\varphi_m = 17.5°$,$c_m = 15.0 \text{kPa}$;并算得相应的变异系数 $\delta_\varphi = 0.25$,$\delta_c = 0.30$。根据《岩土工程勘察规范》(GB 50021—2001),则土的抗剪强度指标的标准值 φ_k、c_k 最接近下列( )组数值。

(A) $\varphi_k = 13.9°$,$c_k = 11.3 \text{kPa}$ (B) $\varphi_k = 11.4°$,$c_k = 8.7 \text{kPa}$
(C) $\varphi_k = 15.3°$,$c_k = 12.8 \text{kPa}$ (D) $\varphi_k = 13.1°$,$c_k = 11.2 \text{kPa}$

【答案】(A)

【解答】据《岩土工程勘察规范》(GB 50021—2001)(2009 年版)第 14.2.4 条计算如下:
已知变异系数 $\delta_\varphi = 0.25$,$\delta_c = 0.30$,则统计修正系数:

$$\gamma_{s\varphi} = 1 - \left(\frac{1.704}{\sqrt{n}} + \frac{4.678}{n^2}\right)\delta_\varphi = 1 - \left(\frac{1.704}{\sqrt{6}} + \frac{4.678}{6^2}\right) \times 0.25 = 0.794$$

$$\gamma_{sc} = 1 - \left(\frac{1.704}{\sqrt{n}} + \frac{4.678}{n^2}\right)\delta_c = 1 - \left(\frac{1.704}{\sqrt{6}} + \frac{4.678}{6^2}\right) \times 0.3 = 0.752$$

岩土参数的标准值:

$$\varphi_k = \gamma_{s\varphi}\varphi_m = 0.794 \times 17.5 = 13.9(°)$$
$$c_k = \gamma_{sc} c_m = 0.752 \times 15 = 11.3(\text{kPa})$$

【本节考点】
岩土工程参数统计分析与取值。

1.8 旁压试验和扁铲侧胀试验

【题 1.8.1】下图是一组不同成孔质量的预钻式旁压试验曲线,请问哪条曲线是正常的旁压曲线?并分别说明其他几条曲线不正常的原因。

(A) 1 线
(B) 2 线
(C) 3 线
(D) 4 线

【答案】(B)

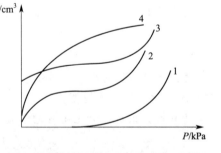

基本原理(基本概念或知识点)

旁压试验是利用旁压器对钻孔壁施加横向均匀压力,使孔壁土体发生径向变形直至破坏,利用量测仪器量测压力与径向变形的关系推求地基土力学参数的一种原位测试方法。

旁压试验按将旁压器放置在土层中的方式分为预钻式旁压试验、自钻式旁压试验和压入式旁压试验。

旁压试验原理是通过向圆柱形旁压器内分级充气加压，在竖直的孔内使旁压膜侧向膨胀，并由该膜将压力传递给周围土体，使土体产生变形直至破坏，从而得到压力与扩张体积之间的关系。根据这种关系对地基土的承载力、变形性质等进行评价。

旁压试验可理想化为圆柱孔穴扩张理论，属于轴对称平面应变问题。典型的旁压曲线（压力 p-体积变化量 V）如图 1-3 所示。可分为三段：

Ⅰ段（曲线 AB）：初始阶段，反映孔壁受扰动后土的压缩与恢复。

Ⅱ段（曲线 BC）：似弹性阶段，此阶段内压力与体积变化量大致成直线关系。

Ⅲ段（曲线 CD）：塑性阶段，随着压力的增大，体积变化量逐渐增加，最后急剧增大，直至达到破坏。

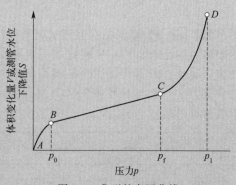

图 1-3 典型的旁压曲线

旁压曲线Ⅰ段与Ⅱ段之间的界限压力相当于初始水平压力 p_0，Ⅱ段与Ⅲ段之间的界限压力相当于临塑压力 p_f，Ⅲ段末尾渐近线的压力为极限压力 p_1。

根据旁压试验曲线可以得到试验深度处地基土层的初始压力、临塑压力、极限压力以及旁压模量等有关土的力学指标。

【解答】曲线 1：旁压器探头体积很小时已产生较大的初始压力，说明钻孔直径偏小，产生了压力增加时旁压器不能膨胀的现象。

曲线 2：正常的旁压曲线。

曲线 3：旁压器探头在压力较小时已有较大的体积变形，说明钻孔直径偏大，使得较小压力下发生较大的变形，侧土约束很弱。

曲线 4：在体积增大到一个较大值后才逐渐移至水平段，说明土体扰动严重，不能发挥土体应有的约束作用。

【题 1.8.2】一粉质黏土层中旁压试验成果如下：旁压器量测腔初始固有体积 $V_c = 491.0 \text{cm}^3$，初始压力对应的体积 $V_0 = 134.5 \text{cm}^3$，临塑压力对应的体积 $V_f = 217.0 \text{cm}^3$，旁压曲线直线段压力增量 $\Delta p = 0.29 \text{MPa}$，土的泊松比 $\mu = 0.38$。试问该土层旁压模量最接近于下列哪一个数值？

(A) 3.5MPa (B) 6.5MPa (C) 9.5MPa (D) 12.5MPa

【答案】(B)

【解答】根据《岩土工程勘察规范》(GB 50021—2001)(2009年版) 第10.7.4 条。

根据压力与体积曲线的直线段斜率，按下式计算旁压模量：

$$E_m = 2(1+\mu)\left(V_c + \frac{V_0 + V_f}{2}\right)\frac{\Delta p}{\Delta V} \tag{1-22}$$

式中　E_m——旁压模量，kPa；

μ——泊松比；

V_c——旁压器量测腔初始固有体积，cm³；

V_0——与初始压力对应的体积，cm³；

V_f——与临塑压力对应的体积，cm³；

$\dfrac{\Delta p}{\Delta V}$——旁压曲线直线段的斜率，$kPa/cm^3$。

$$E_m = 2(1+\mu)\left(V_c + \dfrac{V_0+V_f}{2}\right)\dfrac{\Delta p}{\Delta V} = 2\times(1+0.38)\times\left(491+\dfrac{134.5+217.0}{2}\right)\times\dfrac{0.29}{217.0-134.5} = 6.5(MPa)$$

【题1.8.3】某预钻式旁压试验所得压力 p 和体积 V 的数据和据此绘制的 p-V 曲线如下表和图所示。图中 ab 段为直线段。采用旁压试验临塑荷载法确定该试验土层的承载力 f_{ak} 值与下列哪个选项最为接近（需要时，表中数值可内插）？

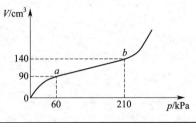

压力 p/kPa	30	60	90	120	150	180	210	240	270
体积 V/cm³	70	90	100	110	120	130	140	170	240

(A) 105kPa　　　(B) 150kPa　　　(C) 180kPa　　　(D) 210kPa

【答案】(C)

【解答】根据《岩土工程勘察规范》(GB 50021—2001)（2009年版）第10.7.4条、10.7.5条及条文说明。

临塑荷载法承载力公式：
$$f_{ak} = p_f - p_0$$

式中　p_f——临塑压力，为试验曲线直线段的终点压力，由图表可知，$p_f=210kPa$；

p_0——初始压力，为直线段延长与 V 轴的交点 V_0 所对应的试验曲线上的压力值。

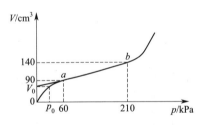

关键是初始压力的确定。如左图所示，可以根据 ab 段的压力和体积数据求得 $V_0=70cm^3$，由数据表可知 $p_0=30kPa$。

$$f_{ak} = p_f - p_0 = 210 - 30 = 180(kPa)$$

【点评】本题的关键是初始压力的确定。初始压力的定义是直线段延长与 V 轴的交点 V_0 所对应的试验曲线上的压力值。

在本题中，可以很容易判断出压力为0的时候 $V_0=70cm^3$。然后可在数据表中查到 $V_0=70cm^3$ 时对应的 $p_0=30kPa$。

【题1.8.4】在均匀砂土地层进行自钻式旁压试验，某试验点深度为7.0m，地下水位埋深为1.0m，测得原位水平应力 $\sigma_h=93.6kPa$；地下水位以上砂土的相对密度 $d_s=2.65$，含水量 $w=15\%$，天然重度 $\gamma=19.0kN/m^3$，请计算试验点处的侧压力系数 K_0 最接近下列哪个选项（水的重度 $\gamma_w=10kN/m^3$）？

(A) 0.37　　　(B) 0.42　　　(C) 0.55　　　(D) 0.59

【答案】(B)

【解答】
$$e = \dfrac{d_s\gamma_w(1+w)}{\gamma} - 1 = \dfrac{2.65\times10\times(1+0.15)}{19.0} - 1 = 0.604$$

$$\gamma' = \dfrac{d_s-1}{1+e}\gamma_w = \dfrac{2.65-1}{1+0.604}\times10 = 10.29(kN/m^3)$$

$$\sigma'_h = \sigma_h - u = 93.6 - 6\times10 = 33.6(kPa)$$

$$\sigma'_v = \gamma_1 h_1 + \gamma' h_2 = 19.0\times1.0 + 10.29\times6.0 = 80.74(kPa)$$

$$K_0 = \frac{\sigma_h'}{\sigma_v'} = \frac{33.6}{80.74} = 0.42$$

【点评】本题初看是关于旁压试验结果的计算，但实际上计算时只是用到旁压试验测得的水平应力。

本题与任何规范都不相干，只要知道侧压力系数 K_0 是水平应力与垂直应力的比值即可。

要特别注意的是，侧压力系数 K_0 是水平有效应力和垂直有效自重应力的比值，所以，要根据题干给出的已知条件求出计算点处的有效水平应力和有效垂直自重应力。

【题 1.8.5】在地面下 7m 处进行扁铲侧胀试验，地下水位埋深 1.0m，试验前率定膨胀至 0.05mm 及 1.10mm 的气压实测值分别为 10kPa 和 80kPa，试验时膜片膨胀至 0.05mm、1.10mm 和回到 0.05mm 的压力值分别为 100kPa、260kPa 和 90kPa，调零前压力表初始读数 8kPa，请计算该试验点的侧胀孔压指数为下列哪项？

(A) 0.16　　　　(B) 0.48　　　　(C) 0.65　　　　(D) 0.83

【答案】(D)

基本原理（基本概念或知识点）

扁铲侧胀试验是利用静力或锤击动力将一扁平铲形探头压（贯）入土中，达到预定试验深度后，利用气压使扁铲探头上的钢膜片侧向膨胀，分别测得膜片中心侧向膨胀不同距离（分别为 0.05mm 和 1.10mm 这两个特定位置）时的气压值，根据测得的压力与变形之间的关系，获得地基土参数的一种现场试验。

扁铲侧胀试验能够比较准确地反映小应变条件下土的应力应变关系，测试成果的重复性较好。根据扁铲侧胀试验的成果，可以用于以下目的：①评价土的类型；②确定黏性土的塑性状态；③计算土的静止侧压力系数和侧向基床系数等。

现场实测 A、B、C 读数应对钢膜片和压力零漂进行修正以求得膜片不同位置时的膜片与土之间的接触压力。

$$p_0 = 1.05(A - z_m + \Delta A) - 0.05(B - z_m - \Delta B) \tag{1-23}$$

$$p_1 = B - z_m - \Delta B \tag{1-24}$$

$$p_2 = C - z_m + \Delta A \tag{1-25}$$

式中　p_0——膜片向土中膨胀之前的接触压力，kPa；

　　　p_1——膜片膨胀至 1.10mm 时的压力，kPa；

　　　p_2——膜片回到 0.05mm 时的终止压力，kPa；

　　　z_m——压力表零漂值；

　　　ΔA——率定时膨胀至 0.05mm 的气压实测值，kPa；

　　　ΔB——率定时膨胀至 1.10mm 的气压实测值，kPa；

A、B、C——加压和减压测定膜片膨胀至 0.05mm、1.10mm 和回到 0.05mm 时的压力值。

由《岩土工程勘察规范》(GB 50021—2001)(2009 年版)第 10.8.3 条，根据 p_0、p_1 和 p_2 可计算下列指标：

① 扁铲土性指数：

$$I_D = \frac{p_1 - p_0}{p_0 - u_0} \tag{1-26}$$

式中　u_0——贯入前试验深度处的静水压力，一般可按 $u_0 = 10 \times$（试验深度－地下水位）进行计算，kPa。

② 扁铲水平应力指数：

$$K_D = \frac{p_0 - u_0}{\sigma'_{v0}} \quad (1-27)$$

式中 σ'_{v0} ——贯入前试验深度处的竖向有效压力，kPa。

③ 扁铲侧胀模量：

$$E_D = 34.7(p_1 - p_0) \quad (1-28)$$

④ 侧胀孔压指数：

$$U_D = \frac{p_2 - u_0}{p_0 - u_0} \quad (1-29)$$

【解答】由题干，$A=100\text{kPa}$，$B=260\text{kPa}$，$C=90\text{kPa}$，$\Delta A=10\text{kPa}$，$\Delta B=80\text{kPa}$，$z_m=8\text{kPa}$

$$p_0 = 1.05(A - z_m + \Delta A) - 0.05(B - z_m - \Delta B)$$
$$= 1.05 \times (100 - 8 + 10) - 0.05 \times (260 - 8 - 80) = 98.5(\text{kPa})$$
$$p_2 = C - z_m + \Delta A = 90 - 8 + 10 = 92(\text{kPa})$$
$$u_0 = 10 \times (7 - 1) = 60(\text{kPa})$$
$$U_D = \frac{p_2 - u_0}{p_0 - u_0} = \frac{92 - 60}{98.5 - 60} = 0.83$$

【点评】考生如果熟悉扁铲侧胀试验及其成果的计算，本题就是一送分题。工作量不大，计算也简单。但如果对该试验不熟，在考场上临时找规范，查参数符号所对应的数值，可能时间就有点紧张。

一般来说，小众的题目不会很难，在这类题目中，尤其是依据某规范的题目，只要找到相关规范条款或其条款说明，就会容易地得到正确答案。

【题 1.8.6】在地面下 8.0m 处进行扁铲侧胀试验，地下水位埋深 2.0m，水位以上土的重度为 18.5kN/m^3。试验前率定时膨胀至 0.05mm 及 1.10mm 的气压实测值分别为 $\Delta A=10\text{kPa}$ 及 $\Delta B=65\text{kPa}$，试验时膜片膨胀至 0.05mm、1.10mm 和回到 0.05mm 的压力值分别为 $A=70\text{kPa}$、$B=220\text{kPa}$ 和 $C=65\text{kPa}$，压力表初始读数 $z_m=8\text{kPa}$，计算该试验点的侧胀水平应力指数与下列哪个选项最为接近？

(A) 0.07 (B) 0.09 (C) 0.11 (D) 0.13

【答案】（D）

【解答】根据《岩土工程勘察规范》(GB 50021—2001)（2009年版）第10.8.3条。

$$p_0 = 1.05(A - z_m + \Delta A) - 0.05(B - z_m - \Delta B)$$
$$= 1.05 \times (70 - 5 + 10) - 0.05 \times (220 - 5 - 65) = 71.25(\text{kPa})$$

静水压力：
$$u_0 = 10 \times (8 - 2) = 60(\text{kPa})$$

有效上覆压力：
$$\sigma'_{v0} = 18.5 \times 2 + (18.5 - 10) \times 6 = 88(\text{kPa})$$

扁铲水平应力指数：
$$K_D = \frac{p_0 - u_0}{\sigma'_{v0}} = \frac{71.25 - 60}{88} = 0.13$$

【本节考点】

① 旁压试验的典型曲线；

② 根据测试结果计算旁压模量；

③ 由旁压试验结果确定地基承载力；

④ 根据扁铲侧胀试验结果计算扁铲侧胀模量、侧胀孔压指数和扁铲水平应力指数等土性参数指标。

旁压试验和扁铲侧胀试验属于相对不太常见的原位测试内容，但现在越来越多的单位开始将这两种试验应用到岩土工程勘察。这两种试验的共同特点是可以获得横向的一些土体参数。

一般来说，小众的题目不会很难，在这类题目中，尤其是依据某规范的题目，只要找到相关规范条款或其条款说明，就会相对容易地得到正确答案。

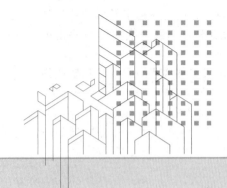

第 2 章 土的渗透性

2.1 渗透试验

【题 2.1.1】某饱和黏性土试样,在水温 15℃ 的条件下进行变水头渗透试验,四次试验实测渗透系数如表所示,问该土样在标准温度下的渗透系数为下列哪个选项?

试验次数	渗透系数/(cm/s)	试验次数	渗透系数/(cm/s)
第一次	3.79×10^{-5}	第三次	1.47×10^{-5}
第二次	1.55×10^{-5}	第四次	1.71×10^{-5}

(A) 1.58×10^{-5} cm/s
(B) 1.79×10^{-5} cm/s
(C) 2.13×10^{-5} cm/s
(D) 2.42×10^{-5} cm/s

【答案】(B)

基本原理(基本概念或知识点)

渗透系数就是当水力梯度等于 1 时的渗透速度。因此,渗透系数是直接衡量土体透水性强弱的一个重要指标。但它不能由计算获得,只能通过试验测定。

渗透系数的测定可以分为现场试验和室内试验两大类。由于土体的复杂性,一般现场试验比室内试验所得到的成果要准确可靠,因此重要工程常需要进行现场试验。

室内测定土的渗透系数通常可分为常水头试验和变水头试验两种。

(1) 常水头试验

该试验适用于透水性强的无黏性土。试验装置如图 2-1 所示。圆柱体试样断面面积为 A,试样长度为 L,保持水头差 Δh 不变,测定经过一定时间 t 的透水量 Q,则有

$$Q = vAt$$

根据达西定律,$v = ki$,则

$$Q = vAt = kiAt = kAt\frac{\Delta h}{L} \tag{2-1}$$

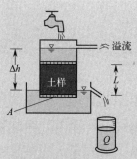

图 2-1 常水头试验装置示意

从而得出渗透系数 k

$$k=\frac{QL}{A\Delta ht} \quad (2-2)$$

（2）变水头试验

黏性土由于渗透系数很小，流经试样的水量很少，因此需改用变水头试验。如图 2-2 所示，柱体试样断面积为 A，长度为 L，水头测管的面积为 a。在试验中水头测管的水位在不断下降，测定 t_1 时刻的水头差为 Δh_1，经历时间 $t \sim t_2$ 时刻，测定此时水头差为 Δh_2，通过建立瞬时达西定律，即可推出渗透系数 k 的表达式。

$$k=\frac{aL}{At}\ln\frac{\Delta h_1}{\Delta h_2} \quad (2-3)$$

用常用对数表示，上式可改为

$$k=2.3\frac{aL}{At}\lg\frac{\Delta h_1}{\Delta h_2} \quad (2-4)$$

通过选取几组不同的 Δh_1、Δh_2，分别测出它们所需的时间 t，利用式（2-3）或式（2-4）分别计算渗透系数 k，然后取平均值，作为该土样的渗透系数。

水动力黏滞系数随温度而变化，土的渗透系数与水动力黏滞系数成反比，因此在任一温度下测定的渗透系数应换算到标准温度下的渗透系数。我国以 20℃ 作为标准温度。标准温度下的渗透系数应按下式计算：

$$k_{20}=k_T\frac{\eta_T}{\eta_{20}} \quad (2-5)$$

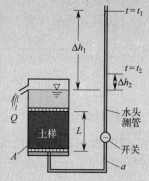

图 2-2 变水头试验装置示意

式中 k_{20}——标准温度时试样的渗透系数，cm/s；

η_T——T℃时的动力黏滞系数，kPa·s；

η_{20}——20℃时水动力黏滞系数，kPa·s。

黏滞系数比 $\frac{\eta_T}{\eta_{20}}$ 查《土工试验方法标准》（GB/T 50123—2019）表 8.3.5-1 可得。

此外，《土工试验方法标准》（GB/T 50123—2019）第 16.1.3 条规定：渗透系数的最大允许差值应为 $\pm 2.0 \times 10^{-n}$ cm/s，在测得的结果中取 3 个~4 个在允许差值范围内的数据，求得其平均值，作为试样在该孔隙比 e 时的渗透系数。

【答案】（B）

【解答】 根据《土工试验方法标准》（GB/T 50123—2019）第 16.3.3 条。

第一次试验：$k_{20}=k_T\dfrac{\eta_T}{\eta_{20}}=3.79\times10^{-5}\times1.133=4.29\times10^{-5}$（cm/s）

第二次试验：$k_{20}=k_T\dfrac{\eta_T}{\eta_{20}}=1.55\times10^{-5}\times1.133=1.76\times10^{-5}$（cm/s）

第三次试验：$k_{20}=k_T\dfrac{\eta_T}{\eta_{20}}=1.47\times10^{-5}\times1.133=1.67\times10^{-5}$（cm/s）

第四次试验：$k_{20} = k_T \dfrac{\eta_T}{\eta_{20}} = 1.71 \times 10^{-5} \times 1.133 = 1.94 \times 10^{-5}$ (cm/s)

根据规范第16.1.3条，第一次试验结果与第三次试验结果偏差大于 2×10^{-5} cm/s，故舍弃该数据。

$$k_{20} = \dfrac{1.76 \times 10^{-5} + 1.67 \times 10^{-5} + 1.94 \times 10^{-5}}{3} = 1.79 \times 10^{-5} \text{(cm/s)}$$

【分析】只要知道《土工试验方法标准》（GB/T 50123—2019）第16.3.3条和第16.1.3条的规定，解答此题就没有什么困难。

【题2.1.2】室内定水头试验，试样高度40mm，直径75mm，测得试验时的水头损失为46mm，渗水量每24h 3520cm³，问该试样土的渗透系数最接近下列哪个选项？

(A) 1.2×10^{-4} cm/s　　　　　　(B) 3.0×10^{-4} cm/s
(C) 6.2×10^{-4} cm/s　　　　　　(D) 8.0×10^{-4} cm/s

【答案】(D)

【解答】根据《土工试验方法标准》（GB/T 50123—2019）第16.2.3条。

$$k = \dfrac{QL}{A \Delta h t} = \dfrac{3250 \times 4}{\dfrac{3.14 \times 7.5^2}{4} \times 4.6 \times 24 \times 60 \times 60} = 8.0 \times 10^{-4} \text{(cm/s)}$$

【点评】直接代入公式计算即可，需要注意的是单位的统一，即尺寸单位用厘米（cm），时间单位用秒（s）。

【题2.1.3】某常水头渗透试验装置如图所示，土样Ⅰ的渗透系数 $k_1 = 0.2$ cm/s，土样Ⅱ的渗透系数 $k_2 = 0.1$ cm/s，土样横截面积 $A = 200$ cm²。如果保持图中水位恒定，则该试验的流量 Q 应保持为下列哪个选项？

(A) 10.0 cm³/s　　(B) 11.1 cm³/s
(C) 13.3 cm³/s　　(D) 15.0 cm³/s

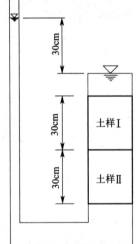

【答案】(C)

【解答】由题图可知，试验总水头差为30cm。
假设土样Ⅰ、土样Ⅱ各自的水头损失分别为 Δh_1、Δh_2，则有
$$\Delta h_1 + \Delta h_2 = 30 \text{cm}$$
根据渗流连续原理，流经两土样的渗流流量相等，根据达西定律可得
$$k_1 \dfrac{\Delta h_1}{l_1} = k_2 \dfrac{\Delta h_2}{l_2}$$
土样长度 $l_1 = l_2 = 30$ cm，求解上面两方程式，得 $\Delta h_1 = 10$ cm，$\Delta h_2 = 20$ cm。

流量 $Q = kiA = k_1 \dfrac{\Delta h_1}{l_1} A = k_2 \dfrac{\Delta h_2}{l_2} A$，将已知条件代入，得 $Q = 13.3$ cm³/s。

【分析】这道题的关键点有两个：

① 要能够分析出 $\Delta h_1 + \Delta h_2 = 30$ cm。② 流经两土样的渗流流量相等，则 $k_1 \dfrac{\Delta h_1}{l_1} = k_2 \dfrac{\Delta h_2}{l_2}$；由此解方程组可得 $\Delta h_1 = 10$ cm，$\Delta h_2 = 20$ cm。

【题 2.1.4】 图为一工程地质剖面图，图中虚线为潜水水位线。已知 $h_1=15\text{m}$，$h_2=10\text{m}$，$M=5\text{m}$，$l=50\text{m}$，第①层土渗透系数 $k_1=5\text{m/d}$，第②层土渗透系数 $k_2=50\text{m/d}$，其下为不透水层。问通过 1、2 断面之间的单宽（每米）平均水平渗流流量最接近下列哪个选项的数值？

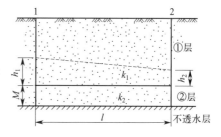

(A) $6.25\text{m}^3/\text{d}$　　(B) $15.25\text{m}^3/\text{d}$
(C) $25.00\text{m}^3/\text{d}$　(D) $31.25\text{m}^3/\text{d}$

基本原理（基本概念或知识点）

天然沉积土往往是由渗透性不同的土层组成。对于与土层层面平行或垂直的简单渗流情况，当各土层的渗透系数和厚度已知时，可求出整个土层与层面平行或垂直的平均渗透系数，作为进行渗流计算的依据。

（1）水平渗流

如图 2-3(a) 所示，假设各土层厚度分别为 H_1、H_2、…、H_n，总厚度 H 等于各层土层厚度之和；各土层的水平向渗透系数分别为 k_{1x}、k_{2x}、…、k_{nx}，则通过整个土层的总渗流量 q_x 应等于各土层渗流量之总和。即

$$q_x = q_{1x} + q_{2x} + \cdots + q_{nx} = \sum_{j=1}^{n} q_{jx}$$

将达西定律代入上式，可得到沿水平向的等效渗透系数 k_x

$$k_x = \frac{1}{H}\sum_{j=1}^{n} k_{jx} H_j \tag{2-6}$$

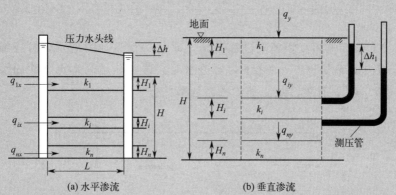

图 2-3　层状土的渗流情况

（2）垂直渗流

当渗流的方向正交于土的层面时，如图 2-3(b) 所示，假设承压水流经的土层的总厚度为 H，总水头损失为 Δh，流经各层土的水头损失分别为 Δh_1、Δh_2、…、Δh_n。根据水流的连续性原理，则单位时间通过单位面积上的各层流量应当相等，即

$$q_z = q_{1z} = q_{2z} = \cdots = q_{nz}$$

竖直等效渗透系数 k_z 为

$$k_z = \frac{H}{\sum_{i=1}^{n} \frac{H_i}{k_{iz}}} \tag{2-7}$$

对于成层土，水平向平均渗透系数总是大于竖向平均渗透系数，即 $k_x > k_z$。

关于 k_x 与 k_z 的关系，李广信教授有一段精彩的比喻，有兴趣的读者可以去看看《漫话土力学》。

【答案】(D)

【解答】(1) 1、2 两断面间的渗流梯度：

$$i = \frac{h_2 - h_1}{l} = \frac{15 - 10}{50} = 0.1$$

(2) 第①层土的单宽渗流流量：

$$q_1 = \frac{k_1 i (h_1 + h_2)}{2} \times 1 = \frac{5 \times 0.1 \times (10 + 15)}{2} \times 1 = 6.25 (\text{m}^3/\text{d})$$

(3) 第②层土的单宽渗流流量：

$$q_2 = k_2 i M \times 1 = 50 \times 0.1 \times 5 \times 1 = 25 (\text{m}^3/\text{d})$$

(4) 整个断面的渗流流量：

$$q = q_1 + q_2 = 6.25 + 25 = 31.25 (\text{m}^3/\text{d})$$

本题也可用等效渗透系数计算：

$$k_x = \frac{1}{H} \sum_{j=1}^{n} k_{jx} H_j = \frac{1}{\frac{20+15}{2}} \times \left(5 \times \frac{15+10}{2} + 50 \times 5\right) = 0.0571 \times (62.5 + 250) = 17.843 (\text{m}/\text{d})$$

$$q = \frac{k_x i (2M + h_1 + h_2)}{2} \times 1 = \frac{17.843 \times 0.1 \times (2 \times 5 + 10 + 15)}{2} \times 1 = 31.23 (\text{m}^3/\text{d})$$

【题 2.1.5】某河流相沉积地层剖面及地下水位等信息如图所示，①层细砂渗透系数 $k_1 = 10\text{m}/\text{d}$，②层粗砂厚度 5m，之下为不透水层。若两孔之间中点断面的潜水层单宽总流量 $q = 30.6 \text{m}^3/\text{d}$，试计算②层土的渗透系数最接近下列何值？

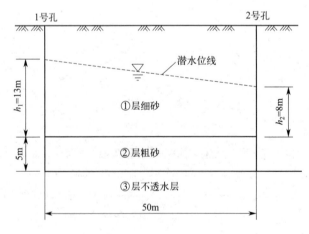

(A) 12.5m/d　　(B) 19.7 m/d　　(C) 29.5m/d　　(D) 40.2 m/d

【答案】(D)

【解答】水力梯度：$i=\dfrac{\Delta h}{L}=\dfrac{13-8}{50}=0.1$

①层单宽渗流量：$q_1=k_1iA_1=10\times0.1\times\dfrac{13+8}{2}\times1=10.5(\text{m}^3/\text{d})$

②层单宽渗流量：$q_2=q-q_1=30.6-10.5=20.1(\text{m}^3/\text{d})$

②层渗透系数：$k_2=\dfrac{q_2}{iA_2}=\dfrac{20.1}{0.1\times5}=40.2(\text{m}/\text{d})$

【点评】本题考查的是根据单宽流量求渗透系数。考点有二：① 水力梯度的计算；② 达西公式的应用。

【题 2.1.6】某抽水试验，场地内深度 10.0～18.0m 范围内为均质、各向同性等厚、分布面积很大的砂层，其上下均为黏土层，抽水孔孔深 20.0m，孔径 200mm，滤水管设置于深度 10.0～18.0m 段。另在距抽水孔中心 10.0m 处设置观测孔，原始稳定地下水位埋深为 1.0m，以水量为 1.6L/s 长时间抽水后，测得抽水孔内稳定水位埋深为 7.0m，观测孔水位埋深为 2.8m，则含水层的渗透系数 k 最接近以下哪个选项？

(A) 1.4m/d　　　(B) 1.8m/d　　　(C) 2.6m/d　　　(D) 3.0m/d

基本原理（基本概念或知识点）

室内测定渗透系数的方法及设备简单，操作方便，费用较低。但由于土的渗透性与土的结构性有很大的关系，取样时难免扰动土样。再者，有些土体很难取得有代表性的土样。此时室内试验方法测得的渗透系数就很难反映现场土的实际渗透性。为了避免室内试验的缺点，获得地基土层的实际渗透系数，可直接采用现场原位试验。原位试验的试验条件与实验室相比，更符合土层的实际渗透情况。该方法测得的渗透系数值为渗流区内较大范围土体的渗透系数平均值。常用的原位试验方法有抽水试验和注水试验，二者的试验原理类似。

① 根据抽水试验孔中存在含水岩层的多少可分为：分层（段）抽水试验与混合抽水试验；

② 根据抽水孔进水段长度与含水层厚度的关系可分为：完整孔抽水试验与非完整孔抽水试验；

③ 根据抽水试验时水量、水位与含水层厚度的关系可分为稳定流抽水试验与非稳定流抽水试验；

④ 根据观测孔的数量可分为：单孔与多孔。

不同的抽水试验所用的公式不同，使用时要根据抽水试验的分类对计算公式进行选择。

【答案】(D)

【解答】由题意可知，该抽水试验为承压水完整井单观测孔抽水试验。所以，渗透系数的计算公式为：

$$k=\dfrac{0.366Q}{Ms}\lg\dfrac{R}{r} \tag{2-8}$$

式中　Q——抽水流量；

M——含水层厚度；

R——观测孔距抽水孔中心的距离；

r——抽水孔半径；

s——观测孔水位降深与抽水孔水位降深之差。

常量抽水流量 $Q=1.6(\text{L/s})=1.6\times10^{-3}\times24\times60\times60=138.24(\text{m}^3/\text{d})$。

含水层厚度 $M=18.0-10.0=8.0(\text{m})$。
观测孔水位降深与抽水孔水位降深之差 $s=s_2-s_1=7.0-1.0-(2.8-1.0)=4.2(\text{m})$。
观测孔距抽水孔中心的距离 $R=10.0\text{m}$。
抽水孔半径 $r=0.1\text{m}$。
将以上条件代入公式：

$$k=\frac{0.366Q}{Ms}\lg\frac{R}{r}=\frac{0.366\times138.24}{8.0\times4.2}\times\lg\frac{10}{0.1}=3.0(\text{m/d})$$

【分析】本题是典型的抽水试验求渗透系数的题目。关键要判断出承压水、完整井、单观测孔的抽水试验，将数据代入相应的公式计算即可。需要注意的是：

① 公式的出处可以在《工程地质手册》中寻找，也可以在相关的规范中找，如《水利水电工程钻孔抽水试验规程》（SL 320—2005）的附录B。

② 要注意单位的统一。本题的4个选项单位是m/d，而题干中给出的流量单位是L/s，需要进行单位换算。

【题2.1.7】某工程有一厚11.5m砂土含水层，其下为基岩，为测砂土的渗透系数，打一钻孔到基岩顶面，并以 $1.5\times10^3\text{cm}^3/\text{s}$ 的流量从孔中抽水，距抽水孔4.5m和10.0m处各打一观测孔，当抽水孔水位降深为3.0m时，分别测得观测的降深分别为0.75m和0.45m，用潜水完整井公式计算的砂土层渗透系数 k 值最接近下列哪个选项？

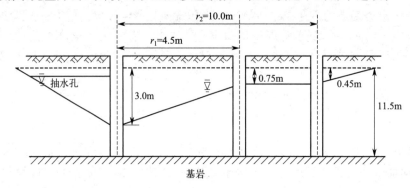

(A) 7m/d　　　(B) 6m/d　　　(C) 5m/d　　　(D) 4m/d

【答案】(C)

【解答】潜水、完整井、两个观测井，其计算公式为

$$k=\frac{2.3}{\pi}\times\frac{Q}{h_2^2-h_1^2}\lg\frac{r_2}{r_1}$$

由题知 $r_2=10.0\text{m}$，$r_1=4.5\text{m}$。

$$h_2=11.5-0.45=11.05(\text{m})$$
$$h_1=11.5-0.75=10.75(\text{m})$$

$$k=\frac{2.3}{\pi}\times\frac{Q}{h_2^2-h_1^2}\lg\frac{r_2}{r_1}=\frac{2.3}{3.14}\times\frac{1.5\times10^3}{1105^2-1057^2}\times\lg\frac{10}{4.5}=5.826\times10^{-3}(\text{cm/s})$$

$$5.826\times10^{-3}\times10^{-2}\times24\times60\times60=5.034(\text{m/d})$$

【分析】与题2.1.6一样，首先要判断抽水试验的类型，然后选择相应的计算公式。注意单位的统一及换算。

【题2.1.8】为求取有关水文地质参数，采用带两个观测孔的潜水完整井进行三次降深抽水试验。其地层和井壁结构参数如图所示，已知：$H=15.8\text{m}$，$r_1=10.6\text{m}$，$r_2=20.5\text{m}$。

抽水试验成果见下表。渗透系数 k 值最接近下列哪个选项？

降深 s/m	流量 Q/(m³/d)	观1孔水位降/m	观2孔水位降/m
5.6	1490	2.2	1.8
4.1	1218	1.8	1.5
2.0	817	0.9	0.7

(A) 25.6m/d (B) 28.9m/d
(C) 31.7m/d (D) 35.2m/d

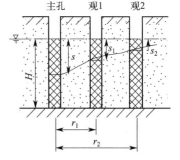

【答案】(B)

【解答】按题意，选用潜水完整井带两个观测孔公式计算：

$$k = \frac{0.732Q}{(2H-s_1-s_2)(s_1-s_2)} \lg \frac{r_2}{r_1}$$

$$k_1 = \frac{0.732Q}{(2H-s_1-s_2)(s_1-s_2)} \lg \frac{r_2}{r_1} = \frac{0.732 \times 1490}{(2 \times 15.8-2.2-1.8) \times (2.2-1.8)}$$
$$\times \lg \frac{20.5}{10.6} = 28.3 (\text{m/d})$$

$$k_2 = \frac{0.732Q}{(2H-s_1-s_2)(s_1-s_2)} \lg \frac{r_2}{r_1} = \frac{0.732 \times 1218}{(2 \times 15.8-1.8-1.5) \times (1.8-1.5)} \times \lg \frac{20.5}{10.6} = 30.1 (\text{m/d})$$

$$k_3 = \frac{0.732Q}{(2H-s_1-s_2)(s_1-s_2)} \lg \frac{r_2}{r_1} = \frac{0.732 \times 817}{(2 \times 15.8-0.9-0.7) \times (0.9-0.7)} \times \lg \frac{20.5}{10.6} = 28.5 (\text{m/d})$$

$$k = \frac{k_1+k_2+k_3}{3} = \frac{28.3+30.1+28.5}{3} = 28.9 (\text{m/d})$$

【分析】与题2.1.7的解题方法完全一样，也可以用 $k = \frac{2.3}{\pi} \times \frac{Q}{h_2^2-h_1^2} \lg \frac{r_2}{r_1}$ 进行计算，结果完全一样。

【题2.1.9】某工程进行现场水文地质试验，已知潜水含水层底板埋深为9.0m，设置潜水完整井，井径 $D=200$mm，实测地下水位埋深1.0m，抽水至水位埋深7.0m后让水位自由恢复，不同恢复时间得到的地下水位如下表。则估算的地层渗透系数最接近以下哪个数值？

测读时间/min	1.0	5.0	10.0	30.0	60.0
水位埋深/cm	603.0	412.0	332.0	190.0	118.5

(A) 1.3×10^{-3} cm/s (B) 1.8×10^{-4} cm/s
(C) 4.0×10^{-4} cm/s (D) 5.2×10^{-4} cm/s

【答案】(C)

【解答】根据水位恢复速度计算渗透系数。由《工程地质手册》（第5版）表9-3-6（1238页），对潜水完整井，有

$$k = \frac{3.5 r_w^2}{(H+2r_w^2)t} \ln \frac{s_1}{s_2}$$

含水层厚度 $H = 900-100 = 800$(cm)。
初始地下水位降深 $s_1 = 700-100 = 600$(cm)。
抽水孔半径 $r_w = 10$cm。
选用最后一次抽水试验进行计算：

$$k=\frac{3.5r_\text{w}^2}{(H+2r_\text{w})t}\ln\frac{s_1}{s_2}=\frac{3.5\times 10^2}{(800+2\times 10)\times 60\times 60}\times\ln\frac{600}{118.5-100}=4.1\times 10^{-4}(\text{cm/s})$$

【分析】根据水位恢复速度计算渗透系数（右图）。求得一系列与水位恢复时间有关的数值 k 后，则可作 $k=f(t)$ 曲线，根据此曲线，可确定近于常数的渗透系数值。对潜水完整井，渗透系数的计算公式为：

$$k=\frac{3.5r_\text{w}^2}{(H+2r_\text{w}^2)t}\ln\frac{s_1}{s_2}$$

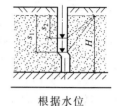

根据水位恢复求渗透系数

【题 2.1.10】某压水试验地面进水管的压力表读数 $p_\text{p}=0.90\text{MPa}$，压力表中心高于孔口 0.5m，压入流量 $Q=80\text{L/min}$，试验段长度 $L=5.1\text{m}$，钻杆及接头的压力总损失为 0.04MPa，钻孔为斜孔，其倾角 $\alpha=60°$，地下水位位于试验段之上，自孔口至地下水位沿钻孔的实际长度 $H=24.8\text{m}$，试问试验段地层的透水率（Lu）最接近下列何项数值？

(A) 14.0　　　(B) 14.5　　　(C) 15.6　　　(D) 16.1

【答案】(B)

基本原理（基本概念或知识点）

压水试验是用高压方式把水压入钻孔，根据岩体吸水量计算了解岩体裂隙发育情况和透水性的一种原位试验。压水试验是用专门的止水设备把一定长度的钻孔试验段隔离出来，然后用固定的水头向这一段钻孔压水，水通过孔壁周围的裂隙向岩体内渗透，最终渗透的水量会趋于一个稳定值。根据压水水头、试段长度和稳定渗入水量，可以判定岩体透水性的强弱。通常以透水率 q 表示，单位为吕荣（Lu）。

透水率 q 的定义：压水压力为 1MPa 时，每米长度每分钟注入水量 1L 时，称为 1Lu。

$$q=\frac{Q}{Lp}$$

式中　q——透水率，Lu；

　　　Q——压入流量，L/min；

　　　p——作用于试段内的全压力，MPa；

　　　L——试段长度，m。

【解答】《工程地质手册》（第 5 版）1241~1246 页：

水柱压力：$p_z=\frac{(0.5+24.8\sin 60°)\times 10}{1000}=0.22(\text{MPa})$

管路损失：$p_s=0.04\text{MPa}$。

$$p=p_\text{p}+p_z-p_s=0.9+0.22-0.04=1.08(\text{MPa})$$

透水率：$q=\frac{Q}{Lp}=\frac{80}{5.1\times 1.08}=14.5(\text{Lu})$

【题 2.1.11】压水试验段位于地下水位以下，地下水位埋藏深度为 50m，使用安设在与试验段连通的测压管上的压力计测压（忽略管路压力损失）。试验段长度 5m，压水试验结果如表所示。则上述试验段的透水率（Lu）与下列哪个数值最接近？

p/MPa	0.30	0.60	1.00
Q/(L/min)	30	65	100

(A) 10Lu　　　(B) 20Lu　　　(C) 30Lu　　　(D) 40Lu

【答案】(B)
【解答】根据吕荣定义：

$$q = \frac{Q_3}{Lp_3} = \frac{100}{5.0 \times 1} = 20(\text{Lu})$$

如果按 $p_1 = 0.30\text{MPa}$，$Q_1 = 30\text{L/min}$ 和 $p_2 = 0.60\text{MPa}$，$Q_2 = 65\text{L/min}$ 可以分别得出透水率为 20Lu 和 22Lu。

【题 2.1.12】在某地层中进行钻孔压水试验，钻孔直径为 0.10m，试验段长度为 5.0m，位于地下水位以下，测得该地层的 $p\text{-}Q$ 曲线如图所示，试计算该地层的渗透系数与下列哪项接近（注：1m 水柱压力为 9.8kPa）？
(A) 0.052 m/d   (B) 0.069m/d
(C) 0.073 m/d   (D) 0.086 m/d

【答案】(D)
【解答】《工程地质手册》（第 5 版）第 1246 页。
当地下水位位于试验段以下，透水性较小（$q<10\text{Lu}$），且压水试验 $p\text{-}Q$ 曲线为 B（紊流）型，用第一阶段压力（换算成水头值）和流量计算渗透系数：

$$k = \frac{Q_1}{2\pi H_1 L} \ln \frac{L}{r_0} \tag{2-9}$$

式中 k——岩体渗透系数，m/d；
Q_1——压入流量，m³/d；
H——试验水头，m；
r_0——钻孔半径，m。

试验段透水率采用第三阶段的压力值（p_3）和流量值（Q_3）按下式计算：

$$q = \frac{Q_3}{Lp_3} \tag{2-10}$$

式中 q——试验段的透水率，Lu；
L——试验段长度，m；
Q_3——第三阶段的计算流量，L/min；
p_3——第三阶段的试验段压力，MPa。

$q = \dfrac{Q_3}{Lp_3} = \dfrac{25}{5.0 \times 1.0} = 5(\text{Lu}) < 10(\text{Lu})$，属于渗透性较小的情况。则

$$H_1 = \frac{p_1}{9.8} = \frac{300}{9.8} = 30.6(\text{m})$$

$$Q_1 = 12.5(\text{L/min}) = 12.5 \times 10^{-3} \times 1440 = 18(\text{m}^3/\text{d})$$

$$k = \frac{Q_1}{2\pi H_1 L} \ln \frac{L}{r_0} = \frac{18}{2\pi \times 30.6 \times 5} \times \ln \frac{5}{0.05} = 0.086(\text{m/d})$$

【点评】[题 2.1.10]～[题 2.1.12]，都是压水试验的题目，也是这么多年所有涉及压水试验的题目。虽然压水试验的题目不多但也还是有，所以还不能考虑放弃。

给一点建议：压水试验的内容，一般土力学教材中没有详细的介绍，这 3 道题，都可以在《工程地质手册》中找到相关内容。所以，压水试验的题目，读者可直接翻看《工程地质手册》。

【本节考点】
① 室内渗透试验（常水头、变水头）求渗透系数。

② 现场抽水试验求渗透系数。注意有不同的试验条件：承压水或潜水；完整井或非完整井；观测孔数量等。不同的试验条件有不同的计算公式。
③ 压水试验求透水率及渗透系数。
④ 计算层状土的平均渗透系数。
⑤ 渗流量计算。

2.2 渗透力、渗透变形

【题 2.2.1】某岸边工程场地，细砂含水层的流线上 A、B 两点，A 点水位标高为 2.50m，B 点水位标高为 3.00m，两点间流线长度为 10.0m。问两点间的平均渗透力将最接近下列哪个选项？

(A) 1.25kN/m³   (B) 0.83kN/m³   (C) 0.50kN/m³   (D) 0.20kN/m³

基本原理（基本概念或知识点）

水在土中渗流时，受到土颗粒的阻力作用，这个力的作用方向与水流方向相反。根据作用力与反作用力相等的原理，水流也必然有一个相等的力作用在土颗粒上。

把地下水渗流时渗流水对单位体积内土颗粒的作用力称为渗透力 J，也称动水压力，其方向与渗流的方向一致。单位体积的渗透力为水的重度与水力梯度的乘积：

$$J = \gamma_w \frac{\Delta h}{L} = \gamma_w i \tag{2-11}$$

式中 J——单位体积的渗透力，kN/m³；
  Δh——水头差，m；
  L——渗透路径，m；
  i——水力坡降（水力梯度）。

【答案】(C)

【解答】本题中，$h_1 = 3.0$m，$h_2 = 2.5$m，$L = 10$m，则

$$J = \gamma_w \frac{h_1 - h_2}{L} = 10 \times \frac{3.0 - 2.5}{10} = 0.50 \, (kN/m^3)$$

【题 2.2.2】某场地地下水位如图所示，已知黏土层饱和重度 $\gamma_{sat} = 19.2 \text{kN/m}^3$，砂层中承压水头 $h_w = 15$m（由砂层顶面算起），$h_1 = 4$m，$h_2 = 8$m，砂层顶面处的有效应力及黏土中的单位渗透力最接近下列哪个选项？

(A) 43.6kPa，3.75kN/m³
(B) 88.2kPa，7.6kN/m³
(C) 150kPa，10.1kN/m³
(D) 193.6kPa，15.5kN/m³

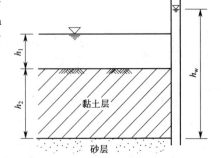

【答案】(A)

【解答】(1) 总应力 $\sigma = h_1 \gamma_w + h_2 \gamma_{sat} = 4 \times 10 + 8 \times 19.2 = 193.6 \, (kPa)$

(2) 孔隙水压力 $u = h_w \gamma_w = 15 \times 10 = 150 \, (kPa)$

(3) 有效应力　　　　　$\sigma' = 193.6 - 150 = 43.6 \text{(kPa)}$

(4) 单位渗透力　$J = \gamma_w i = \gamma_w \dfrac{\Delta h}{L} = 10 \times \dfrac{15 - (4+8)}{8} = 3.75 \text{(kN/m}^3\text{)}$

【分析】本题涉及：①有效应力的概念及计算；②有承压水的自重应力计算；③渗透力计算。

【题 2.2.3】某碾压式土石坝坝基处四个土样，其孔隙率 n 和细砂含量 p_c（以质量百分率计）分别如下。试问下列哪一选项的土的渗透变形破坏形式属于管涌？

(A) $n_1 = 20.3\%$，$p_{c1} = 38.1\%$　　　(B) $n_2 = 25.8\%$，$p_{c2} = 37.5\%$
(C) $n_3 = 31.2\%$，$p_{c3} = 38.5\%$　　　(D) $n_2 = 35.5\%$，$p_{c4} = 38.0\%$

基本原理（基本概念或知识点）

　　当水力梯度超过一定界限值后，土中的渗透水流会把部分土体或颗粒冲出、带走，导致局部土体发生位移。位移达到一定程度，土体将发生失稳破坏，这种现象称为渗透变形或渗透破坏。渗透变形主要有两种形式，即流土和管涌。
　　① 流土。渗流水将整个土体带走的现象称为流土。
　　流土产生的条件：渗流方向与土重力方向相反时，渗透力的作用将使土体重力减小，当单位渗透力等于土体的单位有效重力时，土体处于流土的临界状态。如果水力梯度继续增大，土中的单位渗透力将大于土体单位有效重力，此时土体将被冲出，发生流土。
　　② 管涌。管涌是在渗流过程中，细小颗粒在大颗粒间的孔隙中移动，形成一条管状通道，最后土粒在渗流逸出处冲出的现象。
　　产生管涌的条件：从单个土粒看，如果只计土粒的重量，当土粒周界上土压力合力的垂直分量大于土粒的重量时，土粒即可被向上冲出。相关规范给出了判别渗透破坏的具体方法和标准。

【答案】(D)

　　土力学教材一般只介绍渗透变形或渗透破坏的类型和机理，很少涉及渗透破坏类型的判别，所以应该是在相关规范中寻找；在注册师专业案例的考试中，除了基坑工程，一般涉及地下水的渗透计算或渗透破坏等题目，大都与水利方面的规范有关；本题已知是碾压式土石坝坝基的渗透破坏，所以，肯定是跟水利方面的规范有关，并由此找到《碾压式土石坝设计规范》。

【解答】查阅《碾压式土石坝设计规范》(DL/T 5395—2007) 附录 C 或《水利水电工程地质勘察规范》(GB 50487—2008) 附录 M。土的渗透变形应分别采用下列方法判别：

(1) 流土
$$p_c \geq \dfrac{1}{4(1-n)} \times 100 \quad\quad (2\text{-}12)$$

(2) 管涌
$$p_c < \dfrac{1}{4(1-n)} \times 100 \quad\quad (2\text{-}13)$$

式中　p_c——土的细颗粒含量，以质量百分率计，%；
　　　n——土的孔隙率，%。

(A) $\dfrac{1}{4(1-n)} \times 100 = \dfrac{1}{4(1-0.20)} \times 100 = 31.1\%$

(B) $\dfrac{1}{4(1-n)} \times 100 = \dfrac{1}{4(1-0.26)} \times 100 = 33.8\%$

(C) $\dfrac{1}{4(1-n)} \times 100 = \dfrac{1}{4(1-0.31)} \times 100 = 36.2\%$

(D) $\dfrac{1}{4(1-n)} \times 100 = \dfrac{1}{4(1-0.36)} \times 100 = 39.1\%$

因 $p_{c4} = 38.0\% < 39.1\%$，故（D）为管涌破坏。

【分析】解答本题的关键是能够迅速找到相关的规范及其条款。

【题 2.2.4】某水利工程中存在有可能产生流土破坏的地表土层，经取样试验，该土层的物理性质指标为土粒相对密度 $G_s = 2.7$，天然含水量 $w = 22\%$，天然重度 $\gamma = 19\text{kN/m}^3$。该土层发生流土破坏的临界水力比降最接近下列何值？

(A) 0.88　　　　(B) 0.98　　　　(C) 1.08　　　　(D) 1.18

【答案】（B）

【解答】当渗透力 J 等于土的有效重度 γ' 时，土处于流土的临界状态。

$$J = \gamma_w i_{cr} = \gamma' = \dfrac{G_s - 1}{1+e}\gamma_w$$

$$e = \dfrac{G_s(1+w)}{\rho}\rho_w - 1 = \dfrac{2.7 \times (1+0.22)}{19} \times 10 - 1 = 0.73$$

$$i_{cr} = \dfrac{G_s - 1}{1+e} = \dfrac{2.7-1}{1+0.73} = 0.983$$

【分析】当溢流处向上的渗透力大到克服了土体向下的重力时，则土体发生浮起而处于悬浮状态失去稳定，土粒随水流动，此时的水力梯度称为临界水力梯度，用 i_{cr} 表示。

$$i_{cr} = \dfrac{\gamma'}{\gamma_w} = \dfrac{\gamma_{sat}}{\gamma_w} - 1 \text{ 或 } i_{cr} = \dfrac{G_s - 1}{1+e}$$

【题 2.2.5】某砂土试样高度 $H = 30\text{cm}$，初始孔隙比 $e_0 = 0.803$，土粒相对密度 $G_s = 2.71$，进行渗透试验（见图）。渗透水力梯度达到流土的临界水力梯度时，总水头差 Δh 应为下列哪个选项？

(A) 13.7cm　　　　(B) 19.4cm

(C) 28.5cm　　　　(D) 37.6cm

【答案】（C）

【解答】砂土有效重度 $\gamma' = \dfrac{G_s - 1}{1+e_0}\gamma_w = \dfrac{2.71-1}{1+0.803} \times 10 = 9.5(\text{kN/m}^3)$

渗透水力梯度 = 临界水力梯度。

临界水力梯度 $i_{cr} = \dfrac{\gamma'}{\gamma_w}$，即 $\dfrac{\Delta h}{H} = \dfrac{\gamma'}{\gamma_w} \Rightarrow \dfrac{\Delta h}{30} = \dfrac{9.5}{10} \Rightarrow \Delta h = 30 \times \dfrac{9.5}{10} = 28.5(\text{cm})$

【题 2.2.6】某小型土石坝坝基土的颗粒分析成果见下表，该土属级配连续的土，孔隙率为 0.33，土粒相对密度为 2.66，根据区分粒径确定的细粒含量为 32%。试根据《水利水电工程地质勘察规范》（GB 50487—2008）确定坝基渗透变形类型及估算最大允许水力比降值为哪一选项（安全系数取 1.5）？

土粒直径/mm	0.025	0.038	0.07	0.31	0.40	0.70
小于某粒径的土质量百分比/%	5	10	20	60	70	100

(A) 流土型、0.74　(B) 管涌型、0.58　(C) 过渡型、0.58　(D) 过渡型、0.39

【答案】（D）

【解答】 根据《水利水电工程地质勘察规范》(GB 50487—2008) 附录 G。

土粒不均匀系数 $C_u = \dfrac{d_{60}}{d_{10}} = \dfrac{0.31}{0.038} = 8.16 > 5$。细粒含量 $25\% \leqslant P = 32\% < 35\%$，过渡型。

$$J_{cr} = 2.2(G_s - 1)(1-n)^2 \dfrac{d_5}{d_{20}} = 2.2 \times (2.66 - 1) \times (1 - 0.33)^2 \times \dfrac{0.025}{0.07} = 0.585$$

$$J_{允许} = \dfrac{J_{cr}}{1.5} = 0.39$$

【本节考点】

① 渗透力计算；

② 临界渗透比降计算；

③ 渗透变形类型判别。

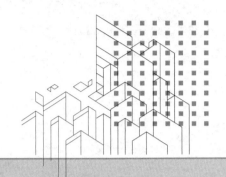

第 3 章

土中应力计算

3.1 基础底面压力计算

【题 3.1.1】图示柱下钢筋混凝土独立基础，底面尺寸为 2.5m×2.0m，基础埋深为 2m，上部结构传至基础顶面的竖向荷载 F 为 700kN，基础及其上土的平均重度为 20kN/m³，作用于基础底面的力矩 M 为 260kN·m，距基底 1m 处作用水平荷载 H 为 190kN。该基础底面的最大压力与下列哪个数值最接近？

(A) 400kPa
(B) 396kPa
(C) 213kPa
(D) 180kPa

【答案】(A)

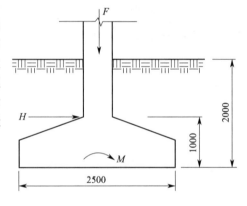

基本原理（基本概念或知识点）

严格来说，基底压力分布形式十分复杂。但因其作用在地表附近，根据圣维南原理可知，基底压力分布形式对地基中应力分布的影响将随深度增加而减小，达到一定深度后，地基中应力分布几乎与基底压力的分布形式无关，只取决于荷载合力的大小和位置。

因此，在工程应用中，对于具有一定刚度以及尺寸较小的扩展基础，其基底压力可近似按直线分布的材料力学方法进行简化计算。

(1) 中心荷载作用

如图 3-1 所示，作用在基底上的荷载通过基底中心，基底压力假定为均匀分布，平均压力标准值 p 可按下式计算

$$p = \frac{F+G}{A} \qquad (3-1)$$

式中 p——基底平均压力标准值，kPa；
  F——基础顶面的竖向力标准值，kPa；
  G——基础自重及其上回填土自重之和，$G = \gamma_G A d$，kPa；
  γ_G——基础及回填土平均重度，一般取 20kN/m^3，地下水位以下部分应扣除其浮力，kN/m^3；
  d——基础埋深，一般从室外设计地面或室内外平均设计地面算起，m；
  A——基底面积，对矩形基础 $A=lb$，对条形基础，可沿长度方向取 1m 计算，则式中 F、G 代表每延米内的相应荷载值（kN/m），m^2。

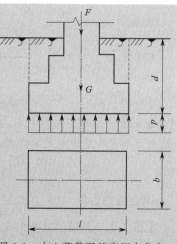

图 3-1 中心荷载下基底压力分布

（2）偏心荷载作用

如图 3-2 常见的偏心荷载作用于矩形基底的一个主轴上（称为单向偏心），可将基底长边 l 方向取与偏心方向一致。此时两短边 b 边缘最大压力 $p_{\max}$ 与最小压力 $p_{\min}$ 标准值可按材料力学短柱偏心受压公式计算

$$\begin{matrix} p_{\max} \\ p_{\min} \end{matrix} = \frac{F+G}{A} \pm \frac{M}{W} = \frac{F+G}{A}\left(1 \pm \frac{6e}{l}\right) \qquad (3-2)$$

式中 M——作用在基底形心上的力矩标准值，$M=(F+G)e$，$\text{kN} \cdot \text{m}$；
  e——荷载偏心距，m；
  W——基础底面的抵抗矩，对矩形基础 $W = \frac{bl^2}{6}$，m^3。

从式（3-2）可知，按荷载偏心距的大小，基底压力的分布可能出现下列三种情况，如图 3-2 所示。

① 当 $e<l/6$ 时，由式（3-2）知 $p_{\min}>0$，基底压力呈梯形分布，如图 3-2(a) 所示。

② 当 $e=l/6$ 时，由式（3-2）知 $p_{\min}=0$，基底压力呈三角形分布，如图 3-2(b) 所示。

③ 当 $e<l/6$ 时，由式（3-2）知 $p_{\min}<0$，在基底处产生拉应力，如图 3-2(c) 所示。由于基底与地基之间不能承受拉应力，此时产生拉应力部分的基底与地基土会局部脱开，致使基底压力重新分布。根据偏心荷载与基底反力平衡的条件，荷载合力 $F+G$ 应通过三角形反力分布图的形心 [图 3-2(c)]，由此可得

$$p_{\max} = \frac{2(F+G)}{3b(l/2-e)} \qquad (3-3)$$

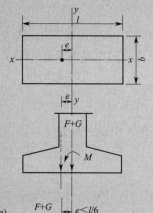

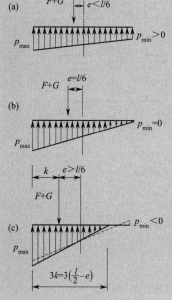

图 3-2 偏心荷载下基底压力分布

【解答】基础及其上土重：$G = 20 \times 2 \times 2.5 \times 2 = 200$ （kN）

偏心距：$e = \dfrac{M}{F+G} = \dfrac{260+190\times 1}{700+200} = 0.5(\text{m}) > \dfrac{l}{6} = \dfrac{2.5}{6} = 0.42(\text{m})$，属于大偏心。

所以，$p_{\max} = \dfrac{2(F+G)}{3b(l/2-e)} = \dfrac{2\times(700+200)}{3\times(\frac{2.5}{2}-0.5)\times 2} = 400(\text{kN})$

【分析】基底压力计算的题目在案例题中很常见，计算比较简单，属于必拿的 2 分。需特别注意的地方是对偏心荷载下的基底压力，一定要判断这是大偏心还是小偏心（即判断偏心距 e 是大于 $l/6$ 还是小于 $l/6$），然后选用相应的公式进行计算。本题中如果代入小偏心公式

$$p_{\max} = \dfrac{F+G}{A}\left(1+\dfrac{6e}{l}\right) = \dfrac{700+200}{2.5\times 2}\times\left(1+\dfrac{6\times 0.5}{2.5}\right) = 396(\text{kPa})$$

则会得到答案（B）的结论。

【题 3.1.2】条形基础的宽度为 3m，承受偏心荷载，已知偏心距为 0.7m，最大边缘压力等于 140kPa。则作用于基础底面的合力最接近下列哪个选项？

(A) 360kN/m　　(B) 240kN/m　　(C) 190kN/m　　(D) 168kN/m

【答案】(D)

【解答】由题意可知，条形基础宽度的 1/6 为 0.5m，偏心距 0.7m 已大于 $l/6$，属于大偏心。则基础底面反力分布为三角形；合力至基础底面最大压力边缘的距离等于基础的半宽减去偏心距，即 $l/2-0.7=0.8(\text{m})$，基础底面反力的范围为 $3\times(l/2-0.7)=2.4(\text{m})$。

已知最大边缘压力为 140kPa，得合力值为 $\dfrac{1}{2}\times 140\times 2.4 = 168(\text{kN/m})$

【分析】这是一个逆向思维的题目，即已知边缘压力和偏心距，由此计算最大压力。此时首先判断是属于大偏心距还是小偏心距，然后求合力。

【题 3.1.3】某构筑物其基础底面尺寸为 3m×4m，埋深为 3m，基础及其上土的平均重度为 20kN/m³，构筑物传至基础顶面的偏心荷载 $F_k=1200$kN，距基底中心 1.2m，水平荷载 $H_k=200$kN，作用位置如图所示。试问，基础底面边缘的最大压力值 $p_{k\max}$ 与下列何项数值最为接近？

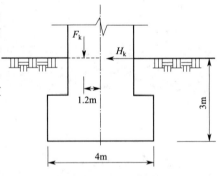

(A) 265kPa　　(B) 341kPa
(C) 415kPa　　(D) 454kPa

【答案】(D)

【解答】(1) $G_k = Ad\gamma_G = 3\times 4\times 3\times 20 = 720(\text{kN})$

(2) $\sum M_k = F_k e' + H_k h = 1200\times 1.2 + 200\times 3 = 2040(\text{kN}\cdot\text{m})$

(3) 合力的偏心距 $e = \dfrac{\sum M_k}{F_k+G_k} = \dfrac{2040}{1200+720} = 1.063(\text{m}) > \dfrac{l}{6} = \dfrac{4}{6} = \dfrac{2}{3}(\text{m})$，属于大偏心。

(4) $p_{k\max} = \dfrac{2(F_k+G_k)}{3b(l/2-e)} = \dfrac{2\times(1200+720)}{3\times 3\times(\frac{4}{2}-1.063)} = 455(\text{kPa})$

【分析】这道题与题 3.1.2 类似，也是逆向思维题。但要特别注意的是，题干中给出了一个偏心距 1.2m，注意这个偏心距不是合力（F_k+G_k）的偏心距，而只是竖向力 F_k 的偏心距。所以千万不能理解错误。

【题 3.1.4】 已知建筑物基础的宽度 10m，作用于基底的轴心荷载 200MN，为满足偏心距 $e \leqslant 0.1W/A$ 的条件，作用于基底的力矩最大值不能超过下列何值？（注：W 为基础底面的抵抗矩，A 为基础底面面积）

(A) 34MN·m   (B) 38MN·m   (C) 42MN·m   (D) 46MN·m

【答案】（A）

【解答】 依题意，抵抗矩 $W=\dfrac{bl^2}{6}$，基础底面面积 $A=bl$。

偏心距 $e=\dfrac{0.1W}{A}=\dfrac{0.1\times\dfrac{bl^2}{6}}{bl}=\dfrac{l}{60}$

从另一个角度，$e=\dfrac{M}{F+G}\leqslant\dfrac{l}{60}$，其中 $F+G=200$（MN）

解之，$M\leqslant 33.3$MN·m

【点评】 这道题目应注意三个地方：

① 应知道基础抵抗矩的表达式。

② 一般情况下 b 为基础宽度，l 为基础长度，荷载应该是在基础长度的方向偏心。在本题中，题干只给出了基础的宽度 10m，所以应该默认这个 10m 是长度 l。

③ 题干给出作用于基底的轴心荷载 200MN，实际上就是 $F+G=200$（MN）。

【题 3.1.5】 如图所示柱基础底面尺寸为 $1.8\text{m}\times 1.2\text{m}$，作用在基础底面的偏心荷载 $F_k+G_k=300$kN，偏心距 $e=0.2$m，基础底面应力分布最接近下列哪项？

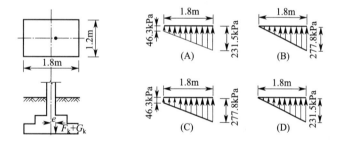

【答案】（A）

【解答】 首先判断是大偏心还是小偏心。

$e=0.2(\text{m})<\dfrac{l}{6}=\dfrac{1.8}{6}=0.3(\text{m})$，所以为小偏心。

由于是小偏心，且偏心距小于 $l/6$，所以基底压力分布一定为梯形：

$\begin{matrix}p_{k\max}\\p_{k\min}\end{matrix}=\dfrac{F_k+G_k}{A}\left(1\pm\dfrac{6e}{l}\right)=\dfrac{300}{1.8\times 1.2}\times\left(1\pm\dfrac{6\times 0.2}{1.8}\right)=\begin{matrix}231.5\\46.3\end{matrix}(\text{kPa})$

【分析】 这道题目由计算出的偏心距 $e=0.2\text{m}<\dfrac{l}{6}$，即知基底压力肯定是梯形分布，所以答案（B）和（D）就被排除了；又由于答案（A）和（C）中梯形分布的最小荷载都是 46.3kPa，所以，只需计算最大基底压力 $p_{k\max}$ 即可进一步判断正确答案。

【题 3.1.6】 从基础底面算起的风力发电塔高 30m，圆形平板基础直径 $d=6$m，侧向风压的合力为 15kN，合力作用点位于基础底面以上 10m 处，当基础底面的平均压力为 150kPa 时，基础边缘的最大与最小压力之比最接近下列何值？（圆形板的抵抗矩 $W=\dfrac{\pi d^3}{32}$）

(A) 1.10   (B) 1.15   (C) 1.20   (D) 1.25

【答案】(A)

【解答】基础底面抵抗矩 $W = \dfrac{\pi d^3}{32} = \dfrac{3.14 \times 6^3}{32} = 21.2(\text{m}^3)$

风荷载对基础底面产生的弯矩 $M_k = 10 \times 15 = 150(\text{kN} \cdot \text{m})$

$$\begin{matrix} p_{k\max} \\ p_{k\min} \end{matrix} = \dfrac{F_k + G_k}{A} \pm \dfrac{M_k}{W} = p_k \pm \dfrac{M_k}{W} = 150 \pm \dfrac{150}{21.2} = \begin{matrix} 157.1 \\ 142.9 \end{matrix}(\text{kPa})$$

则 $\dfrac{p_{k\max}}{p_{k\min}} = \dfrac{157.1}{142.9} = 1.1$

【点评】这道题目给了一个很多人并不太熟悉的风力发电塔这种建筑物，且基础的形状是圆形的。解这道题，要了解几个问题：

① 要迅速知道所用的公式；

② 对圆形基础，不存在大偏心和小偏心的情况，都是用同样的公式进行计算；

③ 偏心荷载是侧向风压的结果，合力作用点与基础底面之间的距离就是力臂的长度。

【题 3.1.7】有一工业塔高 30m，正方形基础，边长 4.2m，埋置深度 2.0m，在工业塔自身的恒载和可变荷载作用下，基础底面均布荷载为 200kPa，在离地面高 18m 处有一根与相邻构筑物连接的杆件，连接处为铰接支点，在相邻建筑物施加的水平力作用下，不计基础埋置范围内的水平土压力，为保持基底压力不出现负值，则该水平力最大不能超过下列何值？

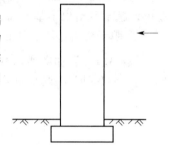

(A) 100kN   (B) 112kN
(C) 123kN   (D) 136kN

【答案】(C)

【解答】按照前述知识点基本理论，对矩形基础，当偏心距大于 $l/6$ 后基底压力就会出现拉应力。所以，题目实际上就是要求满足偏心距 $e \leqslant l/6$ 时所对应的水平力。

偏心距 $e = \dfrac{M}{F+G} = \dfrac{N_{水平} \times (18+2)}{4.2 \times 4.2 \times 200} \leqslant \dfrac{l}{6}$

由此解得：$N_{水平} \leqslant \dfrac{4.2 \times 4.2 \times 200 \times \dfrac{4.2}{6}}{18+2} = 123.48(\text{kN})$

【分析】这道题与题 3.1.6 有些类似。其中需要注意的地方是：

① 题干说在工业塔自身的恒载和可变荷载作用下，基础底面均布荷载为 200kPa。这句话的意思就是 $F+G = 200\text{kPa}$。

② 可以忽略"铰接支点"的信息。

③ 本题目为了简单，忽略了基础侧面的土压力。如果加上土压力，那这道题解起来就麻烦多了。

【题 3.1.8】有一工业塔，刚性连接设置在宽度 $b=6\text{m}$，长度 $l=10\text{m}$，埋置深度 $d=3\text{m}$ 的矩形基础板上，包括基础自重在内的总重为 $N_k = 20\text{MN}$，作用于塔身上部的水平合力 $H_k=1.5\text{MN}$，基础侧面抗力不计。为保证基底不出现零压力区，试问水平合力作用点与基底距离 h 最大值与下列何项数值最为接近？

(A) 15.2m   (B) 19.3m   (C) 21.5m   (D) 24.0m

【答案】(B)

【解答】偏心距 $e = \dfrac{H_k(h+d)}{N_k}$

不出现零压力区，意味着 $e \leqslant \dfrac{l}{6} = \dfrac{10}{6} = 1.67(\text{m})$

$$\dfrac{H_k(h+d)}{N_k} \leqslant 1.67\text{m}$$

解得： $h \leqslant \dfrac{eN_k}{H_k} - d = \dfrac{1.67 \times 20}{1.5} - 3 = 19.3(\text{m})$

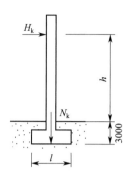

【点评】这道题与上面两题也有些类似，只是反过来求不产生拉力的最高位置。

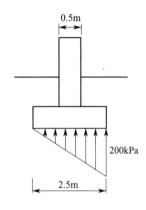

【题 3.1.9】已知墙下条形基础的底面宽度 2.5m，基底压力在全断面分布为三角形，基底最大边缘压力为 200kPa。则作用于每延米基础底面上的轴向力和力矩最接近于下列何值？

(A) $N=300\text{kN}$，$M=154.2\text{kN}\cdot\text{m}$
(B) $N=300\text{kN}$，$M=134.2\text{kN}\cdot\text{m}$
(C) $N=250\text{kN}$，$M=104.2\text{kN}\cdot\text{m}$
(D) $N=250\text{kN}$，$M=94.2\text{kN}\cdot\text{m}$

【答案】(C)

【解答】基底压力在全断面分布为三角形，所以作用于每延米基础底面上的轴向力为这三角形的面积：

$$N = F + G = \dfrac{1}{2} \times 200 \times 2.5 = 250(\text{kN})$$

此时的偏心距应满足 $e = \dfrac{M}{F+G} = \dfrac{b}{6}$

则 $M = \dfrac{b}{6}(F+G) = \dfrac{2.5}{6} \times 250 = 104.2(\text{kN}\cdot\text{m})$

【题 3.1.10】条形基础底面处的平均压力为 170kPa，基础宽度 $B=3$m，在偏心荷载作用下，基底边缘处的最大压力值为 280kPa，该基础合力偏心距最接近下列哪个选项的数值？

(A) 0.50m　　　(B) 0.33m　　　(C) 0.25m　　　(D) 0.20m

【答案】(B)

【解答】题干只说基底边缘处的最大压力值，但并没有说最小压力值是多少，同时也没有说是大偏心还是小偏心。为此，只能按最小压力为 0 来考虑，并分别考虑按小偏心和大偏心来计算。

(1) 按小偏心计算

$$p_{\max} = \dfrac{F+G}{A}\left(1 + \dfrac{6e}{B}\right) = p\left(1 + \dfrac{6e}{B}\right)$$

则偏心距 $e = \left(\dfrac{p_{\max}-p}{6p}\right)B = \dfrac{280-170}{6 \times 170} \times 3 = 0.32(\text{m})$，答案是 (B)。

(2) 按大偏心计算

$p_{\max} = \dfrac{2(F+G)}{3l(B/2-e)}$，其中，对条形基础 $l=1$m。

偏心距 $e = \dfrac{B}{2} - \dfrac{2}{3b}\dfrac{F+G}{p_{\max}} = \dfrac{3}{2} - \dfrac{2}{3 \times 1} \times \dfrac{170 \times 3}{280} = 0.29\text{m}$，没有答案与之相符。

所以，只能按小偏心计算，正确答案是（B）。

【点评】这道题没有注明是大偏心还是小偏心。在小偏心的情况下，最后的计算结果与答案（B）相符。

【题 3.1.11】柱下独立基础底面尺寸为 $3m \times 5m$，$F_1 = 300kN$，$F_2 = 1500kN$，$M = 900kN \cdot m$，$F_H = 200kN$，如图（尺寸单位：mm）所示，基础埋深 $d = 1.5m$，基础及填土平均重度 $\gamma = 20kN/m^3$，则基础底面偏心距最接近下列哪个数值？

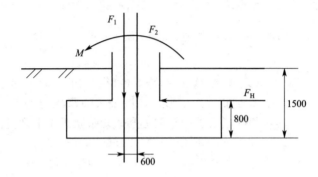

(A) 23cm (B) 47cm (C) 55cm (D) 83cm

【答案】（C）

【解答】(1) 基底总竖向力：$\sum F = F_1 + F_2 + G = 300 + 1500 + 20 \times 3 \times 5 \times 1.5 = 2250$(kN)

(2) 总弯矩：$\sum M = M + 0.6F_1 + 0.8F_H = 900 + 0.6 \times 300 + 0.8 \times 200 = 1240$(kN·m)

(3) 偏心距：$e = \dfrac{\sum M}{\sum F} = \dfrac{1240}{2250} = 55$(cm)

【题 3.1.12】有一高度为 30m 的塔桅结构，刚性连接设置在宽度 $b = 10m$，长度 $l = 11m$，埋置深度 $d = 2m$ 的基础板上，包括基础自重在内的总重 $W = 7.5MN$。地基土为内摩擦角 $\varphi = 35°$ 的砂土。如已知产生失稳极限状态的临界偏心距 $e = 4.8m$，基础侧面抗力不计，试分析当作用于塔顶的水平力 H 接近于下列哪个数值时，塔桅结构将出现失稳而倾倒的临界状态？

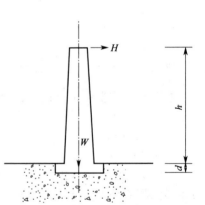

(A) 1.5MN (B) 1.3MN
(C) 1.1MN (D) 1.0MN

【答案】（C）

【解答】偏心距 $e = \dfrac{M}{F+G} = \dfrac{H(h+d)}{W}$，将已知条件代入公式，即可求得产生极限状态时的水平力 H。

$$H = \dfrac{We}{h+d} = \dfrac{7.5 \times 4.8}{30+2} = 1.125(MN)$$

【分析】这道题的计算工作量不大，重点在于分析。

① 首先要知道偏心距的计算公式是 $e = \dfrac{M}{F+G} = \dfrac{H(h+d)}{W}$；

② 题目已告知该偏心距是承受失稳极限状态的临界偏心距；

③ 在该偏心距下的水平力就是出现失稳而倾倒临界状态时所对应的 H；

④ 内摩擦角 $\varphi = 35°$ 是一个干扰条件。

【题 3.1.13】条形基础宽度 3m，基础埋深 2.0m，基础底面作用有偏心荷载，偏心距 0.6m。已知深度修正后的地基承载力特征值为 200kPa，传至基础底面的最大允许总竖向压力最接近下列哪个选项？

(A) 200kN/m　　　(B) 270kN/m　　　(C) 324kN/m　　　(D) 600kN/m

【答案】(C)

【解答】(1) 根据《建筑地基基础设计规范》(GB 50007—2011) 第 5.2.1 条，偏心荷载下承载力验算要求满足两个条件：

$$p_k = \frac{F_k + G_k}{B} \leqslant f_a$$

$$p_{kmax} \leqslant 1.2 f_a$$

(2) 判别大小偏心：$e = 0.6(m) > \frac{b}{6} = \frac{3}{6} = 0.5(m)$，属于大偏心。

(3) 对 $p_k = \frac{F_k + G_k}{B} \leqslant f_a$，有 $F_k + G_k \leqslant B f_a = 3 \times 200 = 600(kPa)$

(4) 对偏心荷载，$p_{kmax} \leqslant 1.2 f_a$，此时，$p_{kmax} = \frac{2(F_k + G_k)}{3l(B/2 - e)}$

则 $F_k + G_k = \frac{3l(B/2 - e)}{2} p_{kmax} = \frac{3l(B/2 - e)}{2}(1.2 f_a) = \frac{3}{2} \times 1 \times \left(\frac{3}{2} - 0.6\right) \times 1.2 \times 200 = 324(kN/m)$

两者取小值，$F_k + G_k = 324kN/m$，所以答案是 (C)。

【分析】这道题是将基底压力计算与地基承载力验算两个知识点结合在了一起。要弄清楚几个问题：

① 根据规范要求，偏心荷载下承载力验算的条件；
② 要判别大小偏心，选取相应的计算公式进行计算；
③ 计算结果取小值。

【题 3.1.14】如图所示，某条形基础，基础埋深 2m，基础宽度 5m。作用于每延米基础底面的竖向力为 F，力矩 M 为 300kN·m/m，基础下地基反力无零应力区。地基土为粉土，地下水位埋深 1.0m，水位以上土的重度为 18kN/m³，水位以下土的饱和重度为 20kN/m³，黏聚力为 25kPa，内摩擦角为 20°。问该基础作用于每延米基础底面的竖向力 F 最大值接近下列哪个选项？

(A) 253kN/m　　　(B) 1157kN/m
(C) 1265kN/m　　　(D) 1518kN/m

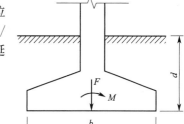

【答案】(B)

【解答】由题意，这个属于小偏心。

(1) 对偏心荷载下的地基承载力，要求：

$$p_k = \frac{F_k + G_k}{b} \leqslant f_a$$

$$p_{kmax} \leqslant 1.2 f_a$$

要同时满足上面两个条件。

注意本题目中的 F 就是公式中的 $F_k + G_k$。

(2) 求地基承载力特征值

据《建筑地基基础设计规范》(GB 50007—2011) 5.2.5 条，当 $\varphi = 20°$ 时，$M_b = 0.51$，

$M_\mathrm{d}=3.06$，$M_\mathrm{c}=5.66$。则

$$f_\mathrm{a}=M_\mathrm{b}\gamma b+M_\mathrm{d}\gamma_\mathrm{m} d+M_\mathrm{c} c_\mathrm{k}=0.51\times10\times5+3.06\times\frac{18+10}{2}\times2+5.66\times25=253(\mathrm{kPa})$$

(3) 按 $p_\mathrm{k}=\dfrac{F_\mathrm{k}+G_\mathrm{k}}{b}\leqslant f_\mathrm{a}$ 条件计算

$\dfrac{F}{b}\leqslant f_\mathrm{a}\Rightarrow\dfrac{F}{5}\leqslant253$，解得：$F=1265\mathrm{kN/m}$。

(4) 按 $p_\mathrm{kmax}\leqslant1.2f_\mathrm{a}$ 条件计算

$$p_\mathrm{kmax}=\frac{F}{b}+\frac{M}{W}=\frac{F}{5}+\frac{300}{\dfrac{5^2\times1}{6}}\leqslant1.2f_\mathrm{a}=1.2\times253$$

解得：$F=1158\mathrm{kN/m}$。取小值，所以答案是（B）。

【分析】这道题与［题3.1.13］一样，也是基底压力计算与地基承载力验算结合在一起的题目。考虑的思路及计算方法等与［题3.1.13］完全一样。另外需要注意的是：

① 本题不需要辨别大小偏心，因为题干已经告知：基础下地基反力无零应力区，这就意味着肯定是小偏心；

② 此外，公式 $f_\mathrm{a}=M_\mathrm{b}\gamma b+M_\mathrm{d}\gamma_\mathrm{m} d+M_\mathrm{c} c_\mathrm{k}$ 的使用条件也要求是小偏心（$e\leqslant l/6$）；

③ 本题是求作用于每延米基础底面的竖向力 F，请注意是基础底面的竖向力，这个实际上就是 $F_\mathrm{k}+G_\mathrm{k}$。千万不要看着字母是 F，就以为只是 $F_\mathrm{k}+G_\mathrm{k}$ 中的 F_k。

【题3.1.15】某高度60m的结构物，采用方形基础，基础边长15m，埋深3m。作用在基础底面中心的竖向力为24000kN。结构物上作用的水平荷载呈梯形分布，顶部荷载分布值为50kN/m，地表处荷载分布为20kN/m，如图所示。求基础边缘的最大压力最接近下列哪个选项的数值？（不考虑土压力的作用）

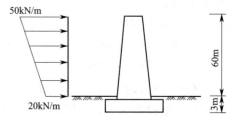

(A) 219kPa　　　(B) 237kPa
(C) 246kPa　　　(D) 252kPa

【答案】(D)

【解答】(1) 计算由水平荷载导致的偏心距

$$e=\frac{\sum M}{\sum N}=\frac{20\times60\times\left(3+\dfrac{60}{2}\right)+\dfrac{1}{2}\times30\times60\times\left(3+\dfrac{2}{3}\times60\right)}{24000}$$

$$=3.26(\mathrm{m})>\frac{b}{6}=\frac{15}{6}=2.50(\mathrm{m})$$

故为大偏心。

(2) 代入大偏心公式

$$p_\mathrm{kmax}=\frac{2(F_\mathrm{k}+G_\mathrm{k})}{3b(l/2-e)}=\frac{2\times24000}{3\times15\times(15\div2-3.26)}=252(\mathrm{kPa})$$

【题3.1.16】某3m×4m矩形独立基础如图（图中尺寸单位为mm）所示，基础埋深2.5m，无地下水。已知上部结构传递至基础顶面中心的力 $F=2500\mathrm{kN}$，力矩 $M=300\mathrm{kN\cdot m}$。假设基础底面压力线性分布，求基础底面边缘的最大压力最接近下列何值？（基础及其上土体的平均重度为 $20\mathrm{kN/m^3}$）

（A）407kPa　　（B）427kPa
（C）465kPa　　（D）506kPa

【答案】（B）

【解答】 基础顶面的力 $F=2500\text{kN}$，但并非垂直，而是与水平面有个 $60°$ 的角度。所以，分别计算垂直压力和水平力，其中水平力会产生弯矩。

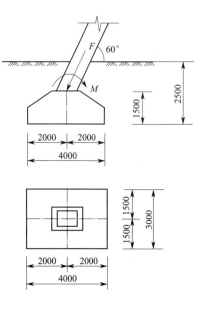

$F_x = F\cos 60° = 2500 \times \cos 60° = 1250(\text{kN})$

$F_y = F\sin 60° = 2500 \times \sin 60° = 2156(\text{kN})$

偏心距 $e = \dfrac{\sum M}{F+G} = \dfrac{1250 \times 1.5 - 300}{2165 + 3 \times 4 \times 2.5 \times 20} = 0.57(\text{m})$

$< \dfrac{l}{6} = \dfrac{4}{6} = 0.67(\text{m})$，属于小偏心。

则 $p_{\max} = \dfrac{F+G}{A}\left(1+\dfrac{6e}{l}\right) = \dfrac{2165+3\times 4\times 2.5\times 20}{3\times 4} \times \left(1+\dfrac{6\times 0.57}{4}\right) = 427(\text{kPa})$

【分析】 与以往相比，这道题目有一点变化，就是传至基础顶面的力并非垂直。此时要把该力按垂直和水平方向进行分解后方可计算。题干中说"假设基底压力线性分布"，意思就是可以按照材料力学中短柱偏心受压公式计算。还有，要看清题图以及偏心的方向。本题目中弯矩是沿着 4m 长的基础偏心，所以，计算公式中的 l 就是 4m。弯矩 M 是顺时针方向，F_x 产生的弯矩是逆时针方向。

【题 3.1.17】 基础的长边 $l=3.0\text{m}$，短边 $b=2.0\text{m}$，偏心荷载作用在长边方向，问计算最大边缘压力时所用的基础底面截面抵抗矩 W 为下列哪个选项中的值？

（A）2m^3　　（B）3m^3　　（C）4m^3　　（D）5m^3

【答案】（B）

【解答】 基础底面截面抵抗矩 $W = \dfrac{bl^2}{6}$，已知：$l=3.0\text{m}$，$b=2.0\text{m}$。$W = \dfrac{bl^2}{6} = \dfrac{2.0\times 3.0^2}{6} = 3.0(\text{m}^3)$

【点评】 本题目重点是要弄清楚偏心荷载作用的方向，不要在公式中代错平方。

【本节考点】
① 基底压力计算；
② 基底荷载偏心距计算；
③ 最大基底压力计算；
④ 满足承载力要求的基底压力计算。

这部分内容作为题目经常会有，从 2004 年至 2017 年的 14 年时间里，共有这方面的题目 17 道。需要注意的是，在 2012 年之后，这部分内容的题目数量明显减少，只有两道题（[题 3.1.13] 和 [题 3.1.14]），但题目的形式与之前的有明显不同。遇到基底压力计算的考题时，要注意下面几点：

① 首先要判断大小偏心，然后采用相应的公式进行计算。
② F_k 的定义是上部结构传至基础顶面的荷载，$F_k + G_k$ 的定义是传至基础底面的荷载。要注意题干的表述究竟是什么。
③ 对要求满足偏心荷载下承载力验算条件的基底压力计算，要按两个条件分别计算，结果取小值。案例考试评分不仅看答案，同时还要看计算过程。如果只按一种条件计算，虽

然结果正确，但肯定要扣分。

3.2 地基附加应力计算

【题 3.2.1】 某高低层一体的办公楼，采用整体筏形基础，基础埋深 7.00m，高层部分的基础尺寸为 40m×40m，基底总压力 $p=430$kPa，多层部分的基础尺寸为 40m×16m，场区土层的重度为 20kN/m³，地下水位埋深 3m。高层部分的荷载在多层建筑基底中心以下深度 12m 处所引起的附加应力最接近以下何值？（水的重度按 10kN/m³ 考虑）

(A) 48kPa

(B) 65kPa

(C) 80kPa

(D) 95kPa

【答案】（A）

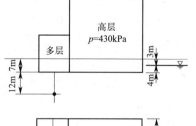

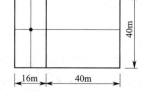

基本原理（基本概念或知识点）

土中附加应力的计算方法是根据弹性理论推导出来的，由竖向集中力作用下土中应力的布辛耐斯克解，通过叠加原理或者积分的方法，计算各种分布荷载作用下土的附加应力。

土中附加应力的计算公式如下：

$$\sigma_z = \alpha p_0 \tag{3-4}$$

式中 p_0——基底附加压力，kPa。

α——附加应力系数，可通过查规范附录相应的表格来确定。具体要根据荷载作用的形式，如作用力是集中力、均布荷载、三角形荷载或条形荷载，以及荷载作用面的形式，如作用面是圆形、矩形等来确定。

利用角点应力表达式，可以求算平面上任意点 M'（可以在矩形面积以内或以外）下任意深度处的竖向附加应力，如图3-3所示。

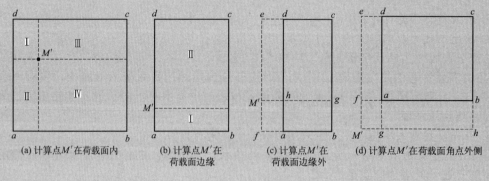

图 3-3 以角点法计算均布矩形荷载下的基底附加应力

通过计算角点 M' 点作平行于原矩形各边的直线,划分成若干个具有公共角点 M' 的新矩形,分别计算每个矩形在角点 M' 下的竖向附加应力系数,然后应用叠加原理求得原矩形均布荷载下的竖向附加应力系数。

必须注意,采用角点法要求:

① 计算角点 M' 必须位于所划分各矩形的公共角点;
② 划分矩形的总面积等于原有荷载面积;
③ 所有分块的矩形荷载面,其长度为 l,宽度为 b。

按图 3-3,采用角点法计算竖向均布矩形荷载下的竖向地基附加应力的结果如下:

① M' 点在荷载面内,如图 3-3(a) 所示。
$$\sigma_z = (\alpha_{cI} + \alpha_{cII} + \alpha_{cIII} + \alpha_{cIV}) p_0$$
若 M' 点位于荷载面中心,则 $\alpha_{cI} = \alpha_{cII} = \alpha_{cIII} = \alpha_{cIV}$,$\sigma_z = 4\alpha_{cI} p_0$。

② 若 M' 点位于荷载面边缘,如图 3-3(b) 所示。
$$\sigma_z = (\alpha_{cI} + \alpha_{cII}) p_0$$

③ 若 M' 点位于荷载面边缘外侧,如图 3-3(c) 所示。
$$\sigma_z = (\alpha_{cI} - \alpha_{cII} + \alpha_{cIII} - \alpha_{cIV}) p_0$$
其中,矩形荷载面 Ⅰ、Ⅱ、Ⅲ、Ⅳ 分别为图中的矩形 $M'fbg$、$M'fah$、$M'ecg$、$M'edh$。

④ 若 M' 点位于荷载面角点外侧,如图 3-3(d) 所示。
$$\sigma_z = (\alpha_{cI} - \alpha_{cII} - \alpha_{cIII} + \alpha_{cIV}) p_0$$
其中,矩形荷载面 Ⅰ、Ⅱ、Ⅲ、Ⅳ 分别为图中的矩形 $M'hce$、$M'hbf$、$M'gde$、$M'gaf$。

【解答】高层建筑基底的附加压力
$$p_0 = p - \gamma d$$
由题意,$p = 430 \text{kPa}$,土层的重度为 20kN/m^3。

基础埋深为 7m,由于地下水位埋深 3m,所以 $\gamma d = 3 \times 20 + 4 \times 10$,则
$$p_0 = p - \gamma d = 430 - (3 \times 20 + 4 \times 10) = 330 (\text{kPa})$$
本题属于上述图 3-3(c) 的情况。

对荷载面积 $acoe$:
$$\frac{l}{b} = \frac{48}{20} = 2.4,\quad \frac{z}{b} = \frac{12}{20} = 0.6,\quad 查规范,\alpha_1 = 0.2334$$

对荷载面积 $bcod$:
$$\frac{l}{b} = \frac{20}{8} = 2.5,\quad \frac{z}{b} = \frac{12}{8} = 1.5,\quad 查规范,\alpha_2 = 0.16$$

$$\sigma_z = (2\alpha_1 - 2\alpha_2) p_0 = (2 \times 0.2334 - 2 \times 0.16) \times 330 = 48.4 (\text{kPa})$$

所以,答案是 (A)。

【分析】这道题问的是高层部分的荷载对高程以外某点下的附加应力的计算,所以只需先求出高层部分的 p_0,然后按角点法根据具体情况进行计算即可。注意地下水位对基底附加压力的影响,即水位以下要用有效重度。

【题 3.2.2】某矩形基础,底面尺寸 $2.5\text{m} \times 4.0\text{m}$,基底附加压力 $p_0 = 200 \text{kPa}$,基础中心点下地基附加应力曲线如图所示。问:基底中心点下深度 $1.0 \sim 4.5\text{m}$ 范围内附加应力曲线与坐标轴围成的面积 A(图中阴影部分)最接近下列何值?(图中尺寸单位为 mm)

(A) 274kN/m (B) 308kN/m (C) 368kN/m (D) 506kN/m

【答案】(B)

【解答】这道题实际上就是求附加应力面积，其计算原理与方法在规范法计算地基沉降量中有详细介绍。

应力面积 $A = 4p_0(z_i\bar{\alpha}_i - z_{i-1}\bar{\alpha}_{i-1})$，其中 $\bar{\alpha}_i$ 就是深度中 z 范围内附加应力系数 α_i 的平均值，称之为平均附加应力系数，查规范附录表 K 可得。

根据《建筑地基基础设计规范》（GB 50007—2011）第 5.3.5 条，$l = 2.0\text{m}$，$b = 1.25\text{m}$，各参数计算结果见下表。

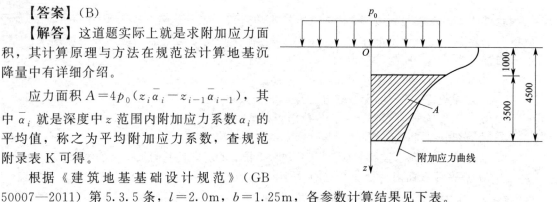

z_i/m	l/b	z/b	$\bar{\alpha}_i$	$4z_i\bar{\alpha}_i$	$4(z_i\bar{\alpha}_i - z_{i-1}\bar{\alpha}_{i-1})$
1.0	1.60	0.80	0.2395	0.9580	0.9580
4.5	1.60	3.60	0.1389	2.5002	1.5422

$$A = p_0(4z_i\bar{\alpha}_i - 4z_{i-1}\bar{\alpha}_{i-1}) = 200 \times 1.5422 = 308(\text{kN/m})$$

【分析】本题实际上是规范法（应力面积法）求地基沉降量中的内容，即应力面积除以压缩模量就是地基的沉降量。本题查表计算时要特别注意不要把平均附加应力系数 $\bar{\alpha}_i$ 与附加应力系数 α_i 搞混了。这两个系数都在规范附录表 K 中，附加应力系数 α_i 是用来计算地基的附加应力的系数，而平均附加应力系数 $\bar{\alpha}_i$ 才是用来计算应力面积的系数。

【本节考点】

地基附加应力计算。

在专业案例考试中，单独计算地基附加应力的题目并不多见，而与附加应力有关的题目更多地出现在地基沉降计算和地基软弱下卧层强度验算这些章节中。

3.3 地基自重应力计算

【题】山前冲洪积场地，粉质黏土①层中潜水水位埋深 1.0m，黏土②层下卧砾砂③层，③层内存在承压水，水头高度和地面平齐。问地表下 7.0m 处地基上的有效自重应力最接近下列哪个选项的数值？

(A) 66kPa
(B) 76kPa
(C) 86kPa
(D) 136kPa

【答案】(A)

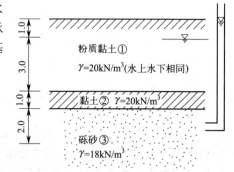

基本原理（基本概念或知识点）

土体自重产生的应力，称为自重应力。

一般情况下，土层覆盖面积很大，可以看作分布面积为无穷大的荷载。土体在自重作

用下处于极限应力状态,只产生沿垂直方向的变形。根据这个条件,均质土中的自重应力可以按下列二式计算:

$$\sigma_{cz} = \gamma z \tag{3-5}$$

$$\sigma_{cx} = \sigma_{cy} = K_0 \sigma_{cz} \tag{3-6}$$

式中 σ_{cz}——地面下 z 深度处的垂直向自重应力,kPa;

σ_{cx}、σ_{cy}——地面下 z 深度处的水平向自重应力,kPa;

γ——土的天然重度,kN/m^3;

z——由地面至计算点的深度,m;

K_0——土的侧限压力系数,也称为静止土压力系数。

当地基由成层土组成时,任意层 i 的厚度为 z_i,重度为 γ_i 时,在深度 $z=\sum_i^n z_i$ 处的自重应力

$$\sigma_{cz} = \gamma_1 z_1 + \gamma_2 z_2 + \cdots + \gamma_n z_n = \sum_{i=1}^{n} \gamma_i z_i \tag{3-7}$$

若有地下水存在,则水位以下各层土的重度 γ_i 应为浮重度 $\gamma_i'(=\gamma_i-\gamma_w)$;若地下水位以下存在不透水层(如岩层),则在不透水层层面处浮力消失,此时的自重应力等于全部上覆的水和土的总重。

有效应力原理表述为

$$\sigma = \sigma' + u \tag{3-8}$$

式中 σ——土的总应力;

σ'——有效应力;

u——孔隙水压力,由土孔隙内的水承担的应力。

上式说明,饱和土中的应力(总应力)为有效应力和孔隙水压力之和,或者说有效应力 σ' 等于总应力 σ 减去孔隙水压力 u。土体有效应力变化(而不是总应力),才会使得土体的强度和变形发生变化。

有效应力原理看上去很简单,但灵活应用却并不容易。

对于处在承压水中的自重应力,问题稍显复杂,如图3-4所示。

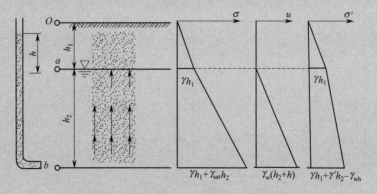

图 3-4 承压水中土的总应力、孔隙水压力及有效应力分布

对上层土,地下水位在地面以下 h_1 深度;下层土中有承压水,水头高度为 h_2+h。现在我们来看 b 点处的有效自重应力是多少。

> 总应力：$\sigma = \gamma h_1 + \gamma_{sat} h_2$
> 孔隙水压力：$u = \gamma_w (h_2 + h)$
> 有效自重应力：
> $\sigma' = \sigma - u = \gamma h_1 + \gamma_{sat} h_2 - \gamma_w (h_2 + h) = \gamma h_1 + (\gamma_{sat} - \gamma_w) h_2 - \gamma_w h = \gamma h_1 + \gamma' h_2 - \gamma_w h$

【解答】计算点处的总应力：$\sigma = 4.0 \times 20 + 1.0 \times 20 + 2.0 \times 18 = 136 \text{(kPa)}$

有效自重应力：$\sigma'_{cz} = 136 - 7 \times 10 = 66 \text{(kPa)}$

答案是（A）。

【本节考点】

地基自重应力计算。

在专业案例考试中，单独计算地基自重应力的题目并不多见，而与其有关的题目更多地出现在地基沉降计算和地基软弱下卧层强度验算等章节中。

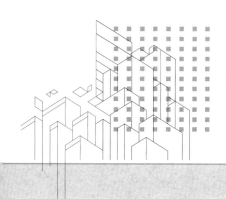

第 4 章
土的压缩性和地基沉降计算

4.1 土的压缩性（固结试验）

基本原理（基本概念或知识点）

室内固结试验是完全侧限条件下的压缩试验，是目前最常用的测定土的压缩性的室内试验方法。试验环刀高一般为 20mm。

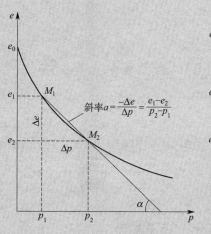

图 4-1 用 $e\text{-}p$ 曲线确定压缩系数　　图 4-2 用 $e\text{-}\lg p$ 曲线确定压缩指数

(1) 试样的初始孔隙比 e_0 应按下式计算

$$e_0 = \frac{G_s(1+w)\rho_w}{\rho} - 1 \tag{4-1}$$

(2) 各级压力下试样固结稳定后的孔隙比 e_i，应按下式计算

$$e_i = e_0 - \frac{s_i}{H_0}(1+e_0) \tag{4-2}$$

(3) $e\text{-}p$ 曲线（图 4-1）某一压力范围内的压缩系数 a_i（MPa^{-1}），应按下式计算

$$a_i = \frac{e_i - e_{i+1}}{p_{i+1} - p_i} \tag{4-3}$$

通常是用压力段 $p_1=100\text{kPa}$，$p_2=200\text{kPa}$ 所对应的压缩系数 a_{1-2} 作为土的压缩性指标。当 $a_{1-2}<0.1\text{MPa}^{-1}$ 时，为低压缩性土；当 $0.1\text{MPa}^{-1} \leqslant a_{1-2} < 0.5\text{MPa}^{-1}$ 时，为中压缩性土；当 $a_{1-2}>0.5\text{MPa}^{-1}$ 时，为高压缩性土。

(4) 某一压力范围内的压缩模量 E_s（MPa），应按下式计算

$$E_s = \frac{1+e_1}{a} \tag{4-4}$$

式中 e_1——压力范围内起始压力对应的孔隙比（注意：不是试样的初始孔隙比）。

(5) 某一压力范围内的体积压缩系数 m_v（MPa^{-1}），定义为 E_s 的倒数。

$$m_v = \frac{1}{E_s} = \frac{a}{1+e_1} \tag{4-5}$$

m_v 的单位与压缩系数 a 相同。a 表示单位压应力变化引起的孔隙比变化，而 m_v 表示单位压应力引起的单位体积变化。

(6) 压缩指数 C_c 和回弹指数

侧限压缩试验的结果还可用 $e\text{-}\lg p$ 曲线表示（图 4-2）。用这种形式表示的优点是在压力较大部分，$e\text{-}\lg p$ 关系接近直线，其斜率称为土的压缩指数 C_c，它是一个常量，不随压力 p 而变，亦即

$$C_c = \frac{e_i - e_{i+1}}{\lg p_{i+1} - \lg p_i} \tag{4-6}$$

C_c（无量纲）表示压力 p 每变化一个对数周（10 倍）所引起的孔隙比变化。卸载段和再压缩段的平均斜率称为土的回弹指数或再压缩指数 C_s，而 $C_s \ll C_c$，一般黏性土 $C_s = \left(\frac{1}{5} \sim \frac{1}{10}\right) C_c$。

(7) 固结系数的测定

应用饱和土体渗流固结理论求解实际工程问题时，固结系数 C_v 是关键性参数，它直接影响孔压的消散速度和地基的沉降与时间关系。C_v 值愈大，在其他条件相同的情况下，土体完成固结所需要的时间愈短。

① 时间平方根法。对某一级压力，以试样的变形为纵坐标，时间平方根为横坐标，绘制变形与时间平方根关系曲线（图 4-3），延长曲线段的开始段的直线，交纵坐标于 d_s 为理论零点，过 d_s 作另一直线，令其横坐标为前一指标横坐标的 1.15 倍，则后一直线与 $d\text{-}\sqrt{t}$ 曲线交点所对应的时间的平方即为试样固结度达 90% 所需要的时间 t_{90}，该压力下的固结系数应按下式计算：

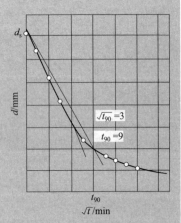

图 4-3 时间平方根法求 t_{90}

$$C_v = \frac{0.848\bar{h}^2}{t_{90}} \quad (4-7)$$

式中 C_v——固结系数，cm^2/s；

$\bar{h}$——最大排水距离，等于某级压力下试样的初始和终了高度的平均值之半，cm。

② 时间对数法。对某一级压力，以试样的变形为纵坐标，时间的对数为横坐标，绘制变形与时间对数关系曲线（图4-4），在关系曲线的开始段，选任一时间 t_1，查得相对应的变形值 d_1，再去时间 $t_2 = t_1/4$，查得相对应的变形值 d_2，则 $2d_2 - d_1$ 即为 d_{01}；另取一时间依同法求得 d_{02}、d_{03}、d_{04} 等，取其平均值为理论零点 d_s，延长曲线中部的直线段和通过曲线尾部数点切线的交点即为理论终点 d_{100}，则 $d_{50} = (d_s - d_{100})/2$，对应于 d_{50} 的时间即为试样固结度达50%所需的时间 t_{50}，某一级压力下的固结系数 C_v 应按下式计算：

$$C_v = \frac{0.197\bar{h}^2}{t_{50}} \quad (4-8)$$

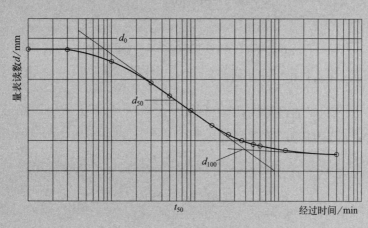

图4-4 时间对数法求 t_{50}

【题4.1.1】某土样 $G_s = 2.7$，$\rho = 1.9 g/cm^3$，$w = 22\%$，环刀高2cm，进行室内压缩试验，$p_1 = 100 kPa$，$s_1 = 0.8 mm$，$p_2 = 200 kPa$，$s_2 = 1 mm$，试求土样初始孔隙比 e_0，p_1 和 p_2 对应的孔隙比 e_1、e_2，压缩系数 a_{1-2} 和 E_s。

【解答】由土的三项比例指标换算公式

(1) 土的初始孔隙比：

$$e_0 = \frac{G_s(1+w)\rho_w}{\rho} - 1 = \frac{2.7 \times (1+0.22) \times 1}{1.9} - 1 = 0.734$$

(2) p_1 和 p_2 对应的孔隙比 e_1、e_2：

$$e_1 = e_0 - \frac{s_1}{H_0}(1+e_0) = 0.734 - \frac{0.8}{20} \times (1+0.734) = 0.665$$

$$e_2 = e_0 - \frac{s_2}{H_0}(1+e_0) = 0.734 - \frac{1}{20} \times (1+0.734) = 0.647$$

(3) 压缩系数 a_{1-2}：

$$a_{1-2} = \frac{e_1 - e_2}{p_2 - p_1} = \frac{0.665 - 0.647}{200 - 100} = 0.2(MPa^{-1})$$

(4) 压缩模量 E_s：

$$E_s = \frac{1+e_1}{a_{1-2}} = \frac{1+0.665}{0.2} = 8.3 \text{(MPa)}$$

【题 4.1.2】 用内径 79.8mm、高 20mm 的环刀切取未扰动饱和黏性土试样，相对密度 $G_s=2.7$，含水量 $w=40.3\%$，湿土质量 184g。现做侧限压缩试验，在压力 100kPa 和 200kPa 作用下，试样总压缩量分别为 $s_1=1.4$mm 和 $s_2=2.0$mm，其压缩系数 a_{1-2}（MPa^{-1}）最接近下列哪个选项？

(A) 0.40　　　　(B) 0.50　　　　(C) 0.60　　　　(D) 0.70

【答案】 (C)

【解答】 土质量密度：

$$\rho = \frac{m}{V} = \frac{184}{\pi r^2 h} = \frac{184}{\pi \times 3.99^2 \times 2} = 1.84 \text{(g/cm}^3\text{)}$$

土干密度：

$$\rho_d = \frac{\rho}{1+w} = \frac{1.84}{1+0.403} = 1.31 \text{(g/cm}^3\text{)}$$

初始孔隙比：

$$e_0 = \frac{G_s \rho_w}{\rho_d} - 1 = \frac{2.7 \times 1.0}{1.31} - 1 = 1.061$$

在 $p_1=100$kPa 压力作用下的孔隙比 e_1

$$e_1 = e_0 - \frac{s_1}{H_0}(1+e_0) = 1.061 - \frac{1.4}{20} \times (1+1.061) = 0.9167$$

在 $p_1=200$kPa 压力作用下的孔隙比 e_2

$$e_2 = e_0 - \frac{s_2}{H_0}(1+e_0) = 1.061 - \frac{2.0}{20} \times (1+1.061) = 0.8549$$

$$a_{1-2} = \frac{e_1-e_2}{p_2-p_1} = \frac{0.9167-0.8549}{200-100} = 0.62 \text{(MPa}^{-1}\text{)}$$

【分析】 本题考点：一是要清楚压缩试验的方法；二是要熟悉三相比例指标的计算；三是按公式计算压缩试验的指标。

还有一个需要注意的地方是：在没有特殊说明的情况下，一般压缩试验时的试样初始高度都是 20mm。

【题 4.1.3】 某土样固结试验成果如下表所示。已知试样天然孔隙比 $e_0=0.656$，问该试样在压力 100～200kPa 的压缩系数及压缩模量最接近下列哪一组数值？

压力 p/kPa	50	100	200
稳定校正后的变形量 Δh_i/mm	0.155	0.263	0.565

(A) $a_{1-2}=0.15$ MPa^{-1}，$E_{s1-2}=11$MPa

(B) $a_{1-2}=0.25$ MPa^{-1}，$E_{s1-2}=6.6$MPa

(C) $a_{1-2}=0.45$ MPa^{-1}，$E_{s1-2}=3.7$MPa

(D) $a_{1-2}=0.55$ MPa^{-1}，$E_{s1-2}=3.0$MPa

【答案】 (B)

【解答】 根据《土工试验方法标准》（GB/T 50123—2019）第 17.2.3 条计算如下：

$p_1=100$kPa，$p_2=200$kPa，试样初始高度 $h_0=20$mm。

$$e_1 = e_0 - \frac{s_1}{H_0}(1+e_0) = 0.656 - \frac{0.263}{20} \times (1+0.656) = 0.634$$

$$e_2 = e_0 - \frac{s_2}{H_0}(1+e_0) = 0.656 - \frac{0.565}{20} \times (1+0.656) = 0.609$$

$$a_{1-2} = \frac{e_1 - e_2}{p_2 - p_1} = \frac{0.634 - 0.609}{200 - 100} = 0.25 (\text{MPa}^{-1})$$

$$E_s = \frac{1+e_1}{a_{1-2}} = \frac{1+0.656}{0.25} = 6.62 (\text{MPa})$$

【点评】压缩系数 a_{1-2} 所对应的是压力段 $p_1=100\text{kPa}$，$p_2=200\text{kPa}$。所以，要根据所给的条件有选择地使用，来求解土的压缩性指标。

【题 4.1.4】某土样高压固结试验成果如下表，并已绘成 $e\text{-lg}p$ 曲线如图，试计算土的压缩指数 C_c，其结果最接近（ ）。

压力 p/kPa	25	50	100	200	400	800	1600	3200
孔隙比 e	0.916	0.913	0.903	0.883	0.838	0.757	0.677	0.599

(A) 0.15　　　　(B) 0.26　　　　(C) 0.36　　　　(D) 1.00

【答案】(B)

【解答】根据《土工试验方法标准》(GB/T 50123—2019) 第 17.2.3 条，从图中可以看出，前期固结压力约为 250kPa，取尾部直线段中任意两点计算压缩指数 C_c：

$$C_c = \frac{0.757 - 0.599}{\lg 3200 - \lg 800} = 0.2624$$

答案 (B) 正确。

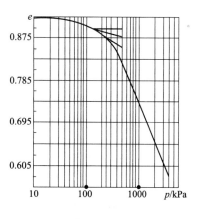

【点评】根据试验结果（数据）确定压缩性指标，是需要读者掌握的基本技能。本题目首先需要知道压缩指数的定义，然后在 $e\text{-lg}p$ 的直线段，任取其两点来计算斜率，即为土的压缩指数 C_c。当然，取不同两点，其计算结果也会略有差异，但这只是精度上的差异，不会影响对答案的选择。

【题 4.1.5】已知某地区淤泥土标准固结试验 $e\text{-lg}p$ 曲线上直线段起点在 50～100kPa 之间，该地区某淤泥土样测得 100～200kPa 压力段压缩系数 a_{1-2} 为 1.66 MPa^{-1}，试问其压缩指数 C_c 值最接近下列何项数值？

(A) 0.40　　　　(B) 0.45　　　　(C) 0.50　　　　(D) 0.55

【答案】(D)

【解答】由 $a_{1-2} = \frac{e_1 - e_2}{p_2 - p_1} = \frac{e_1 - e_2}{200 - 100} = 1.66 (\text{MPa}^{-1})$，得

$$e_1 - e_2 = 1.66 \times 10^{-3} \times (200 - 100) = 0.166$$

$$C_c = \frac{e_1 - e_2}{\lg p_2 - \lg p_1} = \frac{0.166}{\lg 200 - \lg 100} = 0.551$$

【分析】压缩指数是在 $e\text{-lg}p$ 的直线段，任取其两点来计算斜率。题干已知直线起点≤100kPa，所以，我们可以用 100～200kPa 压力段来计算。又已知压缩系数，而压缩系数是与 (e_1-e_2) 有关的，所以，用压缩系数求出 (e_1-e_2)，再代入压缩指数的公式即可得到

结果。此外,注意单位不要弄错。在注册岩土工程师案例考试中,本题目中规中矩,根据土力学原理即可解答。

【题 4.1.6】 用高度为 20mm 的试样做固结试验,各压力作用下的压缩量见表,用时间平方根法求得固结度达到 90% 时的时间为 9min,试计算 $p=200$kPa 压力下的固结系数 C_v 值。

压力 p/kPa	0	50	100	200	400
压缩量/mm	0	0.95	1.25	1.95	2.5

【解答】

$$C_v = \frac{0.848\bar{h}^2}{t_{90}}$$

$$\bar{h} = \frac{1}{4} \times [(20-1.25)+(20-1.95)] = 0.92(\text{cm})$$

$$C_v = \frac{0.848\bar{h}^2}{t_{90}} = \frac{0.848 \times 0.92^2}{9 \times 60} = 1.329 \times 10^{-3}(\text{cm}^2/\text{s})$$

【分析】 本题需要注意的地方是:①要准确理解 $\bar{h}$ 的定义为某级压力下试样的初始和终了高度的平均值之半;②固结系数的单位是 cm^2/s,所以在计算时要把 $\bar{h}$ 的单位换算成厘米(cm),而 t_{90} 也应换算成秒(s)。

【题 4.1.7】 用内径 8.0cm,高 2.0cm 的环刀切取饱和原状试样,湿土质量 $m_1=183$g,固结试验后,湿土的质量 $m_2=171.0$g,烘干后土的质量 $m_3=131.4$g,土的相对密度 $G_s=2.70$,则经压缩后,土孔隙比变化量 Δe 最接近下列哪个选项?

(A) 0.137 (B) 0.250 (C) 0.354 (D) 0.503

【答案】 (B)

【解答】 原状土样的体积:$V_1 = \frac{\pi}{4}d^2 H = \frac{\pi}{4} \times 8^2 \times 2 = 100.5(\text{cm}^3)$

土的干密度:$\rho_d = \frac{m_3}{V_1} = \frac{131.4}{100.5} = 1.31(\text{g/m}^3)$

土的初始孔隙比:$e_0 = \frac{G_s \rho_w}{\rho_d} - 1 = \frac{2.7 \times 1.0}{1.31} - 1 = 1.061$

压缩后土中孔隙的体积:$V_2 = \frac{m_2 - m_1}{\rho_w} = \frac{171.0 - 131.4}{1.0} = 39.6(\text{cm}^3)$

土粒的体积:$V_3 = \frac{m_3}{G_s \rho_w} = \frac{131.4}{2.7 \times 1.0} = 48.7(\text{cm}^3)$

压缩后土的孔隙比:$e_1 = \frac{V_2}{V_3} = \frac{39.6}{48.7} = 0.813$

则:$\Delta e = 1.061 - 0.813 = 0.248$

【分析】 该题计算步骤较多,但均是三相比例指标的计算和换算,概念明确。该题另一种解法:

孔隙体积变化:$\Delta V = \frac{m_1 - m_2}{\rho_w} = \frac{183 - 171}{1} = 12(\text{cm}^3)$

孔隙比变化:$\Delta e = \frac{\Delta V}{V_s} = \frac{\Delta V}{m_s/G_s} = \frac{12}{131.4 \div 2.7} = 0.247$

由本题可以知道,在压缩试验的成果计算中,会有三相比例指标的计算和换算,希望读者能够熟练掌握这部分的内容。

【题 4.1.8】 某饱和黏性土样，测定土粒相对密度为 2.70，含水量为 31.2%，湿密度为 1.85g/cm³，环刀切取高 20mm 的试样，进行侧限压缩试验，在压力 100kPa 和 200kPa 作用下，试样总压缩量分别为 $s_1=1.4$mm 和 $s_2=1.8$mm，问其体积压缩系数最接近下列哪个选项？

(A) 0.30　　　　(B) 0.25　　　　(C) 0.20　　　　(D) 0.15

【答案】 (B)

【解答】 由题意：

试样初始孔隙比：$e_0 = \dfrac{(1+w_0)G_s}{\rho}\rho_w - 1 = \dfrac{(1+0.312) \times 2.7 \times 1}{1.85} - 1 = 0.915$

压力 100kPa 时的孔隙比：$e_1 = e_0 - (1+e_0)\dfrac{s_1}{h_0} = 0.915 - (1+0.915) \times \dfrac{1.4}{20} = 0.781$

压力 200kPa 时的孔隙比：$e_2 = e_0 - (1+e_0)\dfrac{s_2}{h_0} = 0.915 - (1+0.915) \times \dfrac{1.8}{20} = 0.743$

压缩系数：$a = \dfrac{e_1-e_2}{p_2-p_1} = \dfrac{0.781-0.743}{200-100} = 0.38(\text{MPa}^{-1})$

体积压缩系数：$m_v = \dfrac{a}{1+e_1} = \dfrac{0.38}{1+0.781} = 0.21(\text{MPa}^{-1})$

【分析】 这是典型的压缩试验成果计算题目，没有什么太复杂的地方。注意一点，体积压缩系数是压缩模量的倒数，即 $m_v = \dfrac{1}{E_s} = \dfrac{a}{1+e_1}$，式中的孔隙比应该是该压力段的起始压力 e_1，而不是 e_0。本题中如果代入的是 e_0，虽然计算出的结果也是 0.20，但概念是错的。

【题 4.1.9】 取土样进行压缩试验，测得土样初始孔隙比 0.85，加载至自重压力时孔隙比为 0.80，根据《岩土工程勘察规范》(GB 50021—2001)(2009 年版) 相关说明，用体积应变评价该土样的扰动程度为下列哪个选项？

(A) 几乎未扰动　　(B) 少量扰动　　(C) 中等扰动　　(D) 很大扰动

【答案】 (C)

基本原理（基本概念或知识点）

《岩土工程勘察规范》(GB 50021—2001)(2009 年版) 第 9.4.1 条条文说明中指出，土样受扰动的程度可以通过力学性质试验结果反映出来。其中最常见的一种方法就是根据压缩曲线特征来评定。

定义扰动指数 $I_D = (\Delta e_0/\Delta e_m)$。式中，$\Delta e_0$ 为原位孔隙比与土样在先期固结压力处孔隙比的差值；Δe_m 为原位孔隙比与重塑土在上述压力处孔隙比的差值。如果先期固结压力未能确定，可用体积应变 ε_v 作为评定指标：

$$\varepsilon_v = \Delta V/V = \Delta e/(1+e_0) \tag{4-9}$$

式中　e_0——土样的初始孔隙比；

Δe——加荷至自重压力时的孔隙比变化量。

由上述指标查《岩土工程勘察规范》(GB 50021—2001)(2009 年版) 表 9.1，即可得到土样的扰动程度。

【解答】 $\varepsilon_v = \dfrac{\Delta V}{V} = \dfrac{\Delta e}{1+e_0} = \dfrac{0.85-0.80}{1+0.85} = 0.027 = 2.7\%$

根据《岩土工程勘察规范》(GB 50021—2001)(2009 年版)第 9.4.1 条条文说明
$$2\% < \varepsilon_v = 2.7\% < 4\%$$
查规范表 9.1 得该土扰动程度为中等扰动。

【分析】判别土的扰动程度是岩土工程勘察规范中的内容，土力学中并无此要求。虽然是与压缩试验相关，但题干中已明确指出要按规范进行判别，所以，尽快找到相关规范条文或者熟悉规范，对解题至关重要。

【本节考点】
① 土在完全侧限条件下的压缩试验及其特点；
② 土的各种压缩性指标的计算，如压缩系数、压缩指数、压缩模量、固结系数等。

4.2 地基静载荷试验及土的变形模量计算

【题 4.2.1】某建筑基槽宽 5m，长 20m，开挖深度为 6m，基底以下为粉质黏土。在基槽底部中间进行平板载荷试验，采用直径为 800mm 的圆形承压板。载荷试验结果显示，在 p-s 曲线线性段对应 100kPa 压力的沉降量为 6mm。试计算，基底土层的变形模量 E_0 值最接近下列哪个选项？

(A) 6.3MPa　　　　(B) 9.0MPa　　　　(C) 12.3MPa　　　　(D) 14.1MPa

【答案】(B)

基本原理（基本概念或知识点）

土的变形模量 E_0 是由现场静载荷试验测定的压缩性指标，定义为土在无侧限条件（侧向自由变形条件下）即单向受力条件下竖向应力与竖向总应变之比值，其物理意义与材料力学中材料的弹性模量相同，只是土的总应变中既有弹性应变，又有部分不可恢复的塑性应变，因此称为变形模量。

平板载荷试验是在岩土体原位，用一定尺寸的承压板，施加竖向荷载，同时观测承压板沉降，用于测定承压板下应力主要影响范围内岩土的承载力和变形特性。

《岩土工程勘察规范》(GB 50021—2001)(2009 年版)的第 10.2.1 条中有两个地方讲到了深层平板载荷试验："深层平板载荷试验适用于深层地基土和大直径桩的桩端土""深层平板载荷试验的试验深度不应小于 5m"。为什么要做这样的修改？在 2009 年版规范的修订说明中是这样解释的："本条原文的写法易被误解，故稍作调整。深层平板载荷试验与浅层平板载荷试验的区别，在于试土是否存在边载，荷载作用于半无限体的表面还是内部。深层平板载荷试验过浅，不符合变形模量计算假定荷载作用于半无限体内部的条件。深层载荷平板试验的条件与基础宽度、土的内摩擦角等有关，原规定 3m 偏浅，现改为 5m。原规定深层平板载荷试验适用于地下水位以上，但地下水位以下的土，如采取降水措施并保证试土维持原来的饱和状态，试验仍可进行，故删除了这个限制"。

怎样理解《岩土工程勘察规范》(GB 50021—2001)(2009 年版)的这个修改？首先，说明了无论对深层地基土或大直径桩的桩端土，都可以用深层平板载荷试验测定。其次，要弄清楚深层平板载荷试验还是浅层平板载荷试验的区别并不在于试验板所在位置的深浅，而主要在于试验压板的周围是否有边载，也就是试验的条件是在半无限体表面还是内部，是用 Boussinesq 解还是 Mindlin 解计算变形模量。如果试验是在 10m 深的基坑的坑底进行的，不管这个深度是否超过了5m，由于没有边载，仍然是浅层平板载荷试验；试验如果是在钻孔中做的，压板周围有边载，虽然这个钻孔的深度可能小于10m，但仍然是深层平板载荷试验。

浅层平板载荷试验和深层平板载荷试验的差别如图4-5所示。图4-5(a)中虽然压板的位置比较深，但由于四周没有边载，不具备荷载作用在半无限体内部的条件，只能作为荷载作用在半无限体表面的条件来考虑，属于浅层平板载荷试验。

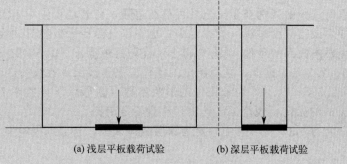

图 4-5 两种试验示意图

《岩土工程勘察规范》(GB 50021—2001)(2009年版)10.2.3条、10.2.5条中对载荷试验的部分技术要求如下：

① 浅层平板载荷试验的试坑宽度或直径不应小于承压板宽度或直径的三倍；深层平板载荷试验的试井直径应等于承压板直径；当试井直径大于承压板直径时，紧靠承压板周围土的高度不应小于承压板直径；

② 土的变形模量应根据 p-s 曲线的初始直线段，可按均质各向同性半无限弹性介质的弹性理论计算。

浅层平板载荷试验的变形模量 E_0 (MPa)，可按下式计算［规范公式(10.2.5-1)］：

$$E_0 = I_0(1-\mu^2)\frac{pd}{s} \tag{4-10}$$

深层平板载荷试验和螺旋板载荷试验的变形模量 E_0 (MPa)，可按下式计算［规范公式(10.2.5-2)］：

$$E_0 = \omega\frac{pd}{s} \tag{4-11}$$

式中 I_0——刚性承压板的形状系数，圆形承压板取 0.785，方形承压板取 0.886；

μ——土的泊松比（碎石土取 0.27，砂土取 0.30，粉土取 0.35，粉质黏土取 0.38，黏土取 0.42）；

d——承压板直径或边长，m；

p——p-s 曲线线性段的压力，kPa；

s——与 p 对应的沉降，mm；

ω——与试验深度和土类有关的系数，可按规范表10.2.5选用。

用浅层平板载荷试验成果计算土的变形模量的公式，其假设条件是荷载在弹性半无限空间的表面。深层平板载荷试验作用在半无限体内部，不宜采用荷载作用在半无限体表面的弹性理论公式。规范公式(10.2.5-2)是在 Mindlin 解的基础上推算出来的，适用于地基内部垂直均布荷载作用下变形模量的计算。

【解答】首先判断该试验属于浅层还是深层平板载荷试验：虽然试验深度为6m，但基槽宽度已大于承压板直径的3倍，故属于浅层载荷试验。

根据《岩土工程勘察规范》(GB 50021—2001)(2009年版)公式(10.2.5-1)计算变形模量：

$$E_0 = I_0(1-\mu^2)\frac{pd}{s} = 0.785 \times (1-0.38^2) \times \frac{100 \times 0.8}{6} = 8.96 \text{(MPa)}$$

【分析】该题的考点在于确定平板载荷试验的试验条件，究竟属于浅层还是深层。深层载荷试验和浅层载荷试验的区别在于试土是否存在边载，荷载是否作用于无限体的内部。即使有边载存在，如果试验深度过浅（边载过小）也不符合深层平板载荷试验变形模量计算假定荷载作用于半无限体内部的条件。[查《岩土工程勘察规范》(GB 50021—2001)(2009年版)10.2.1条、10.2.3条]据此，题目给定的条件应属于浅层平板载荷试验。

规范公式(10.2.5-1)中，I_0为承压板的形状系数（圆形承压板取0.785；方形承压板取0.886），μ为土的泊松比，规范都已给出，注意不要用错。

若看到试验深度为6m，就简单地判定为深层载荷试验，就会选择答案（A），这是个迷惑选项。

【题4.2.2】对某场地进行浅层平板载荷试验，圆形承压板面积为0.5m^2，试坑深度为1.9m，试验土层为粉质黏土，p-s曲线有明显的直线段，直线段斜率为0.07mm/kPa，直线段端点对应荷载值为220kPa，该土层的变形模量为（　　）MPa。

(A) 6.5　　　　(B) 7.0　　　　(C) 7.7　　　　(D) 8.5

【答案】(C)

【解答】根据《岩土工程勘察规范》(GB 50021—2001)(2009年版)公式(10.2.5-1)计算变形模量。

(1) 确定变形模量计算公式中的参数

圆形承压板的面积为0.5m^2，直径$d=0.798\text{m}$；

圆形承压板$I_0=0.785$，粉质黏土的泊松比$\mu=0.38$；

直线段斜率$c=0.07\text{mm/kPa}$，即直线段$c=s/p$，$p/s=1/c=1 \div 0.07 = 14.29$(kPa/mm)。

(2) 计算变形模量

$$E_0 = I_0(1-\mu^2)\frac{pd}{s} = 0.785 \times (1-0.38^2) \times 14.29 \times 0.798 = 7.7\text{(MPa)}$$

【题4.2.3】某深层载荷试验，承压板直径0.79m，承压板底埋深为15.8m，持力层为砾砂层，泊松比0.3，试验p-s曲线见图，根据《岩土工程勘察规范》(GB 50021—2001)(2009年版)，试求持力层的变形模量？

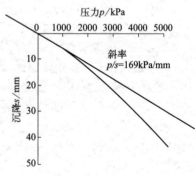

(A) 58.3MPa　　　　(B) 38.5MPa

(C) 25.6MPa　　　　(D) 18.5MPa

【答案】(A)

【解答】深层平板载荷试验的变形模量$E_0 = \omega\dfrac{pd}{s}$

$d/z = 0.79 \div 15.8 = 0.05$，查GB 50021—2001表10.2.5得$\omega=0.437$，由图可知$\dfrac{p}{s}=169\text{kPa/mm}$，则

$$E_0 = \omega \frac{pd}{s} = 0.437 \times 169 \times 0.79 = 58.3 \text{(MPa)}$$

【分析】① 题目已明确是深层平板载荷试验，所以要用对公式；
② 题图中已给出了 $p\text{-}s$ 曲线的初始直线段斜率 $p/s = 169 \text{kPa/mm}$，直接代入公式即可。

【题 4.2.4】某建筑工程队对 10m 深度处砂土进行了深层平板载荷试验，试验曲线如图所示，已知承压板直径为 800mm，该砂层变形模量最接近下列哪个选项？

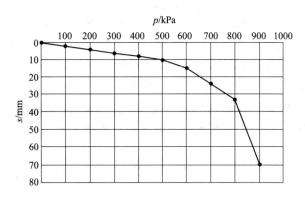

(A) 5MPa　　　(B) 8MPa　　　(C) 18MPa　　　(D) 23MPa

【答案】(C)

【解答】根据《岩土工程勘察规范》(GB 50021—2001)(2009 年版) 第 10.2.5 条及条文解释计算变形模量。

根据题目数据，100～500kPa 范围为近似直线段。

$$\frac{d}{z} = \frac{0.8}{10} = 0.08$$

$$I_1 = 0.5 + 0.23 \frac{d}{z} = 0.5 + 0.23 \times 0.08 = 0.5184$$

$$I_2 = 1 + 2\mu^2 + 2\mu^4 = 1 + 2 \times 0.30^2 + 2 \times 0.30^4 = 1.1962$$

圆形承压板，$I_0 = 0.785$。

$$\omega = I_0 I_1 I_2 (1-\mu^2) = 0.785 \times 0.5184 \times 1.1962 \times (1-0.30^2) = 0.443$$

$$E_0 = \omega \frac{pd}{s} = 0.443 \times \frac{500 \times 0.8}{10} = 17.7 \text{(MPa)}$$

【点评】本题考核的是依据深层平板载荷试验求变形模量，按规范要求计算即可。另外，本题也可采用内插法计算，即查规范表 10.2.5，亦可得到正确的解答。

【题 4.2.5】在某 8m 深的大型基坑中做载荷试验，土层为砂土，承压板为方形，面积 0.5m^2，各级荷载和对应的沉降量见下表，试求砂土层的承载力特征值及土层的变形模量。

p/kPa	25	50	75	100	125	150	175	200	225	250	275
s/mm	0.88	1.76	2.65	3.53	4.41	5.30	6.13	7.05	8.50	10.54	15.80

【解答】根据题意可知，该试验为浅层平板载荷试验。

根据表中数值绘制 $p\text{-}s$ 曲线，由曲线知，比例界限为 225kPa，此后曲线向下弯曲，最大加载为 275kPa，小于比例界限的 2 倍，因此砂层承载力特征值取极限荷载的一半，即 $f_{ak} = 275 \div 2 = 138 \text{(kPa)}$。

方形承压板 $I_0 = 0.886$，砂土 $\mu = 0.3$，由于 138kPa 小于比例界限，而 $p\text{-}s$ 曲线在比例

界限之内呈直线，即 p/s 为常数，所以可取此界限内任一级荷载及其对应的沉降值来计算 p/s，因此取前一级荷载 $p=125$kPa 及其对应的沉降 $s=4.41$mm 进行计算，则土层的变形模量

$$E_0 = I_0(1-\mu^2)\frac{pd}{s} = 0.886 \times (1-0.3^2) \times \frac{125 \times 0.707}{4.41 \times 10^{-3}} = 16.16 \text{(MPa)}$$

【分析】题目没有说明是浅层平板载荷试验还是深层平板载荷试验，而且题目给出了一个很具有迷惑性的数字，即基坑的深度为8m，根据试验的一般适用条件，很容易理解为是深层平板载荷试验，而且题目给出的信息很完整，所需的参数都可以通过查表得知。但是浅层和深层有一个根本的区别，就是浅层平板载荷试验要求试坑宽度或直径不应小于承压板宽度或直径的3倍，而深层是紧贴基坑壁的。本题给的是一个大基坑，压板没有受到周围土层的超载作用，由此可判断出这是一个浅层平板载荷试验。

【题 4.2.6】某铁路工程勘察时要求采用 K_{30} 方法测定地基系数，下表为直径30cm的荷载板进行竖向载荷试验获得的一组数据。问试验所得 K_{30} 值与下列哪个选项的数据最为接近？

分级	1	2	3	4	5	6	7	8	9	10
荷载强度 p/MPa	0.01	0.02	0.03	0.04	0.05	0.06	0.07	0.08	0.09	0.10
下沉 s/mm	0.2675	0.5450	0.8550	1.0985	1.3695	1.6500	2.0700	2.4125	2.8375	3.3125

(A) 12MPa/m （B) 36MPa/m （C) 46MPa/m （D) 108MPa/m

【答案】(B)

【解答】依据《铁路路基设计规范》(TB 1001—2016) 第 2.1.13 条。

(1) K_{30} 是指直径30cm荷载板下沉1.25mm时对应的荷载强度 p (MPa) 与其下沉量1.25mm的比值。

(2) 用内差法求变形为1.25mm时的 p 值：

$$\frac{0.05-0.04}{1.3695-1.0985} = \frac{p_{0.125}-0.04}{1.2500-1.0985}$$

解得：$p_{0.125} = 0.0456$MPa。

(3) $K_{30} = \frac{0.0456 \times 1000}{1.25} = 36.48 \text{(MPa/m)}$

【点评】本题考查的是 TB 1001 中对 K_{30} 的取值。解答本题：
① 迅速找到所需要的规范及相应的条款；
② 了解 K_{30} 的定义；
③ 熟练掌握插值计算方法；
④ 也可采用作图法等得出。

【题 4.2.7】某多层框架建筑位于河流阶地上，采用独立基础，基础埋深2.0m，基础平面尺寸 $2.5m \times 3.0m$，基础下影响深度范围内地基土均为粉砂，在基底标高进行平板载荷试验，采用 $0.3m \times 0.3m$ 的方形载荷板，各级试验荷载下的沉降数据见下表。问实际基础下的基床系数最接近下列哪一项？

荷载 p/kPa	40	80	120	160	200	240	280	320
沉降量 s/mm	0.9	1.8	2.7	3.6	4.5	5.6	6.9	9.2

(A) 13938kN/m³ （B) 27484kN/m³ （C) 44444kN/m³ （D) 89640kN/m³

【答案】(A)

【解答】(1) 先确定基准基床系数：$K_v = \dfrac{p}{s}$

式中，$\dfrac{p}{s}$ 为 $p\text{-}s$ 关系曲线直线段的斜率，$p\text{-}s$ 曲线无直线段时，p 取临塑荷载的一半。

故：$K_v = \dfrac{p}{s} = \dfrac{200}{4.5} \times 1000 = 44444.4 \, (\text{kN/m}^3)$

(2) 建筑物基础宽度 $B = 2.5\text{m}$，基底为砂土，则实际基础下的基床系数 K_s 为：

$K_s = \left(\dfrac{B+0.3}{2B}\right)^2 K_v = \left(\dfrac{2.5+0.3}{2 \times 2.5}\right)^2 \times 44444.4 = 13938 \, (\text{kN/m}^3)$

【分析】《岩土工程勘察规范》(GB 50021—2001)(2009 年版)第 10.2.6 条规定：基准基床系数 K_v 可根据承压板边长为 30cm 的平板载荷试验，按下式计算：

$$K_v = \dfrac{p}{s} \tag{4-12}$$

实际上太沙基建议的方法是采用 1in（约 30.5cm）边长的方形承压板进行试验，规范的方法就是据此而来的。

实际应用中，基础的尺寸远大于承压板的尺寸，由此，实际基础下的基床系数可按下式求得：

对于黏性土地基：
$$K_s = \dfrac{0.3}{B} K_v \tag{4-13}$$

对于砂土地基：
$$K_s = \left(\dfrac{B+0.3}{2B}\right)^2 K_v \tag{4-14}$$

式中 B——基础宽度；

K_s——实际基础下的基床系数。

以上两式是根据黏性土承压板的沉降与承压板的边长成正比，对于砂土，考虑砂土的变形模量随深度逐渐增加的影响，砂土的沉降与 $\left(\dfrac{B+0.3}{2B}\right)^2$ 成正比的假设进行推导的。

对于本题，读者需要掌握基准基床系数的规定，以及实际基础下的基床系数和基准基床系数的关系。这样就可以比较容易地求解本题了。

【题 4.2.8】某钻孔揭露地层如图所示，在孔深 7.5m 处进行螺旋载荷板试验。板直径为 160mm，当荷载为 5kN 时，载荷板沉降量为 2.3mm。试计算该深度处土层的一维压缩模量最接近下列哪个选项？（无量纲沉降系数 S_c 为 0.62，$\gamma_w = 10\text{kN/m}^3$）

(A) 5MPa　　(B) 10MPa
(C) 16MPa　　(D) 18MPa

填土	$\gamma = 17\text{kN/m}^3$	地面
		2.0m(层面深度，余同)
粉质黏土	$\gamma = 18\text{kN/m}^3$ $\gamma_{sat} = 19\text{kN/m}^3$	▽3.5m水位埋深
		5.0m
细砂	$\gamma = 19.5\text{kN/m}^3$ $\gamma_{sat} = 20.3\text{kN/m}^3$	
		10.0m

【答案】(B)

【解答】根据《工程地质手册》(第 5 版)第 257、258 页，一维压缩模量可按下式计算：

$$E_{sc} = m p_a \left(\dfrac{p}{p_a}\right)^{1-\alpha} \tag{4-15}$$

$$m = \dfrac{S_c}{s} \times \dfrac{(p - p_0) D}{p_a} \tag{4-16}$$

式中 E_{sc}——一维压缩模量，kPa；

p_a——标准压力，kPa，取一个大气压力，$p_a=100$kPa；

p——p-s 曲线上的荷载，kPa；

p_0——有效上覆压力，kPa；

s——与 p 相应的沉降量，cm；

D——螺旋板直径，cm；

m——模数；

α——应力指数，砂土取 0.5；

S_c——无量纲沉降系数。

由题干可知，有效上覆压力：

$$p_0 = \gamma h = 17 \times 2 + 18 \times 1.5 + (19-10) \times 1.5 + (20.3-10) \times 2.5 = 100.25(\text{kPa})$$

$$p = \frac{F}{A} = \frac{5}{\pi \times 0.08^2} = 248.81(\text{kPa})$$

$$m = \frac{S_c}{s} \times \frac{(p-p_0)D}{p_a} = \frac{0.62}{0.23} \times \frac{(248.81-100.25) \times 16}{100} = 64.07$$

细砂 $\alpha=0.5$，则

$$E_{sc} = m p_a \left(\frac{p}{p_a}\right)^{1-\alpha} = 64.07 \times 100 \times \left(\frac{248.81}{100}\right)^{1-0.5} = 10106.2(\text{kPa}) = 10.1(\text{MPa})$$

【点评】本题的考点是由螺旋载荷板试验求压缩模量。绝大部分的土力学参考书，关于螺旋板载荷试验的介绍并不多见。勘察规范中有涉及，但并没有用螺旋板载荷试验求压缩模量的介绍。所以，快速找到《工程地质手册》（第 5 版）中相关的计算方法至关重要。

【本节考点】

由载荷试验确定土的变形模量（或压缩模量）以及基床系数。

要特别注意确定平板载荷试验的条件，究竟属于浅层还是深层，然后选用相应的公式进行计算，同时注意公式中各参数的取值以及单位的转换。

4.3　压缩变形量计算

【题 4.3.1】某正常固结土层厚度为 2.0m，平均自重应力 $p_{cz}=100$kPa，室内压缩试验数据如下表，建筑物平均附加应力 $p_0=200$kPa，问该土层最终沉降量约为多少？

压力 p/kPa	0	50	100	200	300	400
孔隙比 e	0.984	0.900	0.828	0.752	0.710	0.680

【解答】利用 e-p 关系曲线可以计算土层主固结的沉降量：

$$s = \frac{e_1 - e_2}{1+e_1} h = \frac{a}{1+e_1} \Delta p h = \frac{\Delta p}{E_s} h \tag{4-17}$$

式中　e_1——土体在初始应力 p_1 状态下压缩稳定后的孔隙比；

e_2——相应于 p_2（$=p_1+\Delta p$）作用下压缩稳定后的孔隙比。

本题目中 $p_1=100$kPa，$p_2=p_1+\Delta p=100+200=300$（kPa）。

建筑物在附加荷载下的沉降相应于室内压缩试验 p 从 100kPa 增加至 300kPa 的压缩量。

查表知：压力 100kPa 时土的孔隙比 $e_1=0.828$，压力 300kPa 时土的孔隙比 $e_2=0.710$。

所以沉降量

$$s=\frac{e_1-e_2}{1+e_1}h=\frac{0.828-0.710}{1+0.828}\times 2=0.129(\text{m})$$

【分析】本题目是主固结沉降量的基本计算方法，应熟练掌握。如果题目给出的荷载不是表中的数值采用内插的方法计算。

【题 4.3.2】某采用筏基的高层建筑，地下室 2 层，按分层总和法计算出的地基变形量为 160mm，沉降计算经验系数取 1.2，计算的地基回弹变形量为 18mm，地基变形允许值 200mm，下列地基变形计算值中哪一选项是正确的？

(A) 178mm　　　(B) 192mm　　　(C) 210mm　　　(D) 214mm

【答案】(C)

【解答】地基变形计算值为沉降量加回弹变形，沉降量需要经验系数，回弹量经验系数取 $\psi_c=1.0$，则地基变形计算值 $S=160\times 1.2+18\psi_c=192+18=210(\text{mm})$。

【分析】由土力学中土的压缩性可知，土体的变形包括塑性变形和弹性变形，也就是当土体卸载后，土体会有一定的回弹变形。当再加载后，无论有没有附加应力，这部分回弹变形都将发生。所以，地基规范规定，当建筑物地下室基础埋置较深时，地基回弹再压缩变形不可忽略。同时，规范规定，回弹沉降计算经验系数 ψ_c 应按地区经验采用，无地区经验时取 $\psi_c=1.0$。

本题计算工作量很小，重点在于分析：对较深的基础，地基变形计算值为沉降量加回弹变形之和。另外，要能够判断 $\psi_c=1.0$。

【题 4.3.3】建筑物埋深 10m，基底附加压力为 300kPa，基底以下压缩层范围内各土层的压缩模量、回弹模量及建筑物中心点附加应力系数 α 分布见下图（尺寸单位：mm），地面以下所有土的重度均为 20kN/m^3，无地下水，沉降修正系数 $\psi_s=0.8$，回弹沉降修正系数 $\psi_c=1.0$，回弹变形的计算深度为 11m。试问该建筑物中心点的总沉降量最接近下列何项数值？

(A) 142mm　　　(B) 161mm
(C) 327mm　　　(D) 373mm

【答案】(C)

【解答】根据《建筑地基基础设计规范》(GB 50007—2011) 第 5.3.5 条及 5.3.10 条，地基变形由两部分组成：压缩变形和回弹变形。

两层土的平均附加应力系数 $\bar{\alpha}$ 分别为：

$$\bar{\alpha}_1=\frac{1+0.7}{2}=0.85$$

$$\bar{\alpha}_2=\frac{5\times 0.85+\frac{0.7+0.2}{2}\times 6}{11}=0.632$$

压缩量：$s=\psi_s\sum_{i=1}^{n}\frac{p_0}{E_{si}}(z_i\bar{\alpha}_i-z_{i-1}\bar{\alpha}_{i-1})$

$$= 0.8 \times \left[\frac{300}{6000} \times 5000 \times 0.85 + \frac{300}{10000} \times (0.632 \times 11000 - 0.85 \times 5000)\right]$$
$$= 0.8 \times (212.5 + 81) = 235 (\text{mm})$$

回弹量：
$$s_c = \psi_c \sum_{i=1}^{h} \frac{p_c}{E_{si}} (z_i \bar{\alpha}_i - z_{i-1} \bar{\alpha}_{i-1})$$

其中，基底自重应力：$p_c = 10 \times 20 = 200 (\text{kPa})$

$$s_c = \psi_c \sum_{i=1}^{h} \frac{p_c}{E_{si}} (z_i \bar{\alpha}_i - z_{i-1} \bar{\alpha}_{i-1})$$
$$= 1.0 \times \left[\frac{200}{12000} \times 5000 \times 0.85 + \frac{200}{25000} \times (0.632 \times 11000 - 0.85 \times 5000)\right]$$
$$= 1.0 \times (70.8 + 21.6) = 92.4 (\text{mm})$$

总沉降量：$s_{总} = s + s_c = 235 + 92.4 = 327.4 (\text{mm})$

【分析】本题针对较深的基础，地基变形计算值为沉降量加回弹变形之和。相较于上一题，计算工作量就大了许多，这也反映出题目的难度增加了。解答本题时，要注意以下几点：

① 根据《建筑地基基础设计规范》(GB 50007—2011)第5.3.5条及5.3.10条，地基变形由两部分组成：压缩变形和回弹变形；

② 注意两层土的平均附加应力系数 $\bar{\alpha}$ 的定义及解答；

③ 会展开公式 $s = \psi_s \sum_{i=1}^{n} \frac{p_0}{E_{si}} (z_i \bar{\alpha}_i - z_{i-1} \bar{\alpha}_{i-1})$ 或 $s_c = \psi_c \sum_{i=1}^{h} \frac{p_c}{E_{si}} (z_i \bar{\alpha}_i - z_{i-1} \bar{\alpha}_{i-1})$ 进行计算。

【题 4.3.4】某大面积地下建筑工程，基坑开挖前基底平面处地基土的自重应力为400kPa，由土的固结试验获得基底下地基土的回弹再压缩参数，并确定其再压缩比率与再加荷比关系曲线，如图所示。已知基坑开挖完成后基底中心点的地基回弹变形量为50mm，工程建成后的基底压力为100kPa，按照《建筑地基基础设计规范》(GB 50007—2011)计算工程建成后中心点的地基沉降变形量，其值最接近下列哪个选项？

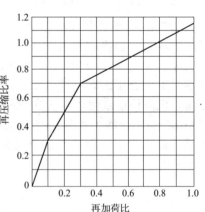

(A) 12mm (B) 15mm
(C) 30mm (D) 45mm

【答案】(C)

【解答】基坑开挖再加载，对土体属于回弹再压缩变形量的计算。

根据《建筑地基基础设计规范》(GB 50007—2011)第5.3.11条，回弹再压缩变形量的计算可采用再加荷的压力小于卸荷土的自重压力段内再压缩变形线性分布的假定按下式[规范公式(5.3.11)]进行计算：

$$s_c' = \begin{cases} r_0' s_c \dfrac{p}{p_c R_0'} & p < R_0' \\ s_c \left[r_0' + \dfrac{r_{R'=1.0}' - r_0'}{1 - R_0'}\left(\dfrac{p}{p_c} - R_0'\right)\right] & R_0' p_c \leq p \leq p_c \end{cases} \quad (4\text{-}18)$$

式中 s_c'——地基土回弹再压缩变形量，mm；

s_c——地基的回弹变形量，mm；

r_0'——临界再压缩比率，相应于再压缩比率与再加荷比关系曲线上两段线性交点对应的再压缩比率，由土的固结回弹再压缩试验确定；

R'_0——临界再加荷比，相应在再压缩比率与再加荷比关系曲线上两段线性交点对应的再加荷比，由土的固结回弹再压缩试验确定；

$r'_{R'=1.0}$——对应于再加荷比 $R'=1.0$ 时的再压缩比率，由土的固结回弹再压缩试验确定，其值等于回弹再压缩变形增大系数；

p——再加荷的基底压力，kPa。

由图中线性段交点的坐标可得出：$R'_0=0.3$，$r'_0=0.7$。

$$p=100\text{kPa} < R'_0 p_c = 0.3 \times 400 = 120 (\text{kPa})$$

$$s'_c = r'_0 s_c \frac{p}{p_c R'_0} = 0.7 \times 50 \times \frac{100}{400 \times 0.3} = 29.2 (\text{mm})$$

【点评】本题的地基沉降量属于回弹再压缩变形量的计算。GB 50007 中有相应的条款要求，熟悉并掌握规范的条文及计算公式至关重要。本题计算工作量非常小，在曲线上查得需要的参数，代入公式计算即可。

【题 4.3.5】在条形基础持力层以下有厚度为 2m 的正常固结黏土层，如图所示。已知该黏土层中部的自重应力为 50kPa，附加应力为 100kPa，在此下卧层中取土做固结试验的数据见下表。问该黏土层在附加应力作用下的压缩变形量最接近于下列何值？

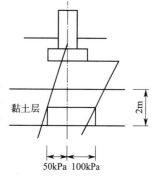

p/kPa	0	50	100	200	300
e	1.04	1.00	0.97	0.93	0.90

（A）35mm　　（B）40mm
（C）45mm　　（D）50mm

【答案】（D）

【解答】利用 e-p 关系曲线可以计算土层主固结的沉降量：$s = \frac{e_1 - e_2}{1+e_1} h$

式中　e_1——土体在初始应力 p_1 状态下压缩稳定后的孔隙比；

e_2——相应于 $p_2(=p_1+\Delta p)$ 作用下压缩稳定后的孔隙比。

本题目中 $p_1=50\text{kPa}$，$p_2=p_1+\Delta p=50+100=150(\text{kPa})$。

建筑物在附加荷载下的沉降相应于室内压缩试验 p 从 50kPa 增加至 150kPa 的压缩量。查表：压力 5kPa 时土的孔隙比 $e_1=1.00$，压力 150kPa 时得土的孔隙比 $e_2=0.95$。

所以沉降量

$$s = \frac{e_1 - e_2}{1+e_1} h = \frac{1.00 - 0.95}{1+1.00} \times 2000 = 50(\text{mm})$$

【题 4.3.6】大面积填海造地工程平均海水深约 2.0m，淤泥层平均厚度为 10.0m，重度为 15kN/m^3，采用 e-lg$p$ 曲线计算该淤泥层固结沉降，已知淤泥层属正常固结土，压缩指数 $C_c=0.8$，天然孔隙比 $e_0=2.33$，上覆填土在淤泥层中产生的附加应力按 120kPa 计算，该淤泥层固结沉降量为多少？

基本原理（基本概念或知识点）

土体的主固结沉降量也可以用压缩指数 C_c 来计算。当采用 e-lg$p$ 曲线计算沉降量时，应根据土体的应力历史，按下表中的公式计算。

应力历史		沉降量	公式编号
正常固结		$s = \sum_{i=1}^{n} \dfrac{h_i}{1+e_{0i}} \left[C_{ci} \lg \left(\dfrac{p_{1i} + \Delta p_i}{p_{1i}} \right) \right]$	(4-19)
欠固结			
超固结	$\Delta p \leqslant p_c - p_1$	$s = \sum_{i=1}^{n} \dfrac{h_i}{1+e_{0i}} \left[C_{ei} \lg \left(\dfrac{p_{1i} + \Delta p_i}{p_{1i}} \right) \right]$	(4-20)
	$\Delta p < p_c - p_1$	$s = \sum_{i=1}^{n} \dfrac{h_i}{1+e_{0i}} \left[C_{ei} \lg \left(\dfrac{p_{ci}}{p_{1i}} \right) + C_{ci} \lg \left(\dfrac{p_{1i} + \Delta p_i}{p_{ci}} \right) \right]$	(4-21)

式中 Δp_i——第 i 层土附加应力的平均值（有效应力增量）；

p_{1i}——第 i 层土自重应力的平均值（或该土层中点的自重应力值）；

e_{0i}——第 i 层土的初始孔隙比；

C_{ci}——从原始压缩曲线确定的第 i 层土的压缩指数；

C_{ei}——第 i 层土的回弹指数；

p_{ci}——第 i 层土的先期固结压力；

h_i——第 i 层土的厚度。

【解答】正常固结土，沉降量采用式(4-12)：$s = \sum_{i=1}^{n} \dfrac{h_i}{1+e_{0i}} \left[C_{ci} \lg \left(\dfrac{p_{1i} + \Delta p_i}{p_{1i}} \right) \right]$

土层厚度 $h = 10.0$m，全部在水面以下，因此土的自重应力应按浮重度计算。

在土层顶面的有效自重应力为 0。

在 10m 深度处的有效自重应力为 $(15-10) \times 10 = 50$(kPa)。

因此平均自重应力取两者的平均值，或者直接取 5m 深度处的有效自重应力：

$$p_1 = \dfrac{(15-10) \times 10}{2} = 25 \text{(kPa)}$$

$$\Delta p = 120 \text{kPa}$$

$$e_0 = 2.33, C_c = 0.8, h = 10 \text{m}$$

将上述数据代入公式

$$s = \sum_{i=1}^{n} \dfrac{h_i}{1+e_{0i}} \left[C_{ci} \lg \left(\dfrac{p_{1i} + \Delta p_i}{p_{1i}} \right) \right] = \dfrac{10}{1+2.33} \times 0.8 \times \lg \left(\dfrac{25+120}{25} \right) = 1.834 \text{(m)}$$

【题 4.3.7】超固结黏土层厚度 4m，前期固结压力 $p_c = 400$kPa，压缩指数 $C_c = 0.3$，在压缩曲线上回弹指数 $C_s = 0.1$，平均自重应力 $p_0 = 200$kPa，天然孔隙比 $e_0 = 0.8$，建筑物平均附加应力在该土层中为 $\Delta p = 300$kPa，问该土层最终沉降量约为多少？

【解答】超固结土，且 $\Delta p + p_0 = 300 + 200 = 500$(kPa) $> p_c = 400$(kPa)。

所以 $s = \sum_{i=1}^{n} \dfrac{h_i}{1+e_{0i}} \left[C_{ei} \lg \left(\dfrac{p_{ci}}{p_{1i}} \right) + C_{ci} \lg \left(\dfrac{p_{1i} + \Delta p_i}{p_{1i}} \right) \right]$

$= \dfrac{4}{1+0.8} \times \left[0.1 \times \lg \left(\dfrac{400}{200} \right) + 0.3 \times \lg \left(\dfrac{200+300}{400} \right) \right] = 0.132 \text{(m)} = 13.2 \text{(cm)}$

【分析】在利用压缩指数计算土层沉降量时，要区分是什么应力状态的土，如果是超固结土，还要进一步区分 $\Delta p + p_0$ 是否大于 p_c，然后采用相应的公式进行计算。

【题 4.3.8】某欠固结土层厚度 2.0m，前期固结压力 $p_0 = 100$kPa，平均最终应力 $p_1 = 200$kPa，附加压力 $\Delta p = 80$kPa，初始孔隙比 $e_0 = 0.7$，取土进行固结试验结果见表。试计算：(1) 土的压缩指数；(2) 土层最终沉降量。

压力 p/kPa	25	50	100	200	400	800	1600	3200
孔隙比 e	0.916	0.913	0.903	0.883	0.838	0.757	0.677	0.599

【解答】（1）e-$\lg p$ 曲线直线段的斜率为土的压缩指数

$$C_c = \frac{e_1 - e_2}{\lg p_2 - \lg p_1} = \frac{0.757 - 0.599}{\lg 3200 - \lg 800} = \frac{0.158}{3.505 - 2.903} = 0.262$$

（2）欠固结土层的最终沉降量

$$s = \sum_{i=1}^{n} \frac{h_i}{1 + e_{0i}} \left[C_{ci} \lg \left(\frac{p_{1i} + \Delta p_i}{p_{1i}} \right) \right] = \frac{2000}{1 + 0.7} \times \left[0.262 \times \lg \left(\frac{200 + 80}{100} \right) \right] = 308.23 \times 0.447 = 137.8 \text{(mm)}$$

【题 4.3.9】 高速公路在桥头段软土地基上采用高填方路基，路基平均宽度 30m，路基自重及路面荷载传至路基底面的均布荷载为 120kPa，地基土均匀，平均压缩模量为 6MPa，沉降计算压缩厚度按 24m 考虑，沉降计算修正系数取 1.2，桥头路基的最终沉降量最接近下列哪个选项？

(A) 124mm　　　　(B) 206mm　　　　(C) 248mm　　　　(D) 495mm

【答案】（C）

【解答】 由题意，是条形基础，由此计算压缩层范围内的平均附加应力。

z/m	z/b	l/b	$\bar{\alpha}$	$\bar{z\alpha}$	$z_i \bar{\alpha}_i - z_{i-1} \bar{\alpha}_{i-1}$	E_{si}/MPa	$\Delta s'$/mm $\Delta s' = \frac{2p_0}{E_s}(z_i \bar{\alpha}_i - z_{i-1} \bar{\alpha}_{i-1})$
0	0	10		0			
24	1.6	10	0.2152	5.1648	5.1648	6	206.6

$$s = 1.2 \Delta s' = 1.2 \times 206.6 = 247.9 \text{(mm)}$$

【分析】 地基沉降量的计算公式为：$s = \dfrac{e_1 - e_2}{1 + e_1} h = \dfrac{a}{1 + e_1} \Delta p h = \dfrac{\Delta p}{E_s} h$

通常可根据题目给出的条件来选择采用哪个表达式计算沉降量。本题目中给出了压缩模量，所以应考虑按 $s = \dfrac{\Delta p}{E_s} h$ 进行计算。式中的 Δp 指的是该土层平均附加应力，可根据题意，查表得条形基础荷载短边角点下的平均附加应力系数以此计算平均附加应力。

注意对条形基础，查表得到的平均附加应力系数要乘以 2。

【题 4.3.10】 矩形基础底面尺寸 3.0m× 3.6m，基础埋深 2.0m，相应于作用的准永久组合时上部荷载传至地面处的竖向力 N_k = 1080kN，地基土层分布如图所示，无地下水，基础及其上覆土重度取 20kN/m³。沉降计算深度为密实砂层顶面，沉降计算经验系数 ψ_s = 1.2。按照《建筑地基基础设计规范》(GB 50007—2011) 规定计算基础的最大沉降量，其值最接近以下哪个选项？

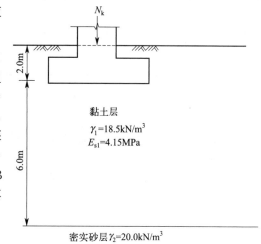

(A) 21mm　　　　(B) 70mm
(C) 85mm　　　　(D) 120mm

【答案】(C)

【解答】根据《建筑地基基础设计规范》(GB 50007—2011) 第 5.3.5 条：

(1) 基底附加压力计算

$$p_k = \frac{F_k}{A} + \gamma_G d = \frac{1080}{3.0 \times 3.6} + 20 \times 2.0 = 140 (\text{kPa})$$

$$p_0 = p_k - p_c = 140 - 2 \times 18.5 = 103 (\text{kPa})$$

(2) 变形计算

变形计算深度 6m，计算见下表。

层号	基底至 i 层土底面距离 z_i/m	l/b	z_i/b	$\bar{\alpha}_i$	$4z_i\bar{\alpha}_i$	$4(z_i\bar{\alpha}_i - z_{i-1}\bar{\alpha}_{i-1})$	E_{si}
1	0	1.2	0	0.25	0		
2	6	1.2	4	0.1189	2.8536	2.8536	4.15

$$s = \psi_s \sum_{i=1}^{n} \frac{p_0}{E_{si}}(z_i\bar{\alpha}_i - z_{i-1}\bar{\alpha}_{i-1}) = 1.2 \times 104 \times \frac{2.8536}{4.15} = 85.81 (\text{mm})$$

【点评】与题 4.3.9 一样，这也是一道典型的按规范方法计算地基最终沉降量的计算题。注意对矩形基础，查表得到的平均附加应力系数要乘以 4。

【题 4.3.11】某矩形基础，荷载作用下基础中心点下不同深度处的附加应力系数见表 (1)，基底以下土层参数见表 (2)。基底附加压力为 200kPa，地基变形计算深度取 5m，沉降计算经验系数见表 (3)。按照《建筑地基基础设计规范》(GB 50007—2011)，该基础中心点的最终沉降量最接近下列何值？

表 (1) 基础中心点下的附加应力系数

计算点至基底的垂直距离/m	1.0	2.0	3.0	4.0	5.0
附加应力系数	0.674	0.32	0.171	0.103	0.069

表 (2) 基底以下土层参数

名称	厚度/m	压缩模量/MPa
①黏性土	3	6
②细砂	10	15

表 (3) 沉降计算经验系数

变形计算深度范围内压缩模量的当量值/MPa	2.5	4.0	7.0	15.0	20.0
沉降计算经验系数	1.4	1.3	1.0	0.4	0.2

(A) 40mm   (B) 50mm   (C) 60mm   (D) 70mm

【答案】(C)

【解答】根据《建筑地基基础设计规范》(GB 50007—2011) 第 5.3.5 条：

解法 1：

(1) 各土层的平均附加应力系数

① 黏性土：

$$\bar{\alpha}_i = 1 \times \left(\frac{1+0.674}{2} + \frac{0.674+0.32}{2} + \frac{0.32+0.171}{2} \right) \times \frac{1}{3} = 0.5265$$

② 细砂：

$$\overline{\alpha}_i = 1 \times \left(\frac{1+0.674}{2} + \frac{0.674+0.32}{2} + \frac{0.32+0.171}{2} + \frac{0.171+0.103}{2} + \frac{0.103+0.069}{2}\right) \times \frac{1}{5} = 0.3605$$

（2）变形计算

基底至第 i 层土底面距离/m	$\overline{\alpha}_i$	$z_i \overline{\alpha}_i$	$z_i \overline{\alpha}_i - z_{i-1} \overline{\alpha}_{i-1}$	E_{si}
0				
3.0	0.5265	1.5795	1.5795	6
5.0	0.3605	1.8025	0.2230	15

$$\overline{E}_s = \frac{\sum A_i}{\sum \frac{A_i}{E_{si}}} = \frac{1.8025}{\frac{1.5795}{6} + \frac{0.223}{15}} = 6.48 \,(\text{MPa})$$

$$\psi_s = 1.3 + (6.48-4) \times \frac{1.0-1.3}{7-4} = 1.052$$

$$s = \psi_s \sum_{i=1}^{n} \frac{p_0}{E_{si}}(z_i \overline{\alpha}_i - z_{i-1} \overline{\alpha}_{i-1}) = 1.052 \times 200 \times \left(\frac{1.5795}{6} + \frac{0.223}{15}\right) = 58.5 \,(\text{mm})$$

解法 2：

（1）各土层的附加应力面积

① 黏性土：

$$A_i = 200 \times 1 \times \left(\frac{1+0.674}{2} + \frac{0.674+0.32}{2} + \frac{0.32+0.171}{2}\right) = 315.9 \,(\text{kN/m})$$

② 细砂：

$$A_i = 200 \times 1 \times \left(\frac{0.171+0.103}{2} + \frac{0.103+0.069}{2}\right) = 44.6 \,(\text{kN/m})$$

（2）沉降计算经验系数

$$\overline{E}_s = \frac{\sum A_i}{\sum \frac{A_i}{E_{si}}} = \frac{315.9 + 44.6}{\frac{315.9}{6} + \frac{44.6}{15}} = 6.48 \,(\text{MPa})$$

$$\psi_s = 1.3 + (6.48-4) \times \frac{1.0-1.3}{7-4} = 1.052$$

（3）变形计算

$$s = \psi_s \sum \frac{A_i}{E_{si}} = 1.052 \times \left(\frac{315.9}{6} + \frac{44.6}{15}\right) = 58.5 \,(\text{mm})$$

【点评】这是一道矩形基础最终沉降量的计算，主要考查：①平均附加应力系数的概念及其计算；②沉降计算经验系数的确定；③按规范公式对变形进行计算。

规范方法计算地基土的沉降变形，其本质就是土的附加应力面积除以该土层的压缩模量，所以，了解了这个道理，用解法 2 更简单些。但无论用哪种方法，本题的计算工作量都不算小，且与前些年的考题相比，难度也增大了不少。

【题 4.3.12】某软土层厚度 4m，在其上用一般预压法修筑高度为 5m 的路堤，路堤填料重度 18kN/m³，以 18mm/d 的平均速率分期加载填料，按照《公路路基设计规范》（JTG D30—2015），采用分层总和法计算的软土层主固结沉降为 30cm，则采用沉降系数法估算土层的总沉降最接近下列何值？

(A) 30.7mm (B) 32.4mm (C) 34.2mm (D) 41.6mm

【答案】(B)

【解答】 根据《公路路基设计规范》(JTG D30—2015)第 7.7.2 条规定：主固结沉降 S_c 采用分层总和法计算。

总沉降采用沉降系数法与主固结沉降计算[规范公式(7.7.2-1)]：
$$S = m_s S_c \tag{4-22}$$

沉降系数 m_s 为经验系数，与地基条件、荷载强度、加荷速率等因素有关，其范围为 1.1~1.7，应根据现场沉降观测资料确定，也可采用下面的经验公式估算[规范公式(7.7.2-2)]：
$$m_s = 0.123\gamma^{0.7}(\theta H^{0.2} + VH) + Y \tag{4-23}$$

式中 θ——地基处理类型系数，地基用塑料排水板处理时取 0.95~1.1，用粉体搅拌桩处理时取 0.85；一般预压时取 0.90。

H——路基中心高度，m。

γ——填料重度，kN/m^3。

V——填土速率修正系数，填土速率在 20~70mm/d 之间时，取 0.025；采用分期加载，速率小于 20mm/d 时取 0.005；采用快速加载，速率大于 70mm/d 时取 0.05。

Y——地质因素修正系数，满足软土层不排水抗剪强度小于 25kPa、软土层的厚度大于 5m、硬壳层厚度小于 2.5m 三个条件时，$Y=0$，其他情况下取 $Y=-0.1$。

将已知条件代入上述公式：
$$m_s = 0.123\gamma^{0.7}(\theta H^{0.2} + VH) + Y = 0.123 \times 18^{0.7} \times (0.9 \times 5^{0.2} + 0.005 \times 5) - 0.1 = 1.078$$
$$S = m_s S_c = 1.078 \times 30 = 32.34(cm)$$

【点评】 本题要求根据《公路路基设计规范》用沉降系数法估算公路软土层沉降量，主要的工作量在于几个系数的取值。题目不难，两个步骤可计算完成，但需熟悉用计算器计算指数函数的方法。

【题 4.3.13】 天然地基上的独立基础，基础平面尺寸 5m×5m，基底附加压力 180kPa，基础下地基土的性质和平均附加应力系数见下表。问地基压缩层的压缩模量当量值最接近下列哪个选项的数值？

土名称	厚度/m	压缩模量/MPa	平均附加应力系数
粉土	2.0	10	0.9385
粉质黏土	2.5	18	0.5737
基岩	>5		

(A) 10MPa (B) 12MPa (C) 15MPa (D) 17MPa

【答案】 (B)

【解答】 根据《建筑地基基础设计规范》(GB 50007—2011)第 5.3.6 条：
$$\bar{E}_s = \frac{\sum A_i}{\sum \dfrac{A_i}{E_{si}}} = \frac{4.5 \times 0.5737}{\dfrac{2 \times 0.9385}{10} + \dfrac{4.5 \times 0.5737 - 2 \times 0.9385}{18}} = \frac{2.582}{0.227} = 11.4(MPa)$$

【分析】 地基压缩层的压缩模量的当量值可按《建筑地基基础设计规范》(GB 50007—2011)第 5.3.6 条计算。

地基压缩层范围内的压缩模量 E_s 的加权平均值，按分层变形进行 E_s 的加权平均方法。

设：$\dfrac{\sum A_i}{E_s} = \dfrac{A_1}{E_{s1}} + \dfrac{A_2}{E_{s2}} + \dfrac{A_3}{E_{s3}} + \cdots = \sum \dfrac{A_i}{E_{si}}$

则：
$$\bar{E}_s = \frac{\sum A_i}{\sum \dfrac{A_i}{E_{si}}} = \frac{p_0 z_n \bar{\alpha}_n}{s'} \tag{4-24}$$

式中，$A_i = p_0(z_i \bar{\alpha}_i - z_{i-1} \bar{\alpha}_{i-1})$，为第 i 层土内竖向附加应力分布图的面积；z_n 和 $\bar{\alpha}_n$ 为沉降计算深度和相应的平均附加应力系数。

【题 4.3.14】 某建筑物筏形基础，宽度 15m，埋深 10m，基底压力 400kPa。地基土层见下表。按照《建筑地基基础设计规范》（GB 50007—2011）的规定，该建筑地基的压缩模量当量值最接近下列哪个选项？

序号	岩土名称	层底埋深/m	压缩模量/MPa	基底至该层底的平均附加应力系数 $\bar{\alpha}$（基础中心点）
1	粉质黏土	10	12.0	—
2	粉土	20	15.0	0.8974
3	粉土	30	20.0	0.7281
4	基岩	—	—	—

(A) 15.0MPa　　(B) 16.6MPa　　(C) 17.5MPa　　(D) 20.0MPa

【答案】（B）

【解答】 与题 4.3.13 类似，根据《建筑地基基础设计规范》（GB 50007—2011）第 5.3.6 条：

$$\bar{E}_s = \frac{\sum A_i}{\sum \dfrac{A_i}{E_{si}}} = \frac{20 \times 0.7281}{\dfrac{10 \times 0.8974}{15} + \dfrac{20 \times 0.7281 - 10 \times 0.8974}{20}} = 16.59(\text{MPa})$$

【分析】 本题考点是地基压缩层的压缩模量的当量值计算。

【题 4.3.15】 某建筑基础为柱下独立基础，基础平面尺寸为 5m×5m，基础埋深 2m，室外地面以下土层参数见下表，假定变形计算深度为卵石层顶面。问基础中点沉降时，沉降计算深度范围内的压缩模量当量值最接近下列哪个选项？

土层名称	土层层底埋深/m	重度/(kN/m³)	压缩模量/MPa
粉质黏土	2.0	19	10
粉土	5.0	18	12
细砂	8.0	18	18
密实卵石	15.0	18	90

(A) 12.6MPa　　(B) 13.4MPa　　(C) 15.0MPa　　(D) 18.0MPa

【答案】（B）

【解答】 根据《建筑地基基础设计规范》（GB 50007—2011）第 5.3.6 条：

分层点	基底下层点深度 z/m	$z/(b/2)$	l/b	规范附录 K.0.1—$2\bar{\alpha}_i$	$\bar{\alpha}_i z_i$	压缩模量/MPa	$A_i = \bar{\alpha}_i z_i - \bar{\alpha}_{i-1} z_{i-1}$	$\Delta s'$/mm　$\Delta s' = \dfrac{p_0}{E_s}(z_i \bar{\alpha}_i - z_{i-1} \bar{\alpha}_{i-1})$
0	0	0	1	0				
1	3	1.2	1	0.2149	0.6447	12	0.6447	$p_0 \times 0.05373$
2	6	2.4	1	0.1578	0.9468	18	0.3021	$p_0 \times 0.01678$

$$\bar{E}_s = \frac{\sum A_i}{\sum \dfrac{A_i}{E_{si}}} = \frac{0.6447 + 0.3021}{\dfrac{0.6447}{12} + \dfrac{0.3021}{18}} = 13.43(\text{MPa})$$

或　　　　　　　　　　　$s' = p_0 \times 0.070505$

$$\overline{E}_s = \frac{\sum A_i}{\sum \dfrac{A_i}{E_{ei}}} = \frac{p_0 z_n \overline{\alpha}_n}{s'} = \frac{p_0 \times 0.9468}{p_0 \times 0.070505} = 13.43(\text{MPa})$$

【题 4.3.16】 某高层建筑筏板基础，平面尺寸 20m×40m，埋深 8m，基底压力的准永久组合值为 607kPa，地面以下 25m 范围内为山前冲洪积粉土、粉质黏土，平均重度 19kN/m³，其下为密实卵石，基底下 20m 深度内的压缩模量当量值为 18MPa。实测筏板基础中心点最终沉降量为 80mm，问由该工程实测资料推出的沉降经验系数最接近下列哪个选项？

(A) 0.15　　　　(B) 0.20　　　　(C) 0.66　　　　(D) 0.80

【答案】（B）

【解答】 基底附加压力 $p_0 = 607 - 19 \times 8 = 455(\text{kPa})$，$\dfrac{l}{b} = \dfrac{20}{10} = 2$，$\dfrac{z}{b} = \dfrac{20}{10} = 2$，平均附加应力系数 $\overline{\alpha} = 0.1958$。

$$s' = 4\frac{p_0}{E_s}\overline{\alpha}z = 4 \times \frac{455}{18} \times 0.1958 \times 20 = 396(\text{mm})$$

$$\psi_s = \frac{s}{s'} = \frac{80}{396} = 0.2$$

【分析】 一般题目都是给出沉降经验修正系数，求沉降量。但这道题目却是根据观测值反推沉降经验修正系数。

分析题目时要注意根据题意判断压缩层厚度是在密实卵石层的顶部（即 $z=17\text{m}$），但题干又给出了基底下 20m 深度内的压缩模量当量值，所以具体计算时，计算深度应该取与压缩模量当量值一样的深度，即取 $z=20\text{m}$。

【题 4.3.17】 建筑物长度 50m，宽度 10m，比较筏板基础和 1.5m 的条形基础两种方案。已分别求得筏板基础和条形基础中轴线上变形计算深度范围内（为简化计算，假定两种基础的变形计算深度相同）的附加应力随深度分布的曲线（近似为折线），如图所示。已知持力层的压缩模量 $E_s = 4\text{MPa}$，下卧层的压缩模量 $E_s = 2\text{MPa}$。估算由于这两层土的压缩变形引起的筏板基础沉降 s_f 与条形基础沉降 s_t 之比最接近于下列哪个选项？

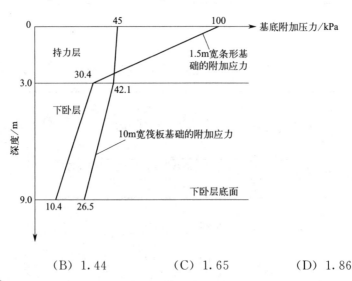

(A) 1.23　　　　(B) 1.44　　　　(C) 1.65　　　　(D) 1.86

【答案】（A）

【解答】计算如下：

持力层

筏板基础：$s = \dfrac{(45+42.1) \times 3}{2 \times 4} = 32.7 \text{(mm)}$

下卧层

$s = \dfrac{(42.1+26.5) \times 6}{2 \times 2} = 102.9 \text{(mm)}$

条形基础：$s = \dfrac{(100+30.4) \times 3}{2 \times 4} = 48.9 \text{(mm)}$

$s = \dfrac{(30.4+10.4) \times 6}{2 \times 2} = 61.2 \text{(mm)}$

沉降比例：$\dfrac{s_f}{s_t} = \dfrac{32.7+102.9}{48.9+61.2} = \dfrac{135.6}{110.3} = 1.23$

【分析】首先，我们知道，地基沉降计算公式为 $s = \dfrac{e_1-e_2}{1+e_1}h = \dfrac{a}{1+e_1}\Delta p h = \dfrac{\Delta p}{E_s}h$，根据已知条件，可以看出来，本题应该是用公式 $s = \dfrac{\Delta p}{E_s}h$ 进行计算。题图中已给出了两种基础在两层土中的附加应力分布曲线（折线），由此可以得到持力层和下卧层中附加应力梯形面积，代入公式即可。本题看似复杂，但求解比较简单。

【题 4.3.18】均匀土层上有一直径为 10m 的油罐，其基底平均压力为 100kPa。已知油罐中心轴线上，在油罐基础底面以下 10m 处的附加应力系数为 0.285。通过沉降观测得到油罐中心的底板沉降为 200mm，深度 10m 处的深层沉降为 40mm，则 10m 范围内土层用近似方法估算的反算压缩模量最接近于下列哪个选项？

（A）2.5MPa　　（B）4.0MPa　　（C）3.5MPa　　（D）5.0MPa

【答案】（B）

【解答】10m 范围内的应力面积 $= \dfrac{(1+0.285) \times 100 \times 10}{2} = 642.5 \text{(kPa} \cdot \text{m)}$

反算平均压缩模量：$E_s = \dfrac{642.5}{200-40} = 4.02 \text{(MPa)}$

【分析】这是一个反向思维的题目。$s = \dfrac{\Delta p}{E_s}h \Rightarrow E_s = \dfrac{\Delta p}{s}h$，可根据 10m 范围内的沉降量和应力面积求得压缩模量。注意应力面积可近似按梯形分布考虑。

【题 4.3.19】某住宅楼采用长宽 40m×40m 的筏形基础，埋深 10m，基础底面平均总压力值为 300kPa。室外地面以下土层重度 $\gamma = 20\text{kN/m}^3$，地下水位在室外地面以下 4m。根据下表计算基底下深度 7～8m 土层的变形值 $\Delta s'_{7-8}$ 最接近下列哪个选项的数值？

第 i 层	基底至第 i 层土底面距离 z_i/m	E_{si}/MPa
1	4.0	20
2	8.0	16

（A）7.0mm　　（B）8.0mm　　（C）9.0mm　　（D）10.0mm

【答案】（D）

【解答】(1) 计算地基平均附加压力

$p_0 = 300 - (4 \times 20 + 6 \times 10) = 160 \text{(kPa)}$

(2) 计算基底以下深度 7～8m 土层的变形值 $\Delta s'_{7-8}$，$l = b = 20\text{m}$。

i	z_i/m	l/b	z/b	$\bar{\alpha}_i$	$z_i\bar{\alpha}_i - z_{i-1}\bar{\alpha}_{i-1}$
1	7.0	1	0.350	$4 \times 0.2479 = 0.9916$	
2	8.0	1	0.400	$4 \times 0.2474 = 0.9896$	0.9756

则 $\Delta s'_{7-8} = \dfrac{p_0}{E_s}(z_i \bar{\alpha}_i - z_{i-1} \bar{\alpha}_{i-1}) = \dfrac{160}{16} \times 0.9756 = 9.76 \text{(mm)}$

【分析】(1) 由题意，应该知道是用公式 $\Delta s'_{7-8} = \dfrac{p_0}{E_s}(z_i \bar{\alpha}_i - z_{i-1} \bar{\alpha}_{i-1})$ 计算变形量;

(2) 对 p_0 的计算，要注意水上和水下土重度的取值;

(3) 查表得平均附加应力系数 $\bar{\alpha}_i$，注意不是附加应力系数 α_i;

(4) 因为求的是基础中心点下的沉降量，$l = b = 20\text{m}$，所以查得的 $\bar{\alpha}_i$ 要记得乘以 4;

(5) 一般来说，规范法求沉降，题目大都是对某一层土进行计算，而不是对多层土计算，因为知识点一样。

【题 4.3.20】某建筑方形基础，作用于基础底面的竖向力为 9200kN，基础底面尺寸为 $6\text{m} \times 6\text{m}$，基础埋深 2.5m，基础底面上下土层为均质粉质黏土，重度为 19kN/m^3，综合 e-p 关系试验数据见下表，基础中心点的附加应力系数 α 见下图，已知沉降计算经验系数为 0.4，将粉质黏土按一层计算，问该基础中心点的最终沉降量最接近下列哪个选项？

压力 p_i/kPa	0	50	100	200	300	400
孔隙比 e	0.544	0.534	0.526	0.512	0.508	0.506

(A) 10mm　　　(B) 23mm
(C) 35mm　　　(D) 57mm

【答案】(B)

【解答】根据题意，可将粉质黏土压缩层按一层计算，所以可以考虑按整个压缩层（粉质黏土）的中点土层的参数进行计算。

(1) 平均自重：$\sigma_{cz} = 2.5 \times 19 + \dfrac{2+2+1.5}{2} \times 19 = 99.75\text{(kPa)}$

此时对应的孔隙比：$e_1 = 0.526$

(2) 基底附加压力：$p_0 = \dfrac{9200}{6 \times 6} - 2.5 \times 19 = 208.1\text{(kPa)}$

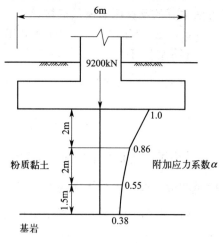

平均附加应力系数：$\bar{\alpha} = \dfrac{\dfrac{1.0+0.86}{2} \times 2 + \dfrac{0.86+0.55}{2} \times 2 + \dfrac{0.55+0.38}{2} \times 1.5}{2+2+1.5} = 0.721$

(3) 土层中点的总应力：$\sigma_{总} = \sigma_{cz} + \sigma_z = 99.75 + 0.721 \times 208.1 = 250\text{(kPa)}$

对应的孔隙比：$e_2 = \dfrac{0.512+0.508}{2} = 0.510$

(4) 最终沉降量：$s = \psi_s \dfrac{e_1-e_2}{1+e_1} h = 0.4 \times \dfrac{0.526-0.510}{1+0.526} \times 5500 = 23\text{(mm)}$

【分析】① 由沉降量计算公式，$s = \dfrac{e_1-e_2}{1+e_1}h = \dfrac{a}{1+e_1}\Delta p h = \dfrac{\Delta p}{E_s}h$，由于题目没有给出土层的压缩模量，所以只能按 $s = \dfrac{e_1-e_2}{1+e_1}h$ 来计算;

② 题目规定粉质黏土压缩层按一层计算，所以可以整个压缩层（粉质黏土）的中点土层的参数进行计算;

③ 由附加应力分布得到土层中心处的附加应力，再加上自重应力，可得此处的总应力；
④ 由 $e\text{-}p$ 关系试验数据表，即可得到对应的孔隙比。

【题 4.3.21】大面积料场场区地层分布及参数如图所示。②层黏土的压缩试验结果见下表，地表堆载 120kPa，则在此荷载作用下，黏土层的压缩量与下列哪个数值最接近？

p/kPa	0	20	40	60	80	100	120	140	160	180
e	0.900	0.865	0.840	0.825	0.810	0.800	0.791	0.783	0.766	0.771

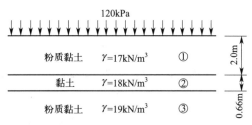

(A) 46mm　　　(B) 35mm　　　(C) 28mm　　　(D) 23mm

基本原理（基本概念或知识点）

当在自重应力作用下已经完成固结的地基上大面积堆载时，堆载将在地基中产生新的附加应力，引起地基再次固结。

如果堆载是均匀的，在地基表面的压力是 p_0，那么，根据角点法，在堆载范围内地基表面以下深度 z 处由堆载而产生的附加应力 $\sigma_z = p_0$，也就是说，大面积堆载在地基中产生的附加应力与堆载压力相同，且不随深度变化。

【答案】(D)
【解答】黏土层层顶自重应力：$2 \times 17 = 34(\text{kPa})$
黏土层层底自重应力：$34 + 0.66 \times 18 = 45.88(\text{kPa})$
黏土层平均自重应力：$\dfrac{34 + 45.88}{2} = 39.94(\text{kPa})$，查表得 $e_1 = 0.840$
黏土层平均自重应力+平均附加应力 $= 39.94 + 120 = 159.94(\text{kPa})$
对应孔隙比 $e_2 = 0.776$，则 $s = \dfrac{e_1 - e_2}{1 + e_1} h = \dfrac{0.840 - 0.776}{1 + 0.840} \times 0.66 = 0.023(\text{m}) = 23(\text{mm})$

【题 4.3.22】厚度为 4m 的黏土层上瞬时大面积均匀加载 100kPa，若干时间后，测得土层中 A、B 点处的孔隙水压力分别为 72kPa、115kPa，估算该黏土层此时的平均固结度最接近下列何值？

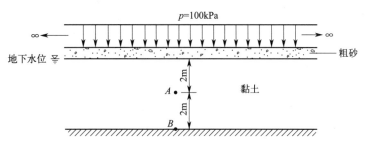

(A) 41%　　　(B) 48%　　　(C) 55%　　　(D) 61%

【答案】(C)

【解答】 按土力学基本原理。

(1) 各点的超静孔隙水压力计算

用测压管测得的孔隙水压力包括静孔隙水压力和超静孔隙水压力，扣除静孔隙水压力后，各点的超静孔隙水压力见下表。

位置	孔隙水压力/kPa	静孔隙水压力/kPa	超静孔隙水压力/kPa
A	72	20	52
B	115	40	75

(2) 平均固结度计算

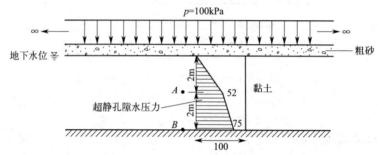

此时超静孔隙水压力的应力面积（上图中阴影部分）：

$$\frac{1}{2} \times 52 \times 2 + \frac{1}{2} \times (52+75) \times 2 = 179 (\text{kPa} \cdot \text{m})$$

$$U_t = 1 - \frac{\text{某时刻超静孔隙水压力面积}}{\text{初始超静孔隙水压力面积}} = 1 - \frac{179}{100 \times 4} = 0.55$$

【点评】 根据土力学太沙基一维固结理论来计算大面积堆载时土层平均固结度，其值为某时刻土的有效应力面积除以初始时的超静孔隙水压力面积。对大面积堆载，初始超孔隙水压力面积为矩形分布，其值等于荷载乘以土层厚度 $[100 \times 4 = 400(\text{kPa} \cdot \text{m})]$；到某一时刻，由于土体的固结，孔隙水压力消散了一部分，在本题中，超静孔隙水压力的分布为一条折线，土层顶部超静孔隙水压力为0，中部为52kPa，底部为75kPa。

特别要提醒的是，用测压管测得的孔隙水压力包括静孔隙水压力和超静孔隙水压力，扣除静孔隙水压力后，才是各点的超静孔隙水压力。

【题4.3.23】 甲建筑已沉降稳定，其东侧新建乙建筑，开挖基坑时，采取降水措施，使甲建筑物东侧潜水地下水位由 -5.0m 下降到 -10.0m，基底以下地层参数及地下水位见图。估算甲建筑物东侧由降水引起的沉降量接近于下列何值？

(A) 38mm
(B) 41mm
(C) 63mm
(D) 76mm

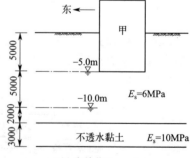

(尺寸单位：mm)

基本原理（基本概念或知识点）

如果地基地下水位大范围下降，地基中也会产生新的压缩变形。这是因为地下水位下降后，水位下降范围内土的重度 γ 将变得大于下降前的有效重度 γ'，从而使原地下水位以下土中的自重应力增大。

如果水位下降的幅度为 Δh_w，新增加的自重应力为 $\Delta \sigma_z$，那么，$\Delta \sigma_z$ 在水位变化范围内将呈三角形分布，且在原水位面处 $\Delta \sigma_z = 0$，在新水位面处 $\Delta \sigma_z = (\gamma - \gamma') \Delta h_w$。对新水位面以下的土层而言，相当于在新水位面上作用了 $\Delta \sigma_z = (\gamma - \gamma') \Delta h_w$ 的"大面积堆载"，即新增加的自重应力按矩形分布。因此，新水位面以下土层沉降量的计算方法与大面积堆载相同。

【答案】(A)

【解答】根据 $s = \dfrac{\overline{p}}{E_s} \Delta H$ 可知，$s = \left(\dfrac{50 \div 2}{6} \times 5 + \dfrac{50}{6} \times 2\right) = 37.5 \text{(mm)}$

【分析】水位下降后，由于土的重度由浮重度变成了天然重度，所以自重应力会变大，由此引起地基沉降。如图所示，在水位变化区间，有效自重应力变化呈三角形分布，在新水位面以下，有效自重应力呈矩形分布。

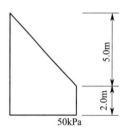

有效应力变化示意图

地基沉降计算可采用应力面积法，计算量并不大。另外需要注意的是，对不透水黏土层，水位的下降不会引起自重应力的变化，所以，只计算不透水层顶以上的沉降即可。

【题 4.3.24】某平原区地下水源地（开采目的层为第 3 层）土层情况见下表，已知第 3 层砾砂中承压水初始水头埋深 4.0m，开采至一定时期后下降且稳定至埋深 32.0m；第 1 层砂中潜水位埋深一直稳定在 4.0m，试预测抽水引发的第 2 层最终沉降量最接近下列哪个选项？（水的重度 10kN/m³。）

序号	土名	层顶埋深/m	重度/(kN/m³)	孔隙比	压缩系数 a/MPa⁻¹
1	砂	0	19.0	0.8	
2	粉质黏土	10.0	18.0	0.85	0.30
3	砾砂	40.0	20.0	0.7	
4	基岩	50.0			

(A) 680mm　　　(B) 770mm　　　(C) 860mm　　　(D) 930mm

【答案】(A)

【解答】根据《工程地质手册》（第 5 版）第 719 页。

(1) 由于在粉质黏土顶面与承压水位之间存在水头差而产生渗流作用，渗流的存在使得其附加应力增量在粉质黏土中是线性增加的，即：

在粉质黏土层顶面附加应力变化量：$\Delta p_1 = 0$

在粉质黏土层底面的附加应力增量：$\Delta p_2 = \Delta h \gamma_w = (32 - 4) \times 10 = 280 \text{(kPa)}$

(2) 抽水引起的第 2 层的沉降量计算

$$E_s = \dfrac{1 + e_0}{a} = \dfrac{1 + 0.85}{0.3} = 6.17 \text{(MPa)}$$

$$s_1 = \dfrac{1}{E_s} \Delta p h = \dfrac{1}{E_s} \times \dfrac{\Delta p_1 + \Delta p_2}{2} h = \dfrac{1}{6.17} \times \dfrac{0 + 280}{2} \times 30 = 680.7 \text{(mm)}$$

【点评】关于承压水水头降低引起的地面沉降，由于下卧强透水承压层减压引起的固结沉降过程中上覆土层总应力保持不变，而一般的堆载引起的固结沉降将增加土层总应力，因此，二者的沉降计算并不相同，主要有以下 3 个方面的不同：①地表水头在减压过程中保持不变；②土中任一点的总应力保持不变；③下卧承压含水层水头的降低，导致上覆相对不透水土层中的孔隙水压力减小，引起其有效应力增大。

承压水头降低后，土中各点的总应力变化量为 0。在上覆土层中，有效应力增加量为从 0 至 $\Delta h \gamma_w$，逐渐增大且呈线性分布。在承压含水层中，有效应力的变化量均为 $\Delta h \gamma_w$，从而使各土层发生固结沉降。

如题干中的第 2 层粉质黏土（上覆土层段）、第 3 层砂土（承压含水层段）和第 4 层基岩（下卧不透水段），经过推导，可以得出当承压水头降低 Δh 时，引起的各土层固结压缩变形为：

上覆土层段：
$$s_1 = \frac{1}{E_{s1}} \Delta p H_1 = \frac{1}{2E_{s1}} \Delta h \gamma_w H_1 \qquad (4-25)$$

承压含水层段：
$$s_2 = \frac{1}{E_{s2}} \Delta p H_2 = \frac{1}{E_{s2}} \Delta h \gamma_w H_2 \qquad (4-26)$$

下卧不透水层段：
$$s_3 = \frac{1}{E_{s3}} \Delta p H_3 = \frac{1}{2E_{s3}} \Delta h \gamma_w H_3 \qquad (4-27)$$

式中　E_{s1}、E_{s2}、E_{s3}——上覆土层段、承压含水层段、下卧不透水层段的压缩模量；

　　　H_1、H_2、H_3——上覆土层段、承压含水层段、下卧不透水层段的土层厚度；

　　　Δh——承压水头下降深度差；

　　　Δp——承压水头下降施加于土层上的平均附加应力，$\Delta p = \frac{\Delta h}{2} \gamma_w$。

【题 4.3.25】某场地两层地下水，第一层为潜水，水位埋深 3m，第二层为承压水，测管水位埋深 2m。该场地上的某基坑工程，地下水控制采用截水和坑内降水，降水后承压水位降低了 8m，潜水水位无变化，土层参数如图所示，试计算由承压水位降低引起③层细砂层的变形量最接近下列哪个选项？

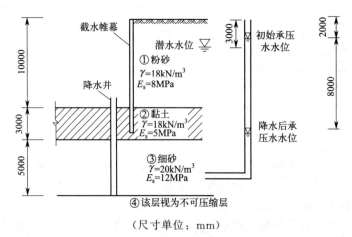

(A) 33mm　　　(B) 40mm　　　(C) 81mm　　　(D) 121mm

【答案】（A）

【解答】$s = \dfrac{\Delta \sigma_{cz}'}{E_s} H = \dfrac{8 \times 10}{12} \times 5 = 33.3 \text{(mm)}$

【分析】本题中，承压水中土的有效自重应力 $\sigma_{cz}' = \sigma - u = \gamma h_1 + \gamma' h_2 - \gamma_w h = 18 \times 3 + \gamma_1' \times 7 + \gamma_2' \times 3 - \gamma_3' \times 1$

承压水位下降 8m 的过程中，其他荷载没有变化，所以，只考虑有效应力的变化即可。

有效自重应力下降导致有效自重应力增加了 $8\times10=80$(kPa)。不用考虑其他荷载引起的变形量，因为前后两次相减，会把其他荷载消掉，只剩下增加了的有效自重应力 $8\times10=80$(kPa)。

所以，由有效自重应力的增加导致的变形量为 $s=\dfrac{\Delta\sigma_{cz}}{E_s}H=\dfrac{8\times10}{12}\times5=33.3$(mm)。

【题 4.3.26】 某建筑场地地下水位位于地面下 3.2m，经多年开采地下水后，地下水位下降了 22.6m，测得地面沉降量为 550mm。该场地土层分布如下：0～7.8m 为粉质黏土层，7.8～18.9m 为粉土层，18.9～39.6m 为粉砂层，以下为基岩。试计算粉砂层的变形模量平均值最接近下列哪个选项？（注：已知 $\gamma_w=10.0$kN/m³，粉质黏土和粉土层的沉降量合计为 220.8mm，沉降引起的地层厚度变化可忽略不计）

(A) 8.7MPa　　　(B) 10.0MPa　　　(C) 13.5MPa　　　(D) 53.1MPa

【答案】 (C)

【解答】 根据分层总和法、《工程地质手册》（第 5 版）第 719 页。

降水后地下水位在地面下 25.8m。

(1) 降水在砂土层中引起的附加应力

18.9m 处：$\Delta p=(18.9-3.2)\times10=157$(kPa)

25.8m 处：$\Delta p=22.6\times10=226$(kPa)

39.6m 处：$\Delta p=226$kPa

18.9～25.8m 中点处的平均附加应力为 $(157+226)\div2=191.5$(kPa)。

25.8～39.6m 中点处的平均附加应力为 226kPa。

(2) 由砂土沉降量反算变形模量

砂土层沉降量 $s=550-220.8=329.2$(mm)，则 $s_\infty=\dfrac{1}{E}\Delta pH$，即

$329.2=\dfrac{1}{E}\times191.5\times6.9+\dfrac{1}{E}\times226\times13.5$

解得：$E=13.5$MPa

【点评】 本题是根据地面沉降量反算土层变形模量。

在新的水位线以上，附加应力按三角形线性增加；在新水位线以下，附加应力按矩形增加。

题目要求计算的是粉砂层的变形模量，则只需要按粉砂层的沉降量来计算即可。

本题争议的地方是变形模量要不要换算成压缩模量。根据土力学中压缩固结理论，压缩模量是不能在侧向变形条件下得到的，即只能发生竖向变形；变形模量是有侧向变形条件下，竖向应力与竖向应变之比，变形模量可通过公式 $E=E_s\left(1-\dfrac{2\mu^2}{1-\mu}\right)$ 计算。有人认为这里不需要把变形模量换算成压缩模量，因为大面积降水引起的变形不仅有竖向变形还有侧向变形，并且手册公式中用的是弹性模量。弹性模量是在弹性范围内，竖向应力与应变的比值，也是在侧向有变形的条件下得到的。对本题而言，如果砂土层中水位上升，砂土层的变形是可恢复的，砂土的变形模量等于弹性模量。

【题 4.3.27】 某基坑开挖深度 3m，平面尺寸为 20m×24m，自然地面以下地层为粉质黏土，重度为 20kN/m³，无地下水，粉质黏土层各压力段的回弹模量见下表（MPa）。按《建筑地基基础设计规范》（GB 50007—2011），基坑中心点下 7m 位置的回弹模量最接近下列哪个选项？

$E_{0-0.025}$	$E_{0.025-0.05}$	$E_{0.05-0.1}$	$E_{0.1-0.15}$	$E_{0.15-0.2}$	$E_{0.2-0.3}$
12	14	20	200	240	300

（A）20MPa　　　（B）200MPa　　　（C）240MPa　　　（D）300MPa

【答案】（C）

【解答】根据《建筑地基基础设计规范》（GB 50007—2011）第 5.3.10 条。

（1）基底下 7m 处土层的自重应力
$$10 \times 20 = 200 \text{(kPa)}$$

（2）基底下 7m 处土层的附加压力

基坑底面处的附加压力：$p_0 = -p_c = -3 \times 20 = -60 \text{(kPa)}$

基底下 7m 处：$\dfrac{z}{b} = \dfrac{7}{10} = 0.7$，$\dfrac{l}{b} = \dfrac{12}{10} = 1.2$

查规范附录 K.0.1-1，附加应力系数 $\alpha_i = \dfrac{0.228 + 0.207}{2} = 0.2175$

$$-4 p_0 \alpha_i = -4 \times 60 \times 0.2175 = -52.2 \text{(kPa)}$$

（3）回弹模量选择

基坑开挖过程中的压力段变化范围：

基底下 7m 处开挖前的平均自重应力为 200kPa。

开挖卸荷后的压力为 $-52.2 + 200 = 147.8 \text{(kPa)}$。

取 147.8～200kPa 压力段，选取对应的回弹模量 $E_{0.15-0.2} = 240\text{MPa}$。

【点评】基坑开挖导致土层下 10m 处的自重应力减小。因为基坑的尺寸效应，所以应按土层的附加压力来计算，即考虑基坑周边土的影响。基坑开挖后，基坑下 7m 处的附加压力实际上减少了 52.2kPa。

如果是大面积开挖，则可以按自重应力的减少来计算。比如本题，开挖 3m，就意味着自重应力减小了 60kPa，应力段的变化区间为 140～200kPa，按此来选择，依然大致可以选取 $E_{0.15-0.2} = 240\text{MPa}$。

【题 4.3.28】既有基础平面尺寸 4m×4m，埋深 2m，底面压力 150kPa，如图，新建基础紧贴既有基础修建，基础平面尺寸 4m×2m，埋深 2m，底面压力 100kPa，已知基础下地基土为均质粉土，重度 $\gamma = 20\text{kN/m}^3$，压缩模量 $E_s = 10\text{MPa}$，层底埋深 8m，下卧基岩，问新建基础的荷载引起的既有基础中心点的沉降量最接近下列哪个选项？（沉降修正系数取 1.0）

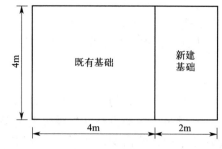

（A）1.8mm　　　（B）3.0mm　　　（C）3.3mm　　　（D）4.5mm

【答案】（A）

【解答】作计算简图。

（1）计算 $ABED$ 的角点 A 的平均附加应力系数 $\bar{\alpha}_{A1}$

$l/b = 1.0$，$z/b = 6 \div 2 = 3.0$，既有基础下（埋深 2～8m）平均附加应力系数：
$$\bar{\alpha}_{A1} = 0.13692$$

（2）计算 $ACFD$ 的角点 A 的平均附加应力系数 $\bar{\alpha}_{A2}$

$l/b = 2.0$，$z/b = 6 \div 2 = 3.0$，既有基础下（埋深 2～

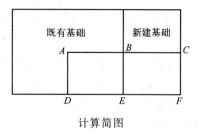

计算简图

8m)平均附加应力系数：
$$\bar{\alpha}_{A2}=0.16193$$

（3）计算 BCFE 对 A 点的平均附加应力系数：
$$\bar{\alpha}_A=\bar{\alpha}_{A2}-\bar{\alpha}_{A1}=0.16193-0.13692=0.025$$

（4）计算沉降量

A 点沉降量是 BCFE 范围内荷载产生的沉降量的 2 倍。
$$p_0=100-20\times2=60(\text{kPa})$$
$$s=2\psi_s s'=2\psi_s\sum_{i=1}^n\frac{p_0}{E_{si}}(z_i\bar{\alpha}_i-z_{i-1}\bar{\alpha}_{i-1})=2\times1.0\times\frac{60}{10}\times(6\times0.025-0)=1.8(\text{mm})$$

【分析】① 本题是新建基础对既有基础影响的沉降量计算，所以，采用角点法计算 BCFE 对 A 点（既有基础中心点）的平均附加应力系数；

② 由于是在既有基础的中心点，所以可取一半计算，最后乘以 2；

③ 注意 p_0 的计算，基底压力是 100kPa，而不是 150kPa；

④ 依据叠加原理直接计算亦可：
$$s=\frac{p_0}{E_s}h\bar{\alpha}_i-\frac{p_0}{E_s}h\bar{\alpha}_{i-1}=\frac{60}{10}\times6\times2\times0.1619-\frac{60}{10}\times6\times2\times0.1369=1.8(\text{mm})$$

【题 4.3.29】如图所示甲、乙二相邻基础，其埋深和基底平面尺寸均相同，埋深 $d=1.0\text{m}$，底面尺寸均为 $2\text{m}\times4\text{m}$，地基为黏土，压缩模量 $E_s=3.2\text{MPa}$。作用的准永久组合下基础底面处的附加压力分别为 $p_{0甲}=120\text{kPa}$，$p_{0乙}=60\text{kPa}$，沉降计算经验系数取 $\psi_s=1.0$，根据《建筑地基基础设计规范》(GB 50007—2011) 计算，甲基础荷载引起的乙基础中点的附加沉降量最接近下列何值？

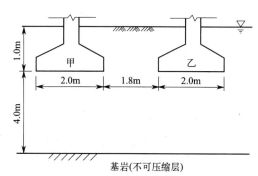

(A) 1.6mm　　(B) 3.2mm　　(C) 4.8mm　　(D) 40.8mm

【答案】(B)

【解答】作计算简图。

如图所示，甲基础对乙基础的作用相当于 2×（矩形 ABCD－矩形 CDEF）的作用。

对于矩形 ABCD，$z/b=4\div2=2$，$l/b=4.8\div2=2.4$，查表 $\bar{\alpha}_1=0.1982$。

对于矩形 CDEF，$z/b=4\div2=2$，$l/b=2.8\div2=1.4$，查表 $\bar{\alpha}_2=0.1875$。

$$s=\psi_s\frac{2p_0}{E_s}(\bar{\alpha}_1 z-\bar{\alpha}_2 z)=1.0\times\frac{2\times120}{3.2}$$
$$\times(0.1982\times4-0.1875\times4)=3.21(\text{mm})$$

计算简图

【分析】与上题的解题思路完全一致。

【题 4.3.30】某既有建筑基础为条形基础，基础宽度 $b=3.0\text{m}$，埋深 $d=2.0\text{m}$，剖面如图所示。由于房屋改建，拟增加一层，导致基础底面压力 p 由原来的 65kPa 增加至 85kPa，沉降计算经验系数 $\psi_s=1.0$。计算由于房屋改建使淤泥质黏土层产生的附加压缩量最接近以下何值?

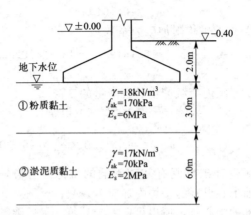

(A) 9.0mm   (B) 10.0mm   (C) 20.0mm   (D) 35.0mm

【答案】(C)

【解答】根据《建筑地基基础设计规范》(GB 50007—2011)第5.3.5条。

z_i	l/b	z_i/b	$\bar{\alpha}_i$	$4z_i\bar{\alpha}_i$	$4(z_i\bar{\alpha}_i - z_{i-1}\bar{\alpha}_{i-1})$	E_{si}
0				0		
3.0	10	2	0.2018	2.4216	2.4216	6
9.0	10	6	0.1216	4.3776	1.9560	2

$$s = \psi_s \sum_{i=1}^{n} \frac{p_0}{E_{si}}(z_i\bar{\alpha}_i - z_{i-1}\bar{\alpha}_{i-1}) = 1.0 \times (85-65) \times \frac{1.956}{2} = 19.56 \text{ (mm)}$$

【分析】列表计算是最快速方便的方法,也不容易出错,应熟练掌握。

【题 4.3.31】某变形已稳定的既有建筑,矩形基础底面尺寸为 $4m \times 6m$,基础埋深 2.0m,原建筑作用于基础底面的竖向合力为 3100kN(含基础及其上土重),因增层改造增加荷载 1950kN。地基土分布如图所示,粉质黏土层综合 e-p 试验数据见下表,地下水位埋藏很深。已知沉降计算经验系数为0.6,不计密实砂层的压缩量,按照《建筑地基基础设计规范》(GB 50007—2011)规定计算,因建筑改造,该基础中心点增加的沉降量最接近下列哪个选项?

压力 p/kPa	0	50	100	200	300	400	600
孔隙比 e	0.768	0.751	0.740	0.725	0.710	0.705	0.689

(A) 16mm   (B) 25mm
(C) 50mm   (D) 65mm

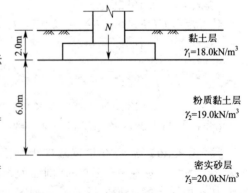

【答案】(A)

【解答】题干要求按地基规范计算,但实际上可按土力学基本知识来计算。

(1) 增层前粉质黏土层中点处的孔隙比

中点处自重应力:$p_{cz} = \gamma h = 2 \times 18 + 3 \times 19 = 93 \text{(kPa)}$

基底附加压力:$p_0 = p - p_c = \frac{3100}{4 \times 6} - 2 \times 18 = 93.2 \text{(kPa)}$

角点法系数：$\dfrac{z}{b}=\dfrac{6}{2}=3$，$\dfrac{l}{b}=\dfrac{3}{2}=1.5$

查表，附加应力系数：$\bar{\alpha}=\dfrac{0.1510+0.1556}{2}=0.1533$

中点附加应力：$\Delta p_0=93.2\times 4\times 0.1533=57.2(\text{kPa})$

中点处自重压力+附加应力：$p_{cz}+\Delta p_0=93+57.2=150.2(\text{kPa})$

对应孔隙比：$e_1=\dfrac{0.740+0.725}{2}=0.7325$

（2）增层后粉质黏土层中点处的孔隙比

$$p_0=p-p_c=\dfrac{3100+1950}{4\times 6}-2\times 18=174.4(\text{kPa})$$

中点附加压力：$\Delta p_0=174.4\times 4\times 0.1533=106.9(\text{kPa})$

中点处自重压力+附加压力：$p_{cz}+\Delta p_0=93+106.9=199.9(\text{kPa})$

对应孔隙比：$e_2=0.725$

（3）变形计算

$$\Delta s=\psi_s\dfrac{e_1-e_2}{1+e_1}h=0.6\times\dfrac{0.7325-0.725}{1+0.7325}\times 6000=15.6(\text{mm})$$

【分析】本题考核的是地基加载后，基础中心点增加的沉降量的计算。解题思路：

① 沉降量计算有几个基本的计算公式：$s=\dfrac{e_1-e_2}{1+e_1}h=\dfrac{a}{1+e_1}\Delta ph=\dfrac{\Delta p}{E_s}h$，根据题意可按 $s=\dfrac{e_1-e_2}{1+e_1}h$ 来计算；

② 题目规定粉质黏土压缩层按一层计算，所以可以考虑整个压缩层（粉质黏土）的中点土层的参数进行计算；

③ 由附加应力分布得到土层中心处的附加应力，再加上自重应力，可得此处的总应力；

④ 由 e-p 关系试验数据表，即可得到对应的孔隙比。

【题 4.3.32】在 100kPa 大面积荷载的作用下，3m 厚的饱和软土层排水固结，排水条件如下图所示，从此土层中取样进行常规固结试验，测读试样变形与时间的关系，已知在 100kPa 试验压力下，达到固结度为 90% 的时间是 0.5h，预估 3m 厚的土层达到 90% 固结度的时间最接近于下列何值？

（A）1.3 年　　（B）2.6 年
（C）5.2 年　　（D）6.5 年

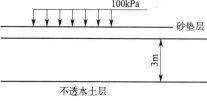

【答案】（C）

【解答】3m 厚的软土层是单面排水，常规固结试验是双面排水。根据单双面排水条件的关系，有：

$$\dfrac{t_1}{h_1^2}=\dfrac{t_2}{h_2^2}$$

$$t_1=\dfrac{h_1^2}{h_2^2}t_2=\dfrac{90000}{1}\times 0.5=45000(\text{h})=5.13(\text{年})$$

【分析】由土力学太沙基一维固结理论可知，相同土性不同厚度的两个土层，在相同的附加压力和排水条件下，达到相同固结度所需时间之比，等于两层土最远排水距离的平方之

比。即

$$\frac{t_1}{t_2}=\frac{h_1^2}{h_2^2}$$

从该式还可以看出，如果土层厚度和土性相同，则达到相同固结度时单面排水所需时间是双面排水时的 4 倍。这是因为双面排水时的最远距离仅是单面排水时的一半。

【本节考点】

① 利用 e-p 关系曲线计算土层的沉降量；

② 根据土的压缩模量计算土层的沉降量；

③ 根据土的压缩指数计算土层的沉降量，特别要区分正常固结和超固结的不同情况计算；

④ 地基压缩层压缩模量当量值计算；

⑤ 考虑回弹变形的基础沉降计算；

⑥ 根据地面沉降量反算土层变形模量；

⑦ 基坑底土的回弹模量计算；

⑧ 反算沉降计算修正系数；

⑨ 相邻基础影响下的附加沉降量计算；

⑩ 工程降水产生的地基沉降计算。

关于地基沉降量的计算是专业案例考试中的一个重点内容，这方面的考题每年都会有，而且出题形式多样，近几年的趋势是越来越复杂，难度越来越大。

第 5 章

土的抗剪强度

基本原理（基本概念或知识点）

关于土的强度，这方面的基本概念和基本理论，内容比较多，这里仅给出相关内容的概要：

① 土的强度指的就是抗剪强度。也就是说，土体只有抗剪强度，没有其他的强度，如抗拉强度等。虽然是三轴压缩试验，但土体的破坏机理仍然是剪切破坏。

② 土的抗剪强度可以用库仑公式表达：$\tau_f = c + \sigma \tan\varphi$。由库仑公式可知：土抗剪强度与剪切面上的正应力成正比，也就是说，土的强度不是一个定值，而是随着剪切面上的正应力而改变。所以通常是用土的两个参数 c、φ 来反映土的强度，c、φ 值也称为土的强度指标。

③ 根据有效应力原理，土体强度的变化仅与有效应力有关。所以，上述的库仑公式也可以用有效应力表达：$\tau_f = c' + \sigma' \tan\varphi'$。$c'$、$\varphi'$ 被称为有效应力强度指标。

④ 莫尔-库仑强度理论：由库仑公式表示莫尔包线的强度理论称为莫尔-库仑强度理论。当土体中任一点在某一平面上的剪应力达到土的抗剪强度时，就会发生剪切破坏，该点处于极限平衡状态。土的极限平衡条件由下面公式给出：

$$\sigma_1 = \sigma_3 \tan^2\left(45° + \frac{\varphi}{2}\right) + 2c\tan\left(45° + \frac{\varphi}{2}\right) \tag{5-1}$$

$$\sigma_3 = \sigma_1 \tan^2\left(45° - \frac{\varphi}{2}\right) - 2c\tan\left(45° - \frac{\varphi}{2}\right) \tag{5-2}$$

土体破坏时其破裂面与大主应力作用面的夹角为：

$$\alpha_f = 45° + \frac{\varphi}{2} \tag{5-3}$$

如果给定了土的抗剪强度指标 c、φ 以及土中某点的应力状态，可将抗剪强度包线与莫尔应力圆画在同一坐标图上，则该点处于极限平衡状态时，莫尔圆与抗剪强度包线相切，如图 5-1 所示。破坏面与大主应力 σ_1 作用面的夹角为 $45° + \varphi/2$。

上述公式也可以用有效应力表达。如采用有效应力进行分析，式(5-1) 和式(5-2) 仍然适用，式中的应力采用有效应力，对应的抗剪强度指标采用有效应力强度指标。

⑤ 土的强度指标可以通过室内直剪试验、三轴压缩试验和无侧限压缩试验获得。根据试样固结、排水及剪切速率的不同，三轴压缩试验和直剪试验又可分为不固结不排水剪

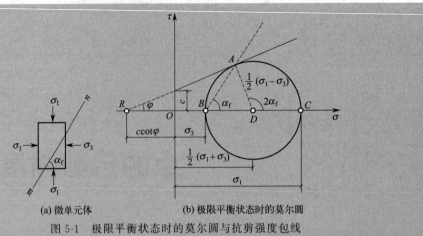

图 5-1 极限平衡状态时的莫尔圆与抗剪强度包线

（慢剪）、固结不排水剪（固结快剪）、固结排水剪（慢剪）试验。由此可以得到相应的总应力强度指标和有效应力强度指标。

⑥ 无侧限抗压试验实际上是周围压力 $\sigma_3=0$ 情况下的三轴不固结不排水剪，其所得的抗剪强度 q_u 相当于三轴试验在破坏时的大主压力 σ_1，即 $q_u=\sigma_{1f}=2c_u$。

【题 5.1】某正常固结饱和黏性土试样进行不固结不排水剪试验得：$\varphi_u=0$，$c_u=25\text{kPa}$；对同样的土进行固结不排水剪试验，得到有效抗剪强度指标 $c'=0$，$\varphi'=30°$。问该试样在固结不排水条件下剪切破坏时大主应力和小主应力为下列哪一项？

(A) $\sigma_1'=50\text{kPa}$，$\sigma_3'=20\text{kPa}$
(B) $\sigma_1'=50\text{kPa}$，$\sigma_3'=25\text{kPa}$
(C) $\sigma_1'=75\text{kPa}$，$\sigma_3'=20\text{kPa}$
(D) $\sigma_1'=75\text{kPa}$，$\sigma_3'=25\text{kPa}$

【答案】（D）

【解答】由土的极限平衡条件

$$\sigma_1'=\sigma_3'\tan^2\left(45°+\frac{\varphi'}{2}\right)+2c'\tan\left(45°+\frac{\varphi'}{2}\right)$$

代入已知数据，得

$$\sigma_1'=\sigma_3'\tan^2\left(45°+\frac{30°}{2}\right)+2\times 0\times\tan\left(45°+\frac{30°}{2}\right)=3\sigma_3'$$

故只有选项（D）满足要求。

【分析】不固结不排水剪试验结果用不上，是一个干扰条件。

武威主编的《全国注册岩土工程师专业考试试题解答及分析（2011~2013）》中提到有些考生有这样一种解法：

通过不固结不排水强度指标可得到大、小主应力关系：

$$\tau_f=c_u=\frac{\sigma_1-\sigma_3}{2}=25(\text{kPa})$$

$$\sigma_1-\sigma_3=50(\text{kPa})$$

$$\sigma_1-\sigma_3=\sigma_1'-\sigma_3'=50(\text{kPa})$$

和题解中得到的 $\sigma_1'=3\sigma_3'$ 联立求解：$\sigma_1'=75\text{kPa}$，$\sigma_3'=25\text{kPa}$。

武威认为其实这样做是不妥当的，因为试验条件不同，不能联立求解。

请读者思考：

① 正确解答中并没有用到不固结不排水试验的数据，即 $\varphi_u=0$，$c_u=25\text{kPa}$，那只能认为

这是个干扰条件；②选项 D 恰好满足 $\sigma_1' = 3\sigma_3'$，或者说，只要满足 $\sigma_1' = 3\sigma_3'$ 的答案都是正确的。这道题不能按照上面这种"不妥当"的方式来求解。

【题 5.2】 某土样做固结不排水测孔隙水压力三轴试验，部分结果取值如下表所示。试按有效应力法求得莫尔圆的圆心坐标和半径，其结果将最接近下列哪一选项所列数值？

试验结果\试验次序	主应力/kPa		孔隙水压力/kPa
	σ_1	σ_3	
1	77	24	11
2	131	60	32
3	161	80	43

选项	试验次序	莫尔圆参数/kPa	
		圆心坐标	半径
(A)	1	50.5	26.5
	2	95.5	35.5
	3	120.5	40.5
(B)	1	50.5	37.5
	2	95.5	57.5
	3	120.5	83.5
(C)	1	45.0	21.0
	2	79.5	19.5
	3	99.0	19.0
(D)	1	39.5	26.5
	2	63.5	35.5
	3	77.5	40.5

基本原理（基本概念或知识点）

依据材料力学，土体中与大主应力成 α 方向上的 σ、τ 与 σ_1、σ_3 之间的关系可以用莫尔圆来表示，如图 5-2 所示。莫尔圆圆周上各点的坐标就表示该点在相应平面上的法向应力与剪应力的大小。具体表达式为

$$\sigma = \frac{1}{2}(\sigma_1 + \sigma_3) + \frac{1}{2}(\sigma_1 - \sigma_3)\cos 2\alpha \quad (5-4)$$

$$\tau = \frac{1}{2}(\sigma_1 - \sigma_3)\sin 2\alpha \quad (5-5)$$

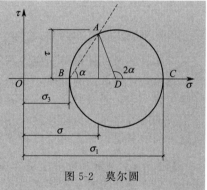

图 5-2 莫尔圆

同时，由坐标中的几何关系可以得知，莫尔圆的圆心坐标为 $\frac{1}{2}(\sigma_1 + \sigma_3)$，半径为 $\frac{1}{2}(\sigma_1 - \sigma_3)$。以上关系如用有效应力表示也同样适合。

【答案】（D）

【解答】 由土的极限平衡条件，可得三组试验在土样破坏时的大小有效主应力：

$\sigma_1' = 77 - 11 = 66$，$131 - 32 = 99$，$161 - 43 = 118$

$\sigma_3' = 24 - 11 = 13$，$60 - 32 = 28$，$80 - 43 = 37$

则圆心坐标 $\frac{1}{2}(\sigma_1' + \sigma_3') = 39.5$，$63.5$，$77.5$

圆心半径 $\frac{1}{2}(\sigma_1' - \sigma_3') = 26.5$，$35.5$，$40.5$

答案（D）满足要求。

【分析】① 本题主要用到的知识点为莫尔圆的概念，同时还涉及有效应力原理，即 $\sigma'=\sigma-u$。
② 其实，只计算第一次的试验结果，即可得到正确答案。

【题 5.3】已知一砂土层中某点应力达到极限平衡时，过该点的最大剪应力平面上的法向应力和剪应力分别为 264kPa 和 132kPa。问关于该点处的大主应力 σ_1、小主应力 σ_3 以及该砂土内摩擦角 φ 的值，下列哪个选项是正确的？

(A) $\sigma_1=396\text{kPa}$, $\sigma_3=132\text{kPa}$, $\varphi=28°$
(B) $\sigma_1=264\text{kPa}$, $\sigma_3=132\text{kPa}$, $\varphi=30°$
(C) $\sigma_1=396\text{kPa}$, $\sigma_3=132\text{kPa}$, $\varphi=30°$
(D) $\sigma_1=396\text{kPa}$, $\sigma_3=264\text{kPa}$, $\varphi=36°$

【答案】(C)

【解答】依题意，最大剪应力平面上的法向应力和剪应力就是莫尔圆的顶点位置。在该位置

$$\begin{cases} \dfrac{1}{2}(\sigma_1-\sigma_3)=132 \\ \dfrac{1}{2}(\sigma_1+\sigma_3)=264 \end{cases}$$

解该方程组得：$\sigma_1=396\text{kPa}$, $\sigma_3=132\text{kPa}$

对砂土，有 $\sin\varphi=\dfrac{(\sigma_1-\sigma_3)/2}{(\sigma_1+\sigma_3)/2}=\dfrac{132}{264}=0.5$，所以 $\varphi=30°$

【分析】最大剪应力平面上的法向应力和剪应力就是莫尔圆的顶点位置，在该位置的坐标为 $\dfrac{1}{2}(\sigma_1+\sigma_3)$, $\dfrac{1}{2}(\sigma_1-\sigma_3)$。

另，对砂土，有 $\sin\varphi=\dfrac{(\sigma_1-\sigma_3)/2}{(\sigma_1+\sigma_3)/2}=\dfrac{\sigma_1-\sigma_3}{\sigma_1+\sigma_3}$

本题目的考点还是莫尔应力圆的概念，要知道最大剪应力平面就是莫尔应力圆的顶点，并知道怎么计算该点的坐标，由此即可得到 σ_1 和 σ_3。另外，要知道对砂土，因 $c=0$，所以强度包线一定是通过原点，这样就由几何关系求得内摩擦角 φ。土的抗剪强度是土力学中非常重要的内容之一。虽然在这些年中关于抗剪强度的题目并不是很多，但不代表不重要。而且这方面的考题，形式可以多种多样。为此，下面再多列几道练习题。

【题 5.4】某饱和黏性土试样在三轴仪中进行压缩试验，$\sigma_1=480\text{kPa}$, $\sigma_3=200\text{kPa}$, 土样达极限平衡状态时，破坏面与大主应力作用面的夹角为 $\alpha_f=57°$，求该土样抗剪强度指标。

【解答】由极限平衡条件可知

$$\alpha_f=45°+\dfrac{\varphi}{2}$$

于是：$\varphi=(57°-45°)\times 2=12°\times 2=24°$

再由土样达极限平衡状态时，满足极限平衡条件：

$$\sigma_1=\sigma_3\tan^2\left(45°+\dfrac{\varphi}{2}\right)+2c\tan\left(45°+\dfrac{\varphi}{2}\right)$$

代入已知条件，可解得 $c=0.668\text{kPa}$。

【点评】本题目的考点还是土的极限平衡条件，由此即可得到答案。

【题 5.5】某饱和黏性土，由无侧限抗压强度试验测得不排水强度 $c_u=70\text{kPa}$，如果对同一土样进行三轴不固结不排水试验，施加周围压力 $\sigma_3=150\text{kPa}$。求当轴向压力为 300 kPa

时，试样能否发生破坏？

【解答】因为饱和黏土的不排水抗剪强度 $c_u=70$ kPa，对于不固结不排水剪，当达到极限破坏时

$$\sigma_1=\sigma_3+2c_u=150+2\times70=290(\text{kPa})$$

而实际上，施加的轴向压力 300Pa>290kPa，所以试样已经破坏。

【点评】本题的考点是饱和黏性土的剪切性状。对饱和黏性土，其无侧限抗压强度与不固结不排水剪强度相当，也就是说，这两种试验得到的莫尔应力圆大小一样，理解这点非常重要。

另外，由计算结果，要能够正确地判断土样是否破坏。例如下面这个题目，就很容易引起歧义。

【题 5.6】某砂土地基 $\varphi=30°$，$c=0$。某点应力 $\sigma_1=100$ kPa，$\sigma_3=30$ kPa。问该点是否剪破？

【解答】把 $\sigma_1=100$ kPa，$\varphi=30°$，$c=0$ 代入公式，得

$$\sigma_3=\sigma_1\tan^2\left(45°+\frac{\varphi}{2}\right)=33(\text{kPa})(\text{此为极限平衡状态下的}\sigma_3)$$

实际的 $\sigma_3=30$ kPa 小于算得的 σ_3，故可判断该点已剪破。

【点评】对初学者，猛一看：不对呀？实际的 $\sigma_3=30$ kPa 小于计算得出的 σ_3，怎么还会破坏呢？

土体中的剪应力来源于主应力差，就是说当 $\sigma_1\neq\sigma_3$ 时就会在土体中产生剪应力，当这个主应力差（$\sigma_1-\sigma_3$）愈大时，就愈可能发生剪切破坏。在本题中，极限主应力差是

$$\sigma_1-\sigma_3=100-33=67(\text{kPa})$$

而实际的主应力差是

$$\sigma_1-\sigma_3=100-30=70(\text{kPa})$$

已经超过极限主应力差，也就是实际的莫尔应力圆大于极限莫尔应力圆，当然就破坏了。

【题 5.7】某黏土有效强度指标：$c'=0$，$\varphi'=30°$，做不固结不排水和固结不排水三轴试验。在每一种试验中，三轴周围压力保持不变为 200kPa。

(1) 在不固结不排水试验中，破坏时孔隙水压力是 120kPa，求试样破坏时的有效竖向压力强度是多少？

(2) 固结不排水试验测得在破坏时的有效竖向压力强度为 150kPa，求破坏时孔隙水压力是多少？

【解答】(1) 由 $\sigma_3=200$ kPa，$u_f=120$ kPa，则有效围压

$$\sigma'_3=\sigma_3-u_f=200-120=80(\text{kPa})$$

根据极限平衡条件：$\sigma'_{1f}=\sigma'_3\tan^2\left(45°+\frac{\varphi'}{2}\right)+2c'\tan\left(45°+\frac{\varphi'}{2}\right)=240(\text{kPa})$

(2) 在固结不排水试验中，由 $\sigma'_3=\sigma'_1\tan^2\left(45°-\frac{\varphi'}{2}\right)-2c'\tan\left(45°-\frac{\varphi'}{2}\right)$ 得 $200-u_f=150\times\tan^2 30°$

解得：$u_f=150$ kPa

【分析】本题的考点是土的极限平衡条件以及土的有效应力原理 $\sigma'=\sigma-u$，并熟悉三轴压缩试验。

【题 5.8】某饱和黏性土试样在三轴仪中进行固结不排水试验，施加周围压力 $\sigma_3=200$ kPa，试样破坏时主应力差 $\sigma_1-\sigma_3=280$ kPa，测得孔隙水压力 $u_f=185$ kPa，有效黏聚力 $c'=82$ kPa，有效内摩擦角 $\varphi'=26°$。试求破坏面上的有效法向应力和有效剪应力，以及试样的最大剪应力。

【解答】当土体中任意一点在某平面上发生剪切破坏时，该点处于极限平衡状态。破坏面与大主应力作用面的夹角为：

$$\alpha_f = 45° + \frac{\varphi'}{2} = 45° + \frac{26°}{2} = 58°$$

试样破坏时主应力差 $\sigma_1 - \sigma_3 = 280\text{kPa}$，则 $\sigma_1 = 280\text{kPa} + \sigma_3$。

最大有效主应力：

$$\sigma_1' = 280 + \sigma_3 - u_f = 280 + 200 - 185 = 295(\text{kPa})$$

最小有效主应力：

$$\sigma_3' = 200 - 185 = 15(\text{kPa})$$

破坏面上的有效法向应力：

$$\sigma' = \frac{1}{2}(\sigma_1' + \sigma_3') + \frac{1}{2}(\sigma_1' - \sigma_3')\cos 2\alpha_f = \frac{1}{2}\times(295+15) + \frac{1}{2}\times(295-15)\times\cos 116° = 93.63(\text{kPa})$$

有效剪应力：

$$\tau' = \frac{1}{2}(\sigma_1' - \sigma_3')\sin 2\alpha_f = \frac{1}{2}\times(295-15)\times\sin 116° = 125.83(\text{kPa})$$

最大剪应力发生在 $\alpha = 45°$ 的平面上。

$$\tau_{\max} = \frac{1}{2}(\sigma_1 - \sigma_3)\sin 2\alpha = \frac{1}{2}\times(295-15)\times\sin 90° = 140(\text{kPa})$$

【点评】

本题的考点是莫尔应力圆与强度包线的有关概念。虽然土体的破坏是剪切破坏，但破坏面一般情况下却并不是最大剪应力作用面，而是 $\alpha_f = 45° + \frac{\varphi'}{2}$，只有当 $\varphi' = 0$ 时，破坏面才与最大剪应力面一致。

【题 5.9】某黏性土样做不同围压的常规三轴压缩试验。试验结果：莫尔圆包线前段弯曲，后段基本水平。试问，这应是下列哪个选项的试验结果？并简要说明理由。

（A）饱和正常固结土的不固结不排水试验
（B）未完全饱和土的不固结不排水试验
（C）超固结饱和土的固结不排水试验
（D）超固结土的固结排水试验

【答案】（B）

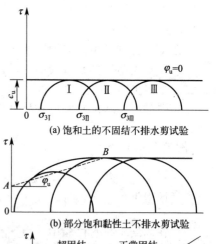

(a) 饱和土的不固结不排水剪试验

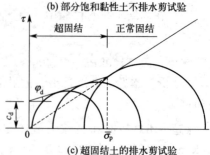

(b) 部分饱和黏性土不排水剪试验

(c) 超固结土的排水剪试验

【解答】（1）饱和正常固结土的三轴不固结不排水试验得出的总应力强度包线是一条水平线；

（2）超固结饱和土的固结不排水试验的强度包线应为两条折线，实用上以一直线代替折线；

（3）超固结土的固结排水试验的破坏包线略弯曲，实用上以一直线代替；

（4）未完全饱和土在围压作用下虽未排水，但土中的气体压缩或溶于水中，孔压系数 $B<1$，土的体积随围压的增加而缩小，有效应力相应提高，抗剪强度增加，使包线前段弯曲，围压继续增加至土样完全饱和，强度包线呈水平线。

【分析】关于黏性土的剪切性状，一般土力学教材中只介绍饱和黏性土的剪切性状。对初学者而言，这部分内容不太容易理解和掌握。更何况是非饱和土，情况就更加复杂。

【题 5.10】某电测十字板试验结果记录如下表所示。试计算土层的灵敏度 S_t 最接近下列哪个选项中的值？

原状土	顺序	1	2	3	4	5	6	7	8	9	10	11	12	13
	读数	20	41	65	89	114	178	187	192	185	173	148	135	100
扰动土	顺序	1	2	3	4	5	6	7	8	9	10			
	读数	11	21	33	46	58	69	70	68	63	57			

(A) 1.83　　　　(B) 2.54　　　　(C) 2.74　　　　(D) 3.04

【答案】(C)

【解答】由试验点的峰值确定十字板试验强度，软黏土的灵敏度 S_t 为原状土强度和扰动土强度之比：

$$S_t = \frac{\tau_f}{\tau_0} = \frac{192}{70} = 2.74$$

【分析】本题有两个考点：①十字板剪切试验；②灵敏度的定义。

这道题计算量小，主要考查工程勘察实践，应明白十字板试验原始记录是如何进行的。这可以参考《岩土工程勘察规范》第10.6节。

【题 5.11】对饱和软黏土进行开口钢环式十字板剪切试验，十字板常数为 $129.41\mathrm{m}^{-2}$，钢环系数为 $0.00386\mathrm{kN}/0.01\mathrm{mm}$。某一试验点的测试钢环读数记录如下表所示。该试验点处土的灵敏度最接近下列哪个选项？

原状土读数(0.01mm)	2.5	7.6	12.6	17.8	23.0	27.6	31.2	32.5	35.4	36.5	34.0	30.8	30.0
重塑土读数(0.01mm)	1.0	3.6	6.2	8.7	11.2	13.5	14.5	14.8	14.6	13.8	13.2	13.0	
轴杆读数(0.01mm)	0.2	0.8	1.3	1.8	2.3	2.6	2.8	2.6	2.5	2.5	2.5		

(A) 2.5　　　　(B) 2.8　　　　(C) 3.3　　　　(D) 3.8

【答案】(B)

【解答】《工程地质手册》(第五版) 第279页，十字板剪切试验换算土的抗剪强度的计算公式为：

$$c_u = kC(R_y - R_g) \tag{5-6}$$

$$c_u' = kC(R_c - R_g) \tag{5-7}$$

式中　c_u——土的不排水抗剪强度，kPa；
$\quad c_u'$——重塑土不排水抗剪强度，kPa；
$\quad k$——十字板常数；
$\quad R_y$——原状土剪损时量表最大读数；
$\quad R_c$——重塑土剪损时量表最大读数；
$\quad R_g$——轴杆与土体间的摩擦力和仪器机械阻力，也就是题干中的轴杆最大读数；
$\quad C$——钢环系数。

将表中数据代入公式

$$S_t = \frac{c_u}{c_u'} = \frac{kC(R_y - R_g)}{kC(R_c - R_g)} = \frac{36.5 - 2.8}{14.8 - 2.8} = 2.81$$

【分析】虽然在计算十字板强度时需要用到十字板常数 k 和钢环系数 C，但在求灵敏度时会在分子分母消掉。所以，直接计算更方便。

【题 5.12】某公路工程采用电阻式应变仪十字板剪切试验估算软土路基临界高度，测得未扰动土剪损时最大微应变值 $R_y=300\mu\varepsilon$，传感器的率定系数 $\xi=1.585\times10^{-4}\text{kN}/\mu\varepsilon$，十字板常数 $k=545.97\text{m}^{-2}$，取峰值强度的 0.7 倍作为修正后现场不排水抗剪强度，据此估算的修正后软土的不排水抗剪强度最接近下列哪个选项？

(A) 12.4kPa (B) 15.0kPa (C) 18.2kPa (D) 26.0kPa

【答案】(C)

【解答】《工程地质手册》(第五版) 第 281 页，电阻式应变仪十字板剪切试验，土的不排水抗剪强度为

$$c_u=k\xi R_y \tag{5-8}$$
$$c'_u=k\xi R_c \tag{5-9}$$

式中　c_u——土的不排水抗剪强度，kPa；
　　　c'_u——重塑土不排水抗剪强度，kPa；
　　　ξ——电阻应变式十字板头传感器的率定系数，$\text{kN}/\mu\varepsilon$；
　　　R_y——原状土剪损时量表最大微应变值，$\mu\varepsilon$；
　　　R_c——重塑土剪损时量表最大微应变值，$\mu\varepsilon$。

将题干中的数据代入公式，有

$$c_u=k\xi R_y=545.97\times1.585\times10^{-4}\times300=25.96(\text{kPa})$$

乘以折减修正系数 $\mu=0.7$

$$c_u=0.7\times25.96=18.2(\text{kPa})$$

【题 5.13】某工程采用开口钢环式十字板剪切试验估算软黏土的抗剪强度。已知十字板钢环系数为 0.0014kN/0.01mm，转盘直径为 0.6m，十字板头直径为 0.1m，高度为 0.2m；测得土体剪损时量表最大读数 $R_y=220$（0.01mm），轴杆与土摩擦时量表最大读数 $R_g=20$（0.01mm），室内试验测得土的塑性指数 $I_p=40$，$I_L=0.8$。按《岩土工程勘察规范》(GB 50021—2001)（2009 年版）中的 Daccal 法估算修正后的土体抗剪强度 c_u 最接近下列哪个选项？

(A) 41kPa (B) 30kPa (C) 23kPa (D) 20kPa

【答案】(D)

【解答】《工程地质手册》(第五版) 第 279 页、《岩土工程勘察规范》(GB 50021—2001)（2009 年版）第 10.6.4 条条文说明。

$$K=\frac{2R}{\pi D^2\left(\frac{D}{3}+H\right)}=\frac{2\times0.3}{\pi\times0.1^2\times\left(\frac{0.1}{3}+0.2\right)}=81.89(\text{m}^{-2})$$

$$c_u=KC(R_y-R_g)=81.89\times0.0014\times(220-20)=22.9(\text{kPa})$$

$I_L=0.8$，按曲线 1 修正，$I_p=40$，修正系数近似取 $\mu=0.88$，则

$$c_u=\mu\times22.9=20.2(\text{kPa})$$

【分析】本题考核的是十字板剪切试验估算软黏土的抗剪强度。主要有三个方面：
①十字板常数的计算；②十字板剪切试验换算土抗剪强度的公式 $c_u=kC(R_y-R_g)$；
③根据液性指数和塑性指数得到修正系数 $\mu=0.88$。

【题 5.14】某饱和软黏土无侧限抗压强度试验的不排水抗剪强度 $c_u=70\text{kPa}$，如果对同一土样进行三轴不固结不排水试验，施加围压 $\sigma_3=150\text{kPa}$。试样在发生破坏时的轴向应力 σ_1 最接近于下列哪个选项的值？

(A) 140kPa (B) 220kPa (C) 290kPa (D) 370kPa

【答案】(C)

【解答】对于饱和软黏土，短时间内剪切时饱和软黏土中的水来不及排出，相当于不固

结不排水的条件，所以无侧限抗压强度试样包络线为一条水平直线，即 $\varphi=0$，因此理论上无侧限抗压强度 q_u 与土的不固结不排水强度 c_u 满足下列关系：

$$c_u = \frac{q_u}{2} = \frac{\sigma_1 - \sigma_3}{2}$$

$$\sigma_1 = 2c_u + \sigma_3 = 2 \times 70 + 150 = 290 (\text{kPa})$$

【分析】无侧限抗压强度的一半，在理论上相当于三轴不排水剪总强度，或等于十字板剪切试验所测得的抗剪强度值。三轴不固结不排水剪试验时土样体积没有变化，土体未被压缩，抗剪强度没有得到增长，因此莫尔圆半径不变，其位置随围压增加而沿 σ 轴向右移动。若题目给出的是无侧限抗压强度 $q_u = 140 \text{kPa}$，则答案一样。

【题 5.15】某工程场地进行十字板剪切试验，测定 8m 以内土层的不排水抗剪强度如下表。其中软土层的十字板剪切强度与深度呈线性相关（相关系数 $r=0.98$），最能代表试验深度范围内软土不排水抗剪强度标准值的是下列哪个选项？

试验深度 H/m	1.0	2.0	3.0	4.0	5.0	6.0	7.0	8.0
不排水抗剪强度 c_u/kPa	38.6	35.3	7.0	9.6	12.3	14.4	16.7	19.0

(A) 9.5kPa　　　(B) 12.5kPa　　　(C) 13.9kPa　　　(D) 17.5kPa

基本原理（基本概念或知识点）

《岩土工程勘察规范》（GB 50021—2001）（2009 年版）第 14.2.3 条规定：要判断主要参数是否属于相关型参数，对相关型参数宜结合岩土参数与深度的经验关系，按下式确定剩余标准差，并用剩余标准差计算变异系数：

$$\sigma_r = \sigma_f \sqrt{1-r^2} \quad (5\text{-}10)$$

$$\delta = \frac{\sigma_r}{\phi_m} \quad (5\text{-}11)$$

式中　σ_r——剩余标准差；
　　　r——相关系数，对非相关型 $\sigma_r = 0$；
　　　σ_f——岩土参数的标准值；
　　　δ——岩土参数的变异系数；
　　　ϕ_m——岩土参数的平均值。

【答案】(B)

【解答】根据《岩土工程勘察规范》（GB 50021—2001）（2009 年版）第 14.2 节。

(1) 深度 1.0m、2.0m 处为浅部硬壳层，不应参加统计，故剔除深度 1.0m、2.0m 处异常值。

(2) 平均值：

$$c_m = \frac{\sum_{i=1}^{n} c_i}{n} = \frac{7.0 + 9.6 + 12.3 + 14.4 + 16.7 + 19.0}{6} = 13.2 (\text{kPa})$$

(3) 标准差：

$$\sigma_f = \sqrt{\frac{\sum_{i=1}^{n} c_m^2 - nc_m^2}{n-1}}$$

$$= \sqrt{\frac{7.0^2 + 9.6^2 + 12.3^2 + 14.4^2 + 16.7^2 + 19.0^2 - 6 \times 13.2^2}{6-1}} = 4.34 \text{(kPa)}$$

(4) 由于软土十字板抗剪强度与深度呈线性相关，剩余标准差：

$$\sigma_r = \sigma_f(1-r^2) = 4.34 \times (1-0.98^2) = 0.89 \text{(kPa)}$$

(5) 变异系数：

$$\delta = \frac{\sigma_r}{c_m} = \frac{0.89}{13.2} = 0.067$$

(6) 抗剪强度修正时按不利组合考虑取负值，计算统计修正系数：

$$\gamma_s = 1 - \left(\frac{1.704}{\sqrt{n}} + \frac{4.678}{n^2}\right)\delta = 1 - \left(\frac{1.704}{\sqrt{6}} + \frac{4.678}{6^2}\right) \times 0.067 = 0.945$$

(7) 抗剪强度标准值：

$$c_k = \gamma_s c_m = 0.945 \times 13.2 = 12.5 \text{(kPa)}$$

【点评】

本题考查点在于岩土参数的分析和选定，岩土参数的标准值是岩土设计的基本代表值，是岩土参数的可靠性估值。

本题解题的依据是《岩土工程勘察规范》(GB 50021—2001)(2009年版) 第 14.2 条的相关规定。依照规范给定的公式，依次计算平均值、标准差、变异系数和统计修正系数，最后求出标准值，其中大部分计算过程可以用工程计算器中的统计功能完成。在解题过程中有这样几个问题需要注意：

① 要对参加统计的数据进行取舍，剔除异常值。如本题深度 1.0m、2.0m 为浅部硬壳层，其数值不能代表土层的抗剪强度，应予剔除。

② 十字板抗剪强度值随深度增加而变大，属相关型参数（相关系数题干已给出）。规范规定，对相关型参数应用剩余标准差计算变异系数。

③ 参数标准值应按不利组合取舍。如本题的抗剪强度指标应取小值。

本题的考点依然是岩土工程参数统计分析与取值，但重点是要能够判断是否属相关型参数并按勘察规范相关条款的要求计算。

【题 5.16】 某岩石地基进行了 8 个试样的饱和单轴抗压强度试验，试验值分别为：15MPa、13MPa、17MPa、13MPa、15MPa、12MPa、14MPa、15MPa。问该岩基的岩石饱和单轴抗压强度标准值最接近下列何值？

(A) 12.3MPa (B) 13.2MPa (C) 14.3MPa (D) 15.3MPa

【答案】 (B)

【解答】 根据《建筑地基基础设计规范》(GB 50007—2011) 附录 J 及《岩土工程勘察规范》(GB 50021—2001)(2009年版) 第 14.2.2 条。

平均值：$\phi_m = \dfrac{\sum_{i=1}^{n} \phi_i}{n} = \dfrac{15+13+17+13+15+12+14+15}{8} = 14.25 \text{(MPa)}$

标准差：$\sigma_f = \sqrt{\dfrac{1}{n-1}\left[\sum_{i=1}^{n}\phi_m^2 - \dfrac{(\sum_{i=1}^{n}\phi_i)^2}{n}\right]}$

$= \sqrt{\dfrac{1}{8-1} \times (15^2 + 13^2 + 17^2 + 13^2 + 15^2 + 12^2 + 14^2 + 15^2) - \dfrac{(14.25 \times 8)^2}{8}} = 1.58 \text{(kPa)}$

变异系数：$\delta = \dfrac{\sigma_r}{\phi_m} = \dfrac{1.58}{14.25} = 0.111$

抗剪强度修正时按不利组合考虑取负值，计算统计修正系数：

$$\gamma_s = 1 - \left(\dfrac{1.704}{\sqrt{n}} + \dfrac{4.678}{n^2}\right)\delta = 1 - \left(\dfrac{1.704}{\sqrt{8}} + \dfrac{4.678}{8^2}\right) \times 0.111 = 1 - 0.6755 \times 0.111 = 0.925$$

抗剪强度标准值：$\phi_k = \gamma_s \phi_m = 0.925 \times 14.25 = 13.18(\text{MPa})$

【题 5.17】 某跨江大桥为悬索桥，主跨约 800m，大桥两端采用重力式锚碇提供水平抗力，为测得锚碇基底摩擦系数，进行了现场直剪试验，试验结果见下表。根据试验结果计算出的该锚碇基底峰值摩擦系数最接近下列哪个值？

试件	试件1	试件2	试件3	试件4	试件5
正应力 σ/MPa	0.34	0.68	1.02	1.36	1.70
剪应力 τ(峰值)/MPa	0.62	0.71	0.94	1.26	1.64

(A) 0.64　　　　(B) 0.68　　　　(C) 0.72　　　　(D) 0.76

【答案】（D）

【解答】 根据《工程地质手册》（第 5 版）第 270、271 页。

(1) 数据分析筛选

正应力数据分析：

$$\bar{x} = \dfrac{0.34 + 0.68 + 1.02 + 1.36 + 1.70}{5} = 1.02$$

$$\sigma = \sqrt{\sum_{i=1}^{n} \dfrac{(x_i - \bar{x})^2}{n}}$$

$$= \sqrt{\dfrac{(0.34-1.02)^2 + (0.68-1.02)^2 + (1.02-1.02)^2 + (1.36-1.02)^2 + (1.70-1.02)^2}{5}}$$

$$= 0.481$$

$$m_\sigma = \dfrac{\sigma}{\sqrt{n}} = \dfrac{0.481}{\sqrt{5}} = 0.215$$

$\bar{x} + 3\sigma + 3|m_\sigma| = 1.02 + 3 \times 0.481 + 3 \times |0.215| = 3.108$，5 个数据均小于 3.108。

$\bar{x} - 3\sigma - 3|m_\sigma| = 1.02 - 3 \times 0.481 - 3 \times |0.215| = -1.068$，5 个数据均大于 -1.068。

无须舍弃数值。同理可得剪应力数据分析：

$$\bar{x} = 1.034, \sigma = 0.375, m_\sigma = 0.168$$

$\bar{x} + 3\sigma + 3|m_\sigma| = 1.034 + 3 \times 0.375 + 3 \times |0.168| = 2.663$，5 个数据均小于 2.663。

$\bar{x} - 3\sigma - 3|m_\sigma| = 1.034 - 3 \times 0.375 - 3 \times |0.168| = -0.595$，5 个数据均大于 -0.595。

无须舍弃数值。

(2) 摩擦系数计算

$$f = \tan\varphi = \dfrac{n\sum\limits_{i=1}^{n}\sigma_i\tau_i - \sum\limits_{i=1}^{n}\sigma_i \sum\limits_{i=1}^{n}\tau_i}{n\sum\limits_{i=1}^{n}\sigma_i^2 - \left(\sum\limits_{i=1}^{n}\sigma_i\right)^2}$$

$$= \dfrac{5 \times (0.34 \times 0.62 + 0.68 \times 0.71 + 1.02 \times 0.94 + 1.36 \times 1.26 + 1.70 \times 1.64) - 5.1 \times 5.17}{5 \times (0.34^2 + 0.68^2 + 1.02^2 + 1.36^2 + 1.70^2) - 5.1^2}$$

＝0.76

【题 5.18】 取某粉质黏土试样进行三轴固结不排水压缩试验，施加周围压力为 200kPa，测得初始孔隙水压力为 196kPa，待土试样固结稳定后再施加轴向压力直至试样破坏，测得土样破坏时的轴向压力为 600kPa，孔隙水压力为 90kPa，试样破坏时孔隙水压力系数为下列哪个选项？

(A) 0.17　　　　(B) 0.23　　　　(C) 0.30　　　　(D) 0.50

基本原理（基本概念或知识点）

根据有效应力原理，由土中总应力求取有效应力，是通过量测孔隙水压力得到的。为此，A. W. 斯肯普顿（1954）提出以孔隙水压力系数表示孔隙水压力的发展和变化。根据三轴试验结果，引用孔隙水压力系数 A 和 B，建立了轴对称应力状态压力与大、小主应力之间的关系。

图 5-3 表示三轴不固结不排水固结试验—土单元的孔隙水压力的变化过程。设一土单元在各向相等的压力作用下固结，初始孔隙水压力 $u=0$，意图是模拟试样的初始应力状态。土单元受到各向相等的压力作用产生的应力为 $\Delta\sigma_3$，孔隙水压力的增长为 Δu_3，如果在试样上再施加轴向压力而产生 $\Delta\sigma_1$ 的应力，其应力为增量 $\Delta\sigma_1-\Delta\sigma_3$，则在 $\Delta\sigma_3$ 和 $\Delta\sigma_1$ 共同作用下的孔隙水压力增量 $\Delta u = \Delta u_3 + \Delta u_1$。根据土的压缩原理即土体积的变化等于孔隙体积的变化，从而可得出以下结论：

$$\Delta u_3 = B\Delta\sigma_3 \tag{5-12}$$

$$\Delta u = \Delta u_3 + \Delta u_1 = B[\Delta\sigma_3 + A(\Delta\sigma_1 - \Delta\sigma_3)] \tag{5-13}$$

式中　B——在各向应力相等条件下的孔隙压力系数；
　　　A——在偏应力增量作用下的孔隙压力系数。

对于饱和土，$B=1$；对于干土，$B=0$；对于非饱和土，$0<B<1$。土的饱和度愈小，B 值也愈小。A 值的大小受很多因素的影响，它随偏应力增加呈线性变化，高压缩性土的 A 值较大。

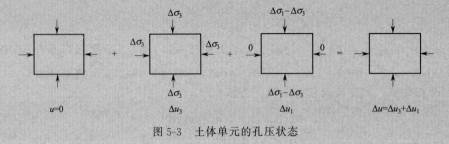

图 5-3　土体单元的孔压状态

【答案】 (B)

【解答】 根据上面的基本概念

$$B = \frac{\Delta u_3}{\Delta\sigma_3} = \frac{196}{200} = 0.98$$

$$\Delta u_3 + \Delta u_1 = B[\Delta\sigma_3 + A(\Delta\sigma_1 - \Delta\sigma_3)] \Rightarrow A = \frac{\dfrac{\Delta u_3 + \Delta u_1}{B} - \Delta\sigma_3}{\Delta\sigma_1 - \Delta\sigma_3}$$

本题中，$\Delta u_3 = 196\text{kPa}$，$\Delta u_1 = 90\text{kPa}$，$\Delta\sigma_3 = 200\text{kPa}$，$\Delta\sigma_1 = 600\text{kPa}$，则

$$A = \frac{\frac{\Delta u_3 + \Delta u_1}{B} - \Delta \sigma_3}{\Delta \sigma_1 - \Delta \sigma_3} = \frac{\frac{196+90}{0.98} - 200}{600-200} = 0.23$$

【题 5.19】某场地同一地层软黏土采用不同的测试方法得出的抗剪强度，按其大小排序列出 4 个选项，问下列哪个选项是符合实际情况的？并简要说明理由。

设：①原位十字板试验得出的抗剪强度；②薄壁取土器取样做三轴不排水剪试验得出的抗剪强度；③厚壁取土器取样做三轴不排水剪试验得出的抗剪强度。

（A）①＞②＞③　（B）②＞①＞③　（C）③＞②＞①　（D）②＞③＞①

【答案】（A）

【解答】① 软土的灵敏度很高，意味着土体一旦受到扰动，其强度会明显降低；

② 原位十字板试验具有不改变土的应力状态和对土的扰动较小的优势，故试验结果最接近软土的真实情况；

③ 取样到实验室做室内试验，多多少少会对土体有扰动，并肯定改变土体的应力状态；

④ 薄壁取土器取样质量较好，而厚壁取土器取样已明显对土样有扰动，故试验结果最差。

【点评】历年题目中极少有这类不用计算只根据工程概念或理论来进行分析的考题，考察的是考生对相关工程概念的认知水平和能力。

【题 5.20】运用振动三轴仪测试土的动模量，试样原始直径 39.1mm，原始高度 81.6mm，在 200kPa 围压下等向固结后的试样高度为 80.0mm，随后轴向施加 100kPa 的动应力，得到动应力-动变形滞回曲线如图所示，若土的泊松比为 0.35，试问试验条件下土试样的动剪切模量最接近下列哪个选项？

（A）25MPa　　　　（B）50MPa
（C）62MPa　　　　（D）74MPa

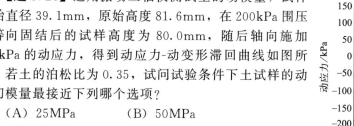

【答案】（B）

【解答】《工程地质手册》（第 5 版）第 352 页。

滞回曲线的动应变：

$$\varepsilon_d = \frac{0.06}{80} = 7.5 \times 10^{-4}$$

动弹性模量：

$$E_d = \frac{\sigma_d}{\varepsilon_d} = \frac{0.1}{7.5 \times 10^{-4}} = 133.3 \text{(MPa)}$$

动剪切模量：

$$G_d = \frac{E_d}{2(1+\mu_d)} = \frac{133.3}{2 \times (1+0.35)} = 49.4 \text{(MPa)}$$

【分析】动三轴试验确定动剪切模量的方法：《工程地质手册》（第 5 版）第 352 页。

下图反映了某一级动应力幅 σ_d 作用下，土试样相应的动应力幅与动应变幅的关系。由于土体不是理想的弹性体，因此，它的动应力幅 σ_d 与相应的动应变幅 ε_d 波形并不在时间上同步，而是动应变幅波形较动应力幅波形线有一定的时间滞后。如果把每一周期的振动波形按照同一时刻的 σ_d 值与 ε_d 值一一对应地描绘到 σ_d-ε_d 坐标上，则可得到上图（b）所示的滞回曲线。定义此滞回环的平均斜率为动弹性模量 E_d，即 $E_d = \frac{\sigma_d}{\varepsilon_d}$。

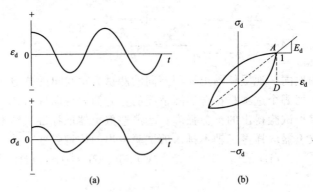

应变滞后与滞回曲线

与动弹性模量 E_d 相应的动剪切模量可按下式计算：

$$G_d = \frac{E_d}{2(1+\mu_d)}$$

式中 μ_d——泊松比。

注意，在题干中给出的滞回曲线的横坐标是动变形值，而不是应变值。所以，要先计算试样的应变，根据应变的定义，$\varepsilon_d = \dfrac{s}{h} = \dfrac{0.06}{80} = 7.5 \times 10^{-4}$。

【本节考点】

① 库仑定律及强度包线；

② 莫尔应力圆；

③ 土的强度理论及极限平衡条件；

④ 三轴剪切试验；

⑤ 十字板剪切试验；

⑥ 强度参数的统计计算；

⑦ 常用的几个公式：

库仑公式：

$$\tau_f = c + \sigma \tan\varphi$$

莫尔应力圆上某点坐标（或某平面上的法向应力与剪应力）：

$$\sigma' = \frac{1}{2}(\sigma_1' + \sigma_3') + \frac{1}{2}(\sigma_1' - \sigma_3')\cos 2\alpha$$

$$\tau' = \frac{1}{2}(\sigma_1' - \sigma_3')\sin 2\alpha$$

极限平衡条件：

$$\sigma_1' = \sigma_3' \tan^2\left(45° + \frac{\varphi'}{2}\right) + 2c' \tan\left(45° + \frac{\varphi'}{2}\right)$$

$$\sigma_3' = \sigma_1' \tan^2\left(45° - \frac{\varphi'}{2}\right) - 2c' \tan\left(45° - \frac{\varphi'}{2}\right)$$

土体破坏时其破裂面与大主应力作用面的夹角为：

$$\alpha_f = 45° + \frac{\varphi'}{2}$$

莫尔应力圆顶点坐标：

$$p = \frac{\sigma_1' + \sigma_3'}{2} \quad q = \frac{\sigma_1' - \sigma_3'}{2}$$

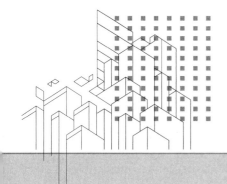

第6章

土压力

6.1 土压力计算

【题 6.1.1】 图示挡土墙，墙高 $H=6\text{m}$。墙后砂土厚度 $h=1.6\text{m}$，已知砂土的重度为 17.5kN/m^3，内摩擦角为 $30°$，黏聚力为零。墙后黏性土的重度为 18.5kN/m^3，内摩擦角为 $18°$，黏聚力为 10kPa。按朗肯土压力理论，试问作用于每延米墙背的总土压力 E_a 最接近下列哪个选项？

(A) 82kN (B) 92kN
(C) 102kN (D) 112kN

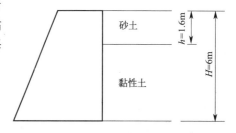

【答案】（C）

基本原理（基本概念或知识点）

挡土墙上土压力的大小及其分布规律，与挡土墙可能位移的大小及方向、墙后填土的物理力学性质、墙背和填土面的倾斜程度以及挡土墙的截面尺寸等因素有关。

根据挡土墙的位移情况和墙后土体所处的应力状态，土压力可分为：静止土压力、主动土压力和被动土压力。

在相同条件下，三种土压力之间的大小关系是：主动土压力最小，静止土压力居中，被动土压力最大。

在拿到关于土压力的题目后，首先要判断是要求计算哪种土压力，其次是用什么土压力理论去计算。

一般情况下，注册师案例考试题目都是要求计算主动土压力，并且大多是按照朗肯土压力理论来计算。

朗肯土压力理论的基本假设是：①墙背垂直；②墙背光滑；③墙后填土面水平。

当墙后土体处于主动朗肯状态时，在距离填土面为 z 深度处的一点 M 的主应力为：$\sigma_1=\gamma z$（垂直方向），$\sigma_3=p_a$，代入土的极限平衡条件：

$$\sigma_3 = \sigma_1 \tan^2\left(45° - \frac{\varphi}{2}\right) - 2c\tan\left(45° - \frac{\varphi}{2}\right)$$

得朗肯主动土压力公式为

$$p_a = \sigma_1 \tan^2\left(45° - \frac{\varphi}{2}\right) - 2c\tan\left(45° - \frac{\varphi}{2}\right) \tag{6-1a}$$

或

$$p_a = \gamma z k_a - 2c\sqrt{k_a} \tag{6-1b}$$

式中 p_a——沿深度方向分布的主动土压力；

k_a——主动土压力系数，$k_a = \tan^2\left(45° - \frac{\varphi}{2}\right)$。

对无黏性土，$c=0$，式(6-1b) 成为：

$$p_a = \gamma z k_a \tag{6-2}$$

无黏性填土的主动土压力分布呈三角形［如图 6-1(b)］，墙底压力为 $\gamma h k_a$，土压力合力 E_a 为：

$$E_a = \frac{1}{2}\gamma h^2 k_a \tag{6-3}$$

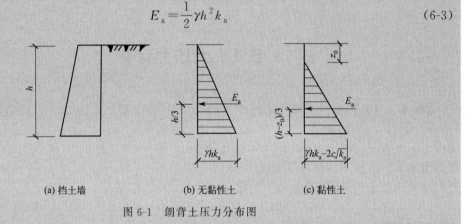

(a) 挡土墙　　(b) 无黏性土　　(c) 黏性土

图 6-1　朗肯土压力分布图

黏性填土的主动土压力分布如图 6-1(c) 所示，墙底压力为 $\gamma h k_a - 2c\sqrt{k_a}$，临界深度 z_0 为：

$$z_0 = \frac{2c}{\gamma\sqrt{k_a}} \tag{6-4}$$

单位墙长主动土压力的合力 E_a 就是分布图形的面积（不用记公式）。E_a 的作用点通过三角形的形心，即作用在离墙底 $(h-z_0)/3$ 处。

几种典型情况下的朗肯土压力：

(1) 填土表面有超载作用

当挡土墙后填土表面有连续均布荷载 q 的超载作用时（图 6-2），相当于在深度 z 处的竖向应力增加了 q 的作用。此时只要将式(6-1) 中的 γz 用 $(q+\gamma z)$ 代替，即可得到填土表面有超载作用时的主动土压力计算公式，即

黏性土：$p_a = (q+\gamma z)k_a - 2c\sqrt{k_a}$

砂性土：$p_a = (q+\gamma z)k_a$

(2) 成层填土中的朗肯土压力

当挡土墙后填土为成层土时，可以将上层填土看作均布荷载或按重度换算成与下层土重度相同的当量土层，分别计算每一层作用于墙背的土压力。在土层的交界处，土压

力会有突变。即在土层交界处，土压力要算两次，略偏上按上层土的 c_1、φ_1 计算，略偏下按下层土的 c_2、φ_2 计算。

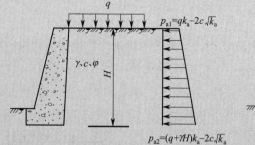 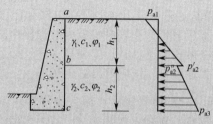

图 6-2 填土表面有超载作用时土压力　　图 6-3 成层填土中的土压力

以图 6-3 为例：

a 点　　　　　　　　　　$p_{a1} = -2c_1 \sqrt{k_{a1}}$

b 点上（在第 1 层土中）　$p'_{a2} = \gamma_1 h_1 k_{a1} - 2c_1 \sqrt{k_{a1}}$

b 点下（在第 2 层土中）　$p''_{a2} = \gamma_1 h_1 k_{a2} - 2c_2 \sqrt{k_{a2}}$

c 点　　　　　　　　　　$p_{a3} = (\gamma_1 h_1 + \gamma_2 h_2) k_{a2} - 2c_2 \sqrt{k_{a2}}$

式中，$k_{a1} = \tan^2 \left(45° - \dfrac{\varphi_1}{2}\right)$，$k_{a2} = \tan^2 \left(45° - \dfrac{\varphi_2}{2}\right)$。

（3）挡土墙后填土中有地下水存在

挡土墙后填土如有地下水存在，此时挡土墙除承受土压力作用外，还承受水压力的作用。对地下水位以下部分的土压力，应考虑水的浮力作用，一般按"水土分算"和"水土合算"两种基本思路计算。

对砂性土或粉土，可按水土分算的原则进行，即先分别计算土压力和水压力，然后将两者叠加；而对于黏性土则可根据现场情况和工程经验，按水土分算或水土合算进行。

注册岩土工程师案例考试中更多见的是水土分算的土压力计算。

【解答】（1）主动土压力系数

$$k_{a1} = \tan^2 \left(45° - \dfrac{\varphi_1}{2}\right) = \tan^2 \left(45° - \dfrac{30°}{2}\right) = 0.333$$

$$k_{a2} = \tan^2 \left(45° - \dfrac{\varphi_2}{2}\right) = \tan^2 \left(45° - \dfrac{18°}{2}\right) = 0.528$$

（2）第一层砂土

$$p_{a1}^1 = h_1 \gamma_1 k_{a1} = 17.5 \times 0 \times 0.333 = 0$$

$$p_{a1}^2 = h_1 \gamma_1 k_{a1} = 17.5 \times 1.6 \times 0.333 = 9.3 (\text{kN/m}^2)$$

$$E_{a1} = \dfrac{1}{2} p_{a1}^2 h_1 = \dfrac{1}{2} \times 9.3 \times 1.6 = 7.44 (\text{kN/m})$$

（3）第二层黏土

$$p_{a2}^1 = h_1 \gamma_1 k_{a2} - 2c_2 \sqrt{k_{a2}} = 1.6 \times 17.5 \times 0.528 - 2 \times 10 \times \sqrt{0.528} = 14.784 - 14.532 = 0.251 (\text{kN/m}^2)$$

$$p_{a2}^2 = (h_1 \gamma_1 + h_2 \gamma_2) k_{a2} - 2c_2 \sqrt{k_{a2}} = (1.6 \times 17.5 + 4.4 \times 18.5) \times 0.528 - 2 \times 10 \times \sqrt{0.528}$$
$$= 57.763 - 14.532 = 43.231 (\text{kN/m}^2)$$

$$E_{a2}=\frac{1}{2}(p_{a2}^1+p_{a2}^2)h_2=\frac{1}{2}\times(0.251+43.231)\times4.4=95.7(\text{kN/m})$$

(4) 总土压力

$$E_a=E_{a1}+E_{a2}=7.4+95.7=103(\text{kN})$$

【点评】这是一道土力学课程中常会有的朗肯主动土压力计算的典型题目，属于墙后填土分层的土压力计算。只要按土力学教材中的公式一步步代入相应的数值计算即可。

建议在做这类题目时，按编号（1）、（2）、（3）…分别计算主动土压力系数、各土层分界处土压力强度等，最后求出总土压力。

【题 6.1.2】如图所示，挡土墙背直立、光滑，墙后的填料为中砂和粗砂，厚度分别为 $h_1=3\text{m}$ 和 $h_2=5\text{m}$，重度和内摩擦角见图示，土体表面受到均匀满布荷载 $q=30\text{kPa}$ 的作用，试问荷载 q 在挡土墙上产生的主动土压力接近下列哪个选项？

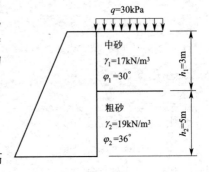

(A) 49kN/m (B) 59kN/m
(C) 69kN/m (D) 79kN/m

【答案】（C）

【解答】荷载 q 在挡土墙后产生的主动土压力沿墙高为矩形分布，其大小为

$$E_a=qhk_a$$

对本题，墙后有两种填土，所以在墙后会由于不同的填土产生不同的土压力。

$$k_{a1}=\tan^2\left(45°-\frac{\varphi_1}{2}\right)=\tan^2\left(45°-\frac{30°}{2}\right)=0.333$$

$$k_{a2}=\tan^2\left(45°-\frac{\varphi_2}{2}\right)=\tan^2\left(45°-\frac{36°}{2}\right)=0.260$$

$$E_a=qh_1k_{a1}+qh_2k_{a2}=30\times(3\times0.333+5\times0.260)=69(\text{kN/m})$$

【点评】均布荷载对墙体产生的主动土压力沿墙高是矩形分布，弄清这一点，问题就会迎刃而解。

【题 6.1.3】如图所示，挡土墙墙背直立、光滑、填土面水平。填土为中砂，重度 $\gamma=18\text{kN/m}^3$，饱和重度 $\gamma_{\text{sat}}=20\text{kN/m}^3$，内摩擦角 $\varphi=32°$。地下水位距离墙顶 3m。作用在墙上的总水土压力（主动）接近下列哪个选项？

(A) 180kN/m (B) 230kN/m
(C) 270kN/m (D) 310kN/m

【答案】（C）

【解答】$k_a=\tan^2\left(45°-\frac{\varphi}{2}\right)=\tan^2\left(45°-\frac{32°}{2}\right)=0.31$

水位处主动土压力强度：$p_a=\gamma h_1 k_a=18\times3\times0.31=16.74(\text{kPa})$

墙底主动土压力强度：$p_a=\gamma h k_a=(18\times3+10\times5)\times0.31=32.24(\text{kPa})$

主动土压力合力：$E_a=\frac{1}{2}\times3\times16.74+\frac{1}{2}\times5\times(16.74+32.24)=147.56(\text{kN/m})$

水压力：$P_w=\frac{1}{2}\gamma_w h_2^2=\frac{1}{2}\times10\times5^2=125(\text{kN/m})$

总压力：$E = E_a + P_w = 147.56 + 125 = 272.56 (kN/m)$

【点评】当墙后有地下水位时，水下会产生水压力。对填土为粗粒土时，墙后的主动土压力按水土分算法计算，即分别计算土压力和水压力。注意水位以下时土的重度用浮重度。

从题解也可知，对本题中的条件，水压力几乎与土压力相等，所以，在工程上应设法使墙后水位降低，减小水土压力。

【题 6.1.4】如图所示，挡土墙背直立、光滑、填土表面水平，墙高 $H = 6m$，填土为中砂，天然重度 $\gamma = 18kN/m^3$，饱和重度 $\gamma_{sat} = 20kN/m^3$，水上水下内摩擦角均为 $\varphi = 32°$，黏聚力 $c = 0$。挡土墙建成后如果地下水位上升到 4.0m，作用在挡土墙上的压力与无水位时相比，增加的压力最接近下列哪个选项？

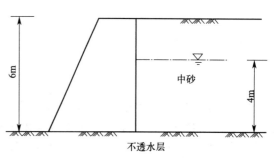

(A) 10kN/m (B) 60kN/m (C) 80kN/m (D) 100kN/m

【答案】(B)

【解答】(1) 无水时

$$k_{a1} = \tan^2\left(45° - \frac{\varphi_1}{2}\right) = \tan^2\left(45° - \frac{32°}{2}\right) = 0.307$$

墙底处土压力强度：$p_{a1} = \gamma h k_{a1} = 18 \times 6 \times 0.307 = 33.16 (kPa)$

土压力合力：$E_{a1} = \frac{1}{2} p_{a1} h = \frac{1}{2} \times 33.16 \times 6 = 99.48 (kN/m)$

(2) 水位上升后

$$k_{a2} = \tan^2\left(45° - \frac{\varphi_2}{2}\right) = \tan^2\left(45° - \frac{32°}{2}\right) = 0.307$$

2m 水位处：$p_{a1} = \gamma h_1 k_{a1} = 18 \times 2 \times 0.307 = 11.05 (kPa)$

6m 墙底处：$p_{a2} = (\gamma h_1 + \gamma' h_2) k_{a2} + \gamma_w h_w = (18 \times 2 + 10 \times 4) \times 0.307 + 10 \times 4 = 63.33 (kPa)$

$$E_{a2} = \frac{1}{2} p_{a1} h_1 + \frac{1}{2}(p_{a1} + p_{a2}) h_2$$
$$= \frac{1}{2} \times 11.05 \times 2 + \frac{1}{2} \times (11.05 + 63.33) \times 4 = 159.81 (kN/m)$$

土压力增加：$\Delta E_a = E_{a2} - E_{a1} = 159.81 - 99.48 = 60.33 (kN/m)$

【点评】由此题可记住三点：
(1) 对填土为砂的情况，按水土分算来计算土压力；
(2) 计算时水位以下用有效重度；
(3) 有水比没水的情况下水土压力会更大。

【题 6.1.5】一墙背垂直光滑的挡土墙，墙后填土面水平，如图所示。上层填土为中砂，厚 $h_1 = 2m$，重度 $\gamma_1 = 18kN/m^3$，内摩擦角 $\varphi_1 = 28°$；下层为粗砂，$h_2 = 4m$，$\gamma_2 = 19kN/m^3$，$\varphi_2 = 31°$。问下层粗砂层作用在墙背上的总主动土压力 E_{a2} 最接近下列哪个选项？

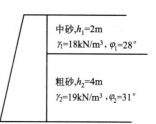

(A) 65kN/m (B) 87kN/m (C) 95kN/m (D) 106kN/m

【答案】(C)

【解答】(1) 粗砂层顶部土压力：

$$p_{a2}^1 = h_1\gamma_1 k_{a2} = 18\times 2\times \tan^2\left(45°-\frac{31°}{2}\right) = 36\times 0.32 = 11.5(\text{kN/m}^2)$$

(2) 粗砂层底部土压力：

$$p_{a2}^2 = (h_1\gamma_1 + h_2\gamma_2)k_{a2} = (18\times 2+19\times 4)\times \tan^2\left(45°-\frac{31°}{2}\right) = 36\times 0.32 = 35.8(\text{kN/m}^2)$$

(3) 粗砂层作用于墙背的主动土压力：

$$E_{a2} = \frac{1}{2}(p_{a2}^1 + p_{a2}^2)h_2 = \frac{1}{2}\times(11.5+35.84)\times 4 = 95(\text{kN/m})$$

【题 6.1.6】图示的挡土墙，墙背竖直光滑，墙后填土水平，上层填 3m 厚的中砂，重度为 18kN/m^3，内摩擦角 28°；下层填 5m 厚的粗砂，重度为 19kN/m^3，内摩擦角 32°。试问 5m 粗砂层作用在挡土墙上的总主动土压力最接近于下列哪个选项？

(A) 172kN/m (B) 168kN/m
(C) 162kN/m (D) 156kN/m

【答案】(D)

【解答】
$$k_{a2} = \tan^2\left(45°-\frac{\varphi_2}{2}\right) = \tan^2\left(45°-\frac{32°}{2}\right) = 0.31$$

$$p_{a2}^1 = h_1\gamma_1 k_{a2} = 18\times 3\times 0.31 = 16.7(\text{kPa})$$

$$p_{a2}^2 = (\gamma_1 h_1 + \gamma_2 h_2)k_{a2} = (18\times 3+19\times 5)\times 0.31 = 46.2(\text{kPa})$$

$$E_{a2} = \frac{1}{2}(p_{a2}^1 + p_{a2}^2)h_2 = \frac{1}{2}\times(16.7+46.2)\times 5 = 157.3(\text{kN/m})$$

【点评】上面这两道题都是要求计算下层填土的土压力。此时可以将上层填土看作均布荷载或按重度换算成与下层重度相同的当量土层计算。

一旦弄清楚这点，具体的计算就很简单，分别求出下层填土上下位置的土压力强度，然后按土压力分布情况计算分布图的面积即可。

【题 6.1.7】某重力式挡土墙，墙高 6m，墙背竖直光滑，墙后填土为松砂，填土表面水平，地下水与填土表面齐平。已知松砂的孔隙比 $e_1=0.9$，饱和重度 $\gamma_1=18.5\text{kN/m}^3$，内摩擦角 $\varphi_1=30°$。挡土墙背后饱和松砂采用不加填料振冲法加固，加固后松砂振冲变密实，孔隙比 $e_2=0.6$，内摩擦角 $\varphi_2=35°$。加固后墙后水位标高假设不变，按朗肯土压力理论，则加固前后每延米上的主动土压力变化值最接近下列哪个选项？

(A) 0 (B) 6kN/m (C) 16kN/m (D) 36kN/m

【答案】(C)

【解答】已知 $h_1=6\text{m}$，设振冲后墙后填土高度为 h_2，由题意，有

$$\frac{h_1}{h_2} = \frac{1+e_1}{1+e_2}$$

则
$$h_2 = \left(\frac{1+e_2}{1+e_1}\right)h_1 = \left(\frac{1+0.6}{1+0.9}\right)\times 6.0 = 5.05(\text{m})$$

振冲法加固后，土颗粒总质量不变。有 $\gamma_1' V_1 = \gamma_2' V_2$，则

$$\gamma'_2 = \frac{\gamma'_1 V_1}{V_2} = \frac{8.5 \times 6.0}{5.05} = 10.1 (\text{kN/m}^3)$$

$$k_{a1} = \tan^2\left(45° - \frac{\varphi_1}{2}\right) = \tan^2\left(45° - \frac{30°}{2}\right) = 0.333$$

$$k_{a2} = \tan^2\left(45° - \frac{\varphi_2}{2}\right) = \tan^2\left(45° - \frac{35°}{2}\right) = 0.271$$

$$E_1 = \frac{1}{2}\gamma'_1 h_1 k_{a1} = \frac{1}{2} \times 8.5 \times 6^2 \times 0.333 = 51(\text{kN/m})$$

$$E_2 = \frac{1}{2}\gamma'_2 h_2 k_{a2} = \frac{1}{2} \times 10.1 \times 5.05^2 \times 0.271 = 35(\text{kN/m})$$

$$\Delta E = E_1 - E_2 = 51 - 35 = 16(\text{kN/m})$$

【点评】本题与振冲法地基处理中的相关概念与方法结合在一起。需要知道的是,振冲法加固后,墙后的填料会被振密实,但土颗粒总质量不变。根据这一规律可求得振密后填料的密实度。

本题中的填料是砂土,土压力计算可按水土分算的方法。

题干中给出加固后水位标高不变,这可以理解为加固前后水压力不变。所以,加固前后水压力的变化差值为零,即不用考虑水压力的差值。

【题 6.1.8】有一分离式墙面的加筋土挡土墙(墙面只起装饰与保护作用,不直接固定筋材),墙高 5m,其剖面如图所示。整体式钢筋混凝土墙面距包裹式加筋墙体的平均距离为 10cm,其间充填孔隙率 $n=0.4$ 的砂土。由于排水设施失效,10cm 间隙充满了水,此时作用于每延米墙面上的总水压力最接近于下列哪个选项的数值?

(A) 125kN (B) 5kN
(C) 2.5kN (D) 50kN

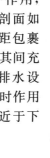

【答案】(A)

【解答】仔细分析,这个分离式墙面并没有承受太大的土压力(除了 10cm 间隙中的砂土)。由于排水设施失效,10cm 间隙充满了水,这时墙面就有了水压力。间隙中填充的是砂土,虽然只有 10cm 宽的间隙,水压力依然可按静水压力计算

$$e = \frac{n}{1-n} = \frac{0.4}{1-0.4} = 0.667$$

属于中密状态的砂土。

$$E_w = \frac{1}{2}\gamma_w H^2 = \frac{1}{2} \times 10 \times 5^2 = 125(\text{kN})$$

【题 6.1.9】有一重力式挡土墙墙背垂直光滑,无地下水,打算使用两种墙背填土,一种是黏土,$c=20\text{kPa}$,$\varphi=22°$;另一种是砂土,$c=0$,$\varphi=38°$,重度都是 20kN/m^3。问墙高 H 等于下列哪个选项时,采用的黏土填料和砂土填料的墙背总主动土压力两者基本相等?

(A) 3.0m (B) 7.8m (C) 10.7m (D) 12.4m

【答案】(C)

【解答】(1) 黏土：

$$k_a = \tan^2\left(45° - \frac{\varphi}{2}\right) = \tan^2\left(45° - \frac{22°}{2}\right) = 0.455$$

$$z_0 = \frac{2c}{\gamma\sqrt{k_a}} = \frac{2 \times 20}{20 \times \sqrt{0.455}} = 2.96(\text{m})$$

$$p_a = \gamma H k_a - 2c\sqrt{k_a} = 20H \times 0.455 - 2 \times 20 \times \sqrt{0.455} = 9.1H - 27$$

$$E_a = \frac{1}{2} \times (9.1H - 27) \times (H - 2.96) = 4.55H^2 - 27H + 40$$

(2) 砂土：

$$k_a = \tan^2\left(45° - \frac{\varphi}{2}\right) = \tan^2\left(45° - \frac{38°}{2}\right) = 0.238$$

$$E_a = \frac{1}{2}\gamma H^2 k_a = \frac{1}{2} \times 20H^2 \times 0.238 = 2.38H^2$$

(3) 令两者相等，有

$$4.55H^2 - 27H + 40 = 2.38H^2$$

解得：$H = 10.72$m。

【题 6.1.10】有黏质粉性土和砂土两种土料，其重度都等于 18kN/m³。砂土 $c_1 = 0$，$\varphi_1 = 35°$；黏质粉性土 $c_2 = 20$kPa，$\varphi_2 = 20°$。对于墙背垂直光滑和填土表面水平的挡土墙，对应于下列哪个选项的墙高，用两种土料作墙后填土计算的作用于墙背的总主动土压力值正好是相同的？

(A) 6.6m　　(B) 7.0m　　(C) 9.8m　　(D) 12.4m

【答案】(D)

【解答】对砂土：

$$E_{a1} = \frac{1}{2}\gamma_1 H^2 k_{a1}$$

$$k_{a1} = \tan^2\left(45° - \frac{\varphi_1}{2}\right) = \tan^2\left(45° - \frac{35°}{2}\right) = 0.271$$

对黏质粉性土：

$$E_{a2} = \frac{1}{2}\gamma_2 (H - z_0)^2 k_{a2}$$

$$k_{a2} = \tan^2\left(45° - \frac{\varphi_1}{2}\right) = \tan^2\left(45° - \frac{20°}{2}\right) = 0.490$$

按题意，当墙高为 H 时，$E_{a1} = E_{a2}$。

$$z_0 = \frac{2c_2}{\gamma_2\sqrt{k_{a2}}} = \frac{2 \times 20}{18 \times \sqrt{0.49}} = 3.17(\text{m})$$

则

$$\frac{1}{2} \times 18H^2 \times 0.271 = \frac{1}{2} \times 18 \times (H - 3.17) \times 0.49$$

解得：$H = 12.4$m。

【题 6.1.11】有一重力式挡土墙，墙背垂直光滑，填土面水平，地表荷载 $q = 49.4$kPa，无地下水，拟使用两种墙后填土，一种是黏土 $c_1 = 20$kPa、$\varphi_1 = 12°$、$\gamma_1 = 19$kN/m³，另一种是砂土 $c_2 = 0$、$\varphi_2 = 30°$、$\gamma_2 = 21$kN/m³。问当采用黏土填料和砂土填料的墙背总土压力两者相等时，墙高 H 最接近下列哪个选项？

(A) 4.0m　　(B) 6.0m　　(C) 8.0m　　(D) 10.0m

【答案】(B)

【解答】采用黏土时
$$k_{a1} = \tan^2\left(45° - \frac{\varphi_1}{2}\right) = \tan^2\left(45° - \frac{12°}{2}\right) = 0.656$$

对黏土，设临界深度为 z_0，则
$$p_a = (q + \gamma_1 z_0)k_{a1} - 2c\sqrt{k_{a1}} = 0$$

由此
$$z_0 = \frac{2c_1}{\gamma_1 \sqrt{k_{a1}}} - \frac{q}{\gamma_1} = \frac{2 \times 20}{19 \times \sqrt{0.656}} - \frac{49.4}{19} = 0$$

土压力沿墙高三角形分布
$$E_{a1} = \frac{1}{2}\gamma_1 H^2 k_{a1} = \frac{1}{2} \times 19 H^2 \times 0.656 = 6.232 H^2$$

采用砂土时
$$k_{a2} = \tan^2\left(45° - \frac{\varphi_1}{2}\right) = \tan^2\left(45° - \frac{30°}{2}\right) = 0.333$$

$$E_{a2} = \frac{1}{2}\gamma_2 H^2 k_{a2} + qH k_{a2} = \frac{1}{2} \times 21 H^2 \times 0.333 + 49.4 H \times 0.333$$
$$= 3.5 H^2 + 16.74 H$$

按题意，当墙高为 H 时，$E_{a1} = E_{a2}$。
$$3.5 H^2 + 16.74 H = 6.232 H^2$$

解得：$H = 6.02$m。

【点评】本题与上两题是同一种题型，不同的是因为有地表荷载，所以土压力的计算略有不同。

【题6.1.12】某带卸荷台的挡土墙，如图所示，$H_1 = 2.5$m，$H_2 = 3$m，$L = 0.8$m，墙后填土的重度 $\gamma = 18$kN/m³，$c = 0$，$\varphi = 20°$。按朗肯土压力理论计算，挡土墙墙后 BC 段上作用的主动土压力合力最接近下列哪个选项？

(A) 93kN (B) 106kN
(C) 121kN (D) 134kN

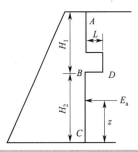

【答案】(A)

基本原理（基本概念或知识点）

按照朗肯土压力理论，带卸荷平台的挡土墙的主动土压力分布如图6-4阴影部分。

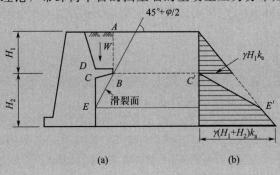

图6-4 带卸荷平台的挡土墙

【解答】
$$k_a = \tan^2\left(45° - \frac{\varphi}{2}\right) = \tan^2\left(45° - \frac{20°}{2}\right) = 0.49$$

$$BE = L\tan\left(45° + \frac{\varphi}{2}\right) = 0.8 \times \tan\left(45° + \frac{20°}{2}\right) = 1.143(\text{m})$$

B 点： $p_{aB} = 0$

D 点： $p_{aD} = \gamma H_1 k_a = 18 \times 2.5 \times 0.49 = 22.05(\text{kPa})$

C 点：
$$p_{aC} = \gamma(H_1 + H_2)k_a = 18 \times (2.5+3) \times 0.49 = 48.51(\text{kPa})$$

$$E_{aBC} = \frac{1}{2} \times (22.05 + 48.51) \times 3 - \frac{1}{2} \times 1.143 \times 22.05 = 93.2(\text{kN})$$

【点评】对有卸荷台土压力，可参考《土力学》（李广信等编，第二版，清华大学出版社）第6.6.4节。

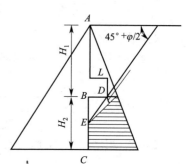

【题6.1.13】如图所示，某河流梯级挡水坝，上游水深1m，AB 高度为4.5m，坝后河床为砂土，其 $\gamma_{sat} = 21\text{kN/m}^3$，$c' = 0$，$\varphi' = 30°$，砂土中有自上而下的稳定渗流，$A$ 到 B 的水力坡降 i 为0.1，按朗肯土压力理论，估算作用在该挡土坝背面 AB 段的总水平压力最接近下列哪个数值？

（A）70kN/m　　（B）75kN/m
（C）176kN/m　　（D）183kN/m

【答案】（C）

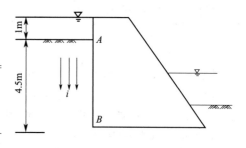

【解答】由题意 $i = \frac{\Delta h}{\Delta l} = \frac{\Delta h}{4.5} = 0.1$，得 $\Delta h = 0.45\text{m}$。

A 点水压力：$p_{wA} = \gamma_w h_A = 10 \times 1.0 = 10(\text{kPa})$

B 点水压力：$p_{wB} = \gamma_w (h_B - \Delta h) = 10 \times (5.5 - 0.45) = 50.5(\text{kPa})$

AB 段总水压力：$E_w = \frac{1}{2}(p_{wA} + p_{wB})h_{AB} = \frac{1}{2} \times (10 + 50.5) \times 4.5 = 136.1(\text{kN/m})$

$$k_a = \tan^2\left(45° - \frac{\varphi}{2}\right) = \tan^2\left(45° - \frac{30°}{2}\right) = 0.333$$

AB 段土压力：
$$E_a = \frac{1}{2}(\gamma' + j)h_{AB}^2 k_a = \frac{1}{2} \times (11 + 10 \times 0.1) \times 4.5^2 \times 0.333 = 40.5(\text{kN/m})$$

AB 段总水平压力：
$$E_{AB} = E_w + E_a = 136.1 + 40.5 = 176.6(\text{kN/m})$$

【点评】《建筑边坡工程技术规范》第6.2.6条，土中有地下水形成渗流时，作用在支护结构上的土压力，尚应加上渗流形成的动水压力：$j = \gamma_w i$。

还有，在有渗流的情况下，B 点水压力不是静水压力，需要考虑渗透比降，所以
$$p_{wB} = \gamma_w(h_B - \Delta h) = 10 \times (5.5 - 0.45) = 50.5(\text{kPa})$$

而不是
$$p_{wB} = \gamma_w h_B = 10 \times 5.5 = 55(\text{kPa})$$

如果用这个来计算，那答案就变成了D。

【题 6.1.14】 如图所示，某河堤挡土墙，墙背光滑垂直，墙身不透水，墙后和墙底均为砾砂层，砾砂的天然与饱和重度分别为 $\gamma=19\text{kN/m}^3$ 和 $\gamma_\text{sat}=20\text{kN/m}^3$，内摩擦角为 $30°$，墙底宽 $B=3\text{m}$，墙高 $H=6\text{m}$，挡土墙基底埋深 $D=1\text{m}$，当河水位由 $h_1=5\text{m}$ 降至 $h_2=2\text{m}$ 后，墙后地下水位保持不变且在砾砂中产生稳定渗流时，则作用在墙背上的水平力变化值最接近下列哪个选项？（假定水头沿渗流路径均匀降落，不考虑主动土压力增大系数）

（A）减少 70kN/m
（B）减少 28kN/m
（C）增加 42kN/m
（D）增加 45kN/m

【答案】（B）

【解答】 由题意 $i=\dfrac{\Delta h}{L}=\dfrac{5-2}{5+3+1}=\dfrac{1}{3}$

$$k_\text{a}=\tan^2\left(45°-\dfrac{\varphi}{2}\right)=\tan^2\left(45°-\dfrac{30°}{2}\right)=\dfrac{1}{3}$$

墙背的砾砂渗流向下，引起土体重度增加，土压力增加，同时引起水头损失，水压力减小。

$$\Delta\gamma=j=i\gamma_\text{w}=\dfrac{1}{3}\times 10=\dfrac{10}{3}(\text{kN/m}^3)$$

则墙背的土压力增量为：

$$\Delta E_\text{a}=\dfrac{1}{2}\Delta\gamma h^2 k_\text{a}=\dfrac{1}{2}\times\dfrac{10}{3}\times 5^2\times\dfrac{1}{3}=\dfrac{125}{9}(\text{kN/m})$$

渗流引起的渗透损失为：

$$\Delta h=iL=\dfrac{1}{3}\times 5=\dfrac{5}{3}(\text{m})$$

水压力头损失为 $\dfrac{50}{3}\text{kPa}$。

$$\Delta E_\text{w}=\dfrac{1}{2}\times 5\times\dfrac{50}{3}=\dfrac{125}{3}(\text{kN/m})$$

总水平力增加量：

$$\Delta E_\text{w}-\Delta E_\text{a}=\dfrac{125}{3}-\dfrac{125}{9}=27.8(\text{kN/m})$$

【点评】 本题考核的是水位变化产生稳定渗流时墙背水平力变化值计算。与上题一样，当土中有地下水形成渗流时，作用在支护结构上的土压力，尚应加上渗流形成的动水压力。

【题 6.1.15】 某基坑深 6m，拟采用桩撑支护，桩径 600mm，桩长 9m，间距 1.2m，桩间摆喷与支护桩共同形成厚 600mm 的悬挂止水帷幕。场地地表往下 6m 为粉砂层，再下为细砂层，两砂层的渗透系数以及细砂层的强度指标与重度见下图。坑内外水位如图所示，考虑渗流作用时，单根支护桩被动侧的水压力与被动土压力计算值之和最接近下列哪个选项？（水的重度取 10kN/m^3）

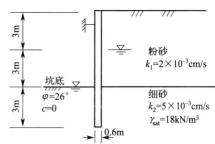

（A）147kN　　（B）165kN　　（C）176kN　　（D）206kN

【答案】(A)

【解答】(1) 细砂层的水力比降计算

根据渗流连续性原理，通过整个土层的渗流量与各土层的渗流量相同，即 $q=kiA$，$k_1i_1=k_2i_2$，即 $2\times10^{-3}i_1=5\times10^{-3}i_2$，得：$i_1=2.5i_2$

竖向渗流时，通过土层的总水头损失等于各土层水头损失之和，即

$$\Delta h=\Delta h_1+\Delta h_2,\quad \Delta h_1=i_1\Delta l_1,\quad \Delta h_2=i_2\Delta l_2$$

得到：$3i_1+6.6i_2=3$（注意在计算细砂层的渗流路径时，要加上止水帷幕的宽度）

联合解得：$i_2=0.22$

(2) 被动土压力计算

$$k_p=\tan^2\left(45°+\frac{26°}{2}\right)=2.561$$

$$E_p=\frac{1}{2}(\gamma'-j)H^2k_p=\frac{1}{2}\times(8-0.22\times10)\times3^2\times2.561=66.84(\text{kN/m})$$

(3) 被动侧水压力计算

$$e_w=\gamma_w\Delta l+i\gamma_w\Delta l=10\times3+0.22\times10\times3=36.6(\text{kPa})$$

$$E_w=\frac{1}{2}\times36.6\times3=54.9(\text{kN/m})$$

(4) 被动侧水、土压力合力：

$$(66.84+54.9)\times1.2=146(\text{kN})$$

【点评】这是一道考虑渗流作用时的支护桩被动侧水土压力计算，题目很难，计算量也比较大。这类题目出现频率较高，解答题目要对渗流方面的知识非常清楚，理解渗流作用时的水土压力计算方法。

【题6.1.16】有一码头的挡土墙，墙高5m，墙背垂直、光滑；墙后为冲填的松砂（孔隙比 $e=0.9$）。填土表面水平，地下水位与填土表面齐平。已知砂的饱和重度 $\gamma=18.7\text{kN/m}^3$，内摩擦角 $\varphi=30°$。当发生强烈地震时，饱和松砂完全液化，如不计地震惯性力，液化时每延米墙后的总水平压力最接近下列哪个选项？

(A) 78kN (B) 161kN (C) 203kN (D) 234kN

【答案】(D)

【解答】松砂完全液化，则内摩擦角变为0。如不计地震惯性力，液化时每延米墙后的总水平压力就等于

$$E_w=\frac{1}{2}(\gamma_{sat}-\gamma_w)h^2\tan^2\left(45°-\frac{\varphi}{2}\right)+\frac{1}{2}\gamma_wh^2=\frac{1}{2}\gamma_{sat}h^2=\frac{1}{2}\times18.7\times5^2=234(\text{kN})$$

【点评】砂土液化后内摩擦角 $\varphi=0$，此时水土合算和水土分算的结果一样。

【题6.1.17】海港码头高5.0m的挡土墙如图所示。墙后填土为充填的饱和砂土，其饱和重度为 18kN/m^3，$c=0$，$\varphi=30°$，墙土间摩擦角 $\delta=15°$，地震时充填砂土发生了完全液化，不计地震惯性力，问在砂土完全液化时作用于墙后的水平总压力最接近于下列哪个选项？

(A) 33kN/m (B) 75kN/m
(C) 158kN/m (D) 225kN/m

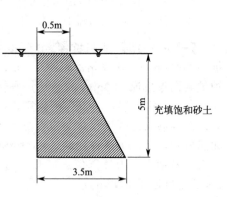

【答案】(D)

【解答】$E_w=\dfrac{1}{2}\gamma_{sat}H^2=\dfrac{1}{2}\times18\times5^2=225(\text{kN/m})$

【点评】与上题一样，都要明确液化后砂土的内摩擦角为 0。题干给出的墙土间摩擦角 $\delta = 15°$，属于干扰条件。

【题 6.1.18】如图所示，位于不透水地基上重力式挡土墙，高 6m，墙背垂直光滑，墙后填土面水平，墙后地下水位与墙顶齐平，填土自上而下分别为 3m 厚细砂和 3m 厚卵石，细砂饱和重度 $\gamma_{sat1} = 19\text{kN/m}^3$，黏聚力 $c'_1 = 0$，内摩擦角 $\varphi'_1 = 25°$，卵石饱和重度 $\gamma_{sat2} = 21\text{kN/m}^3$，黏聚力 $c'_2 = 0$，内摩擦角 $\varphi'_2 = 30°$，地震时细砂完全液化，在不考虑地震惯性力和地震沉陷的情况下，根据《建筑边坡工程技术规范》(GB 50330—2013) 相关要求，计算地震液化时作用在墙背的总水平力接近下列哪个选项？

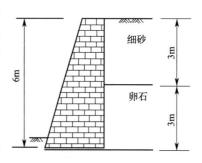

(A) 290kN/m　(B) 320kN/m　(C) 350kN/m　(D) 380kN/m

【答案】(B)

【解答】(1) 细砂层完全液化时产生的土压力
$$E_{a1} = \frac{1}{2}\gamma h_1^2 = \frac{1}{2} \times 19 \times 3^2 = 85.5 (\text{kN/m})$$

(2) 卵石层中的水、土压力

卵石层顶面的水压力：$p_w = 19 \times 3 = 57 (\text{kPa})$

卵石层底面水压力：$p_w = 19 \times 3 + 10 \times 3 = 87 (\text{kPa})$

$$E_w = \frac{1}{2} \times (57 + 87) \times 3 = 216.0 (\text{kN/m})$$

$$k_a = \tan^2\left(45° - \frac{30°}{2}\right) = \frac{1}{3}$$

卵石层顶面土压力：$e_a = 0$

卵石层底面土压力：$e_a = (21 - 10) \times 3 \times \frac{1}{3} = 11 (\text{kPa})$

墙高 6m，土压力增大系数取 1.1，则
$$E_{a2} = \frac{1}{2}\psi\gamma' h_2^2 k_a = \frac{1}{2} \times 1.1 \times 11 \times 3^2 \times \frac{1}{3} = 18.2 (\text{kN/m})$$

(3) 作用于墙背的总水平力
$$E = E_{a1} + E_w + E_{a2} = 85.5 + 216.0 + 18.2 = 319.7 (\text{kN/m})$$

【点评】本题有以下几点应引起注意：

① 《建筑边坡工程技术规范》中并无针对地震时细砂完全液化，不考虑地震惯性力和地震沉陷情况下的土压力计算，只是在规范的第 11.2.1 条中规定了增大系数的取值；

② 细砂层完全液化时，可将 0~3m 深度范围内的细砂当作一种重度为 19kN/m³ 的液体，此时卵石层顶面的土压力强度取 0 是合适的；

③ 土压力增大系数是对应于土压力本身的，原因是对于重力式挡土墙，其位移大小直接影响作用于其上的土压力，故而要乘以增大系数来考虑这一不确定性，而对于水压力和其他类似液体产生的压力不存在不确定性，只和高度有关，与位移无关，故而不需考虑增大系数。

【题 6.1.19】有一码头的挡土墙，墙高 5m，墙背垂直、光滑；墙后为冲填的松砂。填土表面水平，地下水位与墙顶齐平。已知砂的孔隙比 $e = 0.9$，饱和重度 $\gamma_{sat} = 18.7\text{kN/m}^3$，内摩擦角 $\varphi = 30°$。强震使饱和松砂完全液化，震后松砂沉积变密实，孔隙比变为 $e = 0.65$，内摩擦角变为 $\varphi = 35°$。震后墙后水位不变。试问墙后每延米上的主动土压力和水压力之总和最接近下列哪个选项的数值？

(A) 68kN　　　　(B) 120kN　　　　(C) 150kN　　　　(D) 160kN

【答案】(C)

【解答】(1) 计算震后的砂填土厚度

竖向应变：$\varepsilon_z = \dfrac{\Delta e}{1+e_1} = \dfrac{0.9-0.65}{1+0.9} = 0.1316$

$\Delta H = 5 \times 0.1316 = 0.66\text{(m)}$，$H_2 = 5 - 0.66 = 4.34\text{(m)}$

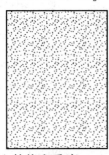

(2) 计算震后砂土的饱和重度

$5 \times 18.7 = 4.34 \gamma_2 + 0.66 \times 10$，$\gamma_2 = 20 \text{kN/m}^3$

(3) 计算水土总压力

$$k_a = \tan^2\left(45° - \dfrac{\varphi}{2}\right) = \tan^2\left(45° - \dfrac{35°}{2}\right) = 0.271$$

土压力：$E_a = \dfrac{1}{2} \times 0.271 \times 10 \times 4.34^2 = 25.5\text{(kN)}$

水压力：$E_w = \dfrac{1}{2} \times 10 \times 5^2 = 125\text{(kN)}$

总压力：$E_a + E_w = 25.5 + 125 = 150.5\text{(kN)}$

【点评】此题难度较大。要理解题目"松砂沉积变密实""震后墙后水位不变"两句话的暗示。前者表明地震后墙后填土地面标高降低，可以根据孔隙比变化计算沉降量；后者表明可以根据质量不变原理求解砂土密度。

震后的砂填土厚度也可以按下面的方法计算：

松砂沉积孔隙比由0.9压密为0.65，则墙后土高度也相应降低，设震后墙后土层高度为H_2，有

$$\dfrac{1+e_1}{1+e_2} = \dfrac{H_1}{H_2}$$

即 $\dfrac{1+0.9}{1+0.65} = \dfrac{5.0}{H_2}$

解得：$H_2 = 4.34\text{m}$

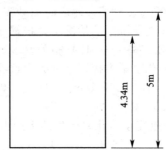

【题6.1.20】图示的某铁路隧道的端墙洞门墙高8.5m，最危险破裂面与竖直面的夹角$\omega = 38°$，墙背面倾角$\alpha = 10°$，仰坡倾角$\varepsilon = 34°$，墙背距仰坡坡脚$a = 2.0\text{m}$。墙后土体重度$\gamma = 22\text{kN/m}^3$，内摩擦角$\varphi = 40°$，取洞门墙体计算条宽度为1m，作用在墙体上的土压力是下列哪个选项？

(A) 135kN　　　　(B) 119kN　　　　(C) 148kN　　　　(D) 175kN

【答案】(A)
【解答】《铁路隧道设计规范》(TB 10003—2016) 附录 H。

$$h_0 = \frac{a\tan\varepsilon}{1-\tan\varepsilon\tan\alpha} = \frac{2.0\times\tan34°}{1-\tan34°\tan10°} = 1.53(\text{m})$$

$$\lambda = \frac{(\tan\omega-\tan\alpha)(1-\tan\alpha\tan\varepsilon)}{\tan(\omega+\varphi)(1-\tan\omega\tan\varepsilon)} = \frac{(\tan38°-\tan10°)(1-\tan10°\tan34°)}{\tan(38°+40°)(1-\tan38°\tan34°)} = 0.24$$

$$h' = \frac{a}{\tan\omega-\tan\alpha} = \frac{2}{\tan38°-\tan10°} = 3.31(\text{m})$$

$$E = \frac{1}{2}b\gamma(H-h_0)^2\lambda + \frac{1}{2}b\gamma h_0(h'-h_0)\lambda$$
$$= \frac{1}{2}b\gamma\lambda\left[(H-h_0)^2 + h_0(h'-h_0)\right]$$
$$= \frac{1}{2}\times1.0\times22\times0.24\times\left[(8.5-1.53)^2 + 1.53\times(3.31-1.53)\right] = 135(\text{kN})$$

【点评】本题出现频率较低，而且需要代入的参数多，计算工作量很大，容易出错。

【题 6.1.21】如图所示基坑，基坑深度 5m，插入深度 5m，地层为砂土，地层参数为：$\gamma=20\text{kN/m}^3$，$c=0$，$\varphi=30°$。地下水位埋深 6m，排桩支护形式，桩长 10m，根据《建筑基坑支护技术规程》(JGJ 120—2012)，作用在每延米支护体系上的主动土压力合力最接近下列哪个选项的数值？

(A) 210kN   (B) 280kN
(C) 387kN   (D) 330kN

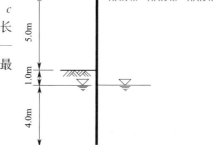

【答案】(C)

基本原理（基本概念或知识点）

基坑挡土结构上的土压力计算是个比较复杂的问题，从土力学这门学科的土压力理论上讲，根据不同的计算理论和假定，得出了多种土压力计算方法，其中有代表性的经典理论如朗肯土压力和库仑土压力。

由于朗肯土压力方法的假定概念明确，与库仑土压力理论相比具有能直接得出土压力的分布，从而适合结构计算的优点。因此，基坑规范采用的是朗肯土压力。需要注意的是，旧规范的土压力在基坑开挖面以下是矩形分布，而新规范《建筑基坑支护技术规程》(JGJ 120—2012) 中土压力在开挖面以下是按朗肯土压力理论计算分布的（图 6-5）。

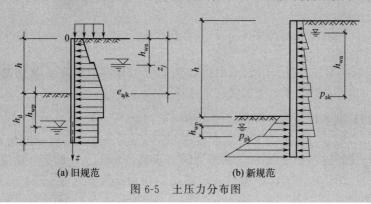

(a) 旧规范　　(b) 新规范
图 6-5　土压力分布图

【解答】(1) $k_a = \tan^2\left(45° - \dfrac{\varphi}{2}\right)$
$= \tan^2\left(45° - \dfrac{30°}{2}\right) = \dfrac{1}{3}$

(2) 6m（水位）处：$p_{a1} = \gamma h k_a = 20 \times 6 \times \dfrac{1}{3} = 40\,(\text{kPa})$

支护结构底部：
$p_{a2} = p_{a1} + \gamma' H' k_a + \gamma_w H' = 40 + 10 \times 4 \times \dfrac{1}{3} + 10 \times 4$
$= 93.3\,(\text{kPa})$

(3) $E_a = \dfrac{1}{2} \times 6 \times 40 + \dfrac{1}{2} \times 4 \times (93.3 + 40) = 386.6\,(\text{kN})$

【题 6.1.22】某基坑开挖深度为 6m，地层为均质一般黏性土，其重度 $\gamma = 18\text{kN/m}^3$，黏聚力 $c = 20\text{kPa}$，内摩擦角 $\varphi = 10°$。距离基坑边缘 3m 至 5m 处，坐落一条形构筑物，其基底宽度为 2m，埋深为 2m，基底压力为 140kPa，假设附加荷载按 45° 应力双向扩散，基底以上土与基础平均重度为 18kN/m^3，如图所示，试问自然地面下 10m 处支护结构外侧的主动土压力强度标准值最接近下列哪个选项？

(A) 93kPa   (B) 112kPa
(C) 118kPa   (D) 192kPa

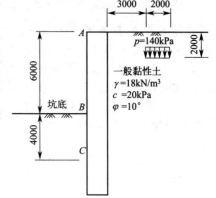

【答案】(B)

【解答】根据《建筑基坑支护技术规程》(JGJ 120—2012) 第 3.4.7 条。
$b = 2\text{m}$, $a = 3\text{m}$, $d = 2\text{m}$。$p_0 = p - \gamma d$。
由图可见，地面以下 10m，在局部荷载的影响区内。

$$\Delta\sigma_k = \dfrac{p_0 b}{b + 2a} = \dfrac{(140 - 2 \times 18) \times 2}{2 + 2 \times 3} = 26\,(\text{kPa})$$

$$\sigma_{ak} = \sigma_{ac} + \sum \Delta\sigma_{k,j} = 10 \times 18 + 26 = 206\,(\text{kPa})$$

$$p_{ak} = \sigma_{ak} \tan^2\left(45° - \dfrac{\varphi_i}{2}\right) - 2c_i \tan\left(45° - \dfrac{\varphi_i}{2}\right)$$

$$= 206 \times \tan^2\left(45° - \dfrac{10°}{2}\right) - 2 \times 20 \times \tan\left(45° - \dfrac{10°}{2}\right) = 111.48\,(\text{kPa})$$

【点评】有局部附加荷载作用的土中附加竖向应力标准值可按《建筑基坑支护技术规程》(JGJ 120—2012) 第 3.4.7 条的规定来计算。

【题 6.1.23】某基坑的土层分布情况如图所示，黏土层厚 2m，砂土层厚 15m，地下水埋深为地下 20m，砂土与黏土的天然重度均按 20kN/m^3 计算，基坑深度为 6m，拟采用悬臂桩支护形式，支护桩桩径 800mm，桩长 11m，间距 1400mm，根据《建筑基坑支护技术规程》(JGJ 120—2012)，支护桩外侧主动土压力合力最接近下列哪一项？

(A) 248kN/m   (B) 267kN/m   (C) 316kN/m   (D) 375kN/m

【答案】（C）

【解答】根据《建筑基坑支护技术规程》（JGJ 120—2012）。

(1) 两层土的主动土压力系数：

$$k_{a1} = \tan^2\left(45° - \frac{\varphi_1}{2}\right) = \tan^2\left(45° - \frac{18°}{2}\right) = 0.528$$

$$k_{a2} = \tan^2\left(45° - \frac{\varphi_2}{2}\right) = \tan^2\left(45° - \frac{35°}{2}\right) = 0.271$$

(2) 黏土的临界深度：

$$z_0 = \frac{2c}{\gamma\sqrt{k_a}} = \frac{2 \times 20}{20 \times \sqrt{0.528}} = 2.75(\text{m})$$

此深度已超过黏土的深度，所以黏土土压力为零。

(3) 砂土顶面处土压力强度：$p_{ak} = \gamma_2 h_1 k_{a2} = 20 \times 2 \times 0.271 = 10.84(\text{kPa})$

(4) 支护结构底土压力强度：$p_{ak} = \gamma_2 H k_{a2} = 20 \times 11 \times 0.271 = 59.62(\text{kPa})$

(5) 支护桩外侧主动土压力合力：

$$E_a = \frac{1}{2} \times (10.84 + 59.62) \times 9 = 317.07(\text{kN/m})$$

【点评】本题的关键点是判断黏土层土压力为零。

【题 6.1.24】某基坑开挖深度为 10m，坡顶均布荷载 $q_0 = 20\text{kPa}$，坑外地下水位于地表下 6m，采用桩撑支护结构，侧壁落底式止水帷幕和坑内深井降水。支护桩为 $\phi 800$ 钻孔灌注桩，其长度为 15m。场地地层结构和土性指标如图所示。假设坑内降水前后，坑外地下水位和土层的 c、φ 值均没有变化。根据《建筑基坑支护技术规程》（JGJ 120—2012），计算降水后作用在支护桩上的主动侧总侧压力，该值最接近下列哪个选项？

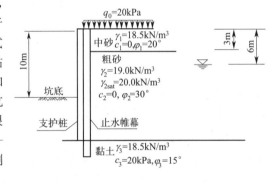

(A) 1105kN/m　　(B) 821kN/m　　(C) 700kN/m　　(D) 405kN/m

【答案】（A）

【解答】根据《建筑基坑支护技术规程》（JGJ 120—2012）第 3.4.2 条。

中砂层：$k_{a1} = \tan^2\left(45° - \frac{\varphi_1}{2}\right) = \tan^2\left(45° - \frac{20°}{2}\right) = 0.490$

粗砂层：$k_{a2} = \tan^2\left(45° - \frac{\varphi_2}{2}\right) = \tan^2\left(45° - \frac{30°}{2}\right) = 0.333$

中砂层顶土压力强度：$p_{ak1} = q k_{a1} = 20 \times 0.490 = 9.8(\text{kPa})$

中砂层底土压力强度：$p_{ak2} = (q + \gamma h) k_{a1} = (20 + 18.5 \times 3) \times 0.490 = 37.0(\text{kPa})$

粗砂层顶土压力强度：$p_{ak3} = (q + \gamma h) k_{a2} = (20 + 18.5 \times 3) \times 0.333 = 25.1(\text{kPa})$

水位处土压力强度：$p_{ak4} = (q + \gamma h) k_{a2} = (20 + 18.5 \times 3 + 19 \times 3) \times 0.333 = 44.1(\text{kPa})$

桩端处土压力强度：$p_{ak5} = (q + \gamma h) k_{a2} = (20 + 18.5 \times 3 + 19 \times 3 + 10 \times 9) \times 0.333 = 74.1(\text{kPa})$

桩端处水压力：$p_w = \gamma_w h_w = 10 \times 9 = 90(\text{kPa})$

主动侧总侧压力：

$$E_a = \frac{1}{2} \times (p_{ak1} + p_{ak2}) \times 3 + \frac{1}{2} \times (p_{ak3} + p_{ak4}) \times 3 + \frac{1}{2} \times (p_{ak4} + p_{ak5}) \times 9 + \frac{1}{2} p_w h_w$$
$$= \frac{1}{2} \times (9.8 + 37.0) \times 3 + \frac{1}{2} \times (25.1 + 44.1) \times 3 + \frac{1}{2} \times (44.1 + 74.1) \times 9 + \frac{1}{2} \times 90 \times 9$$
$$= 1110.9 (kN/m)$$

【题 6.1.25】某建筑基坑深 10.5m，安全等级为二级，地层条件如图所示，地下水埋深超过 20m，上部 2.5m 填土采用退台放坡，放坡坡度为 45°，下部采用桩撑支护，详见下图。则按《建筑基坑支护技术规程》(JGJ 120—2012)，计算填土在桩顶下 4m 位置的支护结构上产生的主动土压力强度标准值最接近下列哪个选项？

(A) 0kPa　　　　(B) 5.5kPa　　　　(C) 8.0kPa　　　　(D) 10.2kPa

【答案】(B)

基本原理（基本概念或知识点）

规范第 3.4.8 条规定：当支护结构顶部低于地面，其上方采用放坡或土钉墙时，支护结构顶面以上土体对支护结构的作用宜按库仑土压力理论计算，也可将其视作附加荷载并按下列公式计算土中附加竖向应力标准值（图 6-6）：

① 当 $a/\tan\theta \leqslant z_a \leqslant (a+b_1)/\tan\theta$ 时

$$\Delta\sigma_k = \frac{\gamma h_1}{b_1}(z_a - a) + \frac{E_{ak1}(a + b_1 - z_a)}{k_a b_1^2}$$

$$E_{ak1} = \frac{1}{2}\gamma h_1^2 k_a - 2ch_1\sqrt{k_a} + \frac{2c^2}{\gamma}$$

② 当 $z_a > (a+b_1)/\tan\theta$ 时

$$\Delta\sigma_k = \gamma h_1$$

③ 当 $z_a < a/\tan\theta$ 时

$$\Delta\sigma_k = 0$$

式中　z_a——支护结构顶面至土中附加竖向应力计算点的竖向距离，m；

　　　a——支护结构外边缘至放坡坡脚的水平距离，m；

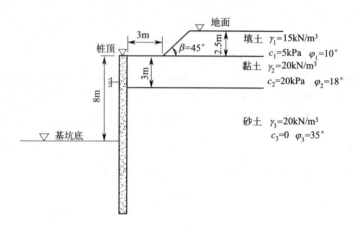

图 6-6　支护结构顶部以上采用放坡或土钉墙时土中附加竖向应力计算

b_1——放坡坡面的水平尺寸,m;
θ——扩散角,宜取 $\theta=45°$,(°);
h_1——地面至支护结构顶面的竖向距离,m;
γ——支护结构顶面以上土的天然重度,对多层土取各层土按厚度加权的平均值, kN/m^3;
c——支护结构顶面以上土的黏聚力,按规程第3.1.14条的规定取值,kPa;
k_a——支护结构顶面以上土的主动土压力系数,对多层土取各层土按厚度加权的平均值;
E_{ak1}——支护结构顶面以上土体的自重所产生的单位宽度重度土压力标准值,kN/m。

【解答】根据《建筑基坑支护技术规程》(JGJ 120—2012)第3.4.8条。
(1) 桩顶放坡部分在支护桩后土层中引起的附加荷载
$a=3m$,$a+b_1=3+2.5=5.5(m)$,$3m<z_a=4m<5.5m$

$$k_{a1}=\tan^2\left(45°-\frac{10°}{2}\right)=0.704$$

$$z_{01}=\frac{2c_1}{\gamma_1\sqrt{k_{a1}}}=0.8m<2.5m$$

$$E_{ak1}=\frac{1}{2}\gamma h_1^2 k_a-2ch_1\sqrt{k_a}+\frac{2c^2}{\gamma}=\frac{1}{2}\gamma_1(h_1-z_{01})^2 k_{a1}$$
$$=\frac{1}{2}\times 15\times(2.5-0.8)^2\times 0.704=15.3(kN/m)$$

$$\Delta\sigma_k=\frac{\gamma_1 h_1}{b_1}(z_a-a)+\frac{E_{ak1}(a+b_1-z_a)}{k_{a1}b_1^2}$$
$$=\frac{15\times 2.5}{2.5}\times(4-3)+\frac{15.3\times(3+2.5-4)}{0.704\times 2.5^2}=20.2(kPa)$$

(2) 附加荷载引起的附加土压力
桩顶下4m处位于砂土层,采用该层的土压力系数

$$k_{a3}=\tan^2\left(45°-\frac{35°}{2}\right)=0.271$$

$$e_q=\Delta\sigma_k k_{a3}=20.2\times 0.271=5.5(kPa)$$

【点评】附加荷载引起的基坑支护结构主动土压力,按规范要求计算。特别注意最后计算的 e_q,是在桩顶下4m处,位于砂土层,要用该层的主动土压力系数。

这是2020年的题目,近几年这个知识点题目的难度逐年增加,较早年份的题目已无参考性。

【题6.1.26】某建筑旁有一稳定的岩石山坡,坡角60°,依山拟建挡土墙,墙高6m,墙背倾角75°,墙后填料采用砂土,重度 $20kN/m^3$,内摩擦角28°,土与墙背间的摩擦角为15°,土与山坡间的摩擦角为12°,墙后填土高度5.5m。问挡土墙墙背主动土压力最接近下列哪个选项?

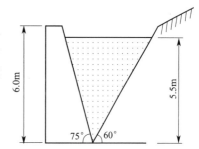

(A) 160kN/m   (B) 190kN/m
(C) 220kN/m   (D) 260kN/m
【答案】(C)

基本原理（基本概念或知识点）

在山区建设中，经常遇到 $60°\sim80°$ 陡峻的岩石自然边坡，其倾角远大于库仑破坏面的倾角，这时如果仍然采用古典土压力理论计算土压力，就会出现大的偏差。有限填土挡土墙压力计算见图 6-7。

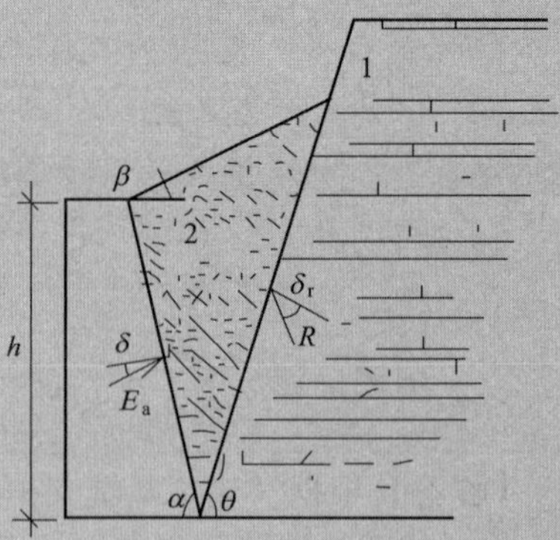

《建筑地基基础设计规范》(GB 50007—2011) 第6.7.3 条规定：当支挡结构后缘有较陡峻的稳定岩石坡面，岩坡的坡角 $\theta>(45°+\varphi/2)$ 时，应按有限范围填土计算土压力，取岩石坡面为破裂面。根据稳定岩石坡面与填土间的摩擦角按下式计算主动土压力系数：

$$k_a = \frac{\sin(\alpha+\theta)\sin(\alpha+\beta)\sin(\theta-\delta_r)}{\sin^2\alpha\sin(\theta-\beta)\sin(\alpha-\delta+\theta-\delta_r)} \quad (6\text{-}5)$$

式中 θ——稳定岩石坡面倾角，(°)；

δ_r——稳定岩石坡面与填土间的摩擦角，根据试验确定，当无试验资料时，可取 $\delta_r=0.33\varphi_k$，φ_k 为填土的内摩擦角标准值，(°)；

δ——土与挡土墙墙背的摩擦角，(°)；

α——挡土墙墙背的倾角，(°)；

β——墙后填土面倾角，(°)。

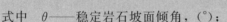

图 6-7 有限填土挡土墙土压力计算示意
1—岩石边坡；2—填土

有限挡土墙土压力的计算公式为：

$$E_a = \frac{1}{2}\psi_a\gamma h^2 k_a \quad (6\text{-}6)$$

式中 E_a——主动土压力，kN；

ψ_a——主动土压力增大系数，挡土墙高度小于 5m 时宜取 1.0，高度 5~8m 时宜取 1.1，高度大于 8m 时宜取 1.2；

γ——填土的重度，kN/m^3；

h——挡土结构的高度，m；

k_a——主动土压力系数。

【解答】根据《建筑地基基础设计规范》(GB 50007—2011) 第6.7.3 条。

$\theta=60°>45°+\dfrac{28°}{2}=59°$，应按有限范围填土计算土压力。

依题意，有 $\delta_r=12°$，$\delta=15°$，$\alpha=75°$，$\beta=0$，则

$$k_a = \frac{\sin(\alpha+\theta)\sin(\alpha+\beta)\sin(\theta-\delta_r)}{\sin^2\alpha\sin(\theta-\beta)\sin(\alpha-\delta+\theta-\delta_r)} = \frac{\sin(75°+60°)\sin(75°+0)\sin(60°-12°)}{\sin^2 75°\sin(60°-0)\sin(75°-15°+60°-12°)}$$

$$= \frac{\sin 135°\sin 75°\sin 48°}{\sin^2 75°\sin 60°\sin 108°} = \frac{0.707\times 0.966\times 0.743}{0.933\times 0.866\times 0.951} = 0.66$$

$$E_a = \frac{1}{2}\psi_a\gamma h^2 k_a = \frac{1}{2}\times 1.1\times 20\times 5.5^2\times 0.66 = 219.6(kN/m)$$

选答案（C）。

【点评】本题计算的是有限填土的土压力，主动土压力系数计算公式有点复杂。也可采用力的矢量三角形直接求出主动土压力。

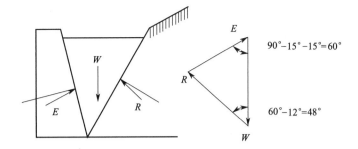

填料自重：
$$W = \frac{1}{2} \times 5.5 \times \left(\frac{5.5}{\tan 75°} + \frac{5.5}{\tan 60°}\right) \times 20 = 255.7 \text{(kN/m)}$$
$$E_a = \frac{255.7 \times \sin(60° - 12°)}{\sin(90° + 15° + 12° + 15° - 60°)} = 199.8 \text{(kN/m)}$$

根据《建筑地基基础设计规范》(GB 50007—2011) 第 6.7.3 条，主动土压力系数增大系数取 1.1，则 $E_a = 1.1 \times 199.8 = 219.8 \text{(kN/m)}$。

需要指出的是，本题并没有明确指定规范，边坡规范中也有类似的公式，但没有主动土压力增大系数。如果不乘增大系数 1.1，$E_a = 199.8 \text{kN/m}$，这与 4 个选项数值相差都太大，超过了计算误差范围。

要不要取土压力增大系数，在前些年的题目中会有矛盾。但近几年出的题目已经注意到了这点，在类似的考题中，大都会在题干中说明要不要乘以增大系数。

【题 6.1.27】 重力式挡土墙墙高 8m，墙背垂直光滑，填土面与墙顶平，填土为砂土，$\gamma = 20 \text{kN/m}^3$，内摩擦角 $\varphi = 36°$。该挡土墙建在岩石边坡前，岩石边坡坡脚与水平方向夹角 $\theta = 70°$，岩石与砂填土间摩擦角为 18°。计算作用于挡土墙上的主动土压力最接近下列哪个选项？

(A) 166kN/m (B) 298kN/m
(C) 157kN/m (D) 213kN/m

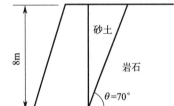

【答案】 (B)

【解答】 根据《建筑地基基础设计规范》(GB 50007—2011) 第 6.7.3 条。

$\theta = 70° > 45° + \frac{36°}{2} = 63°$，应按有限范围填土计算土压力。

依题意，有 $\delta_r = 18°$，$\delta = 0$，$\alpha = 90°$，$\beta = 0$，则

$$k_a = \frac{\sin(\alpha + \theta)\sin(\alpha + \beta)\sin(\theta - \delta_r)}{\sin^2\alpha \sin(\theta - \beta)\sin(\alpha - \delta + \theta - \delta_r)} = \frac{\sin(90° + 70°)\sin(90° + 0)\sin(70° - 18°)}{\sin^2 90° \sin(70° - 0)\sin(90° - 0 + 70° - 18°)}$$
$$= \frac{\sin 160° \sin 90° \sin 52°}{\sin^2 90° \sin 70° \sin 142°} = \frac{0.342 \times 1 \times 0.788}{1 \times 0.939 \times 0.616} = 0.466$$

$$E_a = \frac{1}{2}\psi_a \gamma h^2 k_a = \frac{1}{2} \times 1.1 \times 20 \times 8^2 \times 0.466 = 1.1 \times 298.24 = 328 \text{(kN/m)}$$

由此可以看出，此题的标准答案应该是不乘增大系数，则选答案 (C)。如果乘增大系数，则无合适答案。本题也可以用力的矢量三角形来求解。

楔体自重 $$W = \frac{20 \times 8 \times 8}{2 \times \tan 70°} = 233 \text{(kN)}$$

根据受力分析可知，作用于楔体的 W、R、E_a 形成力的闭合三角形，根据力的三角函数关系可知：

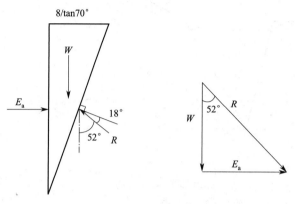

$$E_a = W\tan 52° = 298\text{kN}$$

【题 6.1.28】 图示重力式挡土墙和墙后岩石陡坡之间填砂土，墙高 6m，墙背倾角 60°，岩石陡坡倾角 60°，砂土 $\gamma=17\text{kN/m}^3$，内摩擦角 $\varphi=30°$；砂土与墙背及岩坡间的摩擦角均为 15°，根据《建筑边坡工程技术规范》（GB 50330—2013）计算挡土墙上的主动土压力合力 E_a 与下列何项数值最为接近？

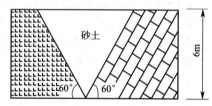

(A) 275kN/m　　(B) 250kN/m　　(C) 187kN/m　　(D) 83kN/m

【答案】（B）

【解答】 根据《建筑边坡工程技术规范》（GB 50330—2013）第 6.2.8 条❶。

$$k_a = \frac{\sin(\alpha+\beta)}{\sin(\alpha-\delta+\theta-\delta_r)\sin(\theta-\beta)} \times \left[\frac{\sin(\alpha+\theta)\sin(\theta-\delta_r)}{\sin^2\alpha} - \eta\frac{\cos\delta_r}{\sin\alpha}\right]$$

$\eta=\dfrac{2c}{\gamma H}$，因 $c=0$，故 $\eta=0$。

由题意，$\alpha=60°$，$\beta=0°$，$\theta=60°$，$\delta_r=\delta=15°$，有

$$k_a = \frac{\sin(60°+0°)}{\sin(60°-15°+60°-15°)\sin(60°-0°)} \times \left[\frac{\sin(60°+60°)\sin(60°-15°)}{\sin^2 60°} - 0\times\frac{\cos 15°}{\sin 60°}\right]$$
$$=0.816$$

$$E_a = \frac{1}{2}\gamma H^2 k_a = \frac{1}{2}\times 17\times 6^2\times 0.816 = 250(\text{kN/m})$$

【点评】 本题与题 6.1.26、题 6.1.27 知识点和考点几乎一样，但因为题目指定了规范，所以计算公式不一样。

笔者没有考证地基规范与边坡规范中这两个计算有限土压力的公式表达式的差异。用这两个不同的公式，对本题，其计算结果完全一样。

本题"繁而不难"，所需的参数多，计算工作量大，需认真仔细避免出错。

【题 6.1.29】 如图所示，某建筑旁有一稳定的岩质山坡，坡面 AE 的倾角 $\theta=50°$。依山建的挡土墙高 $H=5.5\text{m}$，墙背面 AB 与填土间的摩擦角 10°，倾角 $\alpha=75°$。墙后砂土填料重度 20kN/m^3，内摩擦角 30°，墙体自重 340kN/m。为确保挡土墙抗滑安全系数不小于 1.3，根据《建筑边坡工程技术规范》（GB 50330—2013），在水平填土面上施加的均布荷载

---

❶《建筑边坡工程技术规范》（GB 50330—2013）中 k_a 表示为 K_a，本书因全书符号统一便于理解，全部采用 GB 50007 中的小写表达方法。——编者注

q 最大值接近下列哪个选项？（墙底 AD 与地基间的摩擦系数取 0.6，无地下水。）

(A) 30kPa (B) 34kPa
(C) 38kPa (D) 42kPa

【答案】(A)

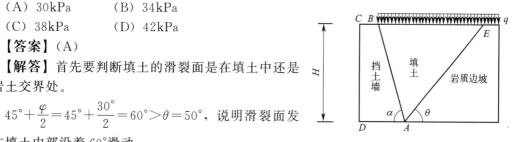

【解答】首先要判断填土的滑裂面是在填土中还是在岩土交界处。

$45°+\dfrac{\varphi}{2}=45°+\dfrac{30°}{2}=60°>\theta=50°$，说明滑裂面发生在填土内部沿着 60° 滑动。

规范公式(6.2.3-2)，也是按滑裂面在填土内的要求算的。所以考虑按填土内滑动计算。

解法一：根据《建筑边坡工程技术规范》(GB 50330—2013) 第 6.2.3 条、11.2.3 条。

(1) 主动土压力合力计算

土压力水平方向分力：
$$E_{ax}=E_a\sin(\alpha-\delta)=E_a\sin(75°-10°)=E_a\sin65°$$

土压力竖直方向分力：
$$E_{ay}=E_a\cos(\alpha-\delta)=E_a\cos(75°-10°)=E_a\cos65°$$

$$F_s=\dfrac{[(G+E_{ay})+E_{ax}\tan\alpha_0]\mu}{E_{ax}-(G+E_{ay})\tan\alpha_0}=\dfrac{(340+E_a\cos65°)\times0.6}{E_a\sin65°}\geqslant1.3$$

解得：$E_a\leqslant 220.63\text{kN/m}$。

(2) 主动土压力系数反算

$$E_a=\dfrac{1}{2}\psi\gamma H^2 k_a=\dfrac{1}{2}\times1.1\times20\times5.5^2\times k_a\leqslant220.63$$

解得：$k_a\leqslant 0.6631$。

$\alpha=75°$，$\beta=0$，$\delta=10°$，$\varphi=30°$，$\eta=\dfrac{2c}{\gamma H}=0$（砂土 $c=0$）。

$$k_a=\dfrac{\sin75°}{\sin^2 75°\sin^2(75°-30°-10°)}\{K_q[\sin75°\sin(75°-10°)+\sin(30°+10°)\sin30°]+0-$$
$$2\sqrt{K_q\sin75°\sin30°+0}\times\sqrt{K_q\sin(75°-10°)\sin(30°+10°)+0}\}$$
$$=0.4278K_q\leqslant0.6631$$

解得：$K_q\leqslant 1.5458$。

(3) 均布荷载反算

$$K_q=1+\dfrac{2q\sin\alpha\cos\beta}{\gamma H\sin(\alpha+\beta)}=1+\dfrac{2q\sin75°}{20\times5.5\times\sin75°}=1+\dfrac{1}{55}q\leqslant1.5458$$

解得：$q\leqslant 30.02\text{kPa}$。

解法二：根据土力学教材，用库仑土压力理论，按滑动面在土体内部计算。

$\alpha=90°-75°=15°$，$\beta=0$，$\delta=10°$，$\varphi=30°$。

$$k_a=\dfrac{\cos^2(\varphi-\alpha)}{\cos^2\alpha\cos(\alpha+\delta)\left[1+\sqrt{\dfrac{\sin(\varphi+\delta)\sin(\varphi-\beta)}{\cos(\varphi+\delta)\cos(\varphi-\beta)}}\right]^2}$$

$$=\dfrac{\cos^2(30°-15°)}{\cos^2 15°\cos(15°+10°)\left[1+\sqrt{\dfrac{\sin(30°+10°)\sin(30°-0°)}{\cos(30°+10°)\cos(30°-0°)}}\right]^2}=0.4278$$

$$E_a = \psi \left[\frac{1}{2} \gamma H^2 k_a + qHk_a \frac{\cos\alpha}{\cos(\alpha-\beta)} \right]$$
$$= 1.1 \times \left[\frac{1}{2} \times 20 \times 5.5^2 \times 0.4278 + q \times 5.5 \times 0.4278 \times \frac{\cos15°}{\cos(15°-0°)} \right]$$
$$= 142.35 + 2.588q \leqslant 220.63$$

解得：$q \leqslant 30.25$ kPa。

【点评】

① 从题图上看，似乎是一个有限土压力的计算。但 $45° + \frac{\varphi}{2} = 45° + \frac{30°}{2} = 60° > \theta = 50°$，说明滑裂面发生在填土内部沿着 60° 滑动。

② 解法一，要先根据抗滑安全系数确定主动土压力，然后反求主动土压力系数；再代入公式反求土压力系数 K_q。

③ 本题符合土力学教材中的库仑土压力理论计算方法，可以按教材中的公式计算，相对简单些，但也复杂。

④ 特别需要指出的是，土力学教材中的库仑公式很少考虑墙后有均布荷载的情况，即公式中 $qHk_a \frac{\cos\alpha}{\cos(\alpha-\beta)}$ 这部分。

⑤ 边坡规范规定，对土质边坡的重力式挡土墙，主动土压力应乘以增大系数（高度 5～8m 时取 1.1）。

这道题属于又难又繁的考题。题干给出的公式非常复杂，只算这一个公式，就会花费不少的时间，读者在考试时可视情况解答。

【本节考点】

① 挡土墙主动土压力计算（朗肯土压力理论），包括：填土表面有超载作用、成层填土、墙后填土中有地下水存在；

② 选用不同填料土压力相等时的墙高计算；

③ 考虑渗流作用时的土压力；

④ 地震液化时及液化后的土压力；

⑤ 支护结构（基坑）主动土压力计算；

⑥ 有限填土的土压力计算；

⑦ 第二滑裂面土压力。

6.2 重力式挡土墙（支挡结构）稳定性验算

【题 6.2.1】某建筑浆砌石挡土墙重度 22kN/m³，墙高 6m，底宽 2.5m，顶宽 1m，墙后填料重度 19kN/m³，黏聚力 20kPa，内摩擦角 15°，忽略墙背与填土的摩阻力，地表均布荷载 25kPa。问该挡土墙抗倾覆稳定安全系数最接近下列哪个选项？

(A) 1.5   (B) 1.8
(C) 2.0   (D) 2.2

【答案】(C)

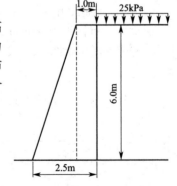

基本原理（基本概念或知识点）

挡土墙要满足抗倾覆的要求，以保证不发生倾覆破坏。抗倾覆稳定性是取图 6-8 所示的挡土墙的墙趾 O 点为力矩中心，用抗倾覆力矩与倾覆力矩的比值，即抗倾覆稳定系数 K 来表示。要求：

$$K = \frac{\text{抗倾覆力矩}}{\text{倾覆力矩}} = \frac{Gx_0 + E_{az}x_f}{E_{ax}z_f} \qquad (6\text{-}7)$$

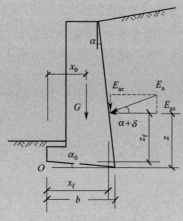

图 6-8 挡土墙抗倾覆验算

【解答】主动土压力系数：$k_a = \tan^2\left(45° - \dfrac{\varphi}{2}\right) = \tan^2\left(45° - \dfrac{15°}{2}\right) = 0.59$

临界深度：$z_0 = \dfrac{2c}{\gamma \sqrt{k_a}} - \dfrac{q}{\gamma} = \dfrac{2 \times 20}{19 \times \sqrt{0.59}} - \dfrac{25}{19} = 1.43(\text{m})$

墙底土压力强度：

$$p_a = (q + \gamma h)k_a - 2c\sqrt{k_a} = (25 + 19 \times 6) \times 0.59 - 2 \times 20 \times \sqrt{0.59} = 51.29(\text{kPa})$$

墙背主动土压力：

$$E_a = \frac{1}{2} \times (6 - 1.43) \times 51.29 = 117.2(\text{kN/m})$$

作用点距离墙底 $\dfrac{6 - 1.43}{3} = 1.52(\text{m})$。

挡土墙自重：$G = 1 \times 6 \times 22 + \dfrac{1}{2} \times (2.5 - 1) \times 6 \times 22 = 132 + 99 = 231(\text{kN/m})$

挡土墙自重作用点到墙趾的距离：

$$x = \frac{132 \times (2.5 - 0.5) + 99 \times \dfrac{2}{3} \times (2.5 - 1)}{231} = 1.57(\text{m})$$

则抗倾覆稳定系数：

$$K = \frac{231 \times 1.57}{117.2 \times 1.53} = 2.02$$

【点评】这是一道中规中矩的抗倾覆验算的考题。说中规中矩，是因为没有什么拐弯的要求或陷阱，就是求抗倾覆安全稳定系数。只是，需要从主动和被动土压力算起，包括土压力作用点的位置。最后，由被动土压力引起的抗倾覆力矩与主动土压力引起的倾覆力矩相比，就得到了结果。

下面这道题也属于这种类型的考题。

【题 6.2.2】 某浆砌石挡土墙,墙高 6.0m,顶宽 1.0m,底宽 2.6m,重度 $\gamma=24\text{kN/m}^3$,假设墙背直立、光滑,墙后采用砾砂回填,墙顶面以下土体平均重度 $\gamma=19\text{kN/m}^3$,综合内摩擦角 $\varphi=35°$,假定地面的附加荷载为 $q=15\text{kPa}$,该挡土墙的抗倾覆稳定系数最接近下列哪个选项?

(A) 1.45　　(B) 1.55　　(C) 1.65　　(D) 1.75

【答案】 (C)

【解答】 主动土压力系数:$k_a=\tan^2\left(45°-\dfrac{\varphi}{2}\right)=\tan^2\left(45°-\dfrac{35°}{2}\right)=0.271$

挡土墙自重:$G=G_1+G_2=24\times1.0\times6+24\times\dfrac{1.6\times6}{2}\times6\times22=144+115.2=259.2(\text{kN/m})$

墙顶处主动土压力强度:$p_{a1}=(q+\gamma h)k_a=15\times0.271=4.07(\text{kPa})$

墙底处主动土压力强度:$p_{a2}=(q+\gamma h)k_a=(15+19\times6)\times0.271=34.96(\text{kPa})$

倾覆力矩:
$$M_1=4.07\times6\times\dfrac{1}{2}\times6+\dfrac{1}{2}\times(34.96-4.07)\times6\times\dfrac{6}{3}=73.26+185.34=258.6(\text{kN}\cdot\text{m})$$

抗倾覆力矩:
$$M_2=G_1\times(2.6-0.5)+G_2\times\dfrac{2}{3}\times(2.6-1.0)=144\times(2.6-0.5)+115.2\times\dfrac{2}{3}\times(2.6-1.0)$$
$$=425.3(\text{kN/m})$$

抗倾覆稳定系数:
$$K=\dfrac{M_2}{M_1}=\dfrac{425.3}{258.6}=1.64$$

【题 6.2.3】 一重力式挡土墙,底宽为 $b=4\text{m}$,地基为砂土。如果单位长度墙的自重为 $G=212\text{kN}$,对墙趾力臂 $x_0=1.8\text{m}$;作用于墙背上主动土压力垂直分量 $E_{az}=40\text{kN}$;力臂 $x_f=2.2\text{m}$;水平分量 $E_{ax}=106\text{kN}$(在垂直、水平分量中均已包括了水的侧压力),力臂 $z_f=2.4\text{m}$;墙前水位与基底平,墙后填土中的水位距基底 3m,假定基底面地下水的扬压力为三角形分布,趾前被动土压力忽略不计。问该墙绕墙趾倾覆的稳定安全系数最接近于下列哪个数值?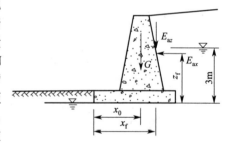

(A) 1.1　　(B) 1.2　　(C) 1.5　　(D) 1.8

【答案】 (B)

【解答】 根据《建筑地基基础设计规范》(GB 50007—2011)公式(6.7.5-6)。

$$K=\dfrac{Gx_0+E_{az}x_f}{E_{ax}z_f} \tag{6-8}$$

但参考《建筑基坑支护技术规程》(JGJ 120—2012),对砂土地基,当墙底位于地下水以下时,应考虑墙地面上的扬压力,题干已说基底面地下水的扬压力为三角形分布,如图所示,则: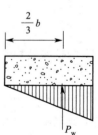

$$K=\dfrac{Gx_0-P_w\dfrac{2}{3}b+E_{az}x_f}{E_{ax}z_f} \tag{6-9}$$

取水的重度为 10kN/m^3,得

$$K=\dfrac{212\times1.8-\dfrac{1}{2}\times30\times40\times\dfrac{2}{3}\times4+40\times2.2}{106\times2.4}$$

$$= \frac{381.6-160+88}{254.4} = 1.217$$

【点评】需要注意的是，当墙底存在扬压力时，抗倾覆计算时，扬压力并不能算作荷载，它的作用只是减少了墙体的自重，即扬压力产生的力矩不加在分母项，而要减在分子项。这一点，李广信在《岩土工程50讲》中有详细的介绍。

【题 6.2.4】某二级基坑，开挖深度 $H=5.5\text{m}$，拟采用水泥土墙支护结构，其嵌固深度 $l_d=6.5\text{m}$，水泥土墙体的重度为 19kN/m^3，墙体两侧主动土压力与被动土压力强度标准值分布如图所示（单位：kPa）。按照《建筑基坑支护技术规程》（JGJ 120—2012），计算该重力式水泥土墙满足倾覆稳定性要求的宽度，其值最接近下列哪个选项？

(A) 4.2m　　(B) 4.5m
(C) 5.0m　　(D) 5.5m

【答案】（B）

【解答】根据《建筑基坑支护技术规程》（JGJ 120—2012）第6.1.2条。

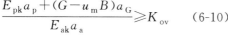

在本题中，$u_m=0$，将相关数据代入公式

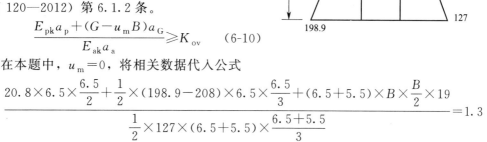

解得：$B=4.46\text{m}$。

【点评】利用抗倾覆的条件确定支护墙体的宽度，是一个常见的考点和题型，应熟练掌握。下面两题也是同样的考点。

【题 6.2.5】一个矩形断面的重力式挡土墙，设置在均匀地基土上，墙高10m，墙前埋深4m，墙前地下水位在地面以下2m，如图所示，墙体混凝土重度 $\gamma_{cs}=22\text{kN/m}^3$，墙后地下水位在地面以下4m，墙后的水平方向的主动土压力与水压力的合力为1550kN/m，作用点距墙底3.6m，墙前水平方向的被动土压力与水压力的合力为1237kN/m，作用点距离底1.7m，在满足抗倾覆稳定安全系数 $K_{ov}=1.2$ 的情况下，墙的宽度 b 最接近下列哪个选项？

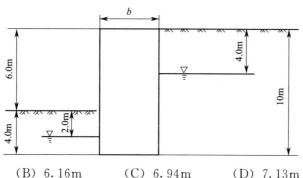

(A) 5.62m　　(B) 6.16m　　(C) 6.94m　　(D) 7.13m

【答案】（D）

【解答】根据《建筑基坑支护技术规程》（JGJ 120—2012）第6.1.2条。

$$\frac{E_{pk}a_p+(G-u_m B)a_G}{E_{ak}a_a} \geq K_{ov}$$

式中，u_m 为墙底面的水压力（扬压力），$u_m = \gamma_w(h_{wa}+h_{wp})/2$，公式中其他符号的意义见图。

对本题，扬压力分布为梯形，$u_m = \gamma_w(h_{wa}+h_{wp})/2 = 10 \times (6+2) \div 2 = 40(\text{kPa})$

墙体自重 $G = 10b \times 22$。

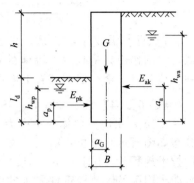

$$\frac{E_{pk}a_p+(G-u_m B)a_G}{E_{ak}a_a} = \frac{1237 \times 1.7+(10b \times 22-40b)\frac{b}{2}}{1550 \times 3.6} \geq 1.2$$

解得：$b = 7.14\text{m}$。

【题 6.2.6】10m 厚的黏土层下为含承压水的砂土层，承压水头高 4m，拟开挖 5m 深的基坑，重要性系数 $\gamma_0 = 1.0$。使用水泥土墙支护，水泥土重度为 20kN/m^3，墙总高 10m。已知每延米墙后的总主动土压力为 800kN/m，作用点距墙底 4m；墙前总被动土压力为 1200kN/m，作用点距墙底 2m。如果将水泥土墙受到的扬压力从自重中扣除，计算满足抗倾覆安全系数为 1.2 条件下的水泥土墙最小厚度最接近下列哪个选项？

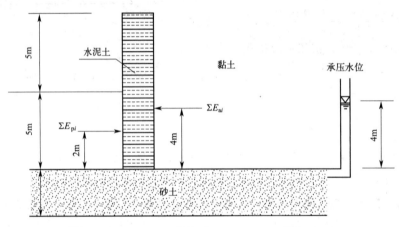

(A) 3.5m (B) 3.8m (C) 4.0m (D) 4.2m

【答案】（D）

【解答】根据《建筑基坑支护技术规程》（JGJ 120—2012）第 6.1.2 条。

本题中，扬压力为矩形分布：$u_m = \gamma_w(h_{wa}+h_{wp})/2 = 10 \times (4+4)/2 = 40(\text{kPa})$

墙体自重 $G = 10b \times 20$。

$$\frac{E_{pk}a_p+(G-u_m B)a_G}{E_{ak}a_a} \geq K_{ov} \Rightarrow \frac{1200 \times 2+(10b \times 20-40 \times b)\frac{b}{2}}{800 \times 4} \geq 1.2$$

$$80b^2 = 1440$$

解得：$b = 4.24\text{m}$。

【题 6.2.7】基坑某剖面如图所示，板桩两侧均为砂土，$\gamma = 19\text{kN/m}^3$，$\varphi = 30°$，$c = 0$。基坑开挖深度为 $H = 1.8\text{m}$，如果抗倾覆稳定安全系数 $K = 1.3$，按抗倾覆计算悬臂式板桩的最小入土深度最接近下列哪个数值？

(A) 1.8m (B) 2.0m
(C) 2.5m (D) 2.8m

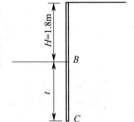

【答案】(B)

【解答】 主动土压力系数：$k_a = \tan^2\left(45° - \dfrac{\varphi}{2}\right) = \tan^2\left(45° - \dfrac{30°}{2}\right) = \dfrac{1}{3}$

被动土压力系数：$k_p = \tan^2\left(45° + \dfrac{\varphi}{2}\right) = \tan^2\left(45° + \dfrac{30°}{2}\right) = 3.0$

$$E_a = \frac{1}{2}\gamma h^2 k_a = \frac{1}{2}\gamma(1.8+t)^2 k_a, \quad M_a = E_a \frac{1.8+t}{3} = \frac{1}{6}\gamma(1.8+t)^3 k_a$$

$$E_p = \frac{1}{2}\gamma h^2 k_p = \frac{1}{2}\gamma t^2 k_p, \quad M_p = E_p \frac{t}{3} = \frac{1}{6}\gamma t^3 k_p$$

要求 $\dfrac{M_p}{M_a} \geq 1.3$，有 $\dfrac{\frac{1}{6}\gamma t^3 k_p}{\frac{1}{6}\gamma(1.8+t)^3 k_a} \geq 1.3 \Rightarrow 3t^3 = \dfrac{1}{3} \times (1.8+t)^3 \times 1.3$

解得：$t = 2.0\text{m}$。

【点评】 用抗倾覆的条件来确定板桩长度，需要解三次方程，计算工作量有点大。如果对解三次方程方法不熟悉，可以有个简便的方法，就是把 4 个选项分别代入方程，这样就可以迅速找到正确答案。

【题 6.2.8】 某基坑位于均匀软弱黏性土场地，土层主要参数如下：$\gamma = 18\text{kN/m}^3$，固结不排水强度指标 $c_k = 8\text{kPa}$，$\varphi_k = 17°$，基坑开挖深度为 4m，地面超载为 20kPa。拟采用水泥土墙支护，水泥土重度为 19kN/m³，挡土墙宽度为 2m。根据《建筑基坑支护技术规程》(JGJ 120—2012)，满足抗倾覆稳定性的水泥土墙嵌固深度设计值最接近下列哪个选项的数值？（注：抗倾覆稳定安全系数取 1.3。）

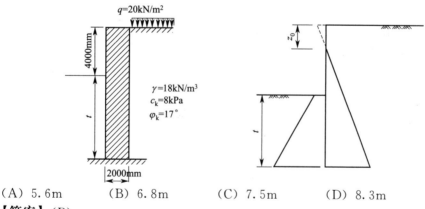

(A) 5.6m　　(B) 6.8m　　(C) 7.5m　　(D) 8.3m

【答案】(B)

【解答】 根据《建筑基坑支护技术规程》(JGJ 120—2012)。

主动土压力系数：$k_a = \tan^2\left(45° - \dfrac{\varphi}{2}\right) = \tan^2\left(45° - \dfrac{17°}{2}\right) = 0.548$

被动土压力系数：$k_p = \tan^2\left(45° + \dfrac{\varphi}{2}\right) = \tan^2\left(45° + \dfrac{17°}{2}\right) = 1.826$

$$z_0 = \dfrac{\dfrac{2c}{\sqrt{k_a}} - q}{\gamma} = \dfrac{\dfrac{2 \times 8}{\sqrt{0.548}} - 20}{18} = 0.09(\text{m})$$

$$p_a = (\gamma H + q)k_a - 2c\sqrt{k_a} = [18 \times (4+t) + 20] \times 0.548 - 2 \times 8 \times \sqrt{0.548}$$
$$= 9.864t + 38.572$$

$$E_a = (9.864t + 38.572) \times (4 + t - 0.09) \times \frac{1}{2}$$

$$p_{p1} = 2c\sqrt{k_p} = 2 \times 8 \times \sqrt{1.862} = 21.623 \text{(kPa)}$$

$$p_{p2} = \gamma t k_p + 2c\sqrt{k_p} = 18t \times 1.862 + 21.623 = 32.868t + 21.623$$

$$E_p = 21.623t + 32.868 \frac{t^2}{2}$$

$$G = (4+t) \times 2 \times 19 = 38t + 152$$

$$K_{ov} = \frac{E_{pk}a_p + (G - u_m B)a_G}{E_{ak}a_a} = \frac{21.623t \times \frac{t}{2} + 32.868 \frac{t^2}{2} \times \frac{t}{3} + (38t + 152) \times 1}{(9.864t + 38.572) \times (4 + t - 0.09)^2 \times \frac{1}{6}}$$

$$= \frac{5.478t^3 + 10.812t^2 + 38t + 152}{1.644t^3 + 19.285t^2 + 75.406t + 98.281} = 1.3$$

整理得：$3.341t^3 - 14.259t^2 - 60.028t + 24.235 = 0$

解此一元三次方程得：$t = 6.77 \text{m}$。

【题 6.2.9】图示既有挡土墙的原设计为墙背直立、光滑，墙后的填料为中砂和粗砂，厚度分别为 $h_1 = 3\text{m}$ 和 $h_2 = 5\text{m}$，中砂的重度和内摩擦角分别为 $\gamma_1 = 18\text{kN/m}^3$，$\varphi_1 = 30°$，粗砂为 $\gamma_2 = 19\text{kN/m}^3$，$\varphi_2 = 36°$。墙体自重 $G = 350\text{kN/m}$，重心距墙趾作用距 $b = 2.15\text{m}$，此时挡土墙的抗倾覆稳定系数 $K_0 = 1.71$。建成后又需要在地面增加均匀满布荷载 $q = 20\text{kPa}$，试问增加 q 后挡土墙的抗倾覆稳定系数减少值最接近下列哪个选项？

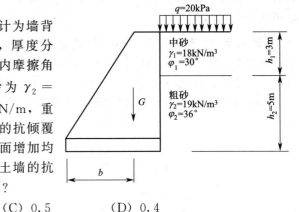

(A) 1.0　　(B) 0.8　　(C) 0.5　　(D) 0.4

【答案】(C)

【解答】中砂层：$k_{a1} = \tan^2\left(45° - \frac{\varphi_1}{2}\right) = \tan^2\left(45° - \frac{30°}{2}\right) = \frac{1}{3}$

粗砂层：$k_{a2} = \tan^2\left(45° - \frac{\varphi_2}{2}\right) = \tan^2\left(45° - \frac{36°}{2}\right) = 0.26$

依题意，$K_0 = \frac{Gb}{E_a z_f} = 1.71 \Rightarrow E_a z_f = \frac{Gb}{1.71} = \frac{350 \times 2.15}{1.71} = 440$

增加超载后：

$$K_1 = \frac{Gb}{E_a z_f + q k_{a1} h_1 \left(h_2 + \frac{h_1}{2}\right) + q k_{a2} h_2 \frac{h_2}{2}} = \frac{350 \times 2.15}{440 + 20 \times \frac{1}{3} \times 3 \times \left(5 + \frac{3}{2}\right) + 20 \times 0.26 \times \frac{5^2}{2}} = 1.19$$

$$\Delta K = K_0 - K_1 = 1.71 - 1.19 = 0.52$$

【点评】① 根据已知条件可知：$E_a z_f = \frac{Gb}{1.71} = \frac{350 \times 2.15}{1.71} = 440$；

② 理解题意：加了超载，亦即增加了主动土压力；

③ 超载引起的主动土压力为矩形分布；

④ 在分母上增加超载引起的倾覆力矩。

本题灵活考察抗倾覆相关的基本概念，计算工作量不大。

【题 6.2.10】 某浆砌石挡土墙墙高 6.0m，墙背直立，顶宽 1.0m，底宽 2.6m，墙体重度 $\gamma=24\mathrm{kN/m^3}$，墙后主要采用砾砂回填，填土体平均重度 $\gamma=20\mathrm{kN/m^3}$，假定填砂与挡土墙的摩擦角 $\delta=0°$，地面均布荷载取 $15\mathrm{kN/m^2}$，根据《建筑边坡工程技术规范》(GB 50330—2013)，问墙后填砂层的综合内摩擦角 φ 至少应达到以下哪个选项时，该挡土墙才能满足规范要求的抗倾覆稳定性？

(A) 23.5°　　(B) 32.5°　　(C) 37.5°　　(D) 39.5°

【答案】 (C)

【解答】 根据《建筑边坡工程技术规范》(GB 50330—2013) 第 11.2.1 条、11.2.4 条。

墙体自重：$G=\gamma V=24\times\frac{1}{2}\times 1.6\times 6+24\times 1.0\times 6.0=115.2+144=259.2(\mathrm{kN})$

墙顶处土压力强度：$E_{a1}=1.1qk_a=16.5k_a$

墙底处土压力强度：$E_{a2}=1.1(q+\sum\gamma_j h_j)k_a=1.1\times(15+20\times 6)k_a=148.5k_a$

$$F_t=\frac{Gx_0+E_{ax}x_f}{E_{az}z_f}$$

$$=\frac{115.2\times\frac{2}{3}\times 1.6+144\times(1.6+0.5)}{16.5k_a\times 6.0\times 3.0+\frac{1}{2}\times(148.5-16.5)k_a\times 6.0\times\frac{1}{3}\times 6.0}$$

$$=\frac{425.28}{1089k_a}=1.6$$

$$k_a=0.244=\tan^2\left(45°-\frac{\varphi}{2}\right)$$

解得：$\varphi=37.4°$。

【点评】 这是一道逆向思维的考题。一般的题目，都是已知土性参数和荷载情况，求抗倾覆安全系数。但这道题却是已知抗倾覆安全系数，反求土的内摩擦角。

特别需要注意的是，本题干已明确要求按《建筑边坡工程技术规范》(GB 50330—2013) 来计算，而此边坡规范中对土压力的计算有个增大系数：挡土墙高度 5~8m 时增大系数宜取 1.1。如果没注意到这一点，那就得不到合适的答案选项。

本题做了一些简化假设，使得问题可以求解。与前面的题目相比，本题稍显一点难度。

【题 6.2.11】 某二级基坑深度为 6m，地面作用 10kPa 的均布荷载，采用双排桩支护，土为中砂，黏聚力为 0，内摩擦角为 30°，重度为 $18\mathrm{kN/m^3}$，无地下水。支护桩直径为 600mm，桩间距为 1.2m，排距为 2.4m，嵌固深度 4m。双排桩结构和桩间土的平均重度为 $20\mathrm{kN/m^3}$，试计算双排桩的嵌固稳定安全系数最接近下列哪个选项？

(A) 1.10　　(B) 1.27
(C) 1.37　　(D) 1.55

【答案】 (B)

【解答】 根据《建筑基坑支护技术规程》(JGJ 120—2012) 第 4.12.5 条。

双排桩的嵌固深度 (l_d) 应符合下式嵌固稳定性的

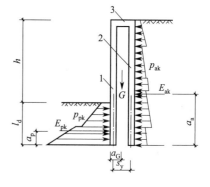

双排桩抗倾覆稳定性验算
1—前排桩；2—后排桩；3—刚架梁

要求

$$\frac{E_{pk}a_p + Ga_G}{E_{ak}a_a} \geqslant K_e \quad (6-11)$$

式中 K_e——嵌固稳定安全系数，安全等级为一级、二级、三级的双排桩，K_e分别不小于1.25、1.2、1.15；

E_{ak}、E_{pk}——基坑外侧主动土压力、基坑内侧被动土压力标准值，kN；

a_a、a_p——基坑外侧主动土压力、基坑内侧被动土压力合力作用点至双排桩底端的距离，m；

G——双排桩、刚架梁和桩间土的自重之和，kN；

a_G——双排桩、刚架梁和桩间土的重心至前排桩边缘的水平距离，m。

$$k_a = \tan^2\left(45° - \frac{\varphi}{2}\right) = \tan^2\left(45° - \frac{30°}{2}\right) = \frac{1}{3}$$

$$k_p = \tan^2\left(45° + \frac{\varphi}{2}\right) = \tan^2\left(45° + \frac{30°}{2}\right) = 3.0$$

$$p_{a1} = qk_a = 10 \times \frac{1}{3} = 3.3 \text{(kPa)}$$

$$p_{a2} = (q + \gamma H)k_a = 10 \times \frac{1}{3} = (10 + 18 \times 10) \times \frac{1}{3} = 63.3 \text{(kPa)}$$

$$E_a = \frac{1}{2}(p_{a1} + p_{a2})H = \frac{1}{2} \times (3.3 + 63.3) \times 10 = 333 \text{(kN)}$$

$$p_p = \gamma l_d k_p = 18 \times 4 \times 3.0 = 216 \text{(kPa)}$$

$$E_p = \frac{1}{2}p_p l_d = \frac{1}{2} \times 216 \times 4 = 432 \text{(kN)}$$

$$G = \gamma V = 20 \times (2.4 + 0.6) \times 10 = 600 \text{(kN)}$$

土压力分布见右图。

土压力分布图

双排桩的嵌固稳定安全系数：

$$\frac{E_{pk}a_p + Ga_G}{E_{ak}a_a} = \frac{432 \times \frac{1}{3} \times 4 + 600 \times \frac{1}{2} \times (2.4 + 0.6)}{3.3 \times 10 \times \frac{1}{2} \times 10 + \frac{1}{2} \times (63.3 - 3.3) \times 10 \times \frac{1}{3} \times 10} = 1.27$$

【点评】双排桩的嵌固稳定性验算问题与单排悬臂桩类似，应满足作用在后排桩上的主动土压力与作用在前排嵌固段上的被动土压力的力矩平衡条件。与单排桩不同的是，在双排桩的抗倾覆稳定性验算公式中，是将双排桩与桩间土整体作为力的平衡分析对象，考虑了土与桩自重的抗倾覆作用。

【题6.2.12】重力式挡土墙的断面如图所示，墙基底倾角6°，墙背面与竖角方向夹角20°，用库仑土压力理论计算得到单位长度的总主动土压力为$E_a = 200$kN/m，墙体单位长度自重300kN/m，墙底与地基土间摩擦系数为0.33，墙背面与土的摩擦角为15°，试问该重力式挡土墙的抗滑稳定安全系数最接近下列哪个选项？

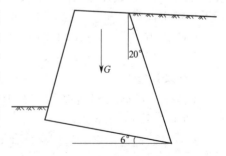

(A) 0.50　　　(B) 0.66　　　(C) 1.10　　　(D) 1.20

【答案】（D）

基本原理（基本概念或知识点）

在土压力作用下，挡土墙可能沿着基础底面发生滑动，因此要求挡土墙要有抗滑动能力。抗滑动稳定性是用抵抗滑动的力（抗滑力）与要求滑动的力（滑动力）的比值，即抗滑动稳定安全系数来表示。

根据《建筑地基基础设计规范》（GB 50007—2011）第 6.7.5 条，抗滑稳定性应按下列公式进行验算（图 6-9）：

$$\frac{(G_n+E_{an})\mu}{E_{at}-G_t} \geqslant 1.3 \qquad (6-12)$$

$$G_n = G\cos\alpha_0$$

$$G_t = G\sin\alpha_0$$

$$E_{at} = E_a\sin(\alpha-\alpha_0-\delta)$$

$$E_{an} = E_a\cos(\alpha-\alpha_0-\delta)$$

式中　G——挡土墙每延米自重，kN；
　　　α_0——挡土墙基底的倾角，(°)；
　　　α——挡土墙墙背的倾角，(°)；
　　　δ——土对挡土墙墙背的摩擦角，(°)；
　　　μ——土对挡土墙基底的摩擦系数。

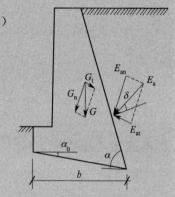

图 6-9　挡土墙抗滑稳定验算示意

【解答】根据《建筑地基基础设计规范》（GB 50007—2011）第 6.7.5 条。

由题意：

$$G_n = G\cos\alpha_0 = 300 \times \cos6° = 298(\text{kN})$$

$$G_t = G\sin\alpha_0 = 300 \times \sin6° = 31.3(\text{kN})$$

$$E_{at} = E_a\sin(\alpha-\alpha_0-\delta) = 200 \times \sin(90°-20°-6°-15°) = 151(\text{kN})$$

$$E_{an} = E_a\cos(\alpha-\alpha_0-\delta) = 200 \times \cos(90°-20°-6°-15°) = 131.2(\text{kN})$$

$$F_s = \frac{(G_n+E_{an})\mu}{E_{at}-G_t} = \frac{(298+131.2)\times 0.33}{151-31.3} = 1.183$$

【点评】这是一道中规中矩的抗滑动验算的考题。虽然本题用的是《建筑地基基础设计规范》（GB 50007）中的公式，但实际上土力学教材中也是同样的公式，只是公式中的符号可能略有差异，但意义完全相同。

【题 6.2.13】山区重力式挡土墙自重 200kN/m，经计算，墙背主动土压力水平分力为 $E_x = 200$kN/m，竖向分力 $E_y = 80$kN/m，挡土墙基底倾角 15°，基底摩擦系数 0.65，问该墙的抗滑移稳定安全系数最接近下列哪个选项的数值？（不计墙前土压力。）

(A) 0.9　　　(B) 1.3
(C) 1.7　　　(D) 2.2

【答案】（C）

【解答】根据《建筑地基基础设计规范》（GB 50007—2011）第 6.7.5 条。

$$K_s = \frac{(G_n+E_{an})\mu}{E_{at}-G_t} \geqslant 1.3$$

依题意列出新的表达式：

$$K_s = \frac{[(G+E_y)\cos\alpha + E_x\sin\alpha]\mu}{E_x\cos\alpha - (G+E_y)\sin\alpha}$$

代入数据，得

$$K_s = \frac{[(200+80)\times\cos15°+200\times\sin15°]\times0.65}{200\times\cos15°-(200+80)\times\sin15°} = \frac{209.4}{120.7} = 1.73$$

【点评】 抗滑稳定性验算时，所有力的方向均要与基底平行或垂直。所以，要根据题意将力分解到与基底平行和垂直的两个方向上来计算。

【题 6.2.14】 某重力式挡土墙如图所示。墙重为 767kN/m，墙后填砂土，$\gamma = 17\text{kN/m}^3$，$c = 0$，$\varphi = 32°$；墙底与地基间的摩擦系数 $\mu = 0.5$；墙背与砂土间的摩擦角 $\delta = 16°$，用库仑土压力理论计算此墙的抗滑稳定安全系数最接近于下面哪一个选项？

(A) 1.23　　(B) 1.83
(C) 1.68　　(D) 1.60

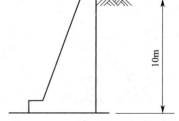

【答案】 (B)

基本原理（基本概念或知识点）

根据墙背后滑动土楔处于极限平衡，用静力平衡方程求解作用于墙背的土压力。库仑土压力理论由于概念明确，且在一定条件下较符合实际，故这一古典理论沿用至今。

库仑土压力理论的基本假定：①挡土墙是刚性的，墙背后填土是无黏性土；②墙后形成滑动楔体 ABC，滑动面 BC 为一个通过墙踵的平面；③土楔 ABC 处于极限平衡状态。

库仑主动土压力的计算公式为：

$$E_a = \frac{1}{2}\gamma H^2 k_a \tag{6-13}$$

$$k_a = \frac{\cos^2(\varphi-\varepsilon)}{\cos^2\varepsilon\cos(\varepsilon+\delta)\left[1+\sqrt{\dfrac{\sin(\varphi+\delta)\sin(\varphi-\beta)}{\cos(\delta+\varepsilon)\cos(\varepsilon-\beta)}}\right]^2} \tag{6-14}$$

式中各符号意义见图 6-10。

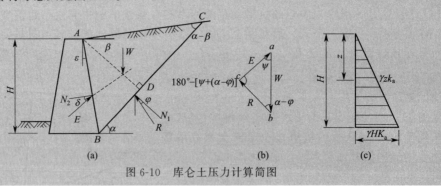

图 6-10　库仑土压力计算简图

【解答】 题干已清楚要求按库仑土压力理论来计算。
由题干，$\varphi = 32°$，$\varepsilon = 0$，$\delta = 16°$，$\beta = 0$。代入公式

$$k_a = \frac{\cos^2(32°-0°)}{\cos^20°\times\cos(0°+16°)\times\left[1+\sqrt{\dfrac{\sin(32°+16°)\times\sin(32°-0°)}{\cos(16°+0°)\times\cos(0°-0°)}}\right]^2} = \frac{0.72}{0.96\times2.7} = 0.278$$

$$E_a = \frac{1}{2}\gamma H^2 k_a = \frac{1}{2} \times 17 \times 10^2 \times 0.278 = 236 (\text{kN/m})$$

注意：E_a 与墙背的法线方向的夹角 $\delta = 16°$。

$$E_{ax} = E_a \cos\delta = 236 \times \cos16° = 227 (\text{kN/m})$$
$$E_{az} = E_a \sin\delta = 236 \times \sin16° = 65 (\text{kN/m})$$

抗滑安全系数：$K = \dfrac{(G + E_{az})\mu}{E_{ax}} = \dfrac{(767 + 65) \times 0.5}{227} = 1.83$

【题 6.2.15】重力式挡土墙断面如图，墙基底倾角为 6°，墙背与竖直方向夹角 20°。用库仑土压力理论计算得到每延米的总主动土压力为 $E_a = 200\text{kN/m}$，墙体每延米自重 300kN/m，墙底与地基土间摩擦系数为 0.33，墙背面与填土间摩擦角 15°。计算该重力式挡土墙的抗滑稳定安全系数最接近于下列哪个选项？

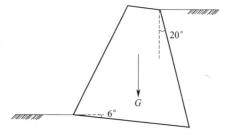

(A) 0.50　　(B) 0.66　　(C) 1.10　　(D) 1.20

【答案】(D)

【解答】根据《建筑地基基础设计规范》(GB 50007—2011) 式(6.7.5-1)。

$$F_s = \frac{(G_n + E_{an})\mu}{E_{at} - G_t}$$

$$G_n = G\cos\alpha_0 = 300 \times \cos6° = 298.4 (\text{kN/m})$$
$$G_t = G\sin\alpha_0 = 300 \times \sin6° = 31.4 (\text{kN/m})$$
$$E_{an} = E_a \cos(\alpha - \alpha_0 - \delta) = 200 \times \cos(70° - 6° - 15°) = 131 (\text{kN/m})$$
$$E_{at} = E_a \sin(\alpha - \alpha_0 - \delta) = 200 \times \sin(70° - 6° - 15°) = 150.3 (\text{kN/m})$$

$$F_s = \frac{(G_n + E_{an})\mu}{E_{at} - G_t} = \frac{(298.4 + 131) \times 0.33}{150.3 - 31.4} = 1.19$$

【点评】可以用土力学教材中的公式，也可以用地基规范中的公式，将已知参数直接代入公式计算，要仔细认真。

《全国注册工程师专业考试试题解答及分析（2011～2013）》对此题的分析和解释如下：

一般有两种情况：一种是问题在不同的规范中有不同的规定，或者不同的计算方法，这时为了统一答案，不至于出现歧义，就指明规范；另一种情况是问题属于岩土工程或岩土力学中的基本知识，用土力学或其他基础科学的基本概念、理论、方法可以解决，不会得出不同的结果，题目就不会指明规范。用规范给定的方法和公式，只要各种符号意义清楚，代入公式、表格进行简单计算比较即可，会减少计算错误。但是这必须对于规范中有关的章节很熟悉，能够快速准确找到公式和图表，同时对它们也理解清楚。

这道题就是重力式挡土墙的滑动稳定问题，尽管它的墙底前倾，但只要所有的力都沿墙底面分解为法向力和切向力，就可以容易地解决。

【题 6.2.16】有一个水闸宽度 10m，闸室基础至上部结构的每延米不考虑浮力的总自重为 2000kN/m，上游水位 $H = 10\text{m}$，下游水位 $h = 2\text{m}$，地基土为均匀砂质粉土，闸底与地基土摩擦系数为 0.4，不计上下游的水平土压力，则其抗滑稳定安全系数最接近下列哪个选项？

(A) 1.67　　(B) 1.57　　(C) 1.27　　(D) 1.17

【答案】(D)

【解答】滑动力为两侧水压力差值，即

$$T = \frac{1}{2}\gamma_w H^2 - \frac{1}{2}\gamma_w h^2 = \frac{1}{2} \times 10 \times 10^2 - \frac{1}{2} \times 10 \times 2^2$$
$$= 480(\text{kN})$$

由于水闸处于水面以下，所以有扬压力为梯形分布。

$$P_w = \frac{1}{2} \times (100 + 20) \times 10 = 600(\text{kN})$$

则抗滑稳定安全系数

$$K = \frac{(G - P_w)\mu}{T} = \frac{(2000 - 600) \times 0.4}{480} = 1.167$$

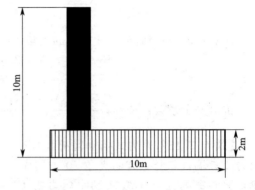

【点评】通常我们面对的都是挡土墙，而本题则是一水闸。两侧的水压力差导致水闸有滑移的可能性。另外，扬压力会减少闸室自重，所以要放在公式的分子上相减。

【题 6.2.17】重力式梯形挡土墙，墙高 4.0m，顶宽 1.0m，底宽 2.0m，墙背垂直光滑，墙底水平，基底与岩层间摩擦系数 f 取为 0.6，抗滑稳定性满足设计要求，开挖后发现岩层风化较严重，将 f 值降低为 0.5 进行变更设计，拟采用墙体变厚的变更原则，若要达到原设计的抗滑稳定性，墙厚需增加下列哪个选项的数值？

(A) 0.2m　　(B) 0.3m　　(C) 0.4m　　(D) 0.5m

【答案】(B)

【解答】原设计挡土墙抗滑力：

$$F = \left(\frac{1.0 + 2.0}{2} \times 4\right)\gamma \times 0.6 = 3.6\gamma$$

变更设计挡土墙净增厚为 b，且抗滑力与原墙相同，故

$$\left(\frac{1.0 + 2.0}{2} + b\right) \times 4\gamma \times 0.5 = F = 3.6\gamma$$

解得：$b = 0.3\text{m}$。

【点评】本题没有给出土压力，所以无法获得抗滑移安全系数。但根据题意可知，在设计变更前后，只有挡土墙体积和摩擦系数发生了变化，而其他如土压力、抗滑安全系数等均未变化，所以可以得知，抗滑力在变更前后也不变，由此来计算增加的墙厚。

【题 6.2.18】透水地基上的重力式挡土墙，如图（尺寸单位：m）所示。墙后砂填土的 $c = 0$，$\varphi = 30°$，$\gamma = 18\text{kN/m}^3$。墙高 7m，上顶宽 1m，下底宽 4m，混凝土重度为 25kN/m^3。墙底与地基土摩擦系数为 $f = 0.58$，当墙前后均浸水时，水位在墙底以上 3m，除砂土饱和重度变为 $\gamma_{sat} = 20\text{kN/m}^3$ 外，其他参数在浸水后假定都不变。水位升高后该挡土墙的抗滑移稳定安全系数最接近于下列哪个选项？

(A) 1.08　　(B) 1.40
(C) 1.45　　(D) 1.88

【答案】(C)

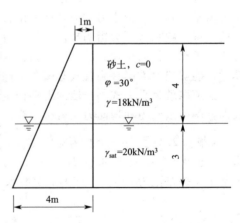

【解答】主动土压力系数：$k_a = \tan^2\left(45° - \dfrac{\varphi}{2}\right) = \tan^2\left(45° - \dfrac{30°}{2}\right) = \dfrac{1}{3}$

土压力强度：

水位处：$p_1 = \gamma h k_a = 18 \times 4 \times \dfrac{1}{3} = 24 (\text{kPa})$

墙底处：因墙前后两边水位平齐，所以可不计水压力。

$$p_2 = \gamma h_1 k_a + \gamma' h_2 k_a = 18 \times 4 \times \dfrac{1}{3} + 10 \times 3 \times \dfrac{1}{3} = 24 + 10 = 34 (\text{kPa})$$

土压力：

$$E_{a1} = \dfrac{1}{2} \times 24 \times 4 = 48 (\text{kN/m})$$

$$E_{a2} = 24 \times 3 = 72 (\text{kN/m})$$

$$E_{a3} = \dfrac{1}{2} \times 10 \times 3 = 15 (\text{kN/m})$$

总水平土压力：$E_a = 48 + 72 + 15 = 135 (\text{kN/m})$

墙重：$W = \dfrac{1}{2} \times (1 + 2.714) \times 4 \times 25 + \dfrac{1}{2} \times$
$(2.714 + 4) \times 3 \times 15 = 337 (\text{kN/m})$

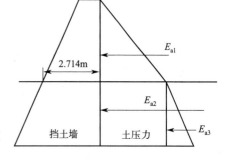

安全系数：$K = \dfrac{337 \times 0.58}{135} = 1.45$

【点评】注意三点：

① 两边水位相同，所以不用考虑水压力，或者考虑了后面也会消减掉。

② 由于水位的存在，计算墙重时要减去水的浮力。此时不能简单以 $u_m B$ 作为浮力，因为墙不是长方形而是梯形。

③ 当物体位于地下水位以下时，水的浮力可分两种方式计算，分别是：计算物体上下表面的水压力，浮力等于两者的压力差；计算水下部分的物体体积，浮力等于该体积乘以水的重度。

【题 6.2.19】如图所示，某铁路河堤挡土墙，墙背光滑垂直，墙身透水，墙后填料为中砂，墙底为节理很发育的岩石地基。中砂天然和饱和重度分别为 $\gamma = 19 \text{kN/m}^3$ 和 $\gamma_{sat} = 20 \text{kN/m}^3$。墙底宽 $B = 3\text{m}$，与地基的摩擦系数为 $f = 0.5$。墙高 $H = 6\text{m}$，墙体重 330kN/m，墙面倾角 $\alpha = 15°$，土体主动土压力系数 $k_a = 0.32$。试问当河水位 $h = 4\text{m}$ 时，墙体抗滑安全系数最接近下列哪个选项？（不考虑主动土压力增大系数，不计墙前的被动土压力。）

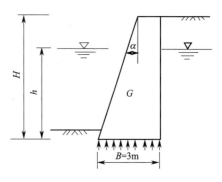

(A) 1.21　　(B) 1.34　　(C) 1.91　　(D) 2.03

【答案】(B)

【解答】(1) 主动土压力计算

水位处主动土压力强度：
$$p_a = \gamma h_1 k_a = 19 \times 2 \times 0.32 = 12.16 (\text{kPa})$$

墙底处主动土压力强度：
$$p_a = (\gamma h_1 + \gamma' h_2) k_a = (19 \times 2 + 10 \times 4) \times 0.32 = 24.96 (\text{kPa})$$

土压力合力：
$$E_a = \frac{1}{2} \times 2 \times 12.16 + \frac{1}{2} \times 4 \times (12.16 + 24.96) = 86.4 \text{(kN/m)}$$

(2) 抗滑移安全系数
墙前浸水面长度：
$$L = \frac{4}{\sin 75°} = 4.14 \text{(m)}$$

墙前水压力：
$$P_w = \frac{1}{2} \gamma_w h L = \frac{1}{2} \times 10 \times 4 \times 4.14 = 82.8 \text{(kN/m)}$$

水平方向分力：
$$P_{w,x} = 82.8 \times \sin 75° = 80 \text{(kN/m)}$$

竖直方向分力：
$$P_{w,y} = 82.8 \times \cos 75° = 21.43 \text{(kN/m)}$$

墙后水压力：
$$P_w = \frac{1}{2} \gamma_w h^2 = \frac{1}{2} \times 10 \times 4^2 = 80 \text{(kN/m)}$$

墙底扬压力：
$$u = 3 \times 10 \times 4 = 120 \text{(kN/m)}$$

抗滑移安全系数：
$$K = \frac{(330 + 21.43 - 120) \times 0.5}{86.4 + 80 - 80} = 1.34$$

【点评】本题是铁路挡土墙抗滑安全系数的计算，但却不用铁路规范也可以作答。与上道题一样，墙前后水位一样，可以不用考虑水压力。但本题考虑了墙前竖直方向的水压力，如果不考虑墙前竖直方向的水压力，答案就是（A）。

【题 6.2.20】拟在砂卵石地基中开挖 10m 深的基坑，地下水与地面齐平，坑底为基岩。拟用旋喷法形成厚度 2m 的截水墙，在墙内放坡开挖基坑，坡度为 1∶1.5。截水墙外侧砂卵石的饱和重度为 19kN/m^3，截水墙内侧砂卵石重度为 17kN/m^3，内摩擦角 $\varphi = 35°$（水上下相同），截水墙水泥土重度为 20kN/m^3，墙底及砂卵石土坑滑体与基岩的摩擦系数 $\mu = 0.4$。试问该挡土体的抗滑稳定安全系数最接近于下列何项数值？

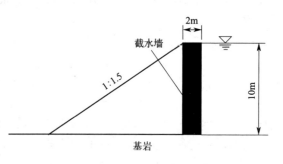

(A) 1.00　　(B) 1.08　　(C) 1.32　　(D) 1.55

【答案】（B）

【解答】对砂卵石，应采用水土分算。

主动土压力系数：$k_a = \tan^2\left(45° - \dfrac{\varphi}{2}\right) = \tan^2\left(45° - \dfrac{35°}{2}\right) = 0.27$

水产生的推力：$P_w = \dfrac{1}{2}\gamma_w H^2 = \dfrac{1}{2} \times 10 \times 10^2 = 500 \text{(kN/m)}$

砂卵石推力：$E_a = \frac{1}{2}\gamma'H^2 k_a = \frac{1}{2} \times (19-10) \times 10^2 \times 0.27 = 122(\text{kN/m})$

滑动力：$T = P_w + E_a = 622(\text{kN/m})$

截水墙自重：$W_1 = 2 \times 10 \times 20 = 400(\text{kN/m})$

截水墙内侧土体自重：$W_2 = \frac{1}{2} \times 10 \times 15 \times 17 = 1275(\text{kN/m})$

抗滑力：$R = (W_1 + W_2)\mu = (400 + 1275) \times 0.4 = 670(\text{kN/m})$

抗滑安全系数：$F_s = \dfrac{R}{T} = \dfrac{670}{622} = 1.08$

【点评】需要注意的地方：
① 由于截水墙的存在，在墙的外侧有水，而内侧没有水；
② 墙外侧的侧压力包括水压力和土压力，用水土分算法计算；
③ 基底是基岩，所以没有水的浮力；
④ 计算墙的自重时，务必要算上截水墙内侧土体的自重，这个墙相当于一个梯形的重力式挡土墙，只不过是两种材料构成。

【题 6.2.21】某软土基坑，开挖深度 $H = 5.5\text{m}$，地面超载 $q_0 = 20\text{kPa}$，地层为均质含砂淤泥质粉质黏土，土的重度 $\gamma = 18\text{kN/m}^3$，黏聚力 $c = 8\text{kPa}$，内摩擦角 $\varphi = 15°$，不考虑地下水的作用，拟采用水泥土墙支护结构，其嵌固深度 $l_d = 6.5\text{m}$，挡土墙宽度 $B = 4.5\text{m}$，水泥土墙体的重度为 19kN/m^3。按照《建筑基坑支护技术规程》（JGJ 120—2012）计算该重力式挡土墙抗滑移安全系数，其值最接近于下列哪个选项？

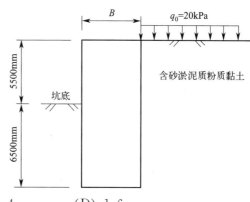

(A) 1.0 (B) 1.2 (C) 1.4 (D) 1.6

【答案】（C）

【解答】根据《建筑基坑支护技术规程》（JGJ 120—2012）第 6.1.1 条。

墙体抗滑移稳定安全系数：

$$K_s = \frac{E_{pk} + (G - u_m B)\tan\varphi + cB}{E_{ak}} \quad (6\text{-}15)$$

式中符号意义见右图或规范第 6.1.1 条。

先计算主动土压力：

主动土压力系数：$k_a = \tan^2\left(45° - \dfrac{\varphi}{2}\right)$
$= \tan^2\left(45° - \dfrac{15°}{2}\right) = 0.589$

被动土压力系数：$k_p = \tan^2\left(45° + \dfrac{\varphi}{2}\right)$
$= \tan^2\left(45° + \dfrac{15°}{2}\right) = 1.698$

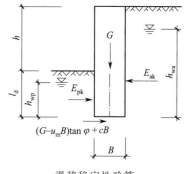

滑移稳定性验算

在有地面超载时，令 $p_a = (q_0 + \gamma z_0)k_a - 2c\sqrt{k_a} = 0$，得临界深度：

$$z_0 = \frac{\frac{2c}{\sqrt{k_a}} - q_0}{\gamma} = \frac{\frac{2\times 8}{\sqrt{0.589}} - 20}{18} \approx 0$$

主动土压力：$E_{ak} = \frac{1}{2}\gamma(H-z_0)^2 k_a = \frac{1}{2}\times 18\times(5.5+6.5-0)^2\times 0.589 = 763.3(\text{kN/m})$

被动土压力：

$$E_{pk} = \frac{1}{2}\gamma h^2 k_p + 2ch\sqrt{k_p} = \frac{1}{2}\times 18\times 6.5^2\times 1.698 + 2\times 8\times 6.5\times\sqrt{1.698} = 781.2(\text{kN/m})$$

墙体自重：$G = (6.5+5.5)\times 4.5\times 19 = 1026(\text{kN/m})$

不考虑地下水的作用，意味着 $u_m = 0$。

$$K_s = \frac{E_{pk} + (G - u_m B)\tan\varphi + cB}{E_{ak}} = \frac{781.2 + (1026 - 0\times 4.5)\times\tan 15° + 8\times 4.5}{763.3} = 1.43$$

【点评】题干已明确要求按照基坑规范进行计算，所以要迅速在规范中找到相应的公式。根据已知条件先计算主动及被动土压力，然后将所有已知条件及土压力等代入公式计算即可。

【题 6.2.22】某饱和砂层开挖 5m 深基坑，采用水泥土重力式挡土墙支护，土层条件及挡土墙尺寸如图所示，挡土墙重度按 20kN/m^3，设计时需考虑周边地面活荷载 $q = 30\text{kPa}$，按照《建筑基坑支护技术规程》（JGJ 120—2012），当进行挡土墙抗滑稳定性验算时，请在下列选项中选择最不利状况计算条件，并计算挡土墙抗滑移安全系数 K_{s1} 值。（不考虑渗流的影响）

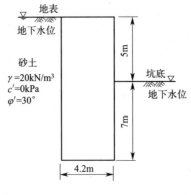

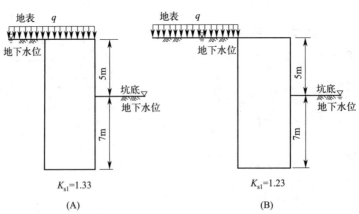

(A)   (B)

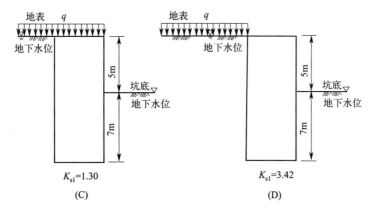

【答案】（B）

【解答】 根据《建筑基坑支护技术规程》（JGJ 120—2012）第 6.1.1 条。

（A）、（C）选项，地面活荷载压在水泥重力式挡土墙上，墙所受的正压力增大，抗滑移力增大，抗滑稳定性高于（B）、（D）选项。

选取（B）选项计算。

（1）主动土压力计算

$$k_a = \tan^2\left(45° - \frac{\varphi}{2}\right) = \tan^2\left(45° - \frac{30°}{2}\right) = 0.333$$

土压力 $\quad E_a = \frac{1}{2}\gamma' H^2 k_a = \frac{1}{2} \times 10 \times 12^2 \times 0.333 = 240 \text{(kN/m)}$

水压力 $\quad E_w = \frac{1}{2}\gamma_w H^2 = \frac{1}{2} \times 10 \times 12^2 = 720 \text{(kN/m)}$

荷载引起的土压力：

$$E_q = qHk_a = 30 \times 12 \times 0.333 = 120 \text{(kN/m)}$$

总主动土压力：

$$E_{ak} = 240 + 720 + 120 = 1080 \text{(kN/m)}$$

（2）被动土压力计算

$$k_p = \tan^2\left(45° + \frac{\varphi}{2}\right) = \tan^2\left(45° + \frac{30°}{2}\right) = 3$$

土压力 $\quad E_p = \frac{1}{2}\gamma' h^2 k_p = \frac{1}{2} \times 10 \times 7^2 \times 3 = 735 \text{(kN/m)}$

水压力 $\quad E_w = \frac{1}{2}\gamma_w h^2 = \frac{1}{2} \times 10 \times 7^2 = 245 \text{(kN/m)}$

总被动土压力：

$$E_{pk} = 735 + 245 = 980 \text{(kN/m)}$$

（3）抗滑移稳定性计算

水泥土墙自重：

$$G = 12 \times 4.2 \times 20 = 1008 \text{(kN/m)}$$

扬压力：

$$u_m = \frac{\gamma_w(h_{wa} + h_{wp})}{2} = \frac{10 \times (12 + 7)}{2} = 95 \text{(kPa)}$$

$$K_{s1} = \frac{E_{pk} + (G - u_m B)\tan\varphi + cB}{E_{ak}} = \frac{980 + (1008 - 95 \times 4.2) \times \tan 30° + 0}{1080} = 1.23$$

【点评】本题与上道题一样，都是挡土墙抗滑移安全系数的计算。但本题的重点是在计算前的分析，要根据 4 个图示给出的情况，选择最不利情况进行计算。由前面的分析已经知道（B）、（D）选项是最不利状况计算条件，由此，只计算这种条件的挡土墙抗滑移安全系数 K_{s1} 值即可。选项（B）、（D）的 K_{s1} 值分别为 1.23 和 3.42，由计算结果可知，实际上 $K_{s1}=1.23$ 而不可能等于 3.42。

【题 6.2.23】某填方边坡高 8m，拟采用重力式挡土墙进行支挡，墙背垂直、光滑，墙底水平，墙后填土水平，内摩擦角 $\varphi_e=30°$，黏聚力 $c=0$，重度为 $20kN/m^3$；地基土为黏性土，与墙底间的摩擦系数为 0.4，已知墙顶宽 2.5m，墙体重度为 $24kN/m^3$。按《建筑边坡工程技术规范》（GB 50330—2013）相关要求，计算满足抗滑稳定性所需要的挡土墙面最陡坡率最接近下列哪个选项？（不考虑主动土压力增大系数。）

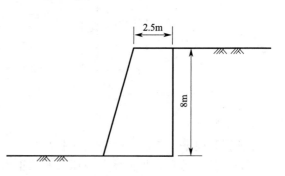

(A) 1:0.25 (B) 1:0.28 (C) 1:0.30 (D) 1:0.32

【答案】（B）

【解答】根据《建筑边坡工程技术规范》（GB 50330—2013）第 11.2.3 条。

$$k_a=\tan^2\left(45°-\frac{\varphi}{2}\right)=\tan^2\left(45°-\frac{30°}{2}\right)=0.333$$

$$E_a=\frac{1}{2}\gamma H^2 k_a=\frac{1}{2}\times 20\times 8^2\times 0.333=213.1(kN/m)$$

设挡土墙墙底宽为 B，则

$$G=\frac{1}{2}\times(2.5+B)\times 8\times 24=240+96B$$

$$F_s=\frac{G\mu}{E_a}=\frac{(240+96B)\times 0.4}{213.1}\geq 1.3$$

解得：$B\geq 4.7m$。

墙面坡率为：$\dfrac{8}{4.7-2.5}=\dfrac{1}{0.28}$

【点评】本题考核的是满足抗滑稳定性所需的挡土墙面坡率。挡土墙抗滑稳定性方面的考题每年都有，近几年的考题变的很灵活。

【题 6.2.24】一重力式毛石挡土墙高 3m，其后填土顶面水平，无地下水，粗糙墙背与其后填土的摩擦角近似等于土的内摩擦角，其他参数如图所示。设挡土墙与其下地基土的摩擦系数为 0.5，那么该挡土墙的抗水平滑移稳定性系数最接近下列哪个选项？

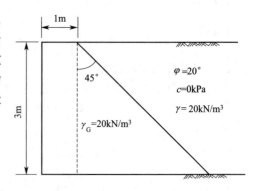

(A) 2.5 (B) 2.6
(C) 2.7 (D) 2.8

【答案】（C）

【解答】当填土面水平时，判断坦墙的条件为

$$\alpha_{\text{cr}} = 45° - \frac{\varphi}{2} = 45° - \frac{20°}{2} = 35° < \alpha = 45°$$

满足坦墙条件。

以过墙踵竖直面为计算面，该面土压力按朗肯理论计算：

$$E_a = \frac{1}{2}\gamma H^2 k_a - 2cH\sqrt{k_a} = \frac{1}{2} \times 20 \times 3^2 \times \tan^2\left(45° - \frac{20°}{2}\right) - 0 = 44.1(\text{kN/m})$$

挡土墙自重：

$$W = \frac{1}{2} \times (1+4) \times 3 \times 20 = 150(\text{kN/m})$$

过墙踵三角形土体自重：

$$W' = \frac{1}{2} \times 3 \times 3 \times 20 = 90(\text{kN/m})$$

$$K_{s1} = \frac{(W+W')\mu}{E_a} = \frac{(150+90) \times 0.5}{44.1} = 2.72$$

【点评】本题是重力式挡土墙抗滑移稳定性系数计算，关键是要判断该挡土墙是坦墙，然后进行计算。

墙背较缓、倾角较大的挡土墙，会出现第二滑裂面（坦墙），用下面的公式进行判断：

$$\alpha_{\text{cr}} = 45° - \frac{\varphi}{2} + \frac{\beta}{2} - \frac{1}{2}\sin^{-1}\frac{\sin\beta}{\sin\varphi}$$

式中 α_{cr}——墙背的临界倾角；
φ——土体内摩擦角；
β——填土坡角。

当墙背倾角 $\alpha > \alpha_{\text{cr}}$ 时，认为能产生第二滑裂面，按坦墙计算土压力。按本题的情况，可以过墙踵竖直面为计算面，该面土压力按朗肯理论计算。另外还要注意考虑过墙踵三角形土体的自重。关于坦墙的土压力问题，具体可参考《土力学》（杨雪强）第 222~223 页。

【题 6.2.25】图示的铁路挡土墙高 $H = 6\text{m}$，墙体自重 450kN/m。墙后填土表面水平，作用有均布荷载 $q = 20\text{kPa}$，墙背与填料间的摩擦角 $\delta = 20°$，倾角 $\alpha = 10°$。填料中砂的重度 $\gamma = 18\text{kN/m}^3$，主动土压力系数 $k_a = 0.377$，墙底与地基间的摩擦系数 $f = 0.36$。试问，该挡土墙沿墙底的抗滑安全系数最接近下列哪个选项？（不考虑水的影响。）

(A) 0.91　　　(B) 1.12
(C) 1.33　　　(D) 1.51

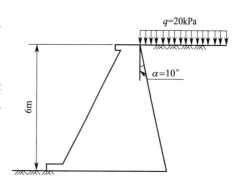

【答案】(C)

【解答】根据《铁路路基支挡结构设计规范》（TB 10025—2019）第 6.2.4 条、3.3.2 条。

地面处主动土压力强度：$E_{a1} = qk_a = 20 \times 0.377 = 7.54(\text{kPa})$

6m 处主动土压力强度：$E_{a2} = (q + \gamma H)k_a = (20 + 18 \times 6) \times 0.377 = 48.26(\text{kPa})$

主动土压力：$E_a = \frac{1}{2}(E_{a1} + E_{a2})H = \frac{1}{2} \times (7.54 + 48.26) \times 6 = 167.4(\text{kN/m})$

$$K_c \leq \frac{R}{T} = \frac{[N + (E_x' - E_p)\tan\alpha_0]f + E_p}{E_x' - N\tan\alpha_0} = \frac{[450 + 167.4 \times \sin(10° + 20°)] \times 0.36 + 0}{167.4 \times \cos(10° + 20°)} = 1.33$$

【点评】题干说是铁路挡土墙，所以应考虑按《铁路路基支挡结构设计规范》来进行计算，也可以按土力学教材中的方法进行计算。

【题 6.2.26】如图所示填土采用重力式挡土墙防护，挡土墙基础处于风化岩层中，墙高 6.0m，墙体自重 260kN/m，墙背倾角 15°，填料以建筑弃土为主，重度 17kN/m³，对墙背的摩擦角为 7°，土压力 186kN/m，墙底倾角 10°，墙底摩擦系数 0.6。为了使墙体抗滑移安全系数 K 不小于 1.3，挡土墙后地面附加荷载 q 的最大值接近于下列哪个选项？

(A) 10kPa (B) 20kPa
(C) 30kPa (D) 40kPa

【答案】(B)

【解答】题干中说，土压力为 186kN/m，这个土压力只能理解为没有附加荷载 q 的时候产生的土压力。现在的问题是当有了附加荷载 q 以后，还要满足抗滑安全系数 K 不小于 1.3，即由 $E_a = 186 + qhk_a$ 计算得到的 K 值不小于 1.3。

由之前的土压力为 186kN/m，有

$$\frac{1}{2}\gamma H^2 k_a = \frac{1}{2} \times 17 \times 6^2 k_a = 186 \Rightarrow k_a = 0.608$$

增加了附加荷载后，新的土压力为 $E_a = 186 + qhk_a$，抗滑移安全系数：

$$K = \frac{(G_n + E_{an})\mu}{E_{at} - G_t}$$

$$G_n = G\cos\alpha_0 = 260 \times \cos 10° = 256.05 \text{(kN/m)}$$
$$G_t = G\sin\alpha_0 = 260 \times \sin 10° = 45.15 \text{(kN/m)}$$
$$E_{an} = E_a \sin(\alpha + \alpha_0 + \delta) = E_a \sin(15° + 10° + 7°) = 0.53 E_a$$
$$E_{at} = E_a \cos(\alpha + \alpha_0 + \delta) = E_a \cos(15° + 10° + 7°) = 0.848 E_a$$
$$K = \frac{(G_n + E_{an})\mu}{E_{at} - G_t} = \frac{(256.05 + 0.53E_a) \times 0.6}{0.848 E_a - 45.15} \geq 1.3$$

解得：$E_a = 271 \text{kN/m}$。

$$E_a = 186 + qhk_a = 186 + q \times 6 \times 0.608 \leq 271$$

解得：$q \leq 23.3 \text{kPa}$。

【题 6.2.27】如图所示某重力式挡土墙，墙背为折线形。墙后填土为无黏性土，地面倾角 20°，填土内摩擦角 30°，重度可近似取 20kN/m³，墙背摩擦角为 0°。水位在墙底之下，每延米墙重约 650kN，墙底与地基的摩擦系数为 0.45，墙背 AB 段主动土压力系数为 0.44，BC 段主动土压力系数为 0.313，用延长墙背法计算该挡土墙每延米所受土压力时，该挡土墙的抗滑移稳定系数最接近下列哪个选项？（不考虑主动土压力增大系数）

(A) 1.04 (B) 1.26 (C) 1.32 (D) 1.52

【答案】(B)

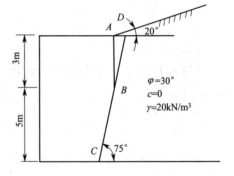

基本原理（基本概念或知识点）

对于折线形墙背的挡土墙（图 6-11），可按下列方法来计算作用于墙背的土压力：

① 对于上段的 AB 部分，不考虑下段 BC 的影响，把 AB 段看作是 H_1 的独立挡土墙，计算出作用于 AB 上的土压力，如图 6-11(b) 所示。

② 延长下段 CB 部分至地面 A'，以 $A'BC$ 为独立的挡土墙，计算出作用于 $A'BC$ 上的土压力，取下段 BC 上的土压力作为挡土墙 ABC 上 BC 段的土压力。

③ 由图 6-11(b)、(c) 可以看出，此时作用于 AB 段和 BC 段上的土压力方向是不同的，设计时注意应分别按其作用方向计算外力矩。

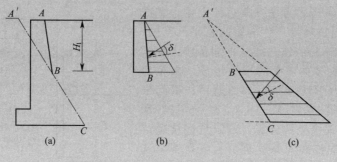

图 6-11 折线形挡土墙土压力计算

【解答】 参考土力学教材。

(1) 上墙 AB 段的主动土压力合力计算

$$E_{a1} = \frac{1}{2}\gamma H^2 k_{a1} = \frac{1}{2} \times 20 \times 3^2 \times 0.44 = 39.6 (\text{kN/m})$$

其方向为水平方向。

(2) 下墙 BC 段的主动土压力合力计算

采用延长墙背法计算，延长 BC 与填土面交于 D 点。

B 点下界面：$h_1 = 3.324 \text{m}$（此处应特别注意），则

$$p_a = \gamma h_1 k_{a2} = 20 \times 3.324 \times 0.313 = 20.81 (\text{kPa})$$

C 点：$h_2 = 3.324 + 5 = 8.324 (\text{m})$。

$$p_a = \gamma h_2 k_{a2} = 20 \times 8.324 \times 0.313 = 52.11 (\text{kPa})$$

$$E_{a2} = \frac{1}{2} \times (20.81 + 52.11) \times 5 = 182.3 (\text{kN/m})$$

E_{a2} 在水平线下方，与水平线的夹角为 $15°$。

(3) 抗滑移稳定系数

水平向土压力合力：

$$E_{ax} = 39.6 + 182.3 \times \cos 15° = 215.69 (\text{kN/m})$$

竖向土压力合力：

$$E_{ay} = 182.3 \times \sin 15° = 47.18 (\text{kN/m})$$

其方向向上，则：

$$K_s = \frac{(G + E_{ay})\mu}{E_{ax}} = \frac{(650 - 47.18) \times 0.45}{215.69} = 1.26$$

【点评】本题考核的是折线形重力式挡土墙抗滑稳定系数计算，要熟练使用延长墙背法计算该挡土墙每延米所受土压力，并注意土压力的方向。

h_1 计算方法如右图所示。

三角形 ABD 中，根据正弦定律：

$$\frac{AB}{\sin 55°} = \frac{BD}{\sin 110°}$$

解得：$BD = 3.441\text{m}$，则

$$DE = BD\cos 15° = 3.441 \times \cos 15° = 3.324(\text{m})$$

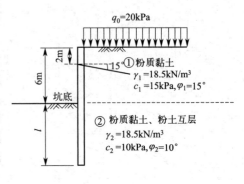

【题6.2.28】某开挖深度为 6m 的深基坑，坡顶均布荷载 $q_0 = 20\text{kPa}$，考虑到其边坡土体一旦产生过大变形，对周边环境产生的影响将是严重的，故拟采用直径 800mm 的钻孔灌注桩加预应力锚索支护结构，场地地层主要由两层土组成，未见地下水，主要物理力学性质指标如图所示。试问根据《建筑基坑支护技术规程》（JGJ 120—2012）和 Prandtl 极限平衡理论公式计算，满足坑底抗隆起稳定性验算的支护桩嵌固深度至少为下列哪个选项的数值？

(A) 6.8m　　(B) 7.2m　　(C) 7.9m　　(D) 8.7m

【答案】（C）

【解答】根据《建筑基坑支护技术规程》（JGJ 120—2012）第 3.1.3 条、4.2.4 条。

对于一般的黏性土，在土体抗剪强度中包括 c 和 φ 的因素。参照 Prandtl 的地基承载力计算方法进行分析，将支护结构底面所在的平面作为求极限承载力的基准面，如右图所示。墙背在支护墙底平面上的垂直荷载为 $\gamma_{m1}(h+l_d)+q_0$；墙前在支护墙底平面上的垂直荷载为 $\gamma_{m2}l_d N_q + cN_c$。则坑底抗隆起稳定性验算的公式如下：

$$\frac{\gamma_{m2}l_d N_q + cN_c}{\gamma_{m1}(h+l_d)+q_0} \geqslant K_b \quad (6\text{-}16)$$

$$N_q = \tan^2\left(45° + \frac{\varphi}{2}\right) e^{\pi\tan\varphi} \quad (6\text{-}17)$$

$$N_c = \frac{N_q - 1}{\tan\varphi} \quad (6\text{-}18)$$

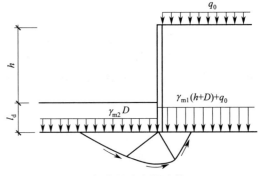

抗隆起稳定性验算

式中　K_b——抗隆起安全系数；

γ_{m1}、γ_{m2}——基坑外、基坑内挡土构件底面以上土的天然重度，kN/m^3；

l_d——挡土构件的嵌固深度，m；

h——基坑深度，m；

q_0——地面均布荷载，kPa；

N_c、N_q——承载力系数；

c、φ——挡土构件底面以下土的黏聚力（kPa）、内摩擦角（°）。

题干中已告知,边坡土体一旦产生过大变形,对周边环境产生的影响将是严重的,按规程第 3.1.3 条,抗隆起安全系数取 1.6。

$$N_q = \tan^2\left(45° + \frac{\varphi}{2}\right) e^{\pi\tan\varphi} = \tan^2\left(45° + \frac{10°}{2}\right) e^{\pi\tan 10°} = 2.47$$

$$N_c = \frac{N_q - 1}{\tan\varphi} = \frac{2.47 - 1}{\tan 10°} = 8.34$$

$$\frac{\gamma_{m2} l_d N_q + c N_c}{\gamma_{m1}(h + l_d) + q_0} \geqslant K_b$$

$$l_d \geqslant \frac{K_b q_0 + K_b \gamma_{m1} h - c N_c}{N_q \gamma_{m2} - K_b \gamma_{m1}} = \frac{1.6 \times 20 + 1.6 \times 18.5 \times 6 - 10 \times 8.34}{2.47 \times 18.5 - 1.6 \times 18.5} = 7.84(\text{m})$$

【点评】随着深基坑逐步向下开挖,坑内外的压力差不断增大,就有可能发生基坑坑底隆起现象。特别在软黏土地基中开挖时,由于坑内外地基土体的压力差,墙背土向基坑内推移,造成坑内土体隆起,坑外地面下沉的变形现象。

抗隆起验算的实质,就是要满足 Prandtl 地基极限承载力的要求。

【题 6.2.29】在饱和软黏土地基中开挖条形基坑,采用 8m 长的板桩支护,地下水位已降至板桩底部,坑边地面无荷载,地基土重度 $\gamma = 19\text{kN/m}^3$,通过十字板现场测试得地基土的抗剪强度为 30kPa,按《建筑地基基础设计规范》(GB 50007—2011) 规定,为满足基坑抗隆起稳定性要求,此基坑最大开挖深度不能超过下列哪一个选项?

(A) 1.2m (B) 3.3m
(C) 6.1m (D) 8.5m

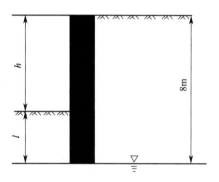

【答案】(B)

【解答】根据《建筑地基基础设计规范》(GB 50007—2011) 附录 V.0.1 (下图)。
基坑底下部土体的强度稳定性应满足下式规定:

$$K_D = \frac{N_c \tau_0 + \gamma t}{\gamma(h + t) + q} \quad (6-19)$$

式中 N_c——承载力系数,$N_c = 5.14$;
τ_0——由十字板试验确定的总强度,kPa;
γ——土的重度,kN/m³;
K_D——入土深度底部土抗隆起稳定安全系数,取 $K_D \geqslant 1.60$;
t——支护结构入土深度,m;
h——基坑开挖深度,m;
q——地面荷载,kPa。

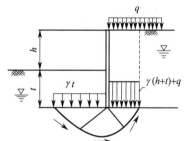

基坑抗隆起稳定

$$K_D = \frac{N_c \tau_0 + \gamma t}{\gamma(h + t) + q} = \frac{5.14 \times 30 + 19t}{19 \times 8 + 0} \geqslant 1.60$$

解得:$t \geqslant 4.68\text{m}$。

基坑开挖深度:$h = 8 - t = 8 - 4.68 = 3.32(\text{m})$。

【点评】基坑抗隆起稳定性验算,基坑规范和地基规范都有,二者基本原理相同,但表达式略有不同,要按照题干要求来计算。

【本节考点】
① 抗倾覆稳定安全系数的计算；
② 抗倾覆计算悬臂式板桩的最小入土深度（嵌固深度）；
③ 挡土墙后面地面附加荷载对抗倾覆稳定系数的影响；
④ 已知抗倾覆安全系数，反求土的内摩擦角；
⑤ 基坑双排桩抗倾覆稳定性验算；
⑥ 抗滑动安全稳定系数的计算；
⑦ 满足抗滑移要求的墙体宽度计算；
⑧ 考虑墙前后有地下水时的抗滑移安全系数计算；
⑨ 挡土墙后面地面附加荷载对抗滑稳定系数的影响；
⑩ 满足坑底抗隆起稳定性验算的支护桩嵌固深度；
⑪ 满足基坑抗隆起稳定性要求的基坑最大开挖深度。

重力式挡土墙（支挡结构）稳定性验算，在案例考试中几乎每年都有相关的考题，希望读者能把握住重点。

6.3 土钉、锚杆

【题6.3.1】 采用土钉加固一破碎岩质边坡，其中某根土钉有效锚固长度 L 为 4m，该土钉计算承受拉力 E 为 188kN，锚孔直径 d 为 108mm，锚孔壁对砂浆的极限剪应力 τ 为 0.25MPa，钉材与砂浆间黏结力 τ_g 为 2MPa，钉材直径 d_b 为 32mm。该土钉抗拔安全系数最接近下列哪个数值？

(A) $K=0.55$　　(B) $K=1.80$　　(C) $K=2.37$　　(D) $K=4.28$

【答案】 (B)

【解答】 (1) 锚孔壁岩土对砂浆抗剪强度计算土钉有效锚固力 F_1：
$$F_1 = \pi d L \tau = 3.14 \times 0.108 \times 4 \times 250 = 339 (\text{kN})$$

(2) 用钉材与砂浆黏结力计算土钉有效锚固力 F_2：
$$F_2 = \pi d_b L \tau_g = 3.14 \times 0.032 \times 4 \times 2000 = 804 (\text{kN})$$

(3) 有效锚固力取小值：
$$F = 339 \text{kN}$$

(4) 土钉抗拔安全系数：
$$K = \frac{F}{E} = \frac{339}{188} = 1.80$$

【题6.3.2】 墙面垂直的土钉边坡，土钉与水平面夹角为 15°，土钉的水平与竖直间距都是 1.2m。墙后地基土的 $c=15$kPa，$\varphi=20°$，$\gamma=19$kN/m³，无地面超载。在 9.6m 深度处的每根土钉的轴向受拉荷载最接近于下列哪个选项？（$\eta_i = 1.0$）

(A) 98kN　　(B) 102kN　　(C) 139kN　　(D) 208kN

【答案】 (B)

【解答】 根据《建筑基坑支护技术规程》(JGJ 120—2012) 第 5.2.2 条、5.2.3 条。
主动土压力折减系数 ξ [规范公式(5.2.3)]：

$$\xi = \tan\frac{90°-20°}{2} \times \frac{\dfrac{1}{\tan\dfrac{90°+20°}{2}} - \dfrac{1}{\tan 90°}}{\tan^2\left(45°-\dfrac{20°}{2}\right)} = \frac{0.7\times0.7}{0.49} = 1.0$$

$$k_a = \tan^2\left(45°-\frac{\varphi}{2}\right) = \tan^2\left(45°-\frac{20°}{2}\right) = 0.49$$

9.6m 处边坡主动土压力强度：
$$p_{ak} = \gamma z k_a - 2c\sqrt{k_a} = 19\times9.6\times0.49 - 2\times15\times\sqrt{0.49} = 68.4 \text{(kPa)}$$

单根土钉轴向受拉荷载 N_{kj}：
$$N_{kj} = \frac{1}{\cos\alpha_j}\xi\eta_i p_{ak} s_{xj} s_{zj} = \frac{1}{\cos15°}\times1.0\times1.0\times68.4\times1.2\times1.2 = 101.97 \text{(kN)}$$

【点评】题干中已告知墙面垂直，墙面倾斜时的主动土压力折减系数 ξ 肯定等于 1.0，所以这个不用算也可以。

求土钉的轴向受拉荷载就是要计算土钉的轴向拉力。

【题 6.3.3】图示某铁路边坡高 8.0m，岩体节理发育，重度 22kN/m³，主动土压力系数为 0.36。采用土钉墙支护，墙面坡率 1∶0.4，墙背摩擦角 25°。土钉成孔直径 90mm，其方向垂直于墙面，水平和垂直间距为 1.5m。浆体与孔壁间黏结强度设计值为 200kPa，采用《铁路路基支挡结构设计规范》（TB 10025—2019），计算距墙顶 4.5m 处 6m 长土钉 AB 的抗拔安全系数最接近于下列哪个选项？

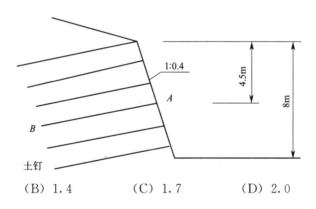

(A) 1.1　　　(B) 1.4　　　(C) 1.7　　　(D) 2.0

【答案】(D)

【解答】根据《铁路路基支挡结构设计规范》（TB 10025—2019）第 10.2.2～10.2.4 条、10.2.6 条。

潜在破裂面距墙面的距离 l：

规范规定，当 $h_i = 4.5\text{m} > \dfrac{1}{2}H = 4.0\text{m}$ 时，$l = (0.6\sim0.7)(H-h_i)$

节理发育，取大值 $l = 0.7(H-h_i) = 0.7\times(8-4.5) = 2.45\text{(m)}$。

第 i 根土钉有效锚固长度：$l_{ei} = 6.0 - 2.45 = 3.55\text{(m)}$。

土钉抗拔力：$\pi D f_{rb} l_{ei} = 3.14\times90\times0.2\times3550\times10^{-3} = 200.6\text{(kN)}$

墙背与竖直面夹角 α，根据土钉墙墙面坡率 1∶0.4，有
$$\alpha = \arctan\left(\frac{0.4}{1}\right) = 21.8°$$

作用在土钉墙墙面板土压力呈梯形分布，当 $h_i = 4.5\text{m} > \frac{1}{3}H = 2.7\text{m}$ 时

水平土压应力：$\sigma_i = \frac{2}{3}\lambda_a \gamma H \cos(\delta - \alpha) = \frac{2}{3} \times 0.36 \times 22 \times 8 \times \cos(25° - 21.8°) = 42.2(\text{kPa})$

土钉的拉力：$E_i = \dfrac{\sigma_i S_x S_y}{\cos\beta} = \dfrac{42.2 \times 1.5 \times 1.5}{\cos 21.8°} = 102.3(\text{kN})$

土钉抗拔稳定性验算：$K_2 = \dfrac{\pi D f_{rb} l_{ei}}{E_i} = \dfrac{200.6}{102.3} = 1.96$

【题 6.3.4】某风化破碎严重的岩质边坡高 H 为 12m，采用土钉加固，水平与竖直方向均为每间隔 1m 打一排土钉，共 12 排，如图所示。按《铁路路基支挡结构设计规范》（TB 10025—2019）提出的潜在破裂面估算方法，请问下列土钉非锚固段长度 L 哪个选项的计算有误？

(A) 第 2 排，$L_2 = 1.4\text{m}$
(B) 第 4 排，$L_4 = 3.5\text{m}$
(C) 第 6 排，$L_6 = 4.2\text{m}$
(D) 第 8 排，$L_8 = 4.2\text{m}$

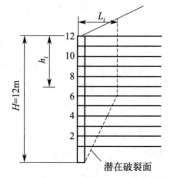

【答案】(B)
【解答】根据《铁路路基支挡结构设计规范》（TB 10025—2019）第 9.2.4 条。
潜在破裂面距墙面的距离按下面的公式计算确定：

当 $h_i \leq \frac{1}{2}H$ 时，$L = (0.3 \sim 0.35)H$。

当 $h_i > \frac{1}{2}H$ 时，$L = (0.6 \sim 0.7)(H - h_i)$。

当坡体渗水较严重或岩体风化破碎严重、节理发育时取大值。
本题风化破碎严重，取大值。

第 2 排：$h_2 = 10\text{m} > \frac{1}{2}H$ 时，$L = 0.7 \times (12 - 10) = 1.4(\text{m})$，正确；

第 4 排：$h_4 = 8\text{m} > \frac{1}{2}H$ 时，$L = 0.7 \times (12 - 8) = 2.8(\text{m})$，错误；

第 6 排：$h_6 = 6\text{m} = \frac{1}{2}H$ 时，$L = 0.35 \times 12 = 4.2(\text{m})$，正确；

第 8 排：$h_8 = 4\text{m} < \frac{1}{2}H$ 时，$L = 0.35 \times 12 = 4.2(\text{m})$，正确。

【点评】《铁路路基支挡结构设计规范》认为，土钉的有效锚固长度与无效长度是由加固岩土体潜在破裂面确定，根据实测资料将每层土钉最大轴力连线简化后所得，与 $0.3H$ 法接近。

题干已明确要按《铁路路基支挡结构设计规范》（TB 10025—2019）提出的潜在破裂面估算方法，所以找到规范及其相应的条款，问题就简单了。

【题 6.3.5】一锚杆挡土墙，肋柱的某支点 n 处垂直于挡土墙面的反力 R_n 为 250kN，锚杆对水平方向的倾角 β 为 25°，肋柱的竖直倾角 α 为 15°，锚孔直径 D 为 108mm，砂浆与岩层间的极限剪应力 τ 为 0.4MPa，计算安全系数 K 取 2.5。当该锚杆非锚固段长度为 2m 时，问锚杆设计长度 l 最接近下列哪个数值？

(A) $l \geqslant 1.9\text{m}$ (B) $l \geqslant 3.9\text{m}$
(C) $l \geqslant 4.7\text{m}$ (D) $l \geqslant 6.7\text{m}$

【答案】(D)

【解答】根据《建筑边坡工程技术规范》(GB 50330—2013)第8.2.1条、8.2.3条。

锚杆轴向力：
$$N_n = \frac{R_n}{\cos(\beta-\alpha)} = \frac{250}{\cos(25°-15°)} = 253.86(\text{kN})$$

锚杆设计长度：
$$l = 2 + \frac{N_n}{\pi D \tau / K} = 2 + \frac{253.86}{3.14 \times 0.108 \times 400 \div 2.5} = 2 + 4.7 = 6.7(\text{m})$$

【点评】题干给出了某支点 n 处垂直于挡土墙面的反力 R_n，要根据 R_n 求出锚杆轴向力 N_n。这里有两个角度：锚杆对水平方向的倾角 β 和肋柱的竖直倾角 α。N_n 是锚杆的轴向力，所以，其方向与锚杆轴向成 $(\beta-\alpha)$ 角。

【题 6.3.6】基坑锚杆承载能力拉拔试验时，已知锚杆上水平拉力 $T=400\text{kN}$，锚杆倾角 $\alpha=15°$，锚固体直径 $D=150\text{mm}$，锚杆总长度为 18m，自由段长度为 6m。在其他因素都已考虑的情况下，锚杆锚固体与土层的平均摩阻力最接近下列哪个数值？

(A) 49kPa (B) 73kPa (C) 82kPa (D) 90kPa

【答案】(B)

【解答】锚固段长度：
$$l = 18 - 6 = 12(\text{m})$$

轴向拉力：
$$N = \frac{T}{\cos\alpha} = \frac{400}{\cos15°} = 414(\text{kN})$$

锚杆锚固体与土层的平均摩阻力：
$$\bar{q}_s = \frac{N}{\pi D l} = \frac{414}{3.14 \times 0.15 \times 12} = 73(\text{kPa})$$

【点评】锚杆的锚固力（也就是锚杆拉力）一般是由锚杆锚固体与土层的摩阻力 $(\pi D l q_s)$ 提供的。

【题 6.3.7】某一级边坡永久性岩层锚杆，采用三根热处理钢筋，每根钢筋直径 d 为 10mm，抗拉强度设计值为 $f_y=1000\text{N/mm}^2$；锚杆锚固段钻孔直径 D 为 0.1m，锚固段长度为 4m，锚固体与软岩的极限黏结强度标准值为 $f_{rbk}=0.3\text{MPa}$；钢筋与锚固砂浆间黏结强度设计值 $f_b=2.4\text{MPa}$，锚固段长度为 4m；已知夹具的设计拉拔力 y 为 1000kN。根据《建筑边坡工程技术规范》(GB 50330—2013)，当拉拔锚杆时，下列哪一个环节最为薄弱？

(A) 夹具抗拉 (B) 钢筋抗拉强度
(C) 钢筋与砂间黏结 (D) 锚固体与软岩间界面黏结强度

【答案】(B)

【解答】(1) 钢筋锚杆抗拉：
$$N_{ak1} = \frac{1}{K_s} f_y A_s n = \frac{1}{2.2} \times 1000\pi \times 5^2 \times 3 = 107(\text{kN})$$

(2) 锚固体与岩层间：

$$N_{ak2} = \frac{1}{K} f_{rb} \pi D l_a = \frac{1}{2.6} \times 300\pi \times 0.1 \times 4 = 145 (\text{kN})$$

(3) 钢筋锚杆与砂浆：

$$N_{ak3} = \frac{1}{K} f_b n\pi d l_a = \frac{1}{2.6} \times 2400 \times 3\pi \times 0.01 \times 4 = 345 (\text{kN})$$

(4) 夹具：1000kN

钢筋抗拉强度最小，所以选（B）。

【点评】①注意单位要统一；②几个安全系数按规范取值。

【题 6.3.8】在图示的铁路工程岩石边坡中，上部岩体沿着滑动面下滑，剩余下滑力为 $F=1220\text{kN}$，为了加固此岩坡，采用预应力锚索，滑动面倾角及锚索的方向如图所示。滑动面处的摩擦角为 $18°$，则此锚索的最小锚固力最接近于下列哪一个数值？

(A) 1200kN　　　(B) 1400kN
(C) 1600kN　　　(D) 1700kN

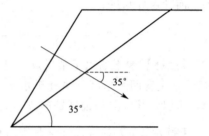

【答案】(D)

【解答】根据《铁路路基支挡结构设计规范》（TB 10025—2019）第 12.2.3 条。

设计锚固力可按下式计算：

$$P_t = \frac{F}{\lambda \sin(\alpha+\beta)\tan\varphi + \cos(\alpha+\beta)}$$

式中　P_t——设计锚固力，kN；

　　　F——滑坡下滑力，kN；

　　　λ——折减系数，对土质边坡及松散破碎的折岩质边坡，应进行折减；

　　　φ——滑动面内摩擦角，(°)；

　　　α——锚索与滑动面相交处的滑动面倾角，(°)；

　　　β——锚索与水平面的夹角，(°)。

将已知条件代入公式：

$$P_t = \frac{F}{\sin(\alpha+\beta)\tan\varphi + \cos(\alpha+\beta)} = \frac{1220}{\sin65° \times \tan18° + \cos65°} = 1701(\text{kN})$$

【点评】本题工作量不大，但需要找到铁路规范相应的条文（《铁路路基支挡结构设计规范》（TB 10025—2019）第 12.2.3 条），并熟悉几个角度的定义。

【题 6.3.9】某基坑侧壁安全等级为三级，垂直开挖，采用复合土钉墙支护，设一排预应力锚索，自由段长度为 5.0m。已知锚索水平拉力设计值为 250kN，水平倾角 $20°$，锚孔直径为 150mm，土层与砂浆锚固体的极限摩阻力标准值 $q_{sik}=46\text{kPa}$，锚杆轴向受拉抗力分项系数取 1.25。试问锚索的设计长度至少应取下列何项数值才能满足要求？

(A) 16.0m　　　(B) 18.0m　　　(C) 21.0m　　　(D) 24.0m

【答案】(C)

【解答】根据《建筑基坑支护技术规程》（JGJ 120—2012）第 3.1.6 条、3.1.7 条、4.7.2 条和 4.7.4 条。

轴向拉力设计值：$N = \dfrac{250}{\cos20°} = 266(\text{kN})$

轴向拉力标准值：$N_k = \dfrac{N}{\gamma_0 \gamma_F} = \dfrac{266}{0.9 \times 1.25} = 236(\text{kN})$

锚杆极限抗拔承载力标准值：$R_k \geqslant K_t N_k = 1.4 \times 236 = 330 (\text{kN})$
$$R_k = \pi d \sum q_{sik} l_i$$
则锚固段长度：$l_i = \dfrac{R_k}{\pi d \sum q_{sik}} = \dfrac{330}{3.14 \times 0.5 \times 46} = 15.2 (\text{m})$

锚杆设计长度：$L \geqslant l_i + 5 = 20.2 (\text{m})$

【点评】有几个地方需要注意：
① 基坑侧壁安全等级为三级意味着重要性系数 $\gamma_0 = 0.9$，锚杆抗拔安全系数 $K_t = 1.4$；
② 锚杆轴向受拉抗力分项系数取 1.25，即 $\gamma_G = 1.25$；
③ 应将水平拉力转换成轴向拉力 $N = \dfrac{250}{\cos 20°} = 266 (\text{kN})$；
④ 由规程第 3.1.7 条 $N = \gamma_0 \gamma_F N_k$，可得到轴向拉力标准值 N_k；
⑤ 由 $R_k = \pi d \sum q_{sik} l_i$ 即可求出锚杆锚固段长度。

【题 6.3.10】基坑锚杆拉拔试验时，已知锚杆水平拉力 $T = 400\text{kN}$，锚杆倾角 $\alpha = 15°$，锚固体直径 $D = 150\text{mm}$，锚杆总长度为 18m，自由段长度为 6m。在其他因素都已考虑的情况下，锚杆锚固体与土层的平均摩阻力最接近下列哪一个数值？

(A) 49kPa　　　(B) 73kPa　　　(C) 82kPa　　　(D) 90kPa

【答案】(B)

【解答】锚固段长度：
$$l = 18 - 6 = 12 (\text{m})$$
轴向拉力：
$$N = \frac{T}{\cos \alpha} = \frac{400}{\cos 15°} = 414 (\text{kN})$$
$$\bar{q}_s = \frac{N}{\pi D l} = \frac{414}{\pi \times 0.15 \times 12} = 73 (\text{kPa})$$

【点评】这道题基本概念简单清楚。题干中说明了是基坑锚杆拉拔试验，那要不要按规范的方法呢？从前面若干道题我们可以发现，有关锚杆的题，大都与某规范有关。但显然，本题目并不涉及规范，因为没有给出基坑等级等信息。所以，只能用土力学的基本概念来解题。

【题 6.3.11】在一均质土层中开挖基坑，基坑深度 15m，支护结构安全等级为二级，采用桩锚支护形式，一桩一锚，桩径 800mm，间距 1m，土层的黏聚力 $c = 15\text{kPa}$，内摩擦角 $\varphi = 20°$，重度 $\gamma = 20\text{kN/m}^3$，第一道锚杆位于地面下 4.0m，锚固体直径 150mm，倾角 15°，弹性支点水平反力 $F_h = 200\text{kN}$，土层与锚杆体极限摩阻力标准值为 50kPa。根据《建筑基坑支护技术规程》(JGJ 120—2012)，该层锚杆设计长度最接近下列选项中的哪一项？(假设潜在滑动面通过基坑坡脚处。)

(A) 18.0m　　　(B) 21.0m　　　(C) 22.5m　　　(D) 24.0m

【答案】(C)

【解答】根据《建筑基坑支护技术规程》(JGJ 120—2012) 第 4.7.2 条、4.7.3 条、4.7.5 条。

锚杆轴向拉力标准值：
$$N_k = \frac{F_h s}{b_a \cos \alpha} = \frac{200 \times 1}{1 \times \cos 15°} = 207.1 (\text{kN})$$

式中　s——锚杆水平间距；
　　　b_a——挡土结构计算宽度。

极限抗拔承载力标准值：$R_k = K_t N_k = 1.6 \times 207.1 = 331.4 (kN)$（对二级基坑，锚杆抗拔安全系数 $K_t = 1.6$）。

又根据 $R_k = \pi d \sum q_{ski} l_i$，则锚固段长度：

$$l = \frac{R_k}{\pi d q_{sk}} = \frac{331.4}{\pi \times 0.15 \times 50} = 14.1 (m)$$

基坑规范对非锚固段长度，要求按下式确定，且不小于 5.0m。

$$l_f \geq \frac{(a_1 + a_2 - d\tan\alpha)\sin\left(45° - \frac{\varphi_m}{2}\right)}{\sin\left(45° + \frac{\varphi_m}{2} + \alpha\right)} + \frac{d}{\cos\alpha} + 1.5 \quad (6-20)$$

式中各符号意义见右图。

理论直线滑动面
1—挡土结构；2—锚杆；3—理论直线滑动面

$$l_f \geq \frac{(a_1 + a_2 - d\tan\alpha)\sin\left(45° - \frac{\varphi_m}{2}\right)}{\sin\left(45° + \frac{\varphi_m}{2} + \alpha\right)} + \frac{d}{\cos\alpha} + 1.5$$

$$= \frac{(11 + 0 - 0.8 \times \tan 15°) \times \sin\left(45° - \frac{20°}{2}\right)}{\sin\left(45° + \frac{20°}{2} + 15°\right)} + \frac{0.8}{\cos 15°} + 1.5 = 8.9(m) > 5(m)$$

锚杆设计长度：$L = 14.1 + 8.9 = 23(m)$

【点评】与上题不同，本题就要严格按照基坑规范来解题。同时，增加了锚杆自由段长度的计算，这无疑增加了计算工作量。锚杆长度包括锚固段和自由段两部分，本题设计的主要考点是锚杆水平拉力与轴向拉力的转换和规范锚杆自由段长度不宜小于 5m。规范给出了锚杆自由段的计算公式，该公式实际上是一个三角几何关系式。

【题 6.3.12】某安全等级为二级的深基坑，开挖深度为 8.0m，均质砂土地层，重度 $\gamma = 19kN/m^3$，黏聚力 $c = 0$，内摩擦角 $\varphi = 30°$，无地下水影响（如图所示）。拟采用桩-锚杆支护结构，支护桩直径为 800mm，锚杆设置深度为地表下 2.0m，水平倾斜角为 15°，锚固体直径 $D = 150mm$，锚杆总长度为 18m。已知按《建筑基坑支护技术规程》(JGJ 120—2012) 规定所做的锚杆承载力抗拔试验得到的锚杆极限抗拔承载力标准值为 300kN，不考虑其他因素影响，计算该基坑锚杆锚固体与土层的平均极限黏结强度标准值，最接近下列哪个选项？

(A) 52.2kPa (B) 46.2kPa
(C) 39.6kPa (D) 35.4kPa

【答案】(A)

【解答】根据《建筑基坑支护技术规程》(JGJ 120—2012) 第 4.7.2 条、4.7.3 条、4.7.4 条。

(1) 非锚固段长度计算

$$k_a = \tan^2\left(45° - \frac{30°}{2}\right) = \frac{1}{3}$$

$$k_p = \tan^2\left(45° + \frac{30°}{2}\right) = 3$$

基坑外侧主动土压力强度与基坑内侧被动土压力强度的等值点：

$$\gamma(a_2+8)k_a - 2c\sqrt{k_a} = \gamma a_2 k_p + 2c\sqrt{k_p}$$
$$19 \times (a_2+8) \times \frac{1}{3} + 0 = 19 a_2 \times 3 + 0$$

解得：$a_2 = 1\text{m}$。

$$l_f \geq \frac{(a_1+a_2-d\tan\alpha)\sin\left(45°-\frac{\varphi_m}{2}\right)}{\sin\left(45°+\frac{\varphi_m}{2}+\alpha\right)} + \frac{d}{\cos\alpha} + 1.5$$

$$= \frac{(8-2+1-0.8\times\tan15°)\times\sin\left(45°-\frac{30°}{2}\right)}{\sin\left(45°+\frac{30°}{2}+15°\right)} + \frac{0.8}{\cos15°} + 1.5 = 5.84(\text{m})$$

(2) 锚固段长度计算
$$l = 18 - 5.84 = 12.16(\text{m})$$

(3) 平均极限黏结强度标准值计算
$$R = \pi d \sum q_{sk} l = \pi \times 0.15 q_{sk} \times 12.16 = 300(\text{kN})$$

解得：$q_{sk} = 52.38\text{kPa}$。

【点评】本题与上道题属于同一个知识点，解题的思路及用到的公式等都一样，但考核的是基坑锚杆锚固体与土层黏结强度的计算。

【题 6.3.13】锚杆自由段长度为 6m，锚固段长度为 10m，主筋为两根直径 25mm 的 HRB400 钢筋，钢筋弹性模量为 2.0×10^5 N/mm²。根据《建筑基坑支护技术规程》（JGJ 120—2012）计算，锚杆验收最大加载至 300kN 时，其最大弹性变形值应不小于下列哪个数值？

(A) 0.45cm　　(B) 0.73cm　　(C) 1.68cm　　(D) 2.37cm

【答案】(B)

【解答】根据《建筑基坑支护技术规程》（JGJ 120—2012）附录 A.4.6：在抗拔承载力检测值下测得的弹性位移量应大于杆体自由段长度理论弹性伸长量的 80%。

自由段理论弹性变形值：
$$\varepsilon = \frac{NL}{EA} = \frac{300\times10^3\times6000}{2.0\times10^5\times2\times3.14\times\frac{25^2}{4}} = 9.17(\text{mm})$$

弹性变形值 $> 9.17\times0.8 = 7.34(\text{mm}) = 0.734(\text{cm})$。

【分析】规范要求，在抗拔承载力检测值下测得的弹性位移量应大于杆体自由段长度理论弹性伸长量的 80%。

计算过程很简单，但要用到胡克定律，根据胡克定律，代入计算长度（自由段长度），即可得出自由段长度理论弹性伸长量。

【题 6.3.14】二级土质边坡采用永久锚杆支护，锚杆倾角为 15°，锚杆锚固段钻孔直径为 0.15m，土体与锚固体极限黏结强度标准值为 60kPa，锚杆水平间距为 2m，排距为 2.2m，其主动土压力标准值的水平分量 E_{ahk} 为 18kPa。按照《建筑边坡工程技术规范》（GB 50330—2013）计算，以锚固体与地层间锚固破坏为控制条件，其锚固段长度宜为下列哪个选项？

(A) 1.0m　　(B) 5.0m　　(C) 7.0m　　(D) 10.0m

【答案】(C)

【解答】根据《建筑边坡工程技术规范》(GB 50330—2013) 第 8.2.1 条、8.2.3 条。

(1) 锚杆水平拉力标准值:
$$H_{tk}=s_1 s_2 E_{ahk}=18\times 2\times 2.2=79.2(\text{kN})$$

(2) 锚杆轴向拉力标准值:
$$N_{ak}=\frac{H_{tk}}{\cos\alpha}=\frac{18\times 2\times 2.2}{\cos 15°}=82(\text{kN})$$

(3) 考虑锚固体与地层间锚固力的锚固体长度:
$$l_a \geqslant \frac{KN_{ak}}{\pi D f_{rbk}}=\frac{2.4\times 82}{\pi \times 0.15\times 60}=7.0(\text{m})$$

【点评】关于永久锚杆支护锚固段长度的确定,应考虑锚杆倾角、锚固体直径、土体与锚固体黏结强度、锚杆水平间距、排距、主动土压力标准值的水平分量,以及锚固体抗拔安全系数。对二级永久性边坡,安全系数取 $K=2.4$。

【题 6.3.15】某砂土边坡,高 4.5m,如图所示,原为钢筋混凝土扶壁式挡土结构,建成后其变形过大。再采取水平预应力锚索(锚索水平间距为 2m)进行加固,砂土的 $\gamma=21\text{kN/m}^3$,$c=0$,$\varphi=20°$。按朗肯土压力理论,锚索的预拉锁定值达到下列哪个选项时,砂土将发生被动破坏?

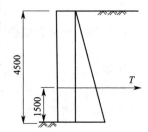

(A) 210kN (B) 280kN
(C) 435kN (D) 870kN

【答案】(D)

【解答】若使挡土结构后砂土发生被动破坏,则 $T\geqslant 2E_p$(锚索水平间距为 2m),按朗肯土压力:

$$k_p=\tan^2\left(45°+\frac{\varphi}{2}\right)=\tan^2\left(45°+\frac{20°}{2}\right)=2.04$$

$$E_p=\frac{1}{2}\gamma H^2 k_p=\frac{1}{2}\times 21\times 4.5^2\times 2.04=433.76(\text{kN/m})$$

$$T\geqslant 2E_p=2\times 433.76=868(\text{kN})$$

【点评】采用预应力锚索挡土结构时,有时会因锚索的预拉锁定力过大造成坡顶地面隆起,发生被动破坏趋势。

错误选项的原因如下:砂土发生主动破坏时为(A)选项;取静止土压力时为(B)选项;砂土发生被动破坏,但未考虑锚索水平间距时为(C)选项。

【题 6.3.16】某砂土边坡,高 6m,砂土的 $\gamma=20\text{kN/m}^3$,$c=0$,$\varphi=30°$。采用钢筋混凝土扶壁式挡土结构,此时该挡土墙的抗倾覆安全系数为 1.70。工程建成后需在坡顶堆载 $q=20\text{kPa}$,拟采用预应力锚索进行加固,锚索的水平间距 2.0m,下倾角 15°,土压力按朗肯理论计算,根据《建筑边坡工程技术规范》(GB 50330—2013),如果要保证坡顶堆载后扶壁式挡土结构的抗倾覆安全系数不小于 1.60,问锚索的轴向拉力标准值应最接近于下列哪个选项?

(A) 136kN (B) 272kN (C) 345kN (D) 367kN

【答案】(B)

【解答】$k_a=\tan^2\left(45°-\dfrac{\varphi}{2}\right)=\tan^2\left(45°-\dfrac{30°}{2}\right)=\dfrac{1}{3}$

(1) 未堆载前:

墙底土压力强度：$e_{a1}=1.1\times(\gamma z k_a - 2c\sqrt{k_a})=1.1\times\left(20\times 6\times\dfrac{1}{3}-0\right)=44(\text{kPa})$

土压力：$E_{a1}=\dfrac{1}{2}e_a h=\dfrac{1}{2}\times 44\times 6=132$ (kN/m)

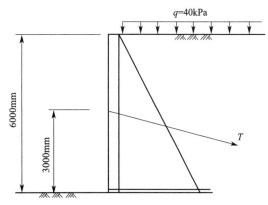

此时该挡土墙的抗倾覆安全系数：

$$F_{t1}=\dfrac{Gx_0+E_{az}x_f}{E_{ax}z_f}=\dfrac{Gx_0+0}{132\times\dfrac{1}{3}\times 6}=1.7$$

解得：$Gx_0=448.8\text{kN}\cdot\text{m}$

（2）堆载后，由堆载引起的土压力：

$$\Delta E_a=1.1qk_a h=1.1\times 40\times\dfrac{1}{3}\times 6=88(\text{kN/m})$$

此时该挡土墙的抗倾覆安全系数：

$$F_{t2}=\dfrac{Gx_0+T\cos 15°\times 3}{E_{ax}z_f}=\dfrac{448.8+2.90T}{132\times\dfrac{1}{3}\times 6+88\times 3}=1.6$$

解得：$T=136.6\text{kN}$

锚索的轴向拉力标准值：$2T=273.2\text{kN}$

【点评】指定规范一般来说要严格按规范的方法来解题，但本题根据已知条件不用规范即可解题。依据规范，即是在土压力的计算中按边坡规范加一个增大系数1.1。

本题已告知未加堆载时的安全系数，所以可根据这一条件求出Gx_0。然后解出堆载引起的土压力，即可得到新的抗倾覆表达式，由此得到拉力T。注意锚索的间距是2m，所以要乘以2。如果不乘2，则是选项（A）。

【点评】很明显这道题是要按照基坑规范来计算。所以，找到相关条款和公式，确定相关参数，剩下的计算量并不大。

【题 6.3.17】某安全等级为一级的建筑基坑，采用桩锚支护形式。支护桩桩径800mm，间距1400mm。锚杆间距1400mm，倾角15°。采用平面杆系结构弹性支点法进行分析计算，得到支护桩计算宽度内的弹性支点水平反力为420kN。若锚杆施工时采用抗拉设计值为180kN的钢绞线，则每根锚杆至少需要配置几根这样的钢绞线？

(A) 2根　　　(B) 3根　　　(C) 4根　　　(D) 5根

【答案】（C）

【解答】根据《建筑基坑支护技术规程》（JGJ 120—2012）第 3.1.7 条、4.7.3 条、4.7.6 条。

锚杆的轴向拉力标准值：

$$N_k=\dfrac{F_h s}{b_a\cos\alpha}=\dfrac{420\times 1.4}{1.4\times\cos 15°}=434.8(\text{kN})$$

锚杆轴向力设计值：

$$N=\gamma_0\gamma_F N_k=1.1\times 1.25\times 434.8=597.85(\text{kN})$$

则 $n=\dfrac{N}{T}=\dfrac{597.85}{180}=3.3$（根），取 4 根。

【题 6.3.18】图示的岩石边坡，开挖后发现坡体内有软弱夹层形成的滑面AC，倾角$\beta=42°$，滑面的内摩擦角$\varphi=18°$。滑体ABC处于临界稳定状态，其自重为450kN/m。若要使边坡的稳定安全系数达到 1.5，每延米所加锚索的拉力 P 最接近下列哪个选项？（锚索下倾角为 $\alpha=15°$）

(A) 155kN/m　　(B) 185kN/m
(C) 220kN/m　　(D) 250kN/m

【答案】（B）

【解答】未加锚索之前，滑体 ABC 处于临界稳定状态，边坡稳定安全系数 F_s 为

$$F_s = \frac{W\cos\beta\tan\varphi + cL}{W\sin\beta} = 1.0$$

代入相关参数，有

$$F_s = \frac{W\cos\beta\tan\varphi + cL}{W\sin\beta} = = \frac{450 \times \cos42° \times \tan18° + cL}{450 \times \sin42°} = 1.0$$

解得：$cL = 192.45$

加了锚索后，边坡稳定安全系数 F_{s1} 为

$$F_{s1} = \frac{[W\cos\beta + P\sin(\alpha+\beta)]\tan\varphi + cL + P\cos(\alpha+\beta)}{W\sin\beta}$$

$$= \frac{[450 \times \cos42° + P \times \sin(15°+42°)] \times \tan18° + 192.45 + P \times \cos(15°+42°)}{450 \times \sin42°}$$

$$= 1.5$$

解得：$P = 184 \text{(kN/m)}$

【分析】题干没有给出黏聚力 c 和滑体长度 L，所以要根据滑体 ABC 处于临界稳定状态这一条件列出表达式并计算得到 cL。加了锚索后，稳定系数中增加了由锚索产生的抗滑力 $P\sin(\alpha+\beta)\tan\varphi + P\cos(\alpha+\beta)$ 这两项，由此解得锚索拉力 P。

【本节考点】
① 土钉抗拔计算；
② 土钉长度计算；
③ 土钉荷载计算；
④ 锚索（锚杆）预应力计算；
⑤ 锚杆拉力计算；
⑥ 锚杆摩阻力计算；
⑦ 锚杆长度计算。

土钉和锚杆这两部分的内容，在基础工程教材中通常是在基坑这一章节中。但考虑到这部分的基本概念和基本理论还是属于土压力，所以将土钉和锚杆的题也放在这里。

需要提及的是，土钉和锚杆的案例大多与某规范相关，也就是说，需要用某规范中要求的方法来解题，所以，熟悉规范非常重要。

6.4 其 他

【题 6.4.1】某均匀无黏性土边坡高 6m，无地下水，采用悬臂式板桩墙支护，支护桩嵌固到土中 12m。已知土体重度 $\gamma = 20\text{kN/m}^3$，黏聚力 $c=0$，内摩擦角 $\varphi = 25°$。假定支护桩被动区嵌固反力、主动区主动土压力均采用朗肯土压力理论进行计算，且土反力、主动土压

力计算宽度均取为 $b=2.5\mathrm{m}$。试计算该桩板墙桩身最大弯矩最接近下列哪个选项？

(A) 1375kN·m　　(B) 2075kN·m
(C) 2250kN·m　　(D) 2565kN·m

【答案】(B)

【解答】根据《建筑边坡工程技术规范》(GB 50330—2013) 附录F。

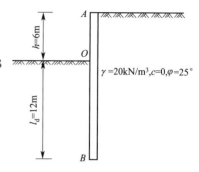

$$K_\mathrm{a}=\tan^2\left(45°-\frac{25°}{2}\right)=0.406$$

$$K_\mathrm{p}=\tan^2\left(45°+\frac{25°}{2}\right)=2.464$$

(1) 剪力零点计算

设自坡脚算起深度 z 处，$E_\mathrm{ak}=E_\mathrm{pk}$，即

$$\frac{1}{2}\times 20\times (6+z)^2\times 0.406=\frac{1}{2}\times 20z^2\times 2.464$$

解得：$z=4.1\mathrm{m}$

$$E_\mathrm{ak}=E_\mathrm{pk}=\frac{1}{2}\times 20\times (6+z)^2\times 0.406=414.2(\mathrm{kN/m})$$

(2) 最大弯矩

$$M_\mathrm{max}=E_\mathrm{ak}z_\mathrm{a}-E_\mathrm{pk}z_\mathrm{p}=414.2\times\left(\frac{6+4.1}{3}-\frac{4.1}{3}\right)=828.4(\mathrm{kN\cdot m/m})$$

则悬臂式桩板墙桩身最大弯矩

$$828.4\times 2.5=2071(\mathrm{kN\cdot m})$$

【点评】本题的解题方法实际上就是基坑支护中的静力平衡法：弯矩最大的位置就是剪力为零的地方，此时 $E_\mathrm{ak}=E_\mathrm{pk}$，由此建立方程并进行计算。

注意 $M_\mathrm{max}=828.4\mathrm{kN\cdot m/m}$ 是每米宽板墙桩的弯矩，计算宽度为 $b=2.5\mathrm{m}$，所以要乘以2.5，才能得到正确的答案。

【题6.4.2】已知某建筑基坑开挖深度8m，采用板式结构结合一道内支撑围护，均一土层参数按 $\gamma=18\mathrm{kN/m^3}$，$c=30\mathrm{kPa}$，$\varphi=15°$，$m=5\mathrm{MN/m^4}$ 考虑，不考虑地下水及地面超载作用，实测支撑架设前（开挖1m）及开挖到坑底后围护结构侧向变形如图所示，按弹性支点法计算围护结构在两工况（开挖至1m及开挖到底）间地面下10m处围护结构分布土反力增量绝对值最接近下列哪个选项？（假定按位移计算的嵌固段土反力标准值小于其被动土压力标准值）

(A) 69kPa　　(B) 113kPa
(C) 201kPa　　(D) 1163kPa

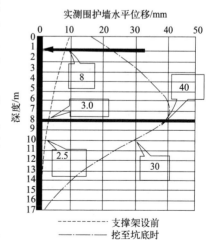

【答案】(B)

【解答】根据《建筑基坑支护技术规程》(JGJ 120—2012) 第4.1.4条、4.1.5条。

作用在挡土构件上的分布土反力 p_s 可按下式计算：

$$p_\mathrm{s}=k_\mathrm{s}v+p_\mathrm{s0}$$

$$k_s = m(z-h)$$

式中 p_s——分布土反力，kPa；

k_s——土的水平反力系数，kN/m^3；

v——挡土构件在分布土反力计算点使土体压缩的水平位移值，m；

p_{s0}——初始分布土反力，挡土构件嵌固段上的基坑内侧初始分布土反力可按规程相关公式计算，kPa；

m——土的水平反力系数的比例系数，kN/m^4；

z——计算点距地面的距离，m；

h——计算工况下的基坑开挖深度，m。

$$K_a = \tan^2\left(45° - \frac{15°}{2}\right) = 0.589$$

(1) 基坑开挖1m深度时

10m处水平反力系数：
$$k_{s1} = m(z-h_1) = 5.00 \times 10^3 \times (10-1) = 45000 (kN/m^3)$$

初始分布土反力强度：
$$p_{s01} = (\sum \gamma_i h_i) K_{a,i} = 18 \times 9 \times 0.589 = 95.42 (kPa)$$

分布土反力强度：
$$p_{s1} = k_{s1} v_1 + p_{s01} = 45000 \times 2.5 \times 10^{-3} + 95.42 = 207.92 (kPa)$$

(2) 基坑开挖8m深度时

10m处水平反力系数：
$$k_{s2} = m(z-h_2) = 5.00 \times 10^3 \times (10-8) = 10000 (kN/m^3)$$

初始分布土反力强度：
$$p_{s02} = (\sum \gamma_i h_i) K_{a,i} = 18 \times 2 \times 0.589 = 21.20 (kPa)$$

分布土反力强度：
$$p_{s2} = k_{s2} v_2 + p_{s02} = 10000 \times 30 \times 10^{-3} + 21.20 = 321.20 (kPa)$$

(3) 土反力增量

围护结构在两工况（开挖至1m及开挖到底）间地面下10m处围护结构分布土反力增量为
$$\Delta p_s = p_{s2} - p_{s1} = 321.20 - 207.92 = 113.28 (kPa)$$

【点评】弹性支点法是在条形地基梁分析方法基础上形成的一种方法，它利用水平荷载作用下弹性桩的分析理论，把支护结构看作一竖放的弹性地基梁，假定支点力为不同水平刚度系数的弹簧，即土反力随位移v的增加而线性增长。

【本节考点】

① 支护桩身最大弯矩计算；

② 弹性支点法计算围护结构土反力及其增量。

特别说明：本章的主要内容是土压力，考虑到本书的特点，特将考试大纲中边坡防护（挡土墙部分）及基坑工程的相关内容也编排在本章。

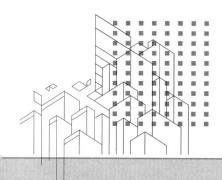

第 7 章 边坡稳定分析

7.1 平面滑动分析法

【题 7.1.1】 由两部分土组成的土坡断面如图所示。假设滑裂面为直线，进行稳定计算。已知坡高 8m，边坡斜率为 1:1，两种土的重度均为 $\gamma=20\text{kN/m}^3$，黏土的黏聚力 $c=12\text{kPa}$，内摩擦角 $\varphi=22°$；砂土 $c=0$，$\varphi=35°$，$\alpha=30°$。问下列哪一个直线滑裂面对应的抗滑稳定安全系数为最小？

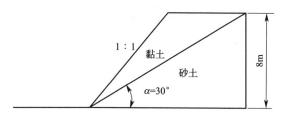

（A）与水平地面夹角 25°的直线
（B）与水平地面夹角 30°的直线在砂土一侧破裂
（C）与水平地面夹角 30°的直线在黏土一侧破裂
（D）与水平地面夹角 35°的直线
【答案】（B）

基本原理（基本概念或知识点）

　　根据实际观测，均质的砂性土或卵石、风化砾石等粗粒土构成的土坡，破坏时的滑动面往往近似于平面，因此在分析这类土的土坡稳定时，为了计算简便起见，一般均假定滑动面是平面，常用直线滑动法以分析其稳定性。

　　如图 7-1 所示的简单土坡，已知土坡高度为 H，坡角为 β，土的重度为 γ，土的抗剪强度 $\tau_\mathrm{f}=\sigma\tan\varphi+c$。若假定滑动面是通过坡脚 A 的平面 AC，AC 的倾角为 α，滑动面 AC

的长度为 L，则可计算滑动土体 ABC 沿 AC 面上滑动的稳定安全系数 K 值。

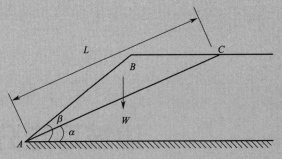

图 7-1 平面滑动法

沿土坡长度方向取单位长度土坡，作为平面应变问题分析。已知滑动土体 ABC 的重力为：

$$W = \gamma S_{\triangle ABC}$$

W 在滑动面 AC 上的法向分力 N 及正应力 σ 为：

$$N = W\cos\alpha$$

$$\sigma = \frac{N}{L} = \frac{W\cos\alpha}{L}$$

W 在滑动面 AC 上的切向分力 T（T 即为滑动面上的下滑力）及剪应力 τ 为：

$$T = W\sin\alpha$$

$$\tau = \frac{T}{L} = \frac{W\sin\alpha}{L}$$

定义土坡的稳定安全系数 K 为：

$$K = \frac{\tau_f}{\tau} = \frac{\sigma\tan\varphi + c}{\tau} = \frac{\dfrac{W\cos\alpha}{L}\tan\varphi + c}{\dfrac{W\sin\alpha}{L}} = \frac{W\cos\alpha\tan\varphi + cL}{W\sin\alpha} \tag{7-1}$$

验算时，先通过坡脚假设一直线滑动面，按式(7-1)计算土坡沿此滑动面下滑的安全系数 K，然后再假设若干个滑动面，计算相应的安全系数，由此求得最小安全系数 K_{min}。当 $K_{min} \geqslant 1$ 时，此土坡稳定。

当均质无黏性土坡 $c = 0$ 时，上式可简化为

$$K = \frac{\tan\varphi}{\tan\alpha} \tag{7-2}$$

很显然，分析的土体无论在坡面上哪一个高度，都能得到式(7-2)的结果，因此安全系数 K 代表整个边坡的安全度。

从式(7-2)可见，对于均质无黏性土坡，当 $\alpha = \beta$ 时，滑动稳定安全系数最小，也即土坡坡面的一层土是最容易滑动的。因此，无黏性土的土坡稳定安全系数为

$$K = \frac{\tan\varphi}{\tan\beta} \tag{7-3}$$

上式表明，均质无黏性土坡稳定性与坡高无关，与土的重度无关，与所取的隔离体体积无关，而仅与坡角 β 有关，只要坡角小于土的内摩擦角（$\beta < \varphi$），$K > 1$，则无论土坡多高在理论上都是稳定的。$K = 1$ 表明土坡处于极限状态，即土坡坡角等于土的内摩擦角。

【解答】$K = \dfrac{W\cos\alpha\tan\varphi + cL}{W\sin\alpha}$（$\alpha$ 为滑裂面与地面夹角）

滑裂体重量：$W = \gamma V$

滑裂体体积：$V = \dfrac{1}{2}H^2(\cot\alpha - 1) = \dfrac{1}{2}\times 8^2 \times(\cot\alpha - 1) = 32\times(\cot\alpha - 1)$

滑裂面长度：$L = \dfrac{H}{\sin\alpha} = \dfrac{8}{\sin\alpha}$

选项（A）：由于砂土 $c = 0$，$K = \dfrac{\tan\varphi}{\tan\alpha} = \dfrac{\tan 35°}{\tan 25°} = \dfrac{0.7}{0.466} = 1.501$

选项（B）：由于砂土 $c = 0$，$K = \dfrac{\tan\varphi}{\tan\alpha} = \dfrac{\tan 35°}{\tan 30°} = \dfrac{0.7}{0.466} = 1.212$

选项（C）：$K = \dfrac{W\cos\alpha\tan\varphi + cL}{W\sin\alpha}$

$= \dfrac{20\times 32\times(\cot 30° - 1)\times\cos 30°\times\tan 22° + 12\times\dfrac{8}{\sin 30°}}{20\times 32\times(\cot 30° - 1)\times\sin 30°}$

$= \dfrac{164 + 192}{234} = 1.52$

选项（D）：$K = \dfrac{W\cos\alpha\tan\varphi + cL}{W\sin\alpha}$

$= \dfrac{20\times 32\times(\cot 35° - 1)\times\cos 35°\times\tan 22° + 12\times\dfrac{8}{\sin 35°}}{20\times 32\times(\cot 35° - 1)\times\sin 35°} = 1.64$

【点评】本题深刻诠释了平面滑动分析法的基本概念。这道题的要点是安全系数的本质，需要掌握土力学中关于无黏性土坡安全系数的推导过程。

【题 7.1.2】无限长土坡如图所示，土坡坡角为 $30°$，砂土与黏土的重度都是 18kN/m^3，砂土 $c_1 = 0$，$\varphi_1 = 35°$；黏土 $c_2 = 30\text{kPa}$，$\varphi_2 = 20°$；黏土与岩石界面的 $c_3 = 25\text{kPa}$，$\varphi_3 = 15°$。如果假设滑动面都是平行于坡面，问最小安全系数的滑动面位置将相应于下列哪个选项？

（A）砂土层中部
（B）砂土与黏土界面在砂土一侧
（C）砂土与黏土界面在黏土一侧
（D）黏土与岩石界面上

【答案】（D）

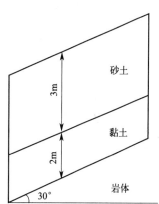

【解答】① 对 $c = 0$ 的无黏性土，$F_s = \dfrac{\tan\varphi}{\tan\beta} = \dfrac{\tan 35°}{\tan 30°} = 1.21$。

② 砂土与黏土界面在砂土一侧，与①相同。

③ 砂土与黏土界面在黏土一侧

$$K = \dfrac{W\cos\alpha\tan\varphi + cA}{W\sin\alpha}$$

其中，$W = \gamma V = 18\times 3\times 1$，$A = \dfrac{1}{\cos\alpha}$

$$K = \dfrac{W\cos\alpha\tan\varphi + cA}{W\sin\alpha} = \dfrac{18\times 3\times 1\times\cos 30°\times\tan 20° + 30/\cos 30°}{18\times 3\times 1\times\sin 30°} = 1.91$$

④ 黏土与岩石界面上，取水平方向的尺寸为单位长度

$$W = \gamma(V_1 + V_2) = 18 \times (3+2) \times 1, \quad A = \frac{1}{\cos\alpha}$$

$$K = \frac{W\cos\alpha\tan\varphi + cA}{W\sin\alpha} = \frac{18 \times (3+2) \times 1 \times \cos30° \times \tan15° + 25/\cos30°}{18 \times (3+2) \times 1 \times \sin30°} = 1.106$$

所以，正确答案是（D）。

【点评】与题 7.1.1 很相似，都是要通过对 4 个滑面的计算来进行比对。本题的难点在于对滑体自重 W 及滑面 A 的计算，注意都取单位宽度进行计算。

纵向很长的土坡也称为"无限土坡"，或者"无限长土坡"。这是对坡长很长，而土层很薄情况的一种抽象。在有些山区，山体为岩质，山坡很长，表层有很薄的风化岩土层，降雨极易引发滑坡，一般可以简化为无限土坡。

在无限边坡问题的计算中，常常假设为平面（应变）问题，因而可取单位宽度进行分析；具体在这道题的计算中，在计算（D）选项时，由于是无限土坡，在截面上也可取任意坡长计算分析。常见的是：

① 取单位坡长（顺坡方向取单位长度 $l=1$m），这时计算土体体积时

$$V = 1 \times \cos\alpha \times (3+2) = 4.33(\text{m}^3/\text{m})$$

不能计算为：$V = 1 \times (3+2) = 5(\text{m}^3/\text{m})$

② 取水平方向的尺寸为单位长度时，土体体积 $V = 1 \times (3+2) = 5(\text{m}^3/\text{m})$，自重 $W = V\gamma = 1 \times (3+2) \times 18 = 90(\text{kN/m})$，坡长为 $l = 1/\cos\alpha = 1.155(\text{m})$。

安全系数为：

$$K = \frac{W\cos\alpha\tan\varphi + cA}{W\sin\alpha} = \frac{18 \times (3+2) \times \cos30° \times \tan15° + 25 \div \cos30°}{18 \times (3+2) \times \sin30°} = 1.106$$

李广信对此题也有看法。他认为，这是一道非常有趣的案例题，因为没有问对应于不同滑动面的具体的安全系数，而问的是"滑动面位置将相应于下列哪个选项？"这样完全可以通过"讲理"来解答。

① 对于砂土任意平行于坡面的滑动面 K 都相同。选项（A）、（B）的安全系数相同。而案例题只能有一个答案，不可能（A）、（B）都是答案，所以淘汰了选项（A）和（B）。

② 由于黏土的黏聚力 $c>0$，因而这种平行的滑动面越深，安全系数越小。（C）是所有黏土平行坡面的滑动面中安全系数最大的，也应淘汰。

③ 在岩与土界面上，c 和 φ 都小于黏土，不可能在黏土一侧滑动，这样就只剩下选项（D）了。

历年的案例题中，确实有少量的无需计算的"讲理"题，所谓讲理题，是指不用计算只根据工程概念或专业理论来进行分析的考题。

【题 7.1.3】现需设计一个无黏性土的简单边坡，已知边坡高度为 10m，土的内摩擦角 $\varphi=45°$，黏聚力 $c=0$。当边坡坡角 β 最接近于下列哪个选项中的值时，其安全系数 $F_s=1.3$？

(A) 45°　　　(B) 41.4°　　　(C) 37.6°　　　(D) 22.8°

【答案】(C)

【解答】对 $c=0$ 的无黏性土坡，$F_s = \frac{\tan\varphi}{\tan\beta}$

依题意，$F_s = \frac{\tan\varphi}{\tan\beta} = \frac{\tan45°}{\tan\beta} = 1.3$

解得：$\tan\beta = \frac{\tan45°}{1.3} = 0.7692$，$\beta = 37.6°$

【点评】这道题比【题 7.1.1】计算量小，只要明白无黏性土坡直线滑动的基本概念，通过 $F_s = \frac{\tan\varphi}{\tan\beta}$，即可解得正确答案。

【题 7.1.4】 一无限长砂土坡，坡面与水平面夹角为 α，土的饱和重度 $\gamma_{sat}=21kN/m^3$，$c=0$，$\varphi=30°$，地下水沿土坡表面渗流，当要求砂土坡稳定系数 K_s 为 1.2 时，α 角最接近下列哪个选项？

(A) 14.0°　　　(B) 16.5°　　　(C) 25.5°　　　(D) 30.0°

【答案】（A）

基本原理（基本概念或知识点）

土坡在很多情况下，会受到由水位差的改变所引起的水力坡降或水力梯度，从而在土坡内形成渗流场，对土坡稳定性带来了不利影响。有渗流水逸出的土坡见图 7-2。

当无黏性土坡受到一定的渗透力作用时，坡面上渗流溢出处的单元体除本身重量外，还受到渗透力 $J=\gamma_w iV$ 的作用，这增加了该土块的滑动力，减少了抗滑力，因而会降低下游边坡的稳定性。

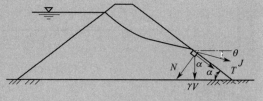

图 7-2　有渗流水逸出的土坡

若渗流为顺坡出流，则溢出处渗透力方向与坡面平行，即 $\theta=\alpha$，此时使土单元体下滑的滑动力为 $T+J=W\sin\alpha+\gamma_w iV$，此时对于单元体来说，土体自重 W 就等于浮重度 $\gamma'V$，$i=\sin\alpha$，故有渗流作用的无黏性土坡的稳定安全系数变为：

$$K=\frac{抗滑力}{滑动力}=\frac{T_f}{T+J}=\frac{\gamma'\cos\alpha\tan\varphi}{(\gamma'+\gamma_w)\sin\alpha}=\frac{\gamma'\tan\varphi}{\gamma_{sat}\tan\alpha} \quad (7-4)$$

可见，与式（7-2）相比，相差 γ'/γ_{sat} 倍，此值约为 1/2。所以，当坡面有顺坡渗流作用时，无黏性土坡的稳定安全系数约降低一半。因此要保持同样的安全度，有渗透力作用时的坡角比没有渗透力作用时要小得多。

当渗流方向为水平逸出坡面时，$i=\tan\alpha$，则 K 表达式为：

$$K=\frac{(\gamma'-\gamma_w\tan^2\alpha)\tan\varphi}{(\gamma'+\gamma_w)\tan\alpha} \quad (7-5)$$

式中，$\frac{\gamma'-\gamma_w\tan^2\alpha}{\gamma'+\gamma_w}<\frac{1}{2}$，说明与干坡相比 K 下降一半多。

上述分析说明，有渗流情况下无黏性土的土坡只有当坡角 $\alpha\leqslant\arctan[(\tan\varphi)/2]$ 时才能稳定。工程实践中应尽可能消除渗透水流的作用。

【解答】 对地下水沿土坡表面渗流的无黏性土坡

$$K=\frac{\gamma'\tan\varphi}{\gamma_{sat}\tan\alpha}=\frac{11\times\tan30°}{21\times\tan\alpha}=1.2$$

解得：$\alpha=14.1°$

【题 7.1.5】 一无黏性土均质斜坡，处于饱和状态，地下水平行坡面渗流，土体饱和重度 $\gamma_{sat}=20kN/m^3$，$c=0$，$\varphi=30°$，假设滑动面为直线，试问该斜坡稳定的临界坡角最接近于下列何项数值？

(A) 14°　　　(B) 16°　　　(C) 22°　　　(D) 30°

【答案】（B）

【解答】 对地下水沿土坡表面渗流的无黏性土坡

$$K = \frac{\gamma' \tan\varphi}{\gamma_{sat} \tan\alpha} = \frac{10 \times \tan30°}{20 \times \tan\alpha} = 1.0$$

解得：$\alpha = 16.1°$

【题 7.1.6】 如图所示某山区拟建一座尾矿堆积坝，堆积坝采用尾矿细砂分层压实而成，尾矿的内摩擦角为 $36°$，设计坝体下游坡面坡度 $\alpha = 25°$。随着库内水位逐渐上升，坝下游坡面下部会有水顺坡渗出，尾矿细砂的饱和重度为 $22kN/m^3$，水下内摩擦角 $33°$。试问坝体下游坡面渗水前后的稳定系数最接近下列哪个选项？

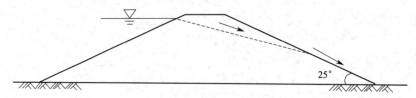

(A) 1.56，0.76　　(B) 1.56，1.39　　(C) 1.39，1.12　　(D) 1.12，0.76

【答案】 (A)

【解答】 渗水前：$K = \dfrac{\tan\varphi}{\tan\alpha} = \dfrac{\tan36°}{\tan25°} = 1.56$

渗水后：$K = \dfrac{\gamma' \tan\varphi}{\gamma_{sat} \tan\alpha} = \dfrac{12 \times \tan33°}{22 \times \tan25°} = 0.76$

【点评】 当坡面有顺坡渗流作用时，无黏性土坡的稳定安全系数约降低一半。

【题 7.1.7】 如图所示，一倾斜角度 $15°$ 的岩基粗糙面上由等厚黏质粉土构成的长坡，土岩界面的有效抗剪强度指标内摩擦角为 $20°$，黏聚力为 $5kPa$，土的饱和重度 $20kN/m^3$，该斜坡可看成无限长，图中 $H = 1.5m$，土层内有与坡面平行的渗流，则该长坡土岩界面的稳定性系数最接近下列哪个选项？

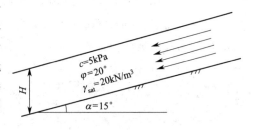

(A) 0.68　　(B) 1.35　　(C) 2.10　　(D) 2.50

【答案】 (B)

【解答】《土力学》(李广信等编，第 2 版，清华大学出版社) 第 258 页，取单位长度斜坡分析。

在土条内发生平行于坡面的渗流，则水力梯度：$i = \sin\alpha = \sin15°$

单位长度斜坡面积：$A = 1 \times 1.5 \times \cos15° = 1.45(m^2)$

单位长度自重：$W = \gamma' A = (20-10) \times 1.45 = 14.5(kN/m)$

单位长度斜坡渗流力：$J = \gamma_w i A = 10 \times \sin15° \times 1.45 = 3.75(kN/m)$

$$F_s = \frac{W\cos\alpha \tan\varphi + cL}{W\sin\alpha + J} = \frac{14.5 \times \cos15° \times \tan20° + 5 \times 1}{14.5 \times \sin15° + 3.75} = 1.35$$

【点评】 这是对长坡岩土界面的稳定系数计算，要正确理解单位长度的意思。

【题 7.1.8】 如图所示，某边坡坡面倾角 $\beta = 65°$，坡顶面倾角 $\theta = 25°$，土的重度 $\gamma = 19kN/m^3$。假设滑动面倾角 $\alpha = 40°$，其参数 $c = 15kPa$，$\varphi = 25°$，滑动面长度 $L = 65m$，图中 $h = 10m$，试计算边坡的稳定安全系数最接近下列哪个选项？

(A) 0.72　　(B) 0.88　　(C) 0.98　　(D) 1.08

【答案】(B)

【解答】滑坡体自重：

$$W = \gamma V = \gamma \times \frac{1}{2} h \cos\alpha \times L = 19 \times \frac{1}{2} \times 10 \times \cos40° \times 65$$
$$= 4730.3 (\text{kN/m})$$

安全系数：

$$K = \frac{W\cos\alpha\tan\varphi + cL}{W\sin\alpha} = \frac{4730.3 \times \cos40° \times \tan25° + 15 \times 65}{4730.3 \times \sin40°}$$
$$= \frac{2664.7}{3040.6} = 0.88$$

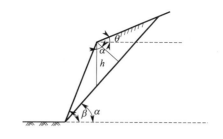

【点评】题干已经告诉了是平面滑动，又由于 $c=15\text{kPa}$（不等于 0），所以考虑公式 $K = \frac{W\cos\alpha\tan\varphi + cL}{W\sin\alpha}$ 来计算。首先根据所给条件确定滑动体自重。

【题 7.1.9】某建筑边坡坡高 10.0m，开挖设计坡面与水平面夹角 50°，坡顶水平，无超载（如图所示），坡体黏性土重度 $\gamma=19\text{kN/m}^3$，$c=20\text{kPa}$，$\varphi=12°$，坡体无地下水，按照《建筑边坡工程技术规范》(GB 50330—2013)，边坡破坏时的平面破裂角 θ 最接近哪个选项？

(A) 30°　　(B) 33°　　(C) 36°　　(D) 39°

【答案】(B)

【解答】根据《建筑边坡工程技术规范》(GB 50330—2013) 第 6.2.10 条。

当边坡的坡面为倾斜、坡顶水平、无超载时（右图），边坡破坏时的平面破裂角可按下式(7-6)计算：

$$\theta = \arctan\left[\frac{\cos\varphi}{\sqrt{1+\frac{\cot\alpha'}{\eta+\tan\varphi}}-\sin\varphi}\right] \quad (7-6)$$

$$\eta = \frac{2c}{\gamma h}$$

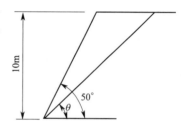

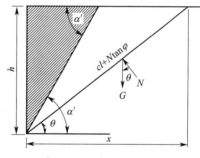

边坡的坡面为倾斜时计算简图

$$\eta = \frac{2c}{\gamma h} = \frac{2 \times 20}{19 \times 10} = 0.211$$

$$\theta = \arctan\left[\frac{\cos\varphi}{\sqrt{1+\frac{\cot\alpha'}{\eta+\tan\varphi}}-\sin\varphi}\right] = \arctan\left[\frac{\cos12°}{\sqrt{1+\frac{\cot50°}{0.211+\tan12°}}-\sin12°}\right] = 32.78°$$

【点评】与前面的题目相比，本题是依据指定的规范来计算，所以要能迅速找到规范中相应的条款。

《建筑边坡工程技术规范》规定，当土质边坡的坡面为倾斜时，根据平面滑裂面，得到滑裂面的计算公式。

这种提供所需要的参数、条件，要求按照某规范的公式进行计算的题目，只要能找到公式，问题则迎刃而解。

【题 7.1.10】某一滑坡体体积为 12000m³，重度 $\gamma=20\text{kN/m}^3$，滑面倾角为 35°，内摩擦角 $\varphi=30°$，黏聚力 $c=0$，综合水平地震系数 $\alpha_w=0.1$ 时，按《建筑边坡工程技术规范》(GB 50330—2013)，计算该滑坡体在地震作用时的稳定安全系数最接近下列哪个选项？

(A) 0.52 (B) 0.67 (C) 0.82 (D) 0.97

【答案】(B)

【解答】根据《建筑边坡工程技术规范》(GB 50330—2013) 第 5.2.6 条、附录 A.0.2。

滑坡体自重：
$$G = \gamma V = 20 \times 12000 = 240000 (\text{kN/m})$$

地震产生的水平荷载：
$$Q_e = \alpha_w G = 0.1 \times 240000 = 24000 (\text{kN/m})$$

$$F_s = \frac{R}{T} = \frac{(G\cos\theta - Q_e\sin\theta)\tan\varphi + cl}{G\sin\theta + Q_e\cos\theta}$$

$$= \frac{(240000 \times \cos35° - 24000 \times \sin35°)\tan30° + 0}{240000 \times \sin35° + 24000 \times \cos35°} = 0.67$$

【点评】由题意可知，本滑坡是直线型滑坡，稳定分析时应该用式(7-1) 这类的公式。地震时产生水平向的地震荷载，按边坡规范用 $Q_e = \alpha_w G$ 计算，然后代入规范中的式 (A.0.2) 计算即可。

【本节考点】

无黏性土土坡平面滑动分析法，又可进一步分为：

① 干坡或水下坡时的稳定分析；

② 有渗流情况下的稳定分析；

③ 滑坡体在地震作用时，稳定安全系数计算。

7.2 圆弧滑动面分析法

【题 7.2.1】饱和软黏土坡度为 1：2，坡高 10m，不排水抗剪强度 $c_u = 30$ kPa，土的天然重度为 $\gamma = 18$ kN/m³，水位在坡脚以上 6m，已知单位土坡长度滑坡体水位以下土体体积 $V_B = 144.11$ m³/m，与滑动圆弧的圆心距离为 $d_B = 4.44$ m，在滑坡体上部有 3.33m 的拉裂缝，缝中充满水，水压力为 P_w，滑坡体水位以上的体积为 $V_A = 41.92$ m³/m，圆心距为 $d_A = 13$ m，用整体圆弧法计算土坡沿着该滑裂面滑动的安全系数最接近于下列哪个数值？

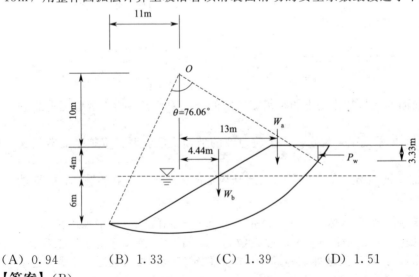

(A) 0.94 (B) 1.33 (C) 1.39 (D) 1.51

【答案】(B)

基本原理（基本概念或知识点）

整体圆弧滑动法是边坡稳定分析中最常用的方法之一，整体圆弧滑动法将滑动面以上的土体视作刚体，并分析在极限平衡条件下它的整体受力情况。对于均质的黏性土土坡，其实际滑动面与圆柱面接近。计算时一般假定滑动面为圆柱面，在土坡断面上投影为圆弧。

对于如图 7-3(a) 所示的简单黏性土土坡，AC 为假定的圆弧，O 点为其圆心，半径为 R。滑动土体 ABC 可视为刚体，在自重作用下，将绕圆心 O 沿 AC 弧转动下滑。如果假设滑动面上的抗剪强度完全发挥，即 $\tau = \tau_f$，则其抗滑力矩 $M_f = \tau_f L_{AC} R$，滑动力矩 $M = Wd$，则土坡的安全系数为：

$$K = \frac{M_f}{M} = \frac{\tau_f L_{AC} R}{Wd} \tag{7-7}$$

式中 d——滑动土体重心到滑弧圆心 O 的水平距离，m；
W——滑动土体自重，kN。

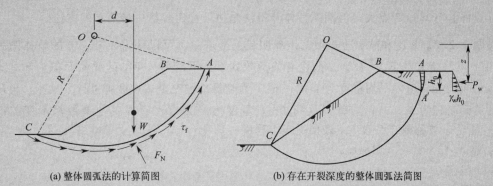

(a) 整体圆弧法的计算简图　　　(b) 存在开裂深度的整体圆弧法简图

图 7-3　均质黏性土土坡的整体圆弧滑动

对于饱和软黏土，在不排水条件下，其内摩擦角 φ 等于 0，此时 $\tau_f = c_u$，即黏聚力 c 就是土的抗剪强度，这样，抗滑力矩就是 $c_u L_{AC} R$ 一项。于是式(7-7) 可写为：

$$K = \frac{c_u L_{AC} R}{Wd} \tag{7-8}$$

用式(7-8) 可直接计算边坡稳定的安全系数，这种方法通常称为 $\varphi = 0$ 的分析法。或者说式(7-8) 适用于 $\varphi = 0$ 的黏性土土坡稳定性分析。式中，c_u 可以用三轴不排水剪试验得到，也可由无侧限抗压强度试验或现场十字板剪切试验获得。

如图 7-4(b) 所示，由于土的收缩及张力作用，在黏性土坡的坡顶附近可能出现裂缝，雨水或相应的地表水渗入裂缝后，将产生一静水压力，其值为

$$P_w = \frac{\gamma_w h_0^2}{2} \tag{7-9}$$

式中，h_0 为坡顶裂缝开展深度，可近似为挡土墙后为黏性填土时，墙顶产生的拉裂深度 $h_0 = 2c/(\gamma \sqrt{K_a})$。其中，$K_a$ 为朗肯主动土压力系数。

裂缝中的静水压力将促使土坡滑动，其对最危险滑动面圆心 O 的力臂为 z，因此，在按前述各种方法进行土坡稳定分析时，滑动力矩中尚应计入 P_w 的影响，同时土坡滑动的弧长也将相应地减短为图 7-3(b) 的 $A'C$，即抗滑力矩有所减少。

【解答】（1）计算抗滑力矩

滑弧的半径：$R = \sqrt{11^2 + 20^2} = 22.83(\text{m})$

滑弧的长度：$L = \pi \times \dfrac{76.06°}{180°} R = 30.31(\text{m})$

抗滑力矩：$M_R = L c_u R = 30.31 \times 30 \times 22.83 = 20759(\text{kN} \cdot \text{m/m})$

（2）计算滑动力矩

裂缝水压力：$P_w = \dfrac{1}{2} \gamma_w h^2 = \dfrac{1}{2} \times 10 \times 3.33^2 = 55.44(\text{kN/m})$

水压力引起的滑动力矩：$M_w = P_w \times \left(10 + \dfrac{2}{3} \times 3.33\right) = 55.44 \times 12.22 = 677(\text{kN} \cdot \text{m/m})$

水上自重引起的滑动力矩：$M_A = 41.92 \times 18 \times 13 = 9809(\text{kN} \cdot \text{m/m})$

水下自重引起的滑动力矩：$M_B = 144.11 \times 8 \times 4.44 = 5119(\text{kN} \cdot \text{m/m})$

安全系数：$K = \dfrac{M_R}{M_w + M_A + M_B} = \dfrac{20759}{677 + 9809 + 5119} = 1.33$

【点评】 计算量有点大，但圆弧整体分析法是边坡稳定分析中最简单的方法。

【题 7.2.2】 某饱和软黏土边坡已出现明显变形迹象（可以认为在 $\varphi_u = 0$ 的整体圆弧法计算中，其稳定系数 $K_1 = 1.0$）。假设有关参数如下：下滑部分 W_1 的截面面积为 30.2m^2，力臂 $d_1 = 3.2\text{m}$，滑体平均重度为 17kN/m^3。为确保边坡安全，在坡脚进行了反压，反压体 W_3 的截面面积为 9.0m^2，力臂 $d_3 = 3.0\text{m}$，重度为 20kN/m^3。在其他参数都不变的情况下，反压后边坡的稳定系数 K_2 最接近于下列哪一选项？

(A) 1.15　　(B) 1.26

(C) 1.33　　(D) 1.59

【答案】（C）

【解答】 依题意，反压前：

$$K_1 = \dfrac{c_u L_{AC} R + W_2 d_2}{W_1 d_1} = 1.0$$

反压后：

$$K_2 = \dfrac{c_u L_{AC} R + W_2 d_2 + W_3 d_3}{W_1 d_1} = K_1 + \dfrac{W_3 d_3}{W_1 d_1}$$

$$= 1.0 + \dfrac{9.0 \times 20 \times 3.0}{30.2 \times 17 \times 3.2} = 1.33$$

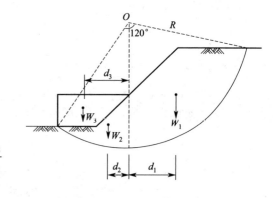

【点评】 这道题考的是对基本概念的理解，同时又避开了繁复的计算。乍一看，这题好多条件都没给，比如 W_2 和 d_2。但仔细分析就会发现，这些条件不给也罢，因为反压前后只是增加了 W_3。所以，弄清楚道理，问题就会迎刃而解。

反压坡脚是提高边坡稳定性的有效方法，在实际工程中通常也用卸坡顶土的方法来提高边坡稳定性，如下题。

【题 7.2.3】 有一 6m 高的均匀土质边坡，$\gamma = 17.5\text{kN/m}^3$，根据最危险滑动圆弧计算得到的抗滑力矩为 $3580\text{kN} \cdot \text{m}$，滑动力矩 $3705\text{kN} \cdot \text{m}$。为提高边坡的稳定性提出图示两种卸荷方案，卸荷土方量相同而卸荷部位不同，试计算卸荷前、卸荷方案 1、卸荷方案 2 的边坡稳定系数（分别为 K_0、K_1、K_2），判断三者关系为下列哪一选项？（假设卸荷后抗滑力矩不变。）

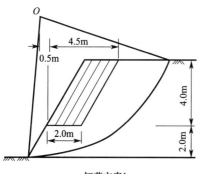
卸荷方案1

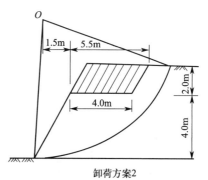
卸荷方案2

(A) $K_0 = K_1 = K_2$ (B) $K_0 < K_1 = K_2$
(C) $K_0 < K_1 < K_2$ (D) $K_0 < K_2 < K_1$

【答案】(C)

【解答】边坡稳定系数 $K = \dfrac{\text{抗滑力矩}}{\text{滑动力矩}}$，分别计算 K_0、K_1、K_2

$$K_0 = \frac{3580}{3705} = 0.97$$

$$K_1 = \frac{3580}{3705 - 2 \times 4 \times 17.5 \times 2.75} = \frac{3580}{3320} = 1.08$$

$$K_2 = \frac{3580}{3705 - 4 \times 2 \times 17.5 \times 4.25} = \frac{3580}{3110} = 1.15$$

$$K_0 < K_1 < K_2$$

所以，答案为(C)。

【点评】本题除上述定量计算方法外，用定性分析法也可以得到正确答案。

从图示可知，卸荷部分都位于滑动体，故卸荷都可以提高边坡的稳定性；卸荷方案2的力臂要长于方案1，而卸荷量相同，故 $K_0 < K_1 < K_2$。本题两个关键点：

① 要根据题意立刻判断出 $K = \dfrac{\text{抗滑力矩}}{\text{滑动力矩}}$，抗滑体在滑动圆心的左侧，卸荷体在滑动圆心的右侧，且卸荷体都在滑动圆弧以内，因此卸荷对抗滑力矩没有影响；

② 要能够准确计算出平行四边形的形心位置。

【题 7.2.4】一个饱和软黏土中的重力式水泥土挡土墙如图所示，土的不排水抗剪强度 $c_u = 30\text{kPa}$，基坑深度5m，墙的埋深4m，滑动圆心在墙顶内侧 O 点，滑动圆弧半径 $R = 10\text{m}$。沿着图示的圆弧滑动面滑动，试问每米宽度上的整体稳定抗滑力矩最接近于下列何项数值？

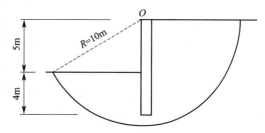

(A) 1570kN·m/m
(B) 4710kN·m/m
(C) 7850kN·m/m
(D) 9420kN·m/m

【答案】(C)

【解答】饱和软黏土的不排水内摩擦角为0，在饱和不排水条件下，抗滑力矩完全由黏聚力提供，即

$M_R = \hat{L}cR$，其中 $\hat{L}$ 为弧长，$R = 10\text{m}$ 为滑动半径。

圆弧对应角度：$90° + \arccos\dfrac{5}{10} = 150°$

滑弧长：$\hat{L} = 2R\pi \times \dfrac{150°}{360°} = 2 \times 10\pi \times \dfrac{150°}{360°} = 26.17(\text{m})$

抗滑力矩：$M_R = \hat{L}cR = 26.17 \times 30 \times 10 = 7854(\text{kN} \cdot \text{m/m})$

【题 7.2.5】在饱和软黏土中基坑开挖采用地下连续墙支护，已知软土的十字板剪切试验的抗剪强度 $\tau = 34\text{kPa}$；基坑开挖深度 16.3m，墙底插入坑底以下的深度 17.3m，设有两道水平支撑，第一道水平支撑位于地面标高，第二道水平支撑距坑底 3.5m，每延米支撑的轴向力均为 2970kN。沿着图示的以墙顶为圆心，以墙长为半径的圆弧整体滑动，若每延米的滑动力矩为 154230kN·m，则其安全系数最接近于下面哪个选项的数值？

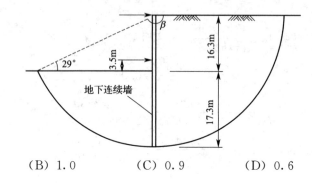

(A) 1.3　　　　(B) 1.0　　　　(C) 0.9　　　　(D) 0.6

【答案】(C)

【解答】依题意，抗滑力矩由两部分组成，即土的抗滑力矩和第二道支撑的抗滑力矩。分别计算如下：

滑弧半径：$R = 16.3 + 17.3 = 33.6(\text{m})$

弧的夹角：$\beta = 180° - 29° = 151°$

弧长：$L = 2 \times 33.6\pi \times \dfrac{151°}{360°} = 88.55(\text{m})$

土的抗滑力矩：$M_{R1} = L\tau R = 88.55 \times 34 \times 33.6 = 101160(\text{kN} \cdot \text{m})$

支撑的抗滑力矩：$M_{R2} = Tr = 2970 \times (16.3 - 3.5) = 38016(\text{kN} \cdot \text{m})$

$M_R = M_{R1} + M_{R2} = 101160 + 38016 = 139176(\text{kN} \cdot \text{m})$

则整体滑动安全系数：

$$K = \dfrac{M_R}{M} = \dfrac{139176}{154230} = 0.9$$

【点评】确定抗滑力矩，关键是确定弧长。看上去是基坑工程，但却不用依靠任何规范，而只依据土力学中的基本概念计算即可。

【题 7.2.6】一个坡角为 28° 的均质土坡，由于降雨，土坡中地下水发生平行于坡面方向的渗流，利用圆弧条分法进行稳定分析时，其中第 i 条块高度为 6m，作用在该条块底面上的孔隙水压力最接近下面哪一数值？

(A) 60kPa　　　　(B) 53kPa　　　　(C) 47kPa　　　　(D) 30kPa

【答案】(C)

【解答】如下图，由于产生沿着坡面的渗流，坡面线为一流线，过第 i 条底部中点的

等势线为 ab 线，以过 a 点的水平线为基线，由于同一等势线上的总水头相等，b 点的位置水头为 $\overline{ad}=h_w$，压力水头为 0，a 点的位置水头为 0，则压力水头为 h_w，水头高度 h_w 为：

$$h_w = \overline{ad} = \overline{ab}\cos\theta = (\overline{ac}\cos\theta)\cos\theta$$
$$= h_i\cos^2\theta = 6\times\cos^2 28° = 4.68(\mathrm{m})$$

孔隙水压力：

$$p_w = h_w\gamma_w = 4.68\times 10 = 46.8(\mathrm{kPa})$$

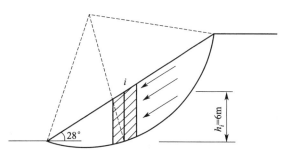

【点评】本题是典型的关于土条上的孔隙水压力的计算。本题的要点就是水头等势线与流线垂直，在等势线上总水头相等，总水头等于位置水头与压力水头之和。其他主要是几何关系的换算。

在静水位以下，各点的总势能都是相等的，亦即其重力势（位置水头）与压力势（压力水头）之和是相等的，所以自上而下水压力是线性分布的。而在稳定渗流情况下，需要确定等势线，在同一等势线上，各点的重力势（位置水头）与压力势（压力水头）之和是相等的，因而等势线是确定孔隙水压力的关键。

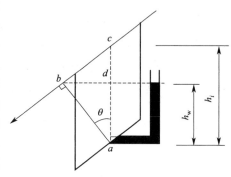

此题的解决，首先根据条件确定流线，由于是顺坡渗流，所有的流线都平行于坡面线，根据正交性，等势线必须垂直于流线，那么过此土条中点 a 的等势线为 ab，如果 a 点的位置水头为 0，则 b 点的位置水头为 $\overline{ad}=\overline{ab}\cos\theta$，其中 $\overline{ab}=\overline{ac}\cos\theta$，则 $\overline{ad}=\overline{ac}\cos^2\theta$。

在岩土工程实践中，土中水的渗流问题不可能不涉及，应掌握相关知识。

建筑行业的岩土工程师对于土中水的渗流问题往往不熟悉，有的本科土力学教材中可能没有渗流这部分，这个考题的难度也就在于此。在岩土工程实践中，不可能不涉及土中水的问题，所以一定要补上这一课。关于土条上的孔隙水压力的计算，这个是标准解答，应该记住。下面的题目还会遇到。

【题 7.2.7】用简单圆弧条分法作黏土边坡稳定分析时，滑弧的半径 $R=30\mathrm{m}$，第 i 土条的宽度为 $2\mathrm{m}$，过弧线的中心点切线、渗流水面和土条顶部与水平线的夹角均为 30°。土条的水下高度为 7m，水上高度为 3m。已知黏土在水上、下的天然重度均为 $\gamma=20\mathrm{kN/m^3}$，黏聚力 $c=22\mathrm{kPa}$，内摩擦角 $\varphi=25°$，试问计算得出该条的抗滑力矩最接近于下列哪个选项的数值？

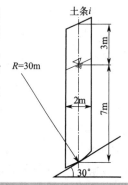

(A) 3000kN·m　　(B) 4110kN·m
(C) 4680kN·m　　(D) 6360kN·m

【答案】(C)

基本原理（基本概念或知识点）

简单条分法亦称为瑞典条分法（图 7-4）或费伦纽斯条分法，是条分法中最古老而又最简单的条分法，《建筑边坡工程技术规范》（GB 50330—2013）推荐用该法进行边坡稳定性分析。

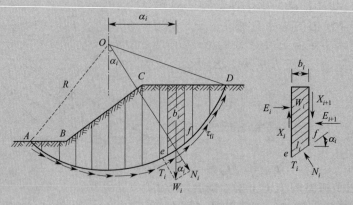

图 7-4 瑞典条分法

该法假定滑动面是一个圆弧面，并忽略条间力，这时土条仅有作用力 W_i、N_i 和 T_i，根据平衡条件可得

$$N_i = W_i \cos\alpha_i$$
$$T_i = W_i \sin\alpha_i$$

滑动面 ef 上土的抗剪强度为

$$\tau_{fi} = \sigma_i \tan\varphi_i + c_i = \frac{1}{l_i}(N_i \tan\varphi_i + c_i l_i) = \frac{1}{l_i}(W_i \cos\alpha_i \tan\varphi_i + c_i l_i)$$

土条 i 上的作用力对圆心 O 产生的滑动力矩 M 及抗滑力矩 M_f 分别为：

$$M = T_i R = W_i R \sin\alpha_i$$
$$M_f = \tau_{fi} l_i R = (W_i \cos\alpha_i \tan\varphi_i + c_i l_i) R$$

整个土坡相应于滑动面 AD 时的稳定安全系数为

$$K = \frac{M_f}{M} = \frac{\sum\limits_{i=1}^{i=n}(W_i \cos\alpha_i \tan\varphi_i + c_i l_i)}{\sum\limits_{i=1}^{i=n} W_i \sin\alpha_i} \quad (7\text{-}10)$$

当已知第 i 个土条在滑动面上的孔隙水压力为 u_i 时，要用有效应力指标 c'_i 及 φ'_i 代替原来的 c_i 和 φ_i，有

$$K = \frac{\sum\limits_{i=1}^{i=n}[c'_i l_i + (W_i \cos\alpha_i - u_i l_i)\tan\varphi'_i]}{\sum\limits_{i=1}^{i=n} W_i \sin\alpha_i} \quad (7\text{-}11)$$

【解答】有两种解法。

解法一：

土条自重：$W_i = (3 \times 20 + 7 \times 10) \times 2 = 260 \text{(kN)}$（水下部分取浮重度）

滑弧长度：$l_i = \dfrac{2}{\cos 30°} = 2.31 \text{(m)}$

抗滑力：$F_f = W_i \cos\theta \tan\varphi + l_i c = 260 \times \cos 30° \times \tan 25° + 2.31 \times 22 = 156 \text{(kN)}$

抗滑力矩：$M_{fi} = F_f R = 156 \times 30 = 4680 \text{(kN·m)}$

解法二：

土条自重：$W_i = 10 \times 20 \times 2 = 400 \text{(kN)}$

滑弧长度：$l_i = \dfrac{2}{\cos 30°} = 2.31 \text{(m)}$

孔隙水压力：$u_i = 7 \times \cos^2 30° \times 10 = 52.5 \text{(kPa)}$

扬压力：$p_w = u_i l_i = 52.5 \times 2.31 = 121.3 \text{(kN)}$

抗滑力：
$F_f = (W_i \cos\theta - p_w)\tan\varphi + l_i c = (400 \times \cos 30° - 121.3) \times \tan 25° + 2.31 \times 22 = 156 \text{(kN)}$

抗滑力矩：$M_{fi} = F_f R = 156 \times 30 = 4680 \text{(kN·m)}$

【题 7.2.8】 在黏土的简单圆弧条分法计算边坡稳定中，滑弧的半径 $R = 30\text{m}$，第 i 土条的宽度为 2m，过滑弧底中心的切线、渗流水面和土条顶部与水平线的夹角均为 30°。土条的水下高度为 7m，水上高度为 3m，黏土天然重度和饱和重度均为 $\gamma = 20\text{kN/m}^3$。问计算的第 i 土条的滑动力矩最接近下列哪个选项？

(A) 4800 kN·m　　(B) 5800 kN·m
(C) 6800 kN·m　　(D) 7800 kN·m

【答案】 (B)

【解答】 (1) 土骨架自重产生的滑动力矩

$M_1 = \gamma h \sin 30° R = (3 \times 20 + 7 \times 10) \times 2 \times \sin 30° \times 30$
$= 3900 \text{(kN·m/m)}$

(2) 渗透力产生的滑动力矩

该土条受到沿坡面向下的渗透力：

$j = i\gamma_w = \dfrac{b\tan 30°}{b/\cos 30°}\gamma_w = \sin 30° \times 10 = 5.0 \text{(kN/m}^3)$

$J = jV = 5.0 \times 2 \times 7 = 70 \text{(kN)}$

J 的方向垂直于 ab 线。

$M_2 = J(R - 3.5 \times \cos 30°) = 70 \times (30 - 3.5 \times \cos 30°)$
$= 1888 \text{(kN·m/m)}$

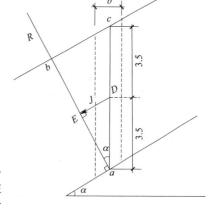

(3) 总的滑动力矩

$M = M_1 + M_2 = 3990 + 1888 = 5788 \text{(kN·m/m)}$

【点评】 本题与上道题题干一致，是求滑动力矩。除了滑体自重外，因为水的渗流，所以就有渗透力（注意不是静孔隙水压力）。单位渗透力 $j = \gamma_w \sin\alpha$，且其力臂的长度为 $R - 3.5 \times \cos 30°$，方向与 M_1 的方向一致（都是顺坡方向）。

相比较而言，在同样条件下，求抗滑力矩比滑动力矩要简单些。对抗滑力矩，渗流造成的是滑动土条自重的减少，而渗流产生的渗透力会产生滑动力矩。

【题 7.2.9】 如图所示，某填土边坡，高 12m，设计验算时采用圆弧条分法分析，其最小安全系数为 0.88，对应每延米的抗滑力矩为 22000 kN·m，圆弧半径 25.0m，不能满足该边坡稳定要求，拟采用加筋处理，等间距布置 10 层土工格栅，每层土工格栅的水平拉力均按 45kN/m 考虑，按照《土工合成材料应用技术规范》(GB/T 50290—2014)，该边坡加筋处理后的稳定安全系数最接近下列哪个选项？

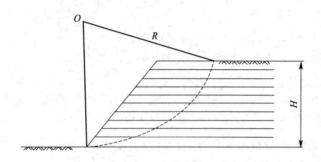

(A) 1.15　　　(B) 1.20　　　(C) 1.25　　　(D) 1.30

【答案】(C)

【解答】按照《土工合成材料应用技术规范》(GB/T 50290—2014) 第 7.5.3 条。

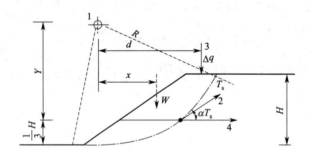

确定加筋力的滑弧计算
1—滑动圆心；2—延伸性筋材拉力；
3—超载；4—非延伸性筋材拉力

加筋土坡沿坡高按一定垂直间距水平方向铺放筋材，所需筋材总拉力 T_s（单宽）应按下式计算（上图）：

$$T_s = \frac{(F_{sr} - F_{su})M_0}{D} \tag{7-12}$$

式中　M_0——未加筋土坡某一滑弧对应的滑动力矩，kN·m；

　　　D——对应于某一滑弧的 T_s 相对于滑动圆心的力臂，T_s 的作用点可设定在坡高的 1/3 处，m；

　　　F_{sr}——设计要求的安全系数；

　　　F_{su}——未加筋土坡最小安全系数。

未加筋时土坡最危险滑弧对应的滑动力矩：

$$M_0 = \frac{22000}{0.88} = 25000 \text{(kN·m/m)}$$

筋材总拉力：$T_s = 45 \times 10 = 450 \text{(kN/m)}$

T_s 相对于滑动圆心的力臂：$D = 25 - \dfrac{12}{3} = 21 \text{(m)}$

$$T_s = \frac{(F_{sr} - F_{su})M_0}{D}, \text{ 即 } 450 = \frac{(F_{sr} - 0.88) \times 25000}{21}$$

解得：$F_{sr} = 1.258$

【本节考点】

圆弧滑动面分析法。

① 整体圆弧滑动（包括基坑整体稳定时的抗滑力矩计算）；

② 简单条分法。

如果要做一个完整的边坡稳定分析计算，工作量是巨大的。所以，在注册岩土工程师案例考试时，不可能出一道完整的边坡稳定性分析的考题。通过对这些年考题的统计，可以看出，整体圆弧滑动分析的题目相对较多；如果是条分法，那也是对某一土条的受力进行计算，如计算单一土条的抗滑力矩或滑动力矩等。

另外，要注意边坡坡顶存在裂缝有水的情况下的分析计算，还有条分法中存在渗流时的分析计算。

7.3 岩石边坡稳定性

【题 7.3.1】 有一岩石边坡，坡率 1∶1，坡高 12m，存在一条加泥的结构面，如图所示，已知单位宽度滑动土体重量为 740kN/m，结构面倾角 35°，结构面内夹层 $c = 25$kPa，$\varphi = 18°$，在夹层中存在静水头为 8m 的地下水，问该岩坡的抗滑稳定系数最接近下列哪一选项？

(A) 1.94　　　(B) 1.48

(C) 1.27　　　(D) 1.12

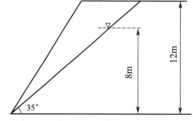

【答案】 (C)

基本原理（基本概念或知识点）

直线（平面）滑动面是岩土体极限平衡分析中最简单的一种情况，它具有较强的实用性，能够反映岩土体破坏的基本机理。

直线（平面）滑动面常发生在无黏性土坡或者土工结构物中，也会发生在具有简单结构面的岩体中，以及各种构造物与岩体间的界面处。其计算分析涉及岩土力学中最基本原理之一——莫尔-库仑强度准则，具体的应用是库仑公式：

$$\tau_f = c + \sigma \tan\varphi$$

两侧乘以滑动面面积，则变成：

$$S = cA + N\tan\varphi$$

【解答】 根据土力学相关知识，结构面上的水压力作用方向垂直于结构面：

$$P_w = \frac{1}{2} \times (80 + 0) \times \frac{8}{\sin 35°} = 558 (\text{kN/m})$$

下滑力：$T = 740 \times \sin 35° = 424.4 (kN/m)$

抗滑力：$R = (740 \times \cos 35° - P_w) \times \tan 18° + cL$

$= (740 \times \cos 35° - 558) \times \tan 18° + 25 \times \dfrac{12}{\sin 35°}$

$= 15.65 + 523$

$= 538.7 (kN/m)$

安全系数：$F_s = \dfrac{R}{T} = \dfrac{538.7}{424.4} = 1.27$

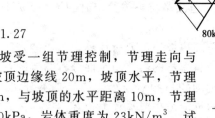

【题 7.3.2】 某很长的岩质边坡受一组节理控制，节理走向与边坡走向平行，地表出露线距边坡顶边缘线 20m，坡顶水平，节理面与坡面交线和坡顶的高差为 40m，与坡顶的水平距离 10m，节理面内摩擦角 $\varphi = 35°$，黏聚力 $c = 70 kPa$，岩体重度为 $23 kN/m^3$。试验算抗滑稳定安全系数最接近下列哪一选项？

(A) 0.8 　　(B) 1.0

(C) 1.2 　　(D) 1.3

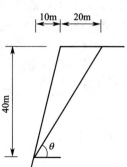

【答案】（B）

【解答】（1）不稳定岩体体积：

$$V = \dfrac{1}{2} \times 20 \times 40 = 400 (m^3/m)$$

（2）滑面面积：

$$A = BL = 1 \times [(10+20)^2 + 40^2]^{\frac{1}{2}} = 50 (m^2/m)$$

（3）稳定安全系数：

$$F_s = \dfrac{\gamma V \cos\theta \tan\varphi + Ac}{\gamma V \sin\theta} = \dfrac{23 \times 400 \times 0.6 \times \tan 35° + 50 \times 70}{23 \times 400 \times 0.8}$$

$$= \dfrac{3865 + 3500}{7360} = 1.0$$

【点评】 此题是一种最简单的情况，在掌握了其基本原理以后，关键在于几何角度和尺寸的计算以及力的分解。

现在的工程设计工作以软件计算、套用规范为主，手算的机会较少。读者应熟练力的分解、几何尺寸换算和静力平衡等基本计算的手算过程，避免计算错误或者超时的情况。

【题 7.3.3】 岩质边坡由泥质粉砂岩与泥岩互层组成为不透水边坡，边坡后部有一充满水的竖直拉裂带，如图所示。静水压力 p_w 为 1125kN/m，可能滑动的层面上部岩体重量 W 为 22000kN/m，层面摩擦角 $\varphi = 22°$，黏聚力 $c = 20 kPa$，试问其安全系数最接近于下列何项数值？

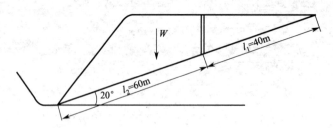

(A) $K = 1.09$　　(B) $K = 1.17$　　(C) $K = 1.27$　　(D) $K = 1.37$

【答案】（A）

【解答】
$$\cos\alpha = \cos20° = 0.94$$
$$\sin\alpha = \sin20° = 0.342$$
$$\tan\varphi = \tan22° = 0.4$$

$$K = \frac{W\cos\alpha\tan\varphi + cl_2 - p_w\sin\alpha\tan\varphi}{W\sin\alpha + p_w\cos\alpha}$$
$$= \frac{22000 \times 0.94 \times 0.4 + 20 \times 60 - 1125 \times 0.342 \times 0.4}{22000 \times 0.342 + 1125 \times 0.94} = 1.095$$

【点评】本题用《铁路工程不良地质勘察规程》(TB 10027—2022)附录 A 第 A.0.2 条的方法也能够得到一样的结果，注意题干中说边坡由泥质粉砂岩与泥岩互层组成为不透水边坡，说明滑裂面上没有孔隙水压力，即 $u=0$。

【题 7.3.4】图示的岩石边坡坡高 12m，坡面 AB 坡率为 1∶0.5，坡顶 BC 水平，岩体重度 $\gamma=23\text{kN/m}^3$。已查出坡体内软弱夹层形成的滑面 AC 的倾角为 $\beta=42°$，测得滑面材料饱水时的内摩擦角 $\varphi=18°$。问边坡的滑动安全系数为 1.0 时，滑动的黏聚力最接近下列哪个选项的数值？

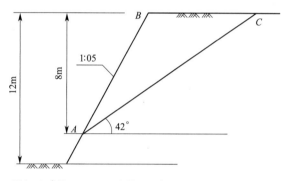

(A) 21kPa　　　(B) 16kPa　　　(C) 25kPa　　　(D) 12kPa

【答案】(B)

【解答】
$$AC = \frac{8}{\sin42°} = 11.96(\text{m})$$

坡角：$\alpha = \tan^{-1}\left(\frac{1}{0.5}\right) = 63.43°$

$$AB = \frac{8}{\sin63.43°} = 8.94(\text{m})$$

滑体 ABC 的重力：
$$W = \frac{1}{2}\gamma AC \cdot AB\sin(\alpha - \beta) = \frac{1}{2} \times 23 \times 11.96 \times 8.94 \times \sin(63.43° - 42°) = 449.3(\text{kN/m})$$

滑体下滑力：$F = 449.3 \times \sin42° = 300.6(\text{kN/m})$

滑面抗滑力：$R = 449.3 \times \cos42° \times \tan18° + 11.96c = 108.5 + 11.96c(\text{kN/m})$

安全系数：$K = 1.0 = \dfrac{108.5 + 11.96c}{300.6}$

解得：$c = \dfrac{300.6 \times 1.0 - 108.5}{11.96} = 16(\text{kPa})$

【点评】在边坡稳定性分析中，合理确定滑面材料的强度参数：内摩擦角 φ 和黏聚力 c 至关重要。确定 φ 较为容易，但合理确定 c 较难。工程中可根据滑面以上岩体处于稳定状态时的 c，再结合试验值或工程经验来确定。

本题是在已知 φ 的情况下，计算边坡处于临界状态（即滑动安全系数 $K=1.0$）时滑面材料的 c。

本题的解答涉及岩土力学的基本原理——莫尔-库仑强度准则和滑动安全的基本计算方法。熟练掌握三角形几何关系，计算滑体自重、滑体自重沿滑面下滑力和抗滑力的计算，这些内容都是岩土工程技术人员必须掌握的基本技能。只要根据题意和图示，列出相关计算公式，就可得出正确答案。

【题 7.3.5】某岩石边坡代表性剖面如下图，边坡倾向 $270°$，一裂隙面刚好从坡脚出露，裂隙面产状为 $270°\angle 30°$，坡体后缘一垂直张裂缝正好贯穿至裂隙面。由于暴雨，使垂直张裂缝和裂隙面瞬间充满水，边坡处于极限平衡状态（即边坡稳定系数 $K_s=1.0$）。经测算，裂隙面长度 $L=30\text{m}$，后缘张裂缝深度 $d=10\text{m}$，每延米潜在滑体自重 $G=6450\text{kN}$，裂隙面的黏聚力 $c=65\text{kPa}$，试计算裂隙面的内摩擦角最接近下列哪个选项？（坡脚裂隙面有泉水渗出，不考虑动水压力，水的重度取 10kN/m^3）

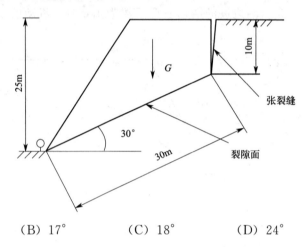

(A) $13°$　　　　(B) $17°$　　　　(C) $18°$　　　　(D) $24°$

【答案】(D)

【解答】根据《铁路工程不良地质勘察规程》(TB 10027—2022) 附录 A 第 A.0.2 条。

滑面为直线型（右图）时，滑坡稳定系数 K_s 可按图和下式计算：

$$K_s = \frac{(W\cos\beta - u - \nu\sin\beta)\tan\varphi + cA}{W\sin\beta + \nu\cos\beta} \quad (7\text{-}13)$$

$$A = (H-Z)\csc\beta$$

$$u = \frac{1}{2}\gamma_w Z_w (H-Z)\csc\beta$$

$$\nu = \frac{1}{2}\gamma_w Z_w^2$$

$$W = \frac{1}{2}\gamma H^2 \left\{\left[1-\left(\frac{Z}{H}\right)^2\right]\cot\beta - \cot\alpha\right\}$$

(a) 立体图　　(b) 剖面图

直线滑坡稳定系数计算

式中　c——滑面物质的黏聚力，kPa；
　　　A——单位滑体滑面的面积，m²；
　　　W——单位滑体所受的重力，kN；
　　　u——孔隙水压力，kPa；

ν——裂隙静水压力，kPa；
γ_w——水的重度，kN/m³；
γ——岩体的重度，kN/m³；
Z_w——裂隙充水高度，m；
H——滑坡脚至坡顶高度，m；
Z——坡顶至滑坡面深度，m；
α——坡角，(°)；
β——结构面倾角，(°)；
φ——结构面摩擦角，(°)。

裂隙静水压力：$\nu = \dfrac{1}{2}\gamma_w Z_w^2 = \dfrac{1}{2}\times 10\times 10^2 = 500 (\text{kN/m})$

孔隙水压力：$u = \dfrac{1}{2}\gamma_w Z_w(H-Z)\csc\beta = \dfrac{1}{2}\times 10\times 10\times(25-10)\times\dfrac{1}{\sin 30°} = 1500 (\text{kPa})$

$$K_s = \dfrac{(W\cos\beta - u - \nu\sin\beta)\tan\varphi + cA}{W\sin\beta + \nu\cos\beta}$$

$$= \dfrac{(6450\times\cos 30° - 1500 - 500\times\sin 30°)\tan\varphi + 65\times 30}{6450\times\sin 30° + 500\times\cos 30°} = 1$$

解得：$\varphi = 24°$

本题也可以用下面的方法来解答。

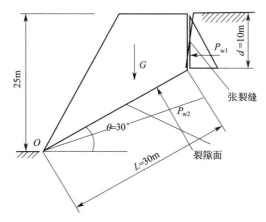

(1) $P_{w1} = \dfrac{1}{2}d^2\gamma_w = \dfrac{1}{2}\times 10^2\times 10 = 500 (\text{kN/m})$

(2) $P_{w2} = \dfrac{1}{2}dL\gamma_w = \dfrac{1}{2}\times 10\times 30\times 10 = 1500 (\text{kN/m})$

(3) $K_s = \dfrac{(G\cos\theta - P_{w2} - P_{w1}\sin\theta)\tan\varphi + cL}{G\sin\theta + P_{w1}\cos\theta}$

$= \dfrac{(6450\times\cos 30° - 1500 - 500\times\sin 30°)\tan\varphi + 65\times 30}{6450\times\sin 30° + 500\times\cos 30°} = 1$

解得：$\varphi = 24°$

【点评】 此题的重点在于两个水压力的计算。该岩体有两道缝，垂直的是张拉（裂）缝；倾斜的是裂隙缝（节理、层理等）。水从上面流下，从坡脚裂隙口处流出，水头损失主要发生在下面的斜向裂隙缝。这样垂直缝中的水压力近似为静水压力（忽略水头损失）；裂隙缝出口处与大气连通，该点的压力为0，裂隙缝进口处与张拉裂缝底部连通，压力为

$d\gamma_w$。假设此裂缝是均匀的，由于其中流速 v 为常数，根据达西定律 $v=ki$，则水力坡降 i 为常数，水压力按直线分布。

【题 7.3.6】某岩石边坡代表性剖面如下图，由于暴雨使其后缘垂直张裂缝瞬间充满水，滑坡处于极限平衡状态（即滑坡稳定系数 $K_s=1.0$），经测算滑面长度 $L=52\mathrm{m}$，张裂缝深度 $d=12\mathrm{m}$，每延米滑体自重为 $G=15000\mathrm{kN/m}$，滑面倾角 $\theta=28°$，滑面岩体的内摩擦角 $\varphi=25°$，试问滑面岩体的黏聚力与下面哪个数值最接近？（假定滑动面未充水，水的重度可按 $10\mathrm{kN/m^3}$ 计。）

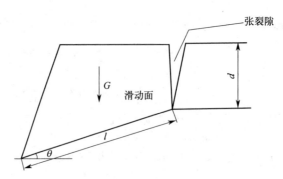

(A) 24kPa   (B) 28kPa   (C) 32kPa   (D) 36kPa

【答案】（C）

【解答】裂隙水压力：$P_w=\dfrac{1}{2}\gamma_w d^2=\dfrac{1}{2}\times10\times12^2=720(\mathrm{kN/m})$

滑动力：$T=G\sin\theta+P_w\cos\theta=15000\times\sin28°+720\times\cos28°=7678(\mathrm{kN/m})$

抗滑力：$R=(G\cos\theta-P_w\sin\theta)\tan\varphi+cL$
$=(15000\times\cos28°-720\times\sin28°)\times\tan25°+52c=6018+52c$

$$K_s=\dfrac{R}{T}=1.0\Rightarrow\dfrac{6018+52c}{7678}=1.0$$

解得：$c=31.92\mathrm{kPa}$

亦可根据《铁路工程不良地质勘察规程》（TB 10027—2022）附录 A 第 A.0.2。

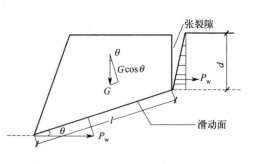

裂缝静水压力：$\nu=\dfrac{1}{2}\gamma_w Z_w^2=\dfrac{1}{2}\times10\times12^2=720(\mathrm{kN/m})$

$$K_s=\dfrac{(G\cos\beta-u-\nu\sin\beta)\tan\varphi+cA}{G\sin\beta+\nu\cos\beta}=1.0$$

滑动面未充水，故 $u=0$。

由上式，有

$$c=\dfrac{K_s(G\sin\theta+\nu\cos\theta)-(G\cos\theta-\nu\sin\theta)\tan\varphi}{A}$$
$$=\dfrac{1.0\times(15000\times\sin28°+720\times\cos28°)-(15000\times\cos28°-720\times\sin28°)\times\tan25°}{52\times1}$$
$$=31.92(\mathrm{kPa})$$

【点评】在存在张裂缝，并有地下水的岩石边坡的稳定性分析计算时，可以参考《铁路工程不良地质勘察规程》（TB 10027—2022）附录 A 的相关内容。

【题 7.3.7】在某裂隙岩体中，存在一直线滑动面，其倾角为 30°。已知岩体重力为 1500kN/m，当后缘垂直裂隙充水高度为 8m 时，试根据《铁路工程不良地质勘察规程》（TB 10027—2022）计算下滑力，其值最接近下列哪个选项？

(A) 1027kN/m　(B) 1238kN/m
(C) 1330kN/m　(D) 1430kN/m

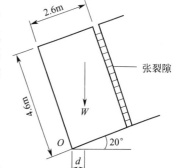

【答案】(A)

【解答】根据《铁路工程不良地质勘察规程》（TB 10027—2022）附录 A 第 A.0.2 条。后缘垂直裂隙的静水压力

$$\nu = \frac{1}{2}\gamma_w Z_w^2 = \frac{1}{2}\times 10 \times 8^2 = 320 \text{(kN/m)}$$

下滑力：
$$T = W\sin\theta + \nu\cos\theta = 1500\times\sin30°+320\times\cos30° = 1027\text{(kN/m)}$$

【点评】本题需要注意的是，水压力的作用方向是垂直于接触面的。

【题 7.3.8】斜坡上有一矩形截面的岩体，被一走向平行坡面、垂直层面的张裂隙切割到层面（如图），岩体重度 $\gamma = 24\text{kN/m}^3$，层面倾角 $\alpha = 20°$，岩体的重心铅垂延长线距 O 点 $d=0.44\text{m}$，在暴雨充水至张裂隙顶面时，该岩体倾倒稳定系数 K 最接近下列哪一选项？（不考虑岩体两侧及底面阻力和扬压力）

(A) 0.78　(B) 0.83
(C) 0.93　(D) 1.20

【答案】(B)

【解答】由下图可知，岩体重力 W 是抗倾覆力，张裂隙中的静水压力 f 是倾覆力，岩体倾覆稳定系数为：

$$K = \frac{Wd}{fd_1} = \frac{\gamma bl\times 0.44}{\frac{1}{2}\gamma_w h_w^2\cos20°\frac{h_w}{3}} = \frac{24\times 2.6\times 4.6\times 0.44}{\frac{1}{2}\times 10\times 4.6^2\times\cos20°\times\frac{4.6}{3}} = 0.83$$

【分析】该题的考点是倾覆稳定系数的概念，倾覆稳定系数为抗倾覆力矩和倾覆力矩的比值。

在本题中，由于不考虑岩体两侧及底面阻力和扬压力，倾覆力只有张裂隙中的静水压力 f，岩体重力 W 是抗倾覆力。解题的关键点在于张裂隙中静水压力的计算。需注意，张裂隙底部的水头高度是 $h_w\cos20°$，而不是 h_w。因此静水压力为 $\gamma_w h_w^2 \cos20°$，h_w 为题图中给出的 4.6m。

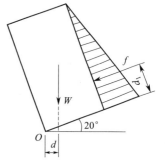

【题 7.3.9】陡坡上岩体被一组平行坡面、垂直层面的张裂缝切割成长方形岩块（见示意图）。岩块的重度 $\gamma = 25\text{kN/m}^3$。问在暴雨水充满裂缝时，靠近坡面的岩块最小稳定系数（包括抗滑动和抗倾覆两种情况，稳定系数取其小值）最接近下列哪个选项？（不考虑岩块两侧阻力和层面水压力）

(A) 0.75　　(B) 0.85　　(C) 0.95　　(D) 1.05

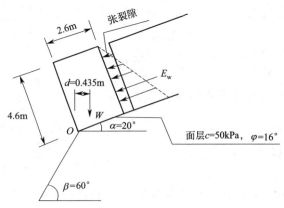

【答案】（B）

【解答】 取单位长度岩体（见右图）

岩块的重量：$W = 2.6 \times 4.6 \times 25 = 299 (\text{kN/m})$

裂隙中平行于坡面的静水压力 $E_w = \dfrac{1}{2} \times 10 \times 4.6^2 \times \cos 20° = 99 (\text{kN/m})$

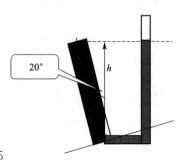

抗滑稳定系数：

$$K_1 = \dfrac{\text{抗滑力}}{\text{滑动力}} = \dfrac{299 \times \cos 20° \times \tan 16° + 50 \times 2.6}{299 \times \sin 20° + 99} = \dfrac{210.57}{201.26} = 1.05$$

抗倾覆稳定系数：

$$K_2 = \dfrac{\text{抗倾覆力矩}}{\text{倾覆力矩}} = \dfrac{299 \times 0.435}{99 \times 4.6 \div 3} = \dfrac{130.07}{151.8} = 0.86$$

由于 $K_2 < K_1$，选其小者。

【点评】 这里计算水压力需要 L 乘以 $\cos\alpha$，因为水压力必须按竖直的高度计算。这里会产生一个视觉上的错误判断，亦即由于裂缝垂直于层面，看似是竖直的，有可能会漏掉乘以 $\cos\alpha$，是因为这样得到的水压力 $E_w = \dfrac{1}{2} \times 10 \times 4.6^2 = 106 (\text{kN/m})$。

【题 7.3.10】 图示的顺层岩质边坡内有一软弱夹层 $AFHB$，层面 CD 与软弱夹层平行，在沿 CD 顺层清方后，设计了两个开挖方案。方案 1：开挖坡面 $AEFB$，坡面 AE 的坡率为 1∶0.5；方案 2：开挖坡面 $AGHB$，坡面 AG 的坡率为 1∶0.75。比较两个方案中坡体 AGH 和 AEF 在软弱夹层上的滑移安全系数，下列哪个选项的说法是正确的？（要求解答过程）

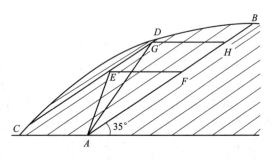

（A）二者的安全系数相同
（B）方案 2 坡体的安全系数小于方案 1
（C）方案 2 坡体的安全系数大于方案 1
（D）难以判断

【答案】（A）

【解答】（1）滑体安全系数 $K = \dfrac{W\cos\theta\tan\varphi + cl}{W\sin\theta}$

（2）方案1，对于滑体 AEF，设其沿滑面高度为 h，滑面 AF 长为 l，重力 $W = \dfrac{1}{2}\gamma h l \times 1$。

安全系数：$K_1 = \dfrac{W\cos\theta\tan\varphi + cl}{W\sin\theta} = \dfrac{\frac{1}{2}\gamma h l\cos\theta\tan\varphi + cl}{\frac{1}{2}\gamma h l\sin\theta} = \dfrac{\frac{1}{2}\gamma h\cos\theta\tan\varphi + c}{\frac{1}{2}\gamma h\sin\theta}$

由此可见，K 与滑面长度 l 无关，只与滑体高度有关。

（3）方案2，因为 CD 平行于 AB，对滑体 ADH，其高度依然为 h。

安全系数：$K_2 = \dfrac{\frac{1}{2}\gamma h l\cos\theta\tan\varphi + cl}{\frac{1}{2}\gamma h l\sin\theta} = \dfrac{\frac{1}{2}\gamma h\cos\theta\tan\varphi + c}{\frac{1}{2}\gamma h\sin\theta}$

（4）其他参数都相同，故安全系数 $K_1 = K_2$。
所以答案是（A）。

【点评】由本题可知，位于同一滑动面上顺坡滑动的三角形滑体，抗滑稳定系数和滑体与滑动面的接触长度无关，而仅和滑体垂直于滑动面的高度有关，该高度越高滑体越不稳定。

题干中给出的两个坡率显然是多余的。看上去两个方案的滑体体积不同，三角形面积也肯定不同。但在本题中，三角形的底宽 l 在分子分母中被抵消了。

【题 7.3.11】图示路堑岩石边坡坡顶 BC 水平，已测得滑面 AC 的倾角 $\beta = 30°$，滑面内摩擦角 $\varphi = 18°$，黏聚力 $c = 10\text{kPa}$，滑体岩石重度 $\gamma = 22\text{kN/m}^3$。原设计开挖坡面 BE 的坡率为 $1:1$，滑面出露点 A 距坡顶 $H = 10\text{m}$。为了增加公路路面宽度，将坡率改为 $1:0.5$。试问坡率改变后边坡沿坡面 DC 的抗滑安全系数 K_2 与原设计沿滑面 AC 的抗滑安全系数 K_1 之间的正确关系是下列哪个选项？

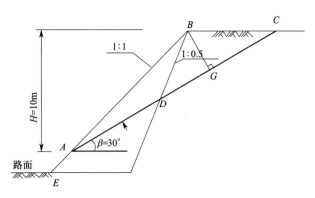

(A) $K_1 = 0.8K_2$　　(B) $K_1 = 1.0K_2$　　(C) $K_1 = 1.2K_2$　　(D) $K_1 = 1.5K_2$

【答案】（B）

【解答】$K = \dfrac{W\cos\theta\tan\varphi + cl}{W\sin\theta} = \dfrac{0.5\gamma h L\cos\theta\tan\varphi + cL}{0.5\gamma h L\sin\theta} = \dfrac{0.5\gamma h\cos\theta\tan\varphi + c}{0.5\gamma h\sin\theta}$

与上题一样，K 与滑面长度 L 无关，只与三角形滑体的高度 h 有关。坡率由 $1:1$ 改为 $1:0.5$，两个三角形 ABC 和 DBC 的 h 未变，由此可知，抗滑安全系数也不变，即 $K_1 = 1.0K_2$。

【点评】与上题的解题思路完全一致。两个启示：注册师案例题并不一定是要通过计算才能得到结果；这两道题型可以记住。

【题 7.3.12】如图，边坡岩体由砂岩夹薄层页岩组成，边坡岩体可能沿软弱的页岩层面发生滑动。已知页岩层面抗剪强度参数 $c=15\text{kPa}$，$\varphi=20°$，砂岩重度 $\gamma=25\text{kN/m}^3$。设计要求抗滑安全系数为 1.35，问每米宽度滑面上至少需增加多少法向压力才能满足设计要求？

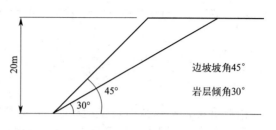

(A) 2180kN　　(B) 1970kN　　(C) 1880kN　　(D) 1730kN

【答案】(B)

【解答】取 1m 宽度计算：$\beta=30°$，$\alpha=45°$。

(1) 滑体体积：$V=\dfrac{1}{2}H^2\cot\beta-\dfrac{1}{2}H^2\cot\alpha=\dfrac{1}{2}\times 20^2\times(\cot 30°-\cot 45°)=146.4(\text{m}^3)$

(2) 滑体重量：$W=\gamma V=25\times 146.4=3660(\text{kN})$

(3) 假设施加法向力为 f，则抗滑安全系数为

$$K=\dfrac{(W\cos\beta+f)\tan\varphi+cl}{W\sin\beta}=\dfrac{(3660\times\cos 30°+f)\times\tan 20°+15\times\dfrac{20}{\sin 30°}}{3660\times\sin 30°}=1.35$$

解得：$f=1969\text{kN}$

【点评】本题依然为平面滑动问题，下滑力为重力沿滑面的分量，抗滑力取决于滑面处的抗剪强度，符合库仑定律，即 $\tau=\sigma\tan\varphi+c$。增加坡面正压力是提高坡面抗滑强度的重要手段，此时的正压力由重力垂直于坡面的分量（$W\cos\beta$）和所施加的正压力（f）两部分组成。依次计算即可得到正确答案。

注意在计算中不要忘记沿滑面分布的黏聚力的作用，还应熟练掌握三角形几何关系，并计算滑体自重。

【题 7.3.13】图示临水库岩质边坡内有一控制节理面，其水位与水库的水位齐平，假设节理面水上和水下的内摩擦角 $\varphi=30°$，黏聚力 $c=130\text{kPa}$，岩体重度 $\gamma=20\text{kN/m}^3$，坡顶标高为 40.0m，坡脚标高为 0.0m，水库水位从 30.0m 剧降至 10.0m 时，节理面的水位保持原水位。按《建筑边坡工程技术规范》(GB 50330—2013) 相关要求，该边坡沿节理面的抗滑移稳定安全系数下降值最接近下列哪个选项？

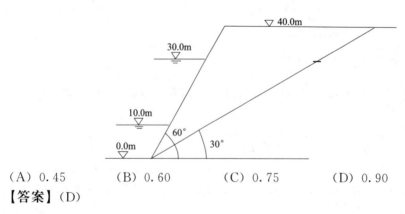

(A) 0.45　　(B) 0.60　　(C) 0.75　　(D) 0.90

【答案】(D)

【解答】根据《建筑边坡工程技术规范》(GB 50330—2013) 附录 A.0.2（下图）。

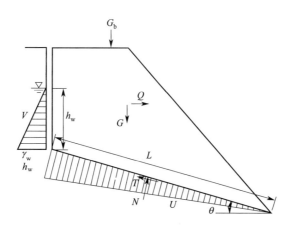

平面滑动面边坡计算简图

平面滑动面的边坡稳定性系数可按下列公式计算：

$$F_s = \frac{R}{T} \tag{7-14}$$

$$R = [(G+G_b)\cos\theta - Q\sin\theta - V\sin\theta - U]\tan\varphi + cL$$

$$T = (G+G_b)\sin\theta + Q\cos\theta + V\cos\theta$$

$$V = \frac{1}{2}\gamma_w h_w^2$$

$$U = \frac{1}{2}\gamma_w h_w L$$

式中 T——滑体单位宽度重力及其他外力引起的下滑力，kN/m；

R——滑体单位宽度重力及其他外力引起的抗滑力，kN/m；

c——滑面的黏聚力，kPa；

φ——滑面的内摩擦角，(°)；

L——滑面长度，m；

G——滑体单位宽度自重，kN/m；

G_b——滑体单位宽度竖向附加荷载，方向指向下方时取正值，指向上方时取负值，kN/m；

θ——滑面倾角，(°)；

U——滑面单位宽度总水压力，kN/m；

V——后缘陡倾裂隙面上的单位宽度总水压力，kN/m；

Q——滑体单位宽度水平荷载，方向指向坡外时取正值，指向坡内时取负值，kN/m；

h_w——后缘陡倾裂隙水充水高度，根据裂隙情况及汇水条件确定，m。

(1) 水库水位下降前

滑体自重：

$$G = \gamma V = 20 \times \frac{1}{2} \times \frac{40}{\sin 60°} \times \frac{40}{\sin 30°} \times \sin 30° = 18475 \text{ (kN/m)}$$

节理面内水压力：

$$U_1 = \frac{1}{2}\gamma_w h_w L_1 = \frac{1}{2} \times 10 \times 30 \times \frac{30}{\sin 30°} = 9000 \text{ (kN/m)}$$

边坡前水压力：
$$U_2 = \frac{1}{2}\gamma_w h_w L_2 = \frac{1}{2} \times 10 \times 30 \times \frac{30}{\sin 60°} = 5196 (kN/m)$$

将边坡前水压力分解为水平和竖向的力：
$$Q = -U_2 \cos 30° = -5196 \times \cos 30° = -4500 (kN/m)$$
$$G_b = U_2 \sin 30° = 5196 \times \sin 30° = 2598 (kN/m)$$

本题中，$V=0$。

抗滑力：$R_1 = [(G+G_b)\cos\theta - Q\sin\theta - V\sin\theta - U]\tan\varphi + cL$

$$= [(18475+2598) \times \cos 30° - 4500 \times \sin 30° - 0 - 9000] \times \tan 30° + 130 \times \frac{40}{\sin 30°}$$

$$= 17039 (kN/m)$$

滑动力：$T_1 = (G+G_b)\sin\theta + Q\cos\theta + V\cos\theta$

$$= (18475+2598) \times \sin 30° - 4500 \times \cos 30° + 0 = 6639 (kN/m)$$

$$F_{s1} = \frac{R_1}{T_1} = \frac{17039}{6639} = 2.57$$

(2) 水库水位下降后

节理面内水压力不变：
$$U_1 = \frac{1}{2}\gamma_w h_w L_1 = \frac{1}{2} \times 10 \times 30 \times \frac{30}{\sin 30°} = 9000 (kN/m)$$

边坡前水压力：
$$U_2 = \frac{1}{2}\gamma_w h_w L_2 = \frac{1}{2} \times 10 \times 30 \times \frac{10}{\sin 60°} = 577 (kN/m)$$

将边坡前水压力分解为水平和竖向的力：
$$Q = -U_2 \cos 30° = -577 \times \cos 30° = -500 (kN/m)$$
$$G_b = U_2 \sin 30° = 577 \times \sin 30° = 289 (kN/m)$$

抗滑力：$R_2 = [(G+G_b)\cos\theta - Q\sin\theta - V\sin\theta - U]\tan\varphi + cL$

$$= [(18475+289) \times \cos 30° + 500 \times \sin 30° - 0 - 9000] \times \tan 30° + 130 \times \frac{40}{\sin 30°}$$

$$= 14730 (kN/m)$$

滑动力：$T_2 = (G+G_b)\sin\theta + Q\cos\theta + V\cos\theta$

$$= (18475+289) \times \sin 30° - 500\cos 30° + 0 = 8949 (kN/m)$$

$$F_{s2} = \frac{R_2}{T_2} = \frac{14730}{8949} = 1.65$$

(3) 抗滑移稳定安全系数下降值
$$\Delta F_s = F_{s1} - F_{s2} = 2.57 - 1.65 = 0.92$$

【点评】仔细观察可以发现，利用《铁路工程不良地质勘察规程》（TB 10027—2022）附录 A 第 A.0.2 条与《建筑边坡工程技术规范》（GB 50330—2013）附录 A.0.2 条，进行存在张裂缝，并有地下水的岩石边坡的稳定性分析计算时，其方法实际上是一样的。在遇到具体的题目时，可根据题目的要求或题干中所给的条件，选择更合适的规范方法进行计算。

本题给的条件很清晰，也注明了要用的规范。但是，计算工作量太大了！即使对这部分的内容很熟悉，也熟悉规范，但要不出错而完成计算，远远不止 7 分钟的时间。

【题 7.3.14】 图示岩质边坡的潜在滑面 AC 的内摩擦角 $\varphi=18°$，黏聚力 $c=20\text{kPa}$，倾角 $\beta=30°$，坡面出露点 A 距坡顶 $H_2=13\text{m}$。潜在滑体 ABC 沿 AC 的抗滑安全系数 $K_2=1.1$。坡体内的软弱结构面 DE 与 AC 平行，其出露点 D 距坡顶 $H_1=8\text{m}$。试问对块体 DBE 进行挖降清方后，潜在滑体 $ADEC$ 沿 AC 面的抗滑安全系数最接近下列哪个选项？

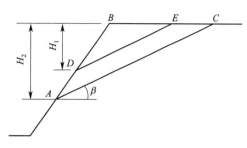

(A) 1.0　　　(B) 1.2　　　(C) 1.4　　　(D) 2.0

【答案】（C）

【解答】 设滑体的重度为 γ，潜在滑动面 AC 长度为 L，$L=\dfrac{H_2}{\sin 30°}=26(\text{m})$。

（1）计算清方前、后滑体面积

DE 平行于 AC，则 △ABC 和 △DBE 为相似三角形。

根据相似三角形面积比等于相似比的平方，可得：

$$\frac{S_{DBE}}{S_{ABC}}=\left(\frac{8}{13}\right)^2=0.379$$

滑体 $ADEC$ 的面积：$S_{ADEC}=S_{ABC}-S_{DBE}=(1-0.379)S_{ABC}=0.621S_{ABC}$

（2）清方前、后滑体的抗滑安全系数

设 B 点到 AC 的垂直距离为 h，则

清方前：$F_{s2}=\dfrac{W_{ABC}\cos\beta\tan\varphi+cL}{W_{ABC}\sin\beta}=\dfrac{\tan\varphi}{\tan\beta}+\dfrac{2c}{\gamma h\sin\beta}=\dfrac{\tan 18°}{\tan 30°}+\dfrac{2\times 20}{\gamma h\sin 30°}=1.1$

解得：$\gamma h=148.92\text{kN/m}^2$

$$W_{ABC}=\frac{1}{2}AC\cdot\gamma h=\frac{1}{2}\times 26\times 148.92=1935.96(\text{kN/m})$$

$$S_{ADEC}=0.621S_{ABC}=0.621\times 1935.96=1202.23(\text{kN/m})$$

清方后：

$$F_{s1}=\frac{W_{ADEC}\cos\beta\tan\varphi+cL}{W_{ADEC}\sin\beta}=\frac{1202.23\times\cos 30°\times\tan 18°+2\times 26}{1202.23\times\sin 30°}=1.428$$

【点评】 本题的考点是平面滑动的安全系数计算，即 $F_s=\dfrac{W\cos\beta\tan\varphi+cL}{W\sin\beta}$，但难点却不在这里。题干并未给出滑体的自重，所以如何知道滑体的自重 W 是个问题。由于知道 $F_{s2}=1.1$，又已知 △ABC 和 △DBE 为相似三角形，由此可得到滑体的自重，并求得 F_{s1}。本题的另一个关键点在于根据相似三角形面积比等于相似比的平方，得到三角形的面积比。

【本节考点】

岩石边坡稳定性分析，通常都是按照直线（平面）滑动面来进行分析的。直线滑动面是岩土体极限平衡分析中最简单的一种情况，计算量适中，在注册岩土考试的案例题中成为最常见的题型之一。

本节常见的题型有：

① 沿结构面滑动的安全系数计算；

② 存在张裂缝，并有地下水的岩石边坡的稳定性分析计算；

③ 边坡后缘有垂直（或倾斜）裂隙并充水时的下滑力、抗滑力以及抗倾覆计算等。

7.4 传递系数法

基本原理（基本概念或知识点）

传递系数法也叫不平衡推力传递法，亦称折线滑动法或剩余推力法，是我国一种传统的滑坡稳定性计算方法。

由于该法计算简单，并且能够为边坡治理提供设计推力，因此得到了广泛的应用，在包括国家标准《岩土工程勘察规范》等多部规范中均有相应的计算公式。

当滑动面为折线形时，滑坡稳定性分析可采用传递系数法。

传递系数法的基本假定有以下 6 点：
① 将滑坡稳定性问题视为平面应变问题；
② 滑动力以平行于滑动面的剪应力和垂直于滑动面的正应力集中作用于滑动面上；
③ 视滑坡体为理想刚塑材料，认为整个加荷过程中，滑坡体不会发生任何变形，一旦沿滑动面剪应力达到其剪切强度，则滑坡体开始沿滑动面产生剪切变形；
④ 滑动面的破坏服从莫尔-库仑准则；
⑤ 条块间的作用力合力（剩余下滑力）方向与滑动面倾角一致，剩余下滑力为负值时则传递的剩余下滑力为零；
⑥ 沿整个滑动面满足静力平衡条件，但不满足力矩平衡条件。

传递系数法是计算具有折线滑动面滑体的安全系数，通过假设各滑块间作用力方向，由各滑块水平和垂直方向力的平衡条件，建立滑块间的传递计算公式，通过迭代计算安全系数。

参见《工程地质手册》6.2.1，对可能产生折线滑动的边坡采用折线滑动法计算（图 7-5），滑坡稳定系数按下式计算：

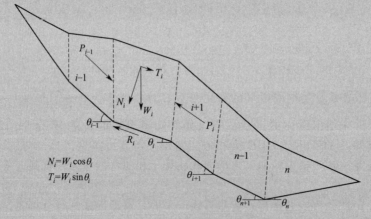

图 7-5　平面滑动面边坡计算简图

$$K_s = \frac{\sum_{i=1}^{n-1}(R_i \prod_{j=i}^{n-1}\psi_j) + R_n}{\sum_{i=1}^{n-1}(T_i \prod_{j=i}^{n-1}\psi_j) + T_n} \tag{7-15}$$

$$\psi_i = \cos(\theta_i - \theta_{i+1}) - \sin(\theta_i - \theta_{i+1})\tan\varphi_{i+1}$$

$$\prod_{j=1}^{n-1}\psi_j = \psi_i\psi_{i+1}\psi_{i+2}\cdots\psi_{n-1}$$

$$R_i = N_i\tan\varphi_i + c_i L_i$$

式中 R_i——作用于第 i 块段滑体的抗滑力，kN/m；

R_n——作用于第 n 块段滑体的抗滑力，kN/m；

N_i——作用于第 i 块段滑动面上的法向分量，kN/m；

θ_i——第 i 块段滑动面的倾角，与滑动方向相反时为负值，(°)；

φ_i——第 i 块段滑动带土的内摩擦角，(°)；

c_i——第 i 块段滑动带土的黏聚力，kN/m；

L_i——第 i 块段滑动面长度，m；

T_i——作用于第 i 块段滑动面上的滑动分量，kN/m；

T_n——作用于第 n 块段滑动面上的滑动分量，kN/m；

ψ_i——第 i 块段滑体的剩余下滑力传递至第 $i+1$ 块段滑体时的传递系数。

【题 7.4.1】某一滑动面为折线形均质滑坡，其主轴断面及作用力参数如图和如表所示，问该滑坡的稳定系数 F_s 最接近于下列哪个数值？

序号	下滑力 T_i/(kN/m)	抗滑力 R_i/(kN/m)	传递系数 ψ_j
①	3.5×10^4	0.9×10^4	0.756
②	9.3×10^4	8.0×10^4	0.947
③	1.0×10^4	2.8×10^4	

(A) 0.80　　(B) 0.85

(C) 0.90　　(D) 0.95

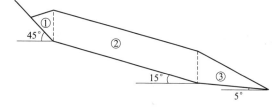

【答案】(C)

【解答】$\prod\psi_1 = \psi_1 = 0.756$

$\prod\psi_2 = \psi_1\psi_2 = 0.756\times0.947 = 0.7159$

$$F_s = \frac{R_1\prod\psi_1 + R_2\prod\psi_2 + R_3}{T_1\prod\psi_1 + T_2\prod\psi_2 + T_3} = \frac{0.9\times0.7159 + 8.0\times0.947 + 2.8}{3.5\times0.7159 + 9.3\times0.947 + 1.0} = \frac{11.02}{12.31} = 0.895$$

【题 7.4.2】根据勘察资料某滑坡体分别为 2 个块段，如图所示，每个块段的重力、滑面长度、滑面倾角及滑面抗剪强度标准值分别为：$G_1 = 700$kN/m，$L_1 = 12$m，$\beta_1 = 30°$，$\varphi_1 = 12°$，$c_1 = 10$kPa；$G_2 = 820$kN/m，$L_2 = 10$m，$\beta_2 = 10°$，$\varphi_2 = 10°$，$c_2 = 12$kPa。试采用传递系数法计算滑坡稳定安全系数 F_s 最接近下列哪个选项？

(A) 0.94　　(B) 1.00

(C) 1.07　　(D) 1.15

【答案】(C)

【解答】《岩土工程勘察规范》(GB 50021—2001) (2009 年版) 第 5.2.8 条条文说明。

$$F_s = \frac{\sum R_i \psi_i \psi_{i+1} \cdots \psi_{n-1} + R_n}{\sum T_i \psi_i \psi_{i+1} \cdots \psi_{n-1} + T_n} \quad (i = 1, 2, 3, \cdots, n-1) \tag{7-16}$$

(1) 计算第1块段的抗滑力和滑动力的传递系数

$$\psi_1 = \cos(\beta_i - \beta_{i+1}) - \sin(\beta_i - \beta_{i+1}) \tan\varphi_{i+1}$$
$$= \cos(30° - 10°) - \sin(30° - 10°) \times \tan 10° = 0.879$$

(2) 计算第1和第2块段的抗滑力

$$R_1 = G_1 \cos\beta_1 \tan\varphi_1 + c_1 l_1 = 700 \times \cos 30° \tan 12° + 10 \times 12$$
$$R_2 = G_2 \cos\beta_2 \tan\varphi_2 + c_2 l_2 = 820 \times \cos 10° \tan 10° + 12 \times 10$$

(3) 计算第1和第2块段的滑动力

$$T_1 = G_1 \sin\beta_1 = 700 \times \sin 30°$$
$$T_2 = G_2 \sin\beta_2 = 820 \times \sin 10°$$

(4) 计算滑坡稳定系数：

$$F_s = \frac{R_1 \psi_1 + R_2}{T_1 \psi_1 + T_2}$$
$$= \frac{(10 \times 12 + 700 \times \cos 30° \times \tan 12°) \times 0.879 + (12 \times 10 + 820 \times \cos 10° \times \tan 10°)}{700 \times \sin 30° \times 0.879 + 820 \times \sin 10°} = 1.069$$

【点评】本题与上一道题是同一种题型。

为了减少计算工作量，本题假设了非常简单的情况，只有两个块段，且告诉了每个块段的重力、滑面长度、滑面倾角及滑面抗剪强度，只要找到公式并计算正确就可得分。从当年的阅卷情况看，选做了此题的考生大部分都做对了。

【题7.4.3】某水库有一土质岩坡，主剖面各分场面积如下图所示，潜在滑动面为土岩交界面。土的重度和抗剪强度参数如下：$\gamma_{天然} = 19\text{kN/m}^3$，$\gamma_{sat} = 19.5\text{kN/m}^3$，$c_{水上} = 10\text{kPa}$，$\varphi_{水上} = 19°$，$c_{水下} = 7\text{kPa}$，$\varphi_{水下} = 16°$，按《岩土工程勘察规范》(GB 50021—2001)(2009年版)计算，该岸坡沿潜在滑动面计算的稳定系数最接近下列哪一个选项？（水的重度取10kN/m^3）

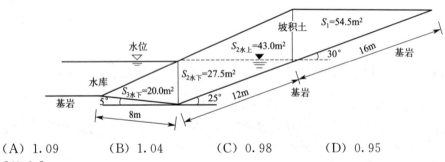

(A) 1.09 (B) 1.04 (C) 0.98 (D) 0.95

【答案】(B)

【解答】根据《岩土工程勘察规范》(GB 50021—2001)(2009年版)第5.2.8条条文说明。

$$\psi_1 = \cos(\beta_1 - \beta_2) - \sin(\beta_1 - \beta_2)\tan\varphi_2$$
$$= \cos(30° - 25°) - \sin(30° - 25°) \times \tan 16° = 0.971$$
$$\psi_2 = \cos(\beta_2 - \beta_3) - \sin(\beta_2 - \beta_3)\tan\varphi_3$$
$$= \cos(25° + 5°) - \sin(25° + 5°) \times \tan 16° = 0.723$$

$$R_1 = G_1\cos\beta_1\tan\varphi_1 + c_1 l_1 = 19 \times 54.5 \times \cos30° \times \tan19° + 10 \times 16 = 468.78$$
$$T_1 = G_1\sin\beta_1 = 19 \times 54.5 \times \sin30° = 517.75$$
$$R_2 = G_2\cos\beta_2\tan\varphi_2 + c_2 l_2 = (19 \times 43.0 + 9.5 \times 27.5) \times \cos25° \times \tan16° + 7 \times 12 = 364.22$$
$$T_2 = G_2\sin\beta_2 = (19 \times 43.0 + 9.5 \times 27.5)\sin25° = 455.69$$
$$R_3 = G_3\cos\beta_3\tan\varphi_3 + c_3 l_3 = (9.5 \times 20.0) \times \cos5° \times \tan16° + 7 \times 8 = 110.27$$
$$T_3 = -G_3\sin\beta_3 = -(9.5 \times 20)\times\sin5° = -16.56$$
$$F_s = \frac{R_1\psi_1\psi_2 + R_2\psi_2 + R_3}{T_1\psi_1\psi_2 + T_2\psi_2 + T_3}$$
$$= \frac{468.78 \times 0.971 \times 0.723 + 364.22 \times 0.723 + 110.27}{517.75 \times 0.971 \times 0.723 + 455.69 \times 0.723 - 16.56}$$
$$= 1.04$$

【点评】上面三道题，基本上概括了这种题型（勘察规范）的全部。

【点评】本题与上一道题是同一种题型。

本题目假设有三个块段，且告诉了每个块段的面积和重度、滑面长度、滑面倾角及滑面抗剪强度，只要找到公式并计算正确就可得分。注意不要代错参数。

上面三道题，基本上概括了这种题型（勘察规范）的全部，也就是说，掌握了【题7.4.1】~【题7.4.3】，其他同类型题目就迎刃而解。

【题7.4.4】有一部分浸水的砂土坡，坡率1:1.5，坡高4m，水位在2m处；水上、水下的砂土的内摩擦角均为 $\varphi = 38°$；水上砂土重度 $\gamma = 18\text{kN/m}^3$，水下砂土饱和重度 $\gamma_{sat} = 20\text{kN/m}^3$。用传递系数法计算沿图示的折线滑动面滑动的安全系数最接近于下列何项数值？（已知 $W_2 = 1000\text{kN}$，$P_1 = 560\text{kN}$，$\alpha_1 = 38.7°$，$\alpha_2 = 15.0°$，P_1 为第一块传递到第二块上的推力，W_2 为第二块已扣除浮力的自重）

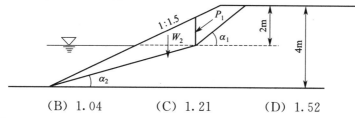

(A) 1.17　　　(B) 1.04　　　(C) 1.21　　　(D) 1.52

【答案】(C)

【解答】P_1 垂直于第二滑块滑动面的分力为 $P_1\sin(\alpha_1 - \alpha_2)$，平行于第二滑块滑动面的分力为 $P_1\cos(\alpha_1 - \alpha_2)$，则滑动安全系数按下式计算：

$$F_s = \frac{[P_1\sin(\alpha_1 - \alpha_2) + W_2\cos\alpha_2]\tan\varphi}{P_1\cos(\alpha_1 - \alpha_2) + W_2\sin\alpha_2} = \frac{[560 \times \sin(38.7° - 15°) + 1000 \times \cos15°] \times \tan38°}{560 \times \cos(38.7° - 15°) + 1000 \times \sin15°} = 1.21$$

【点评】本题也可参考《岩土工程勘察规范》(GB 50021—2001)(2009年版)第5.2.8条条文说明。

【题7.4.5】某一滑动面为折线形的均质滑坡，其主轴断面及作用力参数如图和表所示，取滑坡推力计算安全系数 $\gamma_t = 1.05$，则第③块滑体剩余下滑力 F_3 最接近下列哪个数值？

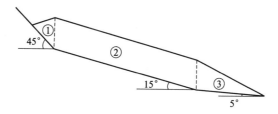

序号	下滑力 T_i/(kN/m)	抗滑力 R_i/(kN/m)	传递系数 ψ_j
①	3.5×10^4	0.9×10^4	0.756
②	9.3×10^4	8.0×10^4	0.947
③	1.0×10^4	2.8×10^4	

(A) 1.36×10^4 kN/m (B) 1.80×10^4 kN/m
(C) 1.91×10^4 kN/m (D) 2.79×10^4 kN/m

【答案】(C)

【解答】根据《建筑地基基础设计规范》第6.4.3条。
传递系数：$\psi_1=0.756$，$\psi_2=0.947$
$F_1=\gamma_1 T_1-R_1=1.05\times3.5\times10^4-0.9\times10^4=2.775\times10^4$ (kN/m)
$F_2=\gamma_1 T_2-R_2+\psi_1 F_1=1.05\times9.3\times10^4-8.0\times10^4+0.756\times2.775\times10^4$
$=3.8629\times10^4$ (kN/m)
$F_3=\gamma_1 T_3-R_3+\psi_2 F_2=1.05\times1.0\times10^4-2.8\times10^4+0.947\times3.8629\times10^4$
$=1.91\times10^4$ (kN/m)

【点评】希望通过不同的题目，能准确理解传递系数法具体的解题方法。有意思的是，这道题干，在同一年的考试时上、下午都出现。

【题7.4.6】根据勘察资料，某滑坡体正好处于极限平衡状态，稳定系数为1.0，其两组具代表性的断面数据如图和表所示。试问用反分析法求得的滑动面的黏聚力 c、内摩擦角 φ 最接近下列哪一组数值？（计算方法采用下滑力和抗滑力的水平分力平衡法）

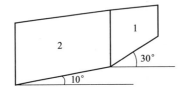

断面 I　　　　　断面 II

断面	块	$\beta/(°)$	L/m	G/(kN/m)
I	1	30	11.0	696
	2	10	13.6	950
II	1	35	11.5	645
	2	10	15.8	1095

(A) $c=8.0$ kPa，$\varphi=14°$ (B) $c=8.0$ kPa，$\varphi=11°$
(C) $c=6.0$ kPa，$\varphi=11°$ (D) $c=6.0$ kPa，$\varphi=14°$

【答案】(B)

【解答】滑坡体正好处于极限平衡状态，稳定系数为1.0，意味着各块下滑力与抗滑力的水平力之和相等，如此列出联立方程式，求解 c 和 φ。

下滑的水平分力：$\sum G_i \sin\beta_i \cos\beta_i$
抗滑力的水平分力：$\sum(G_i \cos^2\beta_i \tan\varphi + cl_i \cos\beta_i)$
断面 I：
$\sum G_i \sin\beta_i \cos\beta_i = 696\times\sin30°\times\cos30°+950\times\sin10°\times\cos10°=463.84$ (kN/m)
$\sum(G_i \cos^2\beta_i \tan\varphi + cl_i \cos\beta_i)$
$=(696\times\cos^2 30°+950\times\cos^2 10°)\times\tan\varphi+(11.0\times\cos30°+13.6\times\cos10°)c$
$=1143.35\tan\varphi+22.92c$

断面Ⅱ：
$$\sum G_i \sin\beta_i \cos\beta_i = 645 \times \sin35° \times \cos35° + 1095 \times \sin10° \times \cos10° = 490.31(\text{kN/m})$$
$$\sum(G_i \cos^2\beta_i \tan\varphi + cl_i \cos\beta_i)$$
$$= (645 \times \cos^2 35° + 1095 \times \cos^2 10°) \times \tan\varphi + (11.5 \times \cos35° + 15.8 \times \cos10°)c$$
$$= 1494.78\tan\varphi + 24.98c$$

联立方程如下：
$$\begin{cases} 1143.35\tan\varphi + 22.92c = 463.84 \\ 1494.78\tan\varphi + 24.98c = 490.31 \end{cases}$$

解得：$c = 8.0\text{kPa}$，$\tan\varphi = 0.1944$，$\varphi = 11.0°$

【点评】反分析法确定滑面参数也是传递系数法中一种常见的题型，希望读者能熟练掌握。

【题 7.4.7】根据勘察资料和变形监测结果，某滑坡体处于极限平衡状态，且可分为 2 个条块（如下图所示），每个滑块的重力、滑面长度和倾角分别为：$G_1 = 500\text{kN/m}$，$L_1 = 12\text{m}$，$\beta_1 = 30°$；$G_2 = 800\text{kN/m}$，$L_2 = 10\text{m}$，$\beta_2 = 10°$。现假设各滑动面的内摩擦角标准值 φ 均为 $10°$，滑体稳定系数 $K = 1.0$，如采用传递系数法进行反分析求滑动面的黏聚力标准值 c，其值最接近下列哪个选项？

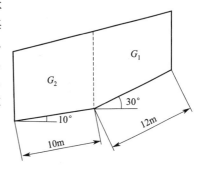

（A） 7.4kPa　　（B） 8.6kPa
（C） 10.5kPa　（D） 14.5kPa

【答案】（A）

【解答】根据《建筑地基基础设计规范》（GB 50007—2011）第 6.4.3 条。
当滑动面为折线形时，滑坡推力（下图）可按下列公式进行计算：

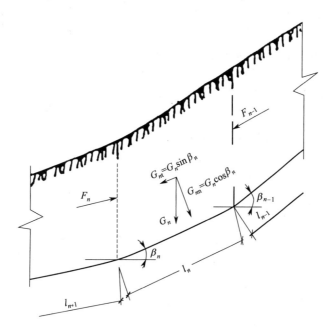

滑坡推力计算示意

$$F_n = F_{n-1}\psi + \gamma_t G_{nt} - G_{nn}\tan\varphi_n - c_n l_n \tag{7-17}$$

$$\psi = \cos(\beta_{n-1} - \beta_n) - \sin(\beta_{n-1} - \beta_n)\tan\varphi_n \tag{7-18}$$

式中 F_n、F_{n-1}——第 n 块、第 $n-1$ 块滑体的剩余下滑力，kN；

ψ——传递系数；

γ_t——滑坡推力安全系数；

G_{nt}、G_{nn}——第 n 块滑体自重沿滑动面、垂直滑动面的分力，kN；

φ_n——第 n 块滑体沿滑动面土的内摩擦角标准值，(°)；

c_n——第 n 块滑体沿滑动面土的黏聚力标准值，kPa；

l_n——第 n 块滑体沿滑动面土的长度，m。

$$F_1 = \gamma_t G_{1t} - G_{1n}\tan\varphi_1 - c_1 l_1 = 500 \times \sin30° - 500 \times \cos30° \times \tan10° - c \times 12 = 174 - 12c$$

$$\psi = \cos(\beta_{n-1} - \beta_n) - \sin(\beta_{n-1} - \beta_n)\tan\varphi_n$$
$$= \cos(30° - 10°) - \sin(30° - 10°) \times \tan10° = 0.8794$$

$$F_2 = F_1\psi + \gamma_t G_{2t} - G_{2n}\tan\varphi_2 - c_2 l_2$$
$$= (174 - 12c) \times 0.8794 + 1 \times 800 \times \sin10° - 800 \times \cos10° \times \tan10° - c \times 10$$
$$= 152.7 - 20.55c = 0$$

解得：$c = 7.43\text{kPa}$

【点评】传递系数法有很多不同的题型，用以解决不同的问题，具体解题时可参考对应的规范方法。

【题 7.4.8】某滑坡体可分为两块，且处于极限平衡状态（如下图所示），每个滑块的重力、滑动面长度和倾角分别为：$G_1 = 600\text{kN/m}$，$L_1 = 12\text{m}$，$\beta_1 = 35°$；$G_2 = 800\text{kN/m}$，$L_2 = 10\text{m}$，$\beta_2 = 20°$。现假设各滑动面的强度参数一致，其中内摩擦角标准值 $\varphi = 15°$，滑体稳定系数 $K = 1.0$，按《建筑地基基础设计规范》（GB 50007—2011），采用传递系数法进行反分析求得滑动面的黏聚力 c 最接近下列哪一选项？

(A) 7.2kPa   (B) 10.0kPa
(C) 12.7kPa   (D) 15.5kPa

【答案】(C)

【解答】根据《建筑地基基础设计规范》（GB 50007—2011）第 6.4.3 条。

(1) 计算第一块剩余下滑力

$$G_{1t} = G_1 \sin\beta_1 = 600 \times \sin35° = 344.15(\text{kN/m})$$
$$G_{1n} = G_1 \cos\beta_1 = 600 \times \cos35° = 491.49(\text{kN/m})$$

剩余下滑力：

$$F_1 = \gamma_t G_{1t} - G_{1n}\tan\varphi_1 - c_1 l_1 = 344.15 - 491.49 \times \tan15° - c \times 12 = 212.46 - 12c$$

(2) 计算第二块剩余下滑力

$$G_{2t} = G_2 \sin\beta_2 = 800 \times \sin20° = 273.62(\text{kN/m})$$
$$G_{2n} = G_2 \cos\beta_2 = 800 \times \cos20° = 751.75(\text{kN/m})$$
$$\psi_1 = \cos(\beta_1 - \beta_2) - \sin(\beta_1 - \beta_2)\tan\varphi$$
$$= \cos(35° - 20°) - \sin(35° - 20°) \times \tan15° = 0.897$$
$$F_2 = F_1\psi_1 + \gamma_t G_{2t} - G_{2n}\tan\varphi - cl_2$$
$$= (212.46 - 12c) \times 0.897 + 1 \times 273.62 - 751.75 \times \tan15° - c \times 10$$
$$= 262.77 - 20.76c$$

令 $F_2 = 0$，即 $262.77 - 20.76c = 0$

解得：$c = 12.66\text{kPa}$

【点评】本题与上一题一样，解题思路及方法完全相同。

【题 7.4.9】拟开挖一个高度为 12m 的临时性土质边坡，边坡地层如图所示。边坡开挖后土体易沿岩土界面滑动，破坏后果很严重。已知岩土界面抗剪强度指标 $c=20\text{kPa}$，$\varphi=10°$，边坡稳定性计算结果见下表。按《建筑边坡工程技术规范》(GB 50330—2013) 的规定，边坡剩余下滑力最接近下列哪一选项？

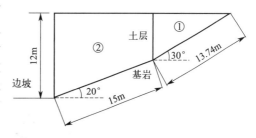

条块编号	滑面倾角 $\theta/(°)$	下滑力 $T/(\text{kN/m})$	抗滑力 $R/(\text{kN/m})$
①	30	398.39	396.47
②	20	887.03	729.73

(A) 344kN/m (B) 360kN/m (C) 382kN/m (D) 476kN/m

【答案】(C)

【解答】根据《建筑边坡工程技术规范》(GB 50330—2013) 第 3.2.1 条、5.3.2 条：

(1) 土质边坡，$H=12\text{m}$，破坏后果很严重。查表 3.2.1 得：边坡工程安全等级为一级。

一级临时边坡，查表 5.3.2 得：边坡稳定安全系数 $F_{st}=1.25$。

(2) 传递系数

$$\psi_1 = \cos(\theta_1-\theta_2) - \sin(\theta_1-\theta_2)\tan\varphi_2/F_s$$
$$= \cos(30°-20°) - \sin(30°-20°)\times\tan10°/1.25 = 0.960$$

(3) 剩余下滑力：

$$P_1 = P_0\psi_0 + T_1 - R_1/F_s = 0 + 398.39 - 396.47/1.25 = 81.21(\text{kN/m})$$
$$P_2 = P_1\psi_1 + T_2 - R_2/F_s = 81.21\times0.960 + 887.03 - 729.73/1.25 = 381.21(\text{kN/m})$$

【点评】首先是根据题意查规范相关条款，确定边坡稳定安全系数 $F_{st}=1.25$；然后计算传递系数，并按规范中的公式计算剩余下滑力。

【本节考点】
① 传递系数法求边坡稳定系数；
② 传递系数法求剩余下滑力；
③ 用反分析法求滑动面上的黏聚力 c、内摩擦角 φ；
④ 根据剩余下滑力计算作用在抗滑桩上某点的力矩。

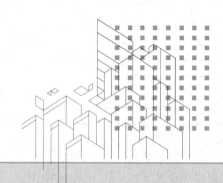

第 8 章 天然地基上的浅基础

8.1 地基静载荷试验及承载力特征值的确定

【题 8.1.1】 在较软弱的黏性土中进行平板载荷试验，承压板为方形，面积 0.25m^2，各级荷载及相应的累计沉降如下：

p/kPa	54	81	108	135	162	189	216	243
s/mm	2.15	5.05	8.95	13.90	21.50	30.55	40.35	48.50

根据 p-s 曲线，按《建筑地基基础设计规范》，承载力特征值最接近下列哪个数值？
(A) 98kPa (B) 122kPa (C) 150kPa (D) 216kPa

【答案】（A）

基本原理（基本概念或知识点）

现场载荷试验设备装置如图 8-1，包括加荷稳压装置、反力装置和观测装置。其原理为在试验土面施加荷载并观测每级荷载下地基土的变形，根据试验结果绘制土的荷载-沉降曲线（p-s 曲线）和每级荷载下的沉降-时间曲线（s-t 曲线），以此确定土的极限承载力等。

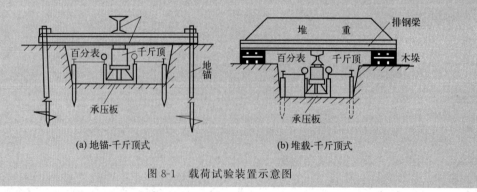

图 8-1 载荷试验装置示意图

载荷试验通常是在基础底面标高处或需要进行试验的土层标高处进行,当试验土层顶面具有一定埋深时,需要挖试坑。试验点一般布置在勘察取样的钻孔附近。承压板的面积一般为 $0.25\sim0.5\mathrm{m}^2$,挖试坑和放置试验设备时必须注意保持试验土层的原状土结构和天然湿度,试验土层顶面一般采用不超过 20mm 的粗、中砂找平。

现场载荷试验是通过一定面积的载荷板(亦称承压板)向地基逐级施加荷载,从而绘制压力-沉降的关系曲线,如图 8-2 所示。对土质地基,一般按以下原则由 $p\text{-}s$ 曲线确定地基承载力:

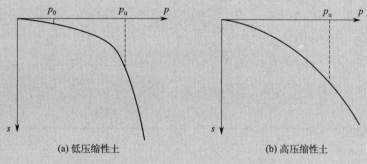

图 8-2　按静载荷试验 $p\text{-}s$ 曲线确定地基承载力

(1) 当 $p\text{-}s$ 曲线上有比例界限 p_0 时,如图 8-2(a) 所示,取该比例界限所对应的压力作为地基承载力特征值;

(2) 当极限荷载 p_u 小于对应比例界限荷载值的 2 倍时,取界限荷载的一半 $p_\mathrm{u}/2$ 作为地基承载力特征值;

(3) 当 $p\text{-}s$ 曲线无明显转折点,不能按上述原则确定时 [图 8-2(b)],如果压板面积为 $0.25\sim0.50\mathrm{m}^2$,可取 $s/b=0.01\sim0.015$ 所对应的荷载作为承载力特征值,但其值不能大于最大加载量的一半;

(4) 同一土层参加统计的试验点不应少于三点,各试验实测值的极差不得超过其平均值的 30%,取此平均值作为该土层的地基承载力特征值。

【解答】 绘制 $p\text{-}s$ 曲线,根据图示,由于承压板面积为 $0.25\mathrm{m}^2$,且为较软弱黏性土,按《建筑地基基础设计规范》附录 C,可取 $s/b=0.015$ 所对应的荷载作为地基承载力特征值,但不得大于最大加载量的一半。

承压板宽度:
$$b=\sqrt{0.25}=0.5(\mathrm{m})=500(\mathrm{mm})$$

对应的沉降量 $s=500\times0.015=7.5(\mathrm{mm})$。

通过插值计算对应的荷载:
$$\frac{7.5-5.05}{8.95-5.05}=\frac{p_0-81}{108-81}$$

解得:$p_0=98\mathrm{kPa}$。

最大加载量的一半为 $243/2=121.5(\mathrm{kPa})$。

取两者的较小值,因此该土层的承载力特征值为 98kPa。

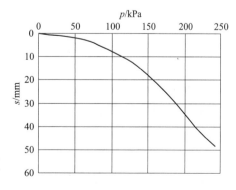

【分析】 ① 要清楚浅层平板载荷试验的方法原理。
② 要掌握确定承载力特征值的两种方法:拐点法和沉降控制法。

③ 注意取 $s/b=0.015$ 所对应的荷载作为地基承载力特征值时,要与最大加载量做比较,要求不得大于最大加载量的一半。如果忽略了这一点,将会得出(C)的错误答案。

【题 8.1.2】某黏土层上进行 4 台压板静载试验,地基承载力特征值 f_{ak} 分别为 284kPa、266kPa、266kPa、400kPa,试分析该黏土层的地基承载力特征值。

【解答】地基承载力平均值 $f_{akm}=\frac{1}{4}\times(284+266+290+400)=310(kPa)$。

地基承载力特征值极差 $400-266=134>310\times30\%=93(kPa)$,所以将偏离均值最多的去掉后重新计算平均值 $f_{akm}=\frac{1}{3}\times(284+266+290)=280(kPa)$。

极差 $290-266=24<280\times30\%=84(kPa)$。

所以该地基承载力特征值 $f_{ak}=280kPa$。

【题 8.1.3】某场地三个浅层平板载荷试验,试验数据见下表,试确定该土层的地基承载力特征值。

试验点号	1	2	3
比例界限对应的荷载值/kPa	160	165	173
极限荷载/kPa	300	340	330

(A) 170kPa　　(B) 165kPa　　(C) 160kPa　　(D) 150kPa

【答案】(C)

【解答】浅层平板载荷试验确定地基承载力特征值时,当 p-s 曲线上有比例界限时,取该比例界限所对应的荷载值,当极限荷载小于对应比例界限的荷载的 2 倍时,取极限荷载值的一半。

$f_{ak1}=300/2=150kPa$,$f_{ak2}=165kPa$,$f_{ak3}=330/2=165kPa$。

平均值 $f_{akm}=\frac{1}{3}\times(150+165+165)=160(kPa)$

极差 $165-150=15(kPa)<30\%\times160=48(kPa)$

所以,承载力特征值 $f_{ak}=160kPa$。

【题 8.1.4】在稍密的砂层中做浅层平板载荷试验,承压板方形,面积 $0.5m^2$,各级荷载和对应的沉降量如下。

p/kPa	25	50	75	100	125	150	175	200	225	250	275
s/mm	0.88	1.76	2.65	3.53	4.41	5.30	6.13	7.05	8.50	10.54	15.80

问砂层承载力特征值应取下列哪个数值?

(A) 138kPa　　(B) 200kPa　　(C) 225kPa　　(D) 250kPa

【答案】(A)

【解答】根据《建筑地基基础设计规范》(GB 50007—2002)附录 C 第 C.0.5 条和 C.0.6 条计算如下。

作图或分析曲线各点坐标可知,压力为 200kPa 之前曲线为通过原点的直线,其斜率为

$$K=\frac{25}{0.88}\approx\frac{200}{7.05}\approx28.4(kPa/mm)$$

自 225kPa 以后,曲线为下凹曲线,至 275kPa 时变形量仅为 15.8mm,这时沉降量与承压板宽度之比为

$$s/b = \frac{1.58}{\sqrt{5000}} = 0.022$$

这与判断极限荷载的 $s/b=0.06$ 有较大差距，说明加载量不足，不能判定出极限荷载，为安全起见，只好取最大加载量的一半作为承载力特征值，即

$$P_0 = \frac{1}{2}P_{\max} = \frac{1}{2} \times 275 = 137.5(\text{kPa})$$

答案（A）正确。

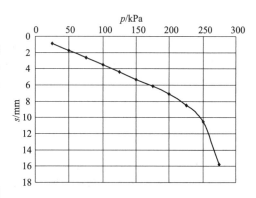

【题 8.1.5】 在某建筑场地的岩石地基上进行了 3 组岩基荷载试验，试验结果见下表，根据试验结果确定的岩石地基承载力特征值最接近下列哪个选项？并说明确定过程。

试验编号	比例界限对应的荷载值/kPa	极限荷载值/kPa
1	640	1920
2	510	1580
3	560	1440

（A）480kPa （B）510kPa （C）570kPa （D）820kPa

【答案】（A）

基本原理（基本概念或知识点）

载荷试验的分类有多种形式，按照试验对象可划分为天然地基（岩）土的载荷试验、复合地基载荷试验和桩基载荷试验；按照加荷性质可划分为静力载荷试验和动力载荷试验；根据承压板的设置深度及特点，又可分为浅层平板载荷试验、深层平板载荷试验和螺旋板载荷试验。

关于静载荷试验，如果是求土的变形模量，那就要根据《岩土工程勘察规范》来计算，但如果是求地基的承载力，一般要根据《建筑地基基础设计规范》求得。所以，本题目也是要根据《建筑地基基础设计规范》来确定地基承载力。

【解答】（1）根据《建筑地基基础设计规范》（GB 50007—2011）附录第 H.0.10 条第 1 款的规定，确定各组试验的承载力值。

第 1 组试验，比例界限对应的荷载值为 640kPa，极限荷载值除以 3 的安全系数后的值为 640kPa，二者取小值，得该组试验的承载力值为 640kPa。

第 2 组试验，比例界限对应的荷载值为 510kPa，极限荷载值除以 3 的安全系数后的值为 526.7kPa，二者取小值，得该组试验的承载力值为 510kPa。

第 3 组试验，比例界限对应的荷载值为 560kPa，极限荷载值除以 3 的安全系数后的值为 480kPa，二者取小值，得该组试验的承载力值为 480kPa。

（2）根据《建筑地基基础设计规范》（GB 50007—2011）附录第 H.0.10 条第 2 款的规定，确定岩石地基的承载力特征值。取 3 组试验的最小值 480kPa 为岩石地基的承载力特征值，答案为（A）。

【分析】根据岩石地基载荷试验确定地基承载力特征值时，应掌握以下原则：

① 对应于 $p\text{-}s$ 曲线上起始直线段的终点为比例界限。符合终止加载条件的前一级荷载为极限荷载。将极限荷载除以 3 的安全系数，所得值与对应比例界限的荷载值相比较，取

小值。

② 每个场地载荷试验的数量不应少于3个,取最小值作为岩石地基承载力特征值。

本题对应比例界限的荷载值和极限荷载均已给出,我们要做的只是将极限荷载除以安全系数,再和比例界限的荷载相比较,取小值即可。但应注意这里的安全系数为3,而不是2。

这道题目的关键是弄清楚用岩石地基的载荷试验与用土的载荷试验确定承载力的方法并不一样,在《建筑地基基础设计规范》中迅速找到相应的条款,否则就会得到错误的答案。

本题目中,答案(B)为比例界限对应的荷载值的最小值,答案(C)为比例界限对应的荷载值的平均值,答案(D)为极限荷载值除以2的安全系数后的平均值。

【题 8.1.6】 某岩石地基载荷试验结果见下表,请按《建筑地基基础设计规范》(GB 50007—2011)的要求确定地基承载力特征值最接近下列哪一项?

试验编号	比例界限值/kPa	极限荷载值/kPa
1	1200	4000
2	1400	4800
3	1280	3750

(A) 1200kPa (B) 1280kPa (C) 1330kPa (D) 1400kPa

【答案】(A)

【解答】 根据《建筑地基基础设计规范》(GB 50007—2011)附录 H.0.10 条。

(1) 极限荷载除以3的安全系数与对应于比例界限的荷载相比较,取小值。

第一组:$4000 \div 3 = 1333 > 1200$,承载力特征值取 1200kPa;

第二组:$4800 \div 3 = 1600 > 1400$,承载力特征值取 1400kPa;

第三组:$3750 \div 3 = 1250 < 1280$,承载力特征值取 1250kPa。

(2) 取最小值作为岩石地基承载力特征值:$f_a = 1200$kPa。

【点评】 本题以岩石地基载荷试验确定地基承载力特征值,与上题的考点及解题方法完全一致。

【题 8.1.7】 已知载荷试验的荷载板尺寸为 1.0m×1.0m,试验坑的剖面如图所示,在均匀的黏性土层中,试验坑的深度为 2.0m,黏性土层的抗剪强度指标的标准值为黏聚力 $c_k = 40$kPa,内摩擦角 $\varphi_k = 20°$,土的重度为 18kN/m³。若按照《建筑地基基础设计规范》(GB 50007—2011)计算地基承载力,其结果最接近下列何值?

(A) 345.8kPa (B) 235.6kPa (C) 210.5kPa (D) 180.6kPa

【答案】(B)

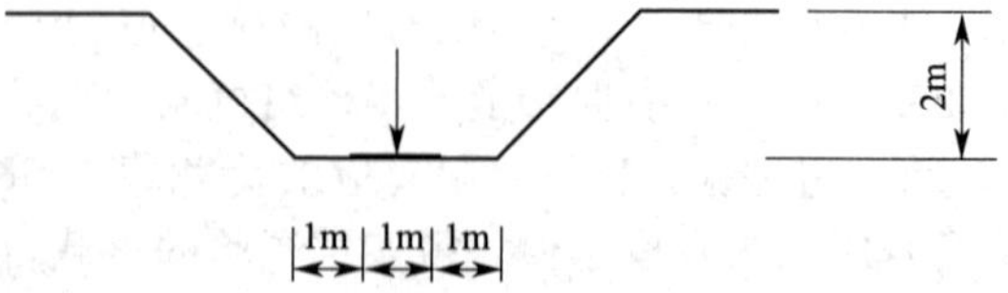

【解答】 此题初看上去,会以为是根据载荷试验的结果来确定地基承载力,但题目又没有给出任何试验数据。

按李广信的话:此题的命题语言有些不确切,即"若按照《建筑地基基础设计规范》(GB 50007—2011)计算地基承载力,其结果最接近下列何值?"容易引起误解。但是读者应从所给条件理解此题。其实问的是"预测载荷试验得到的地基承载力"。因为在堆载法进行载荷试验之前,常常要预估承载力,以便准备堆载的材料。

根据《建筑地基基础设计规范》(GB 50007—2011)表 5.2.5,$\varphi_k = 20°$,$M_b = 0.51$,

$M_d=3.06$，$M_c=5.66$，对于边长为 1m 的载荷板，其地基承载力为：
$$f_{ak}=0.51\times18\times1+3.06\times18\times0+5.66\times40=235.3(kPa)$$

【分析】① 对于宽度为 1m 的载荷板及均匀的黏性土层，规范中规定："对于砂土小于 3m 时按 3m 取值"。而对于黏性土则意味着按实际宽度取值，所以计算中 $b=1$m。

② 平板载荷试验规定，必须先在试验深度处开挖 $3b$ 的宽度。因而在载荷板周围是没有 γd 超载，所以计算深度 $d=0$。如果用埋深 $d=2$m 计算，就会得到 $f_{ak}=345.8$kPa 的错误选项。

③ 要判断出该题是用规范中的公式来计算承载力特征值，而不是用载荷试验结果。这种命题语言不确切的情况时有发生，所以要根据题的条件全面理解。

【本节考点】
① 承载力特征值的两种方法：拐点法和沉降控制法；
② 取 $s/b=0.01\sim0.015$ 所对应的荷载作为地基承载力特征值时，要与最大加载量做比较，要求不得大于最大加载量的一半；
③ 对同一土层，应选择三个以上的试验点，如所测得的特征值极差不超过其平均值的 30%，则取此平均值作为该土层的地基承载力特征值；
④ 用岩石地基的载荷试验与用土的载荷试验确定承载力的方法不一样，应能在《建筑地基基础规范》中迅速找到相应的条款。

8.2　地基承载力特征值

【题 8.2.1】在地下水位很深的场地上，均质厚层细砂地基的平板载荷试验结果如下表所示，正方形压板边长为 $b=0.7$m，土的重度 $\gamma=19$kN/m³，细砂的承载力修正系数 $\eta_b=2.0$，$\eta_d=3.0$。在进行边长 2.5m、埋置深度 $d=1.5$m 的方形柱基础设计时，根据载荷试验结果按 $s/b=0.015$ 确定且按《建筑地基基础设计规范》（GB 50007—2011）的要求进行修正的地基承载力特征值最接近下列何值？

p/kPa	25	50	75	100	125	150	175	200	250	300
s/mm	2.17	4.20	6.44	8.61	10.57	14.07	17.50	21.07	31.64	49.91

（A）150kPa　　（B）180kPa　　（C）200kPa　　（D）220kPa

【答案】（B）

【解答】按《建筑地基基础设计规范》（GB 50007—2011）第 5.2.5 条。
计算由 s/b 确定的地基承载力特征值：
$s/b=0.015$，$s=0.015b=0.015\times700=10.5$(mm)
由题表可得，承载力为 125kPa。
$f_a=f_{ak}+\eta_b\gamma(b-3)+\eta_d\gamma_m(d-0.5)=125+2.0\times19\times(3-3)+3.0\times19\times(1.5-0.5)=182$(kPa)

【点评】本题是根据载荷试验的结果，对承载力进行深宽修正的题目。根据载荷试验结果，按沉降比法先确定地基承载力特征值 $f_{ak}=125$kPa，然后做深宽修正即可得到答案。

【题 8.2.2】某积水低洼场地，进行地面排水后，在天然土层上回填厚度为 5m 的压实粉土，以此时的回填面标高为准下挖 2m，利用压实粉土作为独立方形基础的持力层，方形基础边长为 4.5m。在完成基础和地上结构施工后，在室外地面上再回填 2m 厚的压实粉土，达到室外设计地坪标高。回填材料为粉土，荷载试验得到压实粉土的承载力特征值为 150kPa，其他参数见图。若基础施工完成时地下水位已恢复到室外设计地坪下 3.0m（如图所示），地下水位上、下土的重度分别为 18.5kN/m³ 和 20.5kN/m³。请问按《建筑地基基础设计规范》(GB 50007—2011) 计算的深度修正后的地基承载力特征值最接近下列哪个选项？(承载力宽度修正系数 $\eta_b=0$，深度修正系数 $\eta_d=1.5$。)

(A) 198kPa　　　(B) 193kPa

(C) 188kPa　　　(D) 183kPa

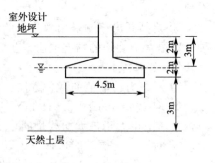

【答案】(D)

【解答】(1) 由于设计地坪下 2m 厚的填土要到结构施工完成后才进行，深度修正只能按 2m 算。

(2) γ 和 γ_m 在水位以下取浮重度。得：

$$f_a = f_{ak} + \eta_b \gamma (b-3) + \eta_d \gamma_m (d-0.5)$$
$$= 150 + 0 + 1.5 \times \frac{18.5+10.5}{2} \times (2.0-0.5)$$
$$= 150 + 32.63 = 182.6 \text{(kPa)}$$

【分析】题目很长，题干给出了一些干扰条件，所以要仔细审题。本题的计算量并不大，属于典型的题干繁而不难的题目。

关于地基承载力的深宽修正，《建筑地基基础设计规范》(GB 50007—2011) 中的公式为：

$$f_a = f_{ak} + \eta_b \gamma (b-3) + \eta_d \gamma_m (d-0.5) \tag{8-1}$$

式中　f_a——修正后的地基承载力特征值，kPa。

　　　f_{ak}——地基承载力特征值，kPa。

　η_b、η_d——基础宽度和埋置深度的地基承载力修正系数，查规范表 5.2.4 取值。

　　　γ——基础底面以下土的重度，kN/m³，地下水位以下取浮重度。

　　　b——基础底面宽度，m，当基础底面宽度小于 3m 时按 3m 取值，大于 6m 时按 6m 取值。

　　γ_m——基础底面以上土的加权平均重度，kN/m³，位于地下水位以下的土层取有效重度。

　　　d——基础埋置深度，宜自室外地面标高算起。在填方整平地区，可自填土地面标高算起，但填土在上部结构施工完成时，应从天然地面标高算起。对于地下室，当采用箱形基础或筏基时，基础埋置深度自室外地面标高算起；当采用独立基础或条形基础时，应从室内地面标高算起。

需要注意的地方：

① 由于基础埋深 d 一般不小于 0.5m，因此公式中深度修正项总是存在的。

② 宽度 b 指的是基础短边的尺寸，当小于等于 3m 时不计此项。

③ 修正系数 η_b、η_d 是根据多个不同埋深的载荷试验资料整理分析结果加上理论公式的承载力系数相对照，考虑了不利因素并结合经验综合确定的。使用时应相应于基底下持力层的土质类别查取。

④ 宽度修正项对应的重度 γ 值应为基础底面下土层的重度；而埋深修正项对应的重度 γ_m 应为基础底面以上土层的加权平均重度。

⑤ 水位以下时重度均应取浮重度。

⑥ 工程实践证明，对于孔隙比 e 或液性指数 I_L 大于等于 0.85 的黏性土，基础宽度的

增加对承载力影响很小,所以对黏性土不做宽度修正,即 $\eta_b=0$。

⑦ 对于砂性土虽然随着宽度的增长承载力有所提高,但沉降量也随之而增。同样的土质,在同样的压力下,当基础宽度 b 超过一定值时,沉降量大为增长。

⑧ 建筑物的正常使用应满足其功能要求,常常是承载力还有潜力可挖,而变形已达到或超过正常使用的限值,也就是由变形控制承载力,因此规范对承载力的宽度修正采取了慎重态度:当 $b>6$m 时按 6m 取值。

关于埋置深度的起算,考生要弄清楚规范为什么是那样规定的,道理是什么?请大家根据土力学的基本概念来解读。

【题 8.2.3】某高层板式住宅楼的一侧设有地下车库,两部分的地下结构相互连接,均采用筏基,基础埋深在室外地面以下 10m,住宅楼基底平均压力 p_k 为 260kN/m²,地下车库基底平均压力 p_k 为 60 kN/m²。场区地下水位埋深在室外地面以下 3m,为解决基础抗浮问题,在地下车库底板以上再回填厚约 0.5m、重度为 35 kN/m³ 的钢渣。场区土层的重度均按 20kN/m³ 考虑,地下水重度按 10kN/m³ 取值。根据《建筑地基基础设计规范》(GB 50007—2011)计算的住宅楼的地基承载力特征值 f_a 最接近以下哪个选项?

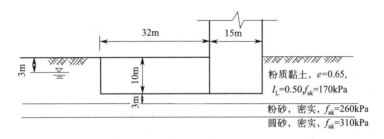

(A) 285kPa (B) 293kPa (C) 300kPa (D) 308kPa

【答案】(B)

【解答】(1) 由题意可知,住宅楼的持力层是粉质黏土,$f_{ak}=170$kPa。没有软弱下卧层的问题。

(2) 根据《建筑地基基础设计规范》(GB 50007—2011)计算承载力修正值。
$$f_a=f_{ak}+\eta_b\gamma(b-3)+\eta_d\gamma_m(d-0.5)$$
其中,基础埋深 d 取基础两侧的小值。对本题,一侧有地下车库,地下车库基底平均压力 p_k 为 60kN/m²。将地下车库荷载等效为土层厚度
$$d_{eq}=\frac{60+0.5\times35}{\dfrac{3\times20+7\times10}{10}}=\frac{77.5}{13}=5.96(\text{m})$$

另一侧,基础埋深为 10m,取小值,则取 $d=5.96$m。

(3) 计算 f_a。查规范承载力修正系数表,承载力宽度修正系数 $\eta_b=0.3$,深度修正系数 $\eta_d=1.6$,则

$$f_a=f_{ak}+\eta_b\gamma(b-3)+\eta_d\gamma_m(d-0.5)=170+0.3\times10\times(6-3)+1.6\times\frac{3\times20+7\times10}{10}\times$$
$$(5.96-0.5)=170+9+113\approx293(\text{kPa})$$

【分析】需要注意的地方:

(1) 本题重点是判断 d 的正确取值;
(2) 公式中 b 的正确取值,大于 6m 按 6m 计;
(3) 公式中 γ_m 的计算,水位以上与水位以下的区别。

【题 8.2.4】 条形基础宽度为 3.6m，合力偏心距为 0.8m，基础自重和基础上的土重为 100kN/m，相应于荷载效应标准组合时上部结构传至基础顶面的竖向力值为 260kN/m，修正后的地基承载力特征值至少要达到下列哪个选项的数值才能满足承载力验算要求？

(A) 120kPa (B) 200kPa (C) 240kPa (D) 288kPa

【答案】（B）

【解答】 由题知：$G_k=100$kN/m，$F_k=260$kN/m。

偏心距 $e=0.8\text{m} > \dfrac{b}{6}=0.6\text{m}$，属于大偏心。

$$p_{max}=\frac{2(F_k+G_k)}{3la}=\frac{2\times(260+100)}{3\times1.0\times\left(\dfrac{3.6}{2}-0.8\right)}=240\text{(kPa)}$$

$$p=\frac{F_k+G_k}{b}=\frac{260+100}{3.6}=100\text{(kPa)}$$

对偏心荷载，要求 $p \leqslant f_a$，且 $p_{max} \leqslant 1.2f_a$，则

$$p \leqslant f_a \Rightarrow f_a \geqslant 100\text{kPa}$$

$$p_{max} \leqslant 1.2f_a \Rightarrow f_a \geqslant \frac{p_{max}}{1.2}=\frac{240}{1.2}=200\text{(kPa)}$$

取大值，得 $f_a \geqslant 200$kPa。

【分析】 本题的考点有两个：
① 基底压力的计算，特别要注意是大偏心还是小偏心；
② 对偏心荷载下的承载力验算，要求满足两个条件，即 $p \leqslant f_a$，且 $p_{max} \leqslant 1.2f_a$。

【题 8.2.5】 条形基础宽度为 3.6m，基础自重和基础上的土重为 $G_k=100$kN/m，上部结构传至基础顶面的竖向力值为 $F_k=260$kN/m，F_k+G_k 合力的偏心距为 0.4m，修正后的地基承载力特征值至少要达到下列哪个选项的数值才能满足承载力验算要求？

(A) 68kPa (B) 83kPa (C) 116kPa (D) 139kPa

【答案】（C）

【解答】 根据《建筑地基基础设计规范》(GB 50007—2011) 第 5.2.1 条及 5.2.2 条。

由题知：$e=0.4\text{m} < \dfrac{b}{6}=0.6\text{m}$，为小偏心。

$$p_k=\frac{F_k+G_k}{A}=\frac{200+100}{3.6\times 1}=83.3\text{(kPa)}$$

$$p_{kmax}=p_k+\frac{M_k}{W}=83.3+\frac{300\times 0.4\times 6^2}{1\times 3.6}=139\text{(kPa)}$$

$$\begin{cases} p_k \leqslant f_a \\ p_{kmax} \leqslant 1.2f_a \end{cases}，得 \begin{cases} f_a \geqslant 83.3\text{kPa} \\ f_a \geqslant 115.7\text{kPa} \end{cases}$$

二者取大值，$f_a \geqslant 115.7$kPa。

【分析】 本题与上题的考点完全一致，解题思路与方法也一样。

【题 8.2.6】 作用于高层建筑基础底面的总的竖向力 $F_k+G_k=120$MN，基础底面积 30m×10m，荷载重心与基础底面形心在短边方向的偏心距为 1.0m，试问修正后的地基承载力特征值 f_a 至少应不小于下列何项数值才能符合地基承载力验算的要求？

(A) 250kPa (B) 350kPa (C) 460kPa (D) 540kPa

【答案】（D）

【解答】根据《建筑地基基础设计规范》(GB 50007—2011)第5.2.2条。

$$p_k = \frac{F_k + G_k}{A} = \frac{120 \times 10^3}{30 \times 10} = 400(\text{kPa})$$

$e = 1.0\text{m} < \frac{b}{6} = \frac{10}{6} = 1.67\text{m}$,为小偏心。

$$p_{kmax} = p_k + \frac{M_k}{W} = 400 + \frac{120 \times 10^3 \times 1 \times 6}{30 \times 10^2} = 640(\text{kPa})$$

$\begin{cases} p_k \leq f_a \\ p_{kmax} \leq 1.2 f_a \end{cases}$,得 $\begin{cases} f_a \geq 400\text{kPa} \\ f_a \geq 533.3\text{kPa} \end{cases}$

二者取大值,$f_a \geq 533.3\text{kPa}$。

【题8.2.7】某条形基础宽度2.5m,埋深2.00m。场区地面以下为厚1.50m的填土,$\gamma = 17\text{kN/m}^3$;填土层以下为厚6.00m的细砂层,$\gamma = 19\text{kN/m}^3$,$c_k = 0$,$\varphi_k = 30°$。地下水位埋深1.0m。根据土的抗剪强度指标计算的地基承载力特征值最接近于以下哪个选项?

(A) 160kPa (B) 170kPa (C) 180kPa (D) 190kPa

【答案】(D)

【解答】根据《建筑地基基础设计规范》(GB 50007—2011),由土的抗剪强度指标确定地基承载力特征值。

$$f_a = M_b \gamma_b b + M_d \gamma_m d + M_c c_k$$

$\varphi_k = 30°$,查规范表5.2.5得:$M_b = 1.9$,$M_d = 5.59$,$M_c = 7.95$。

$$\gamma = 19 - 10 = 9(\text{kN/m}^3)$$
$$\gamma_m = [1.0 \times 17 + 0.5 \times (17 - 10) + 0.5 \times (19 - 10)]/2 = 12.5(\text{kN/m}^3)$$
$$f_a = 1.9 \times 9 \times 3 + 5.59 \times 12.5 \times 2 + 7.95 \times 0 = 51.3 + 139.75 = 191.05(\text{kPa})$$

【点评】关于用土的抗剪强度指标确定地基承载力特征值,《建筑地基基础设计规范》(GB 50007—2011)中有公式(5.2.5),即

$$f_a = M_b \gamma b + M_d \gamma_m d + M_c c_k \tag{8-2}$$

式中 M_b、M_d、M_c——承载力系数,查规范表5.2.5;

b——基础底面宽度,大于6m时按6m取值,对于砂土小于3m时按3m取值;

c_k——基底下一倍短边宽度的深度范围内土的黏聚力标准值;

φ_k——基底下一倍短边宽度的深度范围内土的内摩擦角标准值;

γ——基础底面以下土的重度,水位以下取浮重度;

γ_m——基础埋深范围内各层土的加权平均重度,水位以下取浮重度。

在具体应用时,有些需要注意的地方:

(1) 通过载荷试验与该公式的对比发现,当$\varphi > 24°$以后的承载力系数M_b值都有所提高。

(2) 由于不是在取宽度等于3m的条件下进行的,故对于砂土,小于3m时按3m取值。

(3) 当基础宽度增大时,公式的计算值增大很快,对此应慎重选用,而基础宽度增大,也必然导致沉降量的增大,对上层结构带来不利的影响,为此,又规定了当基础底面宽度大于6m时,按6m取值。

(4) 公式计算出的承载力已考虑了基础的深度与宽度的效应,在用于地基承载力验算时无须再做深、宽修正。

(5) 由于该公式是在条形基础、均布荷载、均质土的条件下推导出的,当受到较大的水平荷载而使合力的偏心距过大时,地基反力将分布很不均匀。规范规定对该公式的应用,相

应增加了一个限制条件：荷载的偏心距应小于等于 0.033 倍基础底面宽度。

（6）当为独立基础时，用该公式偏于安全。

（7）本公式中的抗剪强度指标，一般采用不固结不排水三轴压缩试验的结果。当考虑实际工程中有可能使地基产生一定的固结度时，也可以采用固结不排水试验指标。

（8）水的浮力作用，将使土的有效重量减小从而降低土的承载力。当土在水下时，应采用浮重度，而一般土的浮重度仅为天然湿重度的 0.5～0.7 倍。因此，地下水位的上升将使土的承载力大为降低。对于 $c=0$ 的无黏性土，这影响更为显著。此时，M_c 项不存在，而地基承载力将正比于土的重度。因此，在计算确定承载力时，必须充分估计地下水位变化的可能和趋势。

（9）由土重引起的承载力，不仅取决于土的物理力学性质，而且随着基础的增大而增加。因此，通常采用加大基础宽度的办法来提高土的承载力。

（10）应注意，当地基为压缩性较大的软土时，宽度的加大，会使沉降量加大，从而加大了不均匀沉降的可能性。

（11）对饱和软土，$\varphi=0$，查规范表 5.2.5 知 $M_b=0$，$M_d=1.0$，$M_c=3.14$，则 $f_a=\gamma_0 d+3.14c_u$，此时增大基础尺寸不可能提高地基承载力。但对 $\varphi>0$ 的土，增大基底宽度，承载力将随着内摩擦角的提高而逐渐增大。

【题 8.2.8】某框架结构，1 层地下室，室外与地下室室内地面标高分别为 16.2m 和 14.0m。拟采用柱下方形基础，基础宽度 2.5m，基础埋深在室外地面以下 3.0m。室外地面以下为厚 1.2m 人工填土，$\gamma=17\mathrm{kN/m^3}$；填土以下为厚 7.5m 的第四纪粉土，$\gamma=19\mathrm{kN/m^3}$、$c_k=18\mathrm{kPa}$、$\varphi_k=24°$；场区未见地下水。根据土的抗剪强度指标确定的地基承载力特征值最接近下列哪个选项的数值？

（A）170kPa　　（B）190kPa　　（C）210kPa　　（D）230kPa

【答案】（C）

【解答】根据《建筑地基基础设计规范》（GB 50007—2011）第 5.2.5 条，由土的抗剪强度指标确定地基承载力特征值。

$b=2.5\mathrm{m}$，$d=3.0-2.2=0.8(\mathrm{m})$，$c_k=18\mathrm{kPa}$，$\varphi_k=24°$，$\gamma=\gamma_m=19\mathrm{kN/m^3}$。

查表得承载力系数：$M_b=0.8$，$M_d=3.87$，$M_c=6.45$。

$f_a=M_b\gamma_b b+M_d\gamma_m d+M_c c_k=0.8\times19\times2.5+3.87\times19\times0.8+6.45\times18$
$=38+58.824+116.1=212.924(\mathrm{kPa})$

【题 8.2.9】某建筑物基础承受轴向压力，其矩形基础剖面及土层的指标如图所示，基础底面尺寸为 $1.5\mathrm{m}\times2.5\mathrm{m}$。根据《建筑地基基础设计规范》（GB 50007—2011）由土的抗剪强度指标确定的地基承载力特征值 f_a 应与下列何项数值最为接近？

（A）138kPa　　（B）143kPa
（C）148kPa　　（D）153kPa

【答案】（B）

【解答】根据《建筑地基基础设计规范》（GB 50007—2011）第 5.2.5 条，由土的抗剪强度指标确定地基承载力特征值。

由 $\varphi_k=22°$，查表得：$M_b=0.61$，$M_d=3.44$，$M_c=6.04$。

$$\gamma_m = \frac{17.8 \times 1 + (18-10) \times 0.5}{1+0.5} = 14.53 (kN/m^3)$$

则 $f_a = M_b \gamma_b b + M_d \gamma_m d + M_c c_k = 0.61 \times (18-10) \times 1.5 + 3.44 \times 14.53 \times 1.5 + 6.04 \times 10 = 142.7 (kPa)$

【点评】上面这两道考题都是很典型的根据土的抗剪强度指标确定地基承载力特征值。

【题 8.2.10】某独立基础底面尺寸 2.5m×3.5m，埋深 2.0m，场地地下水埋深 1.2m，场区土层分布及主要物理力学指标如下表所示，水的重度 $\gamma_w = 9.8 kN/m^3$。按《建筑地基基础设计规范》(GB 50007—2011) 计算持力层地基承载力特征值，其值最接近以下哪个选项？

层序	土名	层底深度/m	天然重度 γ /(kN/m³)	γ_{sat} /(kN/m³)	黏聚力 c_k /kPa	内摩擦角 φ_k /(°)
①	素填土	1.00	17.5			
②	粉砂	4.60	18.5	20	0	29
③	粉质黏土	6.50	18.8	20	20	18

(A) 191kPa　　(B) 196kPa　　(C) 205kPa　　(D) 225kPa

【答案】(C)

【解答】根据《建筑地基基础设计规范》(GB 50007—2011) 第 5.2.5 条，由土的抗剪强度指标确定地基承载力特征值。

基底位于②粉砂中，$\varphi_k = 29°$，查规范表 5.2.5，则

$$M_b = \frac{1.4+1.9}{2} = 1.65, M_d = \frac{4.93+5.59}{2} = 5.26$$

$$\gamma_m = \frac{1.0 \times 17.5 + 0.2 \times 18.5 + 0.8 \times (20-9.8)}{2.0} = 14.68 (kN/m^3)$$

$f_a = M_b \gamma_b b + M_d \gamma_m d + M_c c_k = 1.65 \times (20-9.8) \times 3 + 5.26 \times 14.68 \times 2.0 + 0 = 204.92 (kPa)$

【点评】本题的考点依然是用抗剪强度指标计算地基承载力特征值。解题思路：
① 根据题干给出的条件，判断基底所处的土层。
② 基底位于水下，所以要计算土的浮重度。在计算有效重度时，用饱和重度减去水的重度，一般默认水的重度为 $10kN/m^3$，题干给出的水的重度为 $9.8kN/m^3$。
③ 采用抗剪强度承载力公式计算承载力时，应注意对于砂土，当基础宽度小于 3m 时按 3m 取值。

【题 8.2.11】某建筑物基础底面尺寸为 1.5m×2.5m，基础剖面及土层指标如图所示，按《建筑地基基础设计规范》(GB 50007—2011) 计算，如果地下水位从埋深 1.0m 处下降至基础底面处，则由土的抗剪强度指标确定的基底地基承载力特征值增加值最接近下列哪个选项？（水的重度取 $10kN/m^3$）

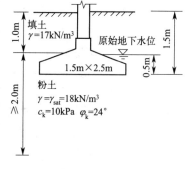

(A) 7kPa　　(B) 20kPa　　(C) 32kPa　　(D) 54kPa

【答案】(B)

【解答】根据《建筑地基基础设计规范》(GB 50007—2011) 第 5.2.5 条，由土的抗剪强度指标确定地基承载力特征值。

地下水位由埋深 1.0m 下降至基础底面时，基础底面以上地基土加权平均重度变化量：

$$\Delta\gamma_m = \frac{10 \times 0.5}{1.5} = 3.3(kN/m^3)$$

地基承载力的增量完全是由 $\Delta\gamma_m$ 增加引起的，则 $\varphi_k = 24°$，查规范表 5.2.5，$M_d = 3.87$。

$$\Delta f_a = M_d \Delta\gamma_m d = 3.87 \times 3.33 \times 1.5 = 19.3(kPa)$$

【点评】水的浮力作用，将使土的有效重量减小从而降低土的承载力。当土在水下时，应采用浮重度，而一般土的浮重度仅为天然湿重度的 0.5～0.7 倍。因此，地下水位的上升将使土的承载力大为降低。反过来，如果地下水位下降，持力层土的承载力会提高，地基承载力的增量由 $\Delta\gamma_m$ 的增加而引起。

【题 8.2.12】桥梁墩台基础底面尺寸为 5m×6m，埋深 5.2m。地面以下均为一般黏性土，按不透水考虑，天然含水量 $w = 24.7\%$，天然重度 $\gamma = 19.0kN/m^3$，土粒比重 $G_s = 2.72$，液性指数 $I_L = 0.6$，饱和重度为 $19.44kN/m^3$，平均常水位在地面上 0.3m，一般冲刷线深度 0.7m，水的重度 $\gamma_w = 9.8kN/m^3$。按《公路桥涵地基与基础设计规范》(JTG 3363—2019) 确定修正后的地基承载力特征值 f_a，其值最接近以下哪个选项？

(A) 275kPa　　　(B) 285kPa　　　(C) 294kPa　　　(D) 303kPa

【答案】(D)

【解答】根据《公路桥涵地基与基础设计规范》(JTG 3363—2019) 第 4.3.3 条、4.3.4 条。

(1) 承载力特征值确定

对一般黏性土，要根据液性指数及孔隙比查规范表 4.3.3-6 确定承载力。

孔隙比：$e = \dfrac{G_s \gamma_w (1+w)}{\gamma} - 1 = \dfrac{2.72 \times 9.8 \times (1+0.247)}{19} - 1 = 0.75$

由题干，液性指数 $I_L = 0.6$，查规范表 4.3.3-6，孔隙比 $e = 0.75$ 需要内插。

承载力特征值：$f_{a0} = \dfrac{270+230}{2} = 250(kPa)$

(2) 修正后的承载力特征值

修正后的地基承载力特征值按下式 [在规范中为式 (4.3.4)] 确定：

$$f_a = f_{a0} + k_1 \gamma_1 (b-2) + k_2 \gamma_2 (h-3) \tag{8-3}$$

式中　f_a——修正后的地基承载力特征值，kPa。

　　　b——基础底面的最小边宽，m。当 $b<2m$ 时，取 $b=2m$；当 $b>10m$ 时，取 $b=10m$。

　　　h——基础埋置深度，m，自天然地面起算，有水流冲刷时自一般冲刷线起算；当 $h<3m$ 时，取 $h=3m$；当 $h/b>4$ 时，取 $h=4b$。

　　　k_1、k_2——基底宽度、深度修正系数，根据基底持力层土的类别按规范表 4.3.4 确定。

　　　γ_1——基底持力层土的天然重度，kN/m^3，若持力层在水面以下且为透水者，应取浮重度。

　　　γ_2——基底以上土层的加权平均重度，kN/m^3，换算时若持力层在水面以下，且不透水时，不论基底以上土的透水性质如何，一律取饱和重度；当透水时，水中部分土层则应取浮重度。

查规范表 4.3.4：$k_1 = 0$，$k_2 = 1.5$。

$f_a = f_{a0} + k_1 \gamma_1 (b-2) + k_2 \gamma_2 (h-3) = 250 + 0 + 1.5 \times 19.44 \times (5.2-0.7-3) = 293.7(kPa)$

(3) 规范规定，当基础位于水中不透水地层上时，按平均常水位至一般冲刷线的水深每米再增大 10kPa。

平均常水位至一般冲刷线距离：$0.7+0.3=1.0(\mathrm{m})$。
$$f_a=293.7+1.0\times10=303.74(\mathrm{kPa})$$

【点评】本题是桥梁墩台地基承载力特征值的计算。注意规范规定，当基础位于水中不透水地层上时，按平均常水位至一般冲刷线的水深每米再增大10kPa。如果没有考虑这一点，答案就变成了（C）。

【题8.2.13】天然地基上的桥梁基础，底面尺寸为$2m\times5m$，基础埋置深度、地层分布及相关参数见图示。地基承载力特征值为200kPa，根据《公路桥涵地基与基础设计规范》（JTG 3363—2019），计算修正后的地基承载力特征值最接近于下列哪个选项？

(A) 200kPa　　(B) 220kPa
(C) 238kPa　　(D) 356kPa

【答案】（C）

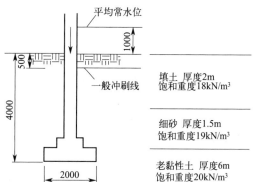

【解答】根据《公路桥涵地基与基础设计规范》（JTG 3363—2019）第4.3.4条，基础埋置深度h自一般冲刷线算起，取$h=3.5\mathrm{m}$，基底位于水面下，持力层为不透水层，取$\gamma_1=20\mathrm{kN/m^3}$，基底以上土的加权平均重度$\gamma_2=\dfrac{1.5\times18+1.5\times19+0.5\times20}{3.5}=18.7(\mathrm{kN/m^3})$。

查表4.3.4，$k_1=0$，$k_2=2.5$。
$$f_a=f_{a0}+k_1\gamma_1(b-2)+k_2\gamma_2(h-3)=200+0+2.5\times18.71\times(3.5-3)=223.4(\mathrm{kPa})$$
按平均常水位至一般冲刷线每米增大10kPa，$f_a=223.4+10\times1.5=238.4(\mathrm{kPa})$

【题8.2.14】如图所示矩形基础，地基土的天然重度$\gamma=18\mathrm{kN/m^3}$，饱和重度$\gamma_{sat}=20\mathrm{kN/m^3}$，基础及基础上土重度$\gamma_G=20\mathrm{kN/m^3}$，$\eta_b=0$，$\eta_d=1.0$，估算该基础底面积最接近下列何值？

(A) $3.2\mathrm{m^2}$　　(B) $3.6\mathrm{m^2}$
(C) $4.2\mathrm{m^2}$　　(D) $4.6\mathrm{m^2}$

【答案】（B）

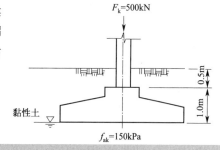

基本原理（基本概念或知识点）

按地基持力层承载力确定基底尺寸时，要求基础底面压力满足下式要求：

$$p_k \leqslant f_a \tag{8-4}$$

$$p_{k\max} \leqslant 1.2 f_a \tag{8-5}$$

$$p_k = \dfrac{F_k+G_k}{A} \tag{8-6}$$

式中　f_a——修正后的地基承载力特征值，kPa；

$p_{k\max}$——相应于作用的标准组合时，按直线分布假设计算的基底边缘处的最大压力，kPa；

p_k——相应于作用的标准组合时，基础底面处的平均压力值，kPa；

A——基础底面积，m^2；

F_k——相应于作用的标准组合时，上部结构传至基础顶面的竖向力，kN；

G_k——基础自重和基础上的土重，kN，对一般实体基础，$G_k=\gamma_G A d$（γ_G 为基础及回填土的平均重度，取 $\gamma_G=20kN/m^3$，d 为基础平均埋深），水位以下部分要扣除浮力。

由此可得基础底面积计算公式如下：

$$A \geqslant \frac{F_k}{f_a - \gamma_G d} \tag{8-7}$$

【解答】（1）求地基承载力特征值

$f_a = f_{ak} + \eta_b \gamma (b-3) + \eta_d \gamma_m (d-0.5) = 150 + 0 + 1.0 \times 18 \times (1.5-0.5) = 168(kPa)$

（2）确定基础底面积

按中心荷载作用计算基底面积

$$A_0 = \frac{F_k}{f_a - \gamma_G d} = \frac{500}{168 - 20 \times 1.5} = 3.62(m^2)$$

【点评】这是一道典型的根据地基承载力特征值确定基础底面积的题目。只需两个步骤即可完成计算：①地基承载力深宽修正；②根据地基承载力求基础底面积。

【题 8.2.15】大面积级配砂石压实填土厚度 8m，现场测得平均最大干密度 $1800kg/m^3$，根据现场静载试验确定该土层的地基承载力特征值为 $f_{ak}=200kPa$，条形基础埋深 2.0m，相应于作用标准组合时，基础顶面轴心荷载 $F_k=370kN/m$。根据《建筑地基基础设计规范》(GB 50007—2011) 计算，最适宜的基础宽度接近下列何值？（填土的天然重度 $19kN/m^3$，无地下水，基础及其上土的平均重度取 $20 kN/m^3$。）

(A) 1.7m (B) 2.0m (C) 2.4m (D) 2.5m

【答案】(B)

【解答】根据《建筑地基基础设计规范》(GB 50007—2011) 第 2.2.2 条、5.2.4 条。

大面积级配砂石，平均最大干密度 $1800kg/m^3 < 2100kg/m^3$，承载力深宽修正系数按人工填土取用，查规范表 5.2.4，$\eta_b=0$，$\eta_d=1.0$，则

$f_a = f_{ak} + \eta_b \gamma (b-3) + \eta_d \gamma_m (d-0.5) = 200 + 0 + 1.0 \times 19 \times (2-0.5) = 228.5(kPa)$

$$b \geqslant \frac{F_k}{f_a - \gamma_G d} = \frac{370}{228.5 - 20 \times 2} = 1.96(m)$$

【点评】本题要求确定适宜的基础宽度。考点有三：①判断持力层土的类别；②承载力深宽修正；③基础底面积要满足的条件。

本题的关键是判断持力层的类别。题干说：大面积级配砂石压实填土，同时又给出最大平均干密度，由规范表 5.2.4 可知，由于最大干密度 $1800kg/m^3 < 2100kg/m^3$，所以该填土不属于大面积压实填土，只能按人工填土考虑。

如果按大面积压实填土，则 $\eta_b=0$，$\eta_d=2.0$。

$f_a = f_{ak} + \eta_b \gamma (b-3) + \eta_d \gamma_m (d-0.5) = 200 + 0 + 2.0 \times 19 \times (2-0.5) = 257(kPa)$

$$b \geqslant \frac{F_k}{f_a - \gamma_G d} = \frac{370}{257 - 20 \times 2} = 1.7(m)$$

答案就成了（A），所以这里也算是个小小的陷阱。

【题 8.2.16】 多层建筑物，条形基础，基础宽度 1.0m，埋深 2.0m。拟增层改造，荷载增加后，相应于荷载效应标准组合时，上部结构传至基础顶面的竖向力为 160kN/m，采用加深、加宽基础方式托换，基础加深 2.0m，基底持力层土质为粉砂，考虑深宽修正后持力层地基承载力特征值为 200kPa，无地下水，基础及其上土的平均重度取 22kN/m³。荷载增加后设计选择的合理的基础宽度为下列哪个选项？

(A) 1.4m (B) 1.5m
(C) 1.6m (D) 1.7m

【答案】（B）

【解答】 对于条形基础，$b \geqslant \dfrac{F_k}{f_a - \gamma_G d} = \dfrac{160}{200 - 22 \times 4} = 1.43(\mathrm{m})$

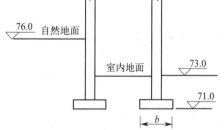

【点评】 只要审清题目要求，只需一个计算步骤，即可得到答案。需要注意的是：

① 采用加深、加宽基础方式托换，可能感觉不熟悉，稍加分析，就可知道这里并无太多的要求。

② 在教材中，基础及其上土的平均重度都取 20kN/m³，但本题给的是 22kN/m³。

③ 按中心荷载作用求出的基础宽度 b 是最小宽度。参看 4 个答案，答案 A 最接近计算结果，但却不是正确答案。要求是 b≥1.43，则正确答案应该是（B）。

【题 8.2.17】 如图所示，某砖混住宅，条形基础，地层为黏粒含量小于 10% 的均质粉土，重度为 19kN/m³。施工前用深层载荷试验实测基底标高处的地基承载力特征值为 350kPa，已知上部结构传至基础顶面的竖向力为 260kN/m，基础和台阶上的土体平均重度为 20kN/m³。按照现行《建筑地基基础设计规范》（GB 50007—2011）要求，基础宽度的设计结果最接近下列哪个选项？

(A) 0.84m (B) 1.04m
(C) 1.33m (D) 2.17m

【答案】（C）

【解答】 根据《建筑地基基础设计规范》（GB 50007—2011）第 5.2.4 条、5.2.1 条。

(1) 反算实际埋深条件下的地基承载力特征值：

$$f_a = f_{ak} - \eta_d \gamma_m d$$

对黏粒含量小于 10% 的均质粉土，$\eta_d = 2.0$。

$$f_a = 350 - 2.0 \times 19 \times (76 - 73) = 236(\mathrm{kPa})$$

(2) 基础宽度：

$$b = \dfrac{F}{f_a - \gamma_G d} = \dfrac{260}{236 - 20 \times (73 - 71)} = 1.33(\mathrm{m})$$

【点评】 本题考核的是满足地基承载力特征值条件下的基础宽度的确定。

我们知道，地基承载力有超载效应，或者说是埋深效应。也就是说，基础埋置深度越深，地基承载力就越大。那反过来讲，基础埋置深度浅了，地基承载力也就会变小。

注意审题:"施工前用深层载荷试验实测基底标高处的地基承载力特征值为350kPa",就是说,施工前采用深层载荷试验测得5m深的地基承载力是350kPa,那对于地下室内的基础,其埋深只有2m,所以,对承载力极限深度修正,就变成了350kPa减去深度修正值。

本题的难点有两个:

① 正确理解承载力对基础埋置深度的修正。特别要注意规范表5.2.4下面注解中的第2条:地基承载力特征值按本规范附录D深层平板载荷试验确定时 η_d 取0。这句话指的是对承载力进行更深的深度修正时的取值,而当基础埋深小于深层平板载荷试验时,深度修正就变成与平板载荷试验结果相减,且 $\eta_d > 0$。

② 正确理解基础在地下室内时的埋深。

【题 8.2.18】图示车间的柱基础,底面宽度 $b=2.6\text{m}$,长度 $l=5.2\text{m}$,在图示所有荷载($F=1800\text{kN}$, $P=220\text{kN}$, $Q=180\text{kN}$, $M=950\text{kN}\cdot\text{m}$)作用下,基底偏心距接近下列何值?(基础及其上土的平均重度 $\gamma=20\text{kN/m}^3$)

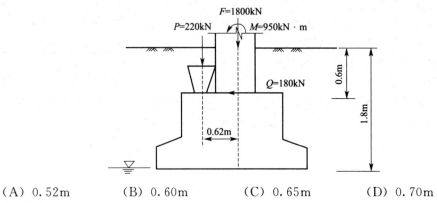

(A) 0.52m (B) 0.60m (C) 0.65m (D) 0.70m

【答案】(A)

【解答】根据土力学原理,基础的偏心距

$$e = \frac{M}{F+G} = \frac{220\times 0.62 + 180\times(1.8-0.6) + 950}{1800 + 220 + 2.6\times 5.2\times 20\times 1.8} = 0.52(\text{m})$$

【点评】本题的考点是矩形基础基底偏心距的计算。题目非常简单,也没有什么"陷阱",只需将已知条件代入公式计算即可。需要注意的是:仔细代入对应的数值,不要弄错。

此外,由偏心距公式 $e = \dfrac{M}{F+G}$ 可知,所谓基础基底的偏心距,是指在基础底面处所有合力 $F+G$ 的偏心距,而不仅是 F 的偏心距。

【题 8.2.19】条形基础埋深3.0m,相应于作用的标准组合时,上部结构传至基础顶面的竖向力 $F_k=200\text{kN/m}$,为偏心荷载。修正后的地基承载力特征值为200kPa,基础及其上土的平均重度为 20kN/m^3。按地基承载力计算条形基础宽度时,使基础底面边缘处的最小压力恰好为零,且无零应力区,问基础宽度的最小值接近下列何值?

(A) 1.5m (B) 2.3m
(C) 3.4m (D) 4.1m

【答案】(C)

【解答】根据《建筑地基基础设计规范》(GB 50007—2011)第5.2.1条。
按地基承载力计算条形基础宽度时,要求

$$\begin{cases} p_k \leq f_a \\ p_{k\max} \leq 1.2f_a \end{cases} \Rightarrow \begin{cases} \dfrac{F_k+G_k}{b} \leq f_a \\ 2\times\dfrac{F_k+G_k}{b} \leq 1.2f_a \end{cases} \Rightarrow \begin{cases} \dfrac{200+b\times 1\times 3\times 20}{b} \leq 200 \\ 2\times\dfrac{200+b\times 1\times 3\times 20}{b} \leq 1.2\times 200 \end{cases}$$

解得：$\begin{cases} p_k \leq f_a \\ p_{k\max} \leq 1.2f_a \end{cases} \Rightarrow \begin{cases} b \geq 1.90\text{m} \\ b \geq 3.33\text{m} \end{cases}$，取大值，$b \geq 3.33\text{m}$。

【题 8.2.20】作用于某厂房柱对称轴平面的荷载（相应于作用的标准组合）如图所示。$F_1 = 880\text{kN}$，$M_1 = 50\text{kN·m}$；$F_2 = 450\text{kN}$，$M_2 = 120\text{kN·m}$，忽略柱子自重。该柱子基础拟采用正方形，基底埋深 1.5m，基础及其上土的平均重度为 20kN/m^3，持力层经修正后的地基承载力特征值 f_a 为 300kPa，地下水位在基底以下。若要求相应于作用的标准组合时基础底面不出现零应力区，且地基承载力满足要求，则基础边长的最小值接近下列何值？

(A) 3.2m　　　　　　　　(B) 3.5m
(C) 3.8m　　　　　　　　(D) 4.4m

【答案】（B）

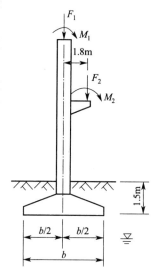

【解答】根据《建筑地基基础设计规范》（GB 50007—2011）第 5.2.2 条。

解法一：

(1) 根据偏心距计算基础尺寸

基础面积不出现零应力区，则

$$e = \frac{M_k}{F_k+G_k} \leq \frac{b}{6}, \text{ 即 } \frac{450\times 1.8+50+120}{880+450+20\times 1.5 b^2} \leq \frac{b}{6}$$

整理得：$b^3 + 44.33b - 196 \geq 0$

解得：$b \geq 3.5\text{m}$

(2) 持力层承载力验算

取 $b = 3.5\text{m}$，此时 $e = \dfrac{b}{6}$

$$p_k = \frac{F_k}{b^2} + \gamma_G d = \frac{880+450}{3.5^2} + 20\times 1.5 = 138.6(\text{kPa}) \leq f_a = 300(\text{kPa})$$

$$p_{k\max} = 2p_k = 2\times 138.6 = 277.2(\text{kPa}) \leq 1.2f_a = 360(\text{kPa})$$

解法二：

当偏心距 $e = \dfrac{b}{6}$ 时，$p_{k\max} = \dfrac{F_k+G_k}{b^2}\left(1+\dfrac{6e}{b}\right) = 2p_k$

$$\begin{cases} p_k \leq f_a \\ p_{k\max} \leq 1.2f_a \end{cases} \Rightarrow \begin{cases} \dfrac{F_k+G_k}{b} \leq f_a \\ 2\times\dfrac{F_k+G_k}{b} \leq 1.2f_a \end{cases} \Rightarrow \begin{cases} \dfrac{880+450+b^2\times 1.5\times 20}{b^2} \leq 300 \\ 2\times\dfrac{880+450+b^2\times 1.5\times 20}{b^2} \leq 1.2\times 300 \end{cases}$$

解得：$\begin{cases} p_k \leq f_a \\ p_{k\max} \leq 1.2f_a \end{cases} \Rightarrow \begin{cases} b \geq 2.22\text{m} \\ b \geq 2.98\text{m} \end{cases}$，取大值，$b \geq 2.98\text{m}$。

【点评】两种解法，得到不同的结果，哪个是正确的？

注意解法二中并未涉及偏心荷载的大小，只是强调了偏心距等于 $b/6$。

仔细分析可以看出来，解法二忽略了偏心距的定义条件，即 $e=\dfrac{M_k}{F_k+G_k}$。

本题的正确解法应当是求解下列不等式组的公共解：

$$\begin{cases} p_{kmin}\geqslant 0 \\ p_k\leqslant f_a \\ p_{kmax}\leqslant 1.2f_a \end{cases} \Rightarrow \begin{cases} e=\dfrac{M_k}{F_k+G_k}\leqslant \dfrac{b}{6} \\ \dfrac{F_k+G_k}{b}\leqslant f_a \\ 2\times\dfrac{F_k+G_k}{b}\leqslant 1.2f_a \end{cases} \Rightarrow \begin{cases} \dfrac{450\times 1.8+50+120}{880+450+20\times 1.5b^2}\leqslant \dfrac{b}{6} \\ \dfrac{880+450+b^2\times 1.5\times 20}{b^2}\leqslant 300 \\ 2\times\dfrac{880+450+b^2\times 1.5\times 20}{b^2}\leqslant 1.2\times 300 \end{cases}$$

分别解得：$\begin{cases} b\geqslant 3.5\text{m} \\ b\geqslant 2.22\text{m} \\ b\geqslant 2.98\text{m} \end{cases}$

取大值，得 $b=3.5\text{m}$。

上面这两道题目很有意思，几乎差不多的题干，一样的要求，但解题方法却不一样。

【题 8.2.21】某轻钢结构广告牌，结构自重忽略不计。作用在该结构上的最大力矩为 $200\text{kN}\cdot\text{m}$，该构筑物拟采用正方形的钢筋混凝土独立基础，基础高度 1.6m，基础埋深 1.6m。基底持力层土深宽修正后的地基承载力特征值为 60kPa。若不允许基础的基底出现零压力区，且地基承载力满足规范要求，根据《建筑地基基础设计规范》（GB 50007—2011），基础边长的最小值应取下列何值？（钢筋混凝土重度为 25kN/m^3）

(A) 2.7m (B) 3.0m
(C) 3.2m (D) 3.4m

【答案】(D)

【解答】根据《建筑地基基础设计规范》（GB 50007—2011）第 5.2.2 条。

依题意，有 $F_k=0$。

$$G_k=\gamma_G dA=25\times 1.6b^2=40b^2$$

$$p_k=\dfrac{F_k+G_k}{A}=\dfrac{0+40b^2}{b^2}=40(\text{kPa})<f_a=60\text{kPa}$$

基底部不允许出现零应力区时：

$$p_{kmin}=p_k-\dfrac{M_k}{W}=40-\dfrac{200}{b^3/6}>0,\text{解得 }b>3.1\text{m}。$$

按规范要求

$$p_{kmax}=p_k+\dfrac{M_k}{W}=40+\dfrac{200}{b^3/6}\leqslant 1.2f_a=72\text{kPa},\text{解得 }b\geqslant 3.35\text{m}。$$

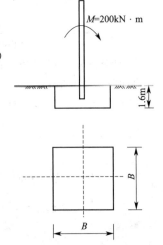

【点评】本题是关于偏心荷载下的基础边长计算，与前面两道题的考点一样，但要根据题干所给的条件进行求解。

【题 8.2.22】墙下条形基础，作用于基础底面中心的竖向力为每延米 300kN，弯矩为每延米 $150\text{kN}\cdot\text{m}$，拟控制基底反力作用有效宽度不小于基础宽度的 0.8 倍，满足此要求的基础宽度最小值最接近下列哪个选项？

(A) 1.85m　　　(B) 2.15m　　　(C) 2.55m　　　(D) 3.05m

【答案】（B）

【解答】

根据题意，荷载偏心距 $e=\dfrac{M}{P}=\dfrac{150}{300}=0.5(\mathrm{m})$，此为大偏心。则

$$a=\dfrac{b}{2}-e=\dfrac{b}{2}-0.5$$

拟控制基底反力作用有效宽度不小于基础宽度的 0.8 倍，即

$$3a\geqslant 0.8b$$

解得：$b\geqslant 2.14\mathrm{m}$。

【点评】① 作用于基础底面中心的竖向力为每延米 300kN，注意是作用于基础底面，所以这个值是（$F+G$）的值；

② 拟控制基底反力有效宽度不小于基础宽度 0.8 倍的意思就是大偏心。

【题 8.2.23】某房屋，条形基础，天然地基。基础持力层为中密粉砂，承载力特征值 150kPa。基础宽度 3m，埋深 2m，地下水埋深 8m。该基础承受轴心荷载，地基承载力刚好满足要求。现拟对该房屋进行加层改造，相应地作用的标准组合时基础顶面轴心荷载增加 240kN/m。若采用增加基础宽度的方法满足地基承载力的要求。问：根据《建筑地基基础设计规范》(GB 50007—2011)，基础宽度的最小增加量最接近下列哪个选项的数值？（基础及基础上下土体的平均重度取 $20\mathrm{kN/m^3}$）

(A) 0.63m　　　(B) 0.7m　　　(C) 1.0m　　　(D) 1.2m

【答案】（B）

【解答】根据《建筑地基基础设计规范》(GB 50007—2011) 第 5.2.1 条、5.2.4 条。

加层前：$f_\mathrm{a}=f_\mathrm{ak}+\eta_\mathrm{b}\gamma(b-3)+\eta_\mathrm{d}\gamma_\mathrm{m}(d-0.5)=150+2.0\times 20\times(3-3)+3.0\times 20\times(2.0-0.5)=240(\mathrm{kPa})$

$$p_\mathrm{k}=\dfrac{F_\mathrm{k}+G_\mathrm{k}}{b}=f_\mathrm{a},\ F_\mathrm{k}+G_\mathrm{k}=240\times 3=720(\mathrm{kN/m})。$$

加层后：$f'_\mathrm{a}=240+0+2.0\times 20\times(b'-3)=40b'+120$

基底压力：$p'_\mathrm{k}=\dfrac{F_\mathrm{k}+G_\mathrm{k}+240+(b'-3)\times 2\times 20}{b'}=\dfrac{840}{b'}+40$

令 $p'_\mathrm{k}=f'_\mathrm{a}$，解得 $b'=3.69\mathrm{m}$。

则基础加宽量：$\Delta b=b'-b=3.69-3.0=0.69(\mathrm{m})$。

【点评】荷载增加后，可以采用对基础加深、加宽的方式来满足承载力的要求。题 8.2.16 和本题都是采用了加宽基础的方式。与题 8.2.16 相比，本题显然要复杂很多，计算工作量也要大很多。

【题 8.2.24】如图所示条形基础，受轴向荷载作用，埋深 $d=1.0\mathrm{m}$，原基础按设计荷载计算确定的宽度为 $b=2.0\mathrm{m}$，基底持力层经深度修正后的地基承载力特征值 $f_\mathrm{a}=100\mathrm{kPa}$。因新增设备，在基础上新增竖向荷载 $F_\mathrm{k1}=80\mathrm{kN/m}$。拟采用加大基础宽度的方法来满足地基承载力设计要求，且要求加宽后的基础仍符合轴心受荷条件，求新增荷载作用一侧基础宽度的增加量 b_1 值，其最小值最接近下列哪个选项？（基础及其上土的平均重度取 $20\mathrm{kN/m^3}$）

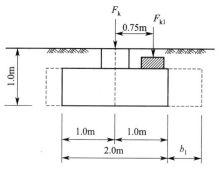

(A) 0.25m (B) 0.5m (C) 0.75m (D) 1.0m

【答案】（C）

【解答】 根据《建筑地基基础设计规范》(GB 50007—2011) 第5.2.2条。

(1) 荷载 F_k 计算

原基础按设计荷载计算确定的宽度为 $b=2.0\mathrm{m}$，基底持力层经深度修正后的地基承载力特征值 $f_a=100\mathrm{kPa}$，则

$$p_k = \frac{F_k + G_k}{A} = \frac{F_k}{A} + \gamma_G d = \frac{F_k}{2} + 20 \times 1.0 = f_a = 100 (\mathrm{kPa})$$

解得：$F_k = 160\mathrm{kN/m}$。

(2) 增加荷载后的基础最小宽度计算

假设基础宽度增加后仍然小于等于 3m，则地基承载力特征值 $f_a=100\mathrm{kPa}$ 保持不变。

$$p'_k = \frac{F_k + F_{k1} + G_k}{b'} = \frac{160 + 80}{b'} + 20 \times 1.0 \leqslant f_a = 100 (\mathrm{kPa})$$

解得：$b' \geqslant 3.0\mathrm{m}$，满足假设要求，取 $b' = 3.0\mathrm{m}$。

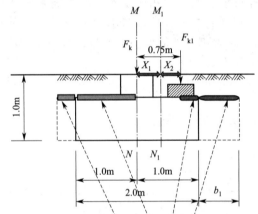

注：MN、M_1N_1 分别为"原基础宽度2m"与"加宽后基础宽度3m"的中线
力矩平衡方程：$F_k X_1 = F_{k1} X_2$
$X_1 = 1.5 - [(1-b_1) + 1]$
$X_2 = 1.5 - [(1-0.75) + b_1]$

(3) 荷载一侧基础宽度增量计算

加宽后的基础仍符合轴心受荷条件，意味着应使 F_k 和 F_{k1} 对加宽后基础中心的力矩相同。则有

$$F_k X_1 = F_{k1} X_2$$

即 $$F_k \left[\frac{3}{2} - (1-b_1) - 1\right] = F_{k1} \left[\frac{3}{2} - (1-0.75) - b_1\right]$$

代入数据，可得：$b_1 = 0.75\mathrm{m}$。

【分析】 本题也是新增荷载后加宽基础宽度计算。考点有三：①基底压力的计算；②基础尺寸要满足地基承载力的要求；③组合荷载时轴心受荷的条件。

本题的关键是要根据题意，列出使 F_k 和 F_{k1} 对加宽后基础中心的力矩相同的方程。

【题 8.2.25】 某条形基础埋深2m，地下水埋深4m，相应于作用标准组合时，上部结构传至基础顶面的轴向荷载为 480kN/m，土层分布及参数如图所示，软弱下卧层顶面埋深

6m，地基承载力特征值为 85kPa，地基压力扩散角为 23°，根据《建筑地基基础设计规范》(GB 50007—2011)，满足软弱下卧层承载力要求的最小基础宽度最接近下列哪个选项？（基础及其上土的平均重度取 20 kN/m^3，水的重度 $\gamma_w = 10 \text{kN/m}^3$）

(A) 2.0m (B) 3.0m
(C) 4.0m (D) 5.0m

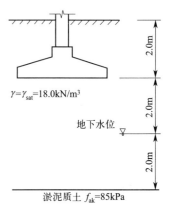

【答案】(B)

【解答】根据《建筑地基基础设计规范》(GB 50007—2011) 第 5.2.7 条。

基础底面处土的自重应力：$p_c = 18 \times 2 = 36 \text{(kPa)}$

软弱下卧层顶面处土的自重应力：$p_{cz} = 18 \times 4 + (18 - 10) \times 2 = 88 \text{(kPa)}$

$$f_{az} = f_{ak} + \eta_d \gamma_m (d - 0.5) = 85 + 1.0 \times \frac{18 \times 4 + (18 - 10) \times 2}{6} \times (6 - 0.5) = 165.67 \text{(kPa)}$$

要求 $p_z + p_{cz} \leqslant f_{az}$

其中，对条形基础 $p_z = \dfrac{b(p_k - p_c)}{b + 2z\tan\theta}$，$p_k = \dfrac{F_k + G_k}{b}$，则有

$$b \geqslant \frac{F_k - (f_{az} - p_{cz}) 2z\tan\theta}{f_{az} - p_{cz} - \gamma_G d + p_c} = \frac{480 - (165.67 - 88) \times 2 \times 4 \times \tan 23°}{165.67 - 88 - 20 \times 2 + 36} = 2.94 \text{(m)}$$

【分析】本题考核的是满足软弱下卧层承载力要求的最小基础宽度计算。

【题 8.2.26】公路桥涵的桥墩承受的荷载为永久性标准值组合，桥墩下地基土为卵石层，作用于基底的竖向合力 N 作用点及数值如图所示，根据《公路桥涵地基与基础设计规范》(JTG 3363—2019)，基础长边宽度 b 不应小于下列何值？

(A) 3m (B) 4m
(C) 5m (D) 6m

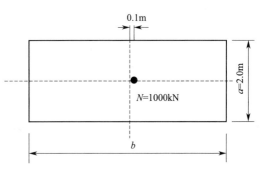

【答案】(D)

【解答】根据《公路桥涵地基与基础设计规范》(JTG 3363—2019) 第 5.2.5 条。

单向偏心，截面核心半径：$\rho = \dfrac{W}{A} = \dfrac{b}{6}$

依题意，偏心距 $e_0 = 0.1\text{m}$。查规范表 5.2.5，永久作用标准值效应组合下：$e_0 \leqslant [e_0] = 0.1\rho$，即

$$e_0 = 0.1 \leqslant 0.1\rho = 0.1 \times \frac{b}{6}$$

解得：$b \geqslant 6\text{m}$。

【点评】本题考核的是桥墩基础最小边长计算。按相关规范要求，代入相应的计算公式计算即可。

【题 8.2.27】某铁路桥墩为圆形，半径为 2.0m，基础埋深 4.5m，地下水位埋深 1.5m，不受水流冲刷，地面以下相关地层及参数见下表。根据《铁路桥涵地基和基础设计规范》(TB 10093—2017)，该墩台基础的地基容许承载力最接近下列哪个选项的数值？

地层编号	地层岩性	层底深度/m	天然重度/(kN/m³)	饱和重度/(kN/m³)
①	粉质黏土	3.0	18	20
②	稍松砂砾	7.0	19	20
③	黏质粉土	20.0	19	20

(A) 270kPa　　(B) 280kPa　　(C) 300kPa　　(D) 340kPa

【答案】(A)

【解答】根据《铁路桥涵地基和基础设计规范》(TB 10093—2017) 第 4.1.2-3 条得：
$$\sigma_0 = 200 \text{kPa}$$

根据表 4.1.3 得：$k_1 = 3 \times 0.5 = 1.5$，$k_2 = 5 \times 0.5 = 2.5$

根据第 4.1.3 条得：$b = \sqrt{F} = \sqrt{3.14 \times 2^2} = 3.5 \text{(m)}$

$$\gamma_2 = \frac{1.5 \times 18 + 1.5 \times 10 + 1.5 \times 10}{4.5} = 12.7$$

$$\begin{aligned}
[\sigma] &= \sigma_0 + k_1 \gamma_1 (b-2) + k_2 \gamma_2 (h-3) \\
&= 200 + 1.5 \times 10 \times (3.5-2) + 2.5 \times 12.7 \times (4.5-3) \\
&= 270 \text{(kPa)}
\end{aligned}$$

【点评】表 4.1.2-3 砂土密实程度在老规范中为稍松，但在新规范表 4.1.3 注 2 中，稍松状态未进行修改，前后不一致。

【本节考点】
① 承载力深宽修正；
② 用土的强度指标确定承载力特征值；
③ 根据承载力特征值确定基础底面积（或条形基础宽度）。

关于承载力部分的考题每年都有，是考试的重点内容。在这些题目中，绝大部分都是用《建筑地基基础设计规范》，但偶尔也会用到公路或铁路规范。

8.3　基础埋置深度

【题 8.3.1】位于均质黏性土地基上的钢筋混凝土条形基础，基础宽度为 2.4m，上部结构传至基础顶面相应于荷载效应标准组合时的竖向力为 300kN/m，该力偏心距为 0.1m，黏性土地基天然重度 18.0kN/m³，孔隙比 0.83，液性指数 0.76，地下水位埋藏很深。由载荷试验确定的地基承载力特征值 $f_{ak} = 130 \text{kPa}$，基础及基础上覆土的加权平均重度取 20 kN/m³。根据《建筑地基基础设计规范》(GB 50007—2011) 验算，经济合理的基础埋深最接近下列哪个选项的数值？

(A) 1.1m　　(B) 1.2m　　(C) 1.8m　　(D) 1.9m

【答案】(B)

基本原理（基本概念或知识点）

地基承载力并不完全取决于土的性质，而是在一定条件下地基土综合抵抗能力的反映。基础埋置深度越大，地基承载力就越高，同样大小的基础，埋置深度大，承载力就可以取得高。

【解答】根据《建筑地基基础设计规范》(GB 50007—2011) 第 5.2.4 条。
黏性土孔隙比 0.83，液性指数 0.76，查表 5.2.4 得 $\eta_b=0.3$，$\eta_d=1.6$。
$$f_a = f_{ak} + \eta_b \gamma (b-3) + \eta_d \gamma_m (d-0.5) = 130 + 0.3 \times 18 \times (3-3) + 1.6 \times 18 \times (d-0.5)$$
$$= 115.6 + 28.8d$$
$$e = \frac{\sum M}{\sum N} = \frac{300 \times 0.1}{300 + 2.4 \times 1.0d \times 20} = \frac{30}{300 + 48d} < 0.1(\text{m}) < \frac{b}{6} = \frac{2.4}{6} = 0.4(\text{m})，\text{为小偏心}。$$
对偏心荷载，要求
$$p_k \leqslant f_a = 115.6 + 28.8d$$
$$p_{k\max} = \frac{\sum N}{A}\left(1+\frac{6e}{b}\right) = \frac{300+48d}{2.4} \times \left(1+\frac{6\times\frac{30}{300+48d}}{2.4}\right) \leqslant 1.2 f_a$$

则 $\frac{300+48d}{2.4} \times \left(1+\frac{6\times\frac{30}{300+48d}}{2.4}\right) \leqslant 1.2 \times (115.6+28.8d)$

解得：$d \geqslant 1.2\text{m}$。

【点评】本题需要注意的地方：
(1) 根据黏性土孔隙比和液性指数，查规范表 5.2.4 得 η_b 和 η_d；
(2) 由于基础宽度 $b = 2.4\text{m} < 3\text{m}$，故对承载力修正时，对宽度的修正就取 0；
(3) 题干中竖向力为 300kN/m，指的是传至基础顶面的荷载，也就是 F_k；
(4) 对偏心荷载，对地基要求满足两个条件，即 $\begin{cases} p_k \leqslant f_a \\ p_{k\max} \leqslant 1.2 f_a \end{cases}$，由此列方程并解出。

【题 8.3.2】某多层建筑，设计拟选用条形基础，天然地基，基础宽度 2.0m，地层参数见下表，地下水位埋深 10m，原设计基础埋深 2m 时，恰好满足承载力要求。因设计变更，预估基底压力将增加 50kN/m，保持基础宽度不变，根据《建筑地基基础设计规范》(GB 50007—2011)，估算变更后满足承载力要求的基础埋深最接近下列哪个选项？

层号	层底埋深/m	天然重度/(kN/m³)	土的类别
①	2.0	18	填土
②	10.0	18	粉土(黏粒含量为 8%)

(A) 2.3m (B) 2.5m (C) 2.7m (D) 3.4m

【答案】(C)
【解答】根据《建筑地基基础设计规范》(GB 50007—2011) 第 5.2.4 条。
设地基承载力特征值为 f_{ak}，原设计 2m 埋深：
$$\eta_d = 2, \gamma_m = 18\text{kN/m}^3$$
$$f_{a1} = f_{ak} + \eta_b \gamma (b-3) + \eta_d \gamma_m (d_1 - 0.5)$$
增加埋深后
$$f_{a2} = f_{ak} + \eta_b \gamma (b-3) + \eta_d \gamma_m (d_2 - 0.5)$$
依题意，有 $\Delta f_a = f_{a2} - f_{a1} = \frac{50}{2} = 25(\text{kPa})$

$\eta_d \gamma_m \Delta d = 25$，解得 $\Delta d = 0.69\text{m}$。
所以 $d_2 = d_1 + \Delta d = 2.69(\text{m})$。

【点评】荷载增加后，可以采用对基础加深、加宽的方式来满足承载力的要求。题 8.2.16 和题 8.2.23 都是采用了加宽基础的方式。本题则是通过加大基础埋深的方式来满足承载力的要求。由题干并不能得到地基的承载力，但却可以得到设计变更前后承载力的差值。所以可以根据这个思路来解题，由此得到基础埋深的增加量。

【题 8.3.3】均匀深厚地基上，宽度为 2m 的条形基础，埋深 1m，受轴向荷载作用。经验算地基承载力不满足要求，基底平均压力比地基承载力特征值大了 20kPa；已知地下水位在地面下 8m，地基承载力的深度修正系数为 1.6，水位以上土的平均重度为 19kN/m³，基础及台阶上土的平均重度为 20kN/m³。如采用加深基础埋置深度的方法以提高地基承载力，将埋置深度至少增大到下列哪个选项时才能满足设计要求？

(A) 2.0m　　　　(B) 2.5m　　　　(C) 3.0m　　　　(D) 3.5m

【答案】(A)

【解答】(1) 基础加深前
$$p_k = f_{ak} + 20$$
(2) 基础加深后
$$p_k + 20(d-1) = f_a = f_{ak} + 0 + \eta_d \gamma_m (d - 0.5) = f_{ak} + 0 + 1.6 \times 19 \times (d - 0.5)$$
$$p_k = f_{ak} + 10.4d + 4.8$$

解得：$d = 1.46$m。

【点评】这两道题看上去不难，但往往要通过解方程才能得到结果。需要注意的是：
① 基础加深后，给基底增加的压力为 $\gamma_G \Delta d = 20(d-1)$，这个很关键；
② f_{ak} 不用求，通过解方程可以消除掉。

【题 8.3.4】某稳定土坡的坡角为 30°，坡高 3.50m。现拟在坡顶部建一幢办公楼。该办公楼拟采用墙下钢筋混凝土条形基础，上部结构传至基础顶面的竖向力 (F_k) 为 300kN/m，基础砌置深度在室外地面以下 1.80m，地基土为粉土，其黏粒含量 $\rho_c = 11.50\%$，重度 $\gamma = 20$kN/m³，$f_{ak} = 150$kPa，场区无地下水。根据以上的条件，为确保地

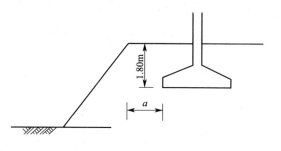

基基础的稳定性，基础底面外缘线距离坡顶的最小水平距离 a 应符合以下哪个选项的要求最为合适？（注：为简化计算，基础结构的重度按照地基土的重度取值）

(A) 至少大于等于 4.2m　　　　(B) 至少大于等于 3.88m
(C) 至少大于等于 3.5m　　　　(D) 至少大于等于 3.3m

【答案】(B)

基本原理（基本概念或知识点）

根据《建筑地基基础设计规范》(GB 50007—2011) 中第 5.4.2 条：对于条形基础或矩形基础，当垂直于坡顶边缘线的基础底面边长小于或等于 3m 时，其基础底面外边缘线至坡顶的水平距离应符合下式要求，且不得小于 2.5m。

条形基础
$$a \geqslant 3.5b - \frac{d}{\tan\beta} \tag{8-8}$$

矩形基础
$$a \geqslant 2.5b - \frac{d}{\tan\beta} \tag{8-9}$$

式中各符号见图8-3。

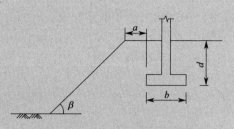

图8-3 基础地面外边缘线至坡顶的水平距离示意

【解答】根据《建筑地基基础设计规范》(GB 50007—2011) 第5.4.2条：
(1) 计算 f_a，查表得 $\eta_b = 0.3$，$\eta_d = 1.5$。
$$f_a = f_{ak} + \eta_b \gamma(b-3) + \eta_d \gamma_m (d-0.5) = 150 + 0 + 1.5 \times 20 \times (1.8 - 0.5) = 189 \text{(kPa)}$$
(2) 估算基础的宽度：$b \geq \dfrac{F_k}{f_a - \gamma_G d} = \dfrac{300}{189 - 20 \times 1.8} = 1.96 \text{(m)} \approx 2.0 \text{(m)}$
(3) 根据《建筑地基基础设计规范》(GB 50007—2011) 中式(5.4.2-1)，验算安全距离：
$$a \geq 3.5b - \dfrac{d}{\tan\beta} = 3.5 \times 2.0 - \dfrac{1.80}{\tan 30°} = 3.88 \text{(m)}$$
故选（B）。

【题8.3.5】某稳定土坡，坡角 β 为 30°，矩形基础垂直于坡顶边缘线的底面边长 b 为 2.8m，基础埋置深度 d 为 3m。试问按照《建筑地基基础设计规范》(GB 50007—2011)，基础底面外边缘线至坡顶的水平距离 a 应大于下列哪个选项的数值？

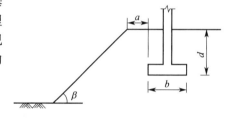

(A) 1.8m (B) 2.5m
(C) 3.2m (D) 4.6m

【答案】（B）

【解答】根据《建筑地基基础设计规范》(GB 50007—2011) 第5.4.2条。
对于矩形基础：
$$a \geq 2.5b - \dfrac{d}{\tan\beta} = 2.5 \times 2.8 - \dfrac{3}{\tan 30°} = 1.8 \text{(m)}$$
但需 $a \geq 2.5\text{m}$，所以取 2.5m。

【点评】本题的考点依然是基础底面外边缘线至坡顶的水平距离计算。要注意的是：规范规定，基础底面外边缘线至坡顶的水平距离除符合计算要求外，还不得小于 2.5m。漏了这个条件，结果就变成了（A）。

【题8.3.6】某稳定土坡的坡角为 30°，坡高 H 为 7.8m，条形基础长度方向与坡顶边缘线平行，基础宽度 b 为 2.4m，若基础底面外缘线距坡顶的水平距离 a 为 4.0m 时，基础埋置深度 d 最浅不能小于下列哪个数值？

(A) 2.54m (B) 3.04m (C) 3.54m (D) 4.04m

【答案】（A）

【解答】根据《建筑地基基础设计规范》(GB 50007—2011) 第5.4.2条。
对于条形基础，$a \geq 3.5b - \dfrac{d}{\tan\beta}$。

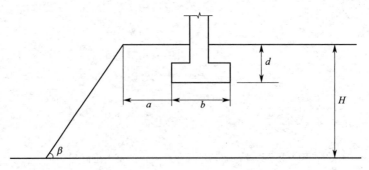

$$4.0 \geqslant 3.5 \times 2.4 - \frac{d}{\tan 30°}, \text{解得：} d \geqslant 2.54\text{m}。$$

【分析】应注意规范第5.4.2条中公式的适用条件，当不满足时应按第5.4.1条进行地基基础稳定性验算。

【题8.3.7】某天然稳定土坡，坡角为35°，坡高5m，坡体土质均匀，无地下水，土层的孔隙比e和液性指数I_L均小于0.85，$\gamma=20\text{kN/m}^3$，$f_{ak}=160\text{kPa}$，坡顶部位拟建工业厂房，采用条形基础，上部结构传至基础顶面的竖向力（F_k）为350kN/m，基础宽度为2m。按照厂区整体规划，基础底面边缘距离坡顶为4m。条形基础的埋深至少应达到以下哪个选项的埋深值才能满足要求？（基础结构及其上土的平均重度按20kN/m³考虑）

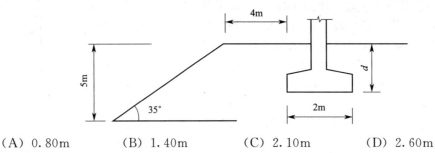

(A) 0.80m   (B) 1.40m   (C) 2.10m   (D) 2.60m

【答案】（D）

【解答】根据《建筑地基基础设计规范》（GB 50007—2011）第5.4.2条。

对于条形基础，$a \geqslant 3.5b - \dfrac{d}{\tan\beta}$。

$$d \geqslant (3.5b-a)\tan\beta = (3.5\times2-4)\times\tan35° = 2.10(\text{m})$$

同时，地基也要满足承载力的要求，即$p_k \leqslant f_a$，则

$$\frac{F_k + 2\times 20 d}{2} \leqslant 160 + 1.6 \times 20 \times (d-0.5)$$

土层的孔隙比e和液性指数I_L均小于0.85，查表得$\eta_d=1.6$。

解得：$d \geqslant 2.58\text{m} \approx 2.6\text{m}$。

【点评】对于土坡顶上建筑物的地基稳定问题，要避免建筑物太靠近边坡的临空面，防止基础荷载使边坡失稳。同时，地基也要满足承载力的要求。对于本题，就要考虑这两个方面，求得的基础埋深取大值。

【题8.3.8】如下图所示，某边坡其坡角为35°，坡高为6.0m，地下水位埋藏较深，坡体为均质黏性土层，重度为20kN/m³，地基承载力特征值f_{ak}为160kPa，综合考虑持力层承载力修正系数$\eta_b=0.3$，$\eta_d=1.6$。坡顶矩形基础底面尺寸为2.5m×2.0m，基础底面外

边缘距坡肩水平距离3.5m，上部结构传至基础的荷载情况如下图所示（基础及其上土的平均重度按$20kN/m^3$考虑）。按照《建筑地基基础设计规范》(GB 50007—2011)规定，该基础最小埋深接近下列哪个选项？

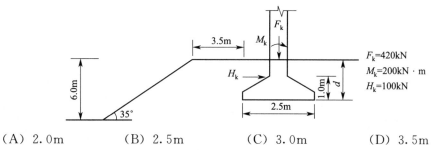

(A) 2.0m　　　　(B) 2.5m　　　　(C) 3.0m　　　　(D) 3.5m

【答案】(C)

【解答】根据《建筑地基基础设计规范》(GB 50007—2011)第5.2.1条、5.2.2条、5.4.2条。

(1) 根据地基承载力确定基础埋深

假设为小偏心：

$$p_k = \frac{F_k}{A} + \gamma_G d = \frac{420}{2.5 \times 2} + 20d = 84 + 20d$$

$$p_{kmax} = \frac{F_k + G_k}{A} + \frac{M_k}{W} = 84 + 20d + \frac{200 + 100 \times 1}{2 \times 2.5^2/6} = 228 + 20d$$

地基承载力修正系数$\eta_b = 0.3$，$\eta_d = 1.6$。

$f_a = f_{ak} + \eta_b \gamma (b-3) + \eta_d \gamma_m (d-0.5) = 160 + 0 + 1.6 \times 20 \times (d-0.5) = 144 + 32d$

$p_k \leq f_a$，即$84 + 20d \leq 144 + 32d$，解得：$d \geq -5.0m$。

$p_{kmax} \leq 1.2 f_a$，即$228 + 20d \leq 1.2 \times (144 + 32d)$，解得$d \geq 3.0m$。

偏心距：$e = \frac{M_k}{F_k + G_k} = \frac{300}{420 + 2.0 \times 2.5 \times 20 \times 3} = 0.42(m) = \frac{2.5}{6} = 0.42(m)$，满足假设。

(2) 根据坡顶建筑物稳定性确定基础埋深

对于矩形基础，$a \geq 2.5b - \frac{d}{\tan\beta}$，即$3.5 \geq 2.5 \times 2.5 - \frac{d}{\tan 35°}$，解得$d \geq 1.93m$。

(3) 取大值$d \geq 3.0m$。

【点评】与上题一样，对于土坡顶上建筑物的地基稳定问题，要避免建筑物太靠近边坡的临空面，同时，地基也要满足承载力的要求。

题干给出了偏心荷载的情况，所以情况又复杂了些。各种情况下求得的基础埋深最终取大值。

【题8.3.9】季节性冻土地区在城市近郊拟建一开发区，地基土主要为黏性土，冻胀性分类为强冻胀，采用方形基础、基底压力为130kPa，不采暖，若标准冻深为2.0m，基础的最小埋深最接近下列哪个数值？

(A) 0.4m　　　　(B) 0.6m　　　　(C) 0.97m　　　　(D) 1.62m

【答案】(D)

【解答】根据《建筑地基基础设计规范》(GB 50007—2011)式(5.1.7)。

$$z_d = z_0 \psi_{zs} \psi_{zw} \psi_{ze}$$

根据已知条件查表：$\psi_{zs}=1.0, \psi_{zw}=0.85, \psi_{ze}=0.95$。
$$z_d = 2.0 \times 1.0 \times 0.85 \times 0.95 = 1.615(\text{m})$$
根据第 5.1.8 条：$h_{max}=0$。
$$d_{min} = z_d - h_{max} = 1.615 - 0 = 1.615(\text{m})$$

【点评】当地下土的温度低于 0℃时，土中部分孔隙水将冻结而形成冻土。冻土可分为季节性冻土和多年冻土两类。季节性冻土在冬季冻结而夏季融化，每年冻融交替一次。

如果季节性冻土由细粒土（粉砂、粉土、黏性土）组成，冻结前的含水量较高且冻结期间的地下水位低于冻结深度不足 1.5～2.0m，那么不仅处于冻结深度范围内的土中水将被冻结形成冰晶体，而且冻结区的自由水和部分结合水会不断地向冻结区迁移、聚集，使冰晶体逐渐扩大，引起土体发生膨胀和隆起，形成冻胀现象。位于冻胀区的基础所受到的冻胀力如大于基底压力，基础就有被抬起的可能。到了夏季，土体因温度升高而解冻，造成含水量增加，使土体处于饱和及软化状态，强度降低，建筑物下陷，这种现象称为融陷。地基土冻胀与融陷一般是不均匀的，容易导致建筑物开裂损坏。

《建筑地基基础设计规范》(GB 50007—2011) 根据冻胀对建筑物的危害程度，把地基土的冻胀性分为不冻胀、弱冻胀、冻胀、强冻胀和特强冻胀五类。

对于埋置于可冻胀土中的基础，其最小埋深 d_{min} 可按下式确定：
$$d_{min} = z_d - h_{max}$$

式中，z_d（场地冻结深度）和 h_{max}（基底下允许冻土层最大厚度）可按规范中有关规定确定。

【题 8.3.10】某 25 万人口的城市，市区内某四层框架结构建筑物，有采暖，采用方形基础，基底平均压力为 130kPa。地面下 5m 范围内的黏性土为弱冻胀土。该地区的标准冻深为 2.2m。试问在考虑冻胀性情况下，按照《建筑地基基础设计规范》(GB 50007—2011)，该建筑基础的最小埋深最接近下列哪个选项？

(A) 0.8m   (B) 1.0m   (C) 1.2m   (D) 1.4m

【答案】(B)

【解答】根据《建筑地基基础设计规范》(GB 50007—2011) 式(5.1.7)。
$$z_d = z_0 \psi_{zs} \psi_{zw} \psi_{ze}$$
根据已知条件查表：黏性土 $\psi_{zs}=1.0$；弱冻胀 $\psi_{zw}=0.95$；城市近郊 $\psi_{ze}=0.95$。
$$z_d = z_0 \psi_{zs} \psi_{zw} \psi_{ze} = 2.2 \times 1.0 \times 0.95 \times 0.95 = 1.99(\text{m})$$
允许残留冻土层最大厚度：$h_{max}=0.95$m。
$$d_{min} = z_d - h_{max} = 1.99 - 0.95 = 1.04(\text{m})$$

【本节考点】
① 确定满足承载力要求的基础埋深（包括加深）；
② 计算位于边坡旁建筑物的埋深或水平距离；
③ 季节性冻土下的基础埋深计算。

8.4 地基软弱下卧层承载力验算

【题 8.4.1】某厂房柱基础，建于如图所示的地基上，基础尺寸为 $l=2.5$m，$b=5.0$m，基础埋深为室外地坪下 1.4m，相应荷载效应标准组合时，基础底面平均压力 $p_k=145\mathrm{kPa}$。对软弱下卧层②进行验算，其结果应符合下列哪个选项？

(A) $p_z+p_{cz}=89\mathrm{kPa}>f_{az}=81\mathrm{kPa}$
(B) $p_z+p_{cz}=89\mathrm{kPa}<f_{az}=114\mathrm{kPa}$
(C) $p_z+p_{cz}=112\mathrm{kPa}>f_{az}=92\mathrm{kPa}$
(D) $p_z+p_{cz}=112\mathrm{kPa}<f_{az}=114\mathrm{kPa}$

【答案】(B)

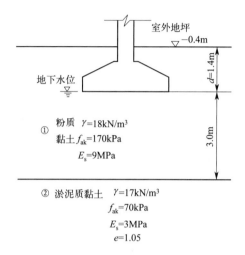

基本原理（基本概念或知识点）

地基软弱下卧层是指在持力层下，成层土地基受力层范围内，承载力显著低于持力层的高压缩性土层。按满足地基承载力条件计算基底尺寸的方法，只考虑到基底压力不超过持力层土的承载力。如果在压缩层范围内地基各个下卧层的承载力均不低于持力层的承载力，则认为地基强度条件完全满足了。

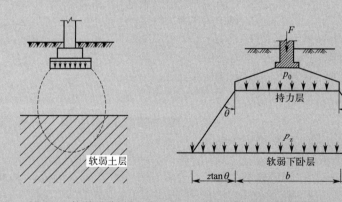

图 8-4　软弱下卧层　　图 8-5　软弱下卧层验算

但土层大多数是成层的，实际上有时会遇到地基下卧层较为软弱的情况（图 8-4），软弱下卧层的承载力比持力层小得多，这时只满足持力层的要求是不够的，还必须验算软弱下卧层的强度（图 8-4）。

具体要求：作用在下卧层顶面的全部压力不应超过软弱下卧层土的承载力，即

$$p_z+p_{cz}\leqslant f_{az} \tag{8-10}$$

式中 p_z——相应于作用的标准组合时，软弱下卧层顶面处的附加应力值，kPa；

p_{cz}——软弱下卧层顶面处土的自重应力值，kPa；

f_{az}——软弱下卧层顶面处经深度修正后的地基承载力特征值，kPa。

土的自重应力 p_{cz} 通常都取为随着深度增加并以其重度为斜率的直线分布。

确定分布在软弱层面的压力 p_z 通常有两种方法。

第一种方法为理论解途径，按双层地基的不同变形性质求双层地基中的应力分布。根据条形均布荷载下双层地基中点应力系数的解答，可以算出软弱层顶面的压力。该理论解不考虑接触面上的水平剪应力。

第二种方法假定基础底面的附加压力按一定的扩散角 θ 向下扩散，由于荷载总量是不变的，于是在软弱下卧层顶面上的荷载强度降低了。

压力扩散角可以由试验测定。扩散角的数值与土的类别或上、下土层的相对刚度有关。

《建筑地基基础设计规范》(GB 50007—2011) 采用了第二种方法。

综合理论计算和实测分析的结果，规范提出了地基附加压力扩散角的值，见《建筑地基基础设计规范》(GB 50007—2011) 表 5.2.7。

有两点需要说明：

① 从理论上证明：当上覆硬土层厚度 z 小于 1/4 基底宽度 b 时，不能考虑该土层的压力扩散作用，它只起到调节变形并保护其下软土层的作用，而地基承载力应由软土层控制。

② 当上、下两层土的压缩模量的比值小于 3 时，可按均匀土层应力分布，不应使用表中的压力扩散角值。

当硬层中地基压力扩散角如上确定后，对条形基础和矩形基础，软弱下卧层顶面处的附加压力可按下式简化计算：

矩形基础： $$p_z = \frac{lb(p_k - p_c)}{(b + 2z\tan\theta)(l + 2z\tan\theta)} \tag{8-11}$$

条形基础： $$p_z = \frac{b(p_k - p_c)}{b + 2z\tan\theta} \tag{8-12}$$

式中 b——条形基础或矩形基础的底面宽度，m；

l——矩形基础的底面长度，m；

p_k——相应于作用的标准组合时的基底平均压力，kPa；

p_c——基底处土的自重应力，kPa；

z——基底至软弱下卧层顶面的距离，m；

θ——地基压力扩散角，(°)，按规范中表 5.2.7 采用。

从上式可以看出，表层"硬壳层"能起到应力扩散的作用，并有利于减少基础的沉降。

在保持 p_0 不变的情况下，增大 z 可使 p_z 减小。因此，当存在软弱下卧层时，基础应尽量浅埋，以增加基底到软土层顶的距离。

如果满足软弱下卧层强度验算要求（$p_z + p_{cz} \leqslant f_{az}$），实际上也就保证了上覆持力层不会发生冲剪破坏。

如果软弱下卧层强度验算不满足要求，应考虑增大基础底面积，或改变基础埋深，甚至改用地基处理或深基础设计的地基基础方案。

【解答】 根据《建筑地基基础设计规范》(GB 50007—2011) 第 5.2.7 条。

(1) 软弱下卧层顶面处的附加压力

$$\frac{E_{s1}}{E_{s2}}=\frac{9}{3}=3,\frac{z}{l}=\frac{3.0}{2.5}=1.2,得\theta=23°,\tan23°=0.424。$$

$$p_c=1.4\times18=25.2(\text{kPa})$$

$$p_z=\frac{lb(p_k-p_c)}{(b+2z\tan\theta)(l+2z\tan\theta)}=\frac{2.5\times5\times(145-25.2)}{(5+2\times3\times0.424)\times(2.5+2\times3\times0.424)}$$

$$=\frac{1497.5}{7.544\times5.044}=39.4(\text{kPa})$$

(2) 软弱下卧层顶面处的自重应力

$$p_{cz}=1.4\times18+3\times8=25.2+24=49.2(\text{kPa})$$

(3) $p_z+p_{cz}=39.4+49.2=88.6(\text{kPa})$

(4) 修正后软弱下卧层承载力特征值

查表得承载力修正系数：$\eta_d=1.0$，下卧层顶面以上土的加权平均重度：

$$\gamma_m=\frac{18\times1.4+8\times3}{1.4+3}=11.2(\text{kN/m}^3)$$

$$f_{az}=70+11.2\times1.0\times(3+1.4-0.5)=70+43.68=113.68(\text{kPa})$$

$p_z+p_{cz}=89\text{kPa}<f_{az}=114\text{kPa}$，答案为（B）。

【点评】这是一道典型的软弱下卧层强度验算的题目。所谓典型，意思是很常规，给出的条件常规，计算思路及计算方法也很常规。本题计算工作量较大，完成这道题估计超过7分钟的时间。

【题8.4.2】已知基础宽10m，长20m，埋深4m，地下水位距地表1.5m，基础底面以上土的平均重度为12kN/m³，在持力层以下有一软弱下卧层，该层顶面距地表6m，土的重度18 kN/m³。已知软弱下卧层经深度修正的地基承载力为130kPa，则基底总压力不超过下列何值时才能满足软弱下卧层强度验算要求？

(A) 66kPa (B) 88kPa
(C) 104kPa (D) 114kPa

【答案】(D)

【解答】根据《建筑地基基础设计规范》(GB 50007—2011) 第5.2.7条。

$z=6-4=2(\text{m}),b=10\text{m}$。

查规范表5.2.7，因$\frac{z}{b}=\frac{2}{10}=0.2<0.25$，所以$\theta=0$，即压力不扩散。

设基底总压力为p。

$$p_z=\frac{lb(p-4\times12)}{(b+2z\tan\theta)(l+2z\tan\theta)}=p-48$$

$$p_{cz}=4\times12+(18-10)\times(6-4)=64(\text{kPa})$$

$$p_z+p_{cz}\leqslant f_{az}\Rightarrow p-48+64\leqslant130$$

解得：$p\leqslant114\text{kPa}$。

【点评】这是一道训练逆向思维的题目，通常是已知基础底面压力，求软弱下卧层顶面的附加压力。但本题设定的条件是满足了软弱下卧层强度的要求，反求基底总压力。

该题目中虽然没有说明地下水位，但地下水位实际上在基底以上（可从平均重度数值中判断）。

【题8.4.3】某条形基础的原设计基础宽度为2m，上部结构传至基础顶面的竖向力(F_k)为320kN/m。后发现在持力层以下有厚度2m的淤泥质土层。地下水水位埋深在室外地面以下2m，淤泥质土层顶面处的地基压力扩散角为23°。根据软弱下卧层验算结果重新

调整后的基础宽度最接近以下哪个选项才能满足要求？（基础结构及土的重度都按 $19kN/m^3$ 考虑）

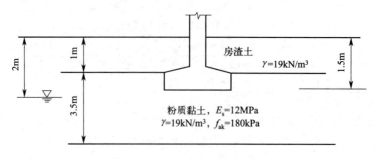

(A) 2.0m   (B) 2.5m   (C) 3.5m   (D) 4.0m

【答案】(C)

【解答】根据《建筑地基基础设计规范》(GB 50007—2011) 第 5.2.7 条。

(1) $p_{cz} = 2 \times 19 + 2.5 \times 9 = 60.5(kPa)$

(2) $f_{az} = f_{ak} + \eta_d \gamma_m (d - 0.5) = 60 + 1.0 \times \dfrac{2 \times 19 + 2.5 \times 9}{4.5} \times (4.5 - 0.5) = 60 + 53.8 = 113.8(kPa)$

(3) 根据已知压力扩散角 $23°$，按原设计基础宽度 2m 验算下卧层强度。

$$p_k = \dfrac{320 + 2 \times 1.5 \times 19}{2} = 188.5(kPa)$$

$$p_z = \dfrac{b(p_k - p_c)}{b + 2z\tan\theta} = \dfrac{2 \times (188.5 - 1.5 \times 19)}{2 + 2 \times 3 \times \tan23°} = \dfrac{320}{4.547} = 70.38(kPa)$$

$$p_z + p_{cz} = 70.38 + 60.5 = 130.88(kPa) > f_{az} = 113.8(kPa)$$

(4) 计算结果重新调整后的基础宽度。

$$p_k = \dfrac{320 + b \times 1.5 \times 19}{b}$$

$$p_z = \dfrac{b(p_k - p_c)}{b + 2z\tan\theta} = \dfrac{b \times (\dfrac{320}{b} + 1.5 \times 19 - 1.5 \times 19)}{b + 2 \times 3 \times \tan23°}$$

另一方面：$p_z = f_{az} - p_{cz} = 113.8 - 60.5 = 53.3(kPa)$，代入上式，解得 $b = 3.46m$。

【点评】这也是一个已知软弱下卧层强度，反求基础宽度的题目，计算稍稍复杂。要注意水位上、下土重度的取值。

【题 8.4.4】某条形基础，上部结构传至基础顶面的竖向荷载 $F_k = 320kN/m$，基础宽度 $b = 4m$，基础埋置深度 $d = 2m$，基础底面以上土层的天然重度 $\gamma = 18kN/m$，基础及其上土的平均重度为 $20kN/m^3$，基础底面至软弱下卧层顶面距离 $z = 2m$，已知扩散角 $\theta = 25°$。试问，扩散到软弱下卧层顶面处的附加压力最接近下列何项数值？

(A) 35kPa   (B) 45kPa   (C) 57kPa   (D) 66kPa

【答案】(C)

【解答】根据《建筑地基基础设计规范》(GB 50007—2011) 第 5.2.2 条、5.2.7 条。

(1) 基底平均压力：

$$p_k = \frac{F_k + G_k}{b} = \frac{320 + 4 \times 2 \times 20}{4} = 120(\text{kPa})$$

(2) 软弱下卧层处附加压力：

$$p_z = \frac{b(p_k - p_c)}{b + 2z\tan\theta} = \frac{4 \times (120 - 2 \times 18)}{4 + 2 \times 2 \times \tan 25°} = 57.3(\text{kPa})$$

【点评】与前面几道题相比，这道题的计算工作量就小多了，只是软弱下卧层强度验算的一部分工作量，即对 p_z 的计算。

【题 8.4.5】某独立基础平面尺寸 5m×3m，埋深 2.0m，基础底面压力标准组合值 150kPa。场地地下水位埋深 2m，地层及岩土参数见表，问软弱下卧层②的层顶附加应力与自重应力之和最接近下列哪个选项？

层号	层底埋深/m	天然重度/(kN/m³)	承载力特征值/kPa	压缩模量/MPa
①	4.0	18	180	9
②	8.0	18	80	3

(A) 105kPa   (B) 125kPa   (C) 140kPa   (D) 150kPa

【答案】（A）

【解答】根据《建筑地基基础设计规范》（GB 50007—2011）第 5.2.7 条。

(1) 基底附加压力：

$$p_0 = (p_k - p_c) = 150 - 2 \times 18 = 114(\text{kPa})$$

(2) 模量比：$\dfrac{E_{s1}}{E_{s2}} = \dfrac{9}{3} = 3$，$\dfrac{z}{b} = \dfrac{2}{3} = 0.67 > 0.5$，扩散角取 23°。

(3) 依据规范式（5.2.7-3），②的层顶附加应力：

$$p_z = \frac{lb(p_k - p_c)}{(b + 2z\tan\theta)(l + 2z\tan\theta)} = \frac{5 \times 3 \times 114}{(3 + 2 \times 2 \times \tan 23°) \times (5 + 2 \times 2 \times \tan 23°)} = 54(\text{kPa})$$

(4) ②的层顶附加应力：

$$p_{cz} = 2 \times 18 + 2 \times (18 - 10) = 52(\text{kPa})$$

(5) ②的层顶附加应力与自重应力之和：

$$p_z + p_{cz} = 54 + 52 = 106(\text{kPa})$$

【题 8.4.6】某建筑物采用条形基础，基础宽度 2.0m，埋深 3.0m，基底平均压力为 180kPa，地下水位埋深 1.0m，其他指标如图所示，问软弱下卧层修正后地基承载力特征值最小为下列何值时，才能满足规范要求？

(A) 134kPa   (B) 145kPa
(C) 154kPa   (D) 162kPa

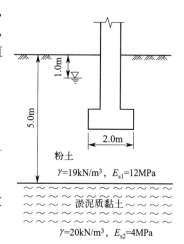

【答案】（A）

【解答】根据《建筑地基基础设计规范》（GB 50007—2011）第 5.2.7 条。

(1) 模量比：$\dfrac{E_{s1}}{E_{s2}} = \dfrac{12}{4} = 3$，$\dfrac{z}{b} = \dfrac{5-3}{2} = 1$，查表，扩散角 $\theta = 23°$。

(2) 基础底面以上土的自重应力：

$$p_c = 19 \times 1 + 9 \times 2 = 37 \text{(kPa)}$$

(3) 下卧层顶面附加应力：
$$p_z = \frac{b(p_k - p_c)}{b + 2z\tan\theta} = \frac{2 \times (180 - 37)}{2 + 2 \times 2 \times \tan 23°} = 77.3 \text{(kPa)}$$

(4) 下卧层顶面处土的自重应力：
$$p_{cz} = 19 \times 1 + 9 \times 4 = 55 \text{(kPa)}$$

(5) $p_z + p_{cz} = 55 + 77.3 = 132.3 \text{(kPa)} \leqslant f_{az}$。

【题 8.4.7】柱下单独基础尺寸为 2.5m×3.0m，埋深 2.0m，相应于荷载效应标准组合时作用于基础底面的竖向合力 $F=870$kN。地基土条件如图所示，为满足《建筑地基基础设计规范》（GB 50007—2011）的要求，软弱下卧层顶面修正后地基承载力特征值最小值应为下列何值？

(A) 60kPa　　　　(B) 80kPa
(C) 100kPa　　　(D) 120kPa

【答案】（B）

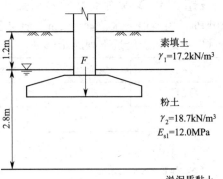

【解答】根据《建筑地基基础设计规范》（GB 50007—2011）第 5.2.4 条、5.2.7 条。

(1) 软弱下卧层顶面处附加应力
$$p_k = \frac{F_k + G_k}{A} = \frac{870}{2.5 \times 3} = 116 \text{(kPa)}$$
$$p_c = 1.2 \times 17.2 + 0.8 \times 8.7 = 27.6 \text{(kPa)}$$
$$\frac{z}{b} = \frac{2}{2.5} = 0.8 > 0.5, \frac{E_{s1}}{E_{s2}} = \frac{12}{3} = 4, \theta = \frac{23° + 25°}{2} = 24°$$
$$p_z = \frac{lb(p_k - p_c)}{(b + 2z\tan\theta)(l + 2z\tan\theta)} = \frac{2.5 \times 3.0 \times (116 - 27.6)}{(2.5 + 2 \times 2 \times \tan 24°) \times (3 + 2 \times 2 \times \tan 24°)} = 32.4 \text{(kPa)}$$

(2) 软弱下卧层顶面处土的自重应力
$$p_{cz} = 1.2 \times 17.2 + 2.8 \times 8.7 = 45 \text{(kPa)}$$

(3) 软弱下卧层经修正后的承载力
$$p_z + p_{cz} \leqslant f_{az}$$
$$f_{az} \geqslant 32.4 + 45 = 77.4 \text{(kPa)}$$

【点评】上面这两道题的考点及要求完全一致，都是求软弱下卧层顶面的地基承载力特征值。

【题 8.4.8】柱下独立基础及土层如图所示，基础底面尺寸为 3.0m×3.6m，持力层压力扩散角 $\theta=23°$，地下水位埋深 1.2m。按照软弱下卧层承载力的设计要求，基础可承受的竖向作用力 F_k 最大值与下列哪个选项最接近？（基础和基础上土的平均重度取 20kN/m³）

(A) 1180kN　　　(B) 1440kN
(C) 1890kN　　　(D) 2090kN

【答案】（B）

【解答】 根据《建筑地基基础设计规范》(GB 50007—2011) 第 5.2.2 条、5.2.4 条、5.2.7 条。

(1) 基底压力：
$$p_k = \frac{F_k + G_k}{A} = \frac{F_k + 3.0 \times 3.6 \times 1.2 \times 20}{3.0 \times 3.6} = \frac{F_k}{10.8} + 24$$

(2) 基底自重应力：
$$p_c = 1.2 \times 18 = 21.6 \text{(kPa)}$$

(3) 下卧层顶面处土的自重应力：
$$p_{cz} = 1.2 \times 18 + 2.0 \times 9 = 39.6 \text{(kPa)}$$

(4) 下卧层顶面附加应力：
$$p_z = \frac{lb(p_k - p_c)}{(b + 2z\tan\theta)(l + 2z\tan\theta)} = \frac{3.0 \times 3.6 \times \left[\left(\frac{F_k}{10.8} + 24\right) - 21.6\right]}{(3.0 + 2 \times 2 \times \tan 23°)(3.6 + 2 \times 2 \times \tan 23°)} = 0.04F_k + 1.04$$

(5) 软弱下卧层顶面处承载力：
$$f_{az} = f_{ak} + \eta_d \gamma_m (d - 0.5) = 65 + 1.0 \times \frac{1.2 \times 18 + 2.0 \times 9}{3.2} \times (3.2 - 0.5) = 98.4 \text{(kPa)}$$

(6) 令 $p_c + p_{cz} = f_a$，即
$$0.04F_k + 1.04 + 39.6 = 98.4$$

解得：$F_k = 1444.0$ kPa。

【题 8.4.9】 某建筑场地天然地面下的地质资料如表所示，无地下水。拟建建筑基础埋深 2.0m，筏板基础，平面尺寸 20m×60m，采用天然地基，根据《建筑地基基础设计规范》(GB 50007—2011)，满足下卧层②层强度要求的情况下，相应于作用的标准组合时，该建筑基础底面处的平均压力最大值接近下列哪个选项？

序号	名称	层底深度/m	重度/(kN/m³)	地基承载力特征值/kPa	压缩模量/MPa
①	粉质黏土	12	19	280	21
②	粉土，黏粒含量为12%	15	18	100	7

(A) 330kPa (B) 360kPa (C) 470kPa (D) 600kPa

【答案】 (B)

【解答】 根据《建筑地基基础设计规范》(GB 50007—2011) 第 5.2.4 条、5.2.7 条。

(1) 模量比：$\frac{E_{s1}}{E_{s2}} = \frac{21}{7} = 3$，$\frac{z}{b} = \frac{10}{20} = 0.5$，查表，扩散角 $\theta = 23°$。

(2) 下卧层顶面附加应力：
$$p_z = \frac{lb(p_k - p_c)}{(b + 2z\tan\theta)(l + 2z\tan\theta)} = \frac{60 \times 20 \times (p_k - 2 \times 19)}{(20 + 2 \times 10 \times \tan 23°)(60 + 2 \times 10 \times \tan 23°)} = 0.615p_k - 23.37$$

(3) 软弱下卧层顶面处承载力：
$$f_{az} = f_{ak} + \eta_d \gamma_m (d - 0.5) = 100 + 1.0 \times 19 \times (12 - 0.5) = 427.75 \text{(kPa)}$$

(4) $p_c + p_{cz} \leq f_{az}$，即
$$0.615p_k - 23.37 + 19 \times 12 \leq 427.75$$

解得：$p_k \leq 363$ kPa。

【题 8.4.10】 条形基础宽 2m，基础埋深 1.5m，地下水位在地面下 1.5m，地面下土层厚度及有关的试验指标见下表，相应于荷载效应标准组合时，基底处平均压力为 160kPa，

按《建筑地基基础设计规范》(GB 50007—2011) 对软弱下卧层②进行验算,其结果符合下列哪个选项?

序号	土的类别	土层厚度 /m	天然重度 /(kN/m³)	饱和重度 /(kN/m³)	压缩模量 /MPa	地基承载力特征值/kPa
①	粉砂	3	20	20	12	160
②	黏粒含量大于10%的粉土	5	17	17	3	70

(A) 软弱下卧层顶面处附加压力为78kPa,软弱下卧层承载力满足要求
(B) 软弱下卧层顶面处附加压力为78kPa,软弱下卧层承载力不满足要求
(C) 软弱下卧层顶面处附加压力为87kPa,软弱下卧层承载力满足要求
(D) 软弱下卧层顶面处附加压力为87kPa,软弱下卧层承载力不满足要求

【答案】(A)

【解答】根据《建筑地基基础设计规范》(GB 50007—2011) 第5.2.4条、5.2.7条。

$$\gamma_m = \frac{1.5 \times 20 + 1.5 \times 10}{3} = 15(kN/m^3)$$

$$f_{az} = f_{ak} + \eta_d \gamma_m (d - 0.5) = 70 + 1.5 \times 15 \times (3 - 0.5) = 126.25(kPa)$$

$$p_c = \gamma d = 20 \times 1.5 = 30(kPa)$$

$$p_{cz} = \gamma_m (d + z) = 15 \times 3.0 = 45(kPa)$$

$$\frac{E_{s1}}{E_{s2}} = \frac{12}{3} = 4, \quad \frac{z}{b} = \frac{1.5}{2.0} = 0.75, \text{查表,插值得扩散角} \theta = 24°$$

$$p_z = \frac{b(p_k - p_c)}{b + 2z \tan\theta} = \frac{2 \times (160 - 30)}{2 + 2 \times 1.5 \times \tan 24°} = 78(kPa)$$

$$p_z + p_{cz} = 78 + 45 = 123(kPa) \leqslant f_a = 126.25(kPa)$$

软弱下卧层满足强度要求,答案为(A)。

【题 8.4.11】圆形基础上作用于地面处的竖向力 $N_k = 1200kN$,基础直径3m,基础埋深2.5m,地下水位埋深4.5m,基底以下的土层依次为:厚度4m的可塑黏性土、厚度5m的淤泥质黏土。基底以上土层的天然重度为17kN/m³,基础及其上土的平均重度为20kN/m³。已知可塑性黏土的地基压力扩散线与垂直线的夹角为23°,则淤泥质黏土层顶面处的附加压力最接近下列何值?

(A) 20kPa (B) 39kPa (C) 63kPa (D) 88kPa

【答案】(B)

【解答】根据《建筑地基基础设计规范》(GB 50007—2011) 第5.2.2条、5.2.7条。

(1) 基底附加压力计算

基础底面以上土的自重压力:

$$p_c = 2.5 \times 17 = 42.5(kPa)$$

基底压力:

$$p_k = \frac{N_k}{A} + \gamma_G d = \frac{1200}{\pi \times 1.5^2} + 20 \times 2.5 = 219.9(kPa)$$

基底附加压力:

$$p_0 = p_k - p_c = 219.9 - 42.5 = 177.4(kPa)$$

(2) 淤泥质黏土层顶面处的附加压力

附加压力扩散至软弱下卧层顶面处时的面积:

$$A' = \frac{\pi(d + 2z\tan\theta)^2}{4} = \frac{\pi \times (3 + 2 \times 4 \times \tan 23°)^2}{4} = 32.11(m^2)$$

$$p_0 A = p_z A'$$
$$p_z = \frac{p_0 A}{A'} = \frac{177.4\pi \times 1.5^2}{32.11} = 39.03 \text{(kPa)}$$

【点评】此题别出心裁，考查圆形基础下卧层验算，这就需要了解压力扩散角法的原理或含义，即基底附加压力与基础底面积的乘积和软弱下卧层底面处附加压力与扩散面积的乘积相等。

【本节考点】
① 软弱下卧层强度验算，仅计算 p_z 或 $p_c + p_{cz}$；
② 满足软弱下卧层承载力的基础宽度计算；
③ 已知软弱下卧层强度时的基底压力 p 或 F_k 的计算；
④ 已知基底压力 p 或 F_k 时软弱下卧层强度的计算。

地基软弱下卧层强度验算的题在历年的考试中经常会有，其题型大致如本节的这些题目。通常这类题目的计算工作量会相对较大。要注意对 γ_m 计算时水上、水下土重度的不同；软弱下卧层承载力修正时深度的取值以及深度修正系数的确定；还有查表对压力扩散角的确定（有时需要插值）等。建议在具体答题时，按序号分别计算基底压力、基底附加压力、软弱下卧层顶部的自重应力、软弱下卧层顶部的附加应力、软弱下卧层经深度修正后的承载力特征值等。特别还要提醒的是计算软弱下卧层附加应力时有两个公式：分别针对矩形基础和条形基础，要注意审题，不要用错公式。

8.5 无筋扩展基础

【题 8.5.1】某宿舍楼采用墙下 C15 混凝土条形基础，基础顶面的墙体宽度 0.38m，基底平均压力为 250kPa，基础底面宽度为 1.5m，基础的最小高度应符合下列哪个选项的要求？
(A) 0.70m (B) 1.00m
(C) 1.20m (D) 1.40m

【答案】(A)

基本原理（基本概念或知识点）

无筋扩展基础的设计计算步骤（图 8-6）：
(1) 根据地基承载力条件确定基础所需最小宽度 b。

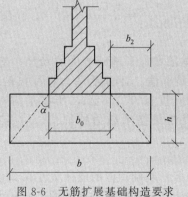

图 8-6 无筋扩展基础构造要求

(2) 根据基础台阶宽高比的允许值确定基础的高度：

$$h \geqslant \frac{b-b_0}{2\tan\alpha} \quad (8\text{-}13)$$

式中 h、b_0、$2\tan\alpha$——分别为基础的高度、顶面砌体宽度、外伸长度。

$\tan\alpha$ 为基础宽高比的允许值，$\tan\alpha = b_2/h$，可按地基规范表 8.1.1 选用。

(3) 由于台阶宽高比的要求，无筋扩展基础的高度一般都较大，但不应大于基础埋深，否则应加大基础埋深或选择刚性角较大的基础类型，如仍不满足，可采用钢筋混凝土基础。

(4) 为节约材料和施工方便，基础常做成阶梯形。

(5) 当无筋扩展基础由不同材料叠合而成时，应对叠合部分做抗压验算。

【解答】 根据《建筑地基基础设计规范》(GB 50007—2011) 第 8.1.1 条。

(1) 墙下条形基础，基础高度 $h \geqslant \dfrac{b-b_0}{2\tan\alpha}$；

(2) 对 C15 混凝土基础，$200 < p_k \leqslant 300$ 时，$\dfrac{b_2}{h} = \tan\alpha = \dfrac{1}{1.25}$；

(3) $h \geqslant \dfrac{b-b_0}{2\tan\alpha} = \dfrac{1.5-0.38}{2 \times \dfrac{1}{1.25}} = 0.7(\text{m})$

【题 8.5.2】 某仓库楼采用条形砖基础，墙厚 240mm，基础埋深 2.0m，已知作用于基础顶面标高处的上部结构荷载标准组合值为 240kN/m。地基为人工压实填土，承载力特征值为 160kPa，重度 19kN/m³。按照《建筑地基基础设计规范》(GB 50007—2011)，基础最小高度最接近下列哪个选项？

(A) 0.5m　　　　(B) 0.6m　　　　(C) 0.7m　　　　(D) 1.0m

【答案】 (D)

【解答】 根据《建筑地基基础设计规范》(GB 50007—2011) 第 5.2.4 条、5.2.1 条、8.1.1 条。

(1) 地基承载力特征值：
$$f_a = f_{ak} + \eta_d \gamma (d-0.5) = 160 + 1.0 \times 19 \times (2.0-0.5) = 188.5(\text{kPa})$$

(2) 基础宽度：
$$b = \frac{F_k}{f_a - \gamma_G d} = \frac{240}{188.5 - 20 \times 2.0} = 1.62(\text{m})$$

(3) 基础高度：
$$H_0 \geqslant \frac{b-b_0}{2\tan\alpha} = \frac{1.62-0.24}{2 \times \dfrac{1}{1.5}} = 1.04(\text{m})$$

【点评】 与上道题相比，本题增加了基础宽度的确定。基础宽度是由地基承载力确定的，所以要先假设地基承载力特征值。计算承载力特征值时只进行了深度修正而未做宽度修正，但计算的结果，基础宽度仅有 1.62m，所以不需对宽度进行修正。也就是说，前面对承载力特征值的计算就是最终承载力特征值。对砖基础，其台阶宽高比可查表得 $\tan\alpha = \dfrac{1}{1.5}$。

【题 8.5.3】 某毛石混凝土条形基础顶面的墙体宽度 0.72m，毛石混凝土强度等级 C15，基底埋深为 1.5m，无地下水，上部结构传至地面处的竖向压力标准组合 $F = 200\text{kN/m}$，地基持力层为粉土，其天然重度 $\gamma = 17.5\text{kN/m}^3$，经深宽修正后的地基承载力特征值 $f_a = 155.0\text{kPa}$。基础及其上覆土重度取 20kN/m^3。按《建筑地基基础设计规范》（GB 50007—2011）规定确定此基础高度，满足设计要求的最小高度最接近以下何值？

(A) 0.35m　　　　　　　(B) 0.44m
(C) 0.55m　　　　　　　(D) 0.70m

【答案】(C)

【解答】根据《建筑地基基础设计规范》(GB 50007—2011) 第 5.2.1 条、8.1.1 条。

(1) 根据承载力确定基础宽度

$$b \geq \frac{F_k}{f_a - \gamma_G d} = \frac{200}{155 - 20 \times 1.5} = 1.6(\text{m})$$

(2) 根据构造要求确定基础高度

基底压力：
$$p_k = \frac{F_k}{A} + \gamma_G d = \frac{200}{1.6} + 20 \times 1.5 = 155(\text{kPa})$$

查规范表 8.1.1，台阶宽高比取 1:1.25，则基础高度：

$$H_0 \geq \frac{b - b_0}{2\tan\alpha} = \frac{1.6 - 0.72}{2 \times \frac{1}{1.25}} = 0.55(\text{m})$$

【点评】本题与上道题的考点及解题方法完全一致。

对无筋扩展基础，其基础的高度是根据台阶宽高比确定的。而题干却没有告诉基础的宽度。所以，本题首要要根据承载力特征值确定基础宽度，然后根据基底压力查表得台阶宽高比，由此确定基础高度。

【题 8.5.4】某毛石基础如图所示，荷载效应标准组合时基础底面处的平均压力为 110kPa，基础中砂浆强度等级为 M5，根据《建筑地基基础设计规范》(GB 50007—2011) 设计，试问基础高度 H_0 至少应取下列何项数值？

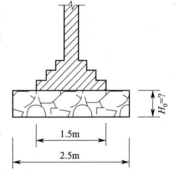

(A) 0.5m　　　　　　　(B) 0.75m
(C) 1.0m　　　　　　　(D) 1.5m

【答案】(B)

【解答】根据《建筑地基基础设计规范》(GB 50007—2011) 第 8.1.1 条。

查表得 $\tan\alpha = \frac{1}{1.5}$。

$$H_0 \geq \frac{b - b_0}{2\tan\alpha} = \frac{2.5 - 1.5}{2 \times \frac{1}{1.5}} = 0.75(\text{m})$$

【本节考点】

笔者查阅了历年注册师考试题，只有上面的 4 道题。本节考点只有一个，就是无筋扩展基础高度的确定。重点是基础宽高比的确定。由于无筋扩展基础没有配筋，所以基础抗剪抗拉的能力就必须由足够厚度的基础来承担。而规范已经给出了满足强度要求的宽高比，也就是说，只要满足了宽高比的要求，基础设计就算合格了。查表时，要考虑以下几个条件：①基础的材料；②基底压力大小范围；③地基承载力特征值。

8.6 基础结构计算（抗冲切、抗剪切、抗弯）

【题 8.6.1】墙下条形基础的剖面见图，基础宽度 $b=3\mathrm{m}$，基础底面净压力分布为梯形，最大边缘压力设计值 $P_{\max}=150\mathrm{kPa}$，最小边缘压力设计值 $P_{\min}=60\mathrm{kPa}$，已知验算截面 Ⅰ—Ⅰ距最大边缘压力端的距离 $a_1=1.0\mathrm{m}$，则截面 Ⅰ—Ⅰ处的弯矩设计值为下列何值？

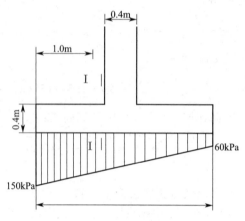

(A) 70kN·m (B) 80kN·m
(C) 90kN·m (D) 100kN·m

【答案】（A）

基本原理（基本概念或知识点）

对墙下钢筋混凝土条形基础，验算基础截面 Ⅰ 的剪力 V 和弯矩 M_{I}（kN·m/m）可按下式计算：

$$V = p_j b_1 \quad p_j = \frac{F}{b} \tag{8-14}$$

$$M_{\mathrm{I}} = \frac{1}{2} V b_1 = \frac{1}{2} p_j b_1^2 \tag{8-15}$$

式中 p_j——扣除基础自重及其上土重后相应于作用的基本组合的地基土单位面积净反力，kPa。

公式中尺寸 b 及 b_1 如图 8-7 所示。

对混凝土墙体：$b_{\mathrm{I}} = a_1$

对砖墙：$b_{\mathrm{I}} = a_1 + 0.06$

定义：仅由基础顶面的荷载所产生的地基反力，称为地基净反力，并以 p_j 表示。

中心荷载作用下，条形基础底面地基净反力为

$$p_j = \frac{F}{b} \tag{8-16}$$

偏心荷载作用（图 8-8）下，条形基础底面地基净反力为

$$\begin{matrix}p_{j\max}\\p_{j\min}\end{matrix} = \frac{F}{b} \pm \frac{6M}{b^2} = \frac{F}{b}\left(1 \pm \frac{6e_0}{b}\right) \tag{8-17}$$

式中　F——荷载效应基本组合时传至基础顶面处的压力；
　　　M——荷载效应基本组合时，作用于基础底面的力矩设计值；
　　　e_0——荷载的净偏心距，$e_0 = M/F$。

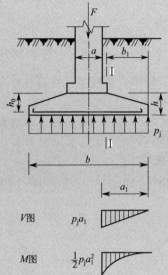

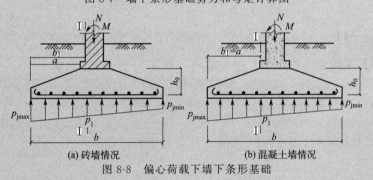

图 8-7　墙下条形基础剪力和弯矩计算图

(a) 砖墙情况　　　(b) 混凝土墙情况

图 8-8　偏心荷载下墙下条形基础

基础验算截面的剪力为：

$$V_I = \frac{1}{2}(p_{jmax} + p_{jI})b_I \tag{8-18}$$

基础验算截面的弯矩为：

$$M_I = \frac{1}{6}(2p_{jmax} + p_{jI})b_I^2 \tag{8-19}$$

式中　p_{jI}——计算截面处的净反力设计值，由内差得来。

$$p_{jI} = p_{jmin} + \frac{b-b_1}{b}(p_{jmax} - p_{jmin}) \tag{8-20}$$

特别提示：此处式(8-19)与《建筑地基基础设计规范》(GB 50007—2011)中的式(8.2.14)形式不一样。请注意两个公式中各符号定义的不同。但无论用哪个公式，其计算结果一样。

在基础工程的教材中，一般采用的是式(8-14)～式(8-20)，而《建筑地基基础设计规范》与教材中常见的定义方式不同，感兴趣的考生可查看地基规范 8.2.11 条对地基反力 p 及基础自重 G 的定义。

【解答】题目中给出的为基底净反力。
Ⅰ—Ⅰ截面处的净反力

$$p_{jⅠ} = p_{jmin} + \frac{b-b_1}{b}(p_{jmax} - p_{jmin}) = 60 + \frac{3-1}{3} \times (150-60) = 120(\text{kPa})$$

截面Ⅰ—Ⅰ处的弯矩设计值为：

$$M_Ⅰ = \frac{1}{6}(2p_{jmax} + p_{jⅠ})b_Ⅰ^2 = \frac{1}{6} \times (2 \times 150 + 120) \times 1^2 = 70(\text{kN} \cdot \text{m})$$

【点评】基础结构设计这部分计算公式较多，在具体解题时，要看清楚是什么类型的基础形式，代入相应的公式计算即可。

【题 8.6.2】某条形基础宽度 2m，埋深 1m，地下水埋深 0.5m。承重墙位于基础中轴，宽度 0.37m，作用于基础顶面荷载 235kN/m，基础材料采用钢筋混凝土。问验算基础底板配筋时的弯矩最接近于下列哪个选项？

(A) 35kN·m　　(B) 40kN·m　　(C) 55kN·m　　(D) 60kN·m

【答案】(B)

【解答】依题意，有

$$b_1 = \frac{2-0.37}{2} = 0.815(\text{m})$$

$$p_j = \frac{F}{b} = \frac{235}{2} = 117.5(\text{kPa})$$

$$M_Ⅰ = \frac{1}{2}Vb_1 = \frac{1}{2}p_j b_1^2 = \frac{1}{2} \times 117.5 \times 0.815^2 = 39(\text{kN} \cdot \text{m})$$

【题 8.6.3】某钢筋混凝土墙下条形基础，宽度 $b=2.8$m，高度 $h=0.35$m，埋深 $d=1.0$m，墙厚 370mm。上部结构传来的荷载：标准组合为 $F_1=288.0$kN/m，$M_1=16.5$kN·m/m；基本组合为：$F_2=360.0$kN/m，$M_2=20.6$kN·m/m；准永久组合为：$F_3=250.4$kN/m，$M_3=14.3$kN·m/m。按照《建筑地基基础设计规范》(GB 50007—2011) 规定计算基础底板配筋时，基础验算截面弯矩设计值最接近下列哪个选项？（基础及其上土的平均重度为 20kN/m³）

(A) 72kN·m/m　　(B) 83kN·m/m　　(C) 103kN·m/m　　(D) 116kN·m/m

【答案】(C)

【解答】取基本组合为：$F_2=360.0$kN/m，$M_2=20.6$kN·m/m。

$$b = 2.8\text{m}, b_1 = \frac{2.8-0.37}{2} = 1.215(\text{m})$$

$$\begin{matrix}p_{jmax}\\p_{jmin}\end{matrix} = \frac{F}{b} \pm \frac{6M}{b^2} = \frac{360}{2.8} \pm \frac{6 \times 20.6}{2.8^2} = 128.6 \pm 15.77 = \begin{matrix}144.37\\112.83\end{matrix}(\text{kPa})$$

$$p_{jⅠ} = p_{jmin} + \frac{b-b_1}{b}(p_{jmax} - p_{jmin}) = 112.83 + \frac{2.8-1.215}{2.8} \times (144.37-112.83) = 130.68(\text{kPa})$$

$$M_Ⅰ = \frac{1}{6}(2p_{jmax} + p_{jⅠ})b_Ⅰ^2 = \frac{1}{6} \times (2 \times 144.37 + 130.68) \times \left(\frac{2.8-0.37}{2}\right)^2 = 103.2(\text{kN} \cdot \text{m})$$

【分析】题干中给出了 3 组荷载组合，在计算结构内力时，用的是基本组合。如果选用了其他荷载组合，结果肯定就不对。

关于荷载的选取，规范上有严格的规定（见 GB 50007 第 3.0.5 条）。简单来说，当计算地基承载力或确定基础底面积时，要用荷载的标准组合；当计算地基沉降量时，要用荷载的准永久组合；当计算结构的内力（弯矩、剪力）时，要用荷载的基本组合。

【题 8.6.4】如图所示的条形基础宽度 $b=2$m，$b_1=0.88$m，$h_0=260$mm，$p_{jmax}=217$kPa，$p_{jmin}=133$kPa。按 $A_s=\dfrac{M}{0.9f_yh_0}$ 计算每延米基础的受力钢筋截面面积最接近下列哪个选项？（钢筋抗拉强度设计值 $f_y=300$MPa）

(A) 1030mm²/m (B) 1130mm²/m
(C) 1230mm²/m (D) 1330mm²/m

【答案】(B)

【解答】代入墙下钢筋混凝土条形基础在偏心荷载下的相关计算公式：

(1) 计算断面Ⅰ—Ⅰ截面处的净反力

$$p_{jI}=p_{jmin}+\dfrac{b-b_1}{b}(p_{jmax}-p_{jmin})=133+\dfrac{2-0.88}{2}\times(217-133)=180(\text{kPa})$$

(2) 截面Ⅰ—Ⅰ处的弯矩设计值为：

$$M_I=\dfrac{1}{6}(2p_{jmax}+p_{jI})b_I^2=\dfrac{1}{6}\times(2\times217+180)\times0.88^2=79.3(\text{kN·m/m})$$

(3) 计算钢筋截面积：

$$A_s=\dfrac{M}{0.9f_yh_0}=\dfrac{79.3}{0.9\times300\times260}\times10^6=1130(\text{mm}^2/\text{m})$$

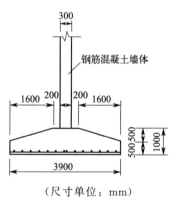

（尺寸单位：mm）

【题 8.6.5】某墙下钢筋混凝土条形基础如图所示，墙体及基础的混凝土强度等级均为C30，基础受力钢筋的抗拉强度设计值 $f_y=300$ N/mm²，保护层厚度50mm，该条形基础承受轴心荷载，假定地基反力线性分布，相应于作用的基本组合时基础底面地基净反力设计值为200kPa。问：按照《建筑地基基础设计规范》(GB 50007—2011)，满足该规范规定且经济合理的受力主筋面积为下列哪个选项？

(A) 1263mm²/m (B) 1425mm²/m
(C) 1695mm²/m (D) 1520mm²/m

【答案】(B)

【解答】依题意，有

$$b_1=1.6+0.2=1.8(\text{m})$$
$$p_j=200\text{kPa}$$
$$M_I=\dfrac{1}{2}Vb_1=\dfrac{1}{2}p_jb_1^2=\dfrac{1}{2}\times200\times1.8^2=324(\text{kN·m/m})$$
$$A_s=\dfrac{M}{0.9f_yh_0}=\dfrac{324\times1000\times1000}{0.9\times300\times(1000-50)}=1263.16(\text{mm}^2/\text{m})$$

按照《建筑地基基础设计规范》(GB 50007—2011) 第 8.2.1 条第 3 款，每米分布筋的面积不少于受力筋的 0.15%，即

$$A_s=0.15\%\times950\times1000=1425(\text{mm}^2/\text{m})$$

两者取大值，$A_s=1425$mm²/m。

【点评】本题需将计算结果与构造筋比较，取大值。

【题 8.6.6】如图所示（图中尺寸单位为 mm），某建筑采用柱下独立方形基础，基础底

面尺寸为 2.4m×2.4m，柱截面尺寸为 0.4m×0.4m。基础顶面中心处作用的柱轴竖向力为 $F=700$kN，力矩 $M=0$，根据《建筑地基基础设计规范》(GB 50007—2011)，试问基础的柱边截面处的弯矩设计值最接近下列何项数值？

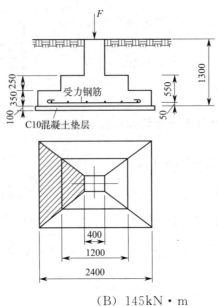

(A) 105kN·m
(B) 145kN·m
(C) 185kN·m
(D) 225kN·m

【答案】(A)

基本原理（基本概念或知识点）

柱下钢筋混凝土单独基础承受荷载后，如同平板那样，基础底板沿着柱子四周产生弯曲，当弯曲应力超过基础抗弯强度时，基础底板将发生弯曲破坏。其破坏特征是裂缝沿柱角至基础角将基础底面分裂成四块梯形。故配筋计算时，将基础板看成四块固定在柱边的梯形悬臂板。

由于单独基础底板在地基净反力 p_j 作用下，在两个方向均发生弯曲，所以两个方向都要配受力钢筋，钢筋面积按两个方向的最大弯矩分别计算。计算时应符合《混凝土结构设计规范》正截面受弯承载力计算的要求。

其内力计算常采用简化计算方法。将单独基础的底板看成固定在柱子周边的四面挑出的悬臂板，近似地将地基反力按对角线划分，沿基础长度两个方向的弯曲，等于梯形基底面积上地基净反力所产生的力矩。

基础底板在荷载效应基本组合时的净反力作用下，如同固定于台阶根部或柱边的倒置悬臂板，一般属于双向受弯构件，弯矩控制截面在柱边缘处或变阶处。

如图 8-9 所示的中心受压基础，将基底分为四块梯形，各种情况的最大弯矩计算公式如下：

Ⅰ—Ⅰ 截面：

$$M_{\mathrm{I}} = \frac{p_j}{24}(l-a_c)^2(2b+b_c) \tag{8-21}$$

Ⅱ—Ⅱ 截面

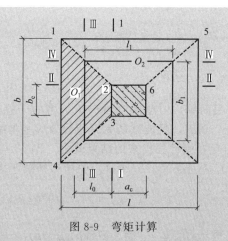

图 8-9 弯矩计算

$$M_{\text{II}} = \frac{p_j}{24}(b-b_c)^2(2l+a_c) \tag{8-22}$$

计算变阶处截面（Ⅲ—Ⅲ 或 Ⅳ—Ⅳ）弯矩时，只需将上式中 a_c 和 b_c 分别换为台阶的长边、宽边即可。

对偏心受压基础（图 8-10），基底反力呈梯形分布时，偏心受压基础的弯矩计算公式为：

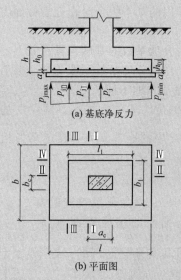

(a) 基底净反力

(b) 平面图

图 8-10 偏心荷载作用下的独立基础

$$M_{\text{I}} = \frac{1}{48}[(p_{j\max}+p_{j\text{I}})(2b+b_c)+(p_{j\max}-p_{j\text{I}})b](l-a_c)^2 \tag{8-23}$$

$$M_{\text{II}} = \frac{p_{j\max}+p_{j\min}}{48}(b-b_c)^2(2l+a_c) \tag{8-24}$$

式中　$p_{j\text{I}}$——Ⅰ—Ⅰ 截面的净反力值，按下式计算：

$$p_{j\text{I}} = p_{j\min} + \frac{l+a_c}{2l}(p_{j\max}-p_{j\min})$$

【解答】 基底净反力：

$$p_j = \frac{F}{A} = \frac{700}{2.4 \times 2.4} = 121.5 \text{(kPa)}$$

$$M_1 = \frac{p_j}{24}(l-a_c)^2(2b+b_c) = \frac{121.5}{24} \times (2.4-0.4)^2 \times (2\times 2.4+0.4) = 105.3 \text{(kN·m)}$$

【点评】 这道题的题干很简单，但题图中给出了太多的干扰信息，很多条件都用不到。题干中给出的竖向力为 $F=700\text{kN}$，只能默认为是荷载效应基本组合时传至基础顶面处的压力，如果按荷载效应标准组合，则计算出来的结果就是（B）。

《建筑地基基础设计规范》(GB 50007—2011) 中计算基础弯矩有另一组公式：

$$M_{\mathrm{I}} = \frac{1}{12}a_1^2\left[(2l+a')\left(p_{\max}+p-\frac{2G}{A}\right)+(p_{\max}+p)l\right] \quad (8\text{-}25)$$

$$M_{\mathrm{II}} = \frac{1}{48}(l-a')^2(2b+b')\left(p_{\max}+p_{\min}-\frac{2G}{A}\right) \quad (8\text{-}26)$$

式中　M_{I}、M_{II}——相应于作用的基本组合时，任意截面Ⅰ—Ⅰ、Ⅱ—Ⅱ处的弯矩设计值，kN·m；

　　a_1——任意截面Ⅰ—Ⅰ至基底边缘最大反力处的距离，m；

　　l、b——基础底面的边长，m；

　　$p_{\max}$、$p_{\min}$——相应于作用的基本组合时的基础底面边缘最大和最小地基反力设计值，kPa；

　　p——相应于作用的基本组合时在任意截面Ⅰ—Ⅰ处基础底面地基反力设计值，kPa；

　　G——考虑作用分项系数的基础自重及其上的土自重，当组合值由永久作用控制时，作用分项系数可取 1.35，kN。

这两组公式的区别在于地基反力的不同。

式(8-16) 中的地基反力用的是地基净反力 p_j，即仅由基础顶面的荷载所产生的地基反力 $p_j = \frac{F}{A}$；式(8-25) 和 (8-26) 中的地基反力，其定义为相应于作用的基本组合时基础底面地基反力设计值，其表达式为 $p = \frac{F+G}{A}$。

上面两个式子中的荷载 F 或 G 均为荷载效应的基本组合。所以，虽然看上去与前面的基底压力 $p_k = \frac{F_k+G_k}{A}$ 都是一样的表达式，但其实是有差别的。这个一定要特别注意！

【题 8.6.7】 如图（尺寸单位：mm）所示，某建筑采用柱下独立方形基础，拟采用C20钢筋混凝土材料，基础分二阶，底面尺寸 $2.4\text{m}\times 2.4\text{m}$，柱截面尺寸为 $0.4\text{m}\times 0.4\text{m}$。基础顶面作用竖向力 700kN，力矩 87.5kN，问柱边的冲切力最接近下列哪个选项？

(A) 95kN　　　　　　　　　(B) 110kN

(C) 140kN　　　　　　　　(D) 160kN

【答案】（C）

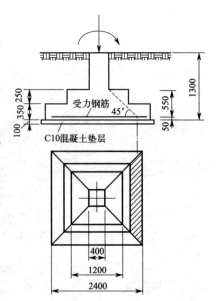

基本原理（基本概念或知识点）

基础在柱荷载作用下，如果沿柱周边的基础高度不够，则会沿着柱周边（或阶梯高度变化处）产生冲切破坏，形成45°斜裂面的角锥体。当基础受柱子传来的荷载时，若在柱子周边处基础的高度不够，就会发生如图8-11所示的冲切破坏。从柱子周边起，沿着45°斜面拉裂，从而形成图中虚线所示的冲切角锥体。

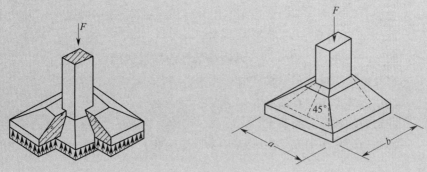

图 8-11 冲切破坏

为了保证基础不发生冲切破坏，在基础冲切角锥体以外（A_l），由地基反力产生的冲切荷载 F_l 应小于基础冲切面上混凝土的抗冲切强度（图8-12）。

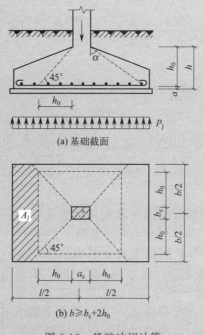

图 8-12 基础冲切计算

对于矩形基础，柱短边一侧冲切破坏较柱长边一侧危险，所以，一般只需根据短边一侧冲切破坏条件来确定底板厚度。根据混凝土结构设计规范，在柱与基础交接处以及基础变阶处的冲切强度可按下式计算：

$$F_l \leqslant 0.7\beta_{hp} f_t a_m h_0 \quad (8\text{-}27)$$
$$F_l = p_j A_l \quad (8\text{-}28)$$
$$A_l = \left(\frac{l}{2} - \frac{a_c}{2} - h_0\right)b - \left(\frac{b}{2} - \frac{b_c}{2} - h_0\right)^2$$

式中 p_j——相应于作用的基本组合的地基净反力设计值，$p_j = F/(bl)$，偏心荷载作用下净反力按边缘最大净反力取值；

F_l——冲切力，相应于荷载效应基本组合时作用在 A_l 上的地基净反力设计值；

β_{hp}——冲切承载力截面高度影响系数，当 $h \leqslant 800\text{mm}$ 时，β_{hp} 取 1.0，当 $h \geqslant 2000\text{mm}$ 时，β_{hp} 取 0.9，其间按线性内插法取用；

f_t——混凝土轴心抗拉强度设计值；

h_0——冲切破坏锥体的有效高度；

a_m——冲切破坏锥体斜裂面上、下（顶、底）边长的平均值；

A_l——冲切力的作用面积（图 8-12 中的阴影面积）。

【解答】

(1) 计算偏心距

$$e = \frac{M}{F} = \frac{87.5}{700} = 0.125(\text{m}) < \frac{b}{6} = \frac{2.4}{6} = 0.4(\text{m})，属于小偏心。$$

(2) 计算基底最大净反力

$$p_{j\max} = \frac{F}{b^2}\left(1 + \frac{6e}{b}\right) = \frac{700}{2.4^2} \times \left(1 + \frac{6 \times 0.125}{2.4}\right) = 159.5(\text{kPa})$$

(3) 基础有效高度 $h_0 = 0.55\text{m}$。

(4) 冲切力

$$F_l = p_j A_l = p_j\left[\left(\frac{l}{2} - \frac{a_c}{2} - h_0\right)b - \left(\frac{b}{2} - \frac{b_c}{2} - h_0\right)^2\right]$$
$$= 159.5 \times \left[\left(\frac{2.4}{2} - \frac{0.4}{2} - 0.55\right) \times 2.4 - \left(\frac{2.4}{2} - \frac{0.4}{2} - 0.55\right)^2\right]$$
$$= 139.96(\text{kN})$$

所以，答案为（C）。

【点评】基础冲切或抗冲切计算属于典型的混凝土结构方面的计算，公式较多且长，公式里有不同的基础尺寸符号。

【题 8.6.8】某承受轴心荷载的柱下独立基础如图所示（图中尺寸单位为 mm），混凝土强度等级为 C30。问：根据《建筑地基基础设计规范》(GB 50007—2011)，该基础可承受的最大冲切力设计值最接近下列哪项数值？（C30 混凝土轴心抗拉强度设计值为 1.43N/mm^2，基础主筋的保护层厚度为 50mm）

(A) 1000kN (B) 2000kN
(C) 3000kN (D) 4000kN

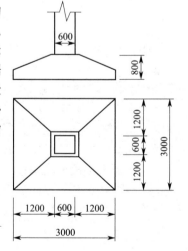

【答案】(D)

【解答】根据《建筑地基基础设计规范》(GB 50007—2011) 第 8.2.8 条。

$$a_t = 0.6\text{m}$$
$$h_0 = 0.8 - 0.05 - 0.01 = 0.74(\text{m})$$
$$a_m = a_t + h_0 = 0.6 + 0.74 = 1.34(\text{m})$$

对方形独立基础承受轴心荷载，四个面均为最不利。
$$4a_m = 4 \times 1.34 = 5.36(\text{m})$$

$h = 0.8\text{m}$，$\beta_{hp} = 1.0$，则抗冲切力
$$0.7\beta_{hp}f_t 4a_m h_0 = 0.7 \times 1.0 \times 1430 \times 5.36 \times 0.74 = 3970(\text{kN})$$

【点评】确定基础有效高度时，$h_0 = 0.8 - 0.05 - 0.01 = 0.74(\text{m})$，式中的 0.05 是混凝土保护层厚度，0.01 是假设的钢筋直径。也就是说，基础有效高度是从底板配筋的圆心处起算，而不是层钢筋底部起算。

由于是方形独立基础承受轴心荷载，所以四个面均为最不利。公式中的 a_m 实际上应当是四个面的 a_m，这点特别重要。否则如果按一个面的 a_m 代入公式计算的结果就是答案(A)。

【题 8.6.9】柱下独立方形基础底面尺寸 2.0m×2.0m，高 0.5m，有效高度 0.45m，混凝土强度等级为 C20（轴心抗拉强度设计值 $f_t = 1.1\text{MPa}$），柱截面尺寸为 0.4m×0.4m。基础顶面作用竖向力 F，偏心距 0.12m。根据《建筑地基基础设计规范》(GB 50007—2011)，满足柱与基础交接处受冲切承载力的验算要求时，基础顶面可承受的最大竖向力 F（相应于作用的基本组合设计值）最接近下列哪个选项？

(A) 980kN (B) 1080kN (C) 1280kN (D) 1480kN

【答案】(D)

【解答】根据《建筑地基基础设计规范》(GB 50007—2011) 第 8.2.8 条。

受冲切承载力
$$0.7\beta_{hp}f_t a_m h_0 = 0.7 \times 1.0 \times 1100 \times (0.4 + 0.45) \times 0.45 = 294.5(\text{kN})$$

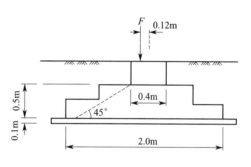

$$p_{j\max} = \frac{F}{A}\left(1 + \frac{6e}{b}\right) = \frac{F}{2 \times 2} \times \left(1 + \frac{6 \times 0.12}{2}\right) = 0.34F$$

$$A_l = \left(\frac{l}{2} - \frac{a_c}{2} - h_0\right)b - \left(\frac{b}{2} - \frac{b_c}{2} - h_0\right)^2$$
$$= \left(\frac{2.0}{2} - \frac{0.4}{2} - 0.45\right) \times 2.0 - \left(\frac{2.0}{2} - \frac{0.4}{2} - 0.45\right)^2$$
$$= 0.7 - 0.1225 = 0.5775(\text{m}^2)$$

冲切力　　$F_l = p_{j\max} A_l = 0.34F \times 0.5775 = 0.196F$

令 $F_l = 0.7\beta_{hp}f_t a_m h_0$，得 $F = \dfrac{294.5}{0.196} = 1502.6(\text{kN})$

【点评】这道题虽然属于逆向思维的题目，但只要按部就班，将已知条件代入公式计算即可。计算工作量一般，注意不要算错。

【题 8.6.10】某柱下独立圆形基础底面直径 3.0m，柱截面直径 0.6m，按照《建筑地基基础设计规范》(GB 50007—2011) 规定计算，柱与基础交接处基础的受冲切承载力设计值为 2885kN，按冲切控制的最大柱底轴力设计值 F 接近下列哪个选项？

(A) 2380kN　　　　(B) 2880kN　　　　(C) 5750kN　　　　(D) 7780kN

【答案】(C)

【解答】根据《建筑地基基础设计规范》(GB 50007—2011)第 8.2.8 条。

(1) 单位面积净反力

$$p_j = \frac{F}{A} = \frac{F}{\pi \times 1.5^2} = \frac{F}{7.065}$$

(2) 净反力设计值

$$A_l = \frac{\pi \times (3.0^2 - 2.12^2)}{4} = 3.54 (\text{m}^2)$$

$$F_l = p_j A_l = \frac{F}{7.065} \times 3.54 \leqslant 2885$$

$$F \leqslant 5757.8 \text{kN}$$

【点评】一般来说，基础抗冲切的题计算工作量都比较大，计算参数也多。但本题别出心裁，基础是圆形的。另外，题干已给出了受冲切力设计值 $F_l = 2885$kN，而 $F_l = p_j A_l = \frac{F}{A} \times A_l$，所以 F 值很容易算出来。

本题的考点是：① $F_l = p_j A_l = \frac{F}{A} \times A_l$；②对圆形基础 A_l 的计算。

【题 8.6.11】某筏基底板梁板布置如图（尺寸单位：mm）所示，筏板混凝土强度等级为 C35（$f_t = 1.57$ N/mm²），根据《建筑地基基础设计规范》(GB 50007—2011) 计算，该底板受冲切承载力最接近下列何项数值？

(A) 5.60×10^3 kN　　　(B) 11.25×10^3 kN

(C) 16.08×10^3 kN　　　(D) 19.70×10^3 kN

【答案】(B)

【解答】根据《建筑地基基础设计规范》(GB 50007—2011) 第 8.4.12 条及 8.2.8 条。

$$F_l \leqslant 0.7 \beta_{hp} f_t u_m h_0$$

β_{hp} 为受冲切承载力截面高度影响系数；$h_0 = 800$mm，取 $\beta_{hp} = 1.0$。

$$u_m = 2(l_{n1} - h_0) + 2(l_{n2} - h_0)$$
$$= 2 \times (3.2 - 0.8) + 2 \times (4.8 - 0.8) = 12.8 (\text{m})$$

$$0.7 \beta_{hp} f_t u_m h_0 = 0.7 \times 1.0 \times 1.57 \times 10^3 \times 12.8 \times 0.8$$
$$= 11.25 \times 10^3 (\text{kN})$$

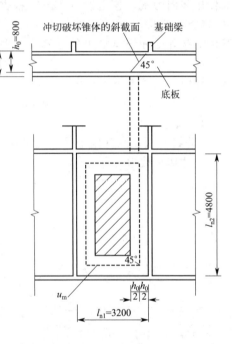

【点评】注意 $f_t = 1.57$ N/mm²，代入公式时要将量纲统一，即 $f_t = 157$N/mm² = 1.57MPa = 1.57×10^3 kPa。

【题 8.6.12】某高层建筑（尺寸单位：mm）为梁板式基础，底板区格为矩形双向板，柱网尺寸为 8.7m×8.7m，梁宽为 450mm，荷载基本组合地基净反力设计值为 540kPa，底板混凝土轴心抗拉强度设计值为 1570kPa，按《建筑地基基础设计规范》(GB 50007—2011)，验算底板受冲切所需的有效厚度最接近下列哪个选项？

(A) 0.825m　　　(B) 0.747m　　　(C) 0.658m　　　(D) 0.558m

【答案】(B)

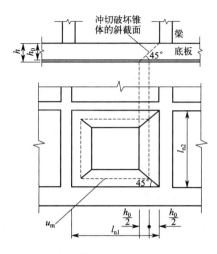

【解答】 根据《建筑地基基础设计规范》(GB 50007—2011) 第 8.4.12 条。

$$l_{n1} = l_{n2} = 8.7 - 0.45 = 8.25 \text{(m)}$$

假设 $h \leqslant 800 \text{mm}$，则 $\beta_{hp} = 1.0$。

$$h_0 = \frac{(l_{n1}+l_{n2}) - \sqrt{(l_{n1}+l_{n2})^2 - \dfrac{4p_n l_{n1} l_{n2}}{p_n + 0.7\beta_{hp} f_t}}}{4}$$

$$= \frac{(8.25+8.25) - \sqrt{(8.25+8.25)^2 - \dfrac{4 \times 540 \times 8.25 \times 8.25}{540 + 0.7 \times 1.0 \times 1570}}}{4} = 0.747 \text{(m)}$$

假设成立。

$$h = 0.747 \text{(m)} > \frac{8.25}{14} = 0.589 \text{(m)}，且厚度大于 400 \text{mm}。$$

【点评】 筏板基础的受冲切及受剪切，在基础工程教材中基本没有这方面的介绍，虽不能说超纲，但在历年的考题中的确是不常见。

【题 8.6.13】 已知柱下独立基础底面尺寸 $2.0\text{m} \times 3.5\text{m}$，相应于作用效应标准组合时传至基础顶面 ± 0.00 处的竖向力和力矩为 $F_k = 800 \text{kN}$，$M_k = 50 \text{kN} \cdot \text{m}$，基础高度 1.0m，埋深 1.5m，如图所示。根据《建筑地基基础设计规范》(GB 50007—2011) 方法验算柱与基础交接处的截面受剪承载力时，其剪力设计值最接近以下何值？

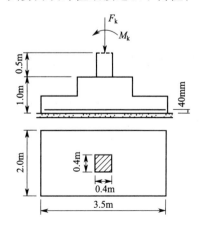

(A) 200kN (B) 350kN (C) 480kN (D) 500kN

【答案】（C）

基本原理（基本概念或知识点）

对钢筋混凝土独立基础，当基础底面短边尺寸小于或等于柱宽加两倍基础有效高度时，应按下列公式验算柱与基础交接处截面受剪承载力（图8-13）：

$$V_s \leqslant 0.7\beta_{hs} f_t A_0 \tag{8-29}$$

$$\beta_{hs} = (800/h_0)^{1/4} \tag{8-30}$$

式中 V_s——相应于作用的基本组合时，柱与基础交接处的剪力设计值，kN，图中的阴影面积乘以基底平均净反力。

β_{hs}——受剪承载力高度影响系数，当 $h_0 < 800 \text{mm}$ 时，取 $h_0 = 800 \text{mm}$；当 $h_0 > 2000 \text{mm}$ 时，取 $h_0 = 2000 \text{mm}$。

A_0——验算截面处基础的影响截面面积，m^2。当验算截面为梯形或锥形时，可将其截面折算成矩形截面，截面的折算宽度和截面的有效高度按规范附录U计算。

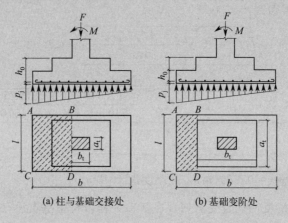

图8-13 验算阶梯形基础受剪承载力示意图

【解答】根据《建筑地基基础设计规范》(GB 50007—2011) 第8.2.9条。

柱与基础交接处的截面受剪承载力，应为图8-13(a)中的阴影面积乘以基底平均净反力：

$$\left(\frac{3.5}{2} - 0.2\right) \times 2 \times \frac{1.35 \times 800}{2 \times 3.5} = 478.3 \text{(kN)}$$

【点评】注意荷载标准组合与基本组合的关系：$F = 1.35 F_k$。

【题8.6.14】某梁板式筏基底板区格如图所示，筏板混凝土强度等级为C35（$f_t = 1.57 \text{N/mm}^2$），根据《建筑地基基础设计规范》(GB 50007—2011) 计算，该区格底板斜截面受剪承载力最接近下列何值？

(A) 5.60×10^3 kN (B) 6.65×10^3 kN
(C) 16.08×10^3 kN (D) 119.7×10^3 kN

【答案】（B）

【解答】根据《建筑地基基础设计规范》(GB 50007—2011) 第8.4.12条。

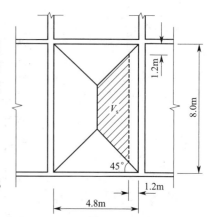

$$V_s \leqslant 0.7\beta_{hs}f_t(l_{n2}-2h_0)h_0$$
$$\beta_{hs}=\left(\frac{800}{h_0}\right)^{\frac{1}{4}}=\left(\frac{800}{1200}\right)^{\frac{1}{4}}=0.9$$

$0.7\beta_{hs}f_t(l_{n2}-2h_0)h_0=0.7\times0.9\times1.57\times(8.0-2\times1.2)\times1.2\times10^3=6.65\times10^3(\text{kN})$

【题 8.6.15】某高层建筑采用梁板式筏形基础，柱网尺寸为 $8.7\text{m}\times8.7\text{m}$，柱横截面为 $1450\text{mm}\times1450\text{mm}$，柱下为交叉基础梁，梁宽为 450mm，荷载效应基本组合下地基净反力为 400kPa，设梁板式筏基的底板厚度为 1000mm，双排钢筋，钢筋合力点至板截面近边的距离取 70mm，按《建筑地基基础设计规范》(GB 50007—2011) 计算距基础梁边缘 h_0（板的有效高度）处底板斜截面所承受剪力设计值最接近下列何值？

(A) 4100kN (B) 5500kN
(C) 6200kN (D) 6500kN

【答案】(A)

(尺寸单位：mm)

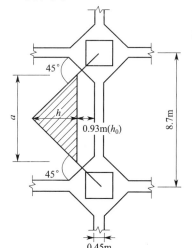

【解答】根据《建筑地基基础设计规范》(GB 50007—2011)。

$$h_0=1000-70=930(\text{mm})=0.93(\text{m})$$

阴影部分三角形底边长：
$$a=8.7-2\times\left(\frac{0.45}{2}+0.93\right)=6.39(\text{mm})$$

阴影部分三角形的高：
$$h=\frac{8.7-0.45}{2}-0.93=3.195(\text{m})$$

剪力设计值：
$$V_s=p_jA=400\times\frac{1}{2}\times6.39\times3.195=4083.21(\text{kN})$$

【题 8.6.16】某柱下钢筋混凝土条形基础，基础宽度 2.5m，该基础按弹性地基梁计算，基础的沉降曲线概化图如下。地基的基床系数为 20MN/m^3。计算该基础下地基反力的合力，最接近下列何值？

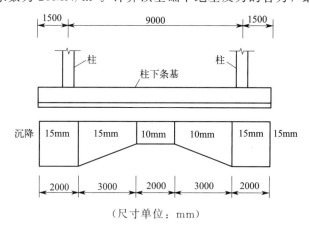

(尺寸单位：mm)

(A) 3100kN (B) 4950kN (C) 6000kN (D) 7750kN

【答案】(D)

【解答】 根据文克勒地基模型：$p_i = k s_i$

沉降 15mm 对应点的地基反力：$p_1 = k s_1 = 20 \times 10^3 \times 15 \times 10^{-3} = 300 \text{(kPa)}$

沉降 10mm 对应点的地基反力：$p_2 = k s_2 = 20 \times 10^3 \times 10 \times 10^{-3} = 200 \text{(kPa)}$

地基反力的合力：

$$P = p_1 b \times 2.0 \times 2 + \frac{p_1 + p_2}{2} b \times 3.0 \times 2 + p_2 b \times 2.0$$

$$= 300 \times 2.5 \times 2.0 \times 2 + \frac{300 + 200}{2} \times 2.5 \times 3.0 \times 2 + 200 \times 2.5 \times 2.0 = 7750 \text{(kN)}$$

【点评】 本题考点是：①文克勒地基模型；②根据基底反力的分布求合力。

【本节考点】

① 墙下条形基础弯矩及配筋计算；

② 柱下独立基础弯矩计算；

③ 柱下独立基础冲切力或抗冲切力计算；

④ 满足抗冲切要求的基础厚度或上部荷载计算；

⑤ 筏基底板梁板抗冲切力计算；

⑥ 满足抗冲切要求的底板厚度计算；

⑦ 独立基础或筏基底板的受剪承载力计算。

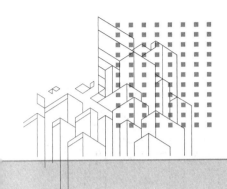

第 9 章

桩基础

9.1 桩顶作用荷载计算

【题 9.1.1】某桩基工程,其桩型平面布置、剖面和地层分布如图所示,已知荷载效应标准组合下轴力 $F_k=12000$kN,力矩 $M_k=1000$kN·m,水平力 $H_k=600$kN,承台和填土的平均重度为 20kN/m³,桩顶轴向压力最大值 $N_{k\max}$ 的计算结果最接近下列哪一选项?

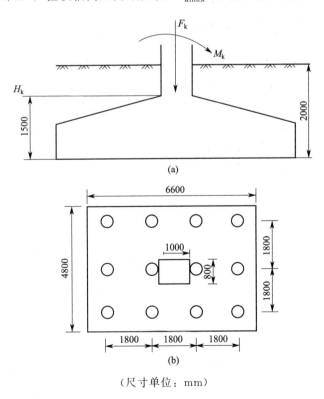

(尺寸单位:mm)

(A) 1020kN　　　　(B) 1210kN　　　　(C) 1380kN　　　　(D) 1520kN

【答案】(B)

基本原理（基本概念或知识点）

以承受竖向力为主的群桩基础，其基桩或复合基桩桩顶荷载（图 9-1）可按下列公式计算：

（1）竖向力

轴心竖向力作用下

$$N_k = \frac{F_k + G_k}{n} \quad (9\text{-}1)$$

偏心竖向力作用下

$$N_{ik} = \frac{F_k + G_k}{n} \pm \frac{M_{xk} y_i}{\sum y_j^2} \pm \frac{M_{yk} x_i}{\sum x_j^2} \quad (9\text{-}2)$$

$$N_{k\max} = \frac{F_k + G_k}{n} + \frac{M_{xk} y_{\max}}{\sum y_j^2} + \frac{M_{yk} x_{\max}}{\sum x_j^2} \quad (9\text{-}3)$$

（2）水平力

$$H_{ik} = \frac{H_k}{n} \quad (9\text{-}4)$$

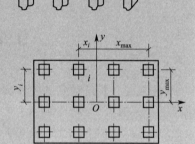

图 9-1　桩顶荷载计算简图

式中　F_k——荷载效应标准组合下，作用于桩基承台顶面的竖向力；

G_k——桩基承台和承台上土自重标准值，对稳定的地下水位以下部分扣除水的浮力；

N_k——荷载效应标准组合轴心竖向力作用下，基桩或复合基桩的平均竖向力；

M_{xk}、M_{yk}——荷载效应标准组合下，作用于承台底面，绕通过桩群形心的 x、y 主轴的力矩；

x_i、x_j、y_i、y_j——第 i、j 基桩或复合基桩至群桩形心 y、x 轴线的距离；

H_k——荷载效应标准组合下，作用于桩基承台底面的水平力；

H_{ik}——荷载效应标准组合下，作用于第 i 基桩或复合基桩的水平力；

n——桩基中的桩数。

【解答】

$$F_k = 12000\text{kN}$$
$$G_k = 4.8 \times 6.6 \times 2 \times 20 = 1267.2(\text{kN})$$
$$M_k = 1000 + 600 \times 1.5 = 1900(\text{kN} \cdot \text{m})$$
$$N_{k\max} = \frac{F_k + G_k}{n} + \frac{M_k y_{\max}}{\sum y_j^2} = \frac{12000 + 1267.2}{12} + \frac{1900 \times 2.7}{6 \times 0.9^2 + 6 \times 2.7^2} = 1211.1(\text{kN})$$

【点评】根据已知条件直接代入公式计算即可。注意公式中各符号的定义，尤其是 x_i、x_j、y_i、y_j 的定义及 $\sum x_j$ 和 $\sum y_j$ 的意义。还有，除了力矩 $M_k = 1000\text{kN} \cdot \text{m}$，水平力 H_k 也会产生弯矩。所以，$M_k = 1000 + 600 \times 1.5 = 1900(\text{kN} \cdot \text{m})$。

【题 9.1.2】某建筑桩基，作用于承台顶面的荷载效应标准组合偏心竖向力为 5000kN，承台及其上土自重的标准值为 500kN，桩的平面布置和偏心竖向力作用点位置见图示。问承台下基桩最大竖向力最接近下列哪个选项？（不考虑地下水的影响，图中尺寸单位为 mm。）

（A）1270kN （B）1820kN
（C）2010kN （D）2210kN

【答案】（D）

【解答】根据《建筑桩基技术规范》(JGJ 94—2008) 第 5.1.1 条。

$$M_{xk}=M_{yk}=F_k e=5000\times 0.4=2000(\text{kN}\cdot\text{m})$$

$$N_{k\max}=\frac{F_k+G_k}{n}+\frac{M_{xk}y_{\max}}{\sum y_j^2}+\frac{M_{yk}x_{\max}}{\sum x_j^2}=\frac{5000+500}{5}$$
$$+\frac{2000\times 0.9}{4\times 0.9^2}+\frac{2000\times 0.9}{4\times 0.9^2}=2211(\text{kN})$$

【点评】这是一个双向偏心荷载作用的题目，但计算方法与上题一样，代入相应公式计算即可。

【题 9.1.3】某柱下桩基，采用 5 根相同的基桩，桩径 $d=800$mm，柱作用在承台顶面处的竖向轴力设计值 $F=10000$kN，弯矩设计值 $M_y=480$kN·m，承台与土自重设计值 $G=500$kN，据《建筑桩基技术规范》(JGJ 94—2008)，基桩承载力设计值至少要达到下列何值时，该柱下桩基才能满足承载力要求？（不考虑地震作用）

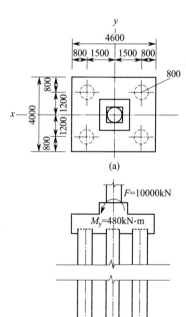

（尺寸单位：mm）

（A）1800kN （B）2000kN
（C）2100kN （D）2520kN

【答案】（C）

【解答】根据《建筑桩基技术规范》(JGJ 94—2008) 第 5.1.1 条、第 5.2.1 条。

(1) $N_k=\dfrac{F_k+G_k}{n}=\dfrac{10000+500}{5}=2100(\text{kN})$

(2) $N_{k\max}=\dfrac{F_k+G_k}{n}+\dfrac{M_{yk}x_{\max}}{\sum x_j^2}=2100+\dfrac{480\times 1.5}{4\times 1.5^2}=2180(\text{kN})$

(3) 要求：$N_k\leqslant R$，有：$R\geqslant 2100$kN
    $N_{k\max}\leqslant 1.2R$，有：$R\geqslant 1816$kN
取大值，$R\geqslant 2100$kN。

【点评】初一看，这是一道求桩基承载力的计算题，但实际上是要求根据桩顶荷载来确定桩基承载力。偏心荷载下，要求满足 $\begin{cases}N_k\leqslant R\\ N_{k\max}\leqslant 1.2R\end{cases}$ 两个条件，取大值。

【题 9.1.4】某柱下桩基础如图，采用 5 根相同的基桩，桩径 $d=800$mm，地震作用效应和荷载效应标准组合下，柱作用在承台顶面处的竖向力 $F_k=10000$kN，弯矩设计值 $M_{yk}=480$kN·m，承台与土自重标准值 $G_k=500$kN，据《建筑桩基技术规范》(JGJ 94—2008)，基桩竖向承载力特征值至少要达到下列何值时，该柱下桩基才能满足承载力要求？

(A) 1460kN (B) 1680kN
(C) 2100kN (D) 2180kN

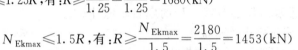

【答案】(B)

【解答】根据《建筑桩基技术规范》(JGJ 94—2008)第 5.1.1 条、第 5.2.1 条。

(1) $N_{Ek}=\dfrac{F_k+G_k}{n}=\dfrac{10000+500}{5}=2100(\text{kN})$

(2) $N_{Ekmax}=\dfrac{F_k+G_k}{n}+\dfrac{M_{yk}x_{max}}{\sum x_j^2}=2100+\dfrac{480\times1.5}{4\times1.5^2}$
$=2180(\text{kN})$

(3) 要求：$N_{Ek}\leq1.25R$，有：$R\geq\dfrac{N_{Ek}}{1.25}=\dfrac{2100}{1.25}=1680(\text{kN})$

$N_{Ekmax}\leq1.5R$，有：$R\geq\dfrac{N_{Ekmax}}{1.5}=\dfrac{2180}{1.5}=1453(\text{kN})$

两者取大值，$R\geq1680$kN。

【点评】本题考查内容为在不同荷载效应组合下，群桩基础桩顶作用荷载的计算及桩基承载力的验算。本题的考点是两种荷载组合效应下，基桩承载力都应满足要求。

仔细看，本题与上道题的题干基本相同，要求也一样。但荷载效应不同，所以结果也就不一样。

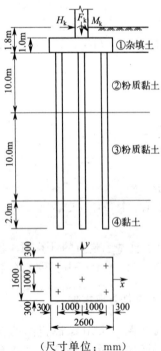

(尺寸单位：mm)

【题 9.1.5】假设某工程中上部结构传至承台顶面处相应于荷载效应标准组合下的竖向力 $F_k=10000$kN，弯矩 $M_k=500$kN·m，水平力 $H_k=100$kN，设计承台尺寸为 $1.6\text{m}\times2.6\text{m}$，厚度为 1.0m，承台及其上土平均重度为 20kN/m³，桩数为 5 根。根据《建筑桩基技术规范》(JGJ 94—2008)，单桩竖向极限承载力标准值最小应为下列何值？

(A) 1690kN (B) 2030kN
(C) 4060kN (D) 4800kN

【答案】(C)

【解答】根据《建筑桩基技术规范》(JGJ 94—2008)第 5.1.1 条、第 5.2.1 条。

(1) 承台及其上土自重标准值 $G_k=20\times1.6\times2.6\times1.8$
$=150(\text{kN})$

(2) 单桩轴心竖向力 $N_k=\dfrac{F_k+G_k}{n}=\dfrac{10000+150}{5}=2030(\text{kN})$

(3) 偏心荷载下最大竖向力

$N_{kmax}=\dfrac{F_k+G_k}{n}+\dfrac{M_{yk}x_{max}}{\sum x_j^2}=2030+\dfrac{(500+100\times1.8)\times1.0}{4\times1^2}$

$=2200(kN)$

按照 JGJ 94 规范第 5.2.1 条要求：$\begin{cases} N_k \leqslant R \\ N_{kmax} \leqslant 1.2R \end{cases}$

得 $R = \max\left(N_k, \dfrac{N_{kmax}}{1.2}\right) = \max\left(2030, \dfrac{2200}{1.2}\right) = 2030(kN)$

则 $Q_{uk} = 2R = 2 \times 2030 = 4060(kN)$

【点评】本题考查对群桩基础在桩顶荷载效应标准组合下基桩承载力的计算能力。与前面两道题不同的是：求单桩竖向极限承载力标准值最小值 Q_{uk}，而不是基桩承载力特征值 R。所以，如果只是求得 R，将得到答案（B）。

【题 9.1.6】某框架柱采用 6 桩独立基础，如图（尺寸单位：mm）所示，桩基承台埋深 2.0m，承台面积 3.0m×4.0m，采用边长 0.2m 钢筋混凝土预制实心方桩，桩长 12m。承台顶部标准组合下的轴心竖向力为 F_k，桩身混凝土强度等级为 C25，抗压强度设计值为 $f_c = 11.9$MPa，箍筋间距 150mm，根据《建筑桩基技术规范》(JGJ 94—2008)，若按桩身承载力验算，该桩基础能够承受的最大竖向力 F_k 最接近下列何值？（承台与其上土的重度取 20kN/m³，上部结构荷载效应基本组合按标准组合的 1.35 倍取用。）

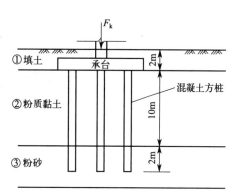

(A) 1320kN　　　　(B) 1630kN　　　　(C) 1950kN　　　　(D) 2270kN

【答案】（A）

【解答】根据《建筑桩基技术规范》（JGJ 94—2008）第 5.8.2 条，桩顶轴向力设计值 $N \leqslant \psi_c f_c A_{ps}$。

根据已知条件，$f_c = 11.9$MPa，桩身截面面积 $A_{ps} = 0.2 \times 0.2 = 0.04(m^2)$。

根据规范第 5.8.3 条，混凝土预制桩成桩工艺系数 $\psi_c = 0.85$。

基桩桩顶作用力设计值 $N \leqslant \psi_c f_c A_{ps} = 0.85 \times 11.9 \times 10^3 \times 0.04 = 404.6(kN)$

$$N_k = \frac{N}{1.35} = \frac{404.6}{1.35} = 299.7(kN)$$

则 $N_k = \dfrac{F_k + G_k}{n} = \dfrac{F_k + 3 \times 4 \times 2 \times 20}{6} = 299.7(kN)$

解得 $F_k = 1318.2$kN。

【点评】本题考点是：桩身承载力验算及相应荷载组合的选用与换算，以及成桩工艺系数。

桩身承载力验算时，轴心竖向力作用下桩顶作用效应应按下式计算：

$$N = \frac{F + G}{n} = \frac{1.35(F_k + G_k)}{n}$$

式中　N——荷载效应基本组合下，桩顶压力设计值，kN；

　　　F_k——荷载效应标准组合下，作用于承台顶面的竖向力，kN，换算成设计值时应乘以分项系数 1.35；

　　　G_k——桩基承台和承台上土自重标准值，kN，对稳定的地下水位以下部分应扣除水的浮力，换算成设计值时应乘以分项系数 1.35；

n——桩基中的桩数。

根据《建筑桩基技术规范》(JGJ 94—2008) 第 5.8.3 条，混凝土预制桩、预应力混凝土空心桩 $\psi_c=0.85$。

计算桩顶力设计值时若未乘以分项系数 1.35，会得出错误结果即选项 (C)($F_k=1947.6\text{kN}$)；若计算中未考虑上覆土重作用，则计算的最大竖向力为选项 (D)($F_k=2270.4\text{kN}$)。

【本节考点】
① 桩基荷载计算；
② 基桩最大竖向力计算；
③ 根据桩顶荷载（不同荷载效应）确定基桩承载力的最小值；
④ 根据桩身承载力，确定最大竖向力。

9.2 桩基竖向承载力

【题 9.2.1】某桩基工程的桩型平面布置剖面和地层分布如图所示，土层及桩基设计参数见图，承台底面以下存在高灵敏度淤泥质黏土，其地基土承载力特征值 $f_{ak}=90\text{kPa}$。试按《建筑桩基技术规范》(JGJ 94—2008) 非端承桩桩基计算复合基桩竖向承载力特征值。

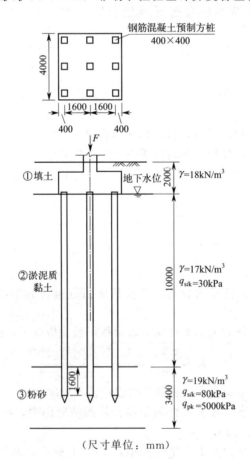

（尺寸单位：mm）

(A) 660kN (B) 740kN
(C) 820kN (D) 1480kN

【答案】(B)

基本原理（基本概念或知识点）

考虑承台效应的复合基桩竖向承载力特征值可按下列公式确定：
不考虑地震作用时

$$R = R_a + \eta_c f_{ak} A_c \tag{9-5}$$

$$A_c = (A - nA_{ps})/n \tag{9-6}$$

$$R_a = \frac{1}{K} Q_{uk} \tag{9-7}$$

$$Q_{uk} = Q_{sk} + Q_{pk} = u \sum q_{sik} l_i + q_{pk} A_p \tag{9-8}$$

式中 η_c——承台效应系数，可按规范表 5.2.5 取值；

f_{ak}——承台下 1/2 承台宽度且不超过 5m 深度范围内各层土的地基承载力特征值按厚度加权的平均值；

A_c——计算基桩所对应的承台底净面积；

A_{ps}——桩身截面面积；

A——承台计算域面积，对于柱下独立桩基，A 为承台总面积；

R_a——单桩竖向承载力特征值；

K——安全系数，取 $K=2$；

Q_{uk}——单桩竖向极限承载力标准值；

Q_{sk}、Q_{pk}——分别为总极限侧阻力和总极限端阻力标准值；

q_{sik}——桩侧第 i 层土的极限侧阻力标准值，按规范表 5.3.5-1 取值；

q_{pk}——极限端阻力标准值，按规范表 5.3.5-2 取值；

u——桩身周长；

l_i——桩周第 i 层土的厚度；

A_p——桩端面积。

【解答】根据《建筑桩基技术规范》(JGJ 94—2008) 第 5.2.5 条、5.3.5 条。

$$R = R_a + \eta_c f_{ak} A_c$$

规范规定，当承台底为高灵敏度土时，不考虑承台效应，所以取 $\eta_c = 0$。

$$Q_{uk} = Q_{sk} + Q_{pk} = u \sum q_{sik} l_i + q_{pk} A_p = 4 \times 0.4 \times (30 \times 10 + 80 \times 1.6) + 5000 \times 0.4^2$$
$$= 1484.8 \text{(kN)}$$

$$R = R_a + \eta_c f_{ak} A_c = \frac{Q_{uk}}{2} + 0 = \frac{1484.8}{2} + 0 = 742.4 \text{(kN)}$$

【点评】复合基桩竖向承载力计算是常见的一个考点。要注意题干所给的条件，以确定代入公式的参数。注意方桩和圆桩的截面面积计算不要搞混。

【题 9.2.2】某桩基工程，其桩型平面布置、剖面和地层分布如图（尺寸单位：mm）所示，土层物理力学指标见表，按《建筑桩基技术规范》(JGJ 94—2008) 计算，复合基桩的竖向承载力特征值，其计算结果最接近下列哪个选项？

土层名称	f_{ak}/kPa	极限侧阻力 q_{sik}/kPa	极限端阻力 q_{pik}/kPa
①填土			
②粉质黏土	180	40	
③粉砂	220	80	3000
④黏土	150	50	
⑤细砂	350	90	4000

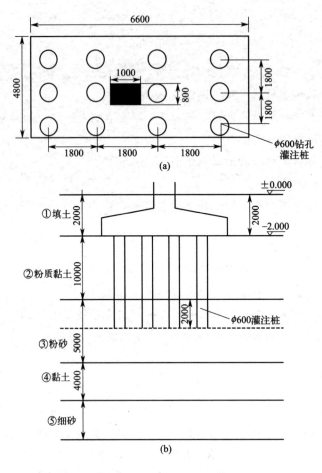

(A) 980kN　　　　(B) 1050kN　　　　(C) 1264kN　　　　(D) 1420kN

【答案】（A）

【解答】根据《建筑桩基技术规范》(JGJ 94—2008) 第 5.2.5 条、5.3.5 条。

由题干可知，ϕ600 灌注桩，桩长 12m，进入粉砂层 2m。

$$A_p = \frac{\pi}{4} d^2 = \frac{\pi}{4} \times 0.6^2 = 0.2827 (m^2)$$

$$u = \pi d = \pi \times 0.6 = 1.884 (m)$$

$$Q_{uk} = u \sum q_{sik} l_i + q_{pk} A_p = 1.884 \times (40 \times 10 + 80 \times 2) + 3000 \times 0.2827 = 1902.8 (kN)$$

$$R_\mathrm{a} = \frac{1}{2}Q_\mathrm{uk} = \frac{1902.8}{2} = 951.4(\mathrm{kN})$$

$$A_\mathrm{c} = \frac{A - nA_\mathrm{ps}}{n} = \frac{6.6 \times 4.8 - 12 \times 0.2827}{12} = 2.357(\mathrm{m}^2)$$

$$\frac{S_\mathrm{a}}{d} = \frac{1.8}{0.6} = 3, \frac{B_\mathrm{c}}{l} = \frac{4.8}{12} = 0.4$$

查规范表 5.2.5 可知，$\eta_\mathrm{c} = 0.06 \sim 0.08$，取 $\eta_\mathrm{c} = 0.08$。

$$R = R_\mathrm{a} + \eta_\mathrm{c} f_\mathrm{ak} A_\mathrm{c} = 951.4 + 0.08 \times 180 \times 2.357 = 985(\mathrm{kN})$$

【点评】与上题一样，本题也是考虑群桩效应复合基桩承载力的计算。注意从题图表中读取相关参数，包括各尺寸及土层物理力学指标。虽然题干中没有明确给出桩的长度，但从题图中可以确定桩长为 12m，进入粉砂层 2m。粉砂层以下的黏土层和细砂层均是干扰项。

【题 9.2.3】某钢管桩外径为 0.90m，壁厚为 20mm，桩端进入密实中砂持力层 2.5m，桩端开口时单桩竖向极限承载力标准值为 $Q_\mathrm{uk} = 8000\mathrm{kN}$（其中桩端总极限阻力占 30%），如为进一步发挥桩端承载力，在桩端加十字形钢板，按《建筑桩基技术规范》(JGJ 94—2008) 计算，下列哪一个数值最接近其桩端改变后的单桩竖向极限承载力标准值？

(A) 9960kN   (B) 12090kN   (C) 13700kN   (D) 14500kN

【答案】(A)

【解答】根据《建筑桩基技术规范》(JGJ 94—2008) 第 5.3.7 条。

(1) 单桩竖向极限承载力标准值

$$Q_\mathrm{uk} = Q_\mathrm{sk} + Q_\mathrm{pk} = 8000\mathrm{kN}$$
$$Q_\mathrm{pk} = 0.3 \times 8000 = 2400(\mathrm{kN})$$
$$Q_\mathrm{sk} = 8000 - 2400 = 5600(\mathrm{kN})$$

(2) $h_\mathrm{b} = 2.5\mathrm{m}, d = 0.9\mathrm{m}$

$$\frac{h_\mathrm{b}}{d} = \frac{2.5}{0.9} = 2.78 < 5, 则 \lambda_\mathrm{p} = 0.16 \times 2.78 = 0.44$$

(3) $0.44 q_\mathrm{pk} A_\mathrm{p} = 2400\mathrm{kN} \Rightarrow q_\mathrm{pk} A_\mathrm{p} = 5455\mathrm{kN}$

(4) 加十字钢板后，$d_\mathrm{e} = \frac{d}{\sqrt{n}} = \frac{0.9}{\sqrt{4}} = 0.45$

(5) $\frac{h_\mathrm{b}}{d_\mathrm{e}} = \frac{2.5}{0.45} = 5.56 > 5, 则 \lambda_\mathrm{p} = 0.8$

(6) $Q'_\mathrm{pk} = 0.8 q_\mathrm{pk} A_\mathrm{p} = 0.8 \times 5455 = 4364(\mathrm{kN})$

(7) $Q_\mathrm{uk} = Q_\mathrm{sk} + Q'_\mathrm{pk} = 5600 + 4364 = 9964(\mathrm{kN})$

【点评】对钢管桩的承载力，规范有相应的条款。所以，熟悉规范很重要！

题干已经给出了 $Q_\mathrm{uk} = Q_\mathrm{sk} + Q_\mathrm{pk} = 8000\mathrm{kN}$，并告知 $Q_\mathrm{pk} = 0.3 Q_\mathrm{uk} = 2400\mathrm{kN}$，也就是分别知道桩侧阻力和桩端阻力。后在桩端加十字形钢板，只是桩端阻力会增加，而桩侧阻力并无变化。理解了这点，问题就解决了一半。

【题 9.2.4】某工程采用泥浆护壁钻孔灌注桩，桩径 1200mm，桩端进入中等风化岩 1.0m，中等风化岩体较完整，饱和单轴抗压强度标准值为 41.5MPa，桩顶以下土层参数依次列表如下。按《建筑桩基技术规范》(JGJ 94—2008)，估算单桩极限承载力最接近下列哪个选项的数值？（取桩嵌岩段侧阻和端阻综合系数 $\xi_\mathrm{r} = 0.76$。）

岩土层编号	岩土层名称	桩顶以下岩土层厚度/m	q_{sik}/kPa	q_{pk}/kPa
①	黏土	13.70	32	—
②	粉质黏土	2.30	40	—
③	粗砂	2.00	75	—
④	强风化岩	8.85	180	2500
⑤	中等风化岩	8.00	—	—

(A) 32200kN　　(B) 36800kN　　(C) 40800kN　　(D) 44200kN

【答案】(D)

【解答】根据《建筑桩基技术规范》(JGJ 94—2008) 第 5.3.9 条。

桩端置于完整、较完整基岩的嵌岩桩单桩竖向极限承载力，由桩周土总极限侧阻力和嵌岩段总极限阻力组成。当根据岩石单轴抗压强度确定单桩竖向极限承载力标准值时，可按下列公式计算：

$$Q_{uk} = Q_{sk} + Q_{rk} \quad (9\text{-}9)$$
$$Q_{sk} = u \sum q_{sik} l_i \quad (9\text{-}10)$$
$$Q_{rk} = \xi_r f_{rk} A_p \quad (9\text{-}11)$$

式中　Q_{sk}、Q_{rk}——分别为土的总极限侧阻力标准值、嵌岩段总极限阻力标准值；

　　　q_{sik}——桩周第 i 层土的极限侧阻力，可查规范表 5.3.5-1 取值；

　　　f_{rk}——岩石单轴抗压强度标准值，黏土岩取天然湿度单轴抗压强度标准值；

　　　ξ_r——桩嵌岩段侧阻和端阻综合系数，可查规范表 5.3.9 取值。

$$u = \pi d = \pi \times 1.2 = 3.77 \text{(m)}$$
$$A_p = \frac{\pi}{4} d^2 = \frac{\pi}{4} \times 1.2^2 = 1.13 \text{(m}^2\text{)}$$
$$Q_{sk} = u \sum q_{sik} l_i = 3.77 \times (32 \times 13.7 + 40 \times 2.3 + 75 \times 2.0 + 180 \times 8.85)$$
$$= 3.77 \times (438.4 + 92.0 + 150.0 + 1593.0) = 8570.7 \text{(kN)}$$
$$Q_{rk} = \xi_r f_{rk} A_p = 0.76 \times 41500 \times 1.13 = 35640.2 \text{(kN)}$$
$$Q_{uk} = Q_{sk} + Q_{rk} = 8570.7 + 35640.2 = 44210.9 \text{(kN)}$$

【点评】要能够根据题意判断出题中是一个嵌岩桩。规范中对嵌岩桩的承载力计算有具体的要求，按规范要求计算即可。

【题 9.2.5】某柱下六桩独立柱基，承台埋深 3.0m，承台面积取 2.4m×4.0m，采用直径 0.4m 的灌注桩，桩长 12m，距径比 $s_a/d=4$，桩顶以下土层参数如表所示。根据《建筑桩基技术规范》(JGJ 94—2008)，考虑承台效应（取承台效应系数 $\eta_c = 0.14$），试确定考虑地震作用时的复合基桩竖向承载力特征值与单桩承载力特征值之比最接近于下列哪个选项的数值？（取地震抗震承载力调整系数 $\xi_a = 1.5$）

层序	土名	层底埋深/m	q_{sik}/kPa	q_{pk}/kPa
①	填土	3.0	—	—
②	粉质黏土	13.0	25	（地基承载力特征值 $f_{ak}=300$kPa）
③	粉砂	17.0	100	6000
④	粉土	25.0	45	800

(A) 1.05　　(B) 1.11　　(C) 1.16　　(D) 1.20

【答案】(B)

【解答】根据《建筑桩基技术规范》(JGJ 94—2008)第5.2.5条。
$$Q_{uk}=(10\times25+2\times100)\pi\times0.4+\pi\times0.2^2\times6000=1318.8(kN)$$
单桩竖向承载力特征值：
$$R_a=\frac{Q_{uk}}{K}=\frac{1318.8}{2}=659.4(kN)$$
基桩所对应的承台底净面积：
$$A_c=\frac{A-nA_{ps}}{n}=\frac{2.4\times4.0-6\pi\times0.2^2}{6}=1.47(m^2)$$
考虑地震作用时
$$R=R_a+\frac{\xi_a}{1.25}\eta_c f_{ak}A_c=659.4+\frac{1.5}{1.25}\times0.14\times300\times1.47=733.5(kN)$$
$$\frac{R}{R_a}=\frac{733.5}{659.4}=1.11$$

【点评】本题的考点有两个：一是对 $Q_{uk}=Q_{sk}+Q_{pk}=u\sum q_{sik}l_i+q_{pk}A_p$ 的计算，要能够根据题表所给的数据，判断出每层土的 l_i；二是考虑地震作用时的基桩承载力特征值计算。

【题 9.2.6】某泥浆护壁灌注桩桩径 800mm，桩长 24m，采用桩端桩侧联合后注浆，桩侧注浆断面位于桩顶下 12m，桩周土性及后注浆侧阻力与端阻力增强系数如图所示。按《建筑桩基技术规范》(JGJ 94—2008)，估算的单桩极限承载力最接近于下列何项数值？

(A) 5620kN (B) 6460kN
(C) 7420kN (D) 7700kN

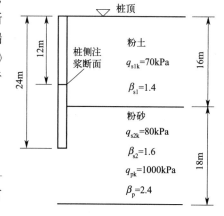

【答案】(D)
【解答】根据《建筑桩基技术规范》(JGJ 94—2008)第5.3.10条，后注浆单桩极限承载力标准值可按下式计算：
$$Q_{uk}=Q_{sk}+Q_{gsk}+Q_{gpk}=u\sum q_{sjk}l_j+u\sum\beta_{si}q_{sik}l_{gi}+\beta_p q_{pk}A_p$$
$$=0+0.8\pi\times(1.4\times70\times16+1.6\times80\times8)+2.4\times\frac{\pi}{4}\times0.8^2\times1000$$
$$=7717(kN)$$

【点评】本题的考点是后注浆灌注桩单桩承载力计算。后注浆灌注桩单桩极限承载力计算模式与普通灌注桩相同，区别在于侧阻力和端阻力分别乘以增强系数 β_{si} 和 β_p。按公式计算即可。

注意本题采用桩端桩侧联合后注浆，桩侧注浆断面位于桩顶下 12m，所以按规范规定：当为桩端、桩侧复式注浆时，竖向增强段为桩端以上 12m 及各桩侧注浆断面以上 12m。则本题中增强段总长为 24m，而后注浆非增强段 $l_j=0$。

【题 9.2.7】某工程勘察报告揭示的地层条件以及桩的极限侧阻力和极限端阻力标准值如图所示，拟采用干作业钻孔灌注桩基础，桩设计直径为 1.0m，设计桩顶位于地面下 1.0m，桩进入粉细砂层 2.0m。采用单一桩端后注浆，根据《建筑桩基技术规范》(JGJ 94—2008)，计算单桩竖向极限承载力标准值最接近下列哪个选项？（桩侧阻力和桩端阻力的后注浆增强系数均取规范表中的低值。)

(A) 4400kN (B) 4800kN
(C) 5100kN (D) 5500kN

【答案】(A)

【解答】根据《建筑桩基技术规范》(JGJ 94—2008) 第 5.3.6 条、第 5.3.10 条。

按规范表 5.3.6-2，大直径灌注桩侧阻和端阻尺寸效应系数分别为：

粉质黏土、粉土：$\psi_{si}=\left(\dfrac{0.8}{d}\right)^{\frac{1}{5}}=\left(\dfrac{0.8}{1.0}\right)^{\frac{1}{5}}=0.956$

粉细砂：$\psi_{si}=\psi_{pi}=\left(\dfrac{0.8}{d}\right)^{\frac{1}{3}}=\left(\dfrac{0.8}{1.0}\right)^{\frac{1}{3}}=0.928$

按规范表 5.3.10，后注浆侧阻及端阻增强系数（取小值）分别为：

粉质黏土、粉土：$\beta_{si}=1.4$

粉细砂：$\beta_{si}=1.6$，$\beta_p=2.4$

$$Q_{uk}=Q_{sk}+Q_{gsk}+Q_{gpk}=u\sum\psi_{sj}q_{sjk}l_j+u\sum\psi_{si}\beta_{si}q_{sik}l_{gi}+\psi_p\beta_p q_{pk}A_p$$
$$=\pi\times1.0\times0.956\times(45\times3+50\times6)+\pi\times1.0\times0.956\times1.4\times50\times4$$
$$+\pi\times1.0\times0.928\times1.6\times70\times2+0.928\times2.4\times0.8\times1200\times\dfrac{\pi}{4}\times1^2$$
$$=1305.8+840.5+652.7+1678.4=4474.4(kN)$$

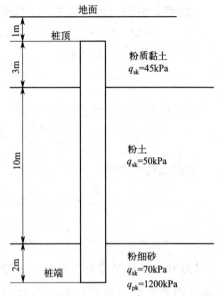

【点评】本题的考点是大桩径后注浆灌注桩单桩承载力计算。与上道题一样，只是多了大直径灌注桩侧阻和端阻尺寸效应系数。

【题 9.2.8】某混凝土预制桩，桩径 $d=0.5m$，桩长 18m，地基土性质与单桥静力触探资料如图，按《建筑桩基技术规范》(JGJ 94—2008) 计算，单桩竖向极限承载力标准值最接近下列哪个选项？（桩端阻力修正系数 α 取为 0.8。）

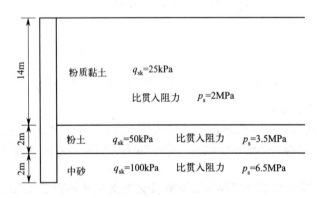

(A) 900kN (B) 1020kN (C) 1920kN (D) 2230kN

【答案】(C)

【解答】本题依据单桥静力触探原位测试资料计算单桩承载力。根据《建筑桩基技术规范》(JGJ 94—2008) 第 5.3.3 条。

(1) $p_{sk1}=\dfrac{3.5+6.5}{2}=5(MPa)$，$p_{sk2}=6.5MPa$

$p_{sk1} < p_{sk2}$,所以 $p_{sk} = \frac{1}{2}(p_{sk1} + \beta p_{sk2})$。

$\dfrac{p_{sk2}}{p_{sk1}} = \dfrac{6.5}{5} = 1.5 < 5$,查规范表 5.3.3-3,$\beta = 1$。

$p_{sk} = \dfrac{1}{2}(p_{sk1} + \beta p_{sk2}) = \dfrac{1}{2} \times (5 + 6.5) = 5.75(\text{MPa}) = 5750(\text{kPa})$

(2) $Q_{uk} = Q_{sk} + Q_{pk} = u \sum q_{sik} l_i + \alpha q_{pk} A_p = \pi \times 0.5 \times (14 \times 25 + 2 \times 50 + 2 \times 100) + 0.8 \times 5750 \times 0.25\pi \times 0.5^2 = 1020.5 + 902.8 = 1923.3(\text{kN})$

【点评】本题是利用静力触探测试指标与预制桩承载力之间的经验关系,以经验参数法确定单桩竖向极限承载力标准值。需要注意的是,题中的原位测试是单桥静力触探,要避免误用双桥静力触探测试资料相关经验公式。无当地经验时,可按《建筑桩基技术规范》(JGJ 94—2008) 第 5.3.3 条及式(5.3.3-1)、式(5.3.3-2) 计算。

计算时,应注意区分桩端全截面以上 8 倍桩径范围内的比贯入阻力平均值 p_{sk1} 与全截面以下 4 倍桩径范围内的比贯入阻力平均值 p_{sk2} 的大小,对 $p_{sk1} \leqslant p_{sk2}$ 与 $p_{sk1} > p_{sk2}$ 两种情况,分别采用不同的 p_{sk} 计算公式。计算桩端阻力时,注意乘以题中给出的桩端阻力修正系数 α。

【题 9.2.9】某桩基工程,采用 PHC600 管桩,有效桩长 28m,送桩 2m,桩端闭塞,桩端选择密实粉细砂作持力层,桩侧土层分布见下表,根据单桥探头静力触探资料,桩端全断面以上 8 倍桩径范围内的比贯入阻力平均值为 4.8MPa,桩端全断面以下 4 倍桩径范围内的比贯入阻力平均值为 10.0MPa,桩端阻力修正系数 $\alpha = 0.8$,根据《建筑桩基技术规范》(JGJ 94—2008),计算单桩极限承载力标准值最接近下列何值?

序号	土名	层底埋深/m	静力触探 p_s/MPa	q_{sik}/kPa
1	填土	6.0	0.7	15
2	淤泥质黏土	10.0	0.56	28
3	淤泥质粉质黏土	20.0	0.70	35
4	粉质黏土	28.0	1.10	52.5
5	粉细砂	35.0	10.0	100

(A) 3820kN (B) 3920kN (C) 4300kN (D) 4410kN

【答案】(A)

【解答】本题依据单桥静力触探原位测试资料计算单桩承载力。根据《建筑桩基技术规范》(JGJ 94—2008) 第 5.3.3 条。

有效桩长 28m,送桩 2m,即将桩顶打入地面下 2m,桩底埋深为 $28 + 2 = 30(\text{m})$。

$$p_{sk1} = 4.8\text{MPa} < p_{sk2} = 10\text{MPa}$$

$\dfrac{p_{sk2}}{p_{sk1}} = \dfrac{10}{4.8} = 2.1 < 5$,查规范表 5.3.3-3,$\beta = 1$。

$$p_{sk} = \dfrac{1}{2}(p_{sk1} + \beta p_{sk2}) = \dfrac{1}{2} \times (4.8 + 1 \times 10.0) = 7.4(\text{MPa}) = 7400(\text{kPa})$$

$$\begin{aligned} Q_{uk} &= Q_{sk} + Q_{pk} = u \sum q_{sik} l_i + \alpha q_{pk} A_p \\ &= \pi \times 0.6 \times (4 \times 15 + 4 \times 28 + 10 \times 35 + 8 \times 52.5 + 2 \times 100) + 0.8 \times 7400 \times \dfrac{1}{4}\pi \times 0.6^2 \\ &= 3825(\text{kN}) \end{aligned}$$

【点评】与上道题一样，本题也是依据单桥静力触探原位测试资料计算单桩承载力。

【题 9.2.10】某承台埋深 1.5m，承台下为钢筋混凝土预制方桩，断面 0.3m×0.3m，有效桩长 12m，地层分布如图所示，地下水位于地面下 1m。在粉细砂和中粗砂层进行了标准贯入试验，结果如图所示。根据《建筑桩基技术规范》(JGJ 94—2008)，计算单桩极限承载力最接近下列何值？

(A) 589kN   (B) 789kN
(C) 1129kN   (D) 1329kN

【答案】(C)

【解答】根据《建筑桩基技术规范》(JGJ 94—2008)第 5.3.5 条、5.3.12 条，由标贯击数判断砂土液化：

粉细砂层 $\lambda_N = \dfrac{N}{N_{cr}} = \dfrac{9}{14.5} = 0.62$

自地面算起的液化土层深度 $d_L < 10\text{m}$，桩侧摩阻力要折减，折减系数为 $\dfrac{1}{3}$；

中粗砂层 $\lambda_N = \dfrac{N}{N_{cr}} > 1$，为不液化土层，桩侧摩阻力不需要折减。

结合规范公式(5.3.5)得

$$Q_{uk} = 0.3 \times 4 \times (1.5 \times 15 + 5 \times 50 \times \dfrac{1}{3} + 5.5 \times 70) + 0.3^2 \times 6000 = 1129 \text{(kN)}$$

【分析】本题考点为：对于桩身周围有液化土层时，根据土的物理指标与承载力参数之间的经验关系确定单桩竖向极限承载力标准值。《建筑桩基技术规范》(JGJ 94—2008)规定：对于桩身周围有液化土层的低承台桩基，当承台底面上、下分别有厚度不小于 1.5m、1.0m 的非液化土或非软弱土层时，可将液化土层极限侧阻力乘以液化影响折减系数计算单桩极限承载力标准值。土层液化折减系数（ψ_l）可根据饱和土的标准贯入击数实测值（N）与液化判别标准贯入击数临界值（N_{cr}）之比（$\lambda_N = \dfrac{N}{N_{cr}}$）通过查规范表 5.3.12 确定。

还有，要特别注意根据已知的桩长，知道桩在每层土中的长度 l_i。本题中，粉质黏土 $l_i = 1.5\text{m}$；粉细砂 $l_i = 5.0\text{m}$；中粗砂 $l_i = 12 - 1.5 - 5.0 = 5.5\text{(m)}$。

【题 9.2.11】某基桩采用混凝土预制实心方桩，桩长 16m，边长 0.45m，土层分布及极限侧阻力标准值、极限端阻力标准值如图所示，按《建筑桩基技术规范》(JGJ 94—2008)确定的单桩竖向极限承载力标准值最接近下列哪个选项？（不考虑沉桩挤土效应对液化影响）

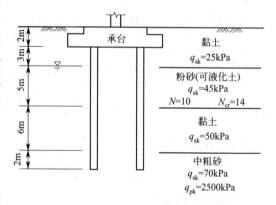

(A) 780kN   (B) 1430kN
(C) 1560kN   (D) 1830kN

【答案】(C)

【解答】根据《建筑桩基技术规范》(JGJ

94—2008)第 5.3.12 条。

对可液化土粉砂：$\lambda_N = \dfrac{N}{N_{cr}} = \dfrac{10}{14} = 0.71$

$0.6 < \lambda_N = 0.71 \leqslant 0.8$，$d_L < 5.0\text{m} < 10\text{m}$，由规范表 5.3.12 得 $\psi_l = \dfrac{1}{3}$。

$Q_{uk} = Q_{sk} + Q_{pk} = u\sum q_{sik}l_i + q_{pk}A_p = 0.45 \times 4 \times (25 \times 3 + \dfrac{1}{3} \times 45 \times 5 + 50 \times 6 + 70 \times 2)$
$+ 2500 \times 0.45^2 = 1568(\text{kN})$

【分析】与上道题一样，本题考点为：对于桩身周围有液化土层时，根据土的物理指标与承载力参数之间的经验关系确定单桩竖向极限承载力标准值。

【题 9.2.12】某建筑采用灌注桩基础，桩径 0.8m，承台底埋深 4.0m，地下水位埋深 1.5m，拟建场地地层条件见下表，按照《建筑桩基技术规范》(JGJ 94—2008) 规定，如需单桩竖向承载力特征值达到 2300kN，考虑液化效应时，估算最短桩长与下列哪个选项最为接近？

地层	层底埋深/m	N/N_{cr}	桩的极限侧阻力标准值/kPa	桩的极限端阻力标准值/kPa
黏土	1.0		30	
粉土	4.0	0.6	30	
细砂	12.0	0.8	40	
中粗砂	20.0	1.5	80	1800
卵石	35.0		150	3000

(A) 16m　　　　(B) 20m　　　　(C) 23m　　　　(D) 26m

【答案】(B)

【解答】根据《建筑桩基技术规范》(JGJ 94—2008) 第 5.3.12 条。

(1) 液化影响折减系数计算

承台底面上 1.5m 为液化粉土，承台底面下 1.0m 为液化细砂，不满足规范条件，液化影响折减系数取 0，即不考虑粉土、细砂层摩阻力，中粗砂为不液化土层。

(2) 根据单桩竖向承载力特征值反算桩长

假设桩端位于卵石层中，进入卵石层的桩长为 l_i，则

$Q_{uk} = u\sum(q_{sik}l_i + \psi_l q_{sik}l_j) + q_{pk}A_p = \pi \times 0.8 \times (8 \times 80 + 150l_i + 0) + 3000 \times \dfrac{\pi \times 0.8^2}{4}$

$= 376.8l_i + 3114.88 = 2R_a = 4600(\text{kN})$

解得：$l_i = 3.94\text{m}$，则最短桩长为 $l = 20 - 4 + 3.94 = 19.94(\text{m})$。

【点评】与上两道题一样，本题考点为：对于桩身周围有液化土层时，根据土的物理指标与承载力参数之间的经验关系反算桩长。

本题的重点是确定液化影响折减系数，要正确理解规范中关于液化影响折减系数的确定。题干给出的条件是在承台底面上 1.5m 为液化粉土，承台底面下 1.0m 为液化细砂，不满足查表的条件，属于"当承台底面上下非液化土层厚度小于以上规定时，土层液化影响折减系数 ψ_l 取 0"这种情况。

【题 9.2.13】某工程采用低承台打入预制实心方桩，桩的截面尺寸为 500mm×500mm，有效桩长 18m。桩为正方形布置，距离为 1.5m×1.5m，地质条件及各层土的极限侧阻力、极限端阻力以及桩的入土深度、布桩方式如图所示。根据《建筑桩基技术规范》(JGJ 94—2008) 和《建筑抗震设计规范》(GB 50011—2010)，在轴心竖向力作用下，进行桩基抗震验算时所取用的单桩竖向抗震承载力特征值最接近下列哪个选项？（地下水位于地表

下1m。）

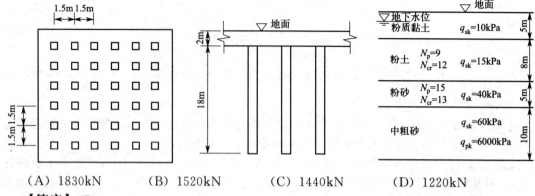

(A) 1830kN　　　(B) 1520kN　　　(C) 1440kN　　　(D) 1220kN

【答案】(B)

【解答】根据《建筑抗震设计规范》(GB 50011—2010)第4.4.3条第3款的规定：打入式预制桩，当桩距为2.5～4倍桩径且桩数不少于5×5时，打桩后桩间土的标准贯入锤击数可按下式计算：

$$N_1 = N_p + 100\rho(1-e^{-0.3N_p})$$

由题干给出的条件可知，本题满足上面的条件：桩间距1.5m，桩边长0.5m。

打入式预制桩的面积置换率：$\rho = \dfrac{0.5^2}{1.5^2} = 0.111$

粉土层：

$N_1 = N_p + 100\rho(1-e^{-0.3N_p}) = 9 + 100 \times 0.111 \times (1-e^{-0.3 \times 9}) = 19.4 > N_{cr} = 12$，不液化。

粉砂层：

$N_1 = N_p + 100\rho(1-e^{-0.3N_p}) = 15 + 100 \times 0.111 \times (1-e^{-0.3 \times 15}) = 26 > N_{cr} = 13$，不液化。

由桩基规范公式(5.3.5)得

$$Q_{uk} = u\sum q_{sik}l_i + q_{pk}A_p$$
$$= 0.5 \times 4 \times (10 \times 3 + 15 \times 8 + 40 \times 5 + 60 \times 2) + 6000 \times 0.5^2 = 2440\text{(kN)}$$

《建筑抗震设计规范》(GB 50011—2010)第4.4.2条规定：单桩竖向抗震承载力特征值，可比非抗震设计时提高25%。故

$$R_{aE} = 1.25R_a = 1.25 \times \dfrac{Q_{uk}}{2} = 1.25 \times \dfrac{2440}{2} = 1525\text{(kN)}$$

【点评】与上两道题一样，本题的考点也是桩基的抗震承载力特征值的计算。有几个需要注意的地方：

①题干明确给出了所需的规范有两个，这与前面两道题不一样。也就是说，本题的解答除了要用桩基规范外，还要用到《建筑抗震设计规范》(GB 50011—2010)。

②《建筑抗震设计规范》(GB 50011—2010)第4.4.3条规定：打入式预制桩，当桩距为2.5～4倍桩径且桩数不少于5×5时，打桩后桩间土的标准贯入锤击数N_1要按规范中的公式计算。由此来判断土层液化的可能性。

③根据桩基规范计算桩基竖向极限承载力标准值。

④按抗震规范，单桩竖向抗震承载力特征值，可比非抗震设计时提高25%，由此计算

得到桩基竖向承载力特征值 R_{aE}。

⑤ 如果没考虑《建筑抗震设计规范》(GB 50011—2010) 第 4.4.3 条的规定，直接查桩基规范表 5.3.12，就会得到粉土层是液化土的错误结果，即 $\psi_l = 2/3$。

【题 9.2.14】 某建筑场地设计基本地震加速度为 $0.2g$，设计地震分组为第一组，采用直径 800mm 的钻孔灌注桩基础，承台底面埋深 3.0m，承台底面以下桩长 25.0m，场地地层资料见下表，地下水位埋深 4.0m。按照《建筑抗震设计规范》(GB 50011—2010)(2016 年版) 的规定，地震作用按水平地震影响系数最大值的 10% 采用时，单桩竖向抗震承载力特征值最接近下列哪个选项？

土层名称	层底埋深/m	实测标准贯入锤击数 N	临界标准贯入击数 N_{cr}	极限侧阻力标准值/kPa	极限端阻力标准值/kPa
①粉质黏土	5	—	—	35	
②粉土	8	9	13	40	
③密实中砂	50	—	—	70	2500

(A) 2380kN　　(B) 2650kN　　(C) 2980kN　　(D) 3320kN

【答案】(C)

【解答】 根据《建筑抗震设计规范》(GB 50011—2010) 第 4.4.3 条。

承台底面埋深 3.0m，其底面上的非液化土层厚度为 3m>1.5m，其底面下的非液化土层厚度为 2m>1.0m，满足第 4.4.3 条第 2 款的要求，②粉土 $N=9<N_{cr}=13$，为液化土，承台底下 2m 范围内及液化层不计侧阻力，也就是说，侧阻力只考虑 20m 密实中砂层的侧阻力。

$$Q_{uk} = Q_{sk} + Q_{pk} = u\sum q_{sik}l_i + q_{pk}A_p = \pi \times 0.8 \times 70 \times 20 + 2500\pi \times 0.4^2 = 4772.8(\text{kN})$$

$$R_{aE} = 1.25R_a = 1.25 \times \frac{Q_{uk}}{2} = 1.25 \times \frac{4772.8}{2} = 2983(\text{kN})$$

【点评】 本题的考点也是单桩竖向抗震承载力特征值计算。本题考查对抗震规范的熟悉程度，能根据题干找到规范中相应的条款及要求，按规范计算即可。

【题 9.2.15】 如图所示柱下独立承台基础，桩径 0.6m，桩长 15m，承台效应系数 $\eta_c = 0.10$。按照《建筑桩基技术规范》(JGJ 94—2008) 规定，地震作用下，考虑承台效应的复合基桩竖向承载力特征值最接近下列哪个选项？

(A) 800kN　　(B) 860kN
(C) 1130kN　　(D) 1600kN

【答案】(B)

【解答】 根据《建筑桩基技术规范》(JGJ 94—2008) 第 5.2.5 条、5.3.5 条。

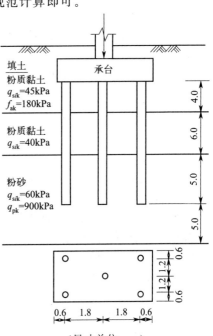

(尺寸单位：m)

(1) 单桩竖向承载力特征值计算

$$Q_{uk} = Q_{sk} + Q_{pk} = u\sum q_{sik}l_i + q_{pk}A_p$$
$$= \pi \times 0.6 \times (45 \times 4 + 40 \times 6 + 60 \times 5) + 900 \times \frac{\pi \times 0.6^2}{4} = 1610.82(\text{kN})$$

$$R_a = \frac{Q_{uk}}{2} = \frac{1610.82}{2} = 805.4(\text{kN})$$

(2) 考虑承台效应时复合基桩竖向承载力特征值计算

$$A_c = \frac{A - nA_{ps}}{n} = \frac{3.6 \times 4.8 - 5\pi \times 0.3^2}{5} = 3.17(\text{m}^2)$$

由《建筑抗震设计规范》(GB 50011—2010)，承台底 $f_{ak} = 180\text{kPa}$，查表 4.2.3，地基抗震承载力调整系数 $\xi_a = 1.3$。

考虑地震作用时：

$$R = R_a + \frac{\xi_a}{1.25}\eta_c f_{ak} A_c = 805.4 + \frac{1.3}{1.25} \times 0.10 \times 180 \times 3.17 = 864.7(\text{kN})$$

【点评】本题的考点是根据土的物理指标与承载力参数之间的经验关系确定地震作用下考虑承台效应的复合基桩竖向承载力特征值，完全按规范的规定进行计算。

【题 9.2.16】某工程地质条件如图所示，拟采用敞口 PHC 管桩，承台底面位于自然地面下 1.5m，桩端进入中粗砂持力层 4m，桩外径 600mm，壁厚 110mm。根据《建筑桩基技术规范》(JGJ 94—2008)，由土层参数估算得到单桩竖向极限承载力标准值最接近下列哪个选项？

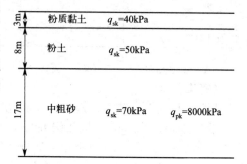

(A) 3656kN (B) 3474kN
(C) 3205kN (D) 2749kN

【答案】(B)

【解答】根据《建筑桩基技术规范》(JGJ 94—2008) 第 5.3.8 条，当根据土的物理指标与承载力参数之间的经验关系确定敞口预应力混凝土空心桩单桩竖向极限承载力标准值时，可按下列公式计算：

$$Q_{uk} = Q_{sk} + Q_{pk} = u\sum q_{sik} l_i + q_{pk}(A_j + \lambda_p A_{pl})$$

当 $h_b/d_1 < 5$ 时，$\lambda_p = 0.16$。

当 $h_b/d_1 \geq 5$ 时，$\lambda_p = 0.8$。

上述公式中的各符号意义参见规范。

空心桩内径：$d_1 = 600 - 110 \times 2 = 380(\text{mm})$

桩端进入持力层的相对深度：$h_b/d_1 = 4/0.38 = 10.5 \geq 5$，则 $\lambda_p = 0.8$。

空心桩桩顶净面积：$A_j = \frac{\pi(d^2 - d_1^2)}{4} = \frac{\pi \times (0.6^2 - 0.38^2)}{4} = 0.1692(\text{m}^2)$

空心桩敞口面积：$A_{pl} = \frac{\pi d_1^2}{4} = \frac{\pi \times 0.38^2}{4} = 0.1134(\text{m}^2)$

$Q_{uk} = Q_{sk} + Q_{pk} = u\sum q_{sik} l_i + q_{pk}(A_j + \lambda_p A_{pl})$
$= \pi \times 0.6 \times (40 \times 1.5 + 50 \times 8 + 70 \times 4) + 8000 \times (0.1692 + 0.8 \times 0.1134) = 3474(\text{kN})$

【分析】本题考点为：根据土的物理指标与承载力参数之间的经验关系确定混凝土敞口空心桩单桩的竖向极限承载力标准值。

混凝土敞口空心桩单桩竖向极限承载力的计算，与实心混凝土预制桩相同的是，桩端阻力由于桩端敞口，类似于钢管桩也存在桩端的土塞效应；不同的是，混凝土空心桩壁厚度较钢管桩大得多，计算端阻力时，不能忽略空心桩壁端部提供的端阻力，故分为两部分：一部分为空心桩壁端部的端阻力，另一部分为敞口部分端阻力。对于后者类似于钢管桩的承载机理，考虑桩端土塞效应系数 λ_p，λ_p 随桩端进入持力层的相对深度 h_b/d_1 而变化（d_1 为空心桩内径），按规范中相应的公式计算确定。敞口部分端阻力为 $\lambda_p q_{pk} A_{pl}$，管壁端部端阻力

为 $q_{pk}A_j$。故敞口混凝土空心桩总极限端阻力 $Q_{pk}=q_{pk}(A_j+\lambda_p A_{pl})$。总极限侧阻力计算与闭口预应力混凝土空心桩相同。

【题 9.2.17】 某厂房基础，采用柱下独立等边三桩承台基础，桩径 0.8m，地层及勘察揭露如图所示。计算得到通过承台形心至各边边缘正交截面范围内板带的弯矩设计值为 1500kN·m，根据《建筑桩基技术规范》（JGJ 94—2008），满足受力和规范要求的最小桩长不宜小于下列哪个选项？（取荷载效应基本组合为标准组合的 1.35 倍；不考虑承台及其上土重等其他荷载效应）

(A) 14.0m (B) 15.0m
(C) 15.5m (D) 16.5m

【答案】 (C)

【解答】 根据《建筑桩基技术规范》（JGJ 94—2008）第 3.3.3 条、5.2.1 条、5.9.2 条。

(1) 桩顶最大竖向力计算

$$M=\frac{N_{max}}{3}\left(s_a-\frac{\sqrt{3}}{4}c\right)=\frac{N_{max}}{3}\left(2.4-\frac{\sqrt{3}}{4}\times 0.6\right)=1500$$

解得 $N_{max}=2102.61$kN，则

$$N_{kmax}=\frac{2102.61}{1.35}=1557.49(\text{kN})$$

不考虑承台及其上土重等其他荷载效应，在偏心荷载下近似有 $N_{kmax}=1557.49$kN $\leqslant 1.2R$。

解得：$R=1298$kN。

(2) 根据桩基承载力验算确定桩长

设桩端进入碎石土层的长度为 l_i，则

$$Q_{uk}=Q_{sk}+Q_{pk}=u\sum q_{sik}l_i+q_{pk}A_p$$
$$=\pi\times 0.8\times(30\times 10+60\times 4.5+110l_i)+2300\times\frac{\pi\times 0.8^2}{4}=2587.36+276.32l_i$$

$$R_a=\frac{1}{2}Q_{uk}=\frac{1}{2}\times(2587.36+276.32l_i)\geqslant R_a\geqslant 1298$$

解得：$l_i\geqslant 0.03$m。

根据 JGJ 94 第 3.3.3 条第 5 款，桩端进入碎石土层的深度不宜小于 $1d=0.8$m，则总桩长：$l=14.5+0.8=15.3$(m)。

【分析】 本题考点有两个：①等边三桩承台基础桩顶最大竖向力的计算；②根据土的物理指标与承载力参数之间的经验关系反算桩的长度。

等边三桩承台基础的题目不多见，计算相对复杂些。还有，要特别注意规范中桩进入持力层最小深度的要求。本题中如果按计算结果 $l_i=0.03$m，答案就会是（B）。

要注意规范中关于采用的作用效应组合与抗力的规定，本题中，弯矩设计值为 1500kN·m，一定是荷载效应的基本组合。而计算桩的承载力时，采用的是荷载效应的标准组合。二者的关系是：荷载效应基本组合为标准组合的 1.35 倍。

【题 9.2.18】 某建筑场地地层条件为：地表以下 10m 内为黏性土，10m 以下为深厚均

质砂层。场地内进行了三组相同施工工艺试桩，试桩结果见下表。根据试桩结果估计，在其他条件均相同时，直径800mm、长度16m桩的单桩竖向承载力特征值最接近下列哪个选项？（假定同一土层内，极限侧阻力标准值及端阻力标准值不变。）

组别	桩径/mm	桩长/m	桩顶埋深/m	试桩数量/根	单桩极限承载力标准值/kN
第一组	600	15	5	5	2402
第二组	600	20	5	3	3156
第三组	800	20	5	3	4396

(A) 1790kN (B) 3060kN (C) 3280kN (D) 3590kN

【答案】(A)

【解答】根据《建筑桩基技术规范》(JGJ 94—2008) 第5.2.2条。

(1) 砂层极限侧摩阻力计算

第一组、第二组试桩桩径相同，桩长不同，则第二组试桩单桩极限承载力标准值的变化是由5m厚砂层侧阻力引起的，根据 $Q_{uk}=Q_{sk}+Q_{pk}$，则

$$3156 = 2402 + u\sum q_{sik}l_i = 2402 + \pi \times 0.6 q_{sik} \times 5$$

解得：砂层侧阻力 $q_{sik}=80\text{kPa}$。

(2) 直径800mm、桩长16m的极限承载力标准值计算

直径800mm、桩长16m时，与第三组试桩桩径相同，桩长不同，直径800mm、桩长16m的试桩单桩极限承载力标准值的变化是由4m厚砂层侧阻力引起的（按题干，同一土层极限端阻力标准值不变），则

$$Q_{uk} = 4396 - u\sum q_{sik}l_i = 4396 - \pi \times 0.8 \times 80 \times 4 = 3592.16(\text{kN})$$

(3) 单桩竖向承载力特征值

$$R_a = \frac{Q_{uk}}{2} = \frac{3592.16}{2} = 1796.08(\text{kN})$$

【点评】本题考查对单桩极限承载力标准值、单桩竖向承载力特征值的理解与应用。

本题的关键是根据题意分析出第二组试桩单桩极限承载力标准值与第一组的变化是由5m厚砂层侧阻力引起的。由此可计算出砂层侧阻力。同样，直径800mm、桩长20m的试桩单桩极限承载力标准值与桩长16m的变化是由4m厚砂层侧阻力引起的。

还有一个分析的角度，第三组试桩的结果是 $R_a = \dfrac{Q_{uk}}{2} = \dfrac{4396}{2} = 2198(\text{kN})$，而直径800mm、桩长16m时，与第三组试桩桩径相同，但桩长比第三组的桩短了4m，所以，其结果肯定是比2198kN要小。那满足这一条件的选项只有(A)。

此题很有新意，从2018年以来的命题风格来看，会加大对基本原理的掌握和灵活应用，不一定是单纯的套公式解题。乍一看题目，还以为是桩基检测方面的考点，但实际上是考查对单桩极限承载力标准值、单桩竖向承载力特征值的理解与应用。

【题9.2.19】某公路桥梁嵌岩钻孔桩基础，清孔良好，岩石较完整，河床岩层有冲刷，桩径 $D=1000\text{mm}$，在基岩顶面处，桩承受的弯矩 $M_H=500\text{kN}\cdot\text{m}$，基岩的天然湿度单轴极限抗压强度 $f_{rk}=40\text{MPa}$。按《公路桥涵地基与基础设计规范》(JTG 3363—2019) 计算，单桩轴向受压承载力特征值 R_a 与下列哪个选项的数值最为接近？（取 $\beta=0.6$，系数 c_1、c_2 不需考虑降低采用。）

(A) 12350kN (B) 16350kN (C) 19350kN (D) 22350kN

【答案】(D)

【解答】根据《公路桥涵地基与基础设计规范》(JTG 3363—2019) 第6.3.7条、

6.3.8 条。

当河床岩层有冲刷时，桩基嵌入基岩的深度

$$h_r = \frac{1.27H + \sqrt{3.81\beta f_{rk}dM_H + 4.84H^2}}{0.5\beta f_{rk}d}$$

当基岩顶面处的水平力 $H=0$ 时：

$$h_r = \frac{\sqrt{3.81\beta f_{rk}dM_H}}{0.5\beta f_{rk}d} = \sqrt{\frac{M_H}{0.0656\beta f_{rk}d}} = \sqrt{\frac{500}{0.0656 \times 0.6 \times 40 \times 10^3 \times 1}} = 0.56(\text{m})$$

支承在基岩上或嵌入基岩内的钻孔桩，其单桩轴向承载力的计算模式为：承载力一般由桩周土总侧阻力、嵌岩段总侧阻力和总端阻力三部分组成。承载力按下式计算

$$R_a = c_1 A_p f_{rk} + u \sum_{i=1}^{m} c_{2i} h_i f_{rki} + \frac{1}{2}\xi_s u \sum_{i=1}^{n} l_i q_{ik}$$

对本题，桩周土总侧阻力为 $\frac{1}{2}\xi_s u \sum_{i=1}^{n} l_i q_{ik} = 0$。

查规范表，对岩石较完整，有 $c_1 = 0.6$，$c_2 = 0.05$。

$$R_a = c_1 A_p f_{rk} + u \sum_{i=1}^{m} c_{2i} h_i f_{rki} + \frac{1}{2}\xi_s u \sum_{i=1}^{n} l_i q_{ik}$$
$$= 0.6 \times \frac{\pi \times 1}{4} \times 40 \times 10^3 + \pi \times 1 \times 0.05 \times 0.56 \times 40 \times 10^3 + 0 = 22357(\text{kN})$$

【点评】本题考查的是公路嵌岩桩基轴向受压承载力的计算。找到规范及相关条款，代入公式计算即可。

【题 9.2.20】某公路桥梁钻孔桩为摩擦桩，桩径 1.0m，桩长 35m。土层分布及桩侧摩阻力标准值 q_{ik}、桩端处的承载力特征值 f_{a0} 如图所示。桩端以上各层土的加权平均重度 $\gamma_2 = 20\text{kN/m}^3$，桩端处土的容许承载力随深度的修正系数 $k_2 = 5.0$。根据《公路桥涵地基与基础设计规范》(JTG 3363—2019) 计算，试问单桩轴向受压承载力特征值最接近下列哪个选项的数值？（取修正系数 $\lambda = 0.8$，清底系数 $m_0 = 0.8$）

(A) 5620kN　　　　(B) 5780kN
(C) 5940kN　　　　(D) 6280kN

【答案】(A)

【解答】根据《公路桥涵地基与基础设计规范》(JTG 3363—2019) 第 6.3.3 条。

对钻孔摩擦桩，桩端处土的承载力容许值：
$q_r = m_0 \lambda [f_{a0} + k_2\gamma_2(h-3)] = 0.8 \times 0.8$
$\quad \times [1000 + 5.0 \times 10 \times (33-3)] = 1600(\text{kPa})$

单桩轴向受压承载力特征值：

$$R_a = \frac{1}{2}u\sum_{i=1}^{n} q_{ik}l_i + A_p q_r$$

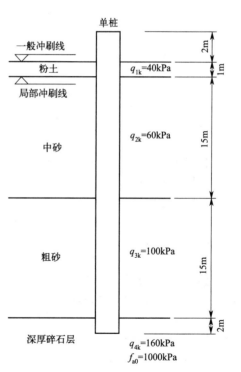

$$= \frac{1}{2}\pi \times 1.0 \times (60 \times 15 + 100 \times 15 + 160 \times 2) + \frac{\pi}{4} \times 1.0^2 \times 1600$$
$$= 4270 + 1256 = 5526.4 \text{(kN)}$$

【点评】本题考查的是公路桩基单桩轴向受压承载力计算。在公路桥涵规范中，桩的承载力分为摩擦桩（钻孔和沉桩）、嵌岩桩及桩端后压浆灌注桩等几种类型，注意不要用错公式。

【题 9.2.21】某公路跨河桥梁采用钻孔灌注桩（摩擦桩），桩径 1.2m，桩端入土深度 50m，桩端持力层为密实粗砂，桩周及桩端地基土的参数见下表，桩基位于水位以下，无冲刷，假定清底系数为 0.8，桩端以上土层的加权平均浮重度为 9.0kN/m^3，按《公路桥涵地基与基础设计规范》(JTG 3363—2019) 计算，施工阶段单桩轴向抗压承载力特征值最接近下列哪个选项？

土层	土层厚度/m	侧摩阻力标准值 q_{ik}/kPa	承载力特征值 f_{a0}/kPa
①黏土	35	40	
②粉土	10	60	
③粗砂	20	120	500

(A) 6000kN　　(B) 7000kN　　(C) 8000kN　　(D) 9000kN

【答案】(C)

【解答】根据《公路桥涵地基与基础设计规范》(JTG 3363—2019) 第 6.3.3 条。
查表 6.3.3-2，$\lambda = 0.85$；查表 4.3.4，$k_2 = 6.0$。
$$q_r = m_0 \lambda [f_{a0} + k_2 \gamma_2 (h-3)] = 0.8 \times 0.85$$
$$\times [500 + 6 \times 9 \times (40-3)] = 1698.6 \text{(kPa)} > 1450 \text{(kPa)}$$

取 $q_r = 1450 \text{kPa}$。

$$R_a = \frac{1}{2} u \sum_{i=1}^{n} q_{ik} l_i + A_p q_r$$
$$= \frac{1}{2}\pi \times 1.2 \times (40 \times 35 + 60 \times 10 + 120 \times 5) + \frac{\pi}{4} \times 1.2^2 \times 1450 = 6537.5 \text{(kN)}$$

按第 3.0.7 条的规定，施工阶段抗力系数取 1.25，则
$$1.25 R_a = 1.25 \times 6537.5 = 8171.9 \text{(kN)}$$

【点评】该题主要考查读者对《公路桥涵地基与基础设计规范》(JTG 3363—2019) 中有关灌注桩单桩受压承载力允许值的计算。需注意的几个解题条件：钻孔桩、清底系数、桩端为粗砂属于透水层、$l/d > 25$、无冲刷、修正系数 k_2。因题意要求计算施工阶段单桩轴向抗压承载力允许值，还需熟悉关于使用阶段和施工阶段容许承载力的不同抗力系数。本题涉及规范的条文较多，有第 6.3.3 条、第 4.3.4 条和第 3.0.7 条，需要对规范有较全面的了解和掌握，同时计算参数和步骤也较多，要仔细计算。

【题 9.2.22】某公路桥梁基础采用摩擦钻孔灌注桩，设计桩径为 1.5m，勘察报告揭露的地层条件，岩土参数和基桩的入土情况如图所示。根据《公路桥涵地基与基础设计规范》(JTG 3363—2019)，在施工阶段的单桩轴向受压承载力特征值最接近下列哪个选项？（不考虑冲刷影响；清底系数 $m_0 = 1.0$，修正系数 λ 取 0.85，深度修正系数 $k_1 = 4.0$，$k_2 = 6.0$，水的重度取 10kN/m^3）

(A) 9500kN　　(B) 10600kN　　(C) 11900kN　　(D) 13700kN

【答案】(C)

【解答】根据《公路桥涵地基与基础设计规范》(JTG 3363—2019) 第 6.3.3 条。

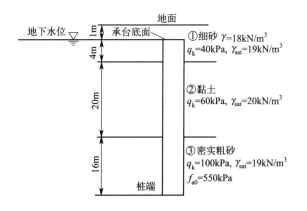

$$\gamma_2 = \frac{18\times1+9\times4+10\times20+9\times16}{41}$$
$$= 9.7(kN/m^3)$$
$$q_r = m_0\lambda[f_{a0}+k_2\gamma_2(h-3)] = 1.0\times0.85$$
$$\times[550+6.0\times9.7\times(40-3)]$$
$$= 2300(kPa) > 1450(kPa)$$

取 $q_r = 1450kPa$。

$$R_a = \frac{1}{2}u\sum_{i=1}^{n}q_{ik}l_i + A_p q_r$$
$$= \frac{1}{2}\pi\times1.5\times(40\times4+60\times20+$$

$100\times16) + \frac{\pi}{4}\times1.5^2\times1450 = 9531.9(kN)$

按第 3.0.7 条的规定，施工阶段抗力系数取 1.25，则
$$1.25R_a = 1.25\times9531.9 = 11914.8(kN)$$

【点评】本题与上道题的考点及解法完全一致。

【题 9.2.23】某公路桥拟采用钻孔灌注桩基础，桩径 1.0m，桩长 26m，桩顶以下的地层情况如图所示，施工控制桩端沉渣厚度不超过 45mm，按照《公路桥涵地基与基础设计规范》(JTG 3363—2019)，估算单桩轴向受压承载力特征值最接近下列哪个选项？

(A) 9357kN　　　　(B) 17929kN
(C) 15160kN　　　(D) 15800kN

【答案】(B)

【解答】根据《公路桥涵地基与基础设计规范》(JTG 3363—2019) 第 6.3.7 条。

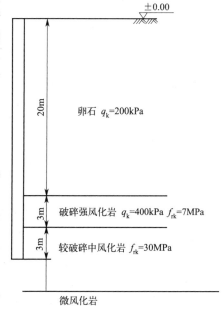

由题意，是嵌岩桩。卵石层和强风化岩按土层考虑，桩嵌入 3m 厚中风化岩。

较破碎岩层，查规范表 6.3.7-1：$c_1 = 0.5$，$c_2 = 0.04$。

钻孔桩，沉渣厚度满足要求，持力层为中风化岩。

$$c_1 = 0.5\times0.8\times0.75 = 0.3$$
$$c_2 = 0.04\times0.8\times0.75 = 0.024$$

桩端 $f_{rk} = 30MPa$，$\xi_s = 0.5$，则

$$R_a = c_1 A_p f_{rk} + u\sum_{i=1}^{m}c_{2i}h_i f_{rki} + \frac{1}{2}\xi_s u\sum_{i=1}^{n}l_i q_{ik}$$
$$= 0.3\times\frac{\pi\times1^2}{4}\times30\times10^3 + \pi\times1\times0.024\times3.0\times30\times10^3 + \frac{1}{2}\times0.5\pi\times1\times(20\times200+3\times400)$$
$$= 7068.6 + 6782 + 4082 = 17929(kN)$$

【点评】本题与题 9.2.19 的考点及解法基本一致，本题考查的是公路嵌岩桩基轴向受压承载力的计算。注意公式中 h_i 指的是桩嵌入各岩层部分的厚度，不包括强风化层和全风

化层,所以,本题目中的 $h_i=3\mathrm{m}$ 是中风化岩这段岩层的厚度,对应的 $f_{rki}=30\mathrm{MPa}$。

【题 9.2.24】某铁路桥梁采用钻孔灌注桩基础,地层条件和基桩入土深度如图所示,成孔桩径和设计桩径均为 1.0m,桩底支承力折减系数 m_0 取 0.7。如果不考虑冲刷及地下水的影响,根据《铁路桥涵地基和基础设计规范》(TB 10093—2017),计算基桩的容许承载力最接近下列何值?

```
2m  黏土,f=30kPa,γ=18.5kN/m³
3m  黏土,f=50kPa,γ=19kN/m³
15m 粉土,f=40kPa,γ=18kN/m³
4m
    中密细砂,σ₀=180kPa,f=50kPa,γ=20kN/m³
```

(A) 1700kN　　　(B) 1800kN　　　(C) 1900kN　　　(D) 2000kN

【答案】(B)

【解答】根据《铁路桥涵地基和基础设计规范》(TB 10093—2017)第 4.1.3 条、6.2.2 条。

钻孔灌注桩基础的容许承载力:

$$[P]=\frac{1}{2}U\sum f_i l_i + m_0 A[\sigma]$$

对 $h=24\mathrm{m}>10d=10\mathrm{m}$,用公式 $[\sigma]=\sigma_0+k_2\gamma_2(4d-3)+k_2'\gamma_2\times 6d$。

查规范表 4.1.3,得 $k_2=3$,$k_2'=\frac{3}{2}=1.5$。

$$\gamma_2=\frac{\sum\gamma_i h_i}{h}=\frac{2\times 18.5+3\times 19+15\times 18+4\times 20}{24}=18.5(\mathrm{kN/m^3})$$

$$[\sigma]=\sigma_0+k_2\gamma_2(4d-3)+k_2'\gamma_2\times 6d=180+3.0\times 18.5\times(4-3)+1.5\times 18.5\times 6$$
$$=402(\mathrm{kPa})$$

$$[P]=\frac{1}{2}U\sum f_i l_i+m_0 A[\sigma]$$
$$=\frac{1}{2}\pi\times 1.0\times(30\times 2+50\times 3+40\times 15+50\times 4)+0.7\pi\times 0.5^2\times 402=1806.6(\mathrm{kN})$$

【点评】本题考查的是铁路桥梁灌注桩基桩容许承载力的计算。完全按规范的规定进行计算即可,注意不要用错公式以及不要查错参数。

【题 9.2.25】某铁路桥梁位于多年冰冻土区,自地面起土层均为不融沉多年冻土,土层的月平均最高温度为 −1.0℃,多年冻土天然上限埋深 1.0m,下限埋深 30m。桥梁拟采用钻孔灌注桩基础,设计桩径 800mm,桩顶位于现地面下 5.0m,有效桩长 8.0m(如图所示)。根据《铁路桥涵地基和基础设计规范》(TB 10093—2017),按岩土阻力计算单桩轴向受压容许承载力最接近下列哪个选项?(不融沉冻土与桩侧表面的冻结强度按多年冻土与混凝土基础表面的冻结强度 S_m 降低 10% 考虑,冻结力修正系数取 1.3,桩底支承力折减系数取 0.5。)

(A) 2000kN (B) 1800kN
(C) 1640kN (D) 1340kN

【答案】(C)

【解答】根据《铁路桥涵地基和基础设计规范》(TB 10093—2017) 第 9.3.7 条。

钻孔灌注桩的容许承载力计算公式：

$$[P] = \frac{1}{2}\sum \tau_i F_i m'' + m'_0 A[\sigma]$$

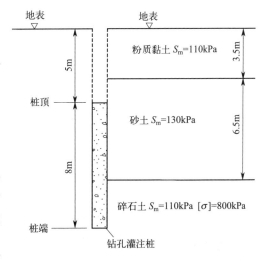

已知：桩底多年冻土容许承载力 $[\sigma] = 800\text{kPa}$，桩底支承力折减系数 $m'_0 = 0.5$，冻结力修正系数 $m'' = 1.3$，不融沉冻土与桩侧表面的冻结强度按多年冻土与混凝土基础表面的冻结强度 S_m 降低 10% 考虑。

查规范表 G.0.1-1，可得不同土层的冻结强度 S_m。

砂土：$\tau_i = S_m \times 0.9 = 130 \times 0.9 = 117(\text{kPa})$
桩侧表面的冻结面积 $F_i = \pi \times 0.8 \times 5 = 12.56(\text{m}^2)$
碎石土：$\tau_i = S_m \times 0.9 = 110 \times 0.9 = 99(\text{kPa})$
桩侧表面的冻结面积 $F_i = \pi \times 0.8 \times 3 = 7.536(\text{m}^2)$

$$[P] = \frac{1}{2}\sum \tau_i F_i m'' + m'_0 A[\sigma]$$
$$= \frac{1}{2} \times 1.3 \times (117 \times 12.56 + 99 \times 7.536) + 0.5\pi \times 0.4^2 \times 800 = 1641(\text{kN})$$

【点评】本题的考点是多年冻土地基上的铁路桥梁灌注桩基桩容许承载力计算。与上题一样，如果熟悉规范，本题就没有难度。

【题 9.2.26】某灌注桩直径 800mm，桩身露出地面的长度为 10m，桩入土长度为 20m，桩端嵌入较完整的坚硬岩石，桩的水平变形系数 α 为 0.520 (1/m)，桩顶铰接，桩顶以下 5m 范围内箍筋间距为 200mm，该桩轴心受压，桩顶轴向压力设计值为 6800kN。成桩工艺系数 ψ_c 取 0.8，按《建筑桩基技术规范》(JGJ 94—2008)，试问桩身混凝土轴心抗压强度设计值应不小于下列何项数值？

(A) 15MPa (B) 17MPa
(C) 19MPa (D) 21MPa

【答案】(D)

基本原理（基本概念或知识点）

作为置于土体中的钢筋混凝土桩，桩顶作用有中心竖向力、剪力和弯矩时，在桩身截面产生压力或拉力、弯矩、剪力。对大多数建筑工程桩主要验算桩身受压承载力（如果是高承台桩基础，尚应考虑压屈验算受压承载力）。

桩身混凝土强度应满足桩的承载力设计要求。计算中应考虑桩身材料强度、桩的类型、成桩工艺、吊运与沉桩、约束条件、环境类别等因素。

钢筋混凝土轴心受压桩正截面受压承载力应符合下列规定：

(1) 当桩顶以下 $5d$ 范围的桩身螺旋式箍筋间距不大于100mm，且符合规范第4.1.1条规定时：

$$N \leq \psi_c f_c A_{ps} + 0.9 f'_y A'_s \tag{9-12}$$

(2) 当桩身配筋不符合上述规定时：

$$N \leq \psi_c f_c A_{ps} \tag{9-13}$$

式中 N——荷载效应基本组合下的桩顶轴向压力设计值；
  ψ_c——基桩成桩工艺系数，按规范第5.8.3条规定取值；
  f_c——混凝土轴心抗压强度设计值；
  f'_y——纵向主筋抗压强度设计值；
  A'_s——纵向柱筋截面面积；
  A_{ps}——桩身截面面积。

计算轴心受压混凝土桩正截面受压承载力时，一般取稳定系数 $\varphi=1.0$。对于高承台基桩、桩身穿越可液化或不排水抗剪强度小于10kPa（地基承载力特征值小于25kPa）的软弱土层的基桩，应考虑压屈影响，可按上两式计算所得桩身正截面受压承载力乘以 φ 折减。其稳定系数 φ 可根据桩身压屈计算长度 l_c 和桩的设计直径 d（或矩形桩短边尺寸 b）确定。桩身压屈计算长度 l_c 可根据桩顶的约束情况、桩身露出地面的自由长度 l_0、桩的入土长度 h、桩侧和桩底的土质条件按规范表5.8.4-1确定。桩的稳定系数 φ 可按规范表5.8.4-2确定。

【解答】根据《建筑桩基技术规范》(JGJ 94—2008) 第5.8.4条。
(1) 桩身压屈计算长度：桩顶铰接，桩端嵌入较完整的坚硬岩石，桩身露出地面的长度 $l_0=10\text{m}$，桩的入土长度 $h=20(\text{m}) > \dfrac{4.0}{\alpha} = \dfrac{4.0}{0.52} = 7.69$，查规范表5.8.4-1得：

$l_c = 0.7(l_0 + 4.0/\alpha) = 0.7 \times (10 + 4.0/0.52) = 12.38(\text{m})$

(2) 桩身稳定系数 φ：

$$l_c/d = 12.38/0.8 = 15.5$$

查表5.8.4-2得 $\varphi=0.81$。

(3) 混凝土轴心抗压强度设计值：

$$f_c \geq \dfrac{N}{\varphi \psi_c A_{ps}} = \dfrac{6800}{0.81 \times 0.8 \times \dfrac{\pi \times 0.8^2}{4}} = 20.9(\text{MPa})$$

【点评】本题考点为灌注桩轴向受压钢筋混凝土承载力计算。其基本要求是桩顶荷载不能大于桩身混凝土的抗压强度。当然，还要考虑成桩工艺，对于高承台基桩，还要考虑压屈影响等。严格按规范条款一步步计算即可。

【题9.2.27】竖向受压高承台桩基础，采用钻孔灌注桩，设计桩径1.2m，桩身露出地面的自由长度 l_0 为3.2m，入土长度 h 为15.4m，桩的换算埋深 $\alpha h<4.0$，桩身混凝土强度等级为C30，桩顶6m范围内的箍筋间距为150mm，桩与承台连接按铰接考虑，土层条件及桩基计算参数如图所示。按照《建筑桩基技术规范》(JGJ 94—2008) 计算基桩的桩身正截面受压承载力设计值最接近下列哪个选项？（成桩工艺系数 $\psi_c=0.75$，C30混凝土轴心抗压强度设计值 $f_c=14.3\text{ N/mm}^2$，纵向主筋截面面积 $A'_s=5024\text{ mm}^2$，抗压强度设计值 $f'_y=210\text{ N/mm}^2$。）

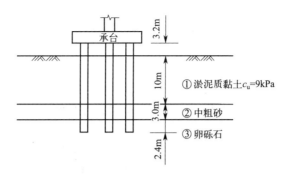

(A) 9820kN　　(B) 12100kN　　(C) 16160kN　　(D) 10580kN

【答案】(A)

【解答】根据《建筑桩基技术规范》(JGJ 94—2008) 第 5.8.2 条、第 5.8.4 条。

桩顶铰接，$\alpha h < 4.0$，查规范表 5.8.4-1 得：
$$l_c = 1.0 \times (l_0 + h) = 1.0 \times (3.2 + 15.4) = 18.6 \text{(m)}$$
$$l_c/d = 18.6/1.2 = 15.5$$

查表 5.8.4-2 得：$\varphi = 0.81$。

桩顶 6m 范围内的箍筋间距为 150mm，则
$$N \leqslant \varphi \psi_c f_c A_{ps} = 0.81 \times 0.75 \times 14.2 \times 10^3 \pi \times 0.6^2 = 9820 \text{(kN)}$$

【点评】与上题一样，本题考点为钢筋混凝土灌注桩轴心受压正截面受压承载力的计算。按规范条文的要求，选择正确的公式进行计算即可。

【题 9.2.28】如图所示轴向受压高承台灌注桩基础，桩径 800mm，桩长 24m，桩身露出地面的自由长度 $l_0 = 3.8$m，桩的水平变形系数 $\alpha = 0.403 \text{m}^{-1}$，地层参数如图所示，桩与承台连接按铰接考虑。未考虑压屈影响的基桩桩身正截面受压承载力计算值为 6800kN。按《建筑桩基技术规范》(JGJ 94—2008)，考虑压屈影响的基桩正截面受压承载力计算值最接近下列哪个选项？[淤泥层液化折减系数 ψ_l 取 0.3，桩露出地面 l_0 和桩的入土长度 h 分别调整为 $l_0' = l_0 + (1-\psi_l)d_l$，$h' = h - (1-\psi_l)d_l$，$d_l$ 为软弱土层厚度。]

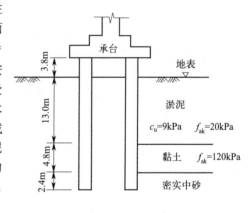

(A) 3400kN　　(B) 4590kN　　(C) 6220kN　　(D) 6800kN

【答案】(B)

【解答】根据《建筑桩基技术规范》(JGJ 94—2008) 第 5.8.4 条。

高承台桩基，桩身穿过淤泥土层 ($c_u = 9$kPa)。规范规定，对于高承台基桩，桩身穿过不排水强度小于 10kPa 的软弱土层的基桩，应考虑压屈影响。

(1) 桩身压屈计算长度 l_c

桩露出地面长度：$l_0' = l_0 + (1-\psi_l)d_l = 3.8 + (1-0.30) \times 13.0 = 12.9$ (m)

桩的入土长度：$h' = h - (1-\psi_l)d_l = 24.0 - 3.8 - (1-0.30) \times 13.0 = 11.1$ (m)

$$\frac{4.0}{\alpha} = \frac{4.0}{0.403} = 9.93 < h' = 11.1 \text{(m)}$$

$$l_c = 0.7 \times \left(l_0' + \frac{4.0}{\alpha}\right) = 0.7 \times (12.9 + 9.93) = 15.98 \text{(m)}$$

(2) 桩身稳定系数 φ：

$$l_c/d = 15.98/0.8 = 19.975 \approx 20$$

查表 5.8.4-2，$\varphi = \dfrac{0.7+0.65}{2} = 0.675$。

(3) 考虑压屈影响的基桩正截面受压承载力计算值

已知未考虑压屈影响的基桩桩身正截面受压承载力计算值 $N' = 6800\text{kN}$。

$$N = \varphi N' = 0.675 \times 6800 = 4590(\text{kN})$$

【点评】考虑压屈影响的基桩桩身正截面受压承载力计算是一个比较常见的考点。这里有各种不同类型的成桩工艺系数的选择，有不同压屈计算长度的计算公式以及稳定系数的取值。

【题 9.2.29】某钢筋混凝土预制方桩，边长 400mm，混凝土强度等级 C40，主筋为 HRB335，$12\phi18$，桩顶以下 2m 范围内箍筋间距 100mm，考虑纵向主筋抗压承载力，根据《建筑桩基技术规范》(JGJ 94—2008)，桩身轴心受压时正截面受压承载力设计值最接近下列何值？(C40 混凝土 $f_c = 19.1\text{N/mm}^2$，HRB335 钢筋 $f'_y = 300\text{N/mm}^2$。)

(A) 3960kN (B) 3420kN (C) 3050kN (D) 2600kN

【答案】(B)

【解答】根据《建筑桩基技术规范》(JGJ 94—2008) 第 5.8.2 条。

$$N \leqslant \psi_c f_c A_{ps} + 0.9 f'_y A'_s$$

对混凝土预制桩，成桩工艺系数 $\psi_c = 0.85$。

$$N \leqslant \psi_c f_c A_{ps} + 0.9 f'_y A'_s = 0.85 \times 19.1 \times 10^3 \times 0.4^2 + 0.9 \times 300 \times 10^3 \times 12 \times \dfrac{\pi \times 0.018^2}{4} = 3421.7(\text{kN})$$

【点评】本题考点为预制桩轴向受压钢筋混凝土承载力计算。本题要注意单位的统一。通常给出的混凝土及钢筋强度的单位是 N/mm^2，要将其换算成 kN/m^3，即 $1\text{N/mm}^2 = 1000\text{kN/m}^2$。

【题 9.2.30】某既有建筑物为钻孔灌注桩基础，桩身混凝土强度等级 C40（轴心抗压强度设计值取 19.1MPa），桩身直径 800mm，桩身螺旋箍筋均匀配筋，间距 150mm，桩身完整。既有建筑物在荷载效应标准组合下，作用于承台顶面的轴心竖向力为 20000kN。现拟进行增层改造，岩土参数如图所示，根据《建筑桩基技术规范》(JGJ 94—2008)，原桩基础在荷载效应标准组合下，允许作用于承台顶面的轴心竖向力最大增加值最接近下列哪个选项？(不考虑偏心、地震和承台效应，既有建筑桩基承载力随时间的变化，无地下水，增层后荷载效应基本组合下，基桩桩顶轴向压力设计值为荷载效应标准组合下的 1.35 倍，承台及承台底部以上土的重度为 20kN/m^3；桩的成桩工艺系数取 0.9，桩嵌岩段侧阻与端阻综合系数取 0.7。)

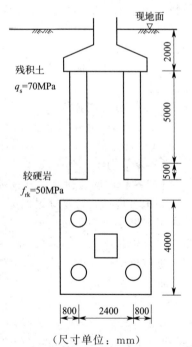

(尺寸单位：mm)

(A) 4940kN (B) 8140kN
(C) 13900kN (D) 16280kN

【答案】(A)

【解答】根据《建筑桩基技术规范》(JGJ 94—2008) 第 5.8.2 条、5.3.9 条。

(1) 按桩身受压承载力确定

箍筋间距 150mm＞100mm，$\psi_c=0.9$，则

$$N \leqslant \psi_c f_c A_{ps} = 0.9 \times 19.1 \times 10^3 \pi \times 0.4^2 = 8636.256 \text{(kN)}$$

$$N_k = \frac{F_k + G_k}{n} = \frac{F_k + 4 \times 4 \times 2 \times 20}{4} = \frac{F_k}{4} + 160$$

$$N = 1.35 N_k = 1.35 \times \left(\frac{F_k}{4} + 160\right) \leqslant 8636.256 \text{kN}$$

解得：$F_k \leqslant 24948.9 \text{kN}$。

$$\Delta F_k \leqslant 24948.9 - 20000 = 4948.9 \text{(kN)}$$

(2) 按基桩竖向承载力确定

对嵌岩桩

$$Q_{uk} = u \sum q_{sik} l_i + \xi_r f_{rk} A_p = \pi \times 0.8 \times 70 \times 5 + 0.7 \times 50 \times 10^3 \pi \times 0.4^2 = 18463.2 \text{(kN)}$$

$$R_a = \frac{Q_{uk}}{2} = \frac{18463.2}{2} = 9231.6 \text{(kN)}$$

要求 $N_k \leqslant R_a$，即 $\frac{F_k}{4} + 160 \leqslant 9231.6$。

解得：$F_k \leqslant 36286.4 \text{kN}$。

$$\Delta F_k \leqslant 36286.4 - 20000 = 16286.4 \text{(kN)}$$

取小值：$\Delta F_k \leqslant 4948.9 \text{kN}$。

【点评】单桩竖向承载力的确定取决于两方面：其一，桩身的材料强度；其二，地层的支承力。设计时分别按这两方面确定后取其中的小值。本题如果按土层的支承力计算，其结果是选项（D）。如果仅计算了第一种情况，虽然答案正确，但不会给分。

【题 9.2.31】某高层建筑，拟采用钻孔灌注桩桩筏基础，筏板底埋深为地面下 5.0m。地层条件见表 1。设计桩径 0.8m，经计算桩端需进入碎石土层 1.0m。由永久作用控制的基本组合条件下，桩基轴心受压。根据《建筑地基基础设计规范》(GB 50007—2011) 设计，基桩竖向抗压承载力不受桩身强度控制及满足规范要求的桩身混凝土强度等级最低为下列哪个选项？（工作条件系数取 0.6，混凝土轴心抗压强度设计值见表 2。）

表 1

层号	土体名称	层底埋深/m	q_{sa}/kPa	q_{pa}/kPa
①	粉土	10.0	15	
②	中细砂	18.0	25	
③	中粗砂	20.0	70	
④	碎石土	＞30.0	75	1500

表 2

混凝土强度等级	C15	C20	C25	C30	C35
轴心抗压强度设计值/MPa	7.2	9.6	11.9	14.3	16.7

(A) C20　　　　(B) C25　　　　(C) C30　　　　(D) C35

【答案】(B)

【解答】根据《建筑地基基础设计规范》(GB 50007—2011) 第 8.5.3 条、8.5.6 条、8.5.11 条。

(1) 基桩桩顶竖向力

$$R_a = q_{pa} A_p + u \sum q_{sia} l_i = 1500 \pi \times 0.4^2 + \pi \times 0.8 \times (15 \times 5 + 25 \times 8 + 70 \times 2 + 75 \times 1)$$
$$= 1984.5 \text{(kN)}$$

$$Q_k \leqslant R_a = 1984.5 \text{kN}$$

(2) 混凝土轴心抗压强度设计值

$$Q \leqslant A_p f_c \varphi_c$$

即 $1.35 \times 1984.5 \leqslant \pi \times 0.4^2 f_c \times 0.6$

解得：$f_c \geqslant 8887.6 \text{kPa} = 8.9 \text{MPa}$。

桩身混凝土强度等级取 C20。

根据规范第 8.5.3 条第 5 款：灌注桩混凝土强度等级不应低于 C25，所以，取桩身混凝土强度等级为 C25，正确答案为（B）。

【点评】本题考查的是满足承载力要求的桩身混凝土强度等级。有几个需要注意的地方：

① 桩基础，但用的是地基基础规范，这个不常见，但好在题干中明确了规范。

② 注意荷载效应的转换，即由 $Q_k \leqslant R_a = q_{pa} A_p + u \sum q_{sia} l_i$ 得到的是荷载效应标准组合下的承载力特征值，而桩顶荷载应为荷载效应的基本组合，所以 $Q = 1.35 Q_k$。这个不能漏掉。

③ 按计算结果，$f_c \geqslant 8.9 \text{MPa}$ 答案应该是（A）。但根据第 8.5.3 条第 5 款："灌注桩混凝土强度等级不应低于 C25"，必须取 C25，所以正确答案为（B）。

这是一个不小的"坑"，如果对规范不熟悉，肯定会掉下去。

【题 9.2.32】某铁路桥梁桩基础如图所示，作用于承台顶面的竖向力和承台底面处的力矩分别为 6000kN 和 2000kN·m。桩长 40m，桩径 0.8m，承台高度 2m，地下水位与地表齐平，桩基所穿过土层的厚度加权平均内摩擦角为 $\bar{\varphi} = 24°$，假定实体深基础范围内承台、桩和土的混合平均重度取 20kN/m³，根据《铁路桥涵地基和基础设计规范》（TB 10093—2017）按实体基础验算，桩端底面处地基容许承载力至少应接近下列哪个选项的数值才能满足要求？

(A) 465kPa （B) 890kPa
(C) 1100kPa （D) 1300kPa

【答案】（A）

【解答】《铁路桥涵地基和基础设计规范》（TB 10093—2017）附录 E。

$$\frac{N}{A} + \frac{M}{W} \leqslant [\sigma]$$

$$A = (5.6 + 2 \times 40 \times \tan 6°) \times (3.2 + 2 \times 40 \times \tan 6°) = (5.6 + 8.4) \times (3.2 + 8.4) = 162.4 (\text{m}^2)$$

$$N = F + G = 6000 + 162.4 \times 42 \times 10 = 74208 (\text{kN})$$

$$W = \frac{1}{6} \times 11.6 \times 14^2 = 378.9 (\text{m}^3)$$

$$[\sigma] \geqslant \frac{N}{A} + \frac{M}{W} = \frac{74208}{162.4} + \frac{2000}{378.9} = 462 (\text{kPa})$$

(尺寸单位：m)

【点评】本题考查的是铁路桩基实体基础地基承载力验算。本题最大的难点在于熟悉铁路规范。注册师考试有个比较明显的规律，就是当用到大家都不熟悉的规范时，题反而相对简单，只要找到相应的规范及其条款，直接代入公式计算即可，本题即如此。但还是有需要注意的地方：

① 求面积 A 时，要注意 A 是由群桩外缘所包围的面积；
② 求实体深基础自重 G 时，因地下水位与地面齐平，所以取重度为 $10\mathrm{kN/m^3}$；
③ 抵抗矩 $W = \dfrac{1}{6} \times 11.6 \times 14^2 = 378.9 (\mathrm{m^3})$。

【本节考点】
① 复合基桩竖向承载力计算；
② 群桩效应复合基桩承载力计算；
③ 钢管桩竖向极限承载力计算；
④ 单桩极限承载力计算；
⑤ 嵌岩桩单桩极限承载力计算；
⑥ 考虑地震作用时的复合桩基承载力计算，单桩竖向抗震承载力特征值计算；
⑦ 后注浆（大直径）灌注桩单桩承载力计算；
⑧ 根据静力触探试验结果计算单桩承载力；
⑨ 考虑有液化影响的单桩极限承载力标准值计算；
⑩ 管桩竖向极限承载力计算；
⑪ 公路桩基轴向受压承载力；
⑫ 铁路桥梁灌注桩基桩容许承载力；
⑬ （考虑压屈影响的）基桩正截面受压承载力计算，桩身混凝土强度等级的确定；
⑭ 铁路桩基实体基础地基承载力验算；
⑮ （多年冻土地基上的）铁路桥梁灌注桩基桩容许承载力计算。

本节的考点比较多，是考试的一个重点。希望考生能够熟悉这部分的考题类型（本节已覆盖了全部考题类型），并掌握其解题方法。特别要注意对应规范的具体要求。

9.3 桩基负摩阻力

【题 9.3.1】 某端承桩单桩基础直径 $d = 600\mathrm{mm}$，桩端嵌入基岩，桩顶以下 10m 为欠固结的淤泥质土，该土有效重度为 $8.0\mathrm{kN/m^3}$，桩侧土的抗压极限侧阻力标准值为 20kPa，负摩阻力系数 $\xi_\mathrm{n} = 0.25$，按《建筑桩基技术规范》(JGJ 94—2008) 计算，桩侧负摩阻力引起的下拉荷载最接近于下列哪一项？

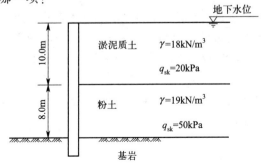

(A) 150kN　　　　　　　　(B) 190kN
(C) 250kN　　　　　　　　(D) 300kN

【答案】(B)

基本原理（基本概念或知识点）

在一般情况下，桩受轴向荷载作用后，桩相对于桩侧土体向下位移，使土对桩产生向上作用的摩擦力，称正摩擦力。

但是，当桩周土体因某种原因发生下沉，其沉降速率大于桩的下沉时，桩侧土就相对于桩向下位移，而使土对桩产生向下作用的摩阻力，即称为负摩阻力。

桩的负摩阻力的发生将使桩侧土的部分重力传递给桩，因此，负摩阻力不但不能成为桩承载力的一部分，反而变成施加在桩上的外荷载，对入土深度相同的桩来说，若有负摩阻力发生，则桩的外荷载增大，桩的承载力相对降低，桩基沉降加大，这在桩基设计中应予以注意。

遇到下列条件时，桩周土层产生的沉降通常会超过基桩的沉降，计算基桩承载力时应计入桩侧负摩阻力：

① 桩穿越较厚松散填土、自重湿陷性黄土、欠固结土、液化土层进入相对较硬土层时；

② 桩周存在软弱土层，临近桩侧地面承受局部较大的长期荷载，或地面大面积堆载（包括填土）时；

③ 由于降低地下水位，桩周土有效应力增大，并产生显著压缩沉降时。

对于摩擦型基桩可取桩身计算中性点以上侧阻力为零；对于端承型基桩应计算负摩阻力引起基桩的下拉荷载 Q_g^n。当无实测资料时，可按《建筑桩基技术规范》(JGJ 94—2008)第5.4.3条、第5.5.4条规定计算。

规范推荐的计算方法如下：

(1) 桩周土沉降可能引起桩侧负摩阻力时，应根据具体情况考虑负摩阻力对桩基承载力和沉降的影响；当缺乏可参照的工程经验时，可按下列规定验算。

① 对于摩擦型基桩可取桩身计算中性点以上侧阻力为零，并可按下式验算基桩承载力：

$$N_k \leqslant R_a \tag{9-14}$$

② 对于端承型基桩除应满足上式要求外，尚应考虑负摩阻力引起基桩的下拉荷载 Q_g^n，并可按下式验算基桩承载力：

$$N_k + Q_g^n \leqslant R_a \tag{9-15}$$

③ 当土层不均匀或建筑物对不均匀沉降较敏感时，尚应将负摩阻力引起的下拉荷载计入附加荷载验算桩基沉降。

注意：上两式中基桩的竖向承载力特征值 R_a 只计中性点以下部分侧阻值和端阻值。

(2) 桩侧负摩阻力及其引起的下拉荷载，当无实测资料时可按下列规定计算：

① 中性点以上单桩承载力第 i 层土负摩阻力标准值，可按下列公式计算：

$$q_{si}^n = \xi_{ni} \sigma_i' \tag{9-16}$$

当填土、自重湿陷性黄土湿陷、欠固结土层产生固结和地下水降低时：$\sigma_i' = \sigma_{\gamma i}'$。

当地面分布大面积荷载时：$\sigma_i' = p + \sigma_{\gamma i}'$。

$$\sigma'_{\gamma i} = \sum_{e=1}^{i-1} \gamma_e \Delta z_e + \frac{1}{2}\gamma_i \Delta z_i \tag{9-17}$$

式中 q_{si}^n——第 i 层桩侧负摩阻力标准值；当按 $q_{si}^n = \xi_{ni}\sigma'_i$ 计算值大于正摩阻力标准值时，取正摩阻力标准值进行计算。

ξ_{ni}——桩周第 i 层土负摩阻力系数，可按规范表 5.4.4-1 取值。

$\sigma'_{\gamma i}$——由土自重引起的桩周第 i 层土平均竖向有效应力；桩群外围桩自地面算起，桩群内部桩自承台底算起。

σ'_i——桩周第 i 层土平均竖向有效应力。

γ_i、γ_e——第 i 计算土层和其上第 e 土层的重度，地下水位以下取浮重度。

Δz_i、Δz_e——第 i 层土、第 e 层土的厚度。

p——地面均布荷载。

② 考虑群桩效应的基桩下拉荷载可按下式计算：

$$Q_g^n = \eta_n u \sum_{i=1}^{n} q_{si}^n l_i \tag{9-18}$$

$$\eta_n = s_{ax} s_{ay} / \left[\pi d\left(\frac{q_s^n}{\gamma_m} + \frac{d}{4}\right)\right] \tag{9-19}$$

式中 n——中性点以上土层数；

l_i——中性点以上第 i 层土层的厚度；

η_n——负摩阻力群桩效应系数；

s_{ax}、s_{ay}——纵横向桩的中心距；

q_s^n——中性点以上桩周土层厚度加权平均负摩阻力标准值；

γ_m——中性点以上桩周土层厚度加权平均重度（地下水位以下取浮重度）。

对于单桩基础或按上式计算的群桩效应系数 $\eta_n > 1$ 时，取 $\eta_n = 1$。

③ 中性点深度 l_n 应按桩周土层沉降与桩沉降相等的条件计算确定，也可参照规范表 5.4.4-2 确定。

【解答】根据《建筑桩基技术规范》(JGJ 94—2008) 第 5.4.3 条、第 5.4.4 条。

查规范表 5.4.4-2，桩端嵌入基岩，$l_n/l_0 = 1$，$l_n = l_0 = 10m$。

$$\sigma'_{\gamma 1} = \frac{0 + \gamma' h}{2} = \frac{0 + 8.0 \times 10}{2} = 40.0 \text{(kPa)}$$

$$q_{s1}^n = \xi_{n1}\sigma'_i = \xi_{n1}\sigma'_{\gamma 1} = 0.25 \times 40 = 10.0 \text{(kPa)} < 20 \text{(kPa)}, \text{ 取 } q_{s1}^n = 10 \text{(kPa)}。$$

$$Q_g^n = uq_{s1}^n l_1 = \pi \times 0.6 \times 10 \times 10 = 188.4 \text{(kN)}$$

【分析】该题考查内容为桩基负摩阻力计算，考点有两个：一个是中性点的确定；另一个是桩侧负摩阻力标准值的计算。据题中给出的嵌岩桩条件和欠固结的淤泥质土层厚度，确定中性点深度 l_n；计算桩侧负摩阻力标准值时，需先计算欠固结的淤泥质土层的平均竖向有效应力，然后再乘以该土层负摩阻力系数。

【题 9.3.2】某端承灌注桩，桩径 1.0m，桩长 22m，桩周土性参数如图所示，地面大面积堆载 $p = 60$ kPa，桩周沉降变形土层下限深度为 20m。试按《建筑桩基技术规范》(JGJ 94—2008) 计算基桩下拉荷载标准值，其值最接近下列哪一数值？（已知中性点深度 $l_n/l_0 = 0.8$，黏土 $\xi_n = 0.3$，粉质黏土 $\xi_n = 0.4$，群桩效应系数 $\eta_n = 1$）

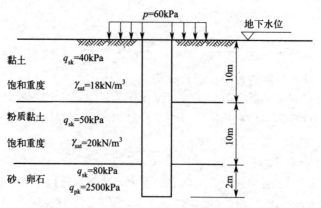

(A) 1880kN (B) 2200kN (C) 2510kN (D) 3140kN

【答案】(A)

【解答】根据《建筑桩基技术规范》(JGJ 94—2008)第 5.4.4 条。

下拉荷载：$Q_g^n = \eta_n u \sum q_{si}^n l_i$；中性点深度：$l_n = 0.8 \times 20 = 16$(m)。

基桩负摩阻力 $q_{si}^n = \xi_{n1} \sigma_i'$；大面积荷载时：$\sigma_i' = p + \gamma_i' z_i$。

黏土层：$\gamma_1' = 18 - 10 = 8$(kN/m³)。

$$z_1 = \frac{10}{2} = 5 \text{(m)}$$

$$\sigma_1' = 60 + 8 \times 5 = 100 \text{(kPa)}$$

$$q_{s1}^n = \xi_{n1} \sigma_1' = 0.3 \times 100 = 30 \text{(kPa)} < 40 \text{(kPa)}$$

粉质黏土层：$\gamma_2' = \dfrac{(18-10) \times 10 + (20-10) \times 6}{16} = 8.75$(kN/m³)

$$z_2 = 10 + \frac{6}{2} = 13 \text{(m)}$$

$$\sigma_2' = 60 + 8.75 \times 13 = 173.75 \text{(kPa)}$$

$$q_{s2}^n = \xi_{n2} \sigma_2' = 0.4 \times 173.75 = 69.5 \text{(kPa)} > 50 \text{(kPa)}，取 q_{s2}^n = 50 \text{kPa}。$$

$$Q_g^n = \eta_n u \sum q_{si}^n l_i = \pi \times 1.0 \times (30 \times 10 + 50 \times 6) = 1884 \text{(kN)}$$

【点评】该题考查内容为桩基负摩阻力下拉荷载计算，重点是当地面大面积堆载时的负摩阻力计算。需要注意的是：①地下水位以下的土层重度取浮重度；②当计算得到的负摩阻力标准值 q_{si}^n 大于正摩阻力标准值时，取正摩阻力标准值进行设计。如果取 $q_{s2}^n = 69.5$kPa，则计算结果就成了答案(B)。

【题 9.3.3】某正方形承台下布端承型灌注桩 9 根，桩身直径为 700mm，纵、横桩间距均为 2.5m，地下水位埋深为 0m，桩端持力层为卵石，桩周土 0~5m 为均匀的新填土，以下为正常固结土层，假定填土重度为 18.5kN/m³，桩侧极限负摩阻力标准值为 30kPa，按《建筑桩基技术规范》(JGJ 94—2008) 考虑群桩效应时，计算基桩下拉荷载最接近下列哪个选项？

(A) 180kN (B) 230kN (C) 280kN (D) 330kN

【答案】(B)

【解答】根据《建筑桩基技术规范》(JGJ 94—2008)第 5.4.4 条。

(1) 查表 5.4.4-2，桩端持力层为卵石，$l_n/l_0 = 0.9$，$l_n = 0.9 \times 5 = 4.5$(m)。

(2) $\eta_n = \dfrac{s_{ax}s_{ay}}{\left[\pi d\left(\dfrac{q_s^n}{\gamma_m}+\dfrac{d}{4}\right)\right]} = \dfrac{2.5\times2.5}{\left[\pi\times0.7\times\left(\dfrac{30}{8.5}+\dfrac{0.7}{4}\right)\right]} = \dfrac{6.25}{\pi\times0.7\times3.7} = 0.768$

(3) $Q_g^n = \eta_n u \sum\limits_{i=1}^{n} q_{si}^n l_i = 0.768\pi\times0.7\times30\times4.5 = 227.9(\text{kN})$

【点评】本题考查内容为桩基负摩阻力计算和考虑群桩效应的基桩下拉荷载的计算。由题中条件，桩周土 $0\sim5\text{m}$ 为均匀的新填土，可知该新填土层在固结沉降时，会对桩产生负摩阻力。负摩阻力计算，首先是确定中性点深度，根据桩端持力层土性确定中性点深度比，同时需注意 n、l_i 分别为中性点以上的土层数、土层厚度，而不是新填土层；考虑群桩效应的基桩下拉荷载的计算，主要是计算负摩阻力群桩效应系数 η_n。该题计算参数较多，计算量较大，需要仔细计算。

【题 9.3.4】某建筑场地地表以下 10m 范围内为新近松散填土，其重度为 18kN/m^3，填土以下为基岩，无地下水。拟建建筑物采用桩筏基础，筏板底埋深 5m，按间距 $3\text{m}\times3\text{m}$ 的正方形布桩，桩径 800mm，桩端入岩，填土的正摩阻力标准值为 20kPa，填土层负摩阻力系数取 0.35。根据《建筑桩基技术规范》(JGJ 94—2008)，考虑群桩效应时，筏板中心点处基桩下拉荷载最接近下列哪个选项？

(A) 200kN (B) 500kN (C) 590kN (D) 660kN

【答案】(A)

【解答】根据《建筑桩基技术规范》(JGJ 94—2008) 第 5.4.4 条。

(1) 中性点深度计算

桩端为基岩，查表 5.4.4-2，$l_n/l_0 = 1.0$，自桩顶算起的中性点深度 $l_n = 5\text{m}$。

(2) 中性点以上负摩阻力标准值计算

桩周填土层平均竖向有效应力：

$$\sigma_i' = p + \sum\limits_{e=1}^{i-1}\gamma_e\Delta z_e + \dfrac{1}{2}\gamma_i\Delta z_i = 0 + \dfrac{1}{2}\times18\times5 = 45(\text{kPa})$$

负摩阻力：$q_{si}^n = \xi_{ni}\sigma_i' = 0.35\times45 = 15.75(\text{kPa}) < q_{sk} = 20(\text{kPa})$，取 $q_{si}^n = 15.75\text{kPa}$。

(3) 基桩下拉荷载计算

$$\eta_n = \dfrac{s_{ax}s_{ay}}{\left[\pi d\left(\dfrac{q_s^n}{\gamma_m}+\dfrac{d}{4}\right)\right]} = \dfrac{3\times3}{\left[\pi\times0.8\times\left(\dfrac{15.75}{18}+\dfrac{0.8}{4}\right)\right]} = 3.33 > 1，取 \eta_n = 1。$$

$$Q_g^n = \eta_n u \sum\limits_{i=1}^{n} q_{si}^n l_i = \pi\times0.8\times15.75\times5 = 198(\text{kN})$$

【点评】本题考查的是桩基负摩阻力计算和考虑群桩效应的基桩下拉荷载的计算。负摩阻力计算，首先是根据桩端持力层土性确定中性点深度比，并由此确定中性点深度；然后计算由堆载引起的负摩阻力，要注意判断计算得到的负摩阻力值与正摩阻力的大小；考虑群桩效应的基桩下拉荷载的计算，主要是计算负摩阻力群桩效应系数 η_n。

【题 9.3.5】某钻孔灌注桩单桩基础，桩径 1.2m，桩长 16m，土层条件如图所示，地下水位在桩顶平面处。若桩顶平面处作用大面积堆载 $p = 50\text{kPa}$，根据《建筑桩基技术规范》(JGJ 94—2008) 计算，桩侧负摩阻力引起的下拉荷载 Q_g^n 最接近下列何值？（忽略密实粉砂层的压缩量。）

(A) 240kN (B) 680kN (C) 910kN (D) 1220kN

【答案】（B）

【解答】根据《建筑桩基技术规范》（JGJ 94—2008）第5.4.4条。

（1）持力层为基岩，查表5.4.4-2，$l_n/l_0=1.0$，$l_n=12$m。

（2）中性点以上负摩阻力标准值计算

桩周淤泥质黏土层平均竖向有效应力：

$$\sigma'_i = p + \sum_{e=1}^{i-1}\gamma_e \Delta z_e + \frac{1}{2}\gamma_i \Delta z_i = 50 + \frac{1}{2} \times (18.5-10) \times 12 = 101.0(\text{kPa})$$

负摩阻力：$q_{si}^n = \xi_{ni}\sigma'_i = 0.2 \times 101.0 = 20.2$（kPa）$> q_{sk} = 15$（kPa），取 $q_{si}^n = 15$kPa。

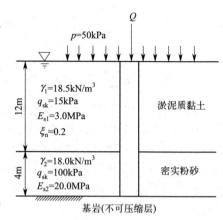

（3）下拉荷载：$Q_g^n = \eta_n u \sum_{i=1}^{n} q_{si}^n l_i = \pi \times 1.2 \times 15 \times 12 = 678.24$（kN）

【点评】本题考查内容为桩基负摩阻力计算和单桩下拉荷载的计算。首先是根据桩端持力层土性确定中性点深度比，确定中性点深度；然后计算由堆载引起的负摩阻力，特别要注意判断计算得到的负摩阻力值与正摩阻力值的大小，如果负摩阻力值大于正摩阻力值，就取正摩阻力值为 q_{si}^n；最后计算下拉荷载 Q_g^n。

【题9.3.6】某甲类建筑物拟采用干作业钻孔灌注桩基础，桩径0.80m，桩长50.0m；拟建场地土层如图所示，其中土层②、③层均为湿陷性黄土状粉土，该两层土自重湿陷量$\Delta_{zs}=440$mm，④层粉质黏土无湿陷性。桩基设计参数见下表，请问根据《建筑桩基技术规范》（JGJ 94—2008）和《湿陷性黄土地区建筑标准》（GB 50025—2018）规定，单桩所能承受的竖向力N_k最大值最接近下列哪项数值？（注：黄土状粉土的中性点深度比取$l_n/l_0=0.5$。）

地层编号	地层名称	天然重度 γ/(kN/m³)	干作业钻孔灌注桩	
			桩的极限侧阻力标准值 q_{ik}/kPa	桩的极限端阻力标准值 q_{pk}/kPa
②	黄土状粉土	18.7	31	
③	黄土状粉土	19.2	42	
④	粉质黏土	19.2	100	2200

（A）2110kN　（B）2486kN　（C）2864kN　（D）3642kN

【答案】（A）

【解答】根据《建筑桩基技术规范》（JGJ 94—2008）第5.4.4条。

中性点深度：$l_n/l_0=0.5$，$l_n=0.5\times40=20$（m）。

根据《湿陷性黄土地区建筑标准》（GB 50025—2018）表5.7.6，桩侧负摩阻力特征值为15kPa。

根据《建筑桩基技术规范》（JGJ 94—2008）第5.3.5条：

$$Q_{uk} = u\sum q_{sik}l_i + q_{pk}A_p = \pi \times 0.8 \times (42\times20 + 100\times10) + 2200\pi \times 0.4^2 = 5727.36(\text{kN})$$

根据《建筑桩基技术规范》（JGJ 94—2008）第5.4.4条：

单桩下拉荷载：$Q_g^n = u\sum_{i=1}^{n} q_{si}^n l_i = \pi \times 0.8 \times 15 \times 20 = 753.6 (\text{kN})$

根据《建筑桩基技术规范》(JGJ 94—2008) 第 5.4.3 条第 2 款：
$$N_k + Q_g^n \leqslant R_a$$
$$N_k \leqslant R_a - Q_g^n = \frac{1}{2} \times 5727.36 - 753.6 = 2110.08(\text{kN})$$

【点评】该题考点为单桩承载力特征值和负摩阻力计算。需要用到两个规范，且涉及的条款较多。

容易出现错误处：
① 未考虑负摩阻力；
②《湿陷性黄土地区建筑标准》(GB 50025—2018) 中给的桩侧摩阻力为特征值，与极限侧阻力标准值易出现混淆，在查《湿陷性黄土地区建筑标准》表 5.7.6 时，易将负摩阻力特征值混淆为极限侧阻力标准值计算；
③ 中性点以上的侧摩阻力为零；
④ 负摩阻力若按 -15/2 计算扣除，计算得 2486kN，若未扣除负摩阻力计算得 2846kN，全部按正摩阻力计算则为 3642kN。

【题 9.3.7】某一柱一桩（端承灌注桩）基础，桩径 1.0m，桩长 20m，荷载效应基本组合下的桩顶轴向压力设计值 $N=5000\text{kN}$，地面大面积堆载 $p=60\text{kPa}$，桩周土层分布如图所示，不同混凝土强度等级对应的轴心抗压强度设计值见下表。根据《建筑桩基技术规范》(JGJ 94—2008) 计算，桩身混凝土强度等级选用下列哪一数值最为经济合理？（不考虑地震作用，灌注桩施工工艺系数 $\psi_c = 0.7$，ξ_n 取 0.20。）

混凝土强度等级	C20	C25	C30	C35
轴心抗压强度设计值 $f_c/(\text{N/mm}^2)$	9.6	11.9	14.3	16.7

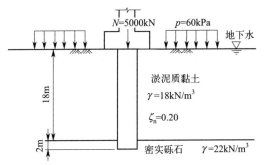

(A) C20　　(B) C25
(C) C30　　(D) C35

【答案】(C)

【解答】根据《建筑桩基技术规范》(JGJ 94—2008) 第 5.4.4 条、5.8 条。

桩负摩阻力计算 $l_0 = 18\text{m}$，$l_n/l_0 = 0.9$，中性点深度 $l_n = 18 \times 0.9 = 16.2(\text{m})$。

$$\sigma'_{ri} = \sum_{e=1}^{i-1} \gamma_e \Delta z_e + \frac{1}{2}\gamma_i \Delta z_i = \frac{1}{2} \times (18-10) \times 16.2 = 64.8(\text{kPa})$$

$$\sigma'_i = p + \sigma'_{ri} = 60 + 64.8 = 124.8(\text{kPa})$$

负摩阻力标准值：$q_{si}^n = \xi_n \sigma'_i = 0.2 \times 124.8 = 24.96(\text{kPa})$

下拉荷载：$Q_g^n = \eta_n u \sum_{i=1}^{n} q_{si}^n l_i = 1.0\pi \times 1.0 \times 24.96 \times 16.2 = 1270(\text{kN})$

$$N_{\max} = N + 1.35 Q_g^n = 5000 + 1.35 \times 1270 = 6715(\text{kN})$$
$$N \leqslant \psi_c f_c A_{ps}$$
$$f_c \leqslant \frac{N_{\max}}{\psi_c A_{ps}} = \frac{6715}{0.7\pi \times 0.5^2} = 12220(\text{kPa}) = 12.22(\text{MPa})$$

选混凝土强度等级 C30。

【点评】 本题考点是：①桩基负摩阻力计算；②单桩下拉荷载；③钢筋混凝土轴向受压桩正截面受压承载力的计算。

根据题意应该判断出本题要考虑负摩阻力。先计算负摩阻力及下拉荷载，然后根据桩身正截面受压承载力的验算确定混凝土强度和等级。

需要注意的地方是：在计算桩顶最大荷载时，算出来的下拉荷载要乘以 1.35，使之成为荷载效应的基本组合。还有一点题目并未说清楚，即使用公式 $N \leq \psi_c f_c A_{ps}$ 的条件。

【本节考点】
① （考虑群桩效应的）负摩阻力下拉荷载计算；
② 负摩阻力确定桩身轴力及桩身混凝土强度等级；
③ 考虑负摩阻力的单桩承载力特征值或桩顶最大荷载计算。

9.4 桩基抗拔承载力

基本原理（基本概念或知识点）

深埋的轻型结构和地下结构的抗浮桩、冻土地区受到冻拔的桩、高耸建筑物受到较大倾覆力后，往往都会发生部分或全部桩承受上拔力的情况，应对桩基进行抗拔验算。

与承压桩不同，当桩受到拉拔荷载时，桩相对于土向上运动，这使桩周土的应力状态、应力路径和土的变形都不同于承压桩的情况，所以抗拔的摩阻力一般小于抗压的摩阻力。尤其是砂土中的抗拔摩阻力比抗压的小得多。在拉拔荷载下的桩基础可能发生两种拔出情况，即全部单桩都被单个拔出与群桩整体（包括桩间土）的拔出，这取决于哪种情况提供的总抗力较小。

由于对桩的抗拔机理的研究尚不够充分，所以对于重要的建筑物和在没有经验的情况下，最有效的单桩抗拔承载力的确定方法是进行现场单桩上拔静载荷试验。如无当地经验时，群桩基础及设计等级为丙级建筑桩基，基桩的抗拔极限承载力取值可按《建筑桩基技术规范》(JGJ 94—2008) 规定计算：

① 群桩呈非整体破坏时，基桩的抗拔极限承载力标准值可按下式计算

$$T_{uk} = \sum \lambda_i q_{sik} u_i l_i \tag{9-20}$$

式中 T_{uk}——基桩抗拔极限承载力标准值；

u_i——桩身周长，对于等直径桩取 $u = \pi d$，对于扩底桩按规范表 5.4.6-1 取值；

q_{sik}——桩侧表面第 i 层土的抗压极限侧阻力标准值，可按规范表 5.3.5-1 取值；

λ_i——抗拔系数，按规范表 5.4.6-2 取值。

② 群桩呈整体破坏时，基桩的抗拔极限承载力标准值可按下式计算：

$$T_{gk} = \frac{1}{n} u_l \sum \lambda_i q_{sik} l_i \tag{9-21}$$

式中 u_l——桩群外围周长。

承受拔力的桩基，应按下列公式同时验算群桩基础呈整体破坏和呈非整体破坏时基桩的抗拔承载力：

$$N_k \leq T_{gk}/2 + G_{gp} \tag{9-22}$$

$$N_k \leqslant T_{uk}/2 + G_p \quad (9\text{-}23)$$

式中 N_k——按荷载效应标准组合计算的基桩拔力；
　　　T_{gk}——群桩呈整体破坏时基桩的抗拔极限承载力标准值；
　　　T_{uk}——群桩呈非整体破坏时基桩的抗拔极限承载力标准值；
　　　G_{gp}——群桩基础所包围体积的桩土总自重除以总桩数，地下水位以下取浮重度；
　　　G_p——基桩自重，地下水位以下取浮重度，对于扩底桩按规范表 5.4.6-1 确定桩、土柱体周长，计算桩、土自重。

【题 9.4.1】 某丙级建筑物扩底抗拔灌注桩，桩径 $d=1.0$m，桩长 12m，扩底直径 $D=1.8$m，扩底高度 $h_c=1.2$m，桩周土性参数如图所示。试按《建筑桩基技术规范》(JGJ 94—2008) 计算基桩的抗拔极限承载力标准值，其值最接近下列哪一数值？(抗拔系数：粉质黏土 $\lambda=0.7$，砂土 $\lambda=0.5$，取桩底起算长度 $l_i=5d$。)

(A) 1380kN　　　　　　　(B) 1780kN
(C) 2080kN　　　　　　　(D) 2580kN

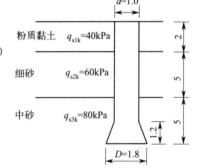

【答案】(B)

【解答】 根据《建筑桩基技术规范》(JGJ 94—2008) 第 5.4.6 条。

$$T_{uk} = \sum \lambda_i q_{sik} u_i l_i$$

取桩底起算长度 $l_i = 5d = 5 \times 1.0 = 5$(m) 范围内：
$$u = \pi D = \pi \times 1.8 = 5.652\text{(m)}$$

取桩底起算长度 $l_i = 5d = 5 \times 1.0 = 5$(m) 以上：
$$u = \pi d = \pi \times 1.0 = 3.14\text{(m)}$$

粉质黏土 $\lambda=0.7$，砂土 $\lambda=0.5$，故

$T_{uk} = \sum \lambda_i q_{sik} u_i l_i = 0.7 \times 40 \times 3.14 \times 2 + 0.5 \times 60 \times 3.14 \times 5 + 0.5 \times 80 \times 5.652 \times 5$
$= 1777.2\text{(kN)}$

【点评】 本题的考点是扩底桩抗拔承载力标准值的计算。需要注意的地方是：①抗拔极限承载力标准值的计算要乘以抗拔系数 λ，不同土类的抗拔系数不一样，具体可查规范表 5.4.6-2，本题干已给出两种土的抗拔系数；②桩身周长，对于扩底桩，按规范表 5.4.6-1 取值。

【题 9.4.2】 某桩基工程设计等级为丙级，其桩型平面布置、剖面及地层分布如图（尺寸单位：mm）所示，土层物理力学指标见表，按《建筑桩基技术规范》(JGJ 94—2008) 计算群桩呈整体破坏与非整体破坏的基桩的抗拔极限承载力标准值比值(T_{gk}/T_{uk})计算结果最接近下列哪个选项？

土层名称	极限侧阻力 q_{sik}/kPa	极限端阻力 q_{pik}/kPa	抗拔系数 λ
①填土			
②粉质黏土	40		0.7
③粉砂	80	3000	0.6
④黏土	50		
⑤细砂	90	4000	

(A) 0.90　　(B) 1.05　　(C) 1.20　　(D) 1.38

【答案】(A)

【解答】 根据《建筑桩基技术规范》(JGJ 94—2008) 第 5.4.6 条。

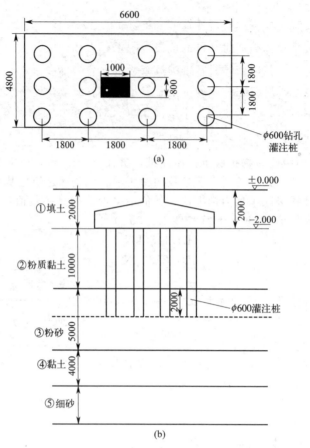

(1) 群桩呈整体破坏时，基桩的抗拔极限承载力标准值可按下式计算：

$T_{gk} = \dfrac{1}{n} u_l \sum \lambda_i q_{sik} l_i$

$= \dfrac{1}{12} \times [2 \times (3 \times 1.8 + 0.6) + 2 \times (2 \times 1.8 + 0.6)] \times (0.7 \times 40 \times 10 + 0.6 \times 80 \times 2) = 639.2 \text{(kN)}$

(2) 群桩呈非整体破坏时，基桩的抗拔极限承载力标准值可按下式计算

$T_{uk} = \sum \lambda_i q_{sik} u_i l_i = 0.7 \times 40\pi \times 0.6 \times 10 + 0.6 \times 80\pi \times 0.6 \times 2 = 708.4 \text{(kN)}$

(3) $T_{gk} / T_{uk} = 639.2 \div 708.4 = 0.90$

【点评】本题的考点是群桩呈整体破坏与非整体破坏的基桩的抗拔极限承载力标准值的计算。题干给出了一些多余的条件，要根据题意按需要选用。同时注意对群桩外围周长 u_l 的计算不要算错。

【题 9.4.3】某地下车库作用有 141MN 浮力，基础及上部结构和土重为 108MN。拟设置直径 600mm、长 10m 的抗拔桩，桩身重度为 25kN/m^3。水的重度取 10kN/m^3。基础底面以下 10m 内为粉质黏土，其桩侧极限摩阻力为 36kPa，车库结构侧面与土的摩擦力忽略不计。按《建筑桩基技术规范》(JGJ 94—2008)，按群桩呈非整体破坏，估算需设置抗拔桩的数量至少应大于下列哪个选项？（取粉质黏土抗拔系数 $\lambda = 0.7$。）

(A) 83 根　　　　(B) 89 根　　　　(C) 108 根　　　　(D) 118 根

【答案】(D)

【解答】

抗拔桩承受的总上拔力：$N_k = 141000 - 108000 = 33000 \text{(kN)}$
抗拔桩自重：$G_p = \gamma' l \pi d^2 / 4 = (25-10) \times 10 \pi \times 0.6^2 / 4 = 42.4 \text{(kN)}$
$$u = \pi d = 1.885 \text{m}$$
根据《建筑桩基技术规范》(JGJ 94—2008) 第5.4.5条，有
$$T_{uk} = \sum \lambda_i q_{sik} u_i l_i = 0.7 \times 36 \times 1.885 \times 10 = 475.0 \text{(kN)}$$
群桩呈非整体破坏时
$$N_k \leqslant T_{uk}/2 + G_p \quad \Rightarrow \quad \frac{33000}{n} \leqslant \frac{475.0}{2} + 42.4$$
解得：$n \geqslant 117.9$ 根。

【点评】本题考查的是群桩呈非整体破坏时满足抗拔承载力要求的群桩数量。解答本题的一个关键点是要能够根据题意确定群桩的上拔力 $N_k = 141000 - 108000 = 33000$(kN)。

【题 9.4.4】某地下结构采用钻孔灌注桩作抗浮桩，桩径 0.6m，桩长 15.0m，承台平面尺寸 27.6m×37.2m，纵横向按等间距布桩，桩中心距 2.4m，边桩中心距承台边缘 0.6m，桩数为 12×16=192 根，土层分布及桩侧土的极限摩阻力标准值如图所示。粉砂抗拔系数取 0.7，细砂抗拔系数取 0.6，群桩基础所包围体积内的桩土平均重度取 18.8 kN/m³，水的重度取 10 kN/m³。根据《建筑桩基技术规范》(JGJ 94—2008) 计算，当群桩呈整体破坏时，按荷载效应标准组合计算基桩能承受的最大上拔力接近下列何值？

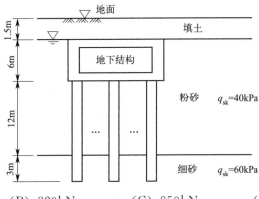

(A) 145kN　　　　(B) 820kN　　　　(C) 850kN　　　　(D) 1600kN

【答案】(B)

【解答】根据《建筑桩基技术规范》(JGJ 94—2008) 第5.4.5条、5.4.6条。
验算群桩基础呈整体破坏：
$$N_k \leqslant T_{gk}/2 + G_{gp}$$
$$T_{gk} = \frac{1}{n} u_l \sum \lambda_i q_{sik} l_i = \frac{1}{192} \times [2 \times (27.6-0.6) + 2 \times (37.2-0.6)]$$
$$\times (0.7 \times 40 \times 12 + 0.6 \times 60 \times 3) = 294.2 \text{(kN)}$$
$$G_{gp} = \frac{1}{n} \gamma' V = \frac{1}{192} \times (18.8-10) \times [(27.6-0.6) \times (37.2-0.6) \times 15] = 679.4 \text{(kN)}$$
$$N_k \leqslant T_{gk}/2 + G_{gp} = 294.2/2 + 679.4 = 826.5 \text{(kN)}$$

【点评】本题的考点是抗浮基桩最大上拔力计算。

【题 9.4.5】某建筑地基土为细中砂，饱和重度为 20kN/m³，采用 38m×20m 的筏板基

础，为满足抗浮要求，按间距 1.2m×1.2m 满堂布置直径 400mm、长 10m 的抗拔桩，桩身混凝土重度为 25kN/m³，桩侧土的抗压极限侧阻力标准值为 60kPa，抗拔系数 $\lambda=0.6$，根据《建筑桩基技术规范》(JGJ 94—2008)，验算群桩基础抗浮呈整体破坏时，基桩所承受的最大上拔力 N_k 最接近下列哪个选项？

(A) 180kN　　　　(B) 220kN　　　　(C) 320kN　　　　(D) 350kN

【答案】(A)

【解答】根据《建筑桩基技术规范》(JGJ 94—2008) 第 5.4.5 条、5.4.6 条。

(1) 桩群数量及桩群外围尺寸计算

长边方向：$\frac{38}{1.2}=31.7$，布置 32 根桩；短边方向：$\frac{20}{1.2}=16.7$，布置 17 根桩。

总桩数：$n=32+17=544$

群桩外围尺寸：

长边：$A=(32-1)\times1.2+0.4=37.6(m)$

短边：$B=(17-1)\times1.2+0.4=19.6(m)$

桩群外围正常周长：$u_l=2\times(37.6+19.6)=114.4(m)$

(2) 群桩呈整体破坏时，基桩抗拔极限承载力标准值

$$T_{gk}=\frac{1}{n}u_l\sum\lambda_iq_{sik}l_i=\frac{1}{544}\times114.4\times0.6\times60\times10=75.7(kN)$$

(3) 计算 G_{gp}

由题干可知，群桩范围内桩、土自重要分别计算。

桩群范围内桩自重 $=n\frac{\pi}{4}d^2l\gamma'_{桩}=544\times\frac{\pi}{4}\times0.4^2\times10\times(25-10)=10249(kN)$

桩群范围内土自重 $=(37.6\times19.6-544\pi\times0.2^2)\times(20-10)\times10=66863(kN)$

$$G_{gp}=\frac{10249+66863}{544}=141.8(kN)$$

(4) 根据抗拔承载力反算基桩上拔力

验算群桩基础呈整体破坏时，基桩拔力

$$N_k\leqslant\frac{T_{gk}}{2}+G_{gp}=\frac{75.7}{2}+141.8=179.65(kN)$$

【点评】本题的考点是抗浮基桩最大上拔力计算。

题干中没有给出总桩数，需要读者自己根据筏板尺寸和桩的间距来计算出桩的总数（取整数）。

【题 9.4.6】某抗拔桩桩顶拔力为 800kN，地基土为单一的黏土，桩侧土的抗压极限侧阻力标准值为 50kPa，抗拔系数 λ 取为 0.8，桩身直径为 0.5m，桩顶位于地下水位以下，桩身混凝土重度为 25kN/m³，按《建筑桩基技术规范》(JGJ 94—2008) 计算，群桩基础呈非整体破坏情况下，基桩桩长至少不小于下列哪一个选项？

(A) 15m　　　　(B) 18m　　　　(C) 21m　　　　(D) 24m

【答案】(D)

【解答】该题考查内容为桩基抗浮承载力计算，计算抗拔侧阻力时，应注意乘以抗拔系数 λ，桩身混凝土自重计算时应扣除水浮力，同时应注意题中给定的群桩基础呈非整体破坏的条件，根据《建筑桩基技术规范》(JGJ 94—2008) 第 5.4.5 条和 5.4.6 条，做如下计算：

(1) 基桩自重 $G_p = \dfrac{\pi d^2}{4}(\gamma - \gamma_w)l = \dfrac{\pi \times 0.5^2}{4} \times (25-10)l = 2.94l$

(2) 基桩抗拔极限承载力标准值
$$T_{uk} = \sum \lambda_i q_{sik} u_i l_i = 0.8 \times 50\pi \times 0.5l = 62.8l$$

(3) 当群桩基础呈非整体破坏时，满足
$$N_k \leqslant \dfrac{T_{uk}}{2} + G_p \quad \Rightarrow \quad 800 \leqslant \dfrac{62.8l}{2} + 2.94l$$

解得：$l \geqslant 23.3\text{m}$。

【点评】本题的考点是抗拔基桩长度计算。基本的知识点是抗拔承载力，根据抗拔承载力反算基桩的最小长度。

基础的抗浮设计是实际工程中经常遇到的，而抗浮桩方案常被采用。抗浮桩群桩基础的破坏形式分为整体破坏和非整体破坏两类，实际设计时，两种破坏形式均应验算。该题中已给定非整体破坏的条件，故只需验算一种情况就可以了。本题没有直接要求验算抗浮承载力，而是问需要的桩长，将桩长作为未知数，通过满足承载力要求的算式可解出桩长。

解题过程中有两点需要注意：①因抗拔极限侧阻力标准值与抗压极限侧阻力标准值不同，计算抗拔侧阻力时，应注意乘以抗拔系数 λ；②计算基桩抗拔承载力时应计入桩身自重，但位于地下水位以下的桩身部分应扣除浮力后计入，同时应注意，因桩身自重属于有利于抗浮作用的一种恒载，故不需要像土对桩的侧阻力一样除以 2 后作为抗浮承载力特征值。

【题 9.4.7】某位于季节性冻土地基上的轻型建筑采用短桩基础，场地标准冻深为 2.5m。地面以下 20m 深度内为粉土，土中含盐量不大于 0.5%，属冻胀土。抗压极限侧阻力标准值为 30kPa，桩型为直径 0.6m 的钻孔灌注桩，表面粗糙。当群桩呈非整体破坏时，根据《建筑桩基技术规范》(JGJ 94—2008)，自地面算起，满足抗冻拔稳定要求的最短桩长最接近下列何值？（$N_G = 180$kN，桩身重度 25kN/m³，抗拔系数取 0.5，切向冻胀力及相关系数取规范中相应的最小值。）

(A) 4.7m　　　　(B) 6.0m　　　　(C) 7.2m　　　　(D) 8.3m

【答案】(C)

【解答】根据《建筑桩基技术规范》(JGJ 94—2008) 第 5.4.6 条、5.4.7 条。

(1) 场地标准冻深为 2.5m，查规范表 5.4.7-1，有 $\eta_f = 0.9$。
切向冻胀力及相关系数取规范表 5.4.7-2 中相应的最小值：$q_f = 60$kPa
表面粗糙的灌注桩，应乘以系数 1.1。
$$\eta_f q_f u z_0 = 0.9 \times 1.1 \times 60 \times \pi \times 0.6 \times 2.5 = 279.77$$

(2) 标准冻深线以下单桩抗拔极限承载力标准值：
$$T_{uk} = \sum \lambda_i q_{sik} u_i l_i = 0.5 \times 30 \times \pi \times 0.6 \times (l-2.5) = 28.26l - 70.65$$

(3) $\dfrac{T_{uk}}{2} + N_G + G_p = \dfrac{28.26l - 70.65}{2} + 180 + \pi \times 0.3^2 l \times 25 = 21.20l + 144.68$

$$\eta_f q_f u z_0 = 279.77 \leqslant \dfrac{T_{uk}}{2} + N_G + G_p = 21.20l + 144.68$$

解得：$l \geqslant 6.37$m。

【点评】本题的考点是抗冻拔基桩长度计算。按规范要求：$\eta_f q_f u z_0 \leqslant \dfrac{T_{uk}}{2} + N_G + G_p$，由此解得桩长 $l \geqslant 6.37$m。

【题 9.4.8】某公路桥梁采用振动沉入预制桩，桩身截面尺寸为 400mm×400mm，地层条件和桩入土深度如图所示。桩基可能承受拉力，根据《公路桥涵地基与基础设计规范》（JTG 3363—2019）验算，桩基受拉承载力特征值最接近下列何值？

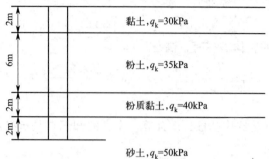

(A) 98kN　　　　(B) 138kN　　　　(C) 188kN　　　　(D) 228kN

【答案】(C)

【解答】根据《公路桥涵地基与基础设计规范》（JTG 3363—2019）第6.3.9条。单桩轴向受拉承载力特征值 R_t，按规范公式(6.3.9)计算：

$$R_t = 0.3u\sum_{i=1}^{n}\alpha_i l_i q_{ik} = 0.3\times 4\times 0.4\times(0.6\times 2\times 30 + 0.9\times 6\times 35$$
$$+ 0.7\times 2\times 40 + 1.1\times 2\times 50) = 187.8(kN)$$

其中，α_i 为振动沉桩对各土层桩侧摩阻力的影响系数，可查规范表6.3.5-3取值。

【点评】本题的考点是公路工程中桩基受拉承载力特征值的计算。找到规范及相应条款，直接代入公式计算即可。

【题9.4.9】杆塔桩基础布置和受力如图所示，承台底面尺寸为3.2m×4.0m，埋深2.0m，无地下水。已知上部结构传至基础顶面中心的力为 $F_k = 400kN$，力矩为 $M_k = 1800kN\cdot m$。根据《建筑桩基技术规范》（JGJ 94—2008）计算，基桩承受的最大上拔力最接近下列何值？（基础及其上土的平均重度为 $20kN/m^3$。）

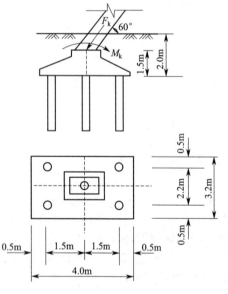

(A) 80kN　　　　(B) 180kN

(C) 250kN　　　　(D) 420kN

【答案】(A)

【解答】根据《建筑桩基技术规范》（JGJ 94—2008）第5.1.1条。

(1) 将 F_k 分解为竖向力和水平力：
$$F_{yk} = 400\times \sin 60° = 346.4(kN)$$
$$F_{xk} = 400\times \cos 60° = 200(kN)$$

(2) 轴向情况下桩顶竖向力计算
$$N_k = \frac{F_{yk} + G_k}{n} = \frac{346.4 + 4.0\times 3.2\times 2.0\times 20}{5} = 171.7(kN)$$

(3) 偏心情况下桩顶竖向力计算

$$N_{k\max} = \frac{F_{yk}+G_k}{n} - \frac{M_{yk}x_{\max}}{\sum x_j^2} = 171.7 - \frac{(1800-200\times1.5)\times1.5}{4\times1.5^2} = -78.3(\text{kN})$$

【点评】本题的考点是基桩上拔力计算。杆塔桩基础在组合荷载 F_k 和 M_k 作用下，由于偏心过大产生了上拔力，由此，按公式 $N_{k\max}=\dfrac{F_{yk}+G_k}{n}-\dfrac{M_{yk}x_{\max}}{\sum x_j^2}$ 计算之。注意公式中正负号的使用。

【本节考点】
① 基桩的抗拔极限承载力标准值计算；
② 群桩呈非整体破坏时满足抗拔承载力要求的群桩数量计算；
③ 抗浮基桩最大上拔力计算；
④ 群桩呈非整体破坏时满足抗（冻）拔承载力要求的基桩桩长计算；
⑤ 公路桥梁桩受拉承载力容许值；
⑥ 基桩最大上拔力计算。

9.5 减沉复合疏桩

【题 9.5.1】某减沉复合疏桩基础，荷载效应标准组合下，作用于承台顶面的竖向力为 1200kN，承台及其上土的自重标准值为 400kN，承台底地基承载力特征值为 80kPa，承台面积控制系数为 0.60，承台下均匀布置 3 根摩擦型桩，基桩承台效应系数为 0.40，按《建筑桩基技术规范》(JGJ 94—2008) 计算，单桩竖向承载力特征值最接近下列哪一个选项？

(A) 350kN　　　(B) 375kN　　　(C) 390kN　　　(D) 405kN

【答案】(D)

基本原理（基本概念或知识点）

在软土地基上建造多层建筑时，若采用浅基础（如筏板基础），常会遇到地基承载力满足或基本满足要求，但沉降过大的情况。为了减少沉降，可在浅基础（承台）下设置穿过软土层进入相对较好土层的疏布摩擦型桩，由桩和桩间土共同分担荷载。这种桩基称为减沉复合疏桩基础。

软土地基减沉复合疏桩基础可按下式[桩基规范中的式(5.6.1-1)及式(5.6.1-2)]确定承台面积和桩数：

$$A_c = \xi \frac{F_k+G_k}{f_{ak}} \tag{9-24}$$

$$n \geqslant \frac{F_k+G_k-\eta_c f_{ak} A_c}{R_a} \tag{9-25}$$

式中　A_c——桩基承台总净面积；
　　　f_{ak}——承台底地基承载力特征值；

ξ——承台面积控制系数，$\xi \geqslant 0.60$；
n——基桩数；
η_c——桩基承台效应系数，可按桩基规范表5.2.5取值。

【解答】 根据《建筑桩基技术规范》(JGJ 94—2008)第5.6.1条式(5.6.1-1)求基桩承台总净面积A_c：

$$A_c = \xi \frac{F_k + G_k}{f_{ak}} = 0.6 \times \frac{1200 + 400}{80} = 12(m^2)$$

根据式(5.6.1-2)求单桩竖向承载力特征值R_a：

$$R_a \geqslant \frac{F_k + G_k - \eta_c f_{ak} A_c}{n} = \frac{1200 + 400 - 0.4 \times 80 \times 12}{3} = 405.3(kN)$$

【点评】 本题的考点是软土地基减沉复合疏桩基础的布桩。软土地基减沉疏桩基础的设计遵循两个原则：一是桩和桩间土在受荷变形过程中始终保持共同分担荷载；二是桩距大于5~6倍的桩径，确保桩间土的荷载分担比例足够大，承台面积控制系数一般大于0.6，在这一原则下可以确定最小的单桩承载力特征值。当然，如进行完整的桩基设计，除桩数满足承载力要求外，尚应进行沉降计算，例如题9.5.3。

【题9.5.2】 某多层建筑采用条形基础，宽度1m，其地质条件如图所示，基础底面埋深为地面下2m，地基承载力特征值为120kPa，可以满足承载力要求，拟采用减沉复合疏桩基础减小基础沉降，桩基设计采用桩径为600mm的钻孔灌注桩，桩端进入到第②层土2m，如果桩沿条形基础的中心线单排均匀布置，根据《建筑桩基技术规范》(JGJ 94—2008)，下列桩间距选项中哪一个最适宜？(传至条形基础顶面的荷载$F_k = 120kN/m$，基础底面以上土和承台的重度取$20kN/m^3$，承台面积控制系数$\xi = 0.6$，承台效应系数$\eta_c = 0.6$)

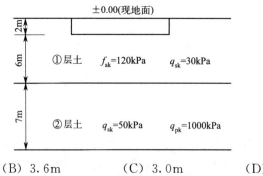

(A) 4.2m   (B) 3.6m   (C) 3.0m   (D) 2.4m

【答案】(B)

【解答】 根据《建筑桩基技术规范》(JGJ 94—2008)第5.6.1条、5.3.5条。

$$A_c = \xi \frac{F_k + G_k}{f_{ak}} = 0.6 \times \frac{120 + 1 \times 2 \times 20}{120} = 0.8(m^2)$$

$$Q_{uk} = Q_{sk} + Q_{pk} = u \sum q_{sik} l_i + q_{pk} A_p$$

$$= \pi \times 0.6 \times (30 \times 6 + 50 \times 2) + 1000 \times \frac{\pi \times 0.6^2}{4}$$

$$= 810(kN)$$

$$R_a = \frac{Q_{uk}}{2} = \frac{810}{2} = 405(kN)$$

$$n \geqslant \frac{F_k + G_k - \eta_c f_{ak} A_c}{R_a} = \frac{120 + 1 \times 2 \times 20 - 0.6 \times 120 \times 0.8}{405} = 0.25$$

即条形基础每延米布置 0.25 根桩,最大间距为 $\frac{1}{0.25} = 4.0(m)$。

【点评】 本题的考点是软土地基减沉复合疏桩基础的布桩计算。通过此题,应该理解桩基承台总净面积 A_c 的意思,即为一根桩所占的承台面积;还有基桩数 n,指的也是在 $1m^2$ 承台面积里的桩数。对条形基础,就是每延米对应的桩数。

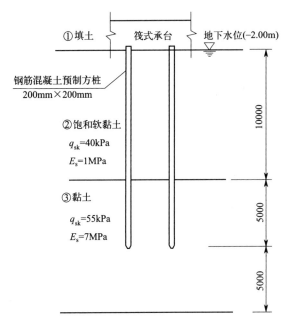

【题 9.5.3】 某软土地基上多层建筑,采用减沉复合疏桩基础,筏板平面尺寸为 35m×10m,承台底设置钢筋混凝土预制方桩共计 102 根,桩截面尺寸为 200mm×200mm,间距 2m,桩长 15m,正三角形布置,地层分布及土层参数如图所示,试问按《建筑桩基技术规范》(JGJ 94—2008) 计算的基础中心点由桩土相互作用产生的沉降 s_{sp},其值与下列何项数值最为接近?

(A) 6.4mm　　(B) 8.4mm
(C) 11.9mm　　(D) 15.8mm

【答案】(D)

【解答】 根据《建筑桩基技术规范》(JGJ 94—2008) 第 5.6.2 条。

减沉复合疏桩基础中心点下由桩土相互作用产生的沉降可按规范中的公式 (5.6.2-3) 计算:

$$s_{sp} = 280 \times \frac{\bar{q}_{su}}{\bar{E}_s} \times \frac{d}{(s_a/d)^2} \tag{9-26}$$

式中　s_{sp}——由桩土相互作用产生的沉降;
　　$\bar{q}_{su}$、$\bar{E}_s$——桩身范围内按厚度加权的平均侧极限摩阻力、平均压缩模量;
　　d——桩身直径,当桩为方形桩时,$d = 1.27b$(b 为方形桩截面边长);
　　s_a/d——等效距径比,可按桩基规范第 5.5.10 条执行。

按规范计算:

(1) 桩身直径 $d = 1.27b = 1.27 \times 0.2 = 0.254(m)$

(2) 等效距径比 $\frac{s_a}{d} = \frac{0.88\sqrt{A}}{\sqrt{n}b} = \frac{0.88 \times \sqrt{35 \times 10}}{\sqrt{102} \times 0.2} = 8.206$

(3) 桩身范围内按厚度加权的平均侧极限摩阻力:

$$\bar{q}_{su} = \frac{40 \times 10 + 55 \times 5}{10 + 5} = 45(kPa)$$

(4) 桩身范围内按厚度加权的平均压缩模量:

$$\bar{E}_s = \frac{1 \times 10 + 7 \times 5}{10 + 5} = 3(MPa)$$

(5) 由桩土相互作用产生的沉降量:

$$s_{sp}=280\times\frac{\overline{q}_{su}}{\overline{E}_s}\times\frac{d}{(s_a/d)^2}=280\times\frac{45}{3}\times\frac{0.254}{8.206^2}=15.84(\text{mm})$$

【点评】本题的考点是软土地基减沉复合疏桩基础的沉降计算。复合疏桩基础的沉降性状与常规桩基础相比有两个特点：一是桩的沉降发生塑性刺入的可能性大，在受荷变形过程中桩、土分担荷载比随土体固结而使其在一定范围内变动，随固结变形逐渐完成而趋于稳定；二是桩间土体的压缩固结以受承台压力作用为主，受桩、土相互影响居次。由于承台底面桩、土的沉降是相等的，桩基的沉降既可通过计算桩的沉降，也可通过计算桩间土沉降实现。桩基规范用的是桩间土的沉降计算方法。

减沉复合疏桩基础中心点沉降可按下列公式计算：

$$s=\psi(s_s+s_{sp}) \tag{9-27}$$

式中 s——桩基中心点沉降量；

s_s——由承台底地基土附加应力作用下产生的中点沉降；

s_{sp}——由桩土相互作用产生的沉降；

ψ——沉降计算经验系数，无当地经验时，可取 1.0。

【题 9.5.4】某多层住宅框架结构，采用独立基础，荷载效应准永久值组合下作用于承台底的总附加荷载 $F_k=360\text{kN}$，基础埋深 1m，方形承台，边长为 2m，土层分布如图所示。为减少基础沉降，基础下疏布 4 根摩擦桩，钢筋混凝土预制方桩 $0.2\text{m}\times0.2\text{m}$，桩长 10m，根据《建筑桩基技术规范》(JGJ 94—2008)，计算桩土相互作用产生的基础中心点沉降量 s_{sp} 最接近下列何值？

(A) 15mm (B) 20mm

(C) 40mm (D) 54mm

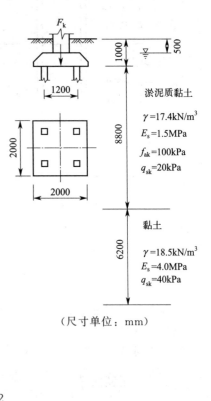

(尺寸单位：mm)

【答案】(C)

【解答】根据《建筑桩基技术规范》(JGJ 94—2008) 第 5.6.2 条，桩土相互作用产生的沉降计算公式为：

$$s_{sp}=280\times\frac{\overline{q}_{su}}{\overline{E}_s}\times\frac{d}{(s_a/d)^2}$$

根据题中所给参数计算得：

$$\overline{q}_{su}=\frac{8.8\times20+1.2\times40}{10}=22.4(\text{kPa})$$

$$\overline{E}_s=\frac{8.8\times1.5+1.2\times4}{10}=1.8(\text{MPa})$$

$$\frac{s_a}{d}=\frac{1.2}{0.2\times1.27}=4.72$$

$$s_{sp}=280\times\frac{\overline{q}_{su}}{\overline{E}_s}\times\frac{d}{(s_a/d)^2}=280\times\frac{22.4}{1.8}\times\frac{1.27\times0.2}{4.72^2}=39.7(\text{mm})$$

【点评】本题的考点是软土地基减沉复合疏桩基础的沉降计算。基础复合疏桩基础的沉降由两部分组成：一部分为承台底地基土附加压力作用下产生的中点沉降；另一部分为桩土相互作用产生的沉降。桩对土影响的沉降增加值包括桩侧阻力和桩端阻力引起桩周土的沉降，因减沉桩桩端阻力比较小，端阻力对承台底地基土位移的影响比较小，可以忽略。桩侧阻力引起桩周土的沉降，按桩侧剪切位移传递法计算，规范给出的计算公式是简化后得到的。影响这一沉降的因素有距径比、桩侧土极限摩阻力和压缩模量。

本题中为规则布桩，不用计算等效距径比。如按等效距径比计算，则计算结果如下：

$$\frac{s_a}{d} = \frac{0.88\sqrt{A}}{\sqrt{n}\,b} = \frac{0.88 \times \sqrt{4}}{\sqrt{4} \times 0.2} = 4.43$$

$$s_{sp} = 280 \times \frac{\overline{q}_{su}}{\overline{E}_s} \times \frac{d}{(s_a/d)^2} = 280 \times \frac{22.4}{1.8} \times \frac{1.27 \times 0.2}{4.43^2} = 45.1(\text{mm})$$

【题 9.5.5】某多层住宅框架结构，采用独立基础，荷载效应准永久值组合下作用于承台底的总附加荷载 $F_k = 360\text{kN}$，基础埋深 1m，方形承台，边长为 2m，土层分布如图。为减少基础沉降，基础下疏布 4 根摩擦桩，钢筋混凝土预制方桩 $0.2\text{m} \times 0.2\text{m}$，桩长 10m，单桩承载力特征值 $R_a = 80\text{kN}$，地下水水位在地面下 0.5m，根据《建筑桩基技术规范》(JGJ 94—2008)，计算由承台底地基土附加压力作用下产生的承台中点沉降量为下列何值？（沉降计算深度取承台底面下 3.0m。）

(A) 14.8mm (B) 20.9mm
(C) 39.7mm (D) 53.9mm

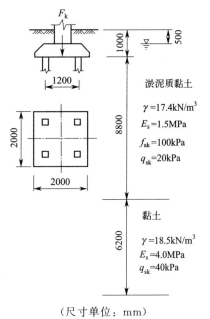

(尺寸单位：mm)

【答案】(A)

【解答】根据《建筑桩基技术规范》(JGJ 94—2008) 第 5.6.2 条。

(1) 减沉复合疏桩基础中心沉降计算公式为：$s = \psi(s_s + s_{sp})$，其中由承台底地基土附加压力作用下产生的轴向点沉降量为：

$$s_s = 4p_0 \sum \frac{z_i\overline{\alpha}_i - z_{i-1}\overline{\alpha}_{i-1}}{E_{si}}, \quad p_0 = \eta_p \frac{F - nR_a}{A_c}$$

$$A_c = 2 \times 2 - 4 \times 0.2 \times 0.2 = 3.84(\text{m}^2)$$

(2) $\eta_p = 1.3, n = 4, F_k = 360\text{kN}, R_a = 80\text{kN}$。

$$p_0 = \eta_p \frac{F - nR_a}{A_c} = 1.3 \times \frac{360 - 4 \times 80}{3.84} = 13.54(\text{kPa})$$

(3) 沉降量计算：压缩层厚度为 3m。

z_i/m	l/b	z/b	$\overline{\alpha}_i$	$z_i\overline{\alpha}_i$	$z_i\overline{\alpha}_i - z_{i-1}\overline{\alpha}_{i-1}$	E_s/MPa	Δs_i/mm
0	1	0	0.25	0			
3	1	3	0.1369	0.4107	0.4107	1.5	14.83

【分析】根据题中条件，应先判断该题考查的内容为减沉桩基础的相关计算。根据《建筑桩基技术规范》(JGJ 94—2008) 第 5.6 条中软土地基基础复合疏桩基础设计计算方法，基础复合疏桩基础中心沉降为 $s = \psi(s_s + s_{sp})$，本题只要求计算其中由承台底地基土附加压力作用下产生的中心点沉降量 s_s，而不必计算由桩土相互作用产生的沉降 s_{sp}。另外，题中已给出压缩层厚度为 3m，不需再去确定压缩层厚度。

【本节考点】
① 软土地基减沉复合疏桩基础的承载力特征值计算；
② 软土地基减沉复合疏桩基础的布桩（间距）计算；

③ 减沉复合疏桩基础沉降计算（桩土相互作用产生的沉降）；
④ 减沉复合疏桩基础沉降计算（承台底地基土附加压力作用下产生的中点沉降）。

9.6 桩基软弱下卧层强度验算

【题 9.6.1】某构筑物柱下桩基础采用 16 根钢筋混凝土预制桩，直径 $d=0.5$m，桩长 20m，承台埋深 5m，其平面布置、剖面、地层如图。荷载效应标准组合下，作用于承台顶面的竖向荷载 $F_k=27000$kN，承台及其上土重 $G_k=1000$kN，桩端以上各土层的 $q_{sik}=60$kPa，软弱层顶面以上土的平均重度 $\gamma_m=18$kN/m³，按《建筑桩基技术规范》(JGJ 94—2008)验算，软弱下卧层承载力特征值至少应接近下列何值才能满足要求？（取 $\eta_d=1.0$，$\theta=15°$）

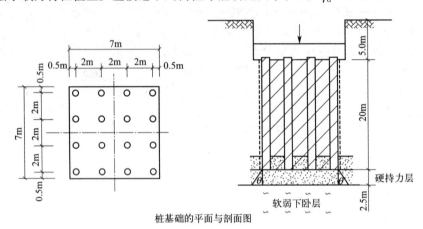

桩基础的平面与剖面图

(A) 66kPa　　　　(B) 84kPa　　　　(C) 175kPa　　　　(D) 204kPa

【答案】（B）

【解答】该题考查内容为群桩基础软弱下卧层强度验算。考点有：软弱下卧层承载力计算，群桩侧摩阻力的计算以及作用于软弱下卧层顶面的附加应力的计算。根据《建筑桩基技术规范》(JGJ 94—2008) 第 5.4.1 条计算如下：

(1) $\sigma_z + \gamma_m z \leqslant f_{az}$，$\sigma_z = \dfrac{(F_k+G_k) - \dfrac{3}{2}(A_0+B_0)\sum q_{sik}l_i}{(A_0+2t\tan\theta)(B_0+2t\tan\theta)}$

(2) $(A_0+B_0)\sum q_{sik}l_i = (6.5+6.5)\times 60 \times 20 = 15600$(kN)

$(A_0+2t\tan\theta)(B_0+2t\tan\theta) = (6.5+2\times 2.5\times \tan 15°)\times(6.5+2\times 2.5\times \tan 15°) = 61.46$(m²)

(3) $\sigma_z = \dfrac{(F_k+G_k) - \dfrac{3}{2}(A_0+B_0)\sum q_{sik}l_i}{(A_0+2t\tan\theta)(B_0+2t\tan\theta)} = \dfrac{28000 - \dfrac{3}{2}\times 15600}{61.46} = \dfrac{4600}{61.46} = 74.85$(kPa)

(4) $f_{az} = f_{ak} + \eta_d\gamma_m(22.5-0.5) \geqslant \sigma_z + \gamma_m\times 22.5$

$f_{ak} = \sigma_z + \gamma_m\times 22.5 - \eta_d\gamma_m(22.5-0.5) = \sigma_z + \gamma_m\times 0.5 = 74.85 + 18\times 0.5 = 83.85$(kPa)

【题 9.6.2】某桩基础采用钻孔灌注桩，桩径 0.6m，桩长 10.0m。承台底面尺寸及布桩如图所示，承台顶面荷载效应标准组合下的竖向力 $F_k=6300$kN。土层条件及桩基计算参数如表、图所示。根据《建筑桩基技术规范》(JGJ 94—2008) 计算，作用于软弱下卧层④层

顶面的附加应力 σ_z 最接近下列何值？（承台及其上覆土的重度取 $20kN/m^3$。）

层序	土名	天然重度 γ /(kN/m³)	极限侧阻力标准值 q_{sik} /kPa	极限端阻力标准值 q_{pk} /kPa	压缩模量 E_s /MPa
①	黏土	18.0	35		
②	粉土	17.5	55	2100	10
③	粉砂	18.0	60	3000	16
④	淤泥质黏土	18.5	30		3.2

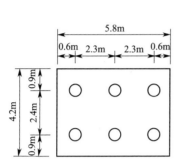
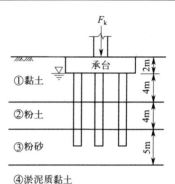

(A) 8.5kPa　　　(B) 18kPa　　　(C) 30kPa　　　(D) 40kPa

【答案】（C）

【解答】 根据《建筑桩基技术规范》(JGJ 94—2008) 第5.4.1条。

承台及其上土重 $G_k = 2 \times 4.2 \times 5.8 \times 20 = 974.4(kN)$

桩群外缘矩形底面的长边：$A_0 = 2.3 \times 2 + 0.6 = 5.2(m)$

桩群外缘矩形底面的短边：$B_0 = 2.4 + 0.6 = 3.0(m)$

模量比：$\dfrac{E_{s1}}{E_{s2}} = \dfrac{16}{3.2} = 5.0$

硬持力层厚度：$t = 3m > 0.5B_0 = 1.5m$

查规范表5.4.1，$\theta = 25°$。

$$\sigma_z = \dfrac{(F_k + G_k) - \dfrac{3}{2}(A_0 + B_0)\sum q_{sik}l_i}{(A_0 + 2t\tan\theta)(B_0 + 2t\tan\theta)}$$

$$= \dfrac{(6300 + 974.4) - \dfrac{3}{2} \times (5.2 + 3.0) \times (4 \times 35 + 4 \times 55 + 2 \times 66)}{(5.2 + 2 \times 3 \times \tan25°) \times (3.0 + 2 \times 3 \times \tan25°)} = 29.55(kPa)$$

【点评】 该题考查内容为作用于软弱下卧层顶面的附加应力的计算。

桩基软弱下卧层强度验算与浅基础的软弱下卧层强度验算的方法基本一致，所用的公式形式也差不多，注意不要用错。一般来说，如果要做一个完整的软弱下卧层强度验算，其计算工作量还是蛮大的，所以，很多时候都是只计算其中的一部分内容，如本题，只是计算软弱下卧层的附加应力。

【本节考点】
① 软弱下卧层承载力计算；
② 群桩侧摩阻力的计算；
③ 软弱下卧层顶附加应力计算。

9.7 桩基水平承载力

【题9.7.1】 某承受水平力的灌注桩,直径为800mm,保护层厚度为50mm,配筋率为0.65%,桩长30m,桩的水平变形系数为0.360(1/m),桩身抗弯刚度为$6.75×10^{11}$kN·mm^2,桩顶固接且容许水平位移为4mm,按《建筑桩基技术规范》(JGJ 94—2008)估算,由水平位移控制的单桩水平承载力特征值接近的选项是哪一个?

(A) 50kN (B) 100kN (C) 150kN (D) 200kN

【答案】 (B)

【解答】 根据《建筑桩基技术规范》(JGJ 94—2008)第5.7.2条第6款及表5.7.2。

桩的水平变形系数 $\alpha=0.360 m^{-1}$;

桩身抗弯刚度 $EI=6.75×10^{11}$ kN·$mm^2=6.75×10^5$ kN·m^2;

桩顶容许水平位移 $\chi_{0a}=4mm$。

$\alpha h=0.360×30=10.8(m)>4$,取 $\alpha h=4.0$;查规范表5.7.2,桩顶固接。桩顶水平位移系数 $\nu_x=0.940$;根据规范式(5.7.2-2) 单桩水平承载力特征值计算公式有:

$$R_{ha}=0.75\frac{\alpha^3 EI}{\nu_x}\chi_{0a}=0.75×\frac{0.36^3×6.75×10^5}{0.94}×0.004=100.5(kN)$$

【点评】 本题的考点是单桩水平承载力的概念与计算。

影响单桩水平承载力和位移的因素包括桩身截面抗弯刚度、材料强度、桩侧土质条件、桩的入土深度、桩顶约束条件等。如对于低配筋率的灌注桩,通常是桩身先出现裂缝,随后断裂破坏;此时,单桩水平承载力由桩身强度控制。对于抗弯性能强的桩,如高配筋率的混凝土预制桩和钢桩,桩身虽未断裂,但由于桩侧土体塑性隆起,或桩顶水平位移大大超过使用允许值,也认为桩的水平承载力达到极限状态。所以,单桩水平承载力的确定分为两类:一类是桩身强度控制;另一类是水平位移控制。该题中给出桩身配筋率为0.65%(不小于0.65%),且已明确要求计算由水平位移控制的单桩水平承载力特征值,并给出了桩身抗弯刚度,只需计算桩的换算埋深和查表确定桩顶水平位移系数即可。

计算时要注意对单位的统一,即桩身抗弯刚度 $6.75×10^{11}$ kN·$mm^2=6.75×10^5$ kN·m^2。

【题9.7.2】 某灌注桩基础,桩径1.0m,桩入土深度$h=16m$,配筋率0.75%,混凝土强度等级为C30,桩身抗弯刚度$EI=1.2036×10^3$ MN·m^2。桩侧土水平抗力系数的比例系数$m=25MN/m^4$。桩顶按固接考虑,桩顶水平位移允许值为6mm。按照《建筑桩基技术规范》(JGJ 94—2008)估算单桩水平承载力特征值,其值最接近下列何值?

(A) 220kN (B) 310kN (C) 560kN (D) 800kN

【答案】 (D)

【解答】 根据《建筑桩基技术规范》(JGJ 94—2008)第5.7.2条第6款及表5.7.2:

(1) 桩的水平变形系数计算

$$b_0=0.9×(1.5d+0.5)=0.9×(1.5×1.0+0.5)=1.8(m)$$

桩的水平变形系数 $\alpha=\sqrt[5]{\frac{mb_0}{EI}}=\sqrt[5]{\frac{25×10^3×1.8}{1.2036×10^6}}=0.5183(m^{-1})$

(2) 单桩水平承载力特征值

$\alpha h=0.5183×16=8.3(m)>4$,取 $\alpha h=4.0$;查规范表5.7.2,桩顶固接,桩顶水平位移系数 $\nu_x=0.940$;根据规范式(5.7.2-2) 单桩水平承载力特征值计算公式有:

$$R_{ha}=0.75\frac{\alpha^3 EI}{\nu_x}\chi_{0a}=0.75\times\frac{0.5183^3\times1.2036\times10^6}{0.94}\times0.006=802.3(kN)$$

【点评】本题的考点依然是单桩水平承载力的计算。

【题9.7.3】某受压灌注桩，桩径1.2m，桩端入土深度20m，桩身配筋率0.6%，桩顶铰接，桩顶竖向压力设计值$N=5000$kN，桩的水平变形系数$\alpha=0.301m^{-1}$，桩身换算截面积$A_n=1.2m^2$，换算截面受拉力边缘的截面模量$W_0=0.2m^3$，桩身混凝土强度设计值$f_t=1.5N/mm^2$。试按《建筑桩基技术规范》(JGJ 94—2008)计算单桩水平承载力特征值，其值最接近下列哪一个数值？

(A) 370kN　　　(B) 410kN　　　(C) 490kN　　　(D) 550kN

【答案】(A)

【解答】根据《建筑桩基技术规范》(JGJ 94—2008)第5.7.1条第4款及表5.7.2：

$\alpha h=0.301\times20=6.02>4$，取$\alpha h=4.0$；查规范表5.7.2，桩顶铰接最大弯矩系数$\nu_M=0.768$；根据规范式(5.7.2-1)单桩水平承载力特征值计算公式有：

$$R_{ha}=\frac{0.75\alpha\gamma_m f_t W_0}{\nu_M}(1.25+22\rho_g)\left(1+\frac{\xi_N N_k}{\gamma_m f_t A_n}\right)$$

$$=0.75\times\frac{0.301\times2\times1.5\times10^3\times0.2}{0.768}\times(1.25+22\times0.6\times10^{-2})\times\left(1+\frac{0.5\times\frac{5000}{1.35}}{2\times1.5\times10^3\times1.2}\right)$$

$$=369.12(kN)$$

【点评】本题的考点也是单桩水平承载力的概念，属于是桩身强度控制的水平承载力特征值计算。题干中给出的桩顶竖向压力设计值$N=5000$kN，公式使用的是荷载效应的标准组合N_k，而题干给的荷载是基本组合N，所以要除以1.35。公式计算中用到的计算参数较多，要仔细。

若没有除以1.35，则得到413kN；若仅除以1.35，没有乘0.75，则得到492.1kN；若系数都没有考虑，则得到550.67kN。

【题9.7.4】某钻孔灌注桩群桩基础，桩径0.8m，单桩水平承载力特征值为$R_{ha}=100$kN（位移控制），沿水平荷载方向布桩排数$n_1=3$，垂直水平荷载方向每排桩数$n_2=4$，距径比$s_a/d=4$，承台位于松散填土中，埋深0.5m，桩的换算深度$\alpha h=3.0$m，考虑地震作用，按《建筑桩基技术规范》(JGJ 94—2008)计算群桩中复合基桩水平承载力最接近下列哪个选项？

(A) 134kN　　　(B) 154kN　　　(C) 157kN　　　(D) 177kN

【答案】(C)

【解答】(1) 根据《建筑桩基技术规范》(JGJ 94—2008)第5.7.3条：$R_h=\eta_h R_{ha}$。

(2) 考虑地震作用，且$s_a/d=4<6$时：$\eta_h=\eta_i\eta_r+\eta_l$。

$$\eta_i=\frac{(s_a/d)^{0.015n_2+0.45}}{0.15n_1+0.10n_2+1.9}=\frac{4^{0.015\times4+0.45}}{0.15\times3+0.10\times4+1.9}=\frac{2.028}{2.75}=0.737$$

因为$\alpha h=3.0$m，查表5.7.3-1得$\eta_r=2.13$。

承台位于松散填土中，所以$\eta_l=0$，所以

$$\eta_h=\eta_i\eta_r+\eta_l=0.737\times2.13+0=1.57$$

(3) $R_h=\eta_h R_{ha}=1.57\times100=157(kN)$

【分析】该题主要考查读者对《建筑桩基技术规范》(JGJ 94—2008)中有关群桩基础中基桩水平承载力了解和掌握情况，据规范第5.7.3条由题中条件可知，群桩基础的基桩水

平承载力特征值应考虑承台、桩群、土相互作用产生的取值效应，可按公式 $R_h = \eta_h R_{ha}$ 计算。规范第 4.2.4 条规定，对嵌入承台内的长度规定为不宜小于 50mm，故可根据桩的换算深度 $ah = 3.0$m 查表得到 $\eta_r = 2.13$，又因承台位于松散填土中，故可知 $\eta_l = 0$。

该题计算中数据较多，需仔细计算。

【题 9.7.5】某桩基工程设计等级为丙级，其桩型平面布置、剖面及地层分布如图所示，已知单桩水平承载力特征值为 100kN，按《建筑桩基技术规范》(JGJ 94—2008) 计算群桩基础的复合基桩水平承载力特征值，其结果最接近于下列哪个选项中的值？（$\eta_r = 2.05$，$\eta_l = 0.3$，$\eta_b = 0.2$）

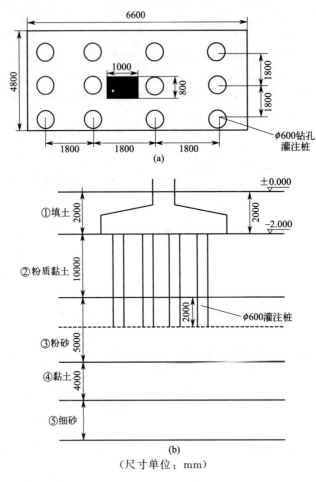

(尺寸单位：mm)

(A) 108kN　　　(B) 135kN　　　(C) 156kN　　　(D) 176kN

【答案】(D)

【解答】(1) 根据《建筑桩基技术规范》(JGJ 94—2008) 第 5.7.3 条：$R_h = \eta_h R_{ha}$。

(2) 已知：$\eta_r = 2.05$，$\eta_l = 0.3$，$\eta_b = 0.2$。

(3) 不考虑地震作用：$\eta_h = \eta_i \eta_r + \eta_l + \eta_b$。

由图可知，$n_1 = 3$，$n_2 = 4$。

$$\eta_i = \frac{(s_a/d)^{0.015n_2 + 0.45}}{0.15n_1 + 0.10n_2 + 1.9} = \frac{(1.8/0.6)^{0.015 \times 4 + 0.45}}{0.15 \times 3 + 0.10 \times 4 + 1.9} = 0.6368$$

$$\eta_h = \eta_i \eta_r + \eta_l + \eta_b = 0.6368 \times 2.05 + 0.3 + 0.2 = 1.805$$

（4）复合基桩水平承载力特征值
$$R_h = \eta_h R_{ha} = 1.805 \times 100 = 180.5 (\text{kN})$$

【点评】本题的考点依然是复合基桩水平承载力的计算。与上题相比，稍稍简单一点，因为已经给出了几个效应系数。

总的来说，这个考点的题目不算难，但很繁。计算参数较多，计算也有点繁杂。要能够熟练使用计算器对指数的计算。

【题 9.7.6】某试验桩径 $0.4m$，水平静载试验所采取每级荷载增量值为 $15kN$，试桩 H_0-t-X_0 曲线明显陡降点的荷载为 $120kN$ 时对应的水平位移为 $3.2mm$，其前一级荷载和后一级荷载对应的水平位移分别为 $2.6mm$ 和 $4.2mm$，则由试验结果计算的地基水平抗力系数的比例系数 m 最接近下列哪个数值？〔为简化计算，假定 $(v_x)^{\frac{5}{3}} = 4.425$，$(EI)^{\frac{2}{3}} = 877$ $(kN \cdot m^2)^{\frac{2}{3}}$〕

(A) $242 MN/m^4$　　(B) $228 MN/m^4$　　(C) $205 MN/m^4$　　(D) $165 MN/m^4$

【答案】（A）

【解答】根据《建筑桩基技术规范》(JGJ 94—2008) 第 5.7.5 条条文说明：根据试验结果求低配筋率桩的 m，应取临界荷载 H_{cr} 及对应位移 χ_{cr} 按下式计算

$$m = \frac{\left(\dfrac{H_{cr}}{\chi_{cr}} v_x\right)^{\frac{5}{3}}}{b_0 (EI)^{\frac{2}{3}}}$$

由题意：
桩身计算宽度 $b_0 = 0.9 \times (1.5d + 0.5) = 0.9 \times (1.5 \times 0.4 + 0.5) = 0.99(m)$
临界荷载 $H_{cr} = 120 - 15 = 105(kN)$
临界位移 $\chi_{cr} = 2.6mm$

则 $m = \dfrac{\left(\dfrac{H_{cr}}{\chi_{cr}} v_x\right)^{\frac{5}{3}}}{b_0 (EI)^{\frac{2}{3}}} = \dfrac{\left(\dfrac{105}{2.6 \times 10^{-3}}\right)^{\frac{5}{3}} \times 4.425}{0.99 \times 877} = 242.3 \times 10^3 (kN/m^4) = 242.3(MN/m^4)$

【点评】该题主要考查根据水平静载试验来确定 m 值。

根据桩受水平荷载的理论分析，在 m 法中反映地基土性质的参数就是 m 值（称为地基水平抗力系数的比例系数）。m 值应通过水平静载荷试验确定。当无试验资料时，可参考规范表 5.7.5 确定。若按试验结果强度 m 值，就要根据规范第 5.7.5 条条文说明中的公式来计算。

需要注意的一点是，关于临界荷载，是按 H_0-t-X_0 曲线出现明显陡降点的前一级荷载来确定。

【题 9.7.7】某灌注桩基础，桩入土深度为 $h = 20m$，桩径 $d = 1000mm$，配筋率 $\rho = 0.68\%$，桩顶铰接，要求水平承载力设计值为 $H = 1000kN$，桩侧土的水平抗力系数的比例系数 $m = 20 MN/m^4$，抗弯刚度 $EI = 5 \times 10^6 kN \cdot m^2$。按《建筑桩基技术规范》(JGJ 94—2008)，满足水平承载力要求的相应桩顶容许水平位移至少要接近下列哪一个数值？

(A) $7.4mm$　　(B) $8.4mm$　　(C) $10.4mm$　　(D) $12.4mm$

【答案】（D）

【解答】根据《建筑桩基技术规范》(JGJ 94—2008) 第 5.7.2 条、5.7.5 条。

(1) 桩身计算宽度，当直径 $d \leqslant 1\text{m}$ 时
$$b_0 = 0.9 \times (1.5d + 0.5) = 0.9 \times (1.5 \times 1.0 + 0.5) = 1.8(\text{m})$$

(2) 桩的水平变形系数 $\alpha = \sqrt[5]{\dfrac{mb_0}{EI}} = \sqrt[5]{\dfrac{20 \times 10^3 \times 1.8}{5 \times 10^6}} = \sqrt[5]{0.0072} = 0.373(\text{m}^{-1})$

(3) $\alpha h = 0.373 \times 20 = 7.46 > 4$，桩顶铰接，故桩顶水平位移系数 $\nu_x = 2.441$。

(4) 单桩水平承载力特征值

根据规范式（5.7.2-2）单桩水平承载力特征值计算公式有：
$$R_{\text{ha}} = 0.75 \frac{\alpha^3 EI}{\nu_x} \chi_{0\text{a}}$$

(5) $\chi_{0\text{a}} = \dfrac{R_{\text{ha}} \nu_x}{0.75 \alpha^3 EI} = \dfrac{1000 \times 2.441}{0.75 \times 0.373^3 \times 5 \times 10^6} = 12.5(\text{mm})$

【点评】本题考查的是满足水平承载力要求的相应桩顶容许水平位移计算。首先要根据已知条件配筋率 $\rho = 0.68\%$，判断所用的公式为 $R_{\text{ha}} = 0.75 \dfrac{\alpha^3 EI}{\nu_x} \chi_{0\text{a}}$，由此反算满足承载力要求的水平位移量。计算中用到的参数较多，要仔细计算。

【题 9.7.8】群桩基础中的某灌注桩基桩，桩身直径 700mm，入土深度 25m，配筋率为 0.60%，桩身抗弯刚度 EI 为 $2.83 \times 10^5 \text{kN} \cdot \text{m}^2$，桩侧土水平抗力系数的比例系数 m 为 2.5MN/m^4，桩顶为铰接，按《建筑桩基技术规范》(JGJ 94—2008)，试问当桩顶水平荷载为 50kN 时，其水平位移值最接近下列何项数值？

(A) 6mm　　　(B) 9mm　　　(C) 12mm　　　(D) 15mm

【答案】(A)

【解答】根据《建筑桩基技术规范》(JGJ 94—2008) 第 5.7.5 条、5.7.2 条、5.7.3 条。

(1) 桩身计算宽度，当直径 $d \leqslant 1\text{m}$ 时
$$b_0 = 0.9 \times (1.5d + 0.5) = 0.9 \times (1.5 \times 0.7 + 0.5) = 1.395(\text{m})$$

(2) 桩的水平变形系数 $\alpha = \sqrt[5]{\dfrac{mb_0}{EI}} = \sqrt[5]{\dfrac{2.5 \times 10^3 \times 1.395}{2.83 \times 10^6}} = 0.415(\text{m}^{-1})$

(3) $\alpha h = 0.415 \times 25 = 10.38 > 4$，桩顶铰接，故桩顶水平位移系数 $\nu_x = 2.441$。

(4) 根据规范式（5.7.3-5）计算桩顶水平位移：
$$\chi_{0\text{a}} = \dfrac{R_{\text{ha}} \nu_x}{\alpha^3 EI} = \dfrac{50 \times 2.441}{0.415^3 \times 2.83 \times 10^5} = 6(\text{mm})$$

【点评】本题考查的是当桩顶水平荷载为某值时相应桩顶的水平位移计算。

注意：本题解用到了规范中的公式（5.7.3-5）$\chi_{0\text{a}} = \dfrac{R_{\text{ha}} \nu_x}{\alpha^3 EI}$，其使用的条件是桩身强度控制（低配筋率灌注桩），题目中给出的配筋率为 0.60%，属于低配筋率灌注桩。

【本节考点】

① 灌注桩-水平位移控制的单桩水平承载力特征值计算；
② 灌注桩-桩身混凝土强度控制的单桩水平承载力特征值计算；
③ 群桩中复合基桩水平承载力计算；
④ 满足水平承载力要求的相应桩顶容许水平位移计算。

9.8 桩基沉降计算

基本原理（基本概念或知识点）

对于桩中心距小于或等于6倍桩径的桩基，其最终沉降量计算可采用等效作用分层总和法。桩基规范法实际上是一种实体基础法，它不考虑桩基侧面应力扩散作用，等效作用面位于桩端平面，等效作用面积为桩承台投影面积，等效作用附加应力近似取承台底平均附加压力。然后按矩形浅基础的沉降计算方法计算实体基础沉降。

计算矩形桩基中点沉降时，桩基沉降量按下式简化计算：

$$s = \psi\psi_e s' = 4\psi\psi_e p_0 \sum_{i=1}^{n} \frac{z_i \bar{\alpha}_i - z_{i-1} \bar{\alpha}_{i-1}}{E_{si}} \tag{9-28}$$

式中 $\bar{\alpha}_i$、$\bar{\alpha}_{i-1}$——平均附加应力系数，根据矩形承台长宽比 a/b 及深宽比 $\frac{z_i}{b}=\frac{2z_i}{B_c}$，

$\frac{z_{i-1}}{b}=\frac{2z_{i-1}}{B_c}$ 查桩基规范附录 D 表 D.0.1-2；

p_0——在荷载效应准永久组合下承台底的平均附加压力；

s——桩基最终沉降量，mm；

s'——采用布辛奈斯克（Boussinesq）解，按实体深基础分层总和法计算出的桩基沉降量，mm；

ψ——桩基沉降计算经验系数；

ψ_e——桩基等效沉降系数；

n——桩基沉降计算深度范围内所划分的土层数；

E_{si}——等效作用底面以下第 i 层土的压缩模量，MPa，采用地基土在自重压力至自重压力加附加作用时的压缩模量。

桩基等效沉降系数 ψ_e 按下式简化计算：

$$\psi_e = C_0 + \frac{n_b - 1}{C_1(n_b - 1) + C_2} \tag{9-29}$$

式中 n_b——矩形布桩时的短边布桩数，当布桩不规则时按 $n_b = \sqrt{nB_c/L_c}$ 近似计算，当 n_b 计算值小于1时，取 $n_b=1$；

C_0、C_1、C_2——根据群桩不同距径比（桩中心距与桩径比）s_a/d、长径比 l/d 及基础长宽比 L_c/B_c 由桩基规范附录 E 确定；

L_c、B_c、n——矩形承台的长、宽、总桩数。

当布桩不规则时，等效距径比 s_a/d 按下列公式近似计算：

圆形桩： $$s_a/d = \sqrt{A}/(\sqrt{n}d) \tag{9-30}$$

方形桩： $$s_a/d = 0.886\sqrt{A}/(\sqrt{n}b) \tag{9-31}$$

式中 A——桩基承台总面积；

b——方形桩截面边长。

当无当地可靠经验时，桩基沉降计算经验系数 ψ 可按规范表 5.5.11 选用。其他情况按桩基规范第 5.5.11 条取值。

桩基沉降计算深度 z_n 应按应力比法确定，即计算深度处 z_n 处的附加应力 σ_z 与土的自重应力 σ_c 应符合下式要求：

$$\sigma_z \leqslant 0.2\sigma_c \tag{9-32}$$

$$\sigma_z = \sum_{j=1}^{m} \alpha_j p_{0j} \tag{9-33}$$

式中 α_j ——附加应力系数，可根据角点法划分的矩形长宽比及深宽比按规范附录 D 选用。

桩基沉降计算公式与习惯使用的等代实体深基础分层总和法基本相同，仅增加一个等效沉降系数 ψ_e。其中要注意的是：等效作用面位于桩端平面，等效作用面积为桩基承台投影面积，等效作用附加压力取承台底附加压力，等效作用面以下（等代实体深基底以下）的应力分布按弹性半空间 Boussinesq 解确定，应力系数为角点下平均附加应力系数 $\overline{\alpha}$。各分层沉降量 $\Delta s'_i = p_0 \dfrac{z_i \overline{\alpha}_i - z_{i-1} \overline{\alpha}_{i-1}}{E_{si}}$，其中 z_i、z_{i-1} 为有效作用面至 i、$i-1$ 层层底的深度；$\overline{\alpha}_i$、$\overline{\alpha}_{i-1}$ 为按计算分块长宽比 a/b 及深宽比 z_i/b、z_{i-1}/b，由桩基规范附录 D 确定。p_0 为承台底面荷载效应准永久组合附加压力，将其作用于桩端等效作用面。

【题 9.8.1】某桩基工程设计等级为乙级，其桩型、平面布置、剖面及地层分布如图所示，土层物理力学指标及有关数据见表，荷载效应准永久组合下作用于承台底的平均附加应力为 420kPa，沉降计算经验系数 $\psi=1.1$，地基沉降计算深度至第⑤层顶面，按《建筑桩基技术规范》(JGJ 94—2008) 验算桩基中心点处最终沉降量，其计算结果接近下列哪个选项中的值？($C_0=0.09$，$C_1=1.5$，$C_2=6.6$。)

土层名称	重度 γ /(kN/m³)	压缩模量 E_s /MPa	z_i/m	z/b	$\overline{\alpha}_i$	$z_i\overline{\alpha}_i$	$z_i\overline{\alpha}_i - z_{i-1}\overline{\alpha}_{i-1}$	E_{si}	$(z_i\overline{\alpha}_i - z_{i-1}\overline{\alpha}_{i-1})/E_{si}$
①填土	18								
②粉质黏土	18								
③粉砂	19	30	0	0	0.25	0			
④黏土	18	10	3	1.25	0.22	0.660			
⑤细砂	19	60	7	2.92	0.154	1.078			

(A) 9mm　　(B) 35mm　　(C) 52mm　　(D) 78mm

【答案】(B)

【解答】根据《建筑桩基技术规范》(JGJ 94—2008) 第 5.5.6 条～5.5.9 条。

(1) 矩形布桩时的短边布桩数：$n_b = 3$。

(2) 桩基等效沉降系数：

$$\psi_e = C_0 + \dfrac{n_b - 1}{C_1(n_b - 1) + C_2} = 0.09 + \dfrac{3 - 1}{1.5 \times (3 - 1) + 6.6} = 0.298$$

(3) 按实体深基础分层总和法计算出的桩基沉降量：

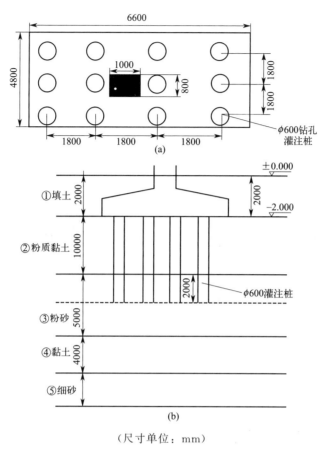

(尺寸单位:mm)

$$s' = 4 \times 420 \times \left(\frac{0.66-0}{30} + \frac{1.078-0.66}{10}\right) = 1680 \times (0.022 + 0.0418) = 107.184 \text{(mm)}$$

(4) 桩基中心点处最终沉降量:
$$s = \psi\psi_e s' = 1.1 \times 0.298 \times 107.184 = 35.13 \text{(mm)}$$

【点评】本题的考查的是桩基最终沉降量计算。桩基最终沉降量的计算,其方法与浅基础基本相同,只是增加了一个等效沉降系数 ψ_e。本题的考点就是一个等效沉降系数 ψ_e 的计算以及桩基最终沉降量计算。

最终沉降量计算看似复杂,但题干已给出了计算表,只需做③、④层 $(z_i\bar{\alpha}_i - z_{i-1}\bar{\alpha}_{i-1})/E_{si}$ 的计算即可。

个人认为,在答题时,只需将计算结果填写在表中应该也可以。需要注意的是,$(z_i\bar{\alpha}_i - z_{i-1}\bar{\alpha}_{i-1})/E_{si}$ 中的 E_{si} 不要用错土层,见下表:

土层名称	重度 γ /(kN/m³)	压缩模量 E_s /MPa	z_i/m	z/b	$\bar{\alpha}_i$	$z_i\bar{\alpha}_i$	$z_i\bar{\alpha}_i - z_{i-1}\bar{\alpha}_{i-1}$	E_{si}	$(z_i\bar{\alpha}_i - z_{i-1}\bar{\alpha}_{i-1})/E_{si}$
①填土	18								
②粉质黏土	18								
③粉砂	19	30	0	0	0.25	0			
④黏土	18	10	3	1.25	0.22	0.660	0.660	30	0.022
⑤细砂	19	60	7	2.92	0.154	1.078	0.418	10	0.0418

【题 9.8.2】某桩基工程设计等级为乙级,其桩型、平面布置、剖面和地层分布如图所示,土层及桩基设计参数见图中注,作用于桩端平面处的有效附加压力为 400kPa(长期效

应组合），其中心点的附加应力曲线如图所示（假定为直线分布），沉降经验系数 $\psi=1$，地基沉降计算深度至基岩面，按《建筑桩基技术规范》(JGJ 94—2008) 验算桩基最终沉降量，其计算结果最接近下列哪个数值？

(A) 3.6cm (B) 5.4cm
(C) 7.9cm (D) 8.6cm

【答案】(B)

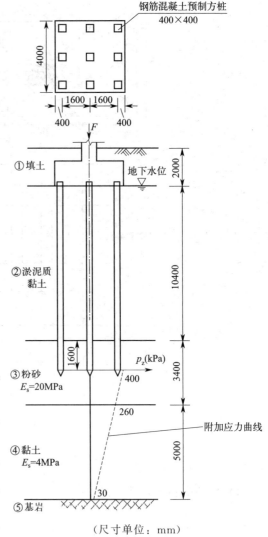

【解答】根据《建筑桩基技术规范》(JGJ 94—2008) 第 5.5.6 条～5.5.9 条。

(1) 已知 $s_a/d = 1600/400 = 4$，$l/d = (10400+1600)/400 = 30$，$L_c/B_c = 1$。

由规范表 E.0.1-3：$C_0 = 0.055$，$C_1 = 1.477$，$C_2 = 6.843$。

(2) $\psi_e = C_0 + \dfrac{n_b - 1}{C_1(n_b - 1) + C_2} = 0.055 + \dfrac{3-1}{1.477 \times (3-1) + 6.843} = 0.2591$

(3) $s' = \sum \dfrac{\bar{\sigma}'_z}{E_s} h = \left(\dfrac{330}{20000} \times 180 + \dfrac{145}{4000} \times 500\right) = 2.97 + 18.125 = 21.1 \text{(cm)}$

(4) $s = \psi \psi_e s' = 1 \times 0.2591 \times 21.1 = 5.47$ (cm)

【点评】本题考查的是桩基最终沉降量计算。考点有两个：一是桩基等效沉降系数 ψ_e 的计算；二是按分层总和法计算桩基沉降量。

桩基等效沉降系数，可按题干给出的已知条件，查规范表即可。

对桩基沉降量的计算，由于题图已明确桩端下的附加应力分布曲线为直线，所以计算可大大简化，即按土体变形的基本公式：$s = \dfrac{\bar{\sigma}'_z}{E_s} h$。

由图可知，桩端下压缩有两层土：1.8m 厚的粉砂层和 5m 厚的黏土层。

在粉砂层，其平均附加应力为 $\bar{\sigma}'_z = \dfrac{400+260}{2} = 330 \text{(kPa)}$；

在黏土层，其平均附加应力为 $\bar{\sigma}'_z = \dfrac{260+30}{2} = 145 \text{(kPa)}$。

【题 9.8.3】某构筑物桩基设计等级为乙级，柱下桩基础采用 16 根钢筋混凝土预制桩，桩径 $d=0.5$m，桩长 15m，其承台平面布置、剖面、地层以及桩端下的有效附加应力（假定按直线分布）如图所示。按《建筑桩基技术规范》(JGJ 94—2008) 估算桩基沉降量最接近下列哪个选项？（沉降经验系数取 1.0。）

(A) 7.3cm (B) 9.5cm (C) 11.8cm (D) 13.2cm

【答案】(A)

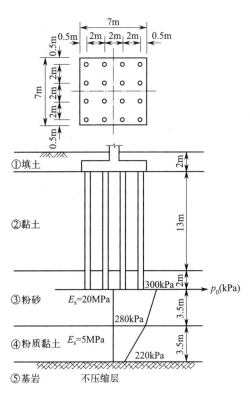

【解答】根据《建筑桩基技术规范》(JGJ 94—2008)第5.5.6条~5.5.9条。

(1) $\dfrac{L_c}{B_c}=1, \dfrac{s_a}{d}=\dfrac{2}{0.5}=4, \dfrac{L}{d}=30$。

(2) 查规范附表：$C_0=0.055, C_1=1.477, C_2=6.843$。

(3) $\psi_e = C_0 + \dfrac{n_b-1}{C_1(n_b-1)+C_2} = 0.055 + \dfrac{4-1}{1.477\times(4-1)+6.843} = 0.321$

(4) $s' = \sum \dfrac{\overline{\sigma}_z'}{E_s} h = \left(\dfrac{290}{20000}\times 350 + \dfrac{250}{5000}\times 350\right) = 5.075 + 17.5 = 22.575(\text{cm})$

(5) $s = \psi\psi_e s' = 1\times 0.321 \times 22.575 = 7.25(\text{cm})$

【点评】本题考查的考点与上题完全一样。

【题9.8.4】钻孔灌注桩单桩基础，桩长24m，桩身直径 $d=600\text{mm}$，桩顶以下30m范围内均为粉质黏土，在荷载效应准永久组合作用下，桩顶的附加荷载为1200kN，桩身混凝土的弹性模量为 $3.0\times 10^4 \text{MPa}$，根据《建筑桩基技术规范》(JGJ 94—2008)，计算桩身压缩变形最接近于下列哪个选项？

(A) 2.0mm (B) 2.5mm (C) 3.0mm (D) 3.5mm

【答案】(A)

【解答】本题考查内容为桩基础沉降设计中的桩身压缩变形计算。根据题中条件判断桩基础类型是摩擦型还是端承型，由桩长24m，桩顶以下30m范围内均为粉质黏土条件，可判断该桩基础类型为摩擦型桩。根据《建筑桩基技术规范》(JGJ 94—2008)第5.5.14条与公式(5.5.14-3)，做如下计算：

(1) 摩擦桩：$\dfrac{l}{d}=\dfrac{24}{0.6}=40, \xi_e = \dfrac{2\div 3 + 1\div 2}{2} = 0.5833, A_{ps} = \pi \times 0.3^2 = 0.2826(\text{m}^2)$，$E_c = 3.0\times 10^4 \text{MPa}$。

(2) $s_e = \xi_e \dfrac{Q_j l_j}{E_c A_{ps}} = 0.5833 \times \dfrac{1200\times 24}{3.0\times 10^4 \times 0.2826} = 1.98(\text{mm})$

【点评】《建筑桩基技术规范》(JGJ 94—2008)与旧规范相比，在桩基沉降计算内容方面有较多扩充，增加了单桩、单排桩、疏桩基础和软土地基减沉复合疏桩基础沉降计算。而这几种情况下桩基沉降的计算中都包含桩身压缩量的计算。

桩身压缩量采用压杆变形的概念计算，解题计算中的 ξ_e 反映了侧摩阻力的影响，对端承桩 ξ_e 取为1，对摩擦桩，其值随长径比变化，$l/d \leq 30$ 时，$\xi_e = 2/3$，$l/d \geq 50$ 时，$\xi_e = 1/2$，中间情况内插。本题已知条件明确，易于判断，参数简单，易于计算，只要用对公式，计算正确，本题属于难度较低的试题。

【题9.8.5】某桩下单桩独立基础采用混凝土灌注桩，桩径800mm，桩长30m。在荷载效应准永久组合下，作用在桩顶的附加荷载 $Q=6000\text{kN}$。桩身混凝土弹性模量 $E_c = 3.15\times$

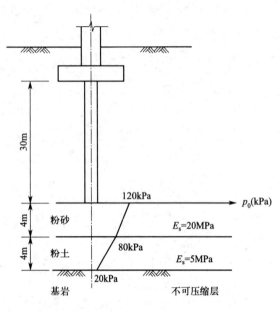

10^4 N/mm^2。在该桩端以下的附加应力（假定按分段线性分布）及土层压缩模量如图所示，不考虑承台分担荷载作用。根据《建筑桩基技术规范》(JGJ 94—2008)计算，该单桩基础最终沉降量最接近于下列哪个选项的数值？（取沉降计算经验系数 $\psi=1.0$，桩身压缩系数 $\xi_e=0.6$。）

(A) 55mm (B) 60mm
(C) 67mm (D) 72mm

【答案】(C)

【解答】根据《建筑桩基技术规范》(JGJ 94—2008)第5.5.14条：对于单桩、承台底地基土不分担荷载的桩基，桩端平面以下地基中由基桩引起的附加应力，按考虑桩径影响的明德林解附录F计算确定。采用单向压缩分层总和法计算土层的沉降，并计入桩身压缩量 s_e。桩基的最终沉降量可按下式计算：

$$s = \psi \sum_{i=1}^{n} \frac{\sigma_{zi}}{E_{si}} \Delta z_i + s_e$$

其中，桩身压缩量 $s_e = \xi_e \dfrac{Q_j l_j}{E_c A_{ps}}$。

桩身截面面积 $A_{ps} = \pi \times 0.4^2 = 0.5 \text{ (m}^2\text{)}$

$$s_e = \xi_e \frac{Q_j l_j}{E_c A_{ps}} = 0.6 \times \frac{6000 \times 30}{3.15 \times 10^4 \times 10^3 \times 0.5} = 0.0069 \text{(m)} = 6.9 \text{(mm)}$$

$$s = \psi \sum_{i=1}^{n} \frac{\sigma_{zi}}{E_{si}} \Delta z_i + s_e = 1.0 \times \left(\frac{100}{20000} + \frac{50}{5000} \right) \times 4 \times 10^3 + 6.9 = 60 + 6.9 = 66.9 \text{(mm)}$$

【点评】本题考查的是考虑单桩桩身弹性压缩的最终沉降量计算。对于单桩、单排桩、疏桩基础的最终沉降量计算，不能应用等效作用分层总和法，需要另行给出沉降计算方法，规范采用的是明德林解公式，并计入桩身弹性压缩量。具体的要求见规范第5.5.14条。

【题9.8.6】某均匀布置的群桩基础，尺寸及土层条件见示意图。已知相应于作用准永久组合，作用在承台底面的竖向力为 668000kN，当按《建筑地基基础设计规范》(GB 50007—2011)考虑土层应力扩散，按实体深基础方法估算桩基沉降量时，桩基沉降计算的平均附加应力最接近下列哪个选项？（地下水位在地面以下1m。）

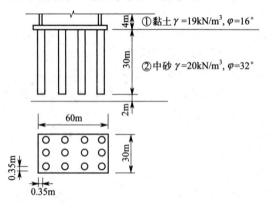

(A) 185kPa　　　　(B) 215kPa　　　　(C) 245kPa　　　　(D) 300kPa

【答案】（B）

【解答】 根据《建筑地基基础设计规范》(GB 50007—2011) 附录 R。

按实体深基础方法估算桩基沉降量时，桩基沉降计算的平均附加应力，应为桩底平面处的附加压力。

即 $p = \dfrac{F_k + G_k}{A} - \sum \gamma h$

依题意，有 $F_k + G_k = 668000 (\text{kN})$。

实体基础的支承面积 A 可按 GB 50007 图 R.0.3（右图）采用：

$$A = \left(a_0 + 2l\tan\dfrac{\varphi}{4}\right) \times \left(b_0 + 2l\tan\dfrac{\varphi}{4}\right)$$

桩群外围尺寸：
$$a_0 = 30 - 0.7 = 29.3 (\text{m})$$
$$b_0 = 60 - 0.7 = 59.3 (\text{m})$$

桩长：$l = 30\text{m}$

扩散角：$\varphi = 32°$

则 $A = \left(a_0 + 2l\tan\dfrac{\varphi}{4}\right) \times \left(b_0 + 2l\tan\dfrac{\varphi}{4}\right)$

$= \left(29.3 + 2\times 30\times \tan\dfrac{32°}{4}\right) \times \left(59.3 + 2\times 30\times \tan\dfrac{32°}{4}\right) = 2555.7(\text{m}^2)$

$p = \dfrac{F_k + G_k}{A} - \sum \gamma h = \dfrac{668000}{2555.7} - (19\times 1 + 9\times 3) = 215.4 (\text{kPa})$

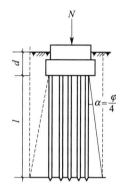
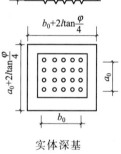

实体深基础的底面积

【点评】 本题考查的是按实体深基础估算最终沉降量计算时的平均附加应力计算。题干已告知根据《建筑地基基础设计规范》(GB 50007—2011)，按实体深基础方法估算桩基沉降量时桩基沉降计算的平均附加应力。所以，找到地基规范中的相关条款（附录 R），按条款规定的方法进行计算。需要注意的地方：

① 题干给出的作用在承台底面的竖向力为 668000kN，实际上就是 $F_k + G_k$。而公式中的 $\dfrac{F_k + G_k}{A}$ 是等效到桩底的平均压力。

② 计算公式中的 $\sum \gamma h$ 指的是承台底面以上土的 γh。尤其要注意的是，地下水位在地面以下 1m 处，而水位以下要用浮重度。

③ 图中的 a_0 和 b_0 是群桩外围尺寸。

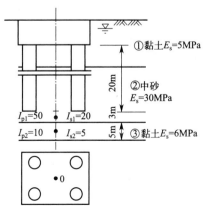

【题 9.8.7】 某四桩承台基础，准永久组合作用在每根基桩桩顶的附加荷载为 1000kN，沉降计算深度范围内分为两计算土层，土层参数如图所示，各基桩对承台中心计算轴线的应力影响系数相同，各土层 1/2 厚度处的应力影响系数见图示，不考虑承台地基土分担荷载及桩身压缩。根据《建筑桩基技术规范》(JGJ 94—2008)，应用明德林解计算桩基沉降量最接近哪个选项？（取各基桩总端阻力与桩顶荷载之比 $\alpha = 0.2$，沉降经验系数 $\psi_p = 0.8$）

(A) 15mm　　　　　　　　(B) 20mm
(C) 60mm　　　　　　　　(D) 75mm

【答案】（C）

【解答】根据《建筑桩基技术规范》(JGJ 94—2008) 第5.5.14条，式（5.5.14-1）和式（5.5.14-2）。

$$\sigma_{zi} = \sum_{j=1}^{m} \frac{Q_j}{l_j^2} [\alpha_j I_{p,ij} + (1-\alpha_j) I_{s,ij}]$$

依题意，已知：

桩顶附加荷载：$Q_j = 1000 \text{kN}$

各基桩总端阻力与桩顶荷载之比：$\alpha_j = 0.2$

各桩桩长：$l_j = 20 \text{m}$

第一层土应力影响系数：$I_{p1} = 50$，$I_{s1} = 20$

第二层土应力影响系数：$I_{p2} = 10$，$I_{s2} = 5$

将已知条件代入公式，有

$$\sigma_{z1} = 4 \times \frac{1000}{20^2} \times [0.2 \times 50 + (1-0.2) \times 20] = 260 (\text{kPa})$$

$$\sigma_{z2} = 4 \times \frac{1000}{20^2} \times [0.2 \times 10 + (1-0.2) \times 5] = 60 (\text{kPa})$$

不考虑桩身压缩，沉降经验修正系数 $\psi_p = 0.8$，则

$$s = \psi \sum_{i=1}^{n} \frac{\sigma_{zi}}{E_{si}} \Delta z_i = 0.8 \times \left(\frac{260}{30000} \times 3 + \frac{60}{6000} \times 5 \right) \times 10^3 = 60.8 (\text{mm})$$

【点评】本题考核的是应用明德林解计算桩基沉降量。一般来说，大家相对更熟悉布辛奈斯克解的等效作用分层总和法计算桩基沉降量。现行规范规定，单桩、单排桩、疏桩基础和软土地基减沉复合疏桩基础的沉降计算，承台地基土不分担荷载的桩基，应用明德林解计算桩基沉降量。其计算公式为规范中的式(5.5.14-1)～式(5.5.14-3)。

本题题干已给出所有的计算参数，代入公式直接计算即可。

【题 9.8.8】某建筑采用桩筏基础，满堂均匀布桩，桩径800mm，桩间距2500mm，基底埋深5m，桩端位于深厚中粗砂层中，荷载效应准永久组合下基底压力为400kPa，桩筏尺寸为32m×16m，地下水位埋深5m，桩长20m，地层条件及相关参数如图所示（图中尺寸单位为mm）。按照《建筑桩基技术规范》(JGJ 94—2008)，自地面起算的桩筏基础中心点沉降计算深度最小值接近下列哪个选项？

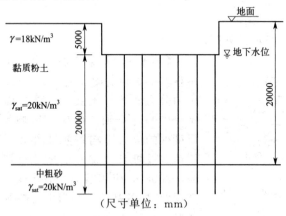

(A) 22m (B) 27m (C) 47m (D) 52m

【答案】（C）

【解答】根据《建筑桩基技术规范》(JGJ 94—2008) 第5.5.8条：桩基沉降计算深度 z_n 应按应力比法确定，即计算深度处的附加应力 σ_z 与土的自重应力 σ_c 应符合下列公式要求：

$$\sigma_z \leqslant 0.2\sigma_c$$

$$\sigma_z = \sum_{j=1}^{m} \alpha_j p_{0j}$$

式中 α_j——附加应力系数，可根据角点法划分的矩形长宽比及深度比按规范附录D选用。

(1) 基底附加压力：$p_0 = 400 - 5 \times 18 = 310 \text{(kPa)}$

(2) 取自地面算起47m进行验算。

(3) 47m处的自重应力：$\sigma_c = 18 \times 5 + 10 \times 20 + 10 \times 22 = 510 \text{(kPa)}$

(4) 47m处的附加应力计算：

$\dfrac{z}{b} = \dfrac{22}{8} = 2.75$，$\dfrac{l}{b} = \dfrac{16}{8} = 2.0$，查规范表附录D，有

$$\alpha_j = 0.089 + (2.75 - 2.6) \times \dfrac{0.080 - 0.089}{2.8 - 2.6} = 0.0823$$

$$\sigma_z = \sum_{j=1}^{m} \alpha_j p_{0j} = 4 \times 0.0823 \times 310 = 102 \text{(kPa)}$$

(5) 附加应力 σ_z 与土的自重应力 σ_c 的比值：

$\dfrac{\sigma_z}{\sigma_c} = \dfrac{102}{510} = 0.2$，满足规范要求，所以取变形计算深度为地面下47m。

【点评】本题考查的是桩筏基础沉降计算深度的确定。考点有两个：一是自重应力的计算；二是附加应力的计算。其中，附加应力是按角点法查表计算，而且是要通过插值计算。

题目要求计算沉降计算深度最小值，由于已经给出了四个可能的选择答案，所以，在具体计算时可以代入一个具体的选项，这样计算工作量可以最小。读者可以想一想，为什么选(C)的数值来进行计算？

【本节考点】

① 桩基最终沉降量计算；
② 桩身压缩变形计算；
③ 考虑单桩桩身弹性压缩的最终沉降量计算；
④ 应用明德林解计算桩基沉降量；
⑤ 桩基础沉降计算深度的确定。

9.9 桩身配筋计算

【题9.9.1】某地下箱形构筑物，基础长50m，宽40m，顶面高程－3m，底面高程为－11m，构筑物自重（含上覆土重）总计 $1.2 \times 10^5 \text{kN}$，其下设置100根 $\phi 600$ 抗浮灌注桩，桩轴向配筋抗拉强度设计值为 300N/mm^2，抗浮设防水位为－2m，假定不考虑构筑物上的侧摩阻力，按《建筑桩基技术规范》(JGJ 94—2008) 计算，桩顶截面配筋率至少是下列哪一个选项？（分项系数取1.35，不考虑裂缝验算，抗浮稳定安全系数取1.0。）

(A) 0.40%　　　(B) 0.50%　　　(C) 0.65%　　　(D) 0.96%

【答案】(C)

【解答】根据《建筑桩基技术规范》(JGJ 94—2008) 第5.8.7条。

(1) 构筑物受到的浮力：$N_w = 50 \times 40 \times (11-3) \times 10 = 1.6 \times 10^5 (\text{kN})$

(2) 构筑物自重：$G = 1.2 \times 10^5 \text{kN}$

(3) 构筑物所受到的拉力：$F = 1.6 \times 10^5 - 1.2 \times 10^5 = 4 \times 10^4 (\text{kN})$

(4) 基本组合下构筑物中基桩受到的拉力设计值：$N = 1.35 \times \dfrac{4 \times 10^4}{100} = 540 (\text{kN})$

(5) 桩身正截面受拉承载力计算钢筋面积：$N \leqslant f_y A_s$

$$A_s \geqslant \dfrac{N}{f_y} = \dfrac{540 \times 10^3}{300} = 1800 (\text{mm}^2)$$

(6) 配筋率：$\rho = \dfrac{A_s}{A} = \dfrac{1800}{\pi \times 300^2} \times 100\% = 0.637\%$

【点评】本题考查的是抗浮桩配筋率计算。考点有两个：一是基桩的拉力计算；二是当桩受拉时满足正截面受拉承载力的钢筋面积，并由此计算出配筋率。

注意对基桩的拉力计算，是基本组合下的基桩拉力设计值，需要对前面计算出的构筑物拉力乘以1.35。如果不乘1.35，则答案为 (B)。

【题9.9.2】某构筑物基础拟采用摩擦型钻孔灌注桩承受竖向荷载和水平荷载，设计桩长10.0m，桩径800mm，当考虑桩基承受水平荷载时，下列桩身配筋长度符合《建筑桩基技术规范》(JGJ 94—2008) 的最小值的是哪个选项？（不考虑承台锚固长度及地震作用与负摩阻力，桩、土的相关参数：$EI = 4.0 \times 10^5 \text{kN} \cdot \text{m}^2$，$m = 10 \text{MN/m}^4$。）

(A) 10.0m   (B) 9.0m   (C) 8.0m   (D) 7.0m

【答案】(C)

【解答】根据《建筑桩基技术规范》(JGJ 94—2008) 第4.1.1条：摩擦型灌注桩配筋长度不应小于2/3桩长；当受水平荷载时，配筋长度尚不宜小于$4.0/\alpha$。

根据规范第5.7.5条，桩的水平变形系数α：

$$\alpha = \sqrt[5]{\dfrac{mb_0}{EI}} \tag{9-34}$$

式中　m——桩侧土水平抗力系数的比例系数；

b_0——桩身的计算宽度，m，具体要求见规范第5.7.5条；

EI——桩身抗弯刚度，$\text{kN} \cdot \text{m}^2$，按规范第5.7.2条的规定计算。

由题意，已知：$EI = 4.0 \times 10^5 \text{kN} \cdot \text{m}^2$，$m = 10 \text{MN/m}^4$。

桩径 $d = 0.8\text{m} < 1.0\text{m}$，则

$$b_0 = 0.9 \times (1.5d + 0.5) = 0.9 \times (1.5 \times 0.8 + 0.5) = 1.53 (\text{m})$$

将上述参数代入公式，有

$$\alpha = \sqrt[5]{\dfrac{mb_0}{EI}} = \sqrt[5]{\dfrac{10 \times 10^3 \times 1.53}{4.0 \times 10^5}} = 0.52$$

摩擦桩配筋长度不应小于2/3桩长，即 $\dfrac{2}{3} l = \dfrac{2}{3} \times 10 = 6.7 (\text{m})$。

当受水平荷载时，配筋长度尚不宜小于$4.0/\alpha$，即 $\dfrac{4.0}{\alpha} = \dfrac{4.0}{0.52} = 7.7 (\text{m})$。

二者取大值，即配筋长度不宜小于7.7m。

【点评】本题的考点是当受水平荷载时摩擦型灌注桩的配筋长度。题目的重点是能够了解规范对配筋长度的要求（规范第4.1.1条），然后进行相应的计算。

【本节考点】

① 抗浮桩配筋率计算；
② 当受水平荷载时摩擦型灌注桩的配筋长度。

9.10 桩基承台计算（受弯、受冲切、受剪）

基本原理（基本概念或知识点）

承台设计是桩基设计的重要组成部分。承台应有足够的强度和刚度，以便把上部结构的荷载可靠地传给各桩，并将各桩连成整体。承台厚度应满足抗冲切、抗剪切承载力验算要求，承台钢筋的设置应满足抗弯承载力的验算要求。

注意在计算桩基结构承载力、确定承台尺寸和配筋时，应采用传至承台顶面的荷载效应基本组合，桩顶荷载的作用效应取净反力来计算。

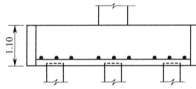

【题 9.10.1】某桩三角形承台如图所示，承台厚 1.1m，钢筋保护层厚 0.1m，承台混凝土抗拉强度设计值 $f_t=1.7\text{N/mm}^2$。试按《建筑桩基技术规范》(JGJ 94—2008)计算承台受底部角桩冲切的承载力，其值最接近下列哪个数值？

(A) 2415kN　　　　　　(B) 2435kN
(C) 2775kN　　　　　　(D) 2795kN

【答案】(A)

【解答】根据《建筑桩基技术规范》(JGJ 94—2008)第 5.9.8 条第 2 款。

对底部角桩：

$$N_l \leqslant \beta_{11}(2c_1+a_{11})\beta_{hp}\tan\frac{\theta_1}{2}f_t h_0$$

$$\beta_{11}=\frac{0.56}{\lambda_{11}+0.2}$$

角桩冲跨比 $\lambda_{11}=\dfrac{a_{11}}{h_0}$，其值均应满足 0.25~1.0 的要求。式中其他符号见下图。

(1) 已知承台有效厚度 $h_0=1.1-0.1=1.0(\text{m})$。

(2) 由题图可知，$a_{11}=1.8$，$\lambda_{11}=\dfrac{a_{11}}{h_0}=\dfrac{1.8}{1.0}=1.8>1.0$，取 $\lambda_{11}=1.0$，则 $a_{11}=1.0$。

(3) 当 $h\leqslant 800\text{mm}$ 时，承台受冲切承载力截面高度影响系数 β_{hp} 取 1.0；$h\geqslant 2000\text{mm}$ 时，β_{hp} 取 0.9，其间按线性内插法取值。

$h=1.1\text{m}$，则 $\beta_{hp}=0.975$。

(4) 角桩冲切系数 $\beta_{11}=\dfrac{0.56}{\lambda_{11}+0.2}=\dfrac{0.56}{1.0+0.2}=0.467$。

(5) $\beta_{11}(2c_1+a_{11})\beta_{hp}\tan\dfrac{\theta_1}{2}f_t h_0$

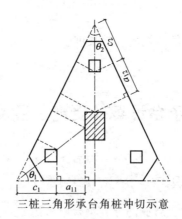

三桩三角形承台角桩冲切示意

$$= 0.467 \times (2 \times 2.2 + 1.0) \times 0.975 \times \tan\frac{60°}{2} \times 1700 \times 1.0$$

$$= 2413.26(\text{kN})$$

【点评】本题的考点为桩基三角形承台角桩冲切承载力计算。

注意：① β_{hp} 用 h_0 计算，得到 $\beta_{hp}=0.983$，则结果为 2433.06kN；

② a_{11} 仍用 1.8 计算，则结果为 2770.78kN；

③ $a_{11}=1.8$，$\beta_{hp}=0.983$ 时，则结果为 2793.5kN。

再强调一下：a_{11} 在规范中的定义是从承台底角桩内边缘引 45°冲切线与承台顶面相交点至角桩内边缘的水平距离；当柱（墙）边或承台变阶处位于该 45°线以内时，则取由柱（墙）边或承台变阶处与桩内边缘连线为冲切锥体的锥线。

根据这个定义，本题题图给出了柱边与桩内边缘连线的水平距离为 1.8m，但由于 $\lambda_{11}=\dfrac{a_{11}}{h_0}=\dfrac{1.8}{1.0}=1.8>1.0$，意味着这个连线形成的冲切线角度小于 45°，不满足定义的要求，所以，此时应取 $a_{11}=1.0$m，即冲切角为 45°。这种情况意味着由角桩引起的冲切破坏面是沿着 45°线向上冲切，而不是从角桩边到柱边。

【题 9.10.2】如图所示四桩承台，采用截面 0.4m×0.4m 的钢筋混凝土预制方桩，承台混凝土强度等级为 C35（$f_t=1.57$MPa）。按《建筑桩基技术规范》(JGJ 94—2008) 验算承台受角桩冲切的承载力最接近下列哪一个数值？

(A) 780kN　　　　(B) 900kN　　　　(C) 1100kN　　　　(D) 1290kN

【答案】(D)

【解答】根据《建筑桩基技术规范》(JGJ 94—2008) 第 5.9.8 条第 1 款。

$\lambda_{1x}=a_{1x}/h_0$，对四桩承台受角桩冲切的承载力可按规范公式(5.9.8-1) 计算：

$$N_l \leqslant [\beta_{1x}(c_2+a_{1y}/2)+\beta_{1y}(c_1+a_{1x}/2)]\beta_{hp}f_t h_0 \tag{9-35}$$

$$\beta_{1x}=\frac{0.56}{\lambda_{1x}+0.2} \tag{9-36}$$

$$\beta_{1y}=\frac{0.56}{\lambda_{1y}+0.2} \tag{9-37}$$

式中　N_l——不计承台及其上土重，在荷载效应基本组合作用下角桩（含复合基桩）反力设计值；

β_{1x}、β_{1y}——角桩冲切系数；

a_{1x}、a_{1y}——从承台底角桩顶内边缘引 45°冲切线与承台顶面相交点至角桩内边缘的水平距离；当柱（墙）边或承台变阶处位于该 45°线以内时，则取由柱（墙）边或承台变阶处与桩内边缘连线为冲切锥体的锥线。

h_0——承台外边缘的有效高度。

λ_{1x}、λ_{1y}——角桩冲跨比，$\lambda_{1x}=a_{1x}/h_0$，$\lambda_{1y}=a_{1y}/h_0$，其值均应满足 $0.25\sim1.0$ 的要求。

由题图可知，$a_{1x}=a_{1y}=0.5\mathrm{m}$，$c_1=c_2=0.6\mathrm{m}$，$h_0=0.75\mathrm{m}$。

则 $\lambda_{1x}=\lambda_{1y}=\dfrac{0.5}{0.75}=0.67$，$\beta_{1x}=\beta_{1y}=\dfrac{0.56}{0.67+0.2}=0.646$，$h=0.8\mathrm{m}$，则 $\beta_{\mathrm{hp}}=1.0$。

承台受角桩冲切的承载力：

$[\beta_{1x}(c_2+a_{1y}/2)+\beta_{1y}(c_1+a_{1x}/2)]\beta_{\mathrm{hp}}f_t h_0$
$=[0.646\times(0.6+0.5/2)+0.646\times(0.6+0.5/2)]\times1.0\times1570\times0.75=1293(\mathrm{kN})$

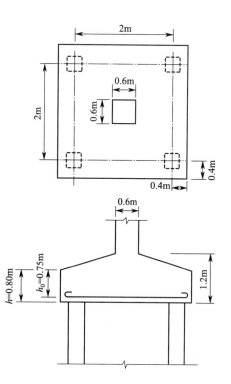

【点评】本题的考点是桩基四桩承台角桩冲切承载力计算。

在本节中，几乎所有的考题都有承台相关尺寸的确定，如本题中的 a_{1x}、a_{1y}、c_1 和 c_2 等。而题目未必会把这些尺寸给得很清楚，可能需要一些简单的计算才能获得。

【题 9.10.3】桩基承台如图所示（尺寸以 mm 计），已知柱轴力 $F=12000\mathrm{kN}$，力矩 $M=1500\mathrm{kN\cdot m}$，水平力 $H=600\mathrm{kN}$（F、M 和 H 均对应荷载效应基本组合），承台及其上填土的平均重度为 $20\mathrm{kN/m^3}$。试按《建筑桩基技术规范》(JGJ 94—2008) 计算图示虚线截面处的弯矩设计值最接近下列哪一数值？

(A) $4800\mathrm{kN\cdot m}$ (B) $5300\mathrm{kN\cdot m}$
(C) $5600\mathrm{kN\cdot m}$ (D) $5900\mathrm{kN\cdot m}$

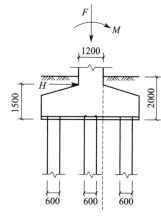
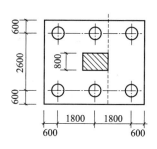

【答案】(C)

【解答】首先应清楚该题属于桩基础承台结构的抗弯承载力验算。根据《建筑桩基技术规范》(JGJ 94—2008) 第 5.9.1 条与第 5.9.2 条及式(5.9.2-2) 计算如下：

先计算右侧两基桩净反力设计值：

(1) 右侧两根基桩的净反力：

$$N_{\mathrm{右}}=\dfrac{F}{n}+\dfrac{M_y x_i}{\sum x_j^2}=\dfrac{12000}{6}+\dfrac{(1500+600\times1.5)\times1.8}{4\times1.8^2}=2333(\mathrm{kN})$$

(2) 弯矩设计值：$M_y=\sum N_i x_i$

式中，x_i 为自桩轴线到柱边的距离，柱的边长为 $1200\mathrm{mm}$，所以 $x_i=1800-\dfrac{1200}{2}$。

$M_y=\sum N_i x_i=2\times2333\times(1.8-0.6)=5599(\mathrm{kN\cdot m})$

【分析】该题的考点是承台弯矩计算。根据试验研究及理论分析，柱下独立桩基础承台抗弯承载力验算，一般取柱边和承台变阶处的正截面弯矩设计值进行计算。因由承台及其上填土的自重引起的基桩和基底反力对验算截面产生的弯矩大小相等，方向相反，故可不必计算，题中给出的承台及其上填土的平均重度参数属于"干扰"条件。

该题的关键为正确计算由外部荷载引起的基桩净反力，进而计算由其产生的对计算截面的弯矩。由于题中无特殊说明，故应理解为一般建筑物和受水平力（包括力矩与水平剪力）较小的高层建筑群桩基础，且没给出桩长等条件，不必考虑承台底地基土分担荷载的作用，可直接按规范第 5.1.1 条和式（5.1.1-2）计算群桩中基桩的桩顶作用效应。

【题 9.10.4】 某砌体墙下条形桩基的多跨条形连续承台梁净跨距为 7.0m，承台梁受均布荷载 $q=100$kN/m 作用，问承台梁中跨支座处弯矩 M 最接近下列哪个选项？

(A) 450kN·m　　(B) 498kN·m　　(C) 530kN·m　　(D) 568kN·m

【答案】（A）

【解答】 根据《建筑桩基技术规范》(JGJ 94—2008) 附录 G，承台梁受均布荷载 $q=100$kN/m 作用，属于计算简图编号（d），有

$$M=-q\frac{L_c^2}{12}$$

依题意，有 $q=100$kN/m。

计算跨度 $L_c=1.05L=1.05\times 7=7.35$(m)。

$$M=q\frac{L_c^2}{12}=100\times\frac{7.35^2}{12}=450.2(\text{kN}\cdot\text{m})$$

【点评】 本题考查的是砌体墙下条形桩基连续承台梁的弯矩计算。

本题属于李广信说的"中规中矩"类型：以规范为准则，提供解题所需要的参数、条件，按照某规范的条文、附录规定与公式进行计算。只要找到公式，问题则迎刃而解。

【题 9.10.5】 作用于桩基承台顶面的竖向力设计值为 5000kN，x 方向的偏心距为 0.1m，不计承台及承台上土自重，承台下布置 4 根桩，如图所示，根据《建筑桩基技术规范》(JGJ 94—2008) 计算，承台承受的正截面最大弯矩与下列哪个选项的数值最为接近？

(A) 1999.8kN·m　　(B) 2166.4kN·m
(C) 2999.8kN·m　　(D) 3179.8kN·m

【答案】（B）

【解答】 根据《建筑桩基技术规范》(JGJ 94—2008) 第 5.1.1 条、5.9.2 条。

(1) 由题意可知，在 x 方向，2、4 号桩顶净反力设计值最大；在 y 方向，1、2 号桩与 3、4 号桩的桩顶净反力相等。

$$N_1=N_3=\frac{F}{n}-\frac{M_y x_{\max}}{\sum x_j^2}=\frac{5000}{4}-\frac{0.1\times 5000\times 1.2}{4\times 1.2^2}$$
$$=1145.8(\text{kN})$$

$$N_2 = N_4 = \frac{F}{n} + \frac{M_y x_{\max}}{\sum x_j^2} = \frac{5000}{4} + \frac{0.1 \times 5000 \times 1.2}{4 \times 1.2^2} = 1354(\text{kN})$$

（2）求承台弯矩

$$M_x = (N_1 + N_2)y = (1145.8 + 1354) \times 0.8 = 1999.8(\text{kN} \cdot \text{m})$$
$$M_y = (N_2 + N_4)x = (1354 + 1354) \times 0.8 = 2166.4(\text{kN} \cdot \text{m})$$

取大值，答案是（B）。

【点评】本题考查的是柱下桩基承台弯矩计算。对正方形承台，最大弯矩一定是在偏心方向。两个注意的地方：①桩顶净反力的计算，不计承台及承台上土自重；②题干并未直接给出相关尺寸，需要读者通过简单的计算来确定。

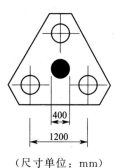

（尺寸单位：mm）

【题 9.10.6】某柱下桩基采用等边三桩独立承台，承台等厚三向均匀配筋。在荷载效应基本组合下，作用于承台顶面的轴心竖向力为 2100kN，承台及其上土重标准值为 300kN。按《建筑桩基技术规范》(JGJ 94—2008) 计算，该承台正截面最大弯矩最接近下列哪个选项的数值？

(A) 531kN·m   (B) 670kN·m
(C) 743kN·m   (D) 814kN·m

【答案】(C)

【解答】根据《建筑桩基技术规范》(JGJ 94—2008) 第 5.9.2 条。对柱下独立桩基，等边三桩承台的正截面弯矩计算公式为

$$M = \frac{N_{\max}}{3}\left(s_a - \frac{\sqrt{3}}{4}c\right) \tag{9-38}$$

式中 M——通过承台形心至各边边缘正交截面范围内板带的弯矩设计值；

$N_{\max}$——不计承台及其上土重，在荷载效应基本组合下三桩中最大基桩或复合基桩竖向反力设计值；

s_a——桩中心距；

c——方柱边长，圆柱时 $c = 0.8d$（d 为圆柱直径）。

在本题中，$N_{\max} = 2100\text{kN}, s_a = 1.2, c = 0.8d = 0.8 \times 0.4 = 0.32(\text{m})$。

$$M = \frac{N_{\max}}{3}\left(s_a - \frac{\sqrt{3}}{4}c\right) = \frac{2100}{3} \times \left(1.2 - \frac{\sqrt{3}}{4} \times 0.32\right) = 743(\text{kN} \cdot \text{m})$$

【点评】本题考查的是柱下三角形桩基承台弯矩计算。根据已知条件直接代入公式计算即可。题干给出的"承台及其上土重标准值为 300kN"是一个无用的干扰条件。

【题 9.10.7】柱下桩基如图所示，若要求承台长边斜截面的受剪承载力不小于 11MN，按《建筑桩基技术规范》(JGJ 94—2008) 计算，承台混凝土轴心抗拉强度设计值 f_t 最小应为下列何值？

(A) 1.96MPa   (B) 2.01MPa
(C) 2.21MPa   (D) 2.80MPa

【答案】(C)

【解答】根据《建筑桩基技术规范》(JGJ 94—2008) 第 5.9.10 条。
柱下独立桩基承台斜截面受剪承载力可按规范公式 (5.9.10-1) 计算：

$$V \leq \beta_{hs} \alpha f_t b_0 h_0 \tag{9-39}$$

$$\alpha = \frac{1.75}{\lambda_x + 1} \tag{9-40}$$

$$\beta_{hs}=\left(\frac{800}{1000}\right)^{\frac{1}{4}} \quad (9\text{-}41)$$

式中 V——不计承台及其上土重，在荷载效应基本组合下，斜截面的最大剪力设计值。

f_t——混凝土轴心抗拉强度设计值。

b_0——承台计算截面处的计算宽度。

h_0——承台计算截面处的有效高度。

α——承台剪切系数，按规范公式(5.9.10-2)确定。

λ_x——计算截面的剪跨比，$\lambda_x=a_x/h_0$，$\lambda_y=a_y/h_0$，此处，a_x、a_y为柱边（墙边）或承台变阶处至y、x方向计算一排桩的桩边的水平距离。当$\lambda<0.25$时，取$\lambda=0.25$；当$\lambda>3$时，取$\lambda=3$。

β_{hs}——受剪切承载力截面高度影响系数；当$h_0<800$mm时，取$h_0=800$mm；当$h_0>2000$mm时，取$h_0=2000$mm；其间按线性内插法取值。

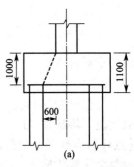

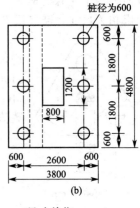

（尺寸单位：mm）

$h_0=1000$mm，高度影响系数$\beta_{hs}=\left(\frac{800}{1000}\right)^{\frac{1}{4}}=0.946$

$a_x=0.6$m，剪跨比$\lambda_x=\dfrac{a_x}{h_0}=\dfrac{0.6}{1.0}=0.6$

剪切系数$\alpha=\dfrac{1.75}{\lambda_x+1}=\dfrac{1.75}{0.6+1}=1.094$

$$f_t\geqslant\frac{V}{\beta_{hs}\alpha b_0 h_0}=\frac{11\times10^3}{0.946\times1.094\times4.8\times1.0}=2.21(\text{MPa})$$

【分析】该题的考点为桩基承台受剪承载力计算。解答中容易出错的地方：题中所给的受剪斜截面是沿长边方向，故计算截面的宽度为4.8m，而不是承台的宽度3.8m。同时，计算截面的剪跨比和承台的剪切系数计算时需细心和准确。

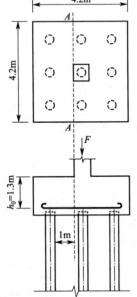

【题9.10.8】如图所示，竖向荷载设计值$F=24000$kN，承台混凝土为C40($f_t=1.7$MPa)，按《建筑桩基技术规范》(JGJ 94—2008)验算柱边A—A至桩边连线形成的斜截面的抗剪承载力与剪切力之比（抗力/V）最接近下列哪个选项？

(A) 1.02 (B) 1.22
(C) 1.33 (D) 1.46

【答案】(A)

【解答】根据《建筑桩基技术规范》(JGJ 94—2008)第5.9.10条。

$a_x=1.0$m，剪跨比$\lambda_x=\dfrac{a_x}{h_0}=\dfrac{1.0}{1.3}=0.77$

$h_0=1300$mm，高度影响系数$\beta_{hs}=\left(\dfrac{800}{h_0}\right)^{\frac{1}{4}}=\left(\dfrac{800}{1300}\right)^{\frac{1}{4}}=0.886$

剪切系数$\alpha=\dfrac{1.75}{\lambda_x+1}=\dfrac{1.75}{0.77+1}=0.989$

斜截面的抗剪承载力$\beta_{hs}\alpha f_t b_0 h_0=0.886\times0.989\times1.71\times10^3$

$\times 4.2 \times 1.3 = 8181 \text{(kN)}$

已知竖向荷载设计值 $F = 24000 \text{kN}$，则剪切力 $V = \dfrac{F}{9} \times 3 = \dfrac{24000}{9} \times 3 = 8000 \text{(kN)}$

抗剪承载力与剪切力之比：$\dfrac{8181}{8000} = 1.02$

【点评】该题的考点为桩基承台受剪承载力与剪切力计算，属于"中规中矩"的考题。

【题 9.10.9】柱下桩基承台，承台混凝土轴心抗拉强度设计值 $f_t = 1.71 \text{MPa}$，试按《建筑桩基技术规范》(JGJ 94—2008)，计算承台柱边 $A_1 - A_1$ 斜截面的受剪承载力，其值与下列何项数值最为接近？

(A) 1.00MN (B) 1.21MN
(C) 1.53MN (D) 2.04MN

【答案】(A)

【解答】根据《建筑桩基技术规范》(JGJ 94—2008) 第 5.9.10 条。

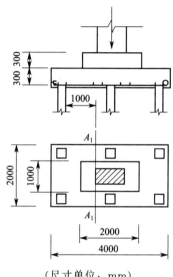

$a_x = 1.0 \text{m}$，剪跨比 $\lambda_x = \dfrac{a_x}{h_0} = \dfrac{1.0}{0.3 + 0.3} = 1.67$

剪切系数 $\alpha = \dfrac{1.75}{\lambda_x + 1} = \dfrac{1.75}{1.67 + 1} = 0.655$

$h_0 = 600 \text{mm} < 800 \text{mm}$，高度影响系数 $\beta_{hs} = 1$

对承台柱边 $A_1 - A_1$ 截面，其截面有效高度为 $h_{10} + h_{20} = 0.3 + 0.3 = 0.6 \text{(m)}$

截面计算宽度为：$b_{y0} = \dfrac{b_{y1} h_{10} + b_{y2} h_{20}}{h_{10} + h_{20}} = \dfrac{1.0 \times 0.3 + 2.0 \times 0.3}{0.3 + 0.3} = 1.5 \text{(m)}$

(尺寸单位：mm)

抗剪承载力：$\beta_{hs} \alpha f_t b_{y0} h_0 = 1.0 \times 0.655 \times 1.71 \times 10^3 \times 1.5 \times 0.6 = 1.0 \times 10^3 \text{(kN)}$

【点评】本题的考点为桩基阶梯型承台受剪承载力计算。本题的重点是对柱下阶梯型矩形承台柱边处进行斜截面受剪承载力计算时，截面有效高度和宽度的计算。

【题 9.10.10】某柱下阶梯型承台如图所示，方桩截面为 $0.3 \text{m} \times 0.3 \text{m}$，承台混凝土强度等级为 C40($f_c = 19.1 \text{MPa}$，$f_t = 1.71 \text{MPa}$)。根据《建筑桩基技术规范》(JGJ 94—2008)，计算所得变阶处斜截面 $A_1 - A_1$ 的抗剪承载力设计值最接近下列哪个选项？

(A) 1500kN (B) 1640kN
(C) 1730kN (D) 3500kN

【答案】(C)

【解答】根据《建筑桩基技术规范》(JGJ 94—2008) 第 5.9.10 条。

依题意，要求计算变阶处至桩边斜截面的抗剪承载力。

变阶处至桩边的水平距离：$a_x = \dfrac{4.2}{2} - \dfrac{1.4}{2} - 0.3 - 0.3 = 0.8 \text{(m)}$

剪跨比 $\lambda_x = \dfrac{a_x}{h_0} = \dfrac{0.8}{0.6} = 1.3$

剪切系数 $\alpha = \dfrac{1.75}{\lambda_x + 1} = \dfrac{1.75}{1.3 + 1} = 0.8$

$h_0 = 600 \text{mm} < 800 \text{mm}$，高度影响系数 $\beta_{hs} = 1$

截面计算宽度为：$b_{y1}=2.1\mathrm{m}$

抗剪承载力：
$$\beta_{hs}\alpha f_t b_{y1} h_0 = 1.0\times 0.8\times 1.71\times 10^3\times 2.1\times 0.6$$
$$= 1724(\mathrm{kN})$$

【点评】本题的考点为桩基阶梯型承台受剪承载力计算。重点是变阶处至桩边的水平距离 a_x 的计算，以及变阶处斜截面计算有效高度 h_0 和宽度 b_{y1} 的确定。

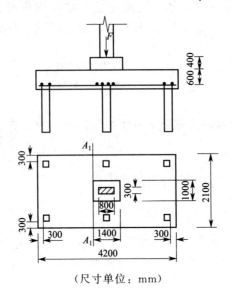

（尺寸单位：mm）

【本节考点】

① 承台角桩抗冲切计算；

② 承台弯矩计算；

③ 砌体墙下条形桩基连续承台梁的弯矩计算；

④ 柱下桩基承台弯矩计算；

⑤ 桩基承台（阶梯型）受剪承载力计算。

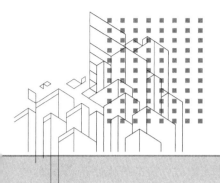

第 10 章

地基处理

10.1 复合地基

基本原理（基本概念或知识点）

复合地基一般是指由两种刚度（或模量）不同的材料（桩体和桩间土）组成，共同承受上部荷载并协调变形的人工地基。地基处理规范对复合地基的定义是：**部分土体被增强或被置换，形成由地基土和竖向增强体共同承担荷载的人工地基。**

桩体和桩间土构成了复合地基的加固区，即复合土层。常见的复合地基有砂桩、碎石桩、土桩、灰土桩、石灰桩、深层搅拌桩、旋喷桩和树根桩等复合地基。

与天然地基相比，复合地基承载力大，沉降较小。

桩体在复合地基中的作用主要有：桩体作用、排水固结作用、挤密作用和加筋作用。

复合地基的考点一般包括桩体的直径、布置（如置换率 m）、桩间距、加固深度、加固范围、单桩承载力、复合地基承载力和变形计算等。

复合地基的几个基本概念：

(1) 面积置换率 m

一根桩体的横截面面积 A_p 与其加固面积 A_e 的比值称为面积置换率，即

$$m = \frac{A_p}{A_e} = \frac{d^2}{d_e^2} \tag{10-1}$$

等边三角形布桩，$d_e = 1.05s$；正方形布桩，$d_e = 1.13s$；矩形布桩，$d_e = 1.13\sqrt{s_1 s_2}$。

式中　　d——桩身平均直径，m；

　　　　d_e——一根桩分担的处理地基面积的等效圆直径，m；

　　　　s、s_1、s_2——桩间距、纵向桩间距、横向桩间距。

面积置换率也可以用下面的公式计算：

正方形布置：
$$m = \frac{\pi d^2}{4s^2} \tag{10-2}$$

等边三角形布置：
$$m = \frac{\pi d^2}{2\sqrt{3}s^2} \tag{10-3}$$

(2) 复合地基桩土应力比 n

桩体所受的压力 p_p 与桩间土所受的压力 p_s 的比值称为桩土应力比

$$n = \frac{p_p}{p_s} \tag{10-4}$$

(3) 桩土复合模量 E_{sp}

计算复合地基沉降量所用的等效压缩模量。

复合地基加固区是由桩体和桩间土两部分组成的，是非均质的。为了简化计算，将加固区视作均一的复合土体。与真实非均质复合土体等效的均质复合土体的压缩模量就是复合土体压缩模量。

(4) 复合地基承载力特征值

复合地基承载力特征值的计算表达式对不同的增强体大致可分为两种：散体材料桩复合地基和有黏结强度增强体复合地基。

对散体材料增强体复合地基：

$$f_{spk} = [1 + m(n-1)] f_{sk} \tag{10-5}$$

式中　f_{spk}——复合地基承载力特征值，kPa；

　　　f_{sk}——处理后桩间土承载力特征值，kPa。

旧的地基处理规范（JGJ 79—2002）中还有一个公式可以用来计算复合地基承载力特征值：

$$f_{spk} = mf_{pk} + (1-m) f_{sk} \tag{10-6}$$

对有黏结强度增强体复合地基：

$$f_{spk} = \lambda m \frac{R_a}{A_p} + \beta (1-m) f_{sk} \tag{10-7}$$

式中　λ——单桩承载力发挥系数，可按地区经验取值；

　　　R_a——单桩竖向承载力特征值，kN；

　　　β——桩间土承载力发挥系数，可按地区经验取值。

增强体单桩竖向承载力特征值可按下式估算：

$$R_a = u_p \sum_{i=1}^{n} q_{si} l_{pi} + \alpha_p q_p A_p \tag{10-8}$$

式中　u_p——桩的周长，m；

　　　q_{si}——桩周第 i 层土的侧阻力特征值，kPa，按地区经验取值；

　　　l_{pi}——桩长范围内第 i 层土的厚度，m；

　　　α_p——桩端端阻力发挥系数，可按地区经验确定；

　　　q_p——桩端端阻力特征值，kPa，可按地区经验确定，对于水泥搅拌桩、旋喷桩应取未经修正的桩端地基土承载力特征值。

(5) 复合地基的沉降

由加固区复合土层压缩变形量（s_1）和加固区下卧层压缩变形量（s_2）组成。复合地基沉降可按下式计算：

$$s = s_1 + s_2 \tag{10-9}$$

复合地基加固区复合土层压缩变形量，对散体材料复合地基和柔性桩复合地基，可按下列公式计算：

$$s_1 = \psi_{s1} \sum_{i=1}^{n} \frac{\Delta p_i}{E_{spi}} l_i \tag{10-10}$$

式中 Δp_i——第 i 层土的平均附加应力增量，kPa；

l_i——第 i 层土的厚度，m；

E_{spi}——第 i 层复合土体压缩模量，MPa；

ψ_{s1}——复合地基加固区复合土层压缩变形量计算经验系数。

加固区下卧层压缩变形量（s_2）计算应符合现行国家标准《建筑地基基础设计规范》(GB 50007) 的有关规定，按分层总和法计算。

【题 10.1.1】 某工程柱基的基底压力 $p=120$kPa，地基土为淤泥质粉质黏土，其天然地基承载力特征值为 $f_{sk}=75$kPa，用振冲桩处理后形成复合地基，按等边三角形布桩，碎石桩桩径 $d=0.8$m，桩距 $s=1.5$m，天然地基承载力特征值与桩体承载力特征值之比为 $1:4$。则振冲桩复合地基承载力特征值最接近下列何值？

(A) 125kPa (B) 129kPa
(C) 133kPa (D) 137kPa

【答案】（C）

【解答】 根据《建筑地基处理技术规范》(JGJ 79—2012) 第 7.1.5 条。

(1) 计算等效圆直径 d_e，对等边三角形布桩

$$d_e = 1.05s = 1.05 \times 1.5 = 1.575(\text{m})$$

(2) 面积置换率 $m = \dfrac{d^2}{d_e^2} = \dfrac{0.8^2}{1.575^2} = 0.258$

(3) 振冲碎石桩复合地基承载力 $f_{spk} = mf_{pk} + (1-m)f_{sk}$

已知天然地基承载力特征值与桩体承载力特征值之比为 $1:4$，即

$$f_{pk} = 4f_{sk} = 4 \times 75 = 300(\text{kPa})$$

$$f_{spk} = mf_{pk} + (1-m)f_{sk} = 0.258 \times 300 + (1-0.258) \times 75 = 133(\text{kPa})$$

或者：$f_{spk} = [1+m(n-1)]f_{sk} = [1+0.258 \times (4-1)] \times 75 = 133(\text{kPa})$

【点评】 本题考查的是振冲碎石桩复合地基承载力计算，按规范公式计算即可。

【题 10.1.2】 某建筑场地为松砂，天然地基承载力特征值为 100kPa，孔隙比为 0.78，要求采用振冲法处理后孔隙比为 0.68。初步设计考虑采用直径 0.5m，桩体承载力特征值为 500kPa 的砂石桩处理，按正方形布桩，不考虑振动下沉密实作用。据此估算初步设计的桩距和按此方案处理后的地基承载力特征值，最接近下列哪组数据？

(A) 1.6m，140kPa (B) 1.9m，140kPa
(C) 1.9m，120kPa (D) 2.2m，110kPa

【答案】（C）

【解答】 根据《建筑地基处理技术规范》(JGJ 79—2012) 第 7.2.2 条。

已知：桩体承载力特征值 $f_{pk}=500\text{kPa}$，天然地基承载力特征值 $f_{sk}=100\text{kPa}$，$e_0=0.78$，$e_1=0.68$，$d=0.5\text{m}$，修正系数 $\xi=1.0$。

(1) 按正方形布桩时，砂石桩间距按规范公式（7.2.2-2）计算：

$$s=0.89\xi d\sqrt{\frac{1+e_0}{e_0-e_1}}=0.89\times1.0\times0.5\times\sqrt{\frac{1+0.78}{0.78-0.68}}=1.88(\text{m})$$

(2) 面积置换率 $m=\dfrac{d^2}{d_e^2}=\dfrac{d^2}{(1.13s)^2}=\dfrac{0.5^2}{1.13^2\times1.88^2}=0.055$

(3) $f_{spk}=mf_{pk}+(1-m)f_{sk}=0.055\times500+(1-0.055)\times100=122(\text{kPa})$

【点评】本题考查的是振冲碎石桩的布桩间距和复合地基承载力计算。本题所有用到的计算公式规范均已给出，只需将已知条件代入公式计算即可。

【题 10.1.3】某场地用振冲法复合地基加固，填料为砂土，桩径 0.8m，正方形布桩，桩距 2.0m，现场平板载荷试验测定复合地基承载力特征值为 200kPa，桩间土承载力特征值为 150kPa，试问，估算的桩土应力比与下列何项数值最为接近？

(A) 2.67　　　　　　　　(B) 3.08
(C) 3.30　　　　　　　　(D) 3.67

【答案】(D)

【解答】根据《建筑地基处理技术规范》(JGJ 79—2012) 第 7.1.5 条。

桩土面积置换率 $m=\dfrac{d^2}{d_e^2}=\dfrac{d^2}{(1.13s)^2}=\dfrac{0.8^2}{(1.13\times2)^2}=0.125$

$$f_{spk}=[1+m(n-1)]f_{sk} \Rightarrow 200=[1+0.125\times(n-1)]\times150$$

解得：$n=3.67$。

【点评】这是一道利用实测资料进行反分析的案例题，正常的设计计算顺序是根据经验选定桩土应力比，估算地基承载力。反分析对积累工程经验非常必要。

【题 10.1.4】采用水泥搅拌桩加固地基，桩径取 $d=0.5\text{m}$，等边三角形布置。复合地基置换率 $m=0.18$，桩间土承载力特征值 $f_{sk}=70\text{kPa}$，桩间土承载力发挥系数 $\beta=0.50$，现要求复合地基承载力特征值达到 160kPa，问水泥土抗压强度平均值 f_{cu}（90d 大龄期的折减系数 $\eta=0.3$）达到下述何值才能满足要求？

(A) 2.03MPa　　　　　　(B) 2.23MPa
(C) 2.43MPa　　　　　　(D) 2.63MPa

【答案】(C)

【解答】根据《建筑地基处理技术规范》(JGJ 79—2012) 第 7.1.5 条公式（7.1.5-2）：

$$f_{spk}=\lambda m\frac{R_a}{A_p}+\beta(1-m)f_{sk}$$

已知：置换率 $m=0.18$，桩间土承载力特征值 $f_{sk}=70\text{kPa}$，桩间土承载力发挥系数 $\beta=0.50$，复合地基承载力特征值 $f_{spk}=160\text{kPa}$。

取单桩承载力发挥系数 $\lambda=1.0$，则

$$160=1.0\times0.18\times\frac{R_a}{A_p}+0.5\times(1-0.18)\times70$$

$$R_a=729.4A_p=143.15\text{kPa}$$

$$R_a=\eta f_{cu}A_p$$

$$f_{cu}=\frac{R_a}{\eta A_p}=\frac{729.4A_p}{0.3A_p}=2431(\text{kPa})=2.431(\text{MPa})$$

【点评】本题的考点是水泥土抗压强度的计算。有一点需要说明：单桩承载力发挥系数 λ，在旧规范中的公式中没有该系数，按新规范就取 $\lambda=1.0$。

【题 10.1.5】某软土地基土层分布和各土层参数如图所示。已知基础埋深为 2.0m，采用搅拌桩复合地基，搅拌桩长 14m，桩径 600mm，桩身强度平均值 $f_{cu}=1.5\text{MPa}$，强度折减系数 $\eta=0.25$。按《建筑地基处理技术规范》(JGJ 79—2012) 计算，该搅拌桩单桩承载力特征值取下列哪个选项的数值较合适？($\alpha_p=0.4$。)

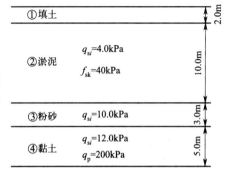

(A) 106kN (B) 140kN
(C) 160kN (D) 180kN

【答案】(A)

【解答】根据《建筑地基处理技术规范》(JGJ 79—2012) 第 7.1.5 条、7.3.3 条。
单桩承载力特征值计算，根据规范公式 (7.1.5-3)：

$$R_a = u_p \sum_{i=1}^{n} q_{si} l_{pi} + \alpha_p q_p A_p$$
$$= \pi \times 0.6 \times (4.0 \times 10 + 10.0 \times 3.0 + 12.0 \times 1.0) + 0.4 \times 200 \times \pi \times 0.3^2 = 177(\text{kN})$$

根据规范公式 (7.3.3)：
$$R_a = \eta f_{cu} A_p = 0.25 \times 1.5 \times 10^3 \times \pi \times 0.3^2 = 106(\text{kN})$$

取小值 $R_a = 106\text{kN}$。

【点评】本题考查的是水泥搅拌桩单桩承载力特征值的计算。题干中已给出了所有的计算条件，代入公式计算即可，注意要用对公式，两种单桩承载力特征值的计算结果要取小值。

【题 10.1.6】某场地地层如图所示。拟采用水泥搅拌桩进行加固。已知基础埋深为 2.0m，搅拌桩桩径 600mm，桩长 14.0m，桩身抗压强度 $f_{cu}=0.9\text{MPa}$，单桩承载力发挥系数 $\lambda=1.0$，桩间土承载力发挥系数 $\beta=0.35$，桩端端阻力发挥系数 $\alpha_p=0.4$，桩身强度折减系数 $\eta=0.25$，搅拌桩中心距为 1.0m，等边三角形布置。试问搅拌桩复合地基承载力特征值取下列哪个选项的数值合适？

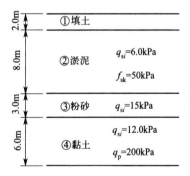

(A) 85kPa (B) 90kPa
(C) 100kPa (D) 110kPa

【答案】(A)

【解答】根据《建筑地基处理技术规范》(JGJ 79—2012) 第 7.1.5 条、7.3.3 条。
(1) 单桩承载力特征值计算，根据规范公式 (7.1.5-3)：

$$R_a = u_p \sum_{i=1}^{n} q_{si} l_{pi} + \alpha_p q_p A_p = \pi \times 0.6 \times (6.0 \times 8.0 + 15.0 \times 3.0 + 12.0 \times 3.0) + 0.4$$
$$\times 200 \times \pi \times 0.3^2 = 265.6(\text{kN})$$

根据规范公式 (7.3.3)：
$$R_a = \eta f_{cu} A_p = 0.25 \times 900 \times \pi \times 0.3^2 = 63.6(\text{kN})$$

取小值 $R_a = 63.6\text{kN}$。

(2) 面积置换率 $m = \dfrac{d^2}{d_e^2} = \dfrac{0.6^2}{(1.05 \times 1)^2} = 0.327$

(3) 搅拌桩复合地基承载力特征值

$$f_{spk} = \lambda m \frac{R_a}{A_p} + \beta(1-m)f_{sk} = 1.0 \times 0.327 \times \frac{63.6}{\pi \times 0.3^2} + 0.35 \times (1-0.327) \times 50 = 85(\text{kPa})$$

【点评】本题考查的是水泥搅拌桩复合地基承载力特征值的计算。

【题 10.1.7】为确定水泥土搅拌桩复合地基承载力，进行多桩复合地基静载试验，桩径 500mm，正三角形布置，桩中心距 1.20m。试问进行三桩复合地基试验的圆形承压板直径，应取下列何项数值？

(A) 2.00m (B) 2.20m (C) 2.40m (D) 2.65m

【答案】(B)

【解答】根据《建筑地基处理技术规范》(JGJ 79—2012) 附录 B.0.2：多桩复合地基静载荷试验的承压板尺寸按实际桩数所承担的处理面积确定。

正三角形布置，一根桩分担的处理地基面积的等效圆直径：

$$d_e = 1.05s = 1.05 \times 1.20 = 1.26(\text{m})$$

一根桩的加固面积 $A_e = \frac{\pi d_e^2}{4} = \frac{\pi \times 1.26^2}{4} = 1.246(\text{m}^2)$

设三根桩加固面积为 A，则三根桩的加固面积为 $A = 3A_e = \frac{\pi D^2}{4}$

$$D = \left(\frac{3 \times 4 \times A_e}{\pi}\right)^{1/2} = \left(\frac{3 \times 4 \times 1.246}{\pi}\right)^{1/2} = 2.18(\text{m})$$

【点评】本题考查的是对复合地基多桩静载荷试验时承压板尺寸的确定。首先要明白的是多桩试验需要多大的加固面积，然后由一根桩的加固面积，就可求三根桩的加固面积，从而求得承压板的直径。

【题 10.1.8】已知独立柱基采用水泥搅拌桩复合地基，如图所示，承台尺寸为 2.0m×4.0m，布置 8 根桩，桩直径 ϕ600mm，桩长 7.0m，如果桩身抗压强度取 1.0MPa，桩身强度折减系数 0.25，桩间土和桩端土承载力发挥系数均为 0.4，不考虑深度修正，充分发挥复合地基承载力，则基础承台底最大荷载（荷载效应标准组合）最接近以下哪个选项？

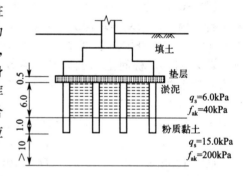

(A) 475kN (B) 655kN
(C) 710kN (D) 950kN

【答案】(B)

【解答】根据《建筑地基处理技术规范》(JGJ 79—2012) 第 7.1.5 条、7.3.3 条。
按土层对桩的支承力计算单桩承载力

$$R_a = u_p \sum_{i=1}^{n} q_{si} l_{pi} + \alpha_p q_p A_p = \pi \times 0.6 \times (6.0 \times 6.0 + 15.0 \times 1.0) + 0.4 \times 200 \times \pi \times 0.3^2$$
$$= 118.69(\text{kN})$$

按桩身材料强度确定单桩承载力：

$$R_a = \eta f_{cu} A_p = 0.25 \times 1000 \times \pi \times 0.3^2 = 70.65(\text{kN})$$

二者取小值，$R_a = 70.65\text{kN}$。

方法一：分别计算桩的最大荷载以及桩间土的最大荷载。

$$N=\beta(2\times4-8\times\pi\times0.3^2)f_{ak}+8R_a=0.4\times(2\times4-8\times\pi\times0.3^2)\times40+8\times70.56=656.3(kN)$$

方法二：先求得复合地基承载力特征值，然后乘以承台面积即可。

面积置换率 $m=\dfrac{8A_e}{A}=\dfrac{8\times\pi\times0.3^2}{4\times2}=0.2826$

$$f_{spk}=m\dfrac{R_a}{A_p}+\beta(1-m)f_{sk}=0.2826\times\dfrac{70.56}{\pi\times0.3^2}+0.4\times(1-0.2826)\times40=82.1(kPa)$$

则承台底最大荷载
$$N=f_{spk}A=82.1\times4\times2=656.8(kN)$$

【点评】本题主要考查复合地基承载力计算，较为常规。另一个考点是置换率的计算，应按独立承台实际面积计算，不能按满堂桩公式计算。

【题10.1.9】某搅拌桩复合地基，搅拌桩桩长10m，桩径0.6m，桩距1.5m，正方形布置。搅拌桩湿法施工，从桩顶标高处向下的土层参数见下表。按照《建筑地基处理技术规范》(JGJ 79—2012)估算，复合地基承载力特征值最接近下列哪个选项？（桩间土承载力发挥系数取0.8，单桩承载力发挥系数取1.0。）

编号	厚度/m	承载力特征值 f_{ak}/kPa	侧阻力特征值/kPa	桩端端阻力发挥系数	水泥土90d龄期立方体抗压强度 f_{cu}/MPa
①	3	100	15	0.4	1.5
②	15	150	30	0.6	2.0

(A) 117kPa (B) 126kPa (C) 133kPa (D) 150kPa

【答案】(A)

【解答】根据《建筑地基处理技术规范》(JGJ 79—2012)第7.1.5条、7.3.3条：

面积置换率： $m=\dfrac{d^2}{d_e^2}=\dfrac{0.6^2}{(1.13\times1.5)^2}=0.1253$

桩身强度确定的单桩承载力：
$$R_a=\eta f_{cu}A_p=0.25\times1500\times\pi\times0.3^2=106.0(kN)$$

根据地基土承载力计算的承载力：
$$R_a=u_p\sum_{i=1}^{n}q_{si}l_{pi}+\alpha_p q_p A_p=\pi\times0.6\times(15\times3+30\times7)+0.6\times150\times\pi\times0.3^2$$
$$=505.9(kN)$$

取二者小值作为单桩承载力特征值，$R_a=106.0kN$。

由题意可知，单桩承载力发挥系数 $\lambda=1.0$，桩间土承载力发挥系数 $\beta=0.8$，则复合地基承载力特征值：

$$f_{spk}=\lambda m\dfrac{R_a}{A_p}+\beta(1-m)f_{sk}=1.0\times0.1253\times\dfrac{106.0}{\pi\times0.3^2}+0.8\times(1-0.1253)\times100=117.0(kPa)$$

【点评】本题考查搅拌桩复合地基承载力计算。需要注意两点：①计算桩身强度时，水泥土90d龄期立方体抗压强度 f_{cu} 取两层土中的小值；②桩间土承载力特征值取两层土中的小值 f_{sk}。如果取 $f_{cu}=2.0MPa$，则为答案(C)；如果取 $f_{sk}=150kPa$，则为答案(D)。

【题10.1.10】某建筑场地长60m，宽60m，采用水泥土搅拌桩进行地基处理后覆土1m（含垫层）并承受地面均布荷载 p，地层条件如图所示，不考虑沉降问题时，按承载力控制确定可承受的最大地面荷载 p 最接近下列哪个选项？（$\beta=0.25$，$\lambda=1.0$，搅拌桩单桩

承载力特征值 $R_a=150$kN，不考虑桩身范围内应力扩散，处理前后土体重度保持不变。）

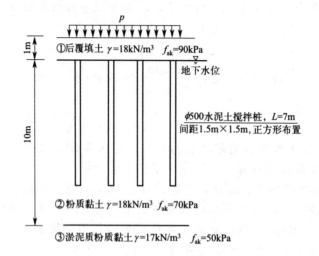

(A) 25kPa　　　　(B) 45kPa　　　　(C) 65kPa　　　　(D) 90kPa

【答案】（A）

【解答】根据《建筑地基处理技术规范》(JGJ 79—2012) 第7.1.5条：

(1) 按填土承载力控制

$$p \leqslant f_{ak} = 90\text{kPa}$$

(2) 按复合地基承载力控制

$$m = \frac{d^2}{d_e^2} = \frac{0.5^2}{(1.13 \times 1.5)^2} = 0.087$$

$$f_{spk} = \lambda m \frac{R_a}{A_p} + \beta(1-m)f_{sk} = 1.0 \times 0.087 \times \frac{150}{\pi \times 0.25^2} + 0.25 \times (1-0.087) \times 70 = 82.5(\text{kPa})$$

$$p + 1 \times 18 \leqslant f_{spk} = 82.5(\text{kPa})$$

解得：$p \leqslant 64.5$kPa。

(3) 按软弱下卧层承载力控制

$$f_{az} = f_{ak} + \eta_d \gamma_m (d-0.5) = 50 + 1 \times 8 \times (10-0.5) = 126(\text{kPa})$$

$$p_z + p_{cz} \leqslant f_{az}$$

不考虑应力扩散，$p_z = p + 18$，$p_{cz} = 8 \times 10 = 80(\text{kPa})$

$$p + 18 + 80 \leqslant 126$$

解得：$p \leqslant 28$kPa。

取小值，$p \leqslant 28$kPa，答案是（A）。

【分析】① 根据题干及图示的情况，能够判断地面荷载 p 可能是由三方面控制的，即按填土承载力控制、按复合地基承载力控制或按软弱下卧层承载力控制；

② 分别按三层土的承载力反算地面荷载 p；

③ 取最小值。

从计算结果可以看出，如果按填土承载力控制，其结果为（D）；如果按复合地基承载力控制，计算结果为（C）。

这是2019年的考题，显然，在复合地基这一知识点，本题是很少见的一种题型。与以往的考题相比，本题不仅难度增加，而且有一定的计算量。

【题 10.1.11】 某水泥搅拌桩复合地基，桩长 12m，面积置换率 $m=0.21$。复合土层顶面的附加压力 $p_z=114\text{kPa}$，底面附加压力 $p_{zL}=40\text{kPa}$，桩间土的压缩模量 $E_s=2.25\text{MPa}$，复合土层压缩模量等于天然地基压缩模量的 16.45 倍，桩端下土层压缩量为 12.2cm。试按《建筑地基处理技术规范》(JGJ 79—2012) 计算该复合地基总沉降量，其最接近下列哪个数值？（沉降经验系数 $\psi_s=0.4$。）

(A) 13.2cm (B) 14.5cm (C) 15.5cm (D) 16.5cm

【答案】 (A)

【解答】 根据《建筑地基处理技术规范》(JGJ 79—2012) 第 7.1.7 条：

加固区沉降量：$s_1=\psi_{s1}\sum\limits_{i=1}^{n}\dfrac{\Delta p_i}{E_{\text{sp}i}}l_i$

(1) 复合土层压缩模量：$E_{\text{sp}}=16.45E_s=16.45\times2.25=37(\text{MPa})$

(2) 复合土层沉降量：$s_1=\psi_s\dfrac{\Delta p}{E_{\text{sp}}}H=0.4\times\dfrac{\frac{1}{2}\times(114+40)}{37}\times12=10.0(\text{mm})=1.0(\text{cm})$

(3) 复合地基总沉降量：$s=s_1+s_2=1.0+12.2=13.2(\text{cm})$

【点评】 本题考查的是水泥搅拌桩复合地基总沉降量的计算。题干已给出下卧层沉降量 $s_2=12.2\text{cm}$，按公式 $s_1=\psi_{s1}\sum\limits_{i=1}^{n}\dfrac{\Delta p_i}{E_{\text{sp}i}}l_i$ 计算 s_1 即可。

【题 10.1.12】 某软土地基土层分布和各土层参数如图所示。已知基础埋深为 2.0m，采用搅拌桩复合地基，搅拌桩长 10.0m，桩径 500mm，单桩承载力特征值为 120kN，要使复合地基承载力特征值达到 180kPa，按正方形布桩，问桩间距取下列哪个选项的数值较为合适？（假设桩间土地基承载力发挥系数 $\beta=0.5$。）

(A) 0.85m (B) 0.95m
(C) 1.05m (D) 1.10m

【答案】 (A)

【解答】 根据《建筑地基处理技术规范》(JGJ 79—2012) 第 7.1.5 条、7.3.3 条：

由规范公式 (7.1.5-2) $f_{\text{spk}}=\lambda m\dfrac{R_a}{A_p}+\beta(1-m)f_{\text{sk}}$，可得面积置换率表达式：

$$m=\dfrac{f_{\text{spk}}-\beta f_{\text{sk}}}{\lambda\dfrac{R_a}{A_p}-\beta f_{\text{sk}}}$$

由题意已知：单桩承载力特征值 $R_a=120\text{kPa}$；复合地基承载力特征值 $f_{\text{spk}}=180\text{kPa}$；桩间土承载力特征值 $f_{\text{sk}}=40\text{kPa}$；桩间土地基承载力发挥系数 $\beta=0.5$。

按规范第 7.3.3 条第 2 款，对水泥土搅拌桩，其单桩承载力发挥系数取 $\lambda=1.0$，将所有已知条件代入公式：

$$m=\dfrac{f_{\text{spk}}-\beta f_{\text{sk}}}{\lambda\dfrac{R_a}{A_p}-\beta f_{\text{sk}}}=\dfrac{180-0.5\times40}{\dfrac{1.0\times120}{\pi\times0.25^2}-0.5\times40}\approx0.271$$

$$d_e = \sqrt{\frac{d^2}{m}} = \sqrt{\frac{0.5^2}{0.271}} \approx 0.96(\text{m})$$

正方形布桩：$s = \dfrac{d_e}{1.13} = \dfrac{0.96}{1.13} = 0.85(\text{m})$

【点评】本题考查的是搅拌桩复合地基桩间距计算。

公式 $f_{spk} = \lambda m \dfrac{R_a}{A_p} + \beta(1-m)f_{sk}$，这里可以有不同的考点，即求复合地基承载力特征值 f_{spk}、桩间土承载力特征值 f_{sk}、单桩承载力特征值 R_a、面积置换率 m 等，由面积置换率又可以求得桩的间距。

本题就是根据已知条件求得面积置换率 m，然后根据桩的布置方式求得桩间距 s。

这里的公式 $m = \dfrac{f_{spk} - \beta f_{sk}}{\dfrac{\lambda R_a}{A_p} - \beta f_{sk}}$ 记下，可以直接拿来用。

本题的要点是记住相应的计算公式。另外，备选答案中数值比较接近，在计算过程中有关数值应保留足够的有效位数。

【题 10.1.13】某筏板基础采用双轴水泥土搅拌桩复合地基，已知上部结构荷载标准值 $F=140$ kPa，基础埋深 1.5m，地下水位在基底以下，原持力层承载力特征值 $f_{ak}=60$ kPa，双轴搅拌桩面积 $A=0.71\text{m}^2$，桩间不搭接，湿法施工，根据地基承载力计算单桩承载力特征值（双轴）$R_a=240$ kN，水泥土单轴抗压强度平均值 $f_{cu}=1.0$ MPa，问下列搅拌桩平面图中，为满足承载力要求，最经济合理的是哪个选项？（桩间土承载力发挥系数 $\beta=1.0$，单桩承载力发挥系数 $\lambda=1.0$，基础及以上土的平均重度 $\gamma=20$ kN/m³，基底以上土体重度平均值 $\gamma_m=18$ kN/m³，图中尺寸单位为 mm。）

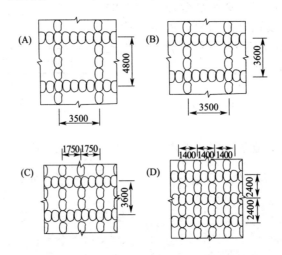

【答案】（C）

【解答】这是一个关于水泥土搅拌桩复合地基布桩设计的考题。从答案的 4 个选项看，就是选择不同的面积置换率 m。

根据《建筑地基处理技术规范》(JGJ 79—2012) 第 7.1.5 条、7.3.3 条：

(1) 确定单桩承载力特征值

由桩身强度确定的单桩承载力：

$$R_a = \eta f_{cu} A_p = 0.25 \times 1000 \times 0.71 = 177.5(\text{kN})$$

根据地基承载力得到的单桩承载力：
$$R_a = 240 \text{kN}$$
取二者小值作为单桩承载力，$R_a = 177.5 \text{kN}$。

(2) 复合地基承载力特征值：
$$f_{spk} = \lambda m \frac{R_a}{A_p} + \beta(1-m)f_{sk} = 1.0m \times \frac{177.5}{0.71} + 1.0 \times (1-m) \times 60 = 60 + 190m$$

经深度修正后的复合地基承载力特征值：
$$f_{spa} = f_{spk} + \eta_d \gamma_m (d-0.5) = 60 + 190m + 1.0 \times 18 \times (1.5-0.5) = 78 + 190m$$

(3) 按地基设计要求：$\dfrac{F+G}{A} \leqslant f_{spa}$

代入已知数据
$$\frac{140 \times A + 1.5A \times 20}{A} = 140 + 1.5 \times 20 \leqslant 78 + 190m$$

由此解得：$m \geqslant 0.48$。

(4)

选项 (A)：$m = \dfrac{8 \times 0.71}{3.5 \times 4.8} = 0.34 < 0.48$，不满足；

选项 (B)：$m = \dfrac{7 \times 0.71}{3.5 \times 3.6} = 0.39 < 0.48$，不满足；

选项 (C)：$m = \dfrac{9 \times 0.71}{3.5 \times 3.6} = 0.51 > 0.48$，满足；

选项 (D)：$m = \dfrac{3 \times 0.71}{2.4 \times 1.4} = 0.63 > 0.48$，满足。

综上，最经济合理的为选项 (C)。

【分析】本题考查的是水泥土搅拌桩复合地基布桩设计。通过审题能够知道这是要计算、比较不同的面积置换率。

有三个地方需要注意：
① 对复合地基要进行深度修正，这点要特别引起注意；
② 题干中给出的上部结构荷载标准值 $F = 140 \text{kPa}$，与我们常见的 F 不一样，注意看单位是 kPa，说明这个 F 已经是除以基底面积 A 后的应力值了；
③ 对 4 个选项还要通过计算才能知道具体的要求，这种形式的选项不多见。

从历年的考题情况看，本题属于难度及计算工作量都比较大的考题。

【题 10.1.14】某小区地基采用深层搅拌桩复合地基进行加固，已知桩截面 $A_p = 0.385 \text{m}^2$，单桩承载力特征值 $R_a = 200 \text{kN}$，桩间土承载力特征值 $f_{sk} = 60 \text{kPa}$，桩间土承载力折减系数 $\beta = 0.6$，要求复合地基承载力特征值 $f_{spk} = 150 \text{kPa}$，问水泥土搅拌桩置换率 m 的设计值最接近下列何值？（假设单桩承载力发挥系数 $\lambda = 1.0$。）

(A) 15%　　　(B) 20%　　　(C) 24%　　　(D) 30%

【答案】(C)

【解答】根据《建筑地基处理技术规范》(JGJ 79—2012) 第 7.1.5 条。
$$f_{spk} = \lambda m \frac{R_a}{A_p} + \beta(1-m)f_{sk}$$

$$m = \frac{f_{spk} - \beta f_{sk}}{\frac{\lambda R_a}{A_p} - \beta f_{sk}} = \frac{150 - 0.6 \times 60}{\frac{1.0 \times 200}{0.385} - 0.6 \times 60} = 0.236$$

【点评】这是求水泥搅拌桩置换率的考题,将已知条件直接代入公式计算即可。

【题 10.1.15】某工业厂房场地浅表为耕织土,厚 0.50m;其下为淤泥质粉质黏土,厚约 18.0m,承载力特征值 $f_{ak}=70$kPa,水泥搅拌桩侧阻力特征值取 9kPa。下伏厚层密实粉细砂层。采用水泥搅拌桩加固,要求复合地基承载力特征值达 150kPa。假设有效桩长为 12.00m,桩径为 500mm,桩身强度折减系数 η 取 0.25,桩端端阻力发挥系数 α_p 取 0.50,水泥加固土试块 90d 龄期立方体抗压强度平均值为 2.0MPa,桩间土承载力发挥系数 β 取 0.40。试问初步设计复合地基面积置换率将最接近下列哪个选项的数值?

(A) 13%　　　　(B) 18%　　　　(C) 21%　　　　(D) 26%

【答案】(D)

【解答】根据《建筑地基处理技术规范》(JGJ 79—2012)第 7.1.5 条、7.3.3 条。

(1) 求单桩承载力特征值

根据桩身强度确定的单桩承载力:
$$R_a = \eta f_{cu} A_p = 0.25 \times 2000 \times \pi \times 0.25^2 = 98.1 \text{(kN)}$$

根据地基土承载力计算的承载力:
$$R_a = u_p \sum_{i=1}^{n} q_{si} l_{pi} + \alpha_p q_p A_p = \pi \times 0.5 \times 12 \times 9 + 0.5 \times 70 \times \pi \times 0.25^2 = 176.5 \text{(kN)}$$

取二者小值作为单桩承载力特征值,$R_a = 98.1$kN。

(2) 求面积置换率 m

$$m = \frac{f_{spk} - \beta f_{sk}}{\frac{\lambda R_a}{A_p} - \beta f_{sk}} = \frac{150 - 0.4 \times 70}{\frac{1.0 \times 98.1}{\pi \times 0.25^2} - 0.4 \times 70} = 26\%$$

【题 10.1.16】有一个大型设备基础,基础尺寸为 15m×12m,地基土为软塑状态的黏性土,承载力特征值为 80kPa,拟采用水泥土搅拌桩复合地基,以桩身强度控制单桩承载力,单桩承载力发挥系数取 1.0,桩间土承载力发挥系数取 0.5。按照配比试验结果,桩身材料立方体抗压强度平均值为 2.0MPa,桩身强度折减系数取 0.25,采用桩径 $d=0.5$m,设计要求复合地基承载力特征值达到 180kPa,请估算理论布桩数最接近下列哪个选项?(只考虑基础范围内布桩)

(A) 180 根　　(B) 280 根　　(C) 380 根　　(D) 480 根

【答案】(B)

【解答】由题意,已知 $f_{sk}=80$kPa,单桩承载力发挥系数 $\lambda=1.0$,桩间土承载力发挥系数 $\beta=0.5$,桩身材料立方体抗压强度 $f_{cu}=2.0$MPa,桩身强度折减系数 $\eta=0.25$,复合地基承载力特征值 $f_{spk}=180$kPa。

根据《建筑地基处理技术规范》(JGJ 79—2012)第 7.3.3 条式(7.3.3):
$$R_a = \eta f_{cu} A_p = 0.25 \times 2000 \times \pi \times 0.25^2 = 98 \text{(kN)}$$

由规范第 7.1.5 条式(7.1.5-2):
$$f_{spk} = \lambda m \frac{R_a}{A_p} + \beta(1-m) f_{sk}$$

$$m = \frac{f_{spk} - \beta f_{sk}}{\frac{\lambda R_a}{A_p} - \beta f_{sk}} = \frac{180 - 0.5 \times 80}{\frac{1.0 \times 98}{\pi \times 0.25^2} - 0.25 \times 80} = 0.305$$

由面积置换率的定义：$m = \dfrac{A_p}{A_e} = \dfrac{nA_p}{A}$

$$n = \dfrac{mA}{A_p} = \dfrac{0.305 \times 15 \times 12}{\pi \times 0.25^2} = 280（根）$$

【点评】本题考查的是水泥土搅拌桩复合地基布桩设计，具体要求得桩的数量。从上面几道题可以看出，但凡是搅拌桩复合地基布桩设计计算的题目，都与面积置换率 m 有关。掌握这一规律，对解题思路会有帮助。

【题 10.1.17】某建筑采用夯实水泥土桩进行地基处理，条形基础及桩平面布置见图。根据试桩结果，复合地基承载力为 180kPa，桩间土承载力特征值为 130kPa，桩间土承载力发挥系数取 0.9。现设计要求地基处理后复合承载力特征值达到 200kPa，假定其他参数均不变，若仅调整基础纵向桩间距 s 值，试算最经济的桩间距最接近下列哪个选项？

(A) 1.1m　　　　　　　　(B) 1.2m
(C) 1.3m　　　　　　　　(D) 1.4m

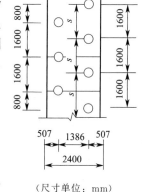

（尺寸单位：mm）

【答案】（B）

【解答】（1）根据定义计算置换率

截取一个桩间距为单元体，单元体内有一根完整桩加两个半根桩。

调整前：$m_1 = \dfrac{nA_p}{A} = \dfrac{2A_p}{1.6 \times 2.4}$

调整后：$m_2 = \dfrac{nA_p}{A} = \dfrac{2A_p}{s \times 2.4}$

则 $\dfrac{m_1}{m_2} = \dfrac{s}{1.6}$。

（2）根据复合地基承载力公式反算置换率

$$m = \dfrac{f_{spk} - \beta f_{sk}}{\dfrac{\lambda R_a}{A_p} - \beta f_{sk}}$$

由题意，已知 $f_{sk} = 130$kPa，复合地基承载力特征值 $f_{spk1} = 180$kPa，$f_{spk2} = 200$kPa，桩间土承载力发挥系数 $\beta = 0.9$。

$$m_1 = \dfrac{f_{spk1} - \beta f_{sk}}{\dfrac{\lambda R_a}{A_p} - \beta f_{sk}} = \dfrac{180 - 0.9 \times 130}{\dfrac{\lambda R_a}{A_p} - \beta f_{sk}} = \dfrac{63}{\dfrac{\lambda R_a}{A_p} - \beta f_{sk}}$$

$$m_2 = \dfrac{f_{spk2} - \beta f_{sk}}{\dfrac{\lambda R_a}{A_p} - \beta f_{sk}} = \dfrac{200 - 0.9 \times 130}{\dfrac{\lambda R_a}{A_p} - \beta f_{sk}} = \dfrac{83}{\dfrac{\lambda R_a}{A_p} - \beta f_{sk}}$$

（3）$\dfrac{m_1}{m_2} = \dfrac{63}{83} = \dfrac{s}{1.6}$，解得：$s = 1.21$m。

【点评】本题考查的也是水泥土桩复合地基布桩设计，具体要求得桩的间距。本题的难点在于对单元体的假设：怎么理解在一个单元体内有两根桩？其实，先定义一个单元体为 1.6m×2.4m，无论怎么理解在这个单元体内是几根桩（n），$\dfrac{m_1}{m_2}=\dfrac{\dfrac{nA_p}{1.6\times2.4}}{\dfrac{nA_p}{s\times2.4}}=\dfrac{s}{1.6}$，最后 n 都被消掉了。

同样的道理，题干中没有给出单桩承载力发挥系数 λ 和单桩承载力特征值 R_a，最后都被消掉了。

【题 10.1.18】某建筑场地地层分布及参数（均为特征值）如图所示，拟采用水泥土搅拌桩复合地基。已知基础埋深 2.0m，搅拌桩长 8.0m，桩径 d=600mm，等边三角形布置。经室内配比试验，水泥加固土试块强度为 1.2MPa，桩身强度折减系数 $\eta=0.25$，桩间土承载力发挥系数 $\beta=0.4$，按《建筑地基处理技术规范》(JGJ 79—2012) 计算，要求复合地基承载力特征值达到 100kPa，则搅拌桩间距取下列哪项？

(A) 0.9m (B) 1.0m
(C) 1.3m (D) 1.5m

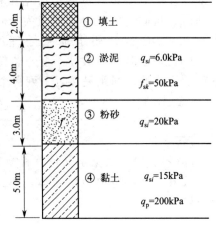

【答案】(B)

【解答】根据《建筑地基处理技术规范》(JGJ 79—2012) 第 7.1.5 条、7.3.3 条。
桩身强度确定的单桩承载力：
$$R_a=\eta f_{cu}A_p=0.25\times1200\times\pi\times0.3^2=84.78(\text{kN})$$
根据地基土承载力计算的承载力：
$$R_a=u_p\sum_{i=1}^{n}q_{si}l_{pi}+\alpha_p q_p A_p=\pi\times0.6\times(6.0\times4.0+$$
$20.0\times3.0+15.0\times1.0)+(0.4\sim0.6)\times200\pi\times$
$0.3^2=209.13\sim220.43(\text{kN})$

取二者小值作为单桩承载力特征值，$R_a=84.78\text{kN}$。

因此，$m=\dfrac{f_{spk}-\beta f_{sk}}{\dfrac{\lambda R_a}{A_p}-\beta f_{sk}}=\dfrac{100-0.4\times50}{\dfrac{1.0\times84.78}{\pi\times0.3^2}-0.4\times50}=28.6\%$

面积置换率：$m=\dfrac{d^2}{d_e^2}\Rightarrow d_e=\dfrac{d}{\sqrt{m}}$

等边三角形布置，有
$$d_e=1.05s\Rightarrow s=\dfrac{d_e}{1.05}=\dfrac{d}{1.05\sqrt{m}}=\dfrac{0.6}{1.05\times\sqrt{0.286}}=1.07(\text{m})$$

【点评】本题要求计算水泥土搅拌桩桩间距。需注意：单桩竖向承载力是受桩身强度和桩周土、桩端土的抗力双控的，不要忘记进行比较取小值。

【题 10.1.19】某软土场地，淤泥质土承载力特征值 $f_a=75\text{kPa}$；初步设计采用水泥土搅拌桩复合地基加固，等边三角形布桩，桩间距 1.2m，桩径 500mm，桩长 10.0m，桩间土承载力发挥系数 β 取 0.4，设计要求加固后复合地基承载力特征值达到 160kPa；静载荷试验，复合地基承载力特征值 $f_{spk}=145$kPa，若其他设计条件不变，调整桩距，下列哪个选项满足设计要求的最适宜桩距？

(A) 0.90m (B) 1.00m (C) 1.10m (D) 1.20m

【答案】(C)

【解答】根据《建筑地基处理技术规范》(JGJ 79—2012) 第 7.1.5 条。

三角形布桩时：

等效圆直径：$d_{e1}=1.05s_1=1.05\times 1.20=1.26$(m)

面积置换率：$m_1=\dfrac{d^2}{d_e^2}=\dfrac{0.5^2}{1.26^2}=0.1575$

根据规范公式 (7.1.5-2)，λ 取 1.0，则

$$145=0.1575\times\dfrac{R_a}{0.25\times 0.25\times\pi}+0.4\times(1-0.1575)\times 75$$

求得 $R_a=149.2$kPa。

所以：$160=m_2\times\dfrac{149.2}{0.25\times 0.25\times\pi}+0.4\times(1-m_2)\times 75$

得到：$m_2=0.178$。

故：$d_{e2}=\sqrt{\dfrac{0.5\times 0.5}{0.178}}=1.19$(m)

$$s_2=\dfrac{d_{e2}}{1.05}=\dfrac{1.19}{1.05}=1.13(\text{m})$$

【分析】根据现场试验结果调整设计参数是工程中常碰见的事情，本题实际上还是考复合地基承载力计算公式，知道承载力，很容易求得桩间距。

计算分成两步，第一步根据复合地基载荷试验求单桩承载力；第二步，按题干要求，假定搅拌桩单桩承载力不变，复合地基承载力要达到 160kPa，按复合地基承载力公式求新的面积置换率，从而求新的桩间距。

【题 10.1.20】某独立基础底面尺寸为 $2.0\text{m}\times 4.0\text{m}$。埋深 2.0m，相应荷载效应标准组合时，基础底面处平均压力 $p_k=150$kPa；软土地基承载力特征值 $f_{ak}=70$kPa，天然重度 $\gamma=18.0$ kN/m³，地下水位埋深 1.0m；采用水泥土搅拌桩处理，桩径 500mm，桩长 10.0m；桩间土承载力发挥系数 $\beta=0.4$；经试桩，单桩承载力特征值 $R_a=110$kN，则基础下布桩量为多少根？

(A) 6 (B) 8 (C) 10 (D) 12

【答案】(B)

【解答】根据《建筑地基处理技术规范》(JGJ 79—2012) 第 7.1.5 条、7.3.3 条。

(1) 根据规范公式 (7.1.5-2)

$$f_{spk}=\lambda m\dfrac{R_a}{A_p}+\beta(1-m)f_{ak}=\lambda m\times\dfrac{110}{0.196}+0.5\times(1-m)\times 70=(526.2m+35)(\text{kPa})$$

其中：$A_p=0.25\times 0.25\pi=0.196(\text{m}^2)$

(2) 经深度修正后，复合地基承载力特征值：

$$f_{spa}=f_{spk}+\eta_d\gamma_m(d-0.5)=(526.2m+35)+1.0\times 13\times(2-0.5)=526.2m+54.5$$

其中：$\eta_d=1.0$，$\gamma_w=(1.00\times 18+1.00\times 8)/2=13(\text{kN/m}^3)$

(3) 要求 $p_k \leq f_a$, 即 $150 \leq 526.2m + 54.5$

解得 $m \geq 0.18$。

水泥土搅拌桩可只在基础内布桩, 则

$$m = \frac{nA_p}{A}$$

$$n = \frac{mA}{A_p} = \frac{0.18 \times 2 \times 4}{0.196} = 7.35 (根)$$

取 $n = 8$ 根。

【点评】本题是在单桩承载力的试验结果和基础面积一定的条件下, 求布桩数量的试题。第一个考点是假定置换率计算复合地基承载力; 第二个考点是对复合地基处理进行深度修正; 第三个考点是在满足基底压力的条件下求出置换率并根据基础尺寸进行布桩。

进行深度修正时, 修正系数要取 1.0, 基础底面以上土层重度在地下水位以上应该用天然重度, 地下水位以下应该用有效重度, 如果未进行深度修正或修正系数未取 1.0, 或者地下水位以下未采用有效重度, 本题都不能得分。

本题与工程实践很接近, 工程师应该熟练掌握。

【题 10.1.21】某建筑物采用水泥土搅拌桩处理场地, 场地地面以下各土层的厚度、承载力和压缩模量见下表。基础埋深为地面下 2m, 桩长 6m。搅拌桩施工完成后进行了复合地基承载力试验, 测得复合地基承载力 $f_{spk} = 220$kPa。基础底面以下压缩层范围内的地基附加应力系数如图所示。计算压缩层的压缩模量当量值最接近下列哪个选项?（忽略褥垫层厚度。）

层序	层厚/m	天然地基承载力特征值 f_{ak}/kPa	天然地基压缩模量 E_s/MPa
①	4	110	10
②	2	100	8
③	6	200	20

(A) 17MPa (B) 19MPa
(C) 21MPa (D) 24MPa

【答案】(C)

【解答】根据《建筑地基处理技术规范》(JGJ 79—2012) 第 7.1.7 条:

各复合土层的压缩模量是该层天然地基压缩模量的 ξ 倍, ξ 值可按规范公式 (7.1.7) 确定:

$$\xi = \frac{f_{spk}}{f_{ak}} \qquad (10\text{-}11)$$

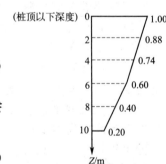

式中 f_{ak}——基础底面下天然地基承载力特征值;

f_{spk}——复合地基承载力特征值。

根据规范第 7.1.8 条, 变形计算深度范围内压缩模量的当量值, 按规范公式 (7.1.8) 计算:

$$\overline{E}_s = \frac{\sum_{i=1}^{n} A_i + \sum_{j=1}^{m} A_j}{\sum_{i=1}^{n} \frac{A_i}{E_{spi}} + \sum_{j=1}^{m} \frac{A_j}{E_{sj}}} \qquad (10\text{-}12)$$

式中 A_i——加固土层第 i 层附加应力系数岩土层厚度的积分值；

A_j——加固土层第 j 层附加应力系数岩土层厚度的积分值；

E_{spi}——加固土层第 i 层复合土体的压缩模量值；

E_{sj}——加固土层下第 j 层土体的压缩模量值。

(1) 复合土层压缩模量

由题意已知：$f_{spk}=220\text{kPa}$，$f_{ak}=110\text{kPa}$。

$$\xi=\frac{f_{spk}}{f_{ak}}=\frac{220}{110}=2$$

$$E_{sp1}=\xi E_{s1}=2\times 10=20(\text{MPa})$$

$$E_{sp2}=\xi E_{s2}=2\times 8=16(\text{MPa})$$

$$E_{sp3}=\xi E_{s3}=2\times 20=40(\text{MPa})$$

(2) 基底下各土层附加应力系数沿土层厚度的积分值（应力面积）：

基底下 0～2m：$A_{i1}=z_{i1}\bar{\alpha}_{i1}=2\times\dfrac{1+0.88}{2}=1.88$

基底下 2～4m：$A_{i2}=z_{i2}\bar{\alpha}_{i2}=2\times\dfrac{0.88+0.74}{2}=1.62$

基底下 4～6m：$A_{i3}=z_{i3}\bar{\alpha}_{i3}=2\times\dfrac{0.74+0.60}{2}=1.34$

基底下 6～8m：$A_{j1}=z_{j1}\bar{\alpha}_{j1}=2\times\dfrac{0.60+0.40}{2}=1.0$

基底下 8～10m：$A_{j2}=z_{j2}\bar{\alpha}_{j2}=2\times\dfrac{0.40+0.2}{2}=0.6$

(3) 压缩模量当量值

$$\bar{E}_s=\frac{\sum_{i=1}^{n}A_i+\sum_{j=1}^{m}A_j}{\sum_{i=1}^{n}\dfrac{A_i}{E_{spi}}+\sum_{j=1}^{m}\dfrac{A_j}{E_{sj}}}=\frac{1.88+1.62+1.34+1.0+0.6}{\dfrac{1.88}{20}+\dfrac{1.62}{16}+\dfrac{1.34}{40}+\dfrac{1.0}{20}+\dfrac{0.6}{20}}=20.9(\text{MPa})$$

【点评】本题考查的是搅拌桩复合地基的压缩模量当量值计算。

这是 2020 年的考题，可以看出本题与以前的考题相比还是有些不同，其考点是以前从未考过的压缩模量当量值计算，比较冷门。题目本身难度不算大，但计算量相对较大。尤其是求和的时候，有 5 层土，很容易带错数据。

【题 10.1.22】某场地地基土层为二层，第一层为黏土，厚度为 5.0m，承载力特征值为 100kPa，桩侧阻力为 20kPa，端阻力为 150kPa；第二层为粉质黏土，厚度为 12m，承载力特征值 120kPa，侧阻力 25kPa，端阻力 250kPa，无软弱下卧层，采用低强度混凝土桩复合地基进行加固，桩径为 0.5m，桩长为 15m，要求复合地基承载力特征值达到 320kPa，若采用正三角形布桩，试计算桩间距。（桩间土承载力发挥系数 $\beta=0.8$，不考虑单桩承载力折减）

(A) 1.50m （B) 1.70m （C) 1.90m （D) 2.10m

【答案】(B)

【解答】由题意已知：$f_{spk}=320\text{kPa}$，$f_{sk}=100\text{kPa}$。

黏土层：$l_1=5\text{m}$，$q_{s1}=20\text{kPa}$，$q_{p1}=150\text{kPa}$。

粉质黏土层：$l_2=10\text{m}$，$q_{s2}=25\text{kPa}$，$q_{p2}=250\text{kPa}$。

桩间土承载力发挥系数 $\beta=0.8$，单桩承载力发挥系数 $\lambda=1.0$。

(1) 低强度混凝土桩竖向承载力特征值

$$R_a = u_p \sum_{i=1}^{n} q_{si} l_{pi} + q_p A_p = \pi \times 0.5 \times (20 \times 5 + 25 \times 10) + 250 \times \frac{\pi}{4} \times 0.5^2 = 598.87 \text{(kN)}$$

(2) 面积置换率 m

根据复合地基承载力公式 $f_{spk} = \lambda m \dfrac{R_a}{A_p} + \beta(1-m) f_{sk}$，反算置换率：

$$m = \frac{f_{spk} - \beta f_{sk}}{\dfrac{\lambda R_a}{A_p} - \beta f_{sk}} = \frac{320 - 0.8 \times 100}{\dfrac{1.0 \times 598.87}{0.196} - 0.8 \times 100} = 0.081$$

(3) 一根桩分担的处理地基面积的等效圆直径 d_e

$$m = \frac{d^2}{d_e^2} \Rightarrow d_e = \frac{d}{\sqrt{m}} = \frac{0.5}{\sqrt{0.081}} = 1.76 \text{(m)}$$

(4) 对正三角形布桩，有 $d_e = 1.05s$，故

$$s = \frac{d_e}{1.05} = \frac{1.76}{1.05} = 1.68 \text{(m)}$$

【点评】本题考查的是低强度混凝土桩复合地基桩间距的确定。考题的重点是面积置换率的计算。解题的思路为：

① 由题干给出的条件，可判断要用到规范中的公式(7.1.5-2)：

$$f_{spk} = \lambda m \frac{R_a}{A_p} + \beta(1-m) f_{sk}$$

② 根据所给的条件求单桩承载力特征值 R_a。由于题干没有给任何桩身材料强度的条件，所以不考虑桩身材料强度确定的单桩承载力。

③ 由规范公式(7.1.5-2)，反算面积置换率 $m = \dfrac{f_{spk} - \beta f_{sk}}{\dfrac{\lambda R_a}{A_p} - \beta f_{sk}}$。

④ 最后，根据面积置换率与等效圆直径的关系，以及正三角形布桩的条件，即可求出桩的间距。

【题 10.1.23】某建筑地基采用 CFG 桩进行地基处理，桩径 400mm，正方形布置，桩距 1.5m，CFG 桩施工完成后，进行了 CFG 桩单桩静载试验和桩间土静载试验，试验得到：CFG 桩单桩承载力特征值为 600kN，桩间土承载力特征值为 150kPa。该地区的工程经验为：单桩承载力的发挥系数取 0.9，桩间土承载力的发挥系数取 0.8。问该复合地基的荷载等于复合地基承载力特征值时，桩土应力比最接近下列哪个选项的数值？

(A) 28　　　　(B) 32　　　　(C) 36　　　　(D) 40

【答案】(C)

【解答】按照桩土应力比的定义，桩体所受的压力 p_p 与桩间土所受的压力 p_s 的比值称为桩土应力比，其表达式为：$n = \dfrac{p_p}{p_s}$

根据题意，有 $p_p = \dfrac{600}{\dfrac{\pi d^2}{4}}$ kPa, $p_s = 150$ kPa。

考虑承载力的折减，有

$$n=\frac{p_\mathrm{p}}{p_\mathrm{s}}=\frac{0.9\times\dfrac{600\times4}{\pi\times0.4^2}}{0.8\times150}=35.8$$

【点评】本题考核桩土应力比的概念。题干中说：复合地基的荷载等于复合地基承载力特征值时，意思为当桩土承载力完全发挥时候的桩土应力比，故桩土的承载力要分别乘以各自的发挥系数。

【题 10.1.24】某住宅楼基底以下地层主要为：①中砂～砾砂，厚度为 8.0m，承载力特征值 200kPa，桩侧阻力特征值为 25kPa；②含砂粉质黏土，厚度为 16.0m，承载力特征值为 250kPa，桩侧阻力特征值为 30kPa，其下卧为微风化大理石。拟采用 CFG 桩＋水泥土搅拌桩复合地基，承台尺寸 3.0m×3.0m；CFG 桩桩径 ϕ450mm，桩长为 20m，单桩抗压承载力特征值为 850kN；水泥土搅拌桩桩径 ϕ600mm，桩长为 10m，桩身强度为 2.0MPa，桩身强度折减系数 $\eta=0.25$，桩端阻力发挥系数 $\alpha_\mathrm{p}=0.5$。根据《建筑地基处理技术规范》(JGJ 79—2012)，该承台可承受的最大上部荷载（标准组合）最接近以下哪个选项？（单桩承载力发挥系数取 $\lambda_1=\lambda_2=1.0$，桩间土承载力发挥系数 $\beta=0.9$，复合地基承载力不考虑深度修正。）

(A) 4400kN　　　(B) 5200kN　　　(C) 6080kN　　　(D) 7760kN

【答案】(C)

【解答】根据《建筑地基处理技术规范》(JGJ 79—2012) 第 7.1.5 条、7.9.6 条、7.9.7 条。

规范第 7.9.6 条规定：对具有黏结强度的两种桩组合形成的多桩型复合地基承载力特征值，按规范公式(7.9.6-1)计算：

$$f_\mathrm{spk}=m_1\frac{\lambda_1 R_\mathrm{a1}}{A_\mathrm{p1}}+m_2\frac{\lambda_2 R_\mathrm{a2}}{A_\mathrm{p2}}+\beta(1-m_1-m_2)f_\mathrm{sk} \qquad (10\text{-}13)$$

式中　m_1、m_2——桩 1、桩 2 的面积置换率；
　　　λ_1、λ_2——桩 1、桩 2 的单桩承载力发挥系数；
　　　R_a1、R_a2——桩 1、桩 2 的单桩承载力特征值；
　　　A_p1、A_p2——桩 1、桩 2 的截面面积；
　　　β——桩间土承载力发挥系数；
　　　f_sk——处理后复合地基桩间土承载力特征值。

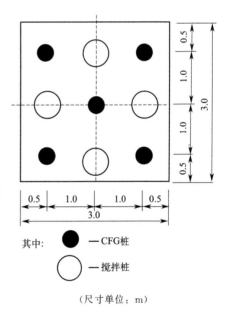

其中：● —CFG桩　　　○ —搅拌桩

（尺寸单位：m）

(1) 计算置换率

搅拌桩：$m_1=\dfrac{A_\mathrm{p1}}{s^2}=\dfrac{4\times\dfrac{\pi\times0.6^2}{4}}{3^2}=0.1256$

CFG 桩：$m_2=\dfrac{A_\mathrm{p2}}{s^2}=\dfrac{5\times\dfrac{\pi\times0.45^2}{4}}{3^2}=0.0883$

(2) 计算搅拌桩承载力 R_a1

按土对桩的承载力确定：

$$R_{a1} = u_p \sum_{i=1}^{n} q_{si} l_{pi} + \alpha_p q_p A_p = \pi \times 0.6 \times (8 \times 25 + 2 \times 30) + 0.5 \times 250 \times \frac{\pi \times 0.6^2}{4} = 525.2(\text{kN})$$

按桩身强度确定 R_{a1}：

$$R_{a1} = \eta f_{cu} A_p = 0.25 \times 2.0 \times 10^3 \times \frac{\pi \times 0.6^2}{4} = 141.3(\text{kN})$$

取小值，$R_{a1} = 141.3 \text{kN}$。

则复合地基承载力特征值：

$$f_{spk} = m_1 \frac{\lambda_1 R_{a1}}{A_{p1}} + m_2 \frac{\lambda_2 R_{a2}}{A_{p2}} + \beta(1 - m_1 - m_2) f_{sk}$$

$$= 0.1256 \times \frac{1.0 \times 141.3}{\pi \times 0.6^2/4} + 0.0883 \times \frac{1.0 \times 850}{\pi \times 0.45^2/4} + 0.90 \times (1 - 0.1256 - 0.0883) \times 200$$

$$= 676.45(\text{kPa})$$

$$F_k = f_{spk} A = 676.45 \times 3.0 \times 3.0 = 6088.05(\text{kN})$$

【点评】本题考核的是多桩型复合地基承载力的计算，并反算承台能承受的最大荷载。找到规范相应的条款及其公式，只是最后一步；要能够想到 $F_k = f_{spk} A$，问题就迎刃而解了。还有，注意公式中的 f_{sk}，取的是基底下持力层的桩间土承载力特征值，即 $f_{sk} = 200 \text{kPa}$。

【题 10.1.25】某工程采用直径 800mm 碎石桩和直径 400mmCFG 桩多桩型复合地基处理，碎石桩置换率 0.087，桩土应力比为 5.0，处理后桩间土承载力特征值为 120kPa，桩间土承载力发挥系数为 0.95，CFG 桩置换率 0.023，CFG 桩单桩承载力特征值 $R_a = 275 \text{kN}$，单桩承载力发挥系数 0.90，处理后复合地基承载力最接近下面哪个选项？

（A）168kPa   （B）196kPa   （C）237kPa   （D）286kPa

【答案】（B）

【解答】根据《建筑地基处理技术规范》(JGJ 79—2012) 第 7.9.6 条、7.9.7 条，对具有黏结强度的桩与散体处理桩组合形成的复合地基承载力特征值，按规范公式 (7.9.6-2) 计算：

$$f_{spk} = m_1 \frac{\lambda_1 R_{a1}}{A_{p1}} + \beta[1 - m_1 + m_2(n-1)] f_{sk}$$

已知：CFG 桩置换率 $m_1 = 0.023$，单桩承载力发挥系数 $\lambda_1 = 0.90$，$R_{a1} = 275 \text{kN}$，桩间土承载力发挥系数 $\beta = 0.95$，碎石桩置换率 $m_2 = 0.087$，碎石桩桩土应力比 $n = 5.0$，处理后桩间土承载力特征值 $f_{sk} = 120 \text{kPa}$。

将上述已知条件代入公式，有

$$f_{spk} = m_1 \frac{\lambda_1 R_{a1}}{A_{p1}} + \beta[1 - m_1 + m_2(n-1)] f_{sk} = 0.023 \times \frac{0.90 \times 275}{\pi \times 0.2^2} + 0.95 \times [1 - 0.023 + 0.087 \times (5-1)] \times 120 = 196.4(\text{kPa})$$

【点评】本题考查的也是多桩型复合地基承载力的计算，但属于具有黏结强度的桩与散体材料桩组合形成的复合地基，其承载力计算公式与上道题不一样。本题公式中所有的参数在题干中均已给出，直接代入公式计算即可。

【题 10.1.26】某堆场地层为深厚黏土,承载力特征值 $f_{ak}=90kPa$。拟采用碎石桩和 CFG 桩多桩型复合地基进行处理,要求处理后地基承载力 $f_{spk} \geq 300kPa$。其中碎石桩桩径 800mm,桩土应力比 2,CFG 桩桩径 450mm,单桩承载力特征值为 850kN,若按正方形均匀布桩,如图所示,则合适的 s 最接近下面哪个选项?[按《建筑地基处理技术规范》(JGJ 79—2012) 计算,单桩承载力发挥系数 $\lambda_1=\lambda_2=1.0$,桩间土承载力发挥系数为 0.9,复合地基承载力不考虑深度修正,处理后桩间土承载力提高 30%。]

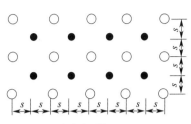

(A) 1.0m　　　(B) 1.3m　　　(C) 1.5m　　　(D) 1.8m

【答案】(A)

【解答】根据《建筑地基处理技术规范》(JGJ 79—2012) 第 7.9.6 条、7.9.7 条。

(1) 面积置换率计算

选取单元体,单元体内有碎石桩、CFG 桩各一根,单元体边长为 $2s$。

CFG 桩:$A_{p1}=\dfrac{\pi \times 0.45^2}{4}=0.159(m^2)$,$m_1=\dfrac{A_{p1}}{(2s)^2}=\dfrac{0.159}{4s^2}$

碎石桩:$A_{p2}=\dfrac{\pi \times 0.8^2}{4}=0.502(m^2)$,$m_2=\dfrac{A_{p2}}{(2s)^2}=\dfrac{0.502}{4s^2}$

(2) 复合地基承载力特征值反算桩间距

$$f_{spk}=m_1\dfrac{\lambda_1 R_{a1}}{A_{p1}}+\beta[1-m_1+m_2(n-1)]f_{sk}=\dfrac{0.159}{4s^2}\times\dfrac{1.0\times 850}{0.159}+0.9\times\left[1-\dfrac{0.159}{4s^2}+\dfrac{0.502}{4s^2}\times(2-1)\right]\times 1.3\times 90=300$$

解得:$s=1.02m$。

【点评】本题考查的是多桩型复合地基合适的布桩间距的计算。本题属于具有黏结强度的桩与散体材料桩组合形成的复合地基,所以公式不能用错。前面说过,但凡是要求计算间距的题目,都与面积置换率有关。

还有一个经验之谈,对于本题最后的一元二次方程,可以不用解方程的办法,而是把 4 个选项逐一代入方程,看哪个合适。

【题 10.1.27】某高层住宅筏形基础,基底埋深 7m,基底以上土的天然重度为 $20kN/m^3$,天然地基承载力特征值为 180kPa。采用水泥粉煤灰碎石(CFG)桩复合地基,现场试验测得单桩承载力特征值为 600kN。正方形布桩,桩径 400mm,桩间距为 $1.5m\times 1.5m$,桩间土承载力发挥系数 β 取 0.95,单桩承载力发挥系数取 0.9,试问该建筑物的基底压力不应超过下列哪个选项的数值?

(A) 428kPa　　　(B) 530kPa　　　(C) 558kPa　　　(D) 641kPa

【答案】(B)

【解答】按地基设计要求,建筑物的基底压力不应超过持力层地基承载力特征值,所以本题实际上是求复合地基承载力特征值。

按《建筑地基处理技术规范》(JGJ 79—2012) 第 7.7.2 条第 6 款,对 CFG 桩复合地基承载力特征值应按下列公式进行计算:

$$f_{spk} = \lambda m \frac{R_a}{A_p} + \beta(1-m)f_{sk}$$

由题干已知，单桩承载力发挥系数 $\lambda=0.9$，单桩承载力特征值 $R_a=600\text{kN}$，桩间土承载力发挥系数 $\beta=0.95$，天然地基承载力特征值 $f_{sk}=180\text{kPa}$。

当正方形布桩时，面积置换率 $m=\dfrac{A_p}{A}=\dfrac{\pi\times 0.2^2}{1.5\times 1.5}=0.0558$。

$$f_{spk}=\lambda m\frac{R_a}{A_p}+\beta(1-m)f_{sk}=0.9\times 0.0558\times\frac{600}{0.1256}+0.95\times(1-0.0558)\times 180=401.5(\text{kPa})$$

深度修正：$f_{spa}=f_{spk}+\eta_d\gamma_m(d-0.5)=401.5+1\times 20\times(7-0.5)=531.5(\text{kPa})$

【点评】本题考查的是水泥粉煤灰碎石桩复合地基基底压力计算，考点依然是复合地基承载力特征值的计算，计算公式等与水泥搅拌桩复合地基一致。本题需要特别注意的是不要忘了最后对承载力进行深度修正。

【题 10.1.28】某建筑场地地层如图所示。拟采用水泥粉煤灰碎石桩（CFG 桩）进行加固。已知基础埋深为 2.0m，CFG 桩长 14.0m，桩径 500mm，桩身强度 $f_{cu}=20\text{MPa}$，桩间土承载力发挥系数取 0.9，单桩承载力发挥系数取 0.85，按《建筑地基处理技术规范》(JGJ 79—2012) 计算，如果复合地基承载力特征值达到 180kPa，则 CFG 桩面积置换率 m 应取下列哪个选项的数值？

(A) 10％   (B) 12％
(C) 14％   (D) 18％

【答案】(C)

【解答】根据《建筑地基处理技术规范》(JGJ 79—2012) 第 7.1.6 条、7.1.5 条。

(1) 计算单桩承载力特征值

有黏结强度复合地基增强体桩身强度应按规范公式 (7.1.6-1) 计算：

$$f_{cu}\geqslant 4\frac{\lambda R_a}{A_p}\Rightarrow R_a\leqslant\frac{1}{4\lambda}f_{cu}A_p=\frac{1}{4\times 0.85}\times 20\times 10^3\pi\times 0.25^2=1154(\text{kN})$$

同时，搅拌桩单桩竖向承载力特征值按土对桩的支承力计算：

$$R_a=u_p\sum_{i=1}^n q_{si}l_{pi}+\alpha_p q_p A_p=\pi\times 0.5\times(6.0\times 8.0+15.0\times 3.0+12.0\times 3.0)+1.0\times 200\times\pi\times 0.25^2=241.78(\text{kN})$$

取小值，$R_a=241.78\text{kN}$。

(2) 面积置换率

$$m=\frac{f_{spk}-\beta f_{sk}}{\dfrac{\lambda R_a}{A_p}-\beta f_{sk}}=\frac{180-0.9\times 50}{\dfrac{0.85\times 241.78}{\pi\times 0.25^2}-0.9\times 50}=13.47\%$$

【点评】本题考查的是水泥粉煤灰碎石桩复合地基面积置换率计算，解题思路及方法与前面的搅拌桩完全一样。

【题 10.1.29】某松散粉细砂场地，地基处理前承载力特征值 100kPa，现采用砂石桩满堂处理，桩径 400mm，桩位如图。处理后桩间土的承载力提高了 20％，桩土应力比 3。问：按照《建筑地基处理技术规范》(JGJ 79—2012)估算的该砂石桩复合地基承载力特征值接近下列哪个选项的数值？

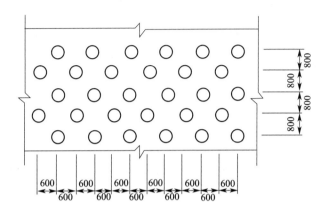

(A) 135kPa　　　　(B) 150kPa　　　　(C) 170kPa　　　　(D) 185kPa

【答案】(B)

【解答】根据《建筑地基处理技术规范》(JGJ 79—2012) 第 7.1.5 条。

取一个正方形面积作为单元体计算置换率 m，单元体内有 1 个完整桩，4 个 $\frac{1}{4}$ 桩，总桩数为 2，得

$$m = \frac{2 \times \frac{\pi \times 0.4^2}{4}}{2 \times 0.6 \times 2 \times 0.8} = 0.131$$

对散体材料桩，复合地基承载力按规范公式(7.1.5-1)：

$$f_{spk} = [1+m(n-1)]f_{sk} = [1+0.131 \times (3-1)] \times 1.2 \times 100 = 151.4 (\text{kPa})$$

【点评】本题考查的是砂石桩复合地基承载力特征值计算。两个注意点：①本题桩的布置并不是正三角形，所以不能按等边三角形布桩来计算置换率。②公式中的 f_{sk} 是处理后桩间土承载力，所以不能忘了乘以 1.2。如果没有乘 1.2，则就是选项(A)。

【题 10.1.30】某住宅楼一独立承台，作用于基底的附加压力 $p_0 = 600$kPa，基底以下地层主要为：①中砂～砾砂，厚度 8.0m，承载力特征值为 200kPa，压缩模量为 10.0MPa；②含砂粉质黏土，厚度 16.0m，压缩模量 8.0MPa，下卧为微风化大理岩。拟采用 CFG 桩＋水泥土搅拌桩复合地基，承台尺寸 3.0m×3.0m，布桩如图所示，CFG 桩桩径 ϕ450mm，桩长为 20m，设计单桩竖向抗压承载力特征值 $R_a = 700$kN；水泥土搅拌桩直径为 ϕ600mm，桩长为 10m，设计单桩竖向受压承载力特征值 $R_a = 300$kN，假定复合地基的沉降计算地区经验系数 $\psi_s = 0.4$。根据《建筑地基处理技术规范》(JGJ 79—2012)，问该独立承台复合地基在中砂～砾砂层中的沉降量最接近下列哪个选项？（单桩承载力发挥系数：CFG 桩 $\lambda_1 = 0.8$，水泥土搅拌桩 $\lambda_2 = 1.0$；桩间土承载力发挥

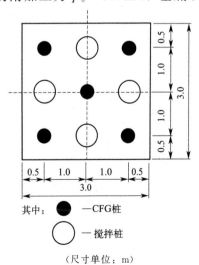

(尺寸单位：m)

系数 $\beta=1.0$。)

  (A) 68.0mm   (B) 45.0mm   (C) 34.0mm   (D) 23.0mm

【答案】(D)

【解答】 根据《建筑地基处理技术规范》(JGJ 79—2012)第7.9.6条～7.9.9条。

(1) 在中砂～砾砂层中有两种桩，属于多桩型复合地基。按规范公式(7.9.6-1)计算多桩型复合地基承载力特征值：

$$f_{spk}=m_1\frac{\lambda_1 R_{a1}}{A_{p1}}+m_2\frac{\lambda_2 R_{a2}}{A_{p2}}+\beta(1-m_1-m_2)f_{sk}$$

CFG桩：$m_1=\dfrac{A_{p1}}{s^2}=\dfrac{5\times\dfrac{\pi\times 0.45^2}{4}}{3^2}=0.0883$，$\lambda_1=0.8$，$R_{a1}=700\text{kN}$。

搅拌桩：$m_2=\dfrac{A_{p2}}{s^2}=\dfrac{4\times\dfrac{\pi\times 0.6^2}{4}}{3^2}=0.1256$，$\lambda_2=1.0$，$R_{a2}=300\text{kN}$。

桩间土承载力发挥系数 $\beta=1.0$，桩间土承载力特征值 $f_{sk}=200\text{kPa}$。

将以上数值代入公式

$$f_{spk}=m_1\frac{\lambda_1 R_{a1}}{A_{p1}}+m_2\frac{\lambda_2 R_{a2}}{A_{p2}}+\beta(1-m_1-m_2)f_{sk}$$

$$=0.0883\times\frac{0.8\times 700}{\pi\times 0.45^2/4}+0.1256\times\frac{1.0\times 300}{\pi\times 0.6^2/4}+1.0\times(1-0.1256-0.0883)\times 200$$

$$=601.6(\text{kPa})$$

(2) 加固区压缩模量

压缩模量提高系数，按规范公式(7.9.8-1)计算：

$$\xi=\frac{f_{spk}}{f_{ak}}=\frac{601.6}{200}=3.01$$

中砂～砾砂层复合土层的压缩模量为

$$E'_s=3.01\times 10=30.1(\text{MPa})$$

(3) 沉降量计算：按地基基础规范的方法。$\dfrac{z}{b}=\dfrac{8.0}{3\div 2}=5.33$，$\dfrac{l}{b}=1$，查地基规范附录K，$\bar{\alpha}=0.0888$。

$$s=\psi_s\sum_{i=1}^{n}\frac{p_0}{E_{si}}(z_i\bar{\alpha}_i-z_{i-1}\bar{\alpha}_{i-1})=0.4\times\frac{600}{30.1}\times 4\times 8.0\times 0.0888=22.7(\text{mm})$$

【点评】 本题考查的是多桩型复合地基沉降量计算。考点有多桩型复合地基承载力的计算、复合土层压缩模量的计算以及复合土层沉降量计算。

本题属于既难又繁的一道考题。题干长，计算量极大，还繁，平均附加应力系数还需要内插。

【题10.1.31】 某承受轴心荷载的钢筋混凝土条形基础，采用素混凝土桩复合地基，基础宽度、布桩如图所示。桩径400mm，桩长15m，现场静载试验得出的单桩承载力特征值400kN，桩间土承载力特征值150kPa。充分发挥该复合地基承载力时，根据《建筑地基处理技术规范》(JGJ 79—2012)计算，该条基顶面的竖向荷载（荷载效应标准组合）最接近下列哪个选项的数值？（土的重度取18kN/m³，基础和上覆土平均重度

$20kN/m^3$,单桩承载力发挥系数取 0.9,桩间土承载力发挥系数取 1.0。)

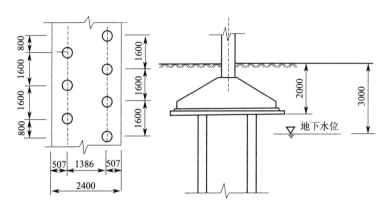

(A) 700kN/m (B) 755kN/m (C) 790kN/m (D) 850kN/m

【答案】(B)

【解答】根据《建筑地基处理技术规范》(JGJ 79—2012)第 7.1.5 条、3.0.4 条。

面积置换率 $m = \dfrac{6 \times \dfrac{\pi \times 0.4^2}{4}}{2.4 \times 4.8} = 0.065$

由题意已知:$\lambda = 0.9$,$R_a = 400kN$,$\beta = 1.0$,$f_{sk} = 150kPa$。

$f_{spk} = \lambda m \dfrac{R_a}{A_p} + \beta(1-m)f_{sk} = 0.9 \times 0.065 \times \dfrac{400}{\dfrac{\pi \times 0.4^2}{4}} + 1 \times (1-0.065) \times 150 = 326.6 (kPa)$

经深度修正的承载力:
$$f_a = 326.6 + 1.0 \times 18 \times (2.0 - 0.5) = 353.6 (kPa)$$

由 $\dfrac{F_k + G_k}{b} = f_a$,得 $F_k = f_a b - G_k = 353.6 \times 2.4 - 2 \times 2.4 \times 20 = 752.6 (kN)$。

【点评】本题考查的是素混凝土桩复合地基的承载力,并由此反算条基顶部能够承受的荷载,较为常规。另一个考点是置换率的计算,对条形基础,一般取单位长度,但在这里取单位长度显然不合适,故按图示取 $3 \times 1.6m$ 来计算,在这个长度范围内,共有 5 根全桩,2 个半根桩,总计 6 根桩。需要注意的是,对复合地基承载力特征值进行深度修正。

【题 10.1.32】在某建筑地基上,对天然地基、复合地基进行静载试验,试验得出的天然地基承载力特征值为 150kPa,复合地基承载力特征值为 400kPa。单桩复合地基试验承压板为边长 1.5m 的正方形,刚性桩直径 0.4m,试验加载至 400kPa 时测得刚性桩桩顶处轴力为 550kN,问桩间土承载力发挥系数最接近下列何值?

(A) 0.8 (B) 0.95 (C) 1.1 (D) 1.25

【答案】(C)

【解答】根据《建筑地基处理技术规范》(JGJ 79—2012)第 7.1.5 条。

$$f_{spk} = \lambda m \dfrac{R_a}{A_p} + \beta(1-m)f_{sk}$$

由题意已知:$f_{spk} = 400kPa$,$f_{sk} = 150kPa$,$\lambda R_a = 550kN$。

面积置换率 $m = \dfrac{A_p}{A} = \dfrac{\pi \times 0.2^2}{1.5^2} = 0.0558$

$$\beta = \dfrac{f_{spk} - \lambda m \dfrac{R_a}{A_p}}{(1-m)f_{sk}} = \dfrac{400 - 0.0558 \times \dfrac{550}{\pi \times 0.2^2}}{(1-0.0558) \times 150} = 1.1$$

【点评】本题考查的是静载试验求桩间土承载力发挥系数，考点是复合地基承载力特征值。要能够判断题干中给出的一些条件是公式中具体哪个参数，尤其是桩顶轴力 550kN。按照定义，λ 是单桩承载力发挥系数。而题干中给出的 550kN 是在刚性桩桩顶处测得的轴力，已经包含了 λ 的作用，所以，应该是 $\lambda R_a = 550$kN，而不是 $R_a = 550$kN。

【题 10.1.33】某储油罐采用刚性桩复合地基，基础为直径 20m 的圆形，埋深 2m，准永久组合时基底附加压力为 200kPa。基础下天然土层的承载力特征值 100kPa，复合地基承载力特征值 300kPa，刚性桩桩长 18m，地面以下土层参数、沉降计算经验系数见下表。不考虑褥垫层厚度及压缩量，按照《建筑地基处理技术规范》(JGJ 79—2012) 及《建筑地基基础设计规范》(GB 50007—2011) 规定，该基础中心点的沉降计算值最接近下列何值？（变形计算深度取至②层底。）

土层序号	土层层底埋深/m	土层压缩模量/MPa
①	17	4
②	26	8
③	32	30

$\overline{E}_s$/MPa	4.0	7.0	15.0	20.0	35.0
ψ_s	1.0	0.7	0.4	0.25	0.2

(A) 100mm　　(B) 115mm　　(C) 125mm　　(D) 140mm

【答案】（C）

【解答】根据《建筑地基处理技术规范》(JGJ 79—2012) 第 7.1.7 条、7.1.8 条。

(1) 复合土层压缩模量

$$\xi = \dfrac{f_{spk}}{f_{ak}} = \dfrac{300}{100} = 3$$

基础埋深 2m，刚性桩桩长 18m，复合土层包括①和②。

$$E_{sp1} = \xi E_{s1} = 3 \times 4 = 12(\text{MPa}),\ E_{sp2} = \xi E_{s2} = 3 \times 8 = 24(\text{MPa})$$

(2) 变形计算

变形计算深度 $z = 26 - 2 = 24$(m)，计算半径 $r = 10$m。按分层总和法分别计算加固区（18m）和下卧层（6m）的沉降量。计算结果见下表。注意加固区的计算也分为两层。

z_i	z_i/r	$\overline{\alpha}_i$	$z_i\overline{\alpha}_i$	$A_i = z_i\overline{\alpha}_i - z_{i-1}\overline{\alpha}_{i-1}$	E_{spi}
0	0	1.0	0	0	
15	1.5	0.762	11.43	11.43	12
18	1.8	0.697	12.546	1.116	24
24	2.4	0.590	14.16	1.614	8

压缩模量当量值：

$$\overline{E}_s = \frac{\sum_{i=1}^{n} A_i + \sum_{j=1}^{m} A_j}{\sum_{i=1}^{n} \frac{A_i}{E_{spi}} + \sum_{j=1}^{m} \frac{A_j}{E_{sj}}} = \frac{14.16}{\frac{11.43}{12} + \frac{1.116}{24} + \frac{1.614}{8}} = 11.793$$

$$\psi_s = 0.7 + (11.793 - 7) \times \frac{0.4 - 0.7}{15 - 7} = 0.52$$

$$s = \psi_s \sum \frac{p_0}{E_{spi}}(z_i \overline{\alpha}_i - z_{i-1}\overline{\alpha}_{i-1}) = 0.52 \times 200 \times \left(\frac{11.43}{12} + \frac{1.116}{24} + \frac{1.614}{8}\right) = 124.88 \text{(mm)}$$

【点评】本题考查的是复合地基沉降量计算。

这道题计算量较大：①既要算加固区的沉降量（加固区还分两层），又要计算下卧层的沉降量；②要计算压缩模量的当量值；③沉降计算经验系数要内插。

【题 10.1.34】某高层建筑采用 CFG 桩复合地基加固，桩长 12m，复合地基承载力特征值 $f_{spk} = 500\text{kPa}$，已知基础尺寸为 $48\text{m} \times 12\text{m}$，基础埋深 $d = 3\text{m}$，基底附加压力 $p_0 = 450\text{kPa}$，地质条件如下表所示。请问按《建筑地基处理技术规范》(JGJ 79—2012) 估算板底地基中心点最终沉降量最接近下列哪个选项？（算至①层底。）

层序	土层名称	层底埋深/m	压缩模量 E_s/MPa	承载力特征值 f_{ak}/kPa
①	粉质黏土	27	12	200

(A) 65mm (B) 80mm (C) 90mm (D) 275mm

【答案】(B)

【解答】根据《建筑地基处理技术规范》(JGJ 79—2012) 第 7.1.7 条、7.1.8 条。

(1) 复合土层的压缩模量：

$$\xi = \frac{f_{spk}}{f_{ak}} = \frac{500}{200} = 2.5$$

$$E_{sp} = \xi E_s = 2.5 \times 12 = 30 \text{(MPa)}$$

(2) 列表计算

z_i/m	l/b	z/b	$\overline{\alpha}_i$	$4z_i\overline{\alpha}_i$	$4(z_i\overline{\alpha}_i - z_{i-1}\overline{\alpha}_{i-1})$
0	4.0	0	0.2500	0	
12.0	4.0	2.0	0.2012	9.6576	9.6576
24.0	4.0	4.0	0.1485	14.2560	4.5984

(3) 压缩模量当量值计算及沉降计算经验系数的确定

$$\overline{E}_s = \frac{\sum_{i=1}^{n} A_i + \sum_{j=1}^{m} A_j}{\sum_{i=1}^{n} \frac{A_i}{E_{spi}} + \sum_{j=1}^{m} \frac{A_j}{E_{sj}}} = \frac{14.2560}{\frac{9.6576}{30} + \frac{4.5984}{12}} = 20.2 \text{(MPa)}$$

查规范表 7.1.8，得 $\psi_s = 0.25$。

(4) 板底地基中心点最终沉降量

$$s = \psi_s \sum_{i=1}^{n} \frac{p_0}{E_{si}}(z_i\overline{\alpha}_i - z_{i-1}\overline{\alpha}_{i-1}) = 0.25 \times \left(\frac{450}{30} \times 9.6576 + \frac{450}{12} \times 4.5984\right) = 79.3 \text{(mm)}$$

【点评】本题考查的是复合地基沉降量计算。

与上一题的考点一样，计算工作量也很大。请考生注意这两道题都是最近几年的考题，说明出题专家的兴趣偏好。

【题 10.1.35】 某非自重湿陷性黄土场地上的甲类建筑物采用整片筏板基础，基础长度 30m、宽度 12.5m，基础埋深为 4.5m，湿陷性黄土下限深度为 13.5m。拟在整体开挖后采用挤密桩复合地基，桩径 $d=0.40$m，等边三角形布桩，地基处理前地基土平均干密度 $\bar{\rho}_d=1.35$ g/cm³，最大干密度 $\rho_{dmax}=1.73$ g/cm³。要求挤密桩处理后桩间土平均挤密系数不小于 0.93，问最少理论布桩数最接近下列哪个选项？

(A) 480 根　　　　(B) 720 根　　　　(C) 1100 根　　　　(D) 1460 根

【答案】 (C)

【解答】 根据《建筑地基处理技术规范》(JGJ 79—2012) 第 7.5.2 条。

桩孔之间的中心距离，用规范公式 (7.5.2-1) 计算：

$$s=0.95d\sqrt{\frac{\bar{\eta}_c\rho_{dmax}}{\bar{\eta}_c\rho_{dmax}-\bar{\rho}_d}} \tag{10-14}$$

式中　s——桩孔之间的中心距离；

　　　d——桩孔直径；

　　　ρ_{dmax}——桩间土的最大干密度；

　　　$\bar{\rho}_d$——地基处理前土的平均干密度；

　　　$\bar{\eta}_c$——桩间土经成孔挤密后的平均挤密系数，按规范公式 (7.5.2-2) 计算。

$$\bar{\eta}_c=\frac{\bar{\rho}_{d1}}{\rho_{dmax}} \tag{10-15}$$

桩孔的数量可按规范公式 (7.5.2-3) 计算：

$$n=\frac{A}{A_e}$$

式中　n——桩孔的数量；

　　　A——拟处理地基的面积；

　　　A_e——单根桩所承担的处理地基面积，$A_e=\frac{\pi d_e^2}{4}$。

由题意已知：$d=0.4$m，$\bar{\rho}_d=1.35$ g/cm³，$\rho_{dmax}=1.73$ g/cm³，$\bar{\eta}_c=0.93$，则

$$s=0.95d\sqrt{\frac{\bar{\eta}_c\rho_{dmax}}{\bar{\eta}_c\rho_{dmax}-\bar{\rho}_d}}=0.95\times0.4\times\sqrt{\frac{0.93\times1.73}{0.93\times1.73-1.35}}=0.95(\text{m})$$

每根桩承担的等效地基处理面积：

$$A_e=\frac{\pi d_e^2}{4}=\frac{\pi\times(1.05\times0.95)^2}{4}=0.781(\text{m}^2)$$

对整片处理，超出建筑物外墙基础底面外缘的宽度每边不应小于处理土层厚度的 1/2，且不应小于 2m，处理土层厚度为 $13.5-4.5=9$(m)。

总处理面积：$A=(30+2\times4.5)\times(12.5+2\times4.5)=838.5(\text{m}^2)$

则桩孔的数量：

$$n=\frac{A}{A_e}=\frac{838.5}{0.781}=1074(\text{根})$$

【点评】 本题考查的是黄土挤密桩复合地基布桩数计算。所有计算所需要的条件都已给出，直接代入公式计算即可。需要注意的是：地基处理的总面积应大于基础的面积，具体要求按规范执行。

【题 10.1.36】 某建筑物基础埋深 6m，荷载标准组合的基底均布压力为 400kPa，地

基处理采用预制混凝土方桩复合地基，方桩边长 400mm，正三角形布桩，有效桩长 10m，场地自地表向下的土层参数见下表，地下水位很深，按照《建筑地基处理技术规范》(JGJ 79—2012) 估算，地基承载力满足要求时的最大桩距应取下列何值？（忽略褥垫层厚度，桩间土承载力发挥系数 β 取 1，单桩承载力发挥系数 λ 取 0.8，桩端阻力发挥系数 α_p 取 1。）

层号	名称	厚度/m	重度/(kN/m³)	承载力特征值 f_{ak}/kPa	桩侧阻力特征值 q_{sa}/kPa	桩端阻力特征值 q_{pa}/kPa
①	粉土	4	18.5	130	30	800
②	粉质黏土	10	17	100	25	500
③	细砂	8	21	200	40	1600

(A) 1.6m　　　(B) 1.7m　　　(C) 1.9m　　　(D) 2.5m

【答案】(B)

【解答】根据《建筑地基处理技术规范》(JGJ 79—2012) 第 7.1.5 条。

(1) 复合地基承载力特征值计算

$$R_a = u_p \sum_{i=1}^n q_{si} l_{pi} + \alpha_p q_p A_p = 4 \times 0.4 \times (25 \times 8 + 40 \times 2) + 1.0 \times 1600 \times 0.4^2 = 704(\text{kN})$$

$$f_{spk} = \lambda m \frac{R_a}{A_p} + \beta(1-m) f_{sk} = 0.8 \times m \times \frac{704}{0.4^2} + 1.0 \times (1-m) \times 100 = 3420m + 100$$

深度修正：

$$f_{spa} = f_{spk} + \eta_d \gamma_m (D-0.5) = 3420m + 100 + 1.0 \times \frac{18 \times 4 + 17 \times 2}{6} \times (6-0.5) = 3420m + 199$$

(2) 由地基承载力反算置换率及桩间距

$N_k \leqslant f_{spa}$，即 $400 \leqslant 3420m + 199$，解得：$m \geqslant 0.059$。

方桩正三角形布桩，$m = \dfrac{b^2/2}{\frac{\sqrt{3}}{4} s^2} = \dfrac{0.4^2/2}{\frac{\sqrt{3}}{4} s^2} \geqslant 0.059$。

解得：$s \leqslant 1.77$m。

【点评】本题考查的是预制混凝土方桩复合地基最大间距计算。考点依然是复合地基承载力及置换率的计算。不要忘了承载力特征值对深度的修正。

【题 10.1.37】某场地采用挤密法石灰桩加固，石灰桩直径 300mm，桩间距 1m，正方形布桩，地基土天然重度 $\gamma = 16.8$ kN/m³，孔隙比 $e_0 = 1.40$，含水量 $w = 50\%$。石灰桩吸水后体积膨胀率 1.3（按均匀侧胀考虑），地基土失水并挤密后重度 $\gamma = 17.2$ kN/m³，承载力与含水量经验关系式 $f_{ak} = 110 - 100w$（单位为 kPa），处理后地面标高未变化。假定桩土应力比为 4，求处理后复合地基承载力特征值最接近下列哪个选项？（重力加速度 g 取 10m/s²）

(A) 70kPa　　　(B) 80kPa　　　(C) 90kPa　　　(D) 100kPa

【答案】(C)

【解答】根据《建筑地基处理技术规范》(JGJ 79—2012) 第 7.1.5 条，灰土挤密桩复合地基承载力特征值，按规范第 7.1.5 条公式 (7.1.5-1) 计算：

$$f_{spk} = [1 + m(n-1)] f_{ak}$$

(1) 面积置换率

$$m = \frac{d^2}{d_e^2} = \frac{\pi \times 0.15^2 \times 1.3}{1.0 \times 1.0} = 0.092$$

（2）处理后地基土孔隙比

$m = \dfrac{e_0 - e_1}{1 + e_0}$，即 $0.092 = \dfrac{1.4 - e_1}{1 + 1.4}$，解得：$e_1 = 1.18$。

（3）处理后桩间土承载力计算

处理前地基重度：$\gamma_0 = \dfrac{G_s \gamma_w (1+w)}{1+e_0} = \dfrac{G_s \times 10.0 \times (1+0.5)}{1+1.4} = 16.8 \text{(kN/m}^3)$

解得：$G_s = 2.69$。

$$w_1 = \frac{\gamma_1(1+e_1)}{G_s \gamma_w} - 1 = \frac{17.2 \times (1+1.18)}{2.69 \times 10} - 1 = 0.394$$

$$f_{ak} = 110 - 100w_1 = 110 - 100 \times 0.394 = 70.6 \text{(kPa)}$$

（4）复合地基承载力特征值

$$f_{spk} = [1+m(n-1)]f_{ak} = [1+0.0918 \times (4-1)] \times 70.6 = 90.04 \text{(kPa)}$$

【分析】本题考查挤密法石灰桩复合地基承载力特征值计算。本题的解题思路：
① 由规范第 7.5.2 条第 9 款知石灰桩复合地基承载力特征值计算公式；
② 计算面积置换率 m；
③ 题干没有给出桩身材料强度或土层对桩的支承强度，根据题意有承载力与土层含水量的关系式 $f_{ak} = 110 - 100w$；
④ 按三项比例指标的关系得到处理后地基的含水量 w，并计算出 f_{ak}；
⑤ 按公式 $f_{spk} = [1+m(n-1)]f_{ak}$ 计算复合地基承载力特征值。

本题有几个难点：
① 正确理解体积膨胀率的概念。
② 对挤密桩，若处理前后桩长或地面标高未变化，或变化量可以忽略不计，面积置换率与孔隙比的关系式为：$m = \dfrac{e_0 - e_1}{1 + e_0}$。这个可以当公式记住。
③ 含水量 w 的计算：根据三项比例指标的关系，先求得土粒相对密度 G_s，然后再求得处理后的含水量 w_1。

【本节考点】
① 振冲碎石桩（搅拌桩、CFG 桩、挤密法石灰桩）复合地基承载力计算；
② 振冲碎石桩（预制混凝土方桩）复合地基布桩间距计算；
③ 振冲法复合地基桩土应力比计算；
④ 水泥土搅拌桩复合地基多桩静载荷试验时承压板尺寸的确定；
⑤ 由水泥搅拌桩（素混凝土桩）复合地基承载力反算基础承台底最大荷载；
⑥ 搅拌桩，反算最大地面荷载；
⑦ 复合地基总沉降量计算；
⑧ 搅拌桩复合地基桩间距、桩数量或布桩设计计算；
⑨ CFG 复合地基桩土应力比计算；
⑩ 多桩型复合地基承载力特征值、桩间距计算。

10.2 换填法

【题 10.2.1】 某钢筋混凝土条形基础埋深 $d=1.5\text{m}$，基础宽 $b=1.2\text{m}$，传至基础底面的竖向荷载 $F_k+G_k=180\text{kN/m}$（荷载效应标准组合），土层分布如图，用砂夹石将地基中淤泥土全部换填。按《建筑地基处理技术规范》(JGJ 79—2012) 验算下卧层的承载力属于下述哪一种情况？（垫层材料重度 $\gamma=19\text{kN/m}^3$。）

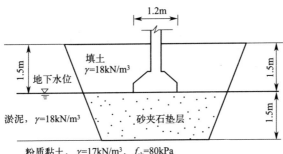

(A) $p_z+p_{cz}<f_{az}$ (B) $p_z+p_{cz}>f_{az}$
(C) $p_z+p_{cz}=f_{az}$ (D) $p_k+p_{cz}<f_{az}$

【答案】（A）

【解答】 根据《建筑地基处理技术规范》(JGJ 79—2012) 第 4.2.2 条。

(1) 基础底面积平均压力：
$$p_k=\frac{F_k+G_k}{A}=\frac{180}{1.2}=150(\text{kPa})$$

(2) 基础底面处自重应力：
$$p_c=18\times1.5=27(\text{kPa})$$

(3) 垫层底面处土自重应力：
$$p_{cz}=18\times1.5+(19-10)\times1.5=40.5(\text{kPa})$$

(4) 因为 $z/b=1.5/1.2=1.25>0.5$，查规范表 4.2.2 得，$\theta=30°$。所以得出垫层底面处附加应力：
$$p_z=\frac{b(p_k-p_c)}{b+2z\tan\theta}=\frac{1.2\times(150-27)}{1.2+2\times1.5\times\tan30°}=50.4(\text{kPa})$$

(5) 垫层底面处经深度修正后的地基承载力特征值：
$$f_{az}=f_{ak}+\eta_d\gamma_m(d+z-0.5)=80+1.0\times\frac{18\times1.5+9\times1.5}{3}\times(3-0.5)=113.75(\text{kPa})$$

(6) $p_z+p_{cz}=50.4+40.5=90.9<f_{az}=113.75(\text{kPa})$

【点评】 地基换填验算软弱下卧层承载力与天然地基受力层的软弱下卧层承载力验算方法完全一样。唯一不同地方是压力扩散角的确定，是按地基处理规范的表 4.2.2 获得。需要注意的是：计算垫层底面处自重应力时，用的是垫层材料的重度，而不是原地基土的重度。

【题 10.2.2】某建筑基础采用独立柱基，柱基尺寸为 6m×6m，埋深 1.5m，基础顶面的轴心荷载 $F_k=6000$kN，基础和基础上土重 $G_k=1200$kN，场地地层为粉质黏土，$f_{ak}=120$kPa，$\gamma=18$ kN/m³，由于承载力不能满足要求，拟采用灰土换填垫层处理，当垫层厚度为 2.0m 时，采用《建筑地基处理技术规范》(JGJ 79—2012) 计算，垫层底面处的附加压力最接近下列哪个选项？

(A) 27kPa (B) 63kPa (C) 78kPa (D) 94kPa

【答案】(D)

【解答】根据《建筑地基处理技术规范》(JGJ 79—2012) 第 4.2.2 条表 4.2.2：$\theta=28°$。

(1) 基底压力：$p_k=\dfrac{F_k+G_k}{A}=\dfrac{6000+1200}{6\times 6}=200$(kPa)

(2) 基底处自重应力：$p_c=\gamma d=18\times 1.5=27$(kPa)

(3) 垫层底面处附加压力：

$$p_z=\dfrac{b^2(p_k-p_c)}{(b+2z\tan\theta)^2}=\dfrac{6^2\times(200-27)}{(6+2\times 2\times\tan 28°)^2}=94.3(\text{kPa})$$

【点评】本题是对灰土换填垫层附加应力计算。题目给出了所有相关条件，代入公式计算即可。

【题 10.2.3】某换填垫层地基上建造条形基础和圆形独立基础，平面布置如图所示。基础埋深均为 1.5m，地下水位很深，基底以上土层的天然重度为 17kN/m³，基底下换填垫层厚度为 2.2m，重度为 20kN/m³，条形基础荷载（作用于基础底面处）500kN/m，圆形基础荷载（作用于基础底面处）1400kN。换填垫层的压力扩散角为 30°时，换填垫层底面处的自重压力和附加压力之和的最大值最接近下列哪个选项？

(A) 120kPa (B) 155kPa
(C) 190kPa (D) 205kPa

【答案】(D)

【解答】根据《建筑地基处理技术规范》(JGJ 79—2012) 第 4.2.2 条。

(1) 条形基础引起的附加应力

基础底面以上土的自重应力：$p_c=17\times 1.5=25.5$(kPa)

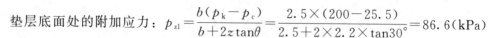

基底压力：$p_k=\dfrac{F_k+G_k}{A}=\dfrac{500}{2.5}=200$(kPa)

垫层底面处的附加应力：$p_{z1}=\dfrac{b(p_k-p_c)}{b+2z\tan\theta}=\dfrac{2.5\times(200-25.5)}{2.5+2\times 2.2\times\tan 30°}=86.6$(kPa)

(2) 圆形基础引起的附加应力

基底压力：$p_k=\dfrac{F_k+G_k}{A}=\dfrac{1400}{\pi\times 1.5^2}=198.16$(kPa)

基底附加压力：$p_0=p_k-p_c=198.16-25.5=172.66$(kPa)

附加压力扩散至垫层底面的面积：

$$A'=\dfrac{\pi(d+2z\tan\theta)^2}{4}=\dfrac{\pi\times(3+2\times 2.2\times\tan 30°)^2}{4}=24.1(\text{m}^2)$$

垫层底面处的附加应力：$p_{z2}=\dfrac{p_0 A}{A'}=\dfrac{172.66\times\pi\times 1.5^2}{24.1}=50.6(\text{kPa})$

（3）垫层底面处自重应力
$$p_{cz}=17\times 1.5+20\times 2.2=69.5(\text{kPa})$$

（4）垫层底面处自重应力和附加压力之和最大值

条形基础和圆形基础单侧应力扩散宽度：$z\tan\theta=2.2\times\tan 30°=1.27(\text{m})$

条形基础和圆形基础中间的位置：两个基础产生的附加应力扩散会互相叠加。

则 $\qquad p_{z1}+p_{z2}+p_{cz}=86.6+50.6+69.5=206.7(\text{kPa})$

【分析】本题是求垫层底面处自重压力和附加压力之和。考点有三：①求条形基础在垫层底面处的附加应力；②求圆形基础在垫层底面处的附加应力；③判断两个基础附加应力的叠加情况。

本题的难点有2个：

① 求圆形基础在垫层底面处的附加应力。矩形或条形基础的附加应力计算较为熟悉，但圆形基础的附加应力计算并不多见，也没有现成的公式可用。读者应该理解应力扩散的实质，即基底的附加压力是按扩散角向下扩散，至垫层底面时，应力扩散的直径为 $d+2z\tan\theta$，再根据基底与扩散面积上的总附加压力相等的条件，可得附加应力 $p_{z2}=\dfrac{p_0 A}{A'}$。

② 两个基础附加应力的叠加情况的判断。由扩散角可以计算得出，条形基础和圆形基础单侧应力扩散宽度为 $z\tan\theta=2.2\times\tan 30°=1.27(\text{m})$，而两个基础的净距离仅 0.5m，由此判断两个基础产生的附加应力会叠加。所以最大的附加应力应为两个基础附加应力之和，即 $p_{z1}+p_{z2}$。

【本节考点】
① 地基换填下卧层承载力验算；
② 基础下垫层底面处附加压力计算；
③ 基础下垫层底面处自重压力和附加压力之和计算。

10.3 排水固结法

基本原理（基本概念或知识点）

排水固结法在《建筑地基处理技术规范》(JGJ 79—2012) 中被称为预压地基。预压地基一般分为堆载预压、真空预压和真空-堆载联合预压三类。预压地基适用于处理淤泥质土、淤泥、冲填土等饱和黏性土地基。

本节涉及的考点很多，包括：
① 砂井或塑料排水带的布置，包括其断面尺寸、间距、排列方式和深度等；
② 预压荷载大小、荷载分级、加载速率和预压时间等；
③ 计算堆载时地基土的固结度、强度增长、稳定性等；
④ 地基变形计算等。

相关基本概念及规范要求的计算方法将穿插在各类考题中予以介绍。

【题 10.3.1】 某工程场地为饱和软土地基，采用堆载预压法加固处理，以砂井作为竖向排水体，砂井直径 $d_w=0.3\mathrm{m}$，砂井长 $h=15\mathrm{m}$，井距 $s=3\mathrm{m}$，按等边三角形布置。该地基土水平向固结系数 $c_h=2.6\times10^{-2}\mathrm{m}^2/\mathrm{d}$。在瞬间加荷下径向固结度达到 85% 所需的时间最接近下列哪个选项？（注：由给出条件得到有效排水直径 $d_e=3.15\mathrm{m}$，$n=10.5$，$F_n=1.6248$。）

(A) 125d　　　(B) 136d　　　(C) 147d　　　(D) 158d

【答案】（C）

【解答】 根据《建筑地基处理技术规范》(JGJ 79—2012) 式(5.2.8-1)～式(5.8.2-5)：

$$\overline{U}_r = 1 - e^{-\frac{8c_h}{Fd_e^2}t} \tag{10-16a}$$

$$F = F_n + F_s + F_r \tag{10-16b}$$

$$F_n = \ln n - \frac{3}{4} \quad n \geqslant 15 \tag{10-16c}$$

$$F_s = \left(\frac{k_h}{k_s} - 1\right)\ln s \tag{10-16d}$$

$$F_r = \frac{\pi^2 L^2}{4} \times \frac{k_h}{q_w} \tag{10-16e}$$

式中　$\overline{U}_r$——固结时间 t 时竖井地基径向排水固结度；

　　　F_n——与井径比 $n=d_e/d_w$ 有关的系数，当井径比 $n\geqslant15$ 时，$F_n=\ln n-\dfrac{3}{4}$；

　　　F_s——考虑涂抹影响的参数；

　　　F_r——在考虑井阻影响的参数；

　　　c_h——地基土水平向固结系数；

　　　d_e——竖井的有效排水直径；

　　　k_h——天然土层水平向渗透系数，cm/s；

　　　k_s——涂抹区土的水平向渗透系数，cm/s；

　　　s——涂抹区直径 d_s 与竖井直径 d_w 的比值；

　　　L——竖井深度，cm；

　　　q_w——竖井纵向通水量，为单位水力梯度下单位时间的排水量，cm^3/s。

根据题意，忽略井阻及涂抹影响，则 $F=F_n=1.6248$。

$$\overline{U}_r = 1 - e^{-\frac{8c_h}{F_n d_e^2}t} \Rightarrow \ln(1-\overline{U}_r) = -\frac{8c_h t}{F_n d_e^2} \Rightarrow$$

$$t = \frac{\ln(1-\overline{U}_r)}{-8c_h} F_n d_e^2 = \frac{\ln(1-0.85)}{-8\times2.6\times10^{-2}} \times 1.6248 \times 3.15^2 = 147(\mathrm{d})$$

【点评】 本题要求计算堆载预压下，地基达到某固结度时所需要的时间。按规范公式(5.2.8-1) 进行计算即可。

【题 10.3.2】 某地基软黏土层厚 18m，其下为砂层，土的水平向固结系数为 $c_h=3.0\times10^{-3}\mathrm{cm}^2/\mathrm{s}$，现采用预压法固结，砂井作为竖向排水通道打穿至砂层，砂井直径为 $d_w=0.3\mathrm{m}$，井距 2.8m，等边三角形布置，预压荷载为 120kPa，在大面积预压荷载作用下按《建筑地基处理技术规范》(JGJ 79—2012) 计算，预压 150d 时地基达到的固结度（为简化计算，不计竖向固结度）最接近下列何值？

(A) 0.95　　　　(B) 0.90　　　　(C) 0.85　　　　(D) 0.80

【答案】(B)

【解答】根据《建筑地基处理技术规范》(JGJ 79—2012) 第 5.2 节。

竖井的有效排水直径：$d_e = 1.05 \times 2.8 = 2.94 \text{(m)}$

井径比：$n = \dfrac{d_e}{d_w} = \dfrac{2.94}{0.3} = 9.8$

根据规范表 5.2.7：

$$F_n = \frac{n^2}{n^2-1}\ln n - \frac{3n^2-1}{4n^2} = \frac{9.8^2}{9.8^2-1} \times \ln 9.8 - \frac{3 \times 9.8^2-1}{4 \times 9.8^2} = 1.559$$

对向内径向排水固结：$\alpha = 1$，$\beta = \dfrac{8c_h}{F_n d_e^2}$

地基平均固结度：$\overline{U}_{rz} = 1 - (1-\overline{U}_z)(1-\overline{U}_r)$

不计竖向固结度 $\overline{U}_z$，所以，$\overline{U}_{rz} = \overline{U}_r$。

按规范公式(5.2.8-1)，$\overline{U}_r = 1 - e^{-\frac{8c_h}{F_n d_e^2}t} = 1 - e^{-\frac{8 \times 3.0 \times 10^{-3} \times 150 \times 24 \times 60 \times 60}{1.559 \times 294^2}} = 0.90$

【点评】本题考查的是堆载预压地基固结度计算。特别要注意的是在计算中对单位的统一和换算。在本题中，时间单位被统一成秒：$1d = (24 \times 60 \times 60)s$；尺寸单位被统一为 cm。

【题 10.3.3】某软黏土地基采用预压排水固结法处理，根据设计，瞬时加载条件下不同时间的平均固结度见下表。加载计划如下：第一次加载量为 30kPa，预压 30 天后第二天再加载 30kPa，再预压 30 天后第三次加载 60kPa，如图所示。自第一次加载后到 120 天时的平均固结度最接近下列哪个选项的数值？

t/d	10	20	30	40	50	60	70	80	90	100	110	120
U/%	37.7	51.5	62.2	70.6	77.1	82.1	86.1	89.2	91.6	93.4	94.9	96.0

(A) 0.800　　　(B) 0.840
(C) 0.880　　　(D) 0.920

【答案】(C)

【解答】对于分级加载的情况，可以根据改进的太沙基法：

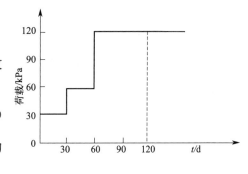

$$\overline{U}'_t = \sum \overline{U}_{rz\left(t - \frac{T_{n-1}+T_n}{2}\right)} \frac{\Delta p_n}{\sum \Delta p} \quad (10\text{-}17)$$

式中　$\overline{U}'_t$——多级等速加荷，t 时刻修正后的平均固结度；

　　　$\overline{U}_{rz}$——瞬间加荷条件的平均固结度；

T_{n-1}、T_n——每级等速加荷的起点和终点时间（从时间 0 起算），当计算某一级荷载加荷期间 t 时刻的固结度时，则 T_n 改为 t；

　　　Δp_n——第 n 级荷载增量，如计算加荷过程中某一时刻 t 的固结度时，则用该时刻相对应的荷载增量。

对本题，$\Delta p_1 = 30\text{kPa}$，$\Delta p_2 = 30\text{kPa}$，$\Delta p_3 = 60\text{kPa}$，$\sum \Delta p = 30+30+60 = 120$ (kPa)。

每次加荷都是瞬时的，故，$t_0=t_1=0$，$t_2=t_3=30\mathrm{d}$，$t_4=t_5=30+30=60(\mathrm{d})$。
$t=120\mathrm{d}$ 的固结度：

$$\overline{U}'_t=\sum\overline{U}_{rz\left(t-\frac{T_{n-1}+T_n}{2}\right)}\frac{\Delta p_n}{\sum\Delta p}=U_{rz\left(120-\frac{0+0}{2}\right)}\times\frac{30}{120}+U_{rz\left(120-\frac{30+30}{2}\right)}\times\frac{30}{120}+U_{rz\left(120-\frac{60+60}{2}\right)}\times\frac{60}{120}$$

$$=U_{rz(120)}\times\frac{30}{120}+U_{rz(90)}\times\frac{30}{120}+U_{rz(60)}\times\frac{60}{120}$$

将题表中的数值代入上式，则

$$\overline{U}'_t=U_{rz(120)}\times\frac{30}{120}+U_{rz(90)}\times\frac{30}{120}+U_{rz(60)}\times\frac{60}{120}=0.960\times\frac{30}{120}+0.916\times\frac{30}{120}+0.821\times\frac{60}{120}$$

$$=0.880$$

【点评】本题考查的是分级加载地基的累计固结度计算。如果能正确理解题目的条件和意思，计算就非常简单。改进的太沙基法 $\overline{U}'_t=\sum\overline{U}_{rz\left(t-\frac{T_{n-1}+T_n}{2}\right)}\frac{\Delta p_n}{\sum\Delta p}$ 可以作为公式记住。

【题10.3.4】某软土地基拟采用堆载预压法进行加固，已知淤泥的水平向排水固结系数 $c_h=3.5\times10^{-4}\mathrm{cm}^2/\mathrm{s}$，塑料排水板宽度为100mm，厚度为4mm，间距为1.0m，等边三角形布置，预压荷载一次施加，如果不计竖向排水固结和排水板的井阻及涂抹的影响，按《建筑地基处理技术规范》(JGJ 79—2012) 计算，试问当淤泥固结度达到90%时，所需的预压时间与下列何项最为接近？
(A) 5个月　　　　(B) 7个月　　　　(C) 8个月　　　　(D) 10个月
【答案】(B)
【解答】根据《建筑地基处理技术规范》(JGJ 79—2012) 第5.2节：
等边三角形布置，$d_e=1.05\times1.0=1.05(\mathrm{m})$

塑料排水板当量换算直径：$d_p=\dfrac{2(b+\delta)}{\pi}=\dfrac{2\times(0.1+0.004)}{\pi}=0.066(\mathrm{m})$

井径比：$n=\dfrac{d_e}{d_p}=\dfrac{1.05}{0.066}=15.91>15$

$$F_n=\ln n-\frac{3}{4}=\ln 15.91-\frac{3}{4}=2.02$$

$$c_h=3.5\times10^{-4}(\mathrm{cm}^2/\mathrm{s})=\frac{3.5\times10^{-4}\times24\times60\times60}{100\times100}=3.024\times10^{-3}(\mathrm{m/d})$$

$$\overline{U}_r=1-e^{-\frac{8c_h}{F_n d_e^2}t}$$

$$t=\frac{\ln(1-\overline{U}_r)}{-8c_h}F_n d_e^2=\frac{\ln(1-0.9)}{-8\times3.024\times10^{-3}}\times2.02\times1.05^2=212(\mathrm{d})$$

$$\frac{212}{30}=7.07(月)$$

【点评】本题考查的是当地基达到某固结度时所需要的时间计算。与【题10.3.1】的解题思路及方法完全一致。注意单位要统一。

【题10.3.5】某地基软黏土层厚10m，其下为砂层，土的固结系数为 $c_h=c_v=1.8\times10^{-3}\mathrm{cm}^2/\mathrm{s}$，采用塑料排水板固结排水，排水板宽度 $b=100\mathrm{mm}$，厚度 $\delta=4\mathrm{mm}$，塑料

排水板正方形排列，间距 $l=1.2$m，深度打至砂层顶，在大面积瞬时预压荷载 120kPa 作用下，按《建筑地基处理技术规范》(JGJ 79—2012) 计算，预压 60d 时地基达到的固结度最接近下列哪个值？（为简化计算，不计竖向固结度，不考虑涂抹和井阻影响。）

(A) 65%　　　　(B) 73%　　　　(C) 83%　　　　(D) 91%

【答案】(C)

【解答】根据《建筑地基处理技术规范》(JGJ 79—2012) 第 5.2 节：$c_h=1.8\times10^{-3}$ cm²/s=1.56×10^{-2} m²/s。

(1) 有效排水直径：$d_e=1.13l=1.13\times1.2=1.356$(m)

(2) 塑料排水板当量换算直径：$d_p=\dfrac{2(b+\delta)}{\pi}=\dfrac{2\times(100+4)}{\pi}=66.2$(mm)

(3) 井径比：$n=\dfrac{d_e}{d_p}=\dfrac{1356}{66.2}=20.5>15$

$$F_n=\ln n-\dfrac{3}{4}=\ln 20.5-\dfrac{3}{4}=2.28$$

(4) 根据题目要求，不计竖向固结，不考虑涂抹和井阻影响，只考虑径向固结度，按太沙基单向固结理论计算：

$U=1-\alpha e^{-\beta t}$，则有

$$\alpha=1,\ \beta=\dfrac{8c_h}{F_n d_e^2}=\dfrac{8\times1.56\times10^{-2}}{2.28\times1.356^2}=0.03,\ t=60\text{d}，则$$

$$U=1-\alpha e^{-\beta t}=1-e^{-0.03\times60}=0.835=83.5\%$$

【点评】本题为排水固结法设计中的一个典型的计算固结度的题目，只是计算步骤较繁。在塑料排水板固结计算中，对较深厚的软土层，竖向固结对总固结度的贡献不大，往往可以忽略。

F_n 还有另一个完整计算公式：$F_n=\dfrac{n^2}{n^2-1}\ln n-\dfrac{3n^2-1}{4n^2}$，与规范中当 $n>15$ 时的计算公式的计算结果一样。

【题 10.3.6】某软土地基拟采用堆载预压法进行加固，已知在工作荷载作用下软土地基的最终固结沉降量为 248cm，在某一超载预压荷载作用下软土的最终固结沉降量为 260cm。如果要求该软土地基在工作荷载作用下工后沉降量小于 15cm，问在该超载预压荷载作用下软土地基的平均固结度应达到以下哪个选项？

(A) 80%　　　　(B) 85%　　　　(C) 90%　　　　(D) 95%

【答案】(C)

【解答】注意题目问的是在该超载预压荷载作用下软土地基的平均固结度，而不是在工作荷载下的固结度。

(1) 已知工后沉降量为 15cm，则软土的预压固结沉降量应为：
$$248-15=233\text{(cm)}$$

(2) 因此，在超载预压条件下的固结度为：
$$U=\dfrac{233}{260}\times100\%=89.6\%\approx90\%$$

【分析】本题考的就是基本概念以及基本原理。超载预压是利用超过使用荷载的一个较大的荷载进行预压，以达到加快地基土固结沉降的过程。

读者应明确一个概念，所谓固结度是相对于某一荷载而言的。如本题中，给出了工后

沉降应控制在 15cm 以内，即要求消除 248－15＝233(cm) 的固结沉降，相对于使用荷载的固结度为 $\frac{233}{248}=\times 100\%=94\%$，而相对于超载预压荷载的固结度为 $\frac{233}{260}\times 100\%=90\%$。

【题 10.3.7】某堆载预压法工程，典型地质剖面如图所示，填土层重度为 $18kN/m^3$，砂垫层重度为 $20kN/m^3$，淤泥层重度为 $16kN/m^3$，$e_0=2.15$，$c_v=c_h=3.5\times 10^{-4}$ cm^2/s。如果塑料排水板断面尺寸为 $100mm\times 4mm$，间距为 $1.0m\times 1.0m$，正方形布置，长 14.0m，堆载一次施加，问预压 8 个月后，软土平均固结度 $\overline{U}$ 最接近以下哪个选项？

(A) 85%　　　　　　　　　(B) 91%
(C) 93%　　　　　　　　　(D) 96%

【答案】(B)

【解答】根据《建筑地基处理技术规范》(JGJ 79—2012) 第 5.2 节：

(1) 塑料排水板当量换算直径：$d_p=\frac{2(b+\delta)}{\pi}=\frac{2\times(100+4)}{\pi}=66.2(mm)=6.62(cm)$

(2) 井径比：$n=\frac{d_e}{d_p}=\frac{1.13l}{d_p}=\frac{1.13\times 100}{6.62}=17<15$

(3) $F_n=\ln n-\frac{3}{4}=\ln 17-\frac{3}{4}=2.1$

(4) 考虑竖向排水

$$\alpha=\frac{8}{\pi^2}=0.811$$

$$\beta=\frac{8c_h}{F_n d_e^2}+\frac{\pi^2 c_v}{4H^2}=\frac{8\times 3.5\times 10^{-4}}{2.1\times(1.13\times 100)^2}+\frac{\pi^2\times 3.5\times 10^{-4}}{4\times 1200^2}=1.05\times 10^{-7}(1/s)=0.00907(1/d)$$

(5) 固结度：

$$\overline{U}=1-\alpha e^{-\beta t}=1-0.811\times e^{-0.00907\times 8\times 30}=90.8\%$$

【分析】本题为塑料板排水固结法按瞬时加载条件计算固结度的典型题目，解答考虑了竖向和向内径向排水固结的平均固结度，地层剖面显示，软土下卧层为弱透水地层，竖向为单面排水，排水距离取整个软土层厚度。

若仅考虑径向排水，则平均固结度为：

$$\overline{U}_r=1-e^{-\frac{8c_h}{F_n d_e^2}t}=90.8\%$$

可见，竖向排水对固结度的影响很小。

【题 10.3.8】某饱和淤泥质土层厚 6.00m，固结系数 $c_v=1.9\times 10^{-2}$ cm^2/s，在大面积堆载作用下，淤泥质土层发生固结沉降，其竖向平均固结度与时间因素关系见下表。当平均固结度 $\overline{U}_z$ 达 75% 时，所需预压的时间最接近下列哪个选项？

平均固结度与时间因素关系

竖向平均固结度 $\overline{U}_z$/%	25	50	75	90
时间因素 T_v	0.050	0.196	0.450	0.850

(A) 60d   (B) 100d   (C) 140d   (D) 180d

【答案】(B)

【解答】查表，$\overline{U}_z = 75\%$ 时，$T_v = 0.450$。

$$T_v = \frac{c_v t}{H^2} \Rightarrow t = \frac{T_v H^2}{c_v}$$

$$t = \frac{T_v H^2}{c_v} = \frac{0.45 \times 600^2}{1.9 \times 10^{-2}} = 8526316(\text{s}) \approx 99(\text{d})$$

【分析】本题主要考土力学固结理论的基本概念。

根据太沙基一维固结理论，时间因素 T_v 与固结时间 t 和固结系数 c_v 的乘积成正比，与渗径 H 的平方成反比：

$$T_v = \frac{c_v t}{H^2}$$

固结度和时间因素的关系已由题干给出，固结系数也由题干给出，已知淤泥质黏土层的厚度为6m，题干没有说明下卧层是砂层，因此只考虑堆载面为排水面，属单面排水条件，故取渗径6m代入公式计算预压固结的时间。解题思路：

① 题干给出"大面积堆载"的条件，意味着这是一维固结问题，可以考虑用太沙基一维渗透固结理论的方法；

② 题干又给出了竖向平均固结度与时间因素关系表，由此可以联想到公式 $T_v = \frac{c_v t}{H^2}$，公式中有时间 t；

③ 判断是单面排水还是双面排水，由此决定 H；

④ 将所有已知条件代入公式 $t = \frac{T_v H^2}{c_v}$，即可得到答案。

【题 10.3.9】某建筑场地上部分布有12m厚的饱和软黏土，其下为中粗砂层，拟采用砂井预压固结法加固地基，设计砂井直径 $d_w = 400\text{mm}$，井距2.4m，正三角形布置，砂井穿透软黏土层。若饱和软黏土的竖向固结系数 $c_v = 0.01\text{m}^2/\text{d}$，水平固结系数 c_h 为 c_v 的2倍，预压荷载一次施加，加载后20天，竖向固结度与径向固结度之比最接近下列哪个选项？（不考虑涂抹和井阻影响。）

(A) 0.20   (B) 0.30   (C) 0.42   (D) 0.56

【答案】(A)

【解答】《土力学》（李广信等编，第二版，清华大学出版社）第157页。

(1) 竖向固结度计算

双面排水，故 $H = 6.0\text{m}$。

$$T_v = \frac{c_v t}{H^2} = \frac{0.01 \times 20}{6^2} = 0.00556$$

固结度 $U < 30\%$ 时，有

$$T_v = \frac{\pi}{4} \overline{U}_z^2$$

$$\overline{U}_z = \sqrt{\frac{4}{\pi} T_v} = \sqrt{\frac{4}{\pi} \times 0.00556} = 0.084 < 0.3$$

(2) 径向固结度计算

$$d_e = 1.05l = 1.05 \times 2.4 = 2.52 \text{(m)}$$

$$n = \frac{d_e}{d_w} = \frac{2.52}{0.4} = 6.3$$

$$F_n = \frac{n^2}{n^2-1}\ln n - \frac{3n^2-1}{4n^2} = \frac{6.3^2}{6.3^2-1} \times \ln 6.3 - \frac{3 \times 6.3^2 - 1}{4 \times 6.3^2} = 1.144$$

$$T_h = \frac{c_h t}{d_e^2} = \frac{0.02 \times 20}{2.52^2} = 0.0630$$

$$\overline{U}_r = 1 - e^{-\frac{8}{F_n}T_h} = 1 - e^{-\frac{8}{1.144} \times 0.0630} = 0.356$$

(3) 竖向固结度与径向固结度之比

$$\frac{\overline{U}_z}{\overline{U}_r} = \frac{0.084}{0.356} = 0.236$$

【分析】本题考的是土层竖向固结度及径向固结度的计算,其中要用到土力学固结理论的基本概念。

原题的目的是按地基处理规范中的表 5.2.7 计算。但注意,规范公式适用于竖向固结度大于 30% 的情况,因此不能采用规范的公式计算。如按规范公式则竖向固结度为:

$$\overline{U}_z = 1 - \frac{8}{\pi^2} e^{-\frac{\pi^2}{4}T_v} = 1 - \frac{8}{\pi^2} e^{-\frac{\pi^2}{4} \times 0.00556} = 0.2$$

$$\frac{\overline{U}_z}{\overline{U}_r} = \frac{0.2}{0.356} = 0.562$$

此结果与(D)选项对应。命题者是按照规范解题给出的答案,显然这是一个错题,规范公式在这里并不能使用,应按土力学里面的 U_z-T_v 关系曲线计算。

【题 10.3.10】拟对某淤泥土地基采用预压法加固,已知淤泥的固结系数 $c_h = c_v = 2.0 \times 10^{-3}$ cm²/s,淤泥层厚度为 20.0m,在淤泥层中打设塑料排水板,长度打穿淤泥层,预压荷载 $p = 100$kPa,分两级等速加载,如图所示。按照《建筑地基处理技术规范》(JGJ 79—2012) 公式计算,如果已知固结计算参数 $\alpha = 0.8$,$\beta = 0.025$,问地基固结度达到 90% 时预压时间为以下哪个选项?

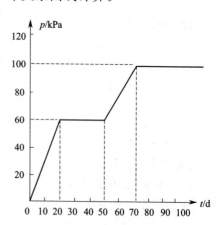

(A) 110d (B) 125d
(C) 150d (D) 180d

【答案】(B)

【解答】根据《建筑地基处理技术规范》(JGJ 79—2012) 第 5.2.7 条公式(5.2.7):

$$\overline{U}_t = \sum_{i=1}^{n} \frac{\dot{q}_i}{\sum \Delta p} \left[(T_i - T_{i-1}) - \frac{\alpha}{\beta} e^{-\beta t}(e^{\beta T_i} - e^{\beta T_{i-1}}) \right] \qquad (10\text{-}18)$$

式中 $\overline{U}_t$ —— t 时间地基的平均固结度;

$\dot{q}_i$ —— 第 i 级荷载的加载速率,kPa/d;

T_{i-1}、T_i —— 第 i 级荷载加载起始和终止时间(从零点起算),d,当计算第 i 级荷载过程中某时间 t 的固结度时,T_i 改为 t;

α、β——参数，根据地基土排水固结条件按规范表5.2.7采用。

$$\overline{U}_t = \sum_{i=1}^{n} \frac{\dot{q}_i}{\sum \Delta p} \left[(T_i - T_{i-1}) - \frac{\alpha}{\beta} e^{-\beta t} (e^{\beta T_i} - e^{\beta T_{i-1}}) \right]$$

$$= \frac{3}{100} \times \left[(20 - 0) - \frac{0.8}{0.025} e^{-0.025t} (e^{0.025 \times 20} - e^0) \right]$$

$$+ \frac{2}{100} \times \left[(70 - 50) - \frac{0.8}{0.025} e^{-0.025t} (e^{0.025 \times 70} - e^{0.025 \times 50}) \right]$$

$$= 1 - 2.073 e^{-0.025t} = 0.9$$

解得：$t = 121\text{d}$。

【点评】 本题考查分级加荷平均固结度的计算。题干已明确要求按规范公式计算，计算公式较繁，计算参数已给，数值代入要准确，单位要统一。

对逐渐加载条件下竖井地基平均固结度的计算，现行规范采用的是改进的高木俊介法，即规范公式(5.2.7)，该公式理论上是精确解，无须先计算瞬时加载条件下的固结度，再根据逐渐加载条件进行修正，两者合并计算出修正后的平均固结度，公式适用于多种排水条件，可应用于考虑井阻及涂抹作用的径向平均固结度计算。

【题 10.3.11】 拟对某淤泥质土地基采用预压法加固，已知淤泥的固结系数 $c_h = c_v = 2.0 \times 10^{-3}\text{ cm}^2/\text{s}$，$k_h = 1.2 \times 10^{-7}\text{cm/s}$，淤泥层厚度为10m，在淤泥层中打设袋装砂井，砂井直径 $d_w = 70\text{mm}$，间距1.5m，等边三角形排列，砂料渗透系数 $k_w = 2 \times 10^{-2}\text{cm/s}$，长度打穿淤泥层，涂抹区的渗透系数 $k_s = 0.3 \times 10^{-7}\text{cm/s}$。如果取涂抹区直径为砂井直径的2.0倍，按照《建筑地基处理技术规范》(JGJ 79—2012)有关规定，问在瞬时加载条件下，考虑涂抹和井阻影响时，地基径向固结度达到90%时，预压时间最接近下列哪个选项？

(A) 120天　　　　(B) 150天　　　　(C) 180天　　　　(D) 200天

【答案】 (D)

【解答】 根据《建筑地基处理技术规范》(JGJ 79—2012)第5.2.8条及条文说明：

$$\overline{U}_r = 1 - e^{-\frac{8c_h}{Fd_e^2}t}$$

$$F = F_n + F_s + F_r$$

$$F_s = \left(\frac{k_h}{k_s} - 1\right) \ln s$$

$$F_r = \frac{\pi^2 L^2}{4} \times \frac{k_h}{q_w}$$

式中　$\overline{U}_r$——固结时间 t 时竖井地基径向排水固结度；

F_n——与井径比 $n = d_e/d_w$ 有关的系数，当井径比 $n \geq 15$ 时，$F_n = \ln n - \frac{3}{4}$；

F_s——考虑涂抹影响的参数；

F_r——考虑井阻影响的参数；

c_h——地基土水平向固结系数；

d_e——竖井的有效排水直径；

k_h——天然土层水平向渗透系数，cm/s；

k_s——涂抹区土的水平向渗透系数，可取 $k_s = (1/5 \sim 1/3)k_h$，cm/s；

s——涂抹区直径 d_s 与竖井直径 d_w 的比值；

L——竖井深度，cm；

q_w——竖井纵向通水量，为单位水力梯度下单位时间的排水量，cm^3/s。

竖井纵向通水量：

$$q_w = k_w \frac{1}{4}\pi d_w^2 = 2.0 \times 10^{-2} \times \frac{1}{4}\pi \times 7^2 = 0.769(cm^3/s)$$

有效排水直径：

$$d_e = 1.05l = 1.05 \times 1500 = 1575(mm)$$

井径比：

$$n = \frac{d_e}{d_w} = \frac{1575}{70} = 22.5$$

$$F_n = \ln n - \frac{3}{4} = \ln 22.5 - \frac{3}{4} = 2.36$$

$$F_r = \frac{\pi^2 L^2}{4} \times \frac{k_h}{q_w} = \frac{\pi^2 \times 1000^2}{4} \times \frac{1.2 \times 10^{-7}}{0.769} = 0.385$$

$$F_s = \left(\frac{k_h}{k_s} - 1\right)\ln s = \left(\frac{1.2 \times 10^{-7}}{0.3 \times 10^{-7}} - 1\right) \times \ln 2 = 2.079$$

$$F = F_n + F_s + F_r = 2.36 + 2.079 + 0.385 = 4.824$$

$$\beta = \frac{8c_h}{Fd_e^2} = \frac{8 \times 2.0 \times 10^{-3}}{4.824 \times 157.5^2} = 1.337 \times 10^{-7}(s^{-1}) = 0.01155(d^{-1})$$

径向固结度：$\overline{U}_r = 1 - e^{-\beta t} = 1 - e^{-0.01155t} = 0.90$

解得：$t = 199.4$ 天。

【点评】本题考查的是考虑涂抹和井阻影响时，地基径向固结度达到某值时的预压时间。

本题直接将已知条件代入公式计算即可得到结果，但计算工作量太大了，还要注意单位的换算与统一，稍不注意就可能出错。

【题 10.3.12】某大型油罐群位于滨海均质正常固结软土地基上，采用大面积堆载预压法加固，预压荷载 140kPa，处理前测得土层的十字板剪切强度为 18kPa，由三轴固结不排水剪测得的内摩擦角 $\varphi_{cu}=16°$。堆载预压至 90d 时，某点土层固结度为 68%，计算此时该点土体由固结作用增加的强度最接近下列哪一选项？

(A) 45kPa　　　　(B) 40kPa　　　　(C) 27kPa　　　　(D) 25kPa

【答案】(C)

【解答】根据《建筑地基处理技术规范》(JGJ 79—2012) 第 5.2.11 条公式(5.2.11)，强度增长值为：

$$\Delta\tau = \Delta\sigma_z U_t \tan\varphi_{cu} \tag{10-19}$$

式中　$\Delta\sigma_z$——预压荷载引起的某点土体附加应力，kPa。

本题中，由于大面积堆载可取预压荷载 140kPa。

$$U_t = 0.68, \varphi_{cu} = 16°$$

$$\Delta\tau = \Delta\sigma_z U_t \tan\varphi_{cu} = 140 \times 0.68 \times \tan 16° = 27.3(kPa)$$

【点评】求解这个题，可以如解答那样按《建筑地基处理技术规范》(JGJ 79—2012) 第 5.2.11 条的公式计算。这个公式完全是根据有效应力原理得出的，规范没有加以任何的经验处理。因此如果读者查不到规范的公式，那也可以直接根据理论关系得出。

土的抗剪强度取决于有效应力，根据固结不排水剪试验的原理，内摩擦角的正切就是土的抗剪强度的增量与有效应力增量之比，因此抗剪强度的增量就等于有效应力的增量与内摩擦角正切的乘积。而有效应力的增量由总应力增量乘以固结度得到，这样就可以直接得到规范所列的计算公式。

题干中给出的处理前测得土层的十字板剪切强度为18kPa，是预压以前土的天然强度，这个数据在这个试题的题解中没有用到，是一个干扰项。但如果要验算预压到固结度为68%时软土地基的稳定性，需要用到总强度，就应该用 $18+27.3=45.3(kPa)$ 进行计算。

解答本题的关键是要审题清楚：是求强度的增量值，而不是总强度。本题有两个难点：

① 题干本身没有要求按规范计算，实际上在规范中也的确没有相应的计算强度增量的公式。那用什么方法来解答，对读者来讲是个问题。只有对土的抗剪强度与有效应力原理很清楚的情况下才能反应过来可以用土力学原理来进行解答。

② 题干中十字板剪切强度18kPa是个干扰条件。

【题10.3.13】某地基饱和软黏土层厚15.0m，软黏土层中某点土体抗剪强度 $\tau_{f0}=20$kPa，三轴固结不排水抗剪强度指标 $c_{cu}=0$，$\varphi_{cu}=15°$。该地基采用大面积堆载预压加固，预压荷载为120kPa。堆载预压到120天时，该点的固结度达到0.75，问此时该点土体抗剪强度最接近下列哪个数值？

(A) 34kPa　　　　(B) 37kPa　　　　(C) 40kPa　　　　(D) 44kPa

【答案】(D)

【解答】根据《建筑地基处理技术规范》(JGJ 79—2012)第5.2.11条公式(5.2.11)：
$$\tau_{ft}=\tau_{f0}+\Delta\tau=\tau_{f0}+\Delta\sigma_z U_t \tan\varphi_{cu}=20+120\times0.75\times\tan15°=44(kPa)$$

【点评】与上道题的考点几乎完全一样，要求计算预压到固结度为75%时软土地基的抗剪强度。

对正常固结饱和软黏土，规范所采用的强度计算公式(5.2.11)已在工程上得到广泛的应用，它可直接用十字板剪切试验结果来验算计算值的准确性。

堆载预压的根本目的就是提高地基土的强度，增加地基的稳定性。

【题10.3.14】拟对厚度为10.0m的淤泥层进行预压法加固。已知淤泥面上铺设1.0m厚中粗砂垫层，再上覆2.0m压实填土，地下水位与砂层顶面齐平。淤泥三轴固结不排水试验得到的黏聚力 $c_{cu}=10.0$kPa，内摩擦角 $\varphi_{cu}=9.5°$，淤泥面处的天然抗剪强度 $\tau_0=12.3$kPa，中粗砂重度为20kN/m³，填土重度为18kN/m³，按《建筑地基处理技术规范》(JGJ 79—2012)计算，如果要使淤泥面处抗剪强度值提高50%，则要求该处的固结度至少要达到以下哪个选项？

(A) 60%　　　　(B) 70%　　　　(C) 80%　　　　(D) 90%

【答案】(C)

【解答】根据《建筑地基处理技术规范》(JGJ 79—2012)第5.2.11条：
$$\tau_{ft}=\tau_{f0}+\Delta\sigma_z U_t \tan\varphi_{cu}$$
$$U_t=\frac{\tau_{ft}-\tau_{f0}}{\Delta\sigma_z \tan\varphi_{cu}}$$

根据题意有：$\Delta\sigma_z = 2\times18+10\times1$，$\tau_{f0}=12.3\text{kPa}$，$\tau_{ft}=1.5\tau_{f0}$，则

$$U_t = \frac{\tau_{ft}-\tau_{f0}}{\Delta\sigma_z\tan\varphi_{cu}} = \frac{1.5\times12.3-12.3}{(2\times18+10\times1)\times\tan9.5°} = 80\%$$

【点评】本题考查的是堆载预压的固结度计算。与大多数固结度计算不同的是，本题要求的固结度与土体的强度增长联系了起来。

【题 10.3.15】某工程，地表淤泥层厚 12.0m，淤泥层重度为 16kN/m^3。已知淤泥的压缩试验数据如表所示，地下水位与地面齐平。采用堆载预压法加固，先铺设厚 1.0m 砂垫层，砂垫层重度 20kN/m^3，堆载土层厚度 2.0m，重度为 18kN/m^3。沉降经验系数 ξ 取 1.1，假定地基沉降过程中附加应力不发生变化，按《建筑地基处理技术规范》(JGJ 79—2012) 估算淤泥层的压缩量最接近下列哪一选项？

压力 p/kPa	12.5	25.0	50.0	100.0	200.0	300.0
孔隙比 e	2.108	2.005	1.786	1.496	1.326	1.179

(A) 1.2m   (B) 1.4m   (C) 1.7m   (D) 2.2m

【答案】(C)

【解答】根据《建筑地基处理技术规范》(JGJ 79—2012) 第 5.2.12 条：

淤泥层中点自重应力为：$\gamma h = (16-10)\times6.0 = 36.0(\text{kPa})$

查表并内插，得相应孔隙比：$e_1 = 1.909$

淤泥层中点自重应力与附加应力之和为：$36.0+20\times1.0+18\times2.0=92.0(\text{kPa})$

查表并内插，得相应孔隙比：$e_2 = 1.542$

则淤泥层的压缩量

$$s = \xi\sum\frac{e_{1i}-e_{2i}}{1+e_{1i}}h_i = 1.1\times\frac{1.909-1.542}{1+1.909}\times12 = 1.67(\text{m})$$

【点评】本题是根据室内压缩试验结果求固结沉降量，第一个考点是根据自重应力和附加应力求淤泥固结前后的孔隙比，注意水下应该用有效重度，根据应力大小在表中插值求得孔隙比；第二个考点是根据规范公式(5.2.12)求固结沉降量。要熟练掌握线性内插的计算方法。

实际工程中，一般做起始压力为 100kPa 的压缩试验，如果该工程要做预压法加固，应该要求实验室做小起始压力的试验，才能满足沉降计算的要求。

【题 10.3.16】某填海造地工程对软土地基拟采用堆载预压法进行加固，已知海水深 1.0m，下卧淤泥层厚度 10.0m，天然密度 $\rho=1.5\text{ g/cm}^3$，室内固结试验测得各级压力下的孔隙比如表所示。如果淤泥上覆填土的附加压力 p_0 取 125kPa，按《建筑地基处理技术规范》(JGJ 79—2012) 计算该淤泥的最终沉降量，取经验修正系数为 1.2，将 10m 厚的淤泥层按一层计算，则最终沉降量最接近以下哪个数值？

压力 p/kPa	0	12.5	25.0	50.0	100.0	200.0	300.0
孔隙比 e	2.325	2.215	2.102	1.926	1.710	1.475	1.325

(A) 1.46m   (B) 1.82m   (C) 1.96m   (D) 2.64m

【答案】(C)

【解答】根据《建筑地基处理技术规范》(JGJ 79—2012) 第 5.2.12 条：

$$s = \xi\sum\frac{e_{0i}-e_{1i}}{1+e_{0i}}h_i$$

淤泥层中点初始应力：$p_0 = \frac{1}{2}\gamma H = \frac{1}{2}\times(15-10)\times 10 = 25(\text{kPa})$

查表得：$e_0 = 2.102$

堆载后中点应力：$p_1 = p_0 + p = 25 + 125 = 150(\text{kPa})$

查表，对应的 $e_1 = \frac{1.710+1.475}{2} = 1.593$

$$s = \xi\sum\frac{e_{0i}-e_{1i}}{1+e_{0i}}h_i = 1.2\times\frac{2.102-1.593}{1+2.102}\times 10 = 1.969(\text{m})$$

【点评】本题的考点及解题方法与上道题完全一致。

【题 10.3.17】大面积填海地工程平均海水深约 2.0m，淤泥层平均厚度为 10.0m，重度为 15kN/m^3，采用 e-$\lg p$ 曲线计算该淤泥层固结沉降，已知该淤泥层属正常固结土，压缩指数 $C_c = 0.8$，天然孔隙比 $e_0 = 2.33$，上覆填土在淤泥层中产生的附加压力按 120kPa 计算，该淤泥层固结沉降量取以下哪个选项中的值？

(A) 1.85m　　　(B) 1.95m　　　(C) 2.05m　　　(D) 2.2m

【答案】(A)

【解答】题干已告知采用 e-$\lg p$ 曲线计算该淤泥层固结沉降，意味着本题的沉降量应该根据压缩指数来计算。又已知该淤泥层属正常固结土，根据土力学有关概念，对正常固结土：

$$s = C_c\frac{H}{1+e_1}\lg\frac{p_2}{p_1} \tag{10-20}$$

式中　p_1、p_2——加压前后计算土层平均固结压力值；

　　　e_1——初始孔隙比，在本题中，$e_1 = e_0 = 2.33$；

　　　H——土层厚度。

由题意，淤泥层中部的自重应力：

$$p_1 = (15-10)\times\frac{10}{2} = 25(\text{kPa})$$

淤泥层中部的自重应力＋附加压力：

$$p_2 = (15-10)\times\frac{10}{2} + 120 = 145(\text{kPa})$$

$$s = C_c\frac{H}{1+e_0}\lg\frac{p_2}{p_1} = 0.8\times\frac{10}{1+2.33}\times\lg\frac{145}{25} = 1.834(\text{m})$$

【点评】本题是根据压缩指数计算淤泥固结沉降量。考点有两个：①加压前后土层平均固结压力值的计算，注意水下用有效重度；②采用正常固结时所对应的公式计算。

根据压缩指数计算土层沉降量的考题不多见，我国也未将此方法列入规范。但该方法有它的优点：①真实，可推求原始压缩曲线；②方便，通常为几段直线，便于计算；③全面，可计算不同固结状态不同应力历史的沉降量。e-$\lg p$ 法在国外使用较普遍，而 e-p 法在国内使用较多。

【题 10.3.18】某正常固结软黏土地基，软黏土厚度为 8.0m，其下为密实砂层，地下水位与地面平，软黏土的压缩指数 $C_c = 0.50$，天然孔隙比 $e_0 = 1.30$，重度 $\gamma = 18\text{kN/m}^3$，采用大面积堆载预压法进行处理，预压荷载为 120kPa，当平均固结度达到 0.85 时，该地基固结沉降量将最接近下列哪个选项的数值？

(A) 0.90m　　　(B) 1.00m　　　(C) 1.10m　　　(D) 1.20m

【答案】(B)

【解答】软黏土层中点的自重应力：

$$p_1 = (18-10) \times \frac{8}{2} = 32(\text{kPa})$$

软黏土层中点的自重应力+附加压力：

$$p_2 = (18-10) \times \frac{8}{2} + 120 = 152(\text{kPa})$$

该土层最终沉降量为

$$s = C_c \frac{H}{1+e_0} \lg \frac{p_2}{p_1} = 0.5 \times \frac{8}{1+1.30} \times \lg \frac{152}{32} = 1.18(\text{m})$$

平均固结度达到 0.85 时该地基固结沉降量：

$$s_{0.85} = 1.18 \times 0.85 = 1.00(\text{m})$$

【点评】本题是根据压缩指数计算淤泥固结沉降量。与上题的考点及解题方法完全一致，只是多了一项求固结度达到 0.85 时的固结沉降量。

【题 10.3.19】某软黏土地基采用排水固结法处理，根据设计，瞬时加载条件下加载后不同时间的平均固结度见下表（表中数据可内插）。加载计划如下：第一次加载（可视为瞬时加载，下同）量为 30kPa，预压 20d 后第二次加载 30kPa，再预压 20d 后第三次再加载 60kPa，第一次加载后到 80d 时观测到的沉降为 120cm，问到 120d 时，沉降量最接近下列哪一选项？

t/d	10	20	30	40	50	60	70	80	90	100	110	120
U/%	37.7	51.5	62.2	70.6	77.1	82.1	86.1	89.2	91.6	93.4	94.9	96.0

(A) 130cm   (B) 140cm   (C) 150cm   (D) 160cm

【答案】(B)

【解答】三级加载：第一级瞬时加载 $\Delta p_1 = 30$kPa；第二级瞬时加载 $\Delta p_2 = 30$kPa；第三级瞬时加载 $\Delta p_3 = 60$kPa。总荷载 $\sum \Delta p = 120$kPa。

$$t_0 = t_1 = 0, t_2 = t_3 = 30\text{d}, t_4 = t_5 = 30 + 30 = 60(\text{d})$$

根据太沙基修正法：

$$\overline{U}_{80} = U_{rz\left(80-\frac{0+0}{2}\right)} \times \frac{30}{120} + U_{rz\left(80-\frac{20+20}{2}\right)} \times \frac{30}{120} + U_{rz\left(80-\frac{40+40}{2}\right)} \times \frac{60}{120}$$

$$= U_{rz(80)} \times \frac{30}{120} + U_{rz(60)} \times \frac{30}{120} + U_{rz(40)} \times \frac{60}{120}$$

$$= 89.1 \times \frac{30}{120} + 82.1 \times \frac{30}{120} + 70.6 \times \frac{60}{120} = 22.275 + 20.525 + 35.3 = 0.781$$

$$\overline{U}_{120} = \frac{30}{120} U_{120} + \frac{30}{120} U_{100} + \frac{60}{120} U_{80} = \frac{30}{120} \times 0.960 + \frac{30}{120} \times 0.934 + \frac{60}{120} \times 0.892 = 0.920$$

$$s_{120} = \frac{\overline{U}_{120}}{\overline{U}_{80}} s_{80} = \frac{0.920}{0.781} \times 120 = 141(\text{cm})$$

【分析】本题考查的是根据太沙基修正法计算某固结度时的沉降量。解题思路：

① 我们知道：$s_\infty = \frac{s_t}{U_t}$，所以，$s_\infty = \frac{s_{80}}{\overline{U}_{80}} = \frac{s_{120}}{\overline{U}_{120}}$，则 $s_{120} = \frac{\overline{U}_{120}}{\overline{U}_{80}} s_{80}$。

② 根据题干知：$s_{80} = 120$cm。

③ 根据太沙基修正法，求得 $\overline{U}_{80}$ 和 $\overline{U}_{120}$。

④ 则 $s_{120}=\dfrac{\overline{U}_{120}}{\overline{U}_{80}}s_{80}$。

【题 10.3.20】 在一正常固结软黏土地基上建设堆场。软黏土层厚 10.0m，其下为密实砂层。采用堆载预压法加固，砂井长 10.0m，直径长 0.30m。预压荷载为 120kPa，固结度达 0.80 时卸除堆载。堆载预压过程中地基沉降 1.20m，卸载后回弹 0.12m。堆场面层结构荷载为 20kPa，堆料荷载为 100kPa。预计该堆场工后沉降量最大值将最接近下列哪个选项的数值？（不计次固结沉降。）

(A) 20cm   (B) 30cm   (C) 40cm   (D) 50cm

【答案】 (C)

【解答】 地基在 120kPa 堆载预压荷载作用下的总沉降量为：

$$s=\dfrac{s_t}{U_t}=\dfrac{120}{0.8}=150(\text{cm})$$

堆载预压阶段已完成沉降 120cm；堆场面层结构荷载为 20kPa，堆料荷载为 100kPa，意思就是说又有与之前堆载同样的荷载，则地基会产生 12cm 的再压缩沉降。

工后沉降：$s=150-120+12=42(\text{cm})$

【点评】 本题考查的是堆载预压法工后沉降计算。考点有两个：①固结度与最终沉降量的关系，$s=\dfrac{s_t}{U_t}$；②土体回弹与再压缩的概念。

【题 10.3.21】 某大面积软土场地，表层淤泥顶面绝对标高为 3m，厚度为 15m，压缩模量为 1.2MPa。其下为黏性土，地下水为潜水，稳定水位绝对标高为 1.5m。现拟对其进行真空和堆载联合预压处理，淤泥表面铺 1m 厚砂垫层（重度为 18kN/m³），真空预压加载 80kPa，真空膜上修筑水池储水，水深 2m。问：当淤泥质层的固结度达到 80% 时，其固结沉降量最接近下列哪个值？（沉降经验系数取 1.1）

(A) 1.00m   (B) 1.10m   (C) 1.20m   (D) 1.30m

【答案】 (D)

【解答】 根据《建筑地基处理技术规范》(JGJ 79—2012) 第 5.2.12 条：

$$s_\infty=\psi\dfrac{\overline{\sigma}_z}{E_s}h=1.1\times\dfrac{80+1\times18+2\times10}{1.2}\times15=1622.5(\text{mm})$$

$$s_t=U_t s_\infty=0.8\times1622.5=1298(\text{mm})=1.3(\text{m})$$

【分析】 本题考查的是真空和堆载联合预压的沉降量计算。对大面积加载（包括堆载和真空荷载），地基最终沉降量的计算有以下基本公式：

$$s_\infty=\dfrac{e_1-e_2}{1+e_1}h=\dfrac{a}{1+e_1}\overline{\sigma}_z h=\dfrac{\overline{\sigma}_z}{E_s}h$$

具体可根据题目给出的条件来选用。

大面积堆载意味着在地基中产生的附加应力是矩形分布，亦即 $\overline{\sigma}_z$ 沿深度不变。

解答本题的重点是要清楚真空和堆载联合预压的总附加压力是多少。

根据题意，真空荷载为 80kPa，1m 厚砂垫层的自重应力 $\gamma h=18\times1=18(\text{kPa})$，还有 2m 深的水产生的应力 $\gamma_w h=10\times2=20(\text{kPa})$。所以总的附加压力为 $\sigma_z=80+18+20=118(\text{kPa})$。

由于用公式 $s_\infty=\psi\dfrac{\overline{\sigma}_z}{E_s}h$ 计算，所以淤泥土的自重应力不用考虑，因而题干中给的水位标高等条件是多余的，属于干扰项。

《建筑地基处理技术规范》（JGJ 79—2012）第 5.2.12 条虽然没有直接给出本题所用的公式，但根据公式(5.2.12)可以推导出 $s_\infty = \psi \dfrac{\bar{\sigma}_z}{E_s} h$。

【题 10.3.22】某厚度 6m 的饱和软土层，采用大面积堆载预压处理，堆载压力 $p_0 = 100\text{kPa}$，在某时刻测得超孔隙水压力沿深度分布曲线如图所示，土层的 $E_s = 2.5\text{MPa}$、$k = 5.0 \times 10^{-8}\text{cm/s}$，试求此时刻饱和软土的压缩量最接近下列哪个数值？（总压缩量计算经验系数取 1.0。）

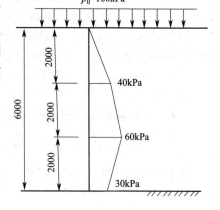

(A) 92mm (B) 118mm
(C) 148mm (D) 240mm

【答案】(C)

【解答】某时刻超孔隙水压力图的面积 $= \dfrac{1}{2} \times 40 \times 2 + \dfrac{1}{2} \times (40+60) \times 2 + \dfrac{1}{2} \times (30+60) \times 2 = 230$。

初始超孔隙水压力图的面积 $= 100 \times 6 = 600$。

则某时刻的固结度：$U_t = 1 - \dfrac{230}{600} = 0.617$

总沉降量：$s_\infty = \psi_s \dfrac{p_0}{E_s} h = 1.0 \times \dfrac{100}{2.5 \times 10^3} \times 6000 = 240(\text{mm})$

固结度为 0.617 时刻的沉降量：$s_t = U_t s_\infty = 0.617 \times 240 = 148(\text{mm})$。

【分析】本题考查的是大面积堆载下某一时刻的沉降量计算。有三个考点：①大面积堆载时初始孔压和附加应力的分布情况；②根据题干条件确定固结度；③按大面积堆载条件计算总沉降量及某一时刻的沉降量。

解答本题并不需要任何规范，只需熟悉和掌握土力学中太沙基一维渗透固结理论的原理和方法。

本题的关键点：根据图示的超孔隙水压力分布图确定土层在此时刻的固结度。

根据有效应力原理，在饱和土的固结过程中，任一时间 t，有效应力 σ' 与孔隙水压力 u 之和总是等于作用在土中的附加应力 σ_z，即 $\sigma_z = \sigma' + u$，所以饱和土的固结就是孔隙水压力的消散和有效应力相应增长的过程，本题可以从孔隙水压力的消散或有效应力的增长两个方向来解题。

上面题解给出的是按孔隙水压力消散的解法，按有效应力增长的解法如下：

(1) 此时土中有效应力（总应力面积减去孔隙水压力面积）：
$A = 6 \times 600 - \dfrac{1}{2} \times 40 \times 2 + \dfrac{1}{2} \times (40+60) \times 2 + \dfrac{1}{2} \times (30+60) \times 2 = 370(\text{kPa} \cdot \text{m})$

(2) 此刻饱和软土的压缩量：
$$s_\infty = \dfrac{A}{E_s} = \dfrac{370}{2.5 \times 10^3} = 148(\text{mm})$$

【题 10.3.23】某公路路堤位于软土地区，路基中心高度为 3.5m，路基填料重度为 20kN/m^3，填土速率约为 0.04m/d。路线地表下 0～2.0m 为硬塑黏土，2.0～8.0m 为流塑状态软土，软土不排水抗剪强度为18kPa，路基地基采用常规预压方法处理，用分层总和法计算的地基主固结沉降量为20cm。如公路通车时软土固结度达到70%，根据《公路路基设计规范》(JTG D30—2015)，则此时的地基沉降量最接近下列哪个选项？

(A) 14cm　　　(B) 17cm　　　(C) 19cm　　　(D) 20cm

【答案】 (C)

【解答】 根据《公路路基设计规范》(JTG D30—2015) 第7.7.2条：

对软土路基，任意时刻的沉降量，考虑主固结随时间的变化过程，按规范公式 (7.7.2-4) 计算：

$$S_t = (m_s - 1 + U_t) S_c \tag{10-21}$$

$$m_s = 0.123 \gamma^{0.7} (\theta H^{0.2} + VH) + Y \tag{10-22}$$

式中　m_s——沉降系数；

　　　S_c——主固结沉降量；

　　　θ——地基处理类型系数，一般预压时取 0.90；

　　　H——路基中心高度；

　　　γ——填料重度；

　　　V——填土速率修正系数，填土速率在 0.02～0.07m/d 之间时，取 0.025；

　　　Y——地质因素修正系数，满足软土层不排水强度小于 25kPa、软土层的厚度大于 5m、硬壳层厚度小于 2.5m 三个条件时，$Y = 0$。

$m_s = 0.123 \gamma^{0.7} (\theta H^{0.2} + VH) + Y = 0.123 \times 20^{0.7} \times (0.9 \times 3.5^{0.2} + 0.025 \times 3.5) + 0 = 1.246$

$S_t = (m_s - 1 + U_t) S_c = (1.246 - 1 + 0.7) \times 20 = 18.92 \text{(cm)}$

【点评】 本题是公路预压法沉降量计算，考的是对公路路基设计规范的熟悉程度。对于非公路工程的技术人员，只要找到规范中相应的公式，将已知条件代入公式计算即可。

【题 10.3.24】 某工程软土地基采用堆载预压加固（单级瞬时加载），实测不同时刻 t 及竣工时（$t = 150$d）地基沉降量 s 如下表所示。假定荷载维持不变。按固结理论，竣工后 200d 时的工后沉降量最接近下列哪个选项？

时刻 t/d	50	100	150（竣工）
沉降 s/mm	100	200	250

(A) 25mm　　　(B) 47mm　　　(C) 275mm　　　(D) 297mm

【答案】 (B)

【解答】 根据《建筑地基处理技术规范》(JGJ 79—2012) 第5.4.1条条文说明或杨雪强《土力学》166页：

工程上往往利用实测变形与时间关系曲线按以下公式推算最终沉降量 s_f 和参数 β 值：

$$s_f = \frac{s_3(s_2 - s_1) - s_2(s_3 - s_2)}{(s_2 - s_1) - (s_3 - s_2)} \tag{10-23}$$

$$\beta = \frac{1}{t_2 - t_1} \times \ln \frac{s_2 - s_1}{s_3 - s_2} \tag{10-24}$$

式中，s_1、s_2、s_3 为加荷停止后时间；t_1、t_2、t_3 为相应的竖向变形量，并取 $t_2 - t_1 = t_3 - t_2$。

$$s_f = \frac{s_3(s_2-s_1) - s_2(s_3-s_2)}{(s_2-s_1)-(s_3-s_2)} = \frac{250\times(200-100) - 200\times(250-200)}{(200-100)-(250-200)} = 300(\text{mm})$$

$$\beta = \frac{1}{t_2-t_1}\times\ln\frac{s_2-s_1}{s_3-s_2} = \frac{1}{100-50}\times\ln\frac{200-100}{250-200} = 0.01386$$

$$U_t = 1 - \alpha e^{-\beta t} = 1 - \frac{8}{\pi^2}\times e^{-0.01386\times 350} = 0.99$$

竣工后 200d 的工后沉降量为：

$$s = U_t s_f - s_3 = 0.99\times 300 - 250 = 47(\text{mm})$$

【点评】本题是利用实测变形与时间关系曲线按公式推算最终沉降量 s_f 和参数 β 值，并由此计算工后沉降量。

题干专门强调用固结理论计算，但实际上采用的是规范上的一个利用沉降观测资料推算地基沉降的（指数法）公式，而且该公式是在条文说明中。如果对规范不熟，那就无法解答。所以本题的难点在此。

注意题目要求的不是最终沉降量，也不是竣工后 200d 时的总沉降量，而是工后沉降量。所以要先计算最终沉降量 s_f 和竣工后 200d 时的固结度，则工后沉降量为 $s = U_t s_f - s_3$。竣工后 200d 时的沉降量为 297mm，为选项（D）。

【题 10.3.25】某大面积场地，原状地层从上到下依次为：①层细砂，厚度 1.0m，重度 18kN/m³；②层饱和淤泥质土，厚度 10m，重度 16kN/m³；③层中砂，厚度 8m，重度 19.5kN/m³。场地采用堆载预压进行处理，场地表面的均布荷载为 100kPa。②层饱和淤泥质土的孔隙比为 1.2，压缩系数为 0.6MPa⁻¹，渗透系数为 0.1m/年。问堆载 9 个月后，②层土的压缩量最接近下列何值？

(A) 162mm   (B) 195mm   (C) 230mm   (D) 258mm

【答案】（D）

【解答】根据土力学太沙基一维渗透固结理论计算。

(1) 软土层竖向固结系数、压缩模量计算

$$c_v = \frac{k(1+e_0)}{a\gamma_w} = \frac{0.1\times(1+1.2)}{0.6\times 10^{-3}\times 10} = 36.67(\text{m}^2/\text{年})$$

$$E_s = \frac{1+e_0}{a} = \frac{1+1.2}{0.6} = 3.67(\text{MPa})$$

(2) 9 个月时的固结度计算

双面排水：$T_v = \dfrac{c_v t}{H^2} = \dfrac{36.67\times(9/12)}{(10/2)^2} = 1.1$

$$\overline{U}_z = 1 - \frac{8}{\pi^2}e^{-\frac{\pi^2}{4}T_v} = 1 - \frac{8}{\pi^2}\times e^{-\frac{\pi^2}{4}\times 1.1} = 0.946$$

(3) 9 个月沉降量计算

总沉降量：$s_\infty = \dfrac{\overline{\sigma}_z}{E_s}h = \dfrac{100}{3.67}\times 10 = 272.48(\text{mm})$

$$s_t = U_t s_\infty = 0.946\times 272.48 = 257.8(\text{mm})$$

【点评】本题考查的是大面积堆载预压的沉降量计算。

大面积堆载下的沉降计算，大多可以考虑按太沙基一维固结理论计算，本题就属于典型的这种情况。注意题干中给出的若干个条件都用不上，比如各层土的重度等。沉降

计算公式用的是 $s_\infty = \dfrac{\bar{\sigma}_z}{E_s}h$，公式中的 $\bar{\sigma}_z$ 是计算土层的平均附加应力值。题干已给出预压荷载为 100kPa，在大面积堆载下，$\bar{\sigma}_z = 100\text{kPa}$。还要注意在计算过程中对单位的换算。

【题 10.3.26】某深厚软黏土地基，采用堆载预压法处理，塑料排水带宽度 100mm，厚度 5mm，平面布置如图所示。按照《建筑地基处理技术规范》(JGJ 79—2012)，求塑料排水带竖井的井径比 n 最接近下列何值？（图中尺寸单位为 mm）

(A) 13.5　　　　　　(B) 14.3
(C) 15.2　　　　　　(D) 16.1

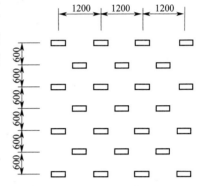

【答案】(B)
【解答】根据《建筑地基处理技术规范》(JGJ 79—2012) 第 5.2.3 条。

塑料排水带当量换算直径 $d_p = \dfrac{2(b+\delta)}{\pi} = \dfrac{2\times(100+5)}{\pi} = 66.9(\text{mm})$。

每两个排水带分担的处理地基面积为边长 1200mm 的正方形：

$$2\times\dfrac{\pi}{4}d_e^2 = 1200\times 1200$$

解得：$d_e = 957.7\text{mm}$。

井径比 $n = \dfrac{d_e}{d_w} = \dfrac{d_e}{d_p} = \dfrac{957.7}{66.9} = 14.3$

【点评】本题考查的是堆载预压法中的井径比计算。

注意：图中竖井的排列方式既不是正方形也不是等边三角形，要正确理解每两个排水带分担的处理地基面积（取一个正方形面积作为单元体来计算置换率 m，单元体内有 1 个完整井，4 个 $\dfrac{1}{4}$ 井，总数为 2）。或者在平面图中沿竖井的排列方向画辅助线，可得到一系列平行四边形，每个平行四边形的面积为 600mm×1200mm，则 $\dfrac{\pi}{4}d_e^2 = 600\times 1200$。在实际工程中，这种非正三角形的布置比较少见。所以，要能正确地计算出这种非正三角形布置情况下分担的地基面积。

【本节考点】
① 堆载预压当地基达到某固结度时所需要的时间；
②（分级）堆载预压地基固结度；
③ 堆载预压固结度的基本概念及计算；
④ 塑料板排水固结法按瞬时加载条件并考虑竖向排水的固结度；
⑤ 太沙基一维固结理论的基本概念；
⑥ 堆载预压土体抗剪强度计算或软基固结增加的强度计算；
⑦ 根据室内压缩试验结果求地基固结沉降量；
⑧ 根据压缩指数计算淤泥固结沉降量；
⑨ 根据太沙基修正法计算某固结度时的沉降量；

⑩ 堆载预压法工后沉降计算；
⑪ 公路预压法沉降量计算；
⑫ 利用实测变形与时间关系曲线推算最终沉降量 s_f 和参数 β 值，并由此计算工后沉降量；
⑬ 堆载预压法中的井径比计算。

从历年的考题出题量及考点总结可以看出，排水固结法处理地基方面的考题很多，既有要求按规范计算的题目，也有不少可以不用规范直接按土力学相关理论计算的题目，请注意这节考题的特点。

10.4 深层搅拌法

【题 10.4.1】某建筑场地浅层有 6.0m 厚淤泥，设计拟采用喷浆的水泥搅拌桩法进行加固，桩径取 600mm，室内配比试验得出了不同水泥掺入量时水泥土 90d 龄期抗压强度值，如图所示，如果单桩承载力由桩身强度控制且要求达到 80kN，桩身强度折减系数取 0.3，问水泥掺入量至少应选择以下哪个选项？

(A) 15%　　(B) 20%　　(C) 25%　　(D) 30%

【答案】(C)

【解答】根据《建筑地基处理技术规范》(JGJ 79—2012) 第 7.3.3 条。

$$R_a = \eta f_{cu} A_p$$

已知：$R_a = 80\text{kN}$，$\eta = 0.3$，$A_p = \dfrac{\pi}{4}d^2 = \dfrac{\pi}{4} \times 0.6^2 = 0.283(\text{m}^2)$，则

$$f_{cu} = \dfrac{R_a}{\eta A_p} = \dfrac{80}{0.3 \times 0.283} = 942.3(\text{kPa}) = 0.942(\text{MPa})$$

查曲线：水泥掺入量接近 25%。

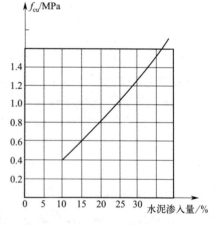

【点评】水泥搅拌桩强度随水泥掺入量不同而不同，一般工程应用时可先进行室内配比试验，本题考查根据桩身强度确定立方体抗压强度，再根据配比试验确定水泥掺入量。

【题 10.4.2】某直径 600mm 的水泥土搅拌桩桩长 12m，水泥掺量（重量）为 15%，水灰比（重量比）为 0.55，假定土的重度 $\gamma = 18\text{kN/m}^3$，水泥相对密度为 3.0，请问完成一根桩施工需要配制的水泥浆体体积最接近下列哪个选项？($g = 10\text{m/s}^3$。)

(A) 0.63　　(B) 0.81　　(C) 1.15　　(D) 1.50

【答案】(B)

【解答】一根水泥土桩的水泥质量为：

$$m_1 = \dfrac{\pi \times 0.3^2 \times 12 \times 18 \times 0.15}{10} = 0.92(\text{kg})$$

水泥的体积：

$$V_1 = \dfrac{m_1}{\rho_1} = \dfrac{0.92}{3.0} = 0.31(\text{m}^3)$$

水的体积: $$V_2=\frac{m_2}{\rho_2}=\frac{0.92\times 0.55}{1.0}=0.51(\mathrm{m}^3)$$
水泥浆体积: $$V=V_1+V_2=0.51+0.31=0.82(\mathrm{m}^3)$$

【点评】这道题目考的应该是中学物理的一些基本概念：密度、体积、质量等。所谓水泥浆体积，其实就是水泥+水的体积。解题思路：

① 求解水泥的质量。一根桩的体积×土的重度＝一根桩土的质量，此值再乘以水泥掺入量 0.15，那就是一根桩水泥的质量。注意：此时要除以 g。

② 求解水泥的体积：水泥质量除以水泥的密度。

③ 水的质量或体积：由水灰比 0.55，可求得水的体积。

④ 水泥体积＋水的体积＝水泥浆的体积。

【题 10.4.3】某双轴搅拌桩截面积为 $0.71\mathrm{m}^2$，桩长 10m，桩顶标高在地面下 5m，桩机在地面施工，施工工艺为：预搅下沉→提升喷浆→搅拌下沉→提升喷浆→复搅下沉→复搅提升。喷浆时提钻速度 0.5m/min，其他情况速度均为 1m/min，不考虑其他因素所需时间，单日 24h 连续施工能完成水泥土搅拌桩最大方量最接近下列哪个选项？

(A) 95m³　　　　(B) 110m³　　　　(C) 120m³　　　　(D) 145m³

【答案】(B)

【解答】根据《建筑地基处理技术规范》(JGJ 79—2012) 第 7.3.5 条第 4、6 款。

解题思路：题目的要求其实就是计算单日搅拌桩施工的方量，应根据题意先计算施工一根搅拌桩所需的时间，然后看一根搅拌桩的方量，最后计算单日搅拌桩的施工方量。

(1) 确定施工工艺所需时间

据规范 7.3.5 条第 4 款，停浆面应高于桩顶设计标高 0.5m，各施工工序所需时间见下表。

工序	处理厚度	所需时间/min
①预搅下沉	下沉至设计加固深度，即地面下 15m	15÷1=15
②提升喷浆	边搅拌边提升，应提升至停浆面，即地面下 4.5m	(15−4.5)÷0.5=21
③复搅下沉	从地面下 4.5m 至地面下 15m	(15−4.5)÷1=10.5
④提升喷浆	此工序同工序②	21
⑤复搅下沉	此工序同工序③	10.5
⑥复搅提升	从地面下 15m 提升至地面	15÷1=15

施工工艺所需总时间为 15+21+10.5+21+10.5+15=93(min)。

(2) 24h 最大方量计算

一根双轴搅拌桩体积 $V_1=Al=0.71\times 10=7.1(\mathrm{m}^3)$，施工所需时间为 93min。则 24h 完成的搅拌桩体积为 $V=\dfrac{7.1\times 24\times 60}{93}=109.93(\mathrm{m}^3)$。

【点评】本题有几个难点：

① 读者对搅拌桩施工的工作不熟悉，可能较少会注意到这么细致的地方。

② 了解了解题思路，但如果漏掉规范 7.3.5 条第 4 款，停浆面应高于桩顶设计标高 0.5m，答案肯定也是错的。

③ 这道考题太小众了，建议在考场上放在最后，如果有时间再来解答。

【题 10.4.4】某场地采用 $\phi500$ 单轴水泥土搅拌桩加固，设计水泥掺量为 15%，水泥浆液水灰比为 0.5，已知土体重度为 17kN/m³，施工灰浆泵排量为 10L/min，两次等量喷浆施工，则搅拌桩施工时应控制喷浆提升速率最大值最接近下列哪个选项？（水泥比重取 3.0，重力加速度取 10m/s^2。）

(A) 2.0m/min　　　(B) 1.0m/min　　　(C) 0.5m/min　　　(D) 0.25m/min

【答案】（C）

【解答】根据《建筑地基处理技术规范》（JGJ 79—2012）第 7.3.5 条及条文说明。

喷浆提升速度 V，按规范条文说明公式(10-25)计算：

$$V = \frac{\gamma_d Q}{F\gamma\alpha_w(1+\alpha_c)} \tag{10-25}$$

式中　V——搅拌头提升速度，m/min；

γ_d、γ——水泥浆、土的重度，kN/m^3；

Q——灰浆泵的排量，m^3/min；

α_w——水泥掺入比；

α_c——水泥浆水灰比；

F——搅拌桩截面积，m^2。

已知：$\alpha_c=0.5$，$\alpha_w=15\%$，$\gamma=17\ kN/m^3$，$Q=10L/min=10\times10^{-3}\ m^3/min$。

搅拌桩截面面积：$F=\pi\times0.5^2=0.196(m^2)$

水泥浆密度：$\rho = \dfrac{1+\alpha_c}{\dfrac{1}{d_s}+\alpha_c} = \dfrac{1+0.5}{\dfrac{1}{3}+0.5} = 1.8\ (g/cm^3)$

水泥浆重度：$\gamma_d = \rho g = 1.8\times10 = 18(kN/m^3)$

$$V = \frac{\gamma_d Q}{F\gamma\alpha_w(1+\alpha_c)} = \frac{18\times10\times10^{-3}}{0.196\times17\times0.15\times(1+0.5)} = 0.24(m/min)$$

两次等量喷浆施工，则单次提升速度为：

$$2\times0.24 = 0.48(m/min)$$

【分析】解答本题的关键是：第一，要知道规范条文说明中的计算公式；第二，会正确计算水泥浆的密度和重度。

水泥浆密度公式的推导：

$$\rho = \frac{\text{水泥浆质量}\ m}{\text{水泥浆体积}\ V} = \frac{\text{水的质量}\ m_w + \text{水泥质量}\ m_c}{\text{水的体积}\ V_w + \text{水泥体积}\ V_c}$$

因为水灰比 $\alpha_c = \dfrac{\text{水的质量}}{\text{水泥的质量}} = \dfrac{m_w}{m_c}$

故有 $m_w = \alpha_c m_c$，$V_w = \dfrac{m_w}{\rho_w} = \dfrac{\alpha_c m_c}{\rho_w}$

$$\rho = \frac{\alpha_c m_c + m_c}{\alpha_c m_c/\rho_w + V_c} = \frac{\alpha_c+1}{\alpha_c/\rho_w + V_c/m_c} = \frac{\alpha_c+1}{\alpha_c/\rho_w + 1/d_s}$$

式中，$d_s = \dfrac{m_c}{V_c}$ 为水泥的密度。注意到水的密度 $\rho_w = 1\ g/cm^3$，故有

水泥浆密度：

$$\rho = \frac{1+\alpha_c}{\dfrac{1}{d_s}+\alpha_c} \tag{10-26}$$

式中　α_c——水泥浆水灰比；

d_s——水泥密度，$d_s = m_c/V_c$。

【题10.4.3】和【题10.4.4】属于比较小众的题目。这两道题目出现在2018年和2020年，说明出题专家对这部分的内容十分熟悉并感兴趣。所以，再次出现类似的题目恐怕不是小概率。

【本节考点】
① 水泥搅拌桩水泥掺量计算；
② 水泥土搅拌桩水泥浆配制计算；
③ 搅拌桩最大施工方量计算；
④ 搅拌桩喷浆速率计算。

近年来水泥浆配制成为常考的题目，2021年考题又有一道这方面的考题。

10.5 挤密法与振冲法

【题10.5.1】拟对非自重湿陷性黄土地基采用灰土挤密桩加固处理，处理面积为 $22m \times 36m$，采用正三角形满堂布桩，桩距 1.0m，桩长 6.0m，加固前地基平均干密度 $\bar{\rho}_d = 1.4 \text{ t/m}^3$，平均含水量 $\bar{w} = 10\%$，最优含水量 $w_{op} = 16.5\%$。为了优化地基土挤密效果，成孔前拟在三角形布桩形心处挖孔预渗水增湿，损耗系数为 $k = 1.1$，试问完成该场地增湿施工需加水量接近下列哪个选项数值？

(A) 210t (B) 318t (C) 410t (D) 476t

【答案】(D)

【解答】根据《建筑地基处理技术规范》(JGJ 79—2012) 第7.5.3条。

灰土挤密桩成孔时，地基土宜接近最优含水量，当土的含水量低于12%时，宜对拟处理范围内的土层进行增湿，增湿土的加水量可按下式估算：

$$Q = v\bar{\rho}_d(w_{op} - \bar{w})k \qquad (10\text{-}27)$$

式中 Q——计算加水量，t；
　　　v——拟加固土的总体积，m^3；
　　　$\bar{\rho}_d$——地基处理前土的平均干密度，t/m^3；
　　　w_{op}——土的最优含水量，%；
　　　$\bar{w}$——地基处理前土的平均含水量，%；
　　　k——损耗系数，可取 1.05～1.10。

解法一：
正三角形布桩，每根桩承担的处理地基面积

$$A_s = \frac{\pi d_e^2}{4} = \frac{\pi \times (1.05 \times 1.0)^2}{4} = 0.865 (\text{m}^2)$$

相应每根桩承担的处理地基体积

$$V_e = 0.865 \times 6.0 = 5.19 (\text{m}^3)$$

该体积增湿到最优含水量需加水量

$$Q_1 = V_e \bar{\rho}_d (w_{op} - \bar{w}) k = 5.19 \times 1.4 \times (0.165 - 0.10) \times 1.1 = 0.52 (\text{t})$$

采用满堂布桩整片处理地基，布桩处理面积

$$A = 22 \times 36 = 792 (\text{m}^2)$$

总桩数 $n = \dfrac{A}{A_e} = \dfrac{792}{0.865} = 916$（根）

总计水量 $Q = nQ_1 = 916 \times 0.52 = 476(\text{t})$

解法二：

布桩处理面积 $A = 22 \times 36 = 792(\text{m}^2)$

该面积处理深度 6m，增湿到最优含水量需加水量

$$Q = v\bar{\rho}_d (w_{op} - \overline{w})k = 792 \times 6 \times 1.4 \times (0.165 - 0.10) \times 1.1 = 476(\text{t})$$

【分析】本题实质上是一个简单的土的物理指标换算题，只要概念清楚，不用查规范也可以推算出答案。

现状土体中含有的水量为：$Q_1 = V\bar{\rho}_d \overline{w}$。

加湿到最优含水量时土体中的水量为：$Q_2 = V\bar{\rho}_d w_{op}$。

需要加入的水量（考虑损耗系数）：$Q = (Q_2 - Q_1)k = V\bar{\rho}_d (w_{op} - \overline{w})k$，就是规范的公式。

其实本题不需要给出布桩的形式，题干中给出布桩形式是一种误导，诱导读者按解法一解答。

【题 10.5.2】拟对某湿陷性黄土地基采用灰土挤密桩加固，采用等边三角形布桩，桩距 1.0m，桩长 6.0m，加固前地基土的平均干密度 $\bar{\rho}_d = 1.32 \text{ t/m}^3$，平均含水量 $\overline{w} = 9.0\%$。为达到较好的挤密效果，让地基土接近最优含水量，拟在三角形形心处挖孔预浸水增湿，场地地基土最优含水量 $w_{op} = 15.6\%$，浸水损耗系数 k 可取 1.1，则每个浸水孔需加水量最接近下列哪个数值？

(A) 0.25m³   (B) 0.50m³   (C) 0.75m³   (D) 1.00m³

【答案】(B)

【解答】根据《建筑地基处理技术规范》(JGJ 79—2012) 第 7.5.3 条。

每个浸水孔承担的处理地基面积：

$$A_s = \dfrac{\pi d_e^2}{4} = \dfrac{\pi \times (1.05 \times 1.0)^2}{4} = 0.866(\text{m}^2)$$

相应每根桩承担的处理地基体积

$$V_e = 0.866 \times 6.0 = 5.19(\text{m}^3)$$

该体积增湿到最优含水量需加水量

$$Q_1 = V_e \bar{\rho}_d (w_{op} - \overline{w})k = 5.19 \times 1.32 \times (0.159 - 0.09) \times 1.1 = 0.52(\text{t})$$

对应体积为 0.52m³。

【点评】本题与上道题的考点几乎完全一致，只是求一根桩的加水量。本题的解答似乎有分歧，具体可参见李广信《专业考试考题十讲》p.120~121。

【题 10.5.3】对于某新堆积的自重湿陷性黄土地基，拟采用灰土挤密桩对柱下独立基础的地基进行加固。已知基础为 1.0m×1.0m 的方形，该层黄土平均含水量为 10%，最优含水量为 18%，平均干密度为 1.50t/m³。根据《建筑地基处理技术规范》(JGJ 79—2012)，为达到最好加固效果，拟对该基础 5.0m 深度范围内的黄土进行增湿，试问最少加水量取下列何项数值合适？

(A) 0.65t   (B) 2.6t   (C) 3.8t   (D) 5.8t

【答案】(A)

【解答】根据《建筑地基处理技术规范》(JGJ 79—2012) 第 7.5.2 条、7.5.3 条。局部处理自重湿陷性黄土地基每边不应小于基础底面宽度的 75%，且不小于 1m。
$1 \times 75\% = 0.75(m) < 1(m)$，取 1m。
$v = 1 \times 1 \times 5 = 5(m^3)$
$Q = v\bar{\rho}_d(w_{op} - \bar{w})k = 5 \times 1.5 \times (0.18 - 0.1) \times (1.05 \sim 1.10) = 0.63 \sim 0.66(t)$

【点评】本题需要注意的地方是：①地基加固面积的确定。按规范局部处理自重湿陷性黄土地基每边不应小于基础底面宽度的 75%，且不小于 1m；②题干没有给出损耗系数，所以可在具体计算时得到一个范围，而选项 (A) 恰好就在这个范围内。

【题 10.5.4】某建筑松散砂土地基，处理前现场测得砂土孔隙比 $e = 0.78$，砂土最大、最小孔隙比分别为 0.91 和 0.58，采用砂石桩法处理地基，要求挤密后砂土地基相对密实度达到 0.85，若桩径 0.8m，等边三角形布置，试问砂石桩的间距为下列何项数值？（取修正系数 $\xi = 1.2$。）

(A) 2.90m (B) 3.14m (C) 3.62m (D) 4.15m

【答案】(B)

【解答】根据《建筑地基处理技术规范》(JGJ 79—2012) 第 7.2.2 条。
对松散砂土地基，应根据挤密后要求达到的孔隙比确定桩间距，用下列公式估算：

等边三角形布置： $s = 0.95\xi d \sqrt{\dfrac{1+e_0}{e_0 - e_1}}$ (10-28a)

正方形布置： $s = 0.89\xi d \sqrt{\dfrac{1+e_0}{e_0 - e_1}}$ (10-28b)

$e_1 = e_{max} - D_{r1}(e_{max} - e_{min})$ (10-28c)

式中　s——砂石桩间距，m；
　　　d——砂石桩直径，m；
　　　ξ——修正系数；
　　　e_0——地基处理前的孔隙比；
　　　e_1——地基挤密后要求达到的孔隙比；
　　　e_{max}、e_{min}——砂土的最大、最小孔隙比；
　　　D_{r1}——地基挤密后要求砂土达到的相对密实度。

由题干知 $e_0 = 0.78$，$e_{max} = 0.91$，$e_{min} = 0.58$，$D_{r1} = 0.85$，将已知条件代入公式，有

$e_1 = e_{max} - D_{r1}(e_{max} - e_{min}) = 0.91 - 0.85 \times (0.91 - 0.58) = 0.63$

$s = 0.95\xi d \sqrt{\dfrac{1+e_0}{e_0 - e_1}} = 0.95 \times 1.2 \times 0.8 \times \sqrt{\dfrac{1+0.78}{0.78 - 0.63}} = 3.14(m)$

【点评】本题所有计算公式及相应的条件均已给出，只要代入公式计算即可。

【题 10.5.5】某砂土地基，土体天然孔隙比 $e_0 = 0.902$，最大孔隙比 $e_{max} = 0.978$，最小孔隙比 $e_{min} = 0.742$，该地基拟采用挤密碎石桩加固，按等边三角形布桩，挤压后要求砂土相对密实度 $D_{r1} = 0.886$。为满足此要求，碎石桩距离接近下列哪个数值？（取修正系数 $\xi = 1.0$，碎石桩直径取 0.40m）

(A) 1.2m (B) 1.4m (C) 1.6m (D) 1.8m

【答案】(B)

【解答】根据《建筑地基处理技术规范》(JGJ 79—2012) 第 7.2.2 条。

(1) $e_1 = e_{max} - D_{r1}(e_{max} - e_{min}) = 0.978 - 0.886 \times (0.978 - 0.742) = 0.769$

(2) $s = 0.95 \xi d \sqrt{\dfrac{1+e_0}{e_0-e_1}} = 0.95 \times 1.0 \times 0.4 \times \sqrt{\dfrac{1+0.902}{0.902-0.769}} = 1.44(\text{m})$

(3) 取 $s \approx 1.40\text{m}$。

【点评】本题与上道题的考点及解题方法完全一致。

【题 10.5.6】采用砂石桩法处理松散的细砂。已知处理前细砂的孔隙比 $e_0=0.95$，砂石桩桩径 500mm。如果要求砂石桩挤密后的孔隙比 e_1 达到 0.60，按《建筑地基处理技术规范》(JGJ 79—2012) 计算（考虑振动下沉密实作用修正系数 $\xi=1.1$），采用等边三角形布置时，砂石桩间距采取以下哪个选项的数值比较合适？

(A) 1.0m　　　(B) 1.2m　　　(C) 1.4m　　　(D) 1.6m

【答案】(B)

【解答】根据《建筑地基处理技术规范》(JGJ 79—2012) 第 7.2.2 条。

$$s = 0.95 \xi d \sqrt{\dfrac{1+e_0}{e_0-e_1}} = 0.95 \times 1.1 \times 0.5 \times \sqrt{\dfrac{1+0.95}{0.95-0.60}} = 1.233(\text{m})$$

【点评】本题与上两道题的考点及解题方法完全一致。

【题 10.5.7】某工程要求地基加固后承载力特征值达到 155kPa，初步设计采用振冲碎石桩复合地基加固，桩径取 $d=0.6\text{m}$，桩长取 $l=10\text{m}$ 正方形布桩，桩中心距为 1.5m，桩土应力比 $n=4.7$，复合地基承载力特征值为 140kPa，未达到设计要求，问在桩径、桩长和布桩形式不变的情况下，桩中心距最大为何值时才能达到设计要求？

(A) $s=1.30\text{m}$　　　(B) $s=1.35\text{m}$　　　(C) $s=1.40\text{m}$　　　(D) $s=1.45\text{m}$

【答案】(A)

【解答】根据《建筑地基处理技术规范》(JGJ 79—2012) 第 7.1.5 条。

修改间距前：
$$m = \dfrac{d^2}{d_e^2} = \dfrac{0.6^2}{(1.13 \times 1.5)^2} = 0.125$$

由规范公式 (7.1.5-1)：
$$f_{spk} = [1 + m(n-1)]f_{sk}$$
$$140 = [1 + 0.125 \times (4.7-1)]f_{sk}$$

得：$f_{sk} = 95.73\text{kPa}$。

修改间距后，按置换率为 m_1 计算：
$$155 = [1 + m_1 \times (4.7-1)] \times 95.73$$

得：$m_1 = 0.1673$。

$$m_1 = \dfrac{d^2}{d_e^2} = \dfrac{0.6^2}{(1.13s)^2} = 0.1673$$

解得：$s = 1.298\text{m}$。

【分析】本题的考点亦属于复合地基方面。解题思路：

① 题干已给出了桩径、桩长和布桩形式等条件，并说明了在桩距为 1.5m 时的复合地基承载力特征值，则可以根据这一条件先求得碎石桩的承载力特征值 f_{sk}；

② 由求得的 f_{sk} 和要求的 $f_{spk}=155\text{kPa}$ 再代入公式计算所需的面积置换率 m_1，并由此得到新的间距。

有意思的是，本题用到两个公式：$m=\dfrac{d^2}{d_e^2}$ 和 $f_{spk}=[1+m(n-1)]f_{sk}$，并且是用到

两次。第一次是根据已知条件先得到 m，代入公式 $f_{spk}=[1+m(n-1)]f_{sk}$ 可求得 f_{sk}；第二次是根据求得的 f_{sk} 反过来求 m_1，并由此得到满足承载力要求的桩间距。

【题 10.5.8】某工程要求地基处理后的承载力特征值达到 200kPa，初步设计采用振冲碎石桩复合地基，桩径取 0.8m，桩长取 10m，正三角形布桩，桩间距 1.8m，经现场试验测得单桩承载力特征值为 200kN，复合地基承载力特征值为 170kPa，未能达到设计要求。若其他条件不变，只通过调整桩间距使复合地基承载力满足设计要求，请估算合适的桩间距最接近下列哪个选项？

(A) 1.0m　　　(B) 1.2m　　　(C) 1.4m　　　(D) 1.6m

【答案】(C)

【解答】根据《建筑地基处理技术规范》(JGJ 79—2012) 第 7.1.5 条。

$$f_{spk}=[1+m(n-1)]f_{sk}$$
$$d_e=1.05s$$

(1) 初步设计

$$m=\frac{d^2}{d_e^2}=\frac{0.8^2}{(1.05\times 1.8)^2}=0.179$$

桩土应力比：

$$n=\frac{R_a/A_p}{f_{sk}}=\frac{200/(\pi\times 0.4^2)}{f_{sk}}=\frac{398}{f_{sk}}$$

$$170=[1+0.179\times(n-1)]f_{sk}$$

解得：$f_{sk}=120\text{kPa}$，$n=3.3$。

(2) 调整设计后

$$m=\frac{\frac{f_{spk}}{f_{sk}}-1}{n-1}=\frac{\frac{200}{120}-1}{3.3-1}=0.290$$

$$m=\frac{d^2}{d_e^2}\Rightarrow d_e=\sqrt{\frac{d^2}{m}}=\sqrt{\frac{0.8^2}{0.290}}=1.486(\text{m})$$

$$s=\frac{d_e}{1.05}=\frac{1.486}{1.05}=1.41(\text{m})$$

【点评】与上题考点一样，本题考核的是振冲碎石桩桩间距计算。

【题 10.5.9】某松散砂土地基，拟采用直径 400mm 的振冲桩进行加固。如果取处理后桩间土承载力特征值 $f_{sk}=90$kPa，桩土应力比取 3.0，采用等边三角形布桩。要使加固后地基承载力特征值达到 120kPa，根据《建筑地基处理技术规范》(JGJ 79—2012)，振冲砂石桩的间距 (m) 应为下列哪个选项的数值？

(A) 0.85　　　(B) 0.93　　　(C) 1.00　　　(D) 1.10

【答案】(B)

【解答】根据《建筑地基处理技术规范》(JGJ 79—2012) 第 7.1.5 条。
由公式 $f_{spk}=[1+m(n-1)]f_{sk}$，有

$$m=\frac{\frac{f_{spk}}{f_{sk}}-1}{n-1}=\frac{\frac{120}{90}-1}{3-1}=0.167$$

$$m=\frac{d^2}{d_e^2}\Rightarrow d_e=\sqrt{\frac{d^2}{m}}=\sqrt{\frac{0.4^2}{0.167}}=0.98$$

等边三角形布桩，$d_e=1.05s$。

$$s=\frac{d_e}{1.05}=\frac{0.98}{1.05}\approx 0.93(\text{m})$$

【分析】与上道题的考点基本一致。解题思路：
① 由公式 $f_{spk}=[1+m(n-1)]f_{sk}$ 解得 m；
② 由 $m=\dfrac{d^2}{d_e^2}$ 得到 d_e；
③ 根据等边三角形布桩的条件有 $d_e=1.05s$，从而求得 s。

【题 10.5.10】某场地湿陷性黄土厚度 10～13m，平均干密度为 1.24g/cm^3，设计拟采用灰土挤密桩法进行处理，要求处理后桩间土最大干密度达到 1.60g/cm^3。挤密桩正三角形布置，桩长为 13m，预钻孔直径为 300mm，挤密填料孔直径为 600mm。问满足设计要求的灰土桩的最大间距应取下列哪个值？（桩间土平均挤密系数取 0.93）
(A) 1.2m (B) 1.3m (C) 1.4m (D) 1.5m

【答案】（A）

【解答】根据《湿陷性黄土地区建筑标准》(GB 50025—2018) 第 6.4.3 条。

挤密桩的孔位，宜按正三角形布置。孔心距可按下式计算：

$$s=0.95\sqrt{\frac{\overline{\eta}_c\rho_{dmax}D^2-\rho_{d0}d^2}{\overline{\eta}_c\rho_{dmax}-\rho_{d0}}} \qquad (10\text{-}29)$$

式中　s——孔心距，m；
　　　D——成孔直径，m；
　　　d——预钻孔直径，m，无预钻孔时取 0；
　　ρ_{d0}——地基挤密前孔深范围内各土层的平均干密度，g/cm^3；
　ρ_{dmax}——击实试验确定的桩间土最大干密度，g/cm^3；
　$\overline{\eta}_c$——挤密填孔（达到 D）后，3 个孔之间土的平均挤密系数，不宜小于 0.93。

将已知条件代入公式：

$$s=0.95\sqrt{\frac{\overline{\eta}_c\rho_{dmax}D^2-\rho_{d0}d^2}{\overline{\eta}_c\rho_{dmax}-\rho_{d0}}}=0.95\times\sqrt{\frac{0.93\times 1.6\times 0.6^2-1.24\times 0.3^2}{0.93\times 1.6-0.93}}=1.24(\text{m})$$

【点评】本题考核的是湿陷性黄土-灰土挤密桩处理-求灰土桩最大桩间距。题干没有要求用哪个规范来计算，地基处理规范中第 7.5.2 条对挤密桩的间距有一个计算公式，但仔细看，似乎有问题：题干给出了预钻孔直径以及挤密填料孔直径，这个条件在地基处理规范中的公式无法体现，所以，这个时候要想到可能是会用到另外的规范。根据题干，这是湿陷性黄土地基，所以，找到《湿陷性黄土地区建筑标准》(GB 50025—2018) 第 6.4.3 条，直接将已知条件代入公式一步即可得到结果。

【题 10.5.11】某场地湿陷性黄土厚度 6m，天然含水量 15%，天然重度 14.5kN/m^3。设计拟采用灰土挤密桩进行处理，要求处理后桩间土平均干密度达到 1.5g/cm^3。挤密桩等边三角形布置，桩孔直径 400mm，问满足设计要求的灰土桩的最大间距应取下列哪个值（忽略处理后地面标高的变化，桩间土平均挤密系数不小于 0.93）？
(A) 0.70m (B) 0.80m (C) 0.95m (D) 1.20m

【答案】（C）

【解答】根据《建筑地基处理技术规范》(JGJ 79—2012) 第 7.5.2 条。

$$\bar{\rho}_d = \frac{\rho}{1+w} = \frac{1.45}{1+0.15} = 1.261 (\text{g/cm}^3)$$

$$s = 0.95d \sqrt{\frac{\bar{\eta}_c \rho_{d\max}}{\bar{\eta}_c \rho_{d\max} - \bar{\rho}_d}} = 0.95 \times 0.4 \times \sqrt{\frac{1.5}{1.5-1.261}} = 0.95(\text{m})$$

【点评】与上题一样，本题考核的是湿陷性黄土-灰土挤密桩处理-求灰土桩最大桩间距。但有几点不同：①本题用到的是地基处理规范，而不是黄土规范；②题干并未给出桩间土的最大干密度 $\rho_{d\max}$，而公式中是需要用到最大干密度 $\rho_{d\max}$ 的。但题干的最后给出了桩间土平均挤密系数不小于 0.93，由于 $\bar{\eta}_c = \dfrac{\bar{\rho}_{d1}}{\rho_{d\max}}$，所以 $\bar{\eta}_c \rho_{d\max} = \bar{\rho}_{d1} = 1.5 \text{ g/cm}^3$。

【题 10.5.12】灰土挤密桩复合地基，桩径 400mm，等边三角形布桩，中心距 1.0m，桩间土在地基处理前的平均干密度为 1.38t/m^3。根据《建筑地基处理技术规范》(JGJ 79—2012)，在正常施工条件下，挤密深度内桩间土的平均干密度预计可以达到下列哪个选项的数值？

(A) 1.48t/m^3 (B) 1.54t/m^3 (C) 1.61t/m^3 (D) 1.68t/m^3

【答案】(C)

【解答】根据《建筑地基处理技术规范》(JGJ 79—2012) 第 7.5.2 条。

由 $\bar{\eta}_c = \dfrac{\bar{\rho}_{d1}}{\rho_{d\max}}$，所以 $\bar{\eta}_c \rho_{d\max} = \bar{\rho}_{d1}$

$$s = 0.95d \sqrt{\frac{\bar{\eta}_c \rho_{d\max}}{\bar{\eta}_c \rho_{d\max} - \bar{\rho}_d}} = 0.95d \sqrt{\frac{\bar{\rho}_{d1}}{\bar{\rho}_{d1} - \bar{\rho}_d}}$$

$$1.0 = 0.95 \times 0.4 \times \sqrt{\frac{\bar{\rho}_{d1}}{\bar{\rho}_{d1} - 1.38}}$$

求解得：$\bar{\rho}_{d1} = 1.61 \text{ t/m}^3$。

【点评】本题求的是灰土挤密桩桩间土平均干密度，但实际上考点与上题一样，都是挤密桩设计内容。涉及这方面的考题，无非就是求桩的间距或挤密后桩间土的干密度，都会用到地基处理规范的第 7.5.2 条中的相关公式或定义。

【题 10.5.13】某松散砂土地基，砂土初始孔隙比 $e_0 = 0.850$，最大孔隙比 $e_{\max} = 0.900$，最小孔隙比 $e_{\min} = 0.550$；采用不加填料振冲挤密处理，处理深度 8.00m，振冲处理后地面平均下沉 0.80m，此时处理范围内砂土的相对密实度 D_r 最接近下列哪一项？

(A) 0.76 (B) 0.72 (C) 0.66 (D) 0.62

【答案】(C)

【解答】由土的三相比例关系，有

$$\frac{1+e_0}{1+e_1} = \frac{H_0}{H_1}$$

$$H_1 = 8.0 - 0.8 = 7.2(\text{m})$$

将已知条件代入公式：

$$\frac{1+0.85}{1+e_1} = \frac{8.0}{7.2}$$

解得：

$$e_1 = 0.665$$

则

$$D_r = \frac{e_{\max} - e_1}{e_{\max} - e_{\min}} = \frac{0.90 - 0.665}{0.90 - 0.550} = 0.67$$

【分析】本题是振冲振密相对密实度的计算，计算过程并未用到任何规范，只需用土力学中最基本的概念即可解题。

本题还有一个解法：利用土的一维压缩试验结果，有 $e_1 = e_0 - (1+e_0)\dfrac{s}{H_0}$，利用该公式也可以得到相同的结果。

无论是用土的三相比例关系还是压缩试验公式，都有个前提，那就是土的变形是一维的，或者说只是在竖直方向有压缩或变形。

【题 10.5.14】某湿陷性黄土场地，天然状态下，地基土的含水量为 15%，重度为 15.4kN/m³。地基处理采用灰土挤密法，桩径 400mm，桩距 1.0m，采用正方形布置。忽略挤密处理后地面标高的变化，问处理后桩间土的平均干密度最接近下列哪个选项？（重力加速度 g 取 10m/s²）

(A) 1.50g/cm³　　(B) 1.53g/cm³　　(C) 1.56g/cm³　　(D) 1.58g/cm³

【答案】(B)

【解答】根据《建筑地基处理技术规范》(JGJ 79—2012) 第 7.2.2 条、7.5.2 条。

正方形布桩：$s = 0.89\xi d\sqrt{\dfrac{1+e_0}{e_0-e_1}} = 0.89\xi d\sqrt{\dfrac{\bar{\eta}_c \rho_{dmax}}{\bar{\eta}_c \rho_{dmax} - \bar{\rho}_d}}$，$\bar{\eta}_c = \dfrac{\bar{\rho}_{d1}}{\rho_{dmax}}$，当不考虑振动下沉时，$\xi$ 取 1.0。

则 $1.0 = 0.89\xi d\sqrt{\dfrac{\bar{\rho}_{d1}}{\bar{\rho}_{d1}-\bar{\rho}_d}} = 0.89 \times 1 \times 0.4 \times \sqrt{\dfrac{\bar{\rho}_{d1}}{\bar{\rho}_{d1}-1.34}}$

解得：$\bar{\rho}_{d1} = 1.53 \text{ g/cm}^3$。

【点评】本题是灰土挤密桩法处理湿陷性黄土后桩间土干密度的计算。有一个问题，就是规范第 7.5.2 条中只有等边三角形布桩的公式，并没有正方形布桩的公式，需要在第 7.2.2 条中找到 $s = 0.89\xi d\sqrt{\dfrac{1+e_0}{e_0-e_1}}$，而 $\dfrac{\rho_{d1}}{\rho_{d1}-\rho_d} = \dfrac{1+e_0}{e_0-e_1}$，所以有 $1.0 = 0.89\xi d\sqrt{\dfrac{\bar{\rho}_{d1}}{\bar{\rho}_{d1}-\bar{\rho}_d}}$。

【题 10.5.15】某场地浅层湿陷性土厚度 6.0m，平均干密度 1.25t/m³，下部为非湿陷性土。采用沉管法灰土挤密桩处理该地基，灰土桩直径 0.4m，等边三角形布桩，桩距 0.8m，桩端达湿陷性土层底。施工完成后地面平均上升 0.2m。求地基处理后桩间土的平均干密度最接近下列何值？

(A) 1.56g/cm³　　(B) 1.61g/cm³　　(C) 1.68g/cm³　　(D) 1.73g/cm³

【答案】(A)

【解答】由于施工完成后地面升高 0.2m，所以规范中的公式不能直接用。考虑用土的三相比例关系来计算。

半根桩处理的范围为正三角形面积乘以桩的长度，即

$$V_0 = \dfrac{\sqrt{3}}{4}s^2 H_0$$

处理完成后的体积为：

$$V_1 = \left(\dfrac{\sqrt{3}}{4}s^2 - \dfrac{\pi}{8}d^2\right)H_1$$

其中，$H_1 = H_0 + 0.2$。

处理前后，在这个单元体内土颗粒质量不变，即

$$m_s = \rho_{d0}V_0 = \rho_{d1}V_1$$

$$1.25 \times \frac{\sqrt{3}}{4} \times 0.8^2 \times 6 = \rho_{d1} \left(\frac{\sqrt{3}}{4} \times 0.8^2 - \frac{\pi}{8} \times 0.4^2 \right) \times (6+0.2)$$

解得：$\rho_{d1} = 1.56 \text{ t/m}^3$。

【分析】 本题是关于灰土挤密桩挤密后桩间土干密度的计算。这里我们讨论一下一根桩的加固面积问题。

一根挤密桩的加固范围，等于该桩与相邻每一根桩的对称轴线（一般为相邻两桩中心连线的垂直平分线）相交所围成的区域。该原理适用于任何形式的布置。基于该原理，方形、正三角形布置时一根桩的加固范围分别为如下图中的阴影部分。

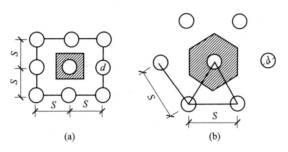

一根挤密桩的加固范围

对正三角形布桩，既可以在围绕一根桩的正六边形范围内讨论，也可以在一个正三角形范围内讨论，两者的结果是相同的。

正六边形的面积为

$$A_{正六边形} = \frac{\sqrt{3}}{2} S^2$$

而正三角形的面积为

$$A_{正三角形} = \frac{\sqrt{3}}{4} S^2$$

由此可以看出，正三角形加固桩的面积是半根桩的加固面积，与正六边形一个桩的加固面积相差 1 倍。所以，无论是按一个桩正六边形的加固范围还是按半根桩正三角形的加固范围，两种方法的结果是一致的。

再来看等腰三角形的情况，如下图。

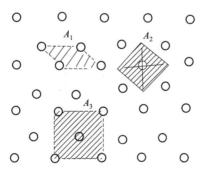

等腰三角形布桩时挤密桩的加固范围

根据上面的原理，等腰三角形一根桩的加固范围，就是图中的正方形面积 A_2，同时，我们也可以证明平行四边形面积 $A_1 = A_2$；而正方形面积 A_3 是 2 根桩的加固面积，

即 $A_3 = 2A_1 = 2A_2$。

【题 10.5.16】某砂土场地，试验得砂土的最大、最小孔隙比为 0.92、0.60。地基处理前，砂土的天然重度为 15.8kN/m³，天然含水量为 12%，土粒相对密度为 2.68。该场地经振冲挤密法（不加填料）处理后，场地地面下沉量为 0.7m，振冲挤密有效加固深度 6.0m（从处理前地面算起），求挤密处理后砂土的相对密实度最接近下列何值？（忽略侧向变形。）

(A) 0.76　　(B) 0.72　　(C) 0.66　　(D) 0.62

【答案】(A)

【解答】根据土力学中的三相比例关系来计算。

$$e_0 = \frac{G_s \gamma_w (1+w)}{\gamma} - 1 = \frac{2.68 \times 10 \times (1+0.12)}{15.8} - 1 = 0.90$$

因为不考虑侧向变形，所以加固前后面积不变，有

$$A = \frac{1+e_0}{h_0} = \frac{1+e_1}{h_1}$$

$$\frac{1+0.9}{6.0} = \frac{1+e_1}{6.0-0.7}$$

解得：$e_1 = 0.678$。

则砂土密实度：

$$D_r = \frac{e_{\max} - e_1}{e_{\max} - e_{\min}} = \frac{0.92 - 0.678}{0.92 - 0.60} = 0.76$$

【点评】本题考核的是振冲挤密法砂土的相对密度计算。这部分的考题往往要用到土力学中的三相比例关系，读者要对此内容十分熟悉并掌握。

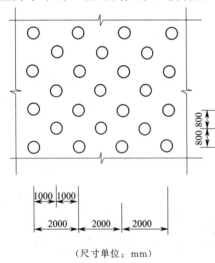

（尺寸单位：mm）

【题 10.5.17】某场地为细砂层，孔隙比为 0.9，地基处理采用沉管砂石桩，桩径 0.5m，桩位如图所示，假设处理后地基土的密度均匀，场地标高不变，问处理后细砂的孔隙比最接近下列哪个选项？

(A) 0.667　　(B) 0.673
(C) 0.710　　(D) 0.714

【答案】(A)

【解答】根据《建筑地基处理技术规范》(JGJ 79—2012) 第 7.1.5 条、7.2.2 条，先求面积置换率。由于桩位的布置不是正三角形，所以，取 5 根桩包围的面积来计算，其中，有一根完整的桩，还有 4 根 1/4 的桩，总桩数为 2 根。

$$m = \frac{A_p + 4 \times \frac{1}{4} A_p}{A} = \frac{2 \times \pi \times 0.25^2}{2.0 \times 1.6} = 0.1227$$

$$m = \frac{e_0 - e_1}{1 + e_0} = \frac{0.9 - e_1}{1 + 0.9} = 0.1227$$

解得：$e_1 = 0.667$。

【分析】求振冲后砂土孔隙比的考题不少见，题型变化也较多。解题思路：

① 由于桩位不是按等边三角形布置，所以不能用规范中的公式 $s=0.95\xi d\sqrt{\dfrac{1+e_0}{e_0-e_1}}$；

② 用面积置换率的定义，求得面积置换率 m；

③ 由 $m=\dfrac{e_0-e_1}{1+e_0}$，求得 $e_1=0.667$。

对挤密桩，若处理前后桩长或地面标高未变化，或变化量可以忽略不计，面积置换率与孔隙比的关系式为：$m=\dfrac{e_0-e_1}{1+e_0}$，这个可以当公式记住。

在上面的解题中，取了 5 根桩包围的面积来计算。其实也可以按一根桩的平行四边形面积来计算。相邻 4 根桩所包围的是一个平行四边形，其面积为 $2.0\text{m}\times0.8\text{m}$。而这个平行四边形范围内是一根桩。所以，其计算结果与上面的完全一致。

【题 10.5.18】某松散砂土地基，$e_0=0.85$，$e_{\max}=0.90$，$e_{\min}=0.55$，采用挤密砂桩加固，砂桩采用正三角形布置，间距 $s=1.6\text{m}$，孔径 $d=0.6\text{m}$，桩孔内填料就地取材，填料相对密度和挤密后场地砂土的相对密度相同，不考虑振动下沉密实和填料充实系数，则每米桩孔内需填入松散砂（$e_0=0.85$）多少立方米？

(A) 0.28m^3 (B) 0.32m^3 (C) 2.05m^3 (D) 0.40m^3

【答案】(B)

【解答】根据《建筑地基处理技术规范》(JGJ 79—2012) 第 7.2 节。

正三角形布置，则 $s=0.95\xi d\sqrt{\dfrac{1+e_0}{e_0-e_1}}$

不考虑振动下沉密实作用，$\xi=1.0$

$$1.6=0.95\times1.0\times0.6\times\sqrt{\dfrac{1+0.85}{0.85-e_1}}$$

解得：$e_1=0.615$。

$$\dfrac{1+e_0}{1+e_1}=\dfrac{V_0}{V_1}$$

$$V_1=\dfrac{\pi}{4}d^2\times1=\dfrac{\pi}{4}\times0.6^2\times1=0.283(\text{m}^3)$$

$$V_0=\dfrac{1+e_0}{1+e_1}V_1=\dfrac{1+0.85}{1+0.615}\times0.283=0.324(\text{m}^3)$$

【分析】本题考核的是挤密砂桩填料方量计算。在解得 $e_1=0.615$ 后，还可以根据土的三相比例关系来计算。

解法一：

$$e_1=\dfrac{V_{v1}}{V_{s1}}=0.615$$

$$V_{s1}+V_{v1}=\dfrac{\pi}{4}d^2\times1=\dfrac{\pi}{4}\times0.6^2\times1=0.283(\text{m}^3)$$

解方程组得：$V_{s1}=0.175\text{m}^3$。

注意到在加固前后 $V_{s1}=0.175\text{m}^3$ 不变，当 $e_0=0.85$，有

$$e_0=\dfrac{V_{v0}}{V_{s0}}=\dfrac{V_{v0}}{0.175}=0.85$$

解得：$V_{v0} = 0.149 \text{m}^3$。

$$V_{s0} + V_{v0} = 0.175 + 0.149 = 0.324 (\text{m}^3)$$

解法二：
初始状态孔隙率：

$$n_0 = \frac{e_0}{1+e_0} = \frac{0.85}{1+0.85} = 0.4594$$

挤密后孔隙率：

$$n_1 = \frac{e_1}{1+e_1} = \frac{0.615}{1+0.615} = 0.381$$

根据孔隙率的定义及加固前后土颗粒体积不变的条件，有

$$V_s = (1-n_1)V_1 = (1-n_0)V_0$$

$$V_0 = \frac{(1-n)V_1}{1-n_0} = \frac{(1-0.381) \times \frac{\pi}{4} \times 0.6^2}{1-0.4594} = 0.323(\text{m}^3)$$

题干中给的最大、最小干密度在解题时用不到，是干扰条件。

【题 10.5.19】某场地为细砂地基，天然孔隙比 $e_0 = 0.95$，最大孔隙比 $e_{max} = 1.10$，最小孔隙比 $e_{min} = 0.60$。拟采用沉管砂石桩处理，等边三角形布桩，桩长 10m，沉管外径 600mm，桩距 1.75m。要求砂石桩挤密处理后细砂孔隙比不大于 0.75 且相对密实度不小于 0.80，根据《建筑地基处理技术规范》(JGJ 79—2012)，则每根砂石桩体积最接近下列哪个选项？（不考虑振动下沉密实作用，处理前后场地标高不变）

(A) 2.5m^3 （B) 2.8m^3 （C) 3.1m^3 （D) 3.4m^3

【答案】(D)
【解答】根据《建筑地基处理技术规范》(JGJ 79—2012) 第 7.2.2 条。
(1) 处理后孔隙比 e_1 的计算
题干要求 $e_1 \leq 0.75$，且 $D_r \leq 0.80$。

$$D_r = \frac{e_{max}-e_1}{e_{max}-e_{min}} = \frac{1.10-e_1}{1.10-0.60} = 0.80$$

解得：$e_1 = 0.70 < 0.75$，$e_1 = 0.70$。
(2) 砂石桩体积计算
加固前后地基土体体积变化是由砂石桩挤密引起的。等边三角形布桩，三角形内有半根桩，则

$$m = \frac{\frac{A_p}{2}}{A} = \frac{\frac{A_p}{2}}{\frac{\sqrt{3}}{4}s^2}$$

处理前后场地标高不变，有 $m = \frac{e_0 - e_1}{1+e_0}$，所以

$$m = \frac{\frac{A_p}{2}}{A} = \frac{\frac{A_p}{2}}{\frac{\sqrt{3}}{4}s^2} = \frac{e_0 - e_1}{1 + e_0}$$

$$\frac{A_p}{2} = \frac{e_0 - e_1}{1 + e_0} \times \frac{\sqrt{3}}{4}s^2 = \frac{0.95 - 0.70}{1 + 0.95} \times \frac{\sqrt{3}}{4} \times 1.75^2 = 0.17$$

$$A_p = 0.34 \text{m}^2$$

$$V = A_p l = 0.34 \times 10 = 3.4 (\text{m}^3)$$

【题 10.5.20】某黄土场地,地面以下 8m 为自重湿陷性黄土,其下为非湿陷性黄土层。建筑物采用筏板基础,底面积为 18m×45m,基础埋深 3.00m。采用灰土挤密桩法消除自重湿陷性黄土的湿陷性,灰土桩直径 ϕ400mm,桩间距 1.00m,等边三角形布置。根据《建筑地基处理技术规范》(JGJ 79—2012) 规定,处理该场地的灰土桩数量(根),最少应为下列哪项?

(A) 936　　　　(B) 1245　　　　(C) 1328　　　　(D) 1592

【答案】(C)

【解答】根据《建筑地基处理技术规范》(JGJ 79—2012)第 7.5.2 条。地基处理的面积:当采用整片处理时,应大于基础或建筑物底层平面的面积,超出建筑物外墙基础底面外缘的宽度,每边不宜小于处理土层厚度的 1/2,且不应小于 2m。

(1) 一根桩的处理面积计算

等边三角形布置,一根桩的等效直径:

$$d_e = 1.05s = 1.05 \times 1.0 = 1.05 (\text{m})$$

一根桩的处理面积:

$$A_e = \frac{\pi}{4} d_e^2 = \frac{\pi}{4} \times 1.05^2 = 0.866 (\text{m}^2)$$

(2) 处理面积计算

处理深度:

$$8 - 3 = 5.0 (\text{m})$$

那么处理深度的一半就是 5.0/2 = 2.5(m) > 2(m),所以处理整片地基的面积:

$$A = (45 + 2.5 \times 2) \times (18 + 2.5 \times 2) = 50 \times 23 = 1150 (\text{m}^2)$$

(3) 灰土桩数量计算

处理该场地的灰土桩数量(根数):

$$n = \frac{A}{A_e} = \frac{1150}{0.866} = 1328 (\text{根})$$

【点评】本题考核的是灰土桩加固黄土场地桩的数量计算。考点是处理整片地基面积 A 的确定,然后除以一根桩的分担面积,即为桩的数量。

【题 10.5.21】某松散砂石地基,拟采用碎石桩和 CFG 桩联合加固,已知柱下独立承台平面尺寸为 2.0m×3.0m,共布设 6 根 CFG 桩和 9 根碎石桩(见图)。其中 CFG 桩直径为 400mm,单桩竖向承载力特征值 R_a = 600kN;碎石桩直径为 300mm,与砂土的桩土应力比取 2.0;砂土天然状态地基承载力特征值 f_{ak} = 100kPa,加固后砂土地基承载力 f_{sk} = 120kPa。如果 CFG 桩单桩承载力发挥系数 λ_1 = 0.9,桩间土承载力发挥系数 β = 1.0,问该复合地基压缩模量提高系数最接近下列哪个选项?

(A) 5.0　　　　　　　　　　　　(B) 5.6
(C) 6.0　　　　　　　　　　　　(D) 6.6

【答案】（D）

【解答】根据《建筑地基处理技术规范》（JGJ 79—2012）第 7.9.6 条、7.9.8 条。

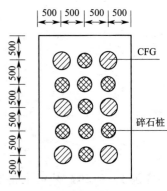

（尺寸单位：mm）

由题干可知，本题属于多桩型复合地基的情况。

CFG 桩面积置换率：

$$m_1 = \frac{6 \times \pi \times 0.2^2}{2.0 \times 3.0} = 0.126$$

碎石桩面积置换率：

$$m_2 = \frac{9 \times \pi \times 0.15^2}{2.0 \times 3.0} = 0.106$$

本题属于具有黏结强度的桩与散体材料桩组合的情况，其地基承载力特征值用规范公式（7.9.6-2）计算：

$$f_{spk} = m_1 \frac{\lambda_1 R_{a1}}{A_{p1}} + \beta[1 - m_1 + m_2(n-1)]f_{sk}$$

$$= 0.126 \times \frac{0.9 \times 600}{\pi \times 0.2^2} + 1.0 \times [1 - 0.126 + 0.106 \times (2-1)] \times 120 = 659 (\text{kPa})$$

该复合地基压缩模量提高系数

$$\xi_1 = \frac{f_{spk}}{f_{ak}} = \frac{659}{100} = 6.6$$

【点评】本题考核的是多桩型处理地基压缩模量提高系数计算，地基处理规范中对此有相应的条款，按已知条件代入公式计算即可。需要注意的是，规范中对多桩型的情况，有不同组合情况的计算公式，一定不能用错公式。

【本节考点】

① 灰土挤密桩黄土增湿加水量计算；
② 砂石桩桩间距计算；
③ 湿陷性黄土-灰土挤密桩处理，求灰土桩最大桩间距；
④ 灰土挤密桩桩间土平均干密度计算；
⑤ 振冲振密相对密实度、孔隙比的计算；
⑥ 挤密砂桩填料方量计算；
⑦ 砂石桩挤密，求砂石桩体积；
⑧ 灰土桩加固黄土场地桩的数量计算；
⑨ 多桩型处理地基压缩模量提高系数计算。

本节考点很多都是密度、体积、孔隙比及填料方量的计算，这可能需要从土的三相比例关系的换算来计算。

10.6　单液硅化法与碱液法

注浆加固是地基处理一项常规技术，适用于建筑地基的局部加固处理，适用于砂土、粉土、黏性土和人工填土等地基加固。加固材料可选用水泥浆液、硅化浆液和碱液等固化剂。

岩土注册师案例考题常见的考题主要有加固深度计算及灌浆液用量计算。一般来说，这些考题会严格依照《建筑地基处理技术规范》，其具体要求我们通过下面各考题来了解和掌握。

【题 10.6.1】某黄土地基采用碱液法处理，其土体天然孔隙比为 1.1，灌注孔成孔深度 4.8m，注液管底部距地表 1.4m，若单孔碱液灌注量 V 为 960L 时，按《建筑地基处理技术规范》(JGJ 79—2012)，计算其加固土层的厚度最接近下列哪一选项？

(A) 4.8m　　　　(B) 3.8m　　　　(C) 3.4m　　　　(D) 2.9m

【答案】(B)

【解答】根据《建筑地基处理技术规范》(JGJ 79—2012) 第 8.2.3 条公式 (8.2.3-1)，加固土厚度 h：

$$h = l + r \tag{10-30a}$$

$$r = 0.6\sqrt{\frac{V}{nl \times 10^3}} \tag{10-30b}$$

式中　l——灌注孔长度，从注浆管底部到灌注孔底部的距离，m；

　　　r——有效加固半径，m；

　　　V——每孔碱液灌注量，L；

　　　n——拟加固土的天然孔隙率。

由题意知：$\quad l = 4.8 - 1.4 = 3.4 (\text{m})$

孔隙率：$\quad n = \dfrac{e}{1+e} = \dfrac{1.1}{1+1.1} = 0.523$

则：$\quad r = 0.6\sqrt{\dfrac{V}{nl \times 10^3}} = 0.6 \times \sqrt{\dfrac{960}{0.523 \times 3.4 \times 10^3}} = 0.44 (\text{m})$

$\quad h = l + r = 3.4 + 0.44 = 3.8 (\text{m})$

【分析】本题第一个考点是根据规范公式 (8.2.3-2)，已知孔隙比和单孔碱液灌注量求有效加固半径，其中孔隙比 e 应该换算成孔隙率 n，没有换算或有效加固半径计算错误的不能得分；第二个考点就是根据规范第 8.2.3 条求加固土层的厚度，读者应该了解规范中各种地基加固方法的相关规定，如果读者想当然地认为加固土层的厚度等于注液管底部到灌注孔底部距离加上碱液向上和向下的有效加固半径，即 $h = l + 2r$，那就不符合规范规定。

【题 10.6.2】某湿陷性黄土地基采用碱液法加固，已知灌注孔长度 10m，有效加固半径为 0.4m，黄土天然孔隙率为 50%，固体烧碱中 NaOH 含量为 85%，要求配制的碱液度为 100g/L。设充填系数 $\alpha = 0.68$，工作条件系数 β 取 1.1，则每孔应灌注固体烧碱量取以下哪个最合适？

(A) 150kg　　　　(B) 230kg　　　　(C) 350kg　　　　(D) 400kg

【答案】(B)

【解答】(1) 每孔碱液灌注量 V

根据《建筑地基处理技术规范》(JGJ 79—2012) 第 8.2.3 条公式 (8.2.3-3)：

$\quad V = \alpha \beta \pi r^2 (l+r) n = 0.68 \times 1.1 \pi \times 0.4^2 \times (10+0.4) \times 0.5 = 1.95 (\text{m}^3)$

(2) 每 1m³ 碱液的固体烧碱量

根据规范第 8.3.3 条公式 (8.3.3-1)：

$$G_s = \frac{1000M}{P} \tag{10-31}$$

式中　G_s——每 $1m^3$ 碱液中投入的固体烧碱量，g；
　　　M——配制碱液的浓度，g/L；
　　　P——固体烧碱中，NaOH 含量的百分数，%。

$$G_s = \frac{1000M}{P} = \frac{1000 \times 0.1}{0.85} = 117.6(kg)$$

则每孔应灌注固体烧碱量为

$$1.95 \times 117.6 = 229(kg)$$

【题 10.6.3】采用单液硅化法加固拟建设备的地基，设备基础的平面尺寸为 $3m \times 4m$，需加固的自重湿陷性黄土层厚 6m，土体初始孔隙比为 1.0，假设硅酸钠溶液的相对密度为 1.00，溶液的充填系数为 0.7，问所需硅酸钠溶液用量（m^3）最接近下列哪个选项的数值？

(A) 30　　　　　(B) 50　　　　　(C) 65　　　　　(D) 100

【答案】(C)

【解答】根据《建筑地基处理技术规范》(JGJ 79—2012) 第 8.2.2 条，单液硅化法加固湿陷性黄土的溶液用量 Q，用公式 (8.2.2-1) 计算：

$$Q = V\bar{n}d_{N1}\alpha \tag{10-32}$$

式中　Q——硅酸钠溶液的用量，m^3；
　　　V——拟加固湿陷性黄土的体积，m^3；
　　　$\bar{n}$——地基加固前土的平均孔隙率；
　　　d_{N1}——灌注时，硅酸钠溶液的相对密度；
　　　α——溶液填充孔隙的系数。

规范还规定：对新建（构）筑物和设备基础的地基，应在基础底面下按等边三角形满堂布孔，超出基础底面外缘的宽度，每边不得小于 1.0m。

由题意，设备基础的平面尺寸为 $3m \times 4m$，每边超出 1m，则拟加固湿陷性黄土的体积：

$$V = (3+2) \times (4+2) \times 6 = 180(m^3)$$

孔隙率：

$$n = \frac{e}{1+e} = \frac{1.0}{1+1.0} = 0.50$$

硅酸钠溶液的用量：

$$Q = V\bar{n}d_{N1}\alpha = 180 \times 0.50 \times 1.0 \times 0.7 = 63(m^3)$$

【点评】本题考核的是单液硅化法加固湿陷性黄土计算硅酸钠溶液用量，考点有 3 个：
① 单液硅化法加固湿陷性黄土的面积确定；
② 通过孔隙比确定孔隙率；
③ 采用正确的公式计算硅酸钠溶液的用量。

【题 10.6.4】碱液法加固地基，拟加固土层的天然孔隙比为 0.82，灌注成孔深度 6m，注液管底部在孔口以下 4m，碱液充填系数取 0.64，试验测得加固地基半径为 0.5m，则按《建筑地基处理技术规范》(JGJ 79—2012) 估算单孔碱液灌注量最接近下列哪个选项？

(A) $0.32m^3$　　　　(B) $0.37m^3$　　　　(C) $0.62m^3$　　　　(D) $1.10m^3$

【答案】(C)

【解答】根据《建筑地基处理技术规范》(JGJ 79—2012) 第 8.2.3 条。

(1) 灌注孔长度：
$$l = 6 - 4 = 2(\text{m})$$
(2) 碱液加固土层的厚度：
$$h = l + r = 2 + 0.5 = 2.5(\text{m})$$
(3) 孔隙率：
$$n = \frac{e}{1+e} = \frac{0.82}{1+0.82} = 0.45$$
(4) 单孔碱液灌注量：
$$V = \alpha\beta\pi r^2(l+r)n = 0.64 \times 1.1\pi \times 0.5^2 \times 2.5 \times 0.45 = 0.62(\text{m}^3)$$

【点评】本题考核的是碱液法加固地基时的单孔碱液灌注量计算。

【题 10.6.5】某地基采用注浆法加固，地基土的土粒比重为 2.7，天然含水量为 12%，天然重度为 15kN/m³。注浆采用水泥浆，水灰比（质量比）为 1.5，水泥比重 2.8。若要求平均孔隙充填率（浆液体积与原土体孔隙体积之比）为 30%，求每立方米土体平均水泥用量最接近下列何值？（重力加速度 g 取 10m/s²。）

(A) 82kg　　　(B) 95kg　　　(C) 100kg　　　(D) 110kg

【答案】(A)

【解答】(1) 土体孔隙率：
$$n = 1 - \frac{\rho}{G_s \rho_w (1+w)} = 1 - \frac{1.5}{2.7 \times 1 \times (1+0.12)} = 0.504$$
(2) 孔隙率的定义是土中孔隙体积除以土体体积，则每 1m³ 土体孔隙体积为：
$$V_v = nV = 0.504 \times 1 = 0.504(\text{m}^3)$$
(3) 根据平均孔隙充填率，每 1m³ 土体注浆所需浆液体积：
$$V = 0.30 \times 0.504 = 0.151(\text{m}^3)$$
(4) 所需水泥量：
$$m_c = \frac{\rho_c V}{1 + W\dfrac{\rho_c}{\rho_w}} = \frac{2800 \times 0.151}{1 + 1.5 \times \dfrac{2800}{1000}} = 81.3(\text{kg})$$

【点评】本题考核的是注浆法求水泥用量。

本题没有规范可用，要根据题意按土体三相比例的关系求得每 1m³ 土体孔隙体积，然后求得每 1m³ 土体注浆所需浆液体积，并由此求得水泥的用量。

还有一个公式可以用，即水泥的用量：
$$m_c = \frac{V}{\alpha_c + \dfrac{1}{d_s}} \times 1000 \tag{10-33}$$

式中　m_c——水泥用量，kg；

　　　V——土体注浆所需浆液体积，m³；

　　　α_c——水灰比（质量比）；

　　　d_s——水泥相对密度。

【本节考点】
① 碱液法加固厚度计算；
② 碱液法加固湿陷性黄土灌注固体烧碱量计算；
③ 单液硅化法加固湿陷性黄土计算硅酸钠溶液用量；
④ 注浆法求水泥用量。

第 11 章
最新案例练习题

11.1 练习题一

答案与解析

【题 11.1.1】某拟建场地存在废弃人防洞室,长、宽、高分别为 200m、2m、3m,顶板距地表 1.5m;洞顶土层天然重度 17kN/m³,天然含水率 15%,最大干重度 17.5kN/m³。开工前采取措施使该段人防洞室依照断面形状完全垂直塌落后,再填平并压实至原地表高度,不足部分从附近场地同一土层中取土,要求塌落土及回填土压实系数≥0.96。依据上述信息,估算所需外部取土的最少方量,最接近下列哪个选项?(不考虑人防洞室结构体积)

(A) 1220m³   (B) 1356m³   (C) 1446m³   (D) 1532m³

【答案】(C)

【题 11.1.2】某水利排水基槽试验,槽底为砂土;地下水由下往上流动,水头差 70cm,渗流长度 50cm,砂土颗粒比重 $G_s=2.65$,孔隙比 $e=0.42$,饱和重度 $\gamma_{sat}=21.6$ kN/m³,不均匀系数 $C_u=4$。根据《水利水电工程地质勘察规范》(GB 50487—2008),对砂土渗透破坏的判断,下列哪个选项的说法最合理?

(A) 会发生管涌   (B) 会发生流土
(C) 会发生接触冲刷   (D) 不会发生渗透变形

【答案】(B)

【题 11.1.3】某隧道呈南北走向,勘察时在隧道两侧各布置 1 个钻孔,隧道位置及断面、钻孔深度、孔口高度及揭露的地层见下图(单位:m)。场地基岩为泥岩、砂岩,岩层产状 270°∠45,层面属软弱结构面,其他构造不发育,场地属低应力区(可不进行初始压力状态修正)。经抽水试验,孔内地下水位无法恢复。室内试验和现场测试所得结果见下表。依据《工程岩体分级标准》(GB/T 50218—2014),隧道围岩分级为下列哪个选项?

岩性	岩石单轴抗压强度/MPa		岩体完整性系数	压水试验流量/[L/(min·m)]
	天然	饱和		
砂岩	62	55	0.75	11.5
泥岩	21	15	0.72	4.5

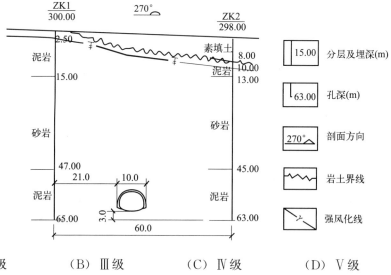

(A) Ⅱ级　　　　(B) Ⅲ级　　　　(C) Ⅳ级　　　　(D) Ⅴ级

【答案】(B)

【题 11.1.4】对某二级公路路堤填土进行分层检测，测得上路堤填土密度 1.95g/cm³，含水量 18.1%；下路堤填土密度 1.87g/cm³，含水量 18.6%。路堤填料击实试验结果见下图，对公路上、下路堤的土体压实度进行评价，下列哪个选项正确？

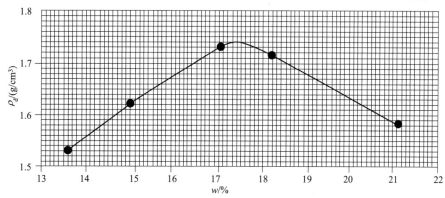

(A) 上、下路堤压实度均不满足规范要求

(B) 上、下路堤压实度均满足规范要求

(C) 上路堤压实度满足规范要求、下路堤压实度不满足规范要求

(D) 上路堤压实度不满足规范要求、下路堤压实度满足规范要求

【答案】(C)

【题 11.1.5】某建筑场地 20m 深度范围内地基土参数如表所示，20m 以下为厚层密实卵石，地下潜水位位于地表；场地设计基本地震加速度值 0.30g，设计地震分组为第一组，场地类别为Ⅱ类。拟建建筑高 60m，拟采用天然地基，筏板基础，底面尺寸 35m×15m，荷载标准组合下基底压力为 450kPa。若地基变形能满足要求，按《建筑地基基础设计规范》(GB 50007—2011)，该建筑基础最小埋置深度为下列哪个选项？(水的重度取 10kN/m³。)

地层编号	层底深度 /m	饱和重度 /(kN/m³)	颗粒组成/%					标贯试验锤击数 N /击	承载力特征值 f_{ak} /kPa
			>1.0	1～0.5	0.50～0.25	0.25～0.075	≤0.075		
①	4.0	20.3	0	4.1	32.1	24.0	39.8	20	160
②	20.0	20.3	7.0	5.0	42.5	32.6	12.9	23	180

注：表中"颗粒组成"项下百分比的含义为此范围的颗粒质量与总质量的比值。

(A) 3.5m (B) 4.0m (C) 4.5m (D) 7.5m

【答案】(C)

【题 11.1.6】某建筑室内柱基础 A 为承受轴心竖向荷载的矩形基础，基础底面尺寸为 3.2×2.4m，勘察揭露的场地工程地质条件和土层参数如图所示，勘探孔深度 15m。按《建筑地基基础设计规范》(GB 50007—2011)，根据土的抗剪强度指标确定的地基承载力特征值最接近下列哪个选项？

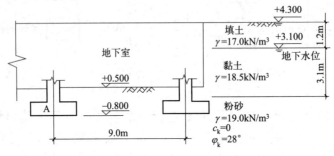

(A) 73kPa (B) 86kPa (C) 94kPa (D) 303kPa

【答案】(C)

【题 11.1.7】圆形柱截面直径 0.5m，柱下方形基础底面边长 2.5m，高度 0.6m。基础混凝土强度等级 C25，轴向抗拉强度设计值 f_t = 1.27MPa。基底下设厚度 100mm 的 C10 混凝土垫层，基础钢筋保护层厚度取 40mm。按照《建筑地基基础设计规范》(GB 50007—2011) 规定的柱与基础交接处受冲切承载力的验算要求，柱下基础顶面可承受的最大竖向力设计值 F 最接近下列哪个选项？

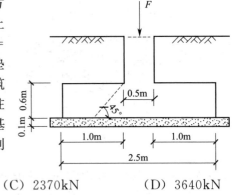

(A) 990kN (B) 1660kN (C) 2370kN (D) 3640kN

【答案】(C)

【题 11.1.8】某预制混凝土实心方桩基础，高桩承台，方桩边长为 500mm，桩身露出地面的长度为 6m，桩入土长度为 20m，桩端持力层为粉砂层，桩的水平变形系数 α 为 0.483 (1/m)，桩顶铰接，桩顶以下 3m 范围内箍筋间距为 150mm，纵向主筋截面面积 A'_s = 2826 mm²，主筋抗压强度设计值 f'_y = 360 N/mm²。桩身混凝土强度等级为 C30，轴心抗压强度设计值 f_c = 14.3 N/mm²。按照《建筑桩基技术规范》(JGJ94—2008) 规定的轴心受压桩正截面受压承载力验算要求，该基桩能承受的最大桩顶轴向压力设计值最接近下列哪个选项？(不考虑桩侧土性对桩出露地面和入土长度的影响)

(A) 1820kN (B) 2270kN (C) 3040kN (D) 3190kN

【答案】(B)

【题 11.1.9】某独立承台 PHC 管桩基础,管桩外径 800mm,壁厚 110mm,桩端敞口,承台底面以下桩长 22.0m,桩的布置及土层分布情况如图所示,地表水与地下水联系紧密。桩身混凝土重度为 24.0kN/m^3,群桩基础所包围体积内的桩土平均重度取 18.8kN/m^3(忽略自由段桩身自重),水的重度取 10kN/m^3。按《建筑桩基技术规范》(JGJ94—2008)验算,荷载标准组合下基桩可承受的最大上拔力最接近下列哪个选项?(不考虑桩端土塞效应,不受桩身强度控制。)

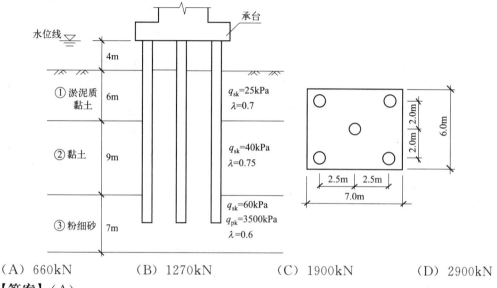

(A) 660kN (B) 1270kN (C) 1900kN (D) 2900kN

【答案】(A)

【题 11.1.10】某建筑采用桩筏基础,筏板尺寸为 41m×17m,正方形满堂布桩,桩径 600mm,桩间距 3m,桩长 20m,基底埋深 5m,荷载效应标准组合下传至筏板顶面的平均荷载为 400kPa,地下水位埋深 5m,地层条件及相关参数如图所示,满足《建筑桩基技术规范》(JGJ94—2008)相关规定所需的最小软弱下卧层承载力特征值(经深度修正后的值)最接近下列哪个选项?

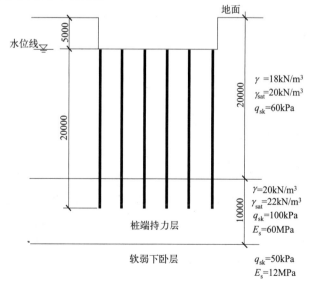

(尺寸单位:mm)

(A) 190kPa　　　(B) 215kPa　　　(C) 270kPa　　　(D) 485kPa

【答案】(D)

【题 11.1.11】某填土地基,平均干密度为 $1.3t/m^3$。现采用注浆法加固,平均每立方米土体中注入水泥浆 $0.2m^3$,水泥浆水灰比 0.8(质量比),假定水泥在土体中发生水化反应需水量为水泥重量的 24%,加固后该地基的平均干密度最接近下列哪个选项?(水泥比重取 3.0,水的重度取 $10kN/m^3$,加固前后地面标高无变化。)

(A) $1.44t/m^3$　　　(B) $1.48t/m^3$　　　(C) $1.52t/m^3$　　　(D) $1.56t/m^3$

【答案】(C)

【题 11.1.12】某粉土场地,地基处理前其孔隙比为 0.95,地基承载力特征值为 130kPa。现采用柱锤冲扩桩复合地基,桩径为 500mm,桩距为 1.2m,等边三角形布桩。假设处理后桩间土层地基承载力特征值 f_{sk} 与孔隙比 e 的经验关系为 $f_{sk}=715-600\sqrt{e}$(单位:kPa),且加固处理前后场地标高无变化,若桩土应力比取 2,按照《建筑地基处理技术规范》(JGJ79—2012)估算,该复合地基承载力特征值最接近下列哪个选项?

(A) 150kPa　　　(B) 200kPa　　　(C) 240kPa　　　(D) 270kPa

【答案】(D)

【题 11.1.13】一边坡重力式挡土墙,墙背竖直,高 5.8m,墙后为黏性土且地面水平,现为饱和状态(墙后水位在墙后地面),重度 $\gamma_{sat}=20kN/m^3$,其不固结不排水强度 $c_u=c_0+c_{inc}z$,其中 $c_0=15kPa$,$c_{inc}=0.5kPa/m$,z 为计算点至墙后地面的垂直距离。设可忽略墙背摩擦,挡土墙因墙后土水压力作用而失稳破坏时每延米挡土墙墙背所受土水压力合力最接近下列哪个选项?(按水土合算分析。)

(A) 90kN/m　　　(B) 170kN/m　　　(C) 290kN/m　　　(D) 380kN/m

【答案】(B)

【题 11.1.14】如图所示某硬质岩临时性边坡坡高 30m,坡率 1:0.25,坡顶水平,岩体边坡稳定性受结构面控制,结构面特征为分离、平直很光滑、结构面张开 2mm、无充填、未浸水,岩体重度为 $22kN/m^3$,根据《建筑边坡工程技术规范》(GB 50330—2013),估算该边坡沿结构面的抗滑移稳定系数最接近下列哪个选项?

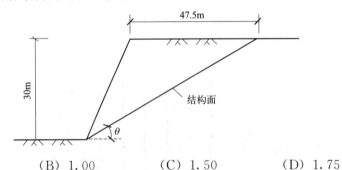

(A) 0.90　　　(B) 1.00　　　(C) 1.50　　　(D) 1.75

【答案】(B)

【题 11.1.15】某厚砂土场地中基坑开挖深度 $h=6m$,砂土的重度 $\gamma=20kN/m^3$,内聚力 $c=0$,摩擦角 $\varphi=30°$,采用双排桩支护,桩径 0.6m,桩间距 0.8m,排间中心距 2m,桩长 12m,支护结构顶与地表齐平,则按《建筑基坑支护技术规程》(JGJ 120—2012)确定该支护结构抗倾覆稳定系数最接近下列哪个选项?(桩、联系梁及桩间土平均重度 $\gamma=21kN/m^3$,不考虑地下水作用及地面超载。)

(A) 1.12　　　(B) 1.38　　　(C) 1.47　　　(D) 1.57

【答案】（D）

11.2 练习题二

【题 11.2.1】某场地岩体较完整、渗透性弱，地下水位埋深 10m，钻孔压水试验数据见下表，试验段深度范围为 15.0～20.0m，试验曲线见下图。已知压力表距地表高度 0.5m，管路压力损失 0.05MPa，钻孔直径 150mm。估算岩体渗透系数最接近下列哪个选项？（1m 水柱压力取 10kPa。）

压力表读数 p/MPa	0	0.1	0.3	0.5	0.3	0.1
流量 Q/(L/min)	0	10	12	12.7	12	10

(A) 9.4×10^{-3} m/d
(B) 9.4×10^{-2} m/d
(C) 12.4×10^{-2} m/d
(D) 19.2×10^{-2} m/d

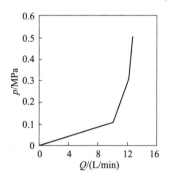

【答案】（C）

【题 11.2.2】某土样进行颗粒分析，试样风干质量共 2000g，分析结果见下表，已知试样粗颗粒以亚圆形为主，细颗粒成分为黏土，根据《岩土工程勘察规范》(GB 50021—2001)（2009 年版），该土样确切定名为下列哪个选项？并说明理由。

孔径/mm	20	10	5	2	1	0.5	0.25	0.1	0.075
筛上质量/g	0	160	580	480	20	5	30	60	120

(A) 圆砾
(B) 角砾
(C) 含黏土圆砾
(D) 含黏土角砾

【答案】（C）

【题 11.2.3】某土样进行室内变水头渗透试验，环刀内径 61.8mm，高 40mm，变水头管内径 8mm，土样孔隙比 $e=0.900$，共进行 6 次试验（见表），每次历时均为 20min，根据《土工试验方法标准》(GB/T 50123—2019)，该土样渗透系数最接近下列哪个选项？（不进行水温校正）

次数	初始水头 H_1/mm	终止水头 H_2/mm
1	1800	916
2	1700	1100
3	1600	525

续表

次数	初始水头 H_1/mm	终止水头 H_2/mm
4	1500	411
5	1200	383
6	1000	314

(A) 5.38×10^{-5} cm/s (B) 6.54×10^{-5} cm/s
(C) 7.98×10^{-5} cm/s (D) 8.63×10^{-5} cm/s

【答案】(B)

【题 11.2.4】某建筑物采用天然地基，拟选用方形基础，承受中心荷载，基础平面尺寸 4m×4m，土层条件如图，场地无地下水，基础埋深 1.0m，地基承载力正好满足要求。后期因主体设计方案调整，基础轴向荷载标准值将增加 240kN，根据《建筑地基基础设计规范》(GB 50007—2011)，在基础平面尺寸不变的条件下，承载力满足要求的基础埋深最小值为下列哪个选项？（基础及以上覆土平均重度取 20kN/m³）

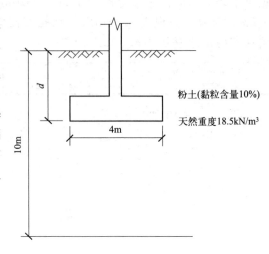

粉土(黏粒含量10%)
天然重度18.5kN/m³

(A) 2.0m   (B) 2.6m
(C) 3.0m   (D) 3.2m

【答案】(C)

【题 11.2.5】某建筑基坑开挖深度 6m，平面尺寸为 20m×80m，场地无地下水，地基土层分布及参数见下表。根据《建筑地基基础设计规范》(GB 50007—2011)，按分层总和法计算基坑中心点的开挖回弹量，分层厚度为 2m，请计算坑底下第 3 分层（坑底以下 4～6m）的回弹变形量，其值最接近下列哪个选项？（回弹量计算经验系数取 1）

土层	层底埋深/m	重度/(kN/m³)	回弹模量/MPa				
			$E_{0-0.025}$	$E_{0.025-0.05}$	$E_{0.05-0.1}$	$E_{0.1-0.2}$	$E_{0.2-0.3}$
黏土	6.0	17.5	7.5	10.0	17.0	75.0	130.0
粉质黏土	16.0	19.0	12.0	15.0	30.0	100.0	180.0

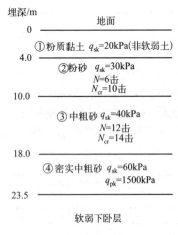

(A) 1mm   (B) 2mm
(C) 7mm   (D) 13mm

【答案】(B)

【题 11.2.6】某建筑位于 8 度设防区，勘察揭露的地层条件如图所示。拟采用钻孔灌注桩桩筏基础，筏板底埋深 2.0m，设计桩径为 800mm，要求单桩竖向抗压承载力特征值不低于 950kN，下列哪个选项符合《建筑桩基技术规范》(JGJ 94—2008) 相关要求的合理设计桩长？

(A) 16.0m   (B) 17.5m
(C) 18.5m   (D) 19.5m

【答案】(C)

【题 11.2.7】某仓储建于软弱土地基上，拟大面积堆积物资，勘察揭露地层如图所示，地下水埋深0.8m，仓储库为柱下独立承台多桩基础。桩顶位于地面下0.8m，正方形布桩，桩径0.8m，桩端进入较完整基岩3.2m。根据《建筑桩基技术规范》(JGJ 94—2008)，在荷载效应标准组合轴心竖向力下，基桩可承受的最大柱下竖向荷载最接近下列哪个选项？（淤泥质土层沉降量大于20mm，软弱土的负摩阻力标准值按正摩阻力标准值取值进行设计，考虑群桩效应）

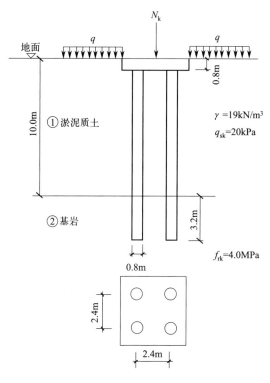

(A) 1040kN　　　　(B) 1260kN　　　　(C) 1480kN　　　　(D) 1700kN

【答案】(A)

【题11.2.8】某建筑物采用矩形独立基础，作用在独立基础上荷载（包括基础及上覆土重）标准值为1500kN。基础埋深、地层厚度和工程特性指标见下图。拟采用湿法水泥土搅拌桩处理地基，正方形布桩，桩径600mm，桩长8m，面积置换率0.2826。桩身水泥土立方体抗压强度取2MPa，单桩承载力发挥系数1.0，桩间土承载力发挥系数和桩端端阻力发挥系数均为0.5，场地无地下水，按《建筑地基处理技术规范》(JGJ 79—2012)初步设计时，矩形独立基础底面积最小值最接近下列哪个选项？

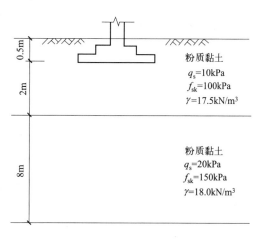

(A) 9m²　　　　(B) 8m²　　　　(C) 7m²　　　　(D) 5m²

【答案】(A)

【题11.2.9】某场地地层条件见下图，拟进行大面积堆载，荷载$p=120$kPa。采用水泥粉煤灰碎石桩（CFG）处理地基，等边三角形布桩，桩径500mm，桩长10m。单桩承载力发挥系数和桩间土承载力发挥系数均为0.8，桩端端阻力发挥系数为1.0。要求处理后堆载地面最大沉降量不大于150mm，问按《建筑地基处理技术规范》(JGJ 79—2012) 计算，CFG桩最大桩间距最接近下列哪个选项？（沉降计算经验系数 $\psi_s=1.0$，沉降计算至②层底。）

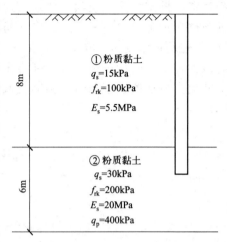

(A) 1.2m　　　　　　　(B) 1.5m
(C) 1.8m　　　　　　　(D) 2.1m
【答案】（D）

【题11.2.10】在一厚层正常固结软黏土地基上修建路堤，现场十字板确定的原地基天然抗剪强度为10kPa，填筑前采用大面积堆载预压法加固路基，预压荷载85kPa。6个月后测得土层平均超静孔压为30kPa，土体 $\varphi_{cu}=12°$，则按《建筑地基处理技术规范》(JGJ 79—2012) 确定的此时地基平均抗剪强度最接近下列哪个选项？

(A) 10kPa　　　(B) 15kPa　　　(C) 20kPa　　　(D) 30kPa
【答案】（C）

【题11.2.11】某岩质边坡安全等级为二级，岩石天然单轴抗压强度为4.5MPa，岩体结构面发育。边坡采用永久性锚杆支护，单根锚杆受到的水平拉力标准值为300kN；锚杆材料采用一根PSB930直径为32mm预应力螺纹钢筋，锚固体直径为150mm，锚杆倾角为12°；锚固砂浆强度等级为M30。根据《建筑边坡工程技术规范》(GB 50330—2013)，初步设计时计算锚杆的最小锚固长度最接近下列哪个选项？

(A) 3m　　　(B) 4m　　　(C) 5m　　　(D) 6m
【答案】（D）

【题11.2.12】某临时建筑边坡，破坏后果严重，拟采用放坡处理，放坡后该边坡的基本情况及潜在滑动面如下图所示，潜在滑面强度参数为 $c=20$kPa，$\varphi=11°$，根据《建筑边坡工程技术规范》(GB 50330—2013) 判定该临时边坡放坡后的稳定状态为下列哪个选项？

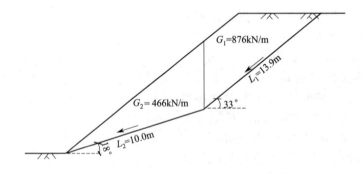

(A) 不稳定　　(B) 欠稳定　　(C) 基本稳定　　(D) 稳定
【答案】（C）

【题11.2.13】某建筑基坑工程位于深厚黏性土层中，土的重度19kN/m³，$c=25$kPa，$\varphi=15°$，基坑深度15m，无地下水和地面荷载影响，拟采用桩锚支护，支护桩直径 800mm，支护结构安全等级为一级。现场进行了锚杆基本实验，实验锚杆长度 20m，全长未采取注浆体与周围土体的隔离措施，其极限抗拔承载力为 600kN，假定锚杆注浆体与土的侧摩阻力沿杆长均匀分布，若在地面下 5m 处设置一道倾角为 15°的锚杆，锚杆轴向拉力标准值为 250kN，则该道锚杆的最小设计长度最接近下列哪个选项？（基坑内外土压力等值点深度位于基底下 3.06m）

(A) 19.5m (B) 24.5m (C) 26.0m (D) 27.5m

【答案】(C)

【题 11.2.14】某建筑物地基土以黏性土、粉土为主，采用独立基础，各基础下布置 4 根水泥粉煤灰碎石桩。验收检测阶段现场进行了 3 组单桩复合地基静载荷试验，方形承压板面积为 5m²，试验结果如下表所示。试根据《建筑地基处理技术规范》(JGJ 79—2012) 确定该复合地基的承载力特征值最接近下列哪个选项？

压力 p /kPa	沉降量 s/mm		
	T1	T2	T3
100	6.02	4.01	7.52
150	9.54	7.22	10.50
200	13.44	10.80	14.22
250	17.82	14.42	18.60
300	22.68	18.92	23.60
350	28.02	23.70	29.32
400	33.90	29.02	35.60
450	40.35	34.90	42.54
500	47.33	41.40	50.02
550	55.06	48.50	58.02
600	63.51	56.24	67.22

(A) 300kPa (B) 290kPa (C) 278kPa (D) 264kPa

【答案】(D)

11.3 练习题三

【题 11.3.1】某场地钻孔设计孔深 50m，采用 XY-1 型钻机施工，钻探班报表中记录终孔深度 50.80m。为校正孔深偏差，实测钻具长度见下表，则终孔时孔深偏差最接近哪一选项？

名称/编号	岩心管及钻头	机上钻杆	钻杆1	钻杆2	钻杆3	钻杆4	钻杆5	钻杆6
实测长度/cm	240	480	424	411	413	419	414	409
名称/编号	钻杆7	钻杆8	钻杆9	钻杆10	钻杆11	机高	机上钻杆余尺	
实测长度/cm	424	408	423	418	420	110	130	

(A) 17cm (B) 37cm (C) 63cm (D) 80cm

【答案】(A)

【题 11.3.2】某高层建筑拟采用箱型基础，基础埋深 6.0m，箱型基础底面长 30.0m，宽 20.0m。基底以上及以下土层均为密实砾砂，其饱和重度 22.0kN/m³，天然重度 20.0kN/m³，内摩擦角标准值 30°，地下水位位于地面下 1.0m，按《高层建筑岩土工程勘察标准》(JGJ/T 72—2017) 估算地基持力层的承载力特征值，安全系数取 3.0，估算值最接近下列哪个选项？

(A) 670kPa　　　(B) 750kPa　　　(C) 790kPa　　　(D) 870kPa

【答案】(D)

【题 11.3.3】某场地地下水位埋深大于 40m，地面下 12.0m 深度范围内为①层粉土，重度 17.8kN/m³，地面下 12.0～21.0m 为②层粉质黏土，重度为 19.2kN/m³。深度 16.5m 处土样的室内固结试验数据如表所示，拟建建筑物在该深度处引起的附加应力为 300kPa。地基沉降计算时，该土样压缩模量 E_s 的合理取值最接近下列哪个选项？

压力 p/kPa	0	100	200	300	400	500	600	700	800
孔隙比 e	0.877	0.829	0.807	0.791	0.778	0.767	0.758	0.750	0.743

(A) 8.5MPa　　　(B) 9.5MPa　　　(C) 13.0MPa　　　(D) 17.0MPa

【答案】(D)

【题 11.3.4】某建筑地基勘察，钻孔揭露的基岩特征如下：褐红色，岩心破碎，多呈薄片状；岩石为变质岩类，表面可见丝绢光泽，主要矿物成分为绢云母、绿泥石，粒度较细，遇水易软化、泥化，有膨胀性，工程性质差；测试结果：岩体纵波波速 848m/s，岩块纵波波速 1357m/s，岩石饱和单轴抗压强度 10.84MPa。根据上述描述，该岩石定名和岩体基本质量等级为下列哪个选项？并给出理由。

(A) 千枚岩，Ⅳ级　　　　　　　(B) 片麻岩，Ⅳ级
(C) 千枚岩，Ⅴ级　　　　　　　(D) 片麻岩，Ⅴ级

【答案】(C)

【题 11.3.5】圆形基础底面直径 10m，均布基底附加压力 $p_0=80$kPa，土层参数如图。沉降观测获得图中四个测点 1、2、3、4 的沉降量分别为 130mm、70mm、40mm、10mm。根据《建筑地基基础设计规范》(GB 50007—2011) 的地基变形计算方法，求土层①～土层③土体压缩模量的当量值 $\overline{E}_s$ 最接近下列哪个选项？

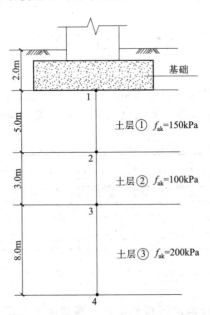

(A) 3.0MPa　　　　(B) 4.8MPa　　　　(C) 5.2MPa　　　　(D) 7.5MPa

【答案】(B)

【题 11.3.6】边长为 5m 的正方形基础，承受的竖向力的合力为 P（含基础自重），如图。如果基础底面的基底压力分布区域的面积为 $22.5m^2$，则合力 P 作用点与基础形心的距离 e 最接近下面哪个选项？

(A) 0.8m　　　　(B) 0.9m
(C) 1.0m　　　　(D) 1.1m

【答案】(C)

【题 11.3.7】某基岩上的公路桥涵墩台，基础平面为圆形。在某一工况荷载组合下，作用于墩台上的力如图。图中，$P_1=1500kN$，$P_2=1000kN$，$P_3=50kN$，$D=3.0m$，$a_1=0.4m$，$a_2=0.3m$，$a_3=12m$。计算在以上荷载作用下基础底面的最大压应力最接近下列哪个选项？（假定基底压力线性分布。）

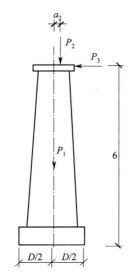

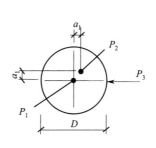

(A) 480kPa　　　　(B) 540kPa　　　　(C) 630kPa　　　　(D) 720kPa

【答案】(B)

【题 11.3.8】某平面为圆形的钢筋混凝土地下储气罐结构，直径 100m，筏板基础，板厚 0.5m，地基为深厚砂层，场地地下水位接近地表，基底以下的土层参数见下表。该工程基础抗浮拟采用锚杆，锚杆满堂均匀布置，荷载标准组合下所需的锚杆的抗浮力为 100kN/m^2。锚杆的综合单价：$\phi150$ 为 200 元/m，$\phi200$ 为 270 元/m。下列方案中，承载力满足要求，且单位基础面积锚杆综合造价最低的是哪个选项？[锚杆抗拔承载力标准值计算参照《建筑基坑支护技术规程》(JGJ 120—2012)，锚杆抗拔安全系数 K_t 取 2.0。]

土层编号	名称	厚度/m	重度/(kN/m^3)	锚固体与土体的极限黏结强度标准值/kPa
②	中砂	8	21	90
③	粉砂	10	21	60

(A) $\phi150$，入土长度 7.0m，正三角形布置，间距 1.3m
(B) $\phi200$，入土长度 8.0m，正方形布置，间距 1.5m

(C) φ200，入土长度 10.5m，正方形布置，间距 1.6m

(D) φ150，入土长度 12.0m，正三角形布置，间距 1.6m

【答案】(A)

【题 11.3.9】某公路桥梁采用群桩基础，桩基布置如图所示。设计桩径为 1.0m，桩间距为 3.0m，承台边缘与边桩（角桩）外侧的距离按规范最小要求设计。根据勘察报告统计的承台底面以上土的重度 19.0kN/m^3，桩穿过土层的平均内摩擦角为 $26°$。当桩基础作为整体基础计算轴心受压时，桩端平面处的平均压应力最接近下列哪个选项？（承台底面至桩端平面处包括桩的重力在内的土的重度为 22.0kN/m^3，地下水位在桩端平面以下。）

(A) 800kPa (B) 820kPa
(C) 840kPa (D) 870kPa

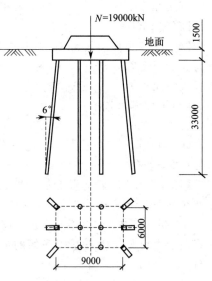

（图中尺寸单位均为 mm）

【答案】(B)

【题 11.3.10】某高层建筑拟采用预制桩桩筏基础，勘察报告揭示的地层条件及每层土的旁压试验极限压力值如下图所示。筏板底面埋深为自然地面下 5.0m，预制桩为方形桩，截面尺寸为 $0.5\text{m} \times 0.5\text{m}$，桩端进入⑤层中粗砂 1.0m。根据《高层建筑岩土工程勘察标准》(JGJ/T 72—2017)，估算该预制桩单桩竖向抗压承载力特征值最接近下列哪个选项？

自然地面 —— 0m(埋深)
① 杂填土
—— 2.0m
② 粉土 P_L=400kPa
—— 7.0m
③ 粉细砂 P_L=600kPa
—— 15.0m
④ 中细砂 P_L=1000kPa
—— 20.0m
⑤ 中粗砂 P_L=1400kPa
—— 30.0m

(A) 2600kN (B) 2200kN (C) 1300kN (D) 1100kN

【答案】(C)

【题 11.3.11】某工业厂房柱采用一柱一桩方案，承台底面埋深 1.5m，设计桩径 800mm，桩长 15m。场地地质条件如图所示，地面下 10m 内为淤泥质土，其下为厚层的砾石层。投入使用后地面将均布堆放重物，荷载为 80kPa。按照《建筑桩基技术规范》(JGJ

94—2008）的相关规定，计算的基桩竖向承载力特征值最接近下列哪个选项？

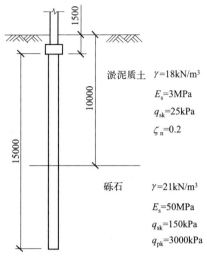

（图中尺寸单位均为 mm）

（A）1330kN　　　（B）1970kN　　　（C）2000kN　　　（D）2240kN

【答案】（C）

【题 11.3.12】某劲芯搅拌桩复合地基，搅拌桩桩长 10m，桩径 0.6m，桩距 2.0m，正方形布置；搅拌桩内插 C40 混凝土预制方桩（200mm×200mm），桩顶标高同搅拌桩，桩长为 9m。搅拌桩采用湿法施工，从搅拌桩桩顶标高处向下的土层参数见下表。根据《建筑地基处理技术规范》(JGJ 79—2012) 估算，复合地基承载力特征值最接近下列哪个选项？（桩身强度满足要求；劲芯搅拌桩单桩承载力发挥系数取 1.0，桩间土承载力发挥系数取 0.8）

土层编号	厚度/m	桩端端阻力特征值/kPa	桩侧阻力特征值/kPa	桩端端阻力发挥系数	水泥土 90d 龄期抗压强度 f_{cu}/MPa
①	4	85	15	0.4	1.5
②	14	160	30	0.6	2.0

（A）90kPa　　　（B）120kPa　　　（C）150kPa　　　（D）180kPa

【答案】（D）

【题 11.3.13】某建筑场地，地面下 13m 深度内为松散细砂层，天然孔隙比 0.95，具有液化特征，地基液化等级为严重级。细砂层以下为密实的卵石层，地下水位埋深 1m。拟建建筑物采用筏板基础，基础平面尺寸 15.2m×15.2m，基础埋深 1m，抗震设防类别为乙类。为提高地基承载力并消除地基液化，拟采用振冲沉管砂石桩处理地基，砂石桩桩径 600mm，等边三角形布桩。要求处理后细砂平均孔隙比不大于 0.65，最少布桩数量最接近下列哪个选项？（振动下沉密实修正系数取 1.1）

（A）105 根　　　（B）290 根　　　（C）340 根　　　（D）400 根

【答案】（C）

【题 11.3.14】某场地地面下 15m 深度范围内为同一层土，干密度 1.36g/cm³，土粒比重 2.71，最优含水量 16.5%，最大干密度 1.80g/cm³。拟对地面下 3m 深度范围内地基土进行处理。处理前对地基土进行增湿试验，测得增湿前后地基土含水量见下表，据此计算增湿试验每平方米范围内的实际加水量最接近下列哪个选项？（不考虑蒸发影响）

深度/m	1.0	2.0	3.0	4.0	5.0	6.0	7.0	8.0
天然含水量 w/%	8.4	6.6	6.8	6.4	7.1	7.8	5.9	8.0
增湿后含水量 w/%	19.8	18.6	19.5	13.0	12.5	7.9	5.8	8.0

(A) $0.3\mathrm{m}^3$ (B) $0.4\mathrm{m}^3$ (C) $0.5\mathrm{m}^3$ (D) $0.7\mathrm{m}^3$

【答案】(D)

【题 11.3.15】某安全等级为一级的永久性岩质边坡，坡体稳定性受外倾裂隙及垂直裂隙控制，裂隙切割的块体单位宽度自重 4400kN/m，无其他附加荷载，假设外倾裂隙闭合且不透水，倾角 20°，长度 21m，内摩擦角 15°；垂直裂隙呈张开状，垂直深度 9m，雨季裂隙充满水时边坡块体稳定系数为 1.08，拟采用斜孔排水降低边坡水位，为使边坡块体稳定系数能满足《建筑边坡工程技术规范》（GB 50330—2013）要求，垂直裂隙水位最小的降低深度最接近下列哪个选项？（注：$\gamma_\mathrm{w}=10\ \mathrm{kN/m^3}$，不考虑地震工况）

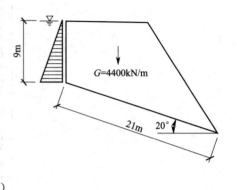

(A) 2.4m   (B) 4.2m   (C) 6.6m   (D) 8.2m

【答案】(C)

【题 11.3.16】如图所示某铁路地区滑坡体，为保证滑坡体稳定，在滑块 2 下方设置抗滑桩，桩径 1.5m，桩距 3m，滑动面以上桩长 8m。已知滑动土体重度 18kN/m³，黏聚力 12kPa，内摩擦角 18°，抗滑桩受桩前滑坡体水平抗力 1177kN/m，桩后主动土压力 180kN/m，桩后土体下滑参数见下表，安全系数取 1.20。按《铁路路基支挡结构设计规范》(TB 10025—2019) 估算单根抗滑桩应提供的支挡力最接近下列哪个选项？

滑块编号	自重/(kN/m)	滑面长度/m	滑面摩擦角/(°)	滑面黏聚力/kPa
滑块 1	3500	50	10	6
滑块 2	1800	18	20	8

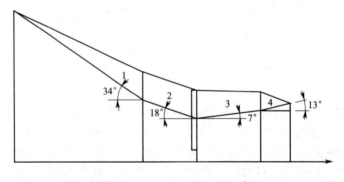

(A) 555kN   (B) 885kN   (C) 1115kN   (D) 1355kN

【答案】(B)

【题 11.3.17】某填土边坡，坡高 5.4m，设计时采用瑞典圆弧法计算得到其最小安全系数为 0.8，圆弧半径为 15m，单位宽度土体的抗滑力矩为 8000kN·m。拟采用土工格栅加筋增强其稳定性，若土工格栅提供的总单宽水平拉力为 380kN/m。根据《土工合成材料应用技术规范》（GB/T 50290—2014），假定加筋后稳定验算滑弧不变，加筋后最小安全系数最接近下列哪个选项？

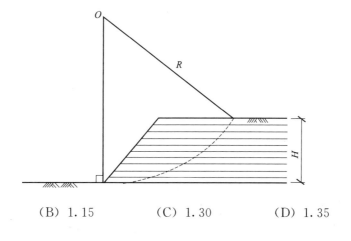

(A) 1.10   (B) 1.15   (C) 1.30   (D) 1.35

【答案】（D）

【题 11.3.18】 某岩质顺向坡的层面外倾，如下图所示。坡脚开挖后，坡体表面出现了裂缝，判定边坡处于欠稳定状态。已知滑面为层面，层面摩擦角 12°，内黏聚力 25kPa。滑面长度 $L=15\mathrm{m}$，倾角 $\beta=32°$，单位宽度滑块自重 $G=1000\mathrm{kN}$。拟采用反压措施进行应急处置，要求反压后整体稳定安全系数不小于 1.20。按《建筑边坡工程技术规范》(GB 50330—2013) 的隐式解法计算，单位宽度坡脚的反压体最少土方量为下列哪个选项？（无地下水，坡脚地面水平，反压体与地面的摩擦系数 μ 取 0.30，反压体重度 $21\mathrm{kN/m^3}$，反压体几何尺寸满足工程措施要求）

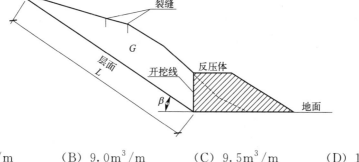

(A) $8.0\mathrm{m^3/m}$ (B) $9.0\mathrm{m^3/m}$ (C) $9.5\mathrm{m^3/m}$ (D) $10.0\mathrm{m^3/m}$

【答案】（B）

【题 11.3.19】 某场地多年前测得的土体十字板不排水抗剪强度标准值为 18.4kPa，之后在其附近修建了一化工厂。近期对场地进行了 8 组十字板剪切试验，测得土体不排水抗剪强度分别为 14.3kPa、16.7kPa、18.9kPa、16.3kPa、21.5kPa、18.6kPa、12.4kPa、13.2kPa。根据《岩土工程勘察规范》(GB 50021—2001)(2009 年版) 和《土工试验方法标准》(GB/T 50123—2019)，判断化工厂污染对该场地土工程特性的影响程度属于下列哪个选项？

(A) 无影响   (B) 轻微   (C) 中等   (D) 大

【答案】（C）

【题 11.3.20】 某混凝土灌注桩采用钻芯法检测桩身混凝土强度，已知桩长 9.5m，设钻芯孔 2 个，各采取了 2 组芯样，芯样抗压试验结果如下表所示。若本地区混凝土芯样抗压强度折算系数为 0.9，则折算后该桩的桩身混凝土抗压强度最接近下列哪个选项？

钻孔编号	试验编号	取样深度/m	芯样试件抗压强度/MPa
1	T1	1.6	40.5
			39.3
			39.6
	T2	8.2	40.3
			42.6
			41.8
2	T3	1.6	44.3
			45.0
			43.7
	T4	8.8	45.2
			44.7
			45.8

(A) 37.4MPa　　(B) 38.5MPa　　(C) 41.6MPa　　(D) 46.2MPa
【答案】(D)

11.4 练习题四

【题 11.4.1】拟在某河段建造水闸，水闸上下游水位及河床下地层如图。勘察揭露①层为密实中细砂，层厚3m，渗透系数 1.15×10^{-3} cm/s；②层为密实含砾中粗砂，层厚4m，渗透系数 2.3×10^{-3} cm/s；③层为密实卵砾石，层厚5m，渗透系数 1.15×10^{-2} cm/s。估算水闸下游剖面 A 处每日单宽渗漏量最接近下列哪个选项？

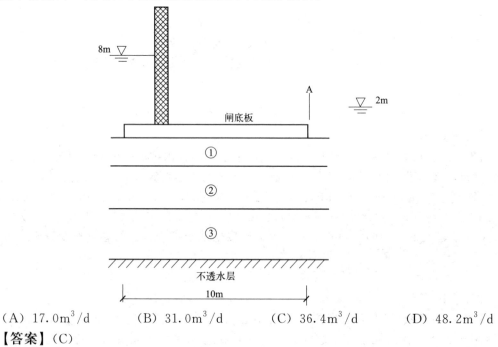

(A) 17.0m³/d　　(B) 31.0m³/d　　(C) 36.4m³/d　　(D) 48.2m³/d
【答案】(C)

【题 11.4.2】对直径30mm、高度42mm的某岩石饱和试样进行径向点荷载试验，测得岩石破坏时极限荷载1300N，锥端发生贯入破坏，试件破坏瞬间加荷点间距26mm，试按

《工程岩体试验方法标准》(GB/T 50266—2013)、《工程岩体分级标准》(GB/T 50218—2014)判定，该岩石的坚硬程度是下列哪个选项？并说明理由。(修正系数取 0.45)

(A) 坚硬岩 (B) 较坚硬岩 (C) 较软岩 (D) 软岩

【答案】(C)

【题 11.4.3】某承受轴心荷载的条形基础，基础底面宽 1.2m，基础埋深 1.5m（从室外地面标高起算），勘察时地下水位较深。场地地面下 10.0m 深度范围内均为粉砂，主要物理力学指标如表所示。该砂土内摩擦角随含水量变化规律如图所示。根据土的抗剪强度指标按《建筑地基基础设计规范》(GB 50007—2011)计算地下水上升至室外地面（地基土干密度不变）时持力层地基承载力特征值最接近哪个选项？

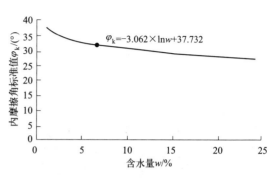

层序	土名	层底深度 /m	含水量 w /%	干密度 ρ_d /(g/cm³)	颗粒比重 d_s	黏聚力标准值 c_k /kPa	内摩擦角标准值 φ_k /(°)
①	粉砂	10.0	6.5	1.63	2.68	0	32.0

(A) 230kPa (B) 180kPa (C) 120kPa (D) 90kPa

【答案】(C)

【题 11.4.4】位于同一地基上的两个基础，基础下地基的自重应力二者相同，地基压缩层厚度二者相同，附加应力曲线与竖向坐标轴围成的面积二者相同。压缩层内地基土的自重应力、附加应力、压缩试验的 $e\text{-}p$ 曲线如下图。判断两个基础总沉降量的关系为下列哪个选项？并说明理由。

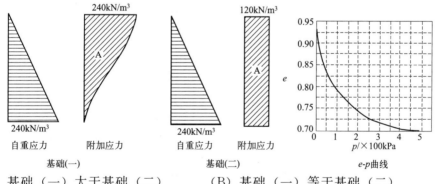

(A) 基础（一）大于基础（二）　(B) 基础（一）等于基础（二）
(C) 基础（一）小于基础（二）　(D) 不能确定

【答案】(B)

【题 11.4.5】某建筑采用天然地基筏形基础方案，基础尺寸 40m×20m，基础埋深 10m。在建筑荷载（含基础荷载）、地下水浮力共同作用下，准永久组合的基底压力为 360kPa。地基土及地下水情况如图所示。建成若干年后场地及其周边大面积开采地下水，最终地下水位降至基岩层并长期稳定。建筑荷载、降水引起的沉降计算经验系数均取 0.4，根据《建筑地基基础设计规范》(GB 50007—2011)计算在基底附加压力和降水作用下，基础中心最终变形量接近下列哪个选项？（不考虑刚性下卧层对沉降计算的影响，不考虑地基土失水对压缩性的影响）

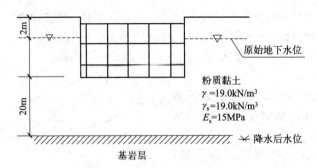

(A) 180mm　　　　(B) 200mm　　　　(C) 220mm　　　　(D) 240mm

【答案】(B)

【题 11.4.6】 某深厚饱和黏性土地基，颗粒比重 2.72，饱和度 100%，密度 2.0g/m^3。在该地基上进行灌注桩施工时采用泥浆护壁成孔，泥浆为原土自造浆，要求泥浆密度 1.2g/cm^3。问平均每立方米原土形成的泥浆量最接近下列哪个选项？

(A) 3m^3　　　　(B) 4m^3　　　　(C) 5m^3　　　　(D) 6m^3

【答案】(C)

【题 11.4.7】 某建筑柱下独立基础如图所示，承台混凝土强度等级为 C50，若要求承台长边斜截面的受剪承载力小于 10MN，按《建筑桩基技术规范》(JGJ 94—2008) 计算，承台截面的最小有效高度最接近下列哪个选项？(C50 混凝土的轴心抗拉强度设计值 $f_t = 1.89 \text{ N/mm}^2$)

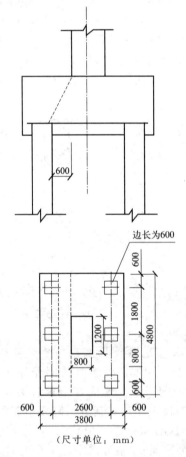

(尺寸单位：mm)

(A) 1000mm　　　　(B) 1100mm　　　　(C) 1200mm　　　　(D) 1300mm

【答案】(B)

【题 11.4.8】某建筑拟采用干作业钻孔灌注桩基础,施工清底干净,设计桩径 1.0m;桩端持力层为较完整岩,其干燥状态单轴抗压强度标准值为 20MPa,软化系数为 0.75。根据《建筑桩基技术规范》(JGJ 94—2008),当桩端嵌入岩层 2.0m 时,其嵌岩段总极限阻力标准值最接近下列哪个选项?

(A) 13890kN (B) 16670kN (C) 22230kN (D) 29680kN

【答案】(B)

【题 11.4.9】某场地采用大面积堆载预压法处理地基,假设荷载一次瞬时施加,地基土为饱和粉质黏土,厚度 10m,天然重度为 16.8kN/m³,压缩模量为 5.0MPa,下部地层为基岩,水位在粉质黏土顶面。堆载预压前先在地面铺设 1m 厚的砂垫层,地层情况见图。前期试验堆载时,测得第 10 天、第 40 天粉质黏土层中点处孔隙水压力分别为 110kPa、80kPa。现要求堆载 50 天时,粉质黏土层顶面沉降量不小于 230mm,砂垫层顶面的最小堆载压力最接近下列哪个选项?(沉降计算经验系数取 1.0,假定孔隙水压力沿深度呈直线分布,忽略粉质黏土自重固结沉降。)

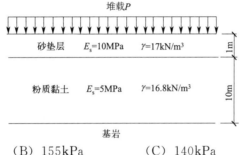

(A) 200kPa (B) 155kPa (C) 140kPa (D) 90kPa

【答案】(C)

【题 11.4.10】某工程场地表层为①层填土,厚度 5.5m,天然重度 17kN/m³,①层填土以下为②层黏性土,厚度 5.0m。拟建工程采用圆环形基础,基础埋深 2.5m,圆环形基础外径 4.0m,内径 2.0m。采用换填垫层法处理填土地基,垫层厚度 3.0m。上部结构传至基础顶面的竖向力 1200kN,基础及其上土的平均重度为 20kN/m³。已知换填垫层的地基压力扩散线与垂直线的夹角为 23°。根据《建筑地基处理技术规范》(JGJ 79—2012),基底附加压力扩散到②层黏性土层顶面处的压力最接近下列哪个选项?(假定地基压力均匀分布)

(A) 18kPa (B) 38kPa (C) 58kPa (D) 98kPa

【答案】(B)

【题 11.4.11】某湿陷性黄土场地,湿陷性黄土厚度 10m,干密度 1.31g/cm³,颗粒比重 2.72,液限 28%,采用灰土挤密桩和 PHC 桩进行满堂地基处理。等边三角形布桩,间距如图。灰土桩直径 400mm,桩长 11m,静压成孔。PHC 桩外径 400mm,壁厚 95mm,桩长 15m,静压成桩(桩端闭合),单桩竖向承载力特征值为 950kN。已知桩间土承载力特征值与 w_L/e(液限与孔隙比之比)的关系如下表。灰土桩复合地基桩土应力比为 2.5,PHC 桩单桩承载力发挥系数为 0.8,灰土桩复合地基承载力发挥系数为 1.0,假定地基处理前后地面

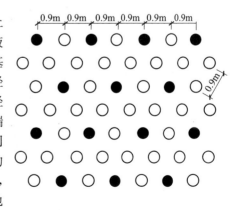

标高不变。根据《建筑地基处理技术规范》(JGJ 79—2012)，计算复合地基承载力特征值最接近下列哪个选项？

$(w_L/e)/\%$	25	30	35	40	45
f_{sk}/kPa	145	160	175	190	210

(A) 390kPa　　　　(B) 440kPa　　　　(C) 490kPa　　　　(D) 540kPa

【答案】(C)

【题 11.4.12】图示滑弧为某土质边坡最危险滑弧，各土条的有关数据如图所示，图中各条斜线上、下的数字分别为作用在该滑面上的法向分力 N 和切向分力 T 的数值（单位：kN/m）。l_i 为每段滑弧的长度。根据《铁路路基设计规范》(TB 10001—2016)，该边坡稳定系数最接近下列哪个选项？

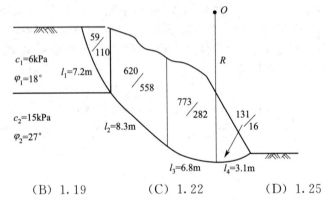

(A) 1.15　　　　(B) 1.19　　　　(C) 1.22　　　　(D) 1.25

【答案】(B)

【题 11.4.13】某挡土墙高 5.5m，墙背垂直光滑，墙后填土水平，无地下水，距离墙背 1.5m 以外填土上作用有宽度为 b 的均布荷载 20kPa，填土重度 20kN/m³，内摩擦角 24°，黏聚力 12kPa，按《建筑边坡工程技术规范》(GB 50330—2013)，计算 b 至少为多宽时挡土墙墙背的主动土压力达到最大，其最大主动土压力 E_a 最接近下列哪个选项？

(A) $b=2.1\text{m}$，$E_a=83\text{kN/m}$　　　　(B) $b=2.1\text{m}$，$E_a=87\text{kN/m}$
(C) $b=3.6\text{m}$，$E_a=83\text{kN/m}$　　　　(D) $b=3.6\text{m}$，$E_a=87\text{kN/m}$

【答案】(A)

【题 11.4.14】如图所示一土质边坡，土的重度 19kN/m³，饱和重度 20kN/m³，水上水下黏聚力均为 15kPa，内摩擦角均为 25°，假定坡体内渗流方向与水平面夹角为 10°。4 号土条宽度为 2m，水上水下高度均为 5m，土条上均布竖向荷载 15kPa。按瑞典条分法估算如图所示滑弧条件下 4 号土条滑动面的稳定系数最接近下列哪个选项？

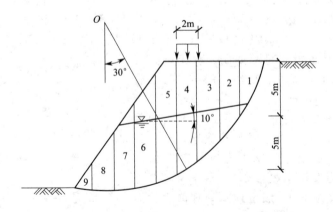

(A) 0.86　　　　(B) 0.91　　　　(C) 0.97　　　　(D) 1.02

【答案】(D)

【题 11.4.15】某基坑开挖深度 8.0m，地面下 18.0m 深度内土层均为粉砂，水位位于地表下 9.0m，地面均布荷载 20kPa，采用桩锚支护结构（如图所示）：支护桩直径 700mm，间距 0.9m，桩长 15m，锚杆角度 15°，水平间距 1.8m，锚头位于地表下 2m，锚杆预加轴向拉力值 300kN，锚杆单锚轴向刚度系数为 15MN/m。基坑开挖到底时，锚头处锚杆轴向位移比锁定时增加 6mm。地表处 A 点土压力强度为 6.66kPa，坑底处 B 点土压力强度为 57.33kPa，根据《建筑基坑支护技术规程》(JGJ 120—2012)，开挖到底时，坑底开挖处灌注桩弯矩标准值最接近下列哪个选项？

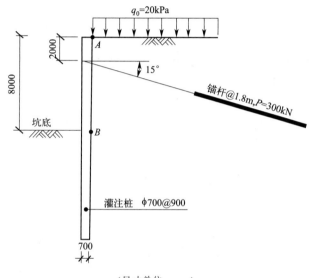

(尺寸单位：mm)

(A) 376kN·m　　　　(B) 452kN·m
(C) 492kN·m　　　　(D) 1582kN·m

【答案】(B)

【题 11.4.16】某基坑开挖深度 5.0m，地面下 16m 深度内土层均为淤泥质黏土。采用重力式水泥土墙支护结构，坑底以上水泥土墙宽度 B_1 为 3.2m，坑底以下水泥土墙宽度 B_2 为 4.2m，水泥土墙体嵌固深度 6.0m，水泥土墙体的重度为 19kN/m³（地下水位位于水泥土墙墙底以下）。墙体两侧主动土压力与被动土压力强度标准值分布如图所示。根据《建筑基坑支护技术规程》(JGJ 120—2012)，该重力式水泥土墙抗倾覆稳定系数最接近下列哪个选项？

(A) 1.32　　　　(B) 1.42
(C) 1.49　　　　(D) 1.54

【答案】(C)

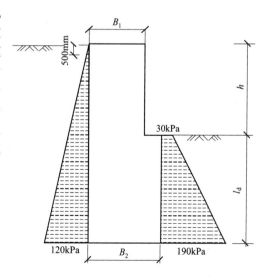

【题 11.4.17】某湿陷性黄土场地，拟建

建筑基础宽度4m,基础埋深5.5m,该场地黄土的工程特性指标如下:颗粒比重2.70,含水量18%,天然密度1.65g/cm³,压缩系数$a_{50-100}=0.82\text{MPa}^{-1}$。地基承载力特征值$f_{ak}$=110kPa。深宽修正后的黄土地基承载力特征值最接近下列哪个选项?

(A) 176kPa　　　　(B) 183kPa　　　　(C) 193kPa　　　　(D) 196kPa

【答案】(A)

【题11.4.18】某花岗岩风化残积土的基本物理性质和颗粒组成列于下表。表中w_p、w_L采用粒径小于0.5mm的土体测试,粒径大于0.5mm的颗粒吸着水含水量为5%。该残积土的状态为下列哪个选项?

天然重度 /(kN/m³)	颗粒比重 d_s	天然含水量 w /%	塑限 w_p /%	液限 w_L /%	孔隙比 e	颗粒组成/%				
						>2mm	2~0.5mm	0.5~0.05mm	0.05~0.075mm	0.075~0.005mm	<0.005mm
20.5	2.75	25	30	45	0.645	15	20	10	10	25	20

(A) 坚硬　　　　(B) 硬塑　　　　(C) 可塑　　　　(D) 软塑

【答案】(C)

【题11.4.19】某灌注桩桩径1.0m,桩长20m,桩身范围土层为黏性土,未见地下水。对该桩按《建筑基桩检测技术规范》(JGJ 106—2014)分别进行了单桩竖向抗压静载试验和竖向抗拔静载试验(两次试验间隔时间满足要求)。单桩竖向抗压静载试验结果如下表所示,抗拔试验结果见δ-lg$t$曲线。根据本场地同等条件下单桩竖向抗压静载试验统计数据,桩端阻力约占单桩抗压承载力的15%,桩身重度按25kN/m³,试计算该桩的抗拔系数最接近下列哪个选项?

单桩竖向抗压静载试验结果

每级荷载 Q/kN	每级累计沉降 s/mm	每级荷载 Q/kN	每级累计沉降 s/mm
1000	5.76	3500	31.51
1500	9.03	4000	40.05
2000	12.69	4500	49.96
2500	18.27	5000	88.12
3000	24.30		

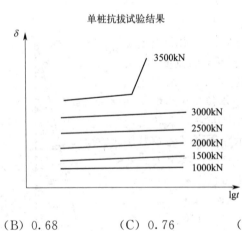

单桩抗拔试验结果

(A) 0.64　　　　(B) 0.68　　　　(C) 0.76　　　　(D) 0.88

【答案】(B)

参考文献

[1] 杨雪强. 土力学. 北京：北京大学出版社，2015.
[2] 李广信，等. 土力学. 北京：清华大学出版社，2013.
[3] 杨小平. 基础工程. 广州：华南理工大学出版社，2014.
[4] 陈晓平. 土力学与基础工程. 北京：中国水利水电出版社，2016.
[5] 王清标，等. 地基处理. 北京：机械工业出版社，2021.
[6] 武威. 全国注册岩土工程师专业考试试题解答及分析（2011—2013）. 北京：中国建筑工业出版社，2014.
[7] 李自伟，李跃. 注册岩土工程师执业资格考试专业考试历年真题详解. 北京：人民交通出版社，2021.
[8] 该书编委会. 注册岩土工程师专业考试案例分析历年考题及模拟题详解. 北京：人民交通出版社，2015.
[9] 李广信. 漫话土力学. 北京，人民交通出版社，2019.
[10] 李广信. 注册岩土工程师执业资格考试专业考试考题十讲. 北京，人民交通出版社，2014.
[11] 李彰明. 注册岩土工程师专业考试考前30天冲刺. 北京：中国电力出版社，2009.
[12] 高大钊. 岩土工程勘察与设计. 北京：人民交通出版社，2013.
[13] 高大钊. 实用土力学. 北京：人民交通出版社，2014.
[14] 高大钊. 土力学与岩土工程师. 北京：人民交通出版社，2014.
[15] 邢皓枫，徐超，石振明. 岩土工程原位测试. 2版. 上海：同济大学出版社，2015.
[16] 工程地质手册编委会. 工程地质手册. 北京：中国建筑工业出版社，2018.
[17] GB 50021—2001（2009年版）. 岩土工程勘察规范.
[18] GB 50007—2011. 建筑地基基础设计规范.
[19] GB 50123—2019. 土工试验方法标准.
[20] TB 10001—2016. 铁路路基设计规范.
[21] JTG C20—2011. 公路工程地质勘察规范.
[22] GB 50218—2014. 工程岩体分级标准.
[23] GB/T 50266—2013. 工程岩体试验方法标准.
[24] GB 50487—2008. 水利水电工程地质勘察规范.
[25] JTS 133—2013. 水运工程岩土勘察规范.
[26] GB 50307—2012. 城市轨道交通岩土工程勘察规范.
[27] JTG E40—2007. 公路工程土工试验规程.
[28] JGJ 106—2014. 建筑基桩检测技术规范.
[29] SL 320—2005. 水利水电工程钻孔抽水试验规程.
[30] DL/T 5395—2007. 碾压式土石坝设计规范.
[31] TB 1001—2016. 铁路路基设计规范.
[32] JTG D30—2015. 公路路基设计规范.
[33] JGJ 120—2012. 建筑基坑支护技术规程.
[34] GB 50330—2013. 建筑边坡工程技术规范.
[35] TB 10003—2016. 铁路隧道设计规范.
[36] TB 10025—2019. 铁路路基支挡结构设计规程.
[37] GB/T 50290—2014. 土工合成材料应用技术规范.
[38] TB 10027—2012. 铁路工程不良地质勘察规程.

[39] TB 10093—2017. 铁路桥涵地基和基础设计规范.
[40] JTG 3363—2019. 公路桥涵地基与基础设计规范.
[41] JGJ 94—2008. 建筑桩基技术规范.
[42] GB 50025—2018. 湿陷性黄土地区建筑标准.
[43] JGJ 79—2012. 建筑地基处理技术规范.